粉末增塑近净成形技术及致密化基础理论

范景莲　著

北　京
冶 金 工 业 出 版 社
2011

内 容 提 要

本书共分为四篇，第一篇为粉末注射成形基础理论与技术，侧重于黏结剂组元有机物的物理化学性质以及各有机物组元的相溶性，黏结剂的设计基础以及黏结剂与粉末的相互作用力，黏结剂与粉末体混合流变学、模具设计、脱脂及强化烧结原理等关于粉末注射成形中的最关键基础性问题。第二篇为粉末体增塑挤压成形，区别于粉末注射成形过程的特殊问题，侧重于阐述挤压过程流变行为分析与控制、成形剂脱除以及挤压模具设计，重点针对硬质合金棒材的挤压成形这一最敏感的制备技术进行了详细分析。第三篇为热压力增塑近净成形技术，包括热压、热等静压和低压热等静压技术，重点分析阐述了几种技术的理论基础、设备、工艺过程及应用。第四篇为大压力下粉末体热压力成形技术的理论基础，包括粉末热锻、粉末热挤压、粉末热轧以及热挤压等热增塑致密大变形技术。

本书既可供材料专业的师生参考阅读，也可供从事相关专业的技术人员使用。

图书在版编目(CIP)数据

粉末增塑近净成形技术及致密化基础理论/范景莲著.
—北京:冶金工业出版社,2011.1
ISBN 978-7-5024-5297-1

Ⅰ.①粉… Ⅱ.①范… Ⅲ.①粉末成型 Ⅳ.①TF124.37

中国版本图书馆 CIP 数据核字(2010)第 124322 号

出 版 人　曹胜利
地　　址　北京北河沿大街嵩祝院北巷 39 号，邮编 100009
电　　话　(010)64027926　电子信箱　postmaster@cnmip.com.cn
责任编辑　郭冬艳　美术编辑　李　新　版式设计　葛新霞
责任校对　王贺兰　责任印制　牛晓波
ISBN 978-7-5024-5297-1
北京兴华印刷厂印刷；冶金工业出版社发行；各地新华书店经销
2011 年 1 月第 1 版，2011 年 1 月第 1 次印刷
787mm×1092mm　1/16；22 印张；533 千字；334 页
66.00 元

冶金工业出版社发行部　电话：(010)64044283　传真：(010)64027893
冶金书店　地址：北京东四西大街 46 号(100010)　电话：(010)65289081(兼传真)
(本书如有印装质量问题，本社发行部负责退换)

前　言

尖端技术的不断进步使得一些高新科技领域，如航空航天、核能、新式武器制备、汽车工业、计算机等，对零部件提出了更高要求，给传统的粉末冶金模压成形带来了巨大挑战：(1)零部件尺寸向极小和极大方向发展：零件尺寸可以达到0.55mm或更小，如光纤通信上光纤连接器所用的陶瓷插针(外径1.25mm，内孔125μm，长10mm)，尺寸极大的制品有一维尺寸超过1m的各种板材、带材、棒材、管材以及二维尺寸很大的各种板材或三维尺寸很大的零部件，如飞机发动机涡轮叶片，大型涡轮增压器转子等。(2)零部件形状趋向于复杂化：如发动机涡轮盘、调速控制器的执行元件、植入牙陶瓷螺杆及阀门等；(3)零部件具有更高的服役性能：如核聚变反应堆中的面向等离子元件(PFC)、分流电阻器及燃气轮发动机中的关键部件等。传统模压成形由于其自身的局限性在精密的小型零部件及大型的结构件制备上不具有优势，同时无法满足这些领域对制品形状复杂性、高精度、高性能的要求。

“粉末增塑”包括成形过程通过引入低熔点有机物组元使粉末体增塑和在高温高压下使粉末体软化形成黏流体而增塑，粉末增塑成形技术是近年来发展速度非常快的制备高性能粉末冶金材料的近净成形技术，它包括添加有机黏结剂作为粉末载体，利用黏结剂在一定温度下呈现的黏流特性，在一定压力下使粉末成形为致密压坯的增塑近净成形技术，如粉末注射成形，粉末挤压成形；在高温与外压同时作用下，由于粉末表面产生软化形成黏流体，产生黏性流动从而成形的热压力增塑近净成形技术，如粉末热压、粉末热等静压以及低压热等静压(又称气压烧结)；以及在高温作用下使粉末体软化，同时施加较高压力使得粉末体发生黏性流动及塑性变形的大压力下粉末体热压力半固态加工技术，如粉末热锻，粉末热挤压，粉末热轧等。粉末增塑成形技术可以制备形状复杂性较高的制品、小尺寸的零部件以及一维或二维尺寸较大的管、带、板等异形材。另外，此技术可以一次成形所需形状的零部件，材料的利用率高，生产自动化程度高，可以有效降低生产成本，提高生产效率，适用于大规模生产。

粉末注射成形与粉末挤压成形有着很大的相似性，是将固体粉末与低熔点有机物均匀混合，在粉末体成形的过程中，利用高分子有机物在加热到较低温度(300℃以下)时产生软化或熔融，形成低黏度黏流体的特性，以此作为载体而充填进入形状非常复杂的型腔，成形为由有机物和黏结剂组成的复杂形状的压坯，然后利用物理化学方法（热脱除、溶剂浸入脱除等）将致密坯体中的有机物脱除形成多孔体，最后将多孔坯体烧结致密获得高性能零件的方法，可见，粉末注射成形与粉末挤压成形是多学科渗透与交叉的产物，涉及塑料成形工艺学、高分子化学、粉末冶金工艺学和金属材料学等。粉末注射成形与粉末挤压成形的不同之处在于注射成形适用于制备三维形状非常复杂、三维方向尺寸较小的制品，形状设计自由，其在黏流体增塑成形过程中的增塑充模行为较为复杂，所采用的压力较大，黏结剂黏度较高，对粉末要求较高；而粉末挤压成形技术适用于成形一维或二维形状的棒材、带材、管材、板材或带内螺纹的硬质合金棒材，制品长度不受限制，成形压力较小，黏结剂黏度较低，粉末挤压成形技术对硬脆材料体系，如硬质合金和钨基高密度合金等棒材挤压成形应用非常广泛，是制备管、带、棒等异形产品的有效方法。

粉末热压力增塑近净成形是利用高温和高压的共同作用，使得粉末体软化产生黏性流动发生致密化而制备粉末冶金零部件的一种近净成形方法，其特点在于成形与烧结致密化过程同时进行。粉末热压力增塑近净成形技术制备的制品密度可以达到近全致密，且组织可控，晶粒细小均匀，形状复杂，物理力学性能接近甚至超过普通铸造生产的制品，该技术所制备的高性能粉末冶金结构材料具有独特的优势，因此越来越受到人们的重视。粉末热压力增塑近净成形包括最初的热压，后来发展的热等静压以及最近几年发展迅速的低压热等静压，这些技术在国防、航空航天等高尖端领域中发挥了十分重要的作用。

大压力下粉末体热压力半固态加工技术是指金属/合金粉末或其粉末毛坯在加热至再结晶温度以上，粉末体发生软化时，沿一个方向或几个方向施以高压力，使粉末体产生强烈的黏性流动和塑性变形而达到近全致密，同时得到所需制品的一种技术。该技术最大优势在于适合制备传统粉末冶金无法制备的大棒坯和大块材以及大尺寸薄板等，它包括粉末热锻、粉末热挤压、粉末热轧以及预成形坯热挤压等。粉末体热压力半固态加工技术有利于改善粉末塑性和流动性以及降低加工过程所出现的加工硬化现象，大大提高制品的密度（可达到99%以上），使材料的强度、延性等力学性能大大提高，与熔炼和压力加工所制备的材料性能接近，而且组织结构呈现一定的取向。另外，粉末体经热压力加工后所制备的制品一般不需要后续热处理，减少了生产工序，提高了生产效益，降低了生产成本。近年来，此技术被广泛应用于制备弥散强化复合材料、超合金、铁合金、硬质合金、快速凝固粉末复合材料等材料体系，是一种具有较大发展潜力的成形加工技术。

近几年来，随着国家尖端技术对材料的成形与性能等多方位的要求，粉末冶金材料制备技术得到快速发展，其特点是粉末冶金与加工、机械制造和化学等学科出现多学科交叉。以上几种成形技术就是以多学科交叉为基础而产生的，它们在粉末近净成形过程中利用了黏流体增塑产生黏性流动而形成压坯，或在成形与烧结致密化、粉末冶金制品大变形加工过程中利用了黏流体产生的黏流流动或/和塑性变形的综合效果而达到近全致密，其最大的共同点就是某一过程中黏流体增塑产生黏性流动起到了关键作用。因而作者在本书中将它们作为粉末冶金近净成形技术与方法而统一起来，形成《粉末增塑近净成形技术及致密化基础理论》一书，供广大科研工作者，广大本科生、硕士生和博士生参考。

本书共分为四篇，第一篇为粉末注射成形基础理论与技术，覆盖了注射成形技术原理与优势、注射成形粉末制备、黏结剂的性质与设计、粉末－黏结剂混合料的流变学、粉末注射成形计算机模拟、模具设计、黏结剂的脱脂方法、烧结等内容（第1～第8章），与以前出版的关于粉末注射成形的书相比，涉及黏结剂组元有机物的物理化学性质以及各有机物组元的相溶性，黏结剂的设计基础以及黏结剂与粉末的相互作用力，黏结剂与粉末体混合流变学、模具设计、脱脂及强化烧结原理等基础性问题的阐述更为深刻和详尽，对丰富粉末注射成形基础理论及进一步优化其技术做了很好的补充，为企事业、科研工作者提供更为完善的理论和工艺指导。另外，本篇对当今生产实践应用较多的几种典型材料体系的注射成形进行了较为详尽的分析阐述（第9章），还介绍了近几年来粉末注射成形发展前沿的一些新技术如粉末微注射成形（第10章），以期对这些材料产品的注射成形产业化能起很好的指导作用。第二篇粉末体增塑挤压成形，主要内容包括基本工艺介绍、黏结剂设计与脱除以及产品的设计（第12～第14章），成形剂设计与制备、挤压过程流变行为分析与控制、成形剂脱除以及挤压模具设计，并重点针对硬质合金的棒材的挤压成形这一最敏感的制备技术进行了详细分析。第三篇包括热压、热等静压和低压热等静压技术等方面，重点分析阐述了热压力增塑近净成形技术。第四篇为大压力下粉末体热压力成形技术的理论基础，包括粉末热锻、粉末热挤压、粉末热轧以及热挤压等热增塑致密大变形技术，从原理、方法、制备工艺与材料性能方面详尽阐述了这一当今和未来粉末冶金制备高性能大制品的很有潜力很有发展前景的新型近净成形技术，介绍了该技术近年来的发展动态和新技术。

本书作者从1990年以来一直从事粉末冶金近净成形与新材料、新技术的研究，从1996年以来一直从事粉末注射成形技术的研究，于1999年开始一直承担粉末冶金专业硕士研究生及博士研究生的专业课《粉末注射成形技术》授课。作者及其课题组老师，硕士、博士研究生等近20人组成的学术团队在进一步开展粉末注射成形技术研究的同时，开展了大量钨、钼等难熔金属与合金，金属陶瓷复合材料的纳米制备技术的研究以及极端服役条件下的高性能材料的研究，以粉末注射、挤压成形、热压、等静压、低压等静压等方法为主要成形与致密化研究方法,同时对加工、形变强化等方面也开展了大量的研究工作。本书是作者根据多年来开展的研究和长期授课积攒的大量国内外相关文献的报道撰写而成的。

参加本书撰写的还有:卢明园、高建祥、韩勇、成会朝、刘涛、祁美贵、刘拼拼、银锐明、龚星(排名不分先后),对他们的工作表示感谢。

由于作者水平有限,谬误之处敬请读者赐正。

作 者

2009年11月

目　录

第一篇　粉末注射成形基础理论与技术

第二篇 粉末体增塑挤压成形基础理论与技术

第三篇　粉末热压力增塑近净成形理论与技术

第四篇　大压力下粉末体热压力塑性加工成形技术

第一篇

粉末注射成形基础理论与技术

1 粉末注射成形原理与技术优势

1.1 概述

粉末注射成形(Powder Injection Molding,简称 PIM)是一种将粉末冶金技术与塑料注射成形技术相结合的增塑近净成形技术。它利用高分子有机物作为黏结剂,充分利用其在加热到一定温度下的熔融和流动特性,类似注射塑料一样将粉末和黏结剂的混合物成形为各种所需形状的成形坯,然后用化学或热分解的方法将成形坯中黏结剂脱除,最后经烧结致密化和必要的后续加工工序得到最终产品。由此可见,PIM 是由多学科渗透与交叉而产生的一门材料制备工艺与科学,涉及塑料成形工艺学、高分子化学、粉末冶金工艺学和金属材料学等。

PIM 技术起源于 20 世纪 20 年代后期,最早应用于汽车陶瓷火花塞的生产;60 年代初,该技术被引入到硬质合金生产领域;到了 70 年代末期,PIM 技术开始用于批量生产。90 年代之前,PIM 的发展相当缓慢,90 年代初,随着各种关键技术的逐个攻破,PIM 在商业上才获得巨大成功,也才真正成为一种具有竞争力的粉末冶金近净成形技术。直至目前,PIM 产品已在生物医疗器械、电子信息工程、办公设备、汽车、机械、体育器械、钟表业、兵器及航空航天等领域得到了广泛应用[1~6]。表 1－1 为目前各领域中应用 PIM 技术的一些典型产品[5~13]。

表 1－1 PIM 技术的应用领域及典型产品

应用领域	典 型 产 品
航空、航天	飞机机翼铰链、火箭喷嘴、发动机陶瓷静叶片、陶瓷涡轮转子、陶瓷涡轮叶片芯子
汽 车	点火控制锁部件、涡轮增压器转子、阀门导轨部件、汽车刹车装置部件、汽车防晒篷部件
电 子	磁盘驱动器部件、电缆连接器、电子管壳、计算机打印头、电子封装件
军 工	地雷转子、枪械扳机、穿甲弹弹芯、准星座、集束弹小箭、导弹尾翼、偏滤器
医 疗	陶瓷牙齿、牙齿矫形托槽、体内缝合针、活体组织取样钳、防辐射屏罩
日用品	表壳、表带、表扣、高尔夫球头和球座、运动鞋扣、体育枪械零件、文件装订打孔机
机 械	异形铣刀、切削工具、微型齿轮

作为一种制造高质量精密零件的近净成形技术,PIM 在制造具有复杂形状、组织结构均

匀的产品方面显示了独特的优势。它不仅具有常规粉末冶金工艺工序少、无切削或少切削、经济效益高等优点，而且克服了传统粉末冶金工艺制品材质不均匀、不易成形薄壁和复杂结构零件的缺点，特别适合于大批量生产小型、形状复杂的金属和陶瓷零件，具有较大的形状设计自由度，是零部件制造技术行业一次新的变革。

1.2　粉末注射成形基本工艺

PIM 技术包括四个主要工序：将粉末与有机黏结剂进行混炼制备喂料、注射成形、脱脂以及最终的烧结[2,3]。图 1－1 为 PIM 工艺流程示意图。

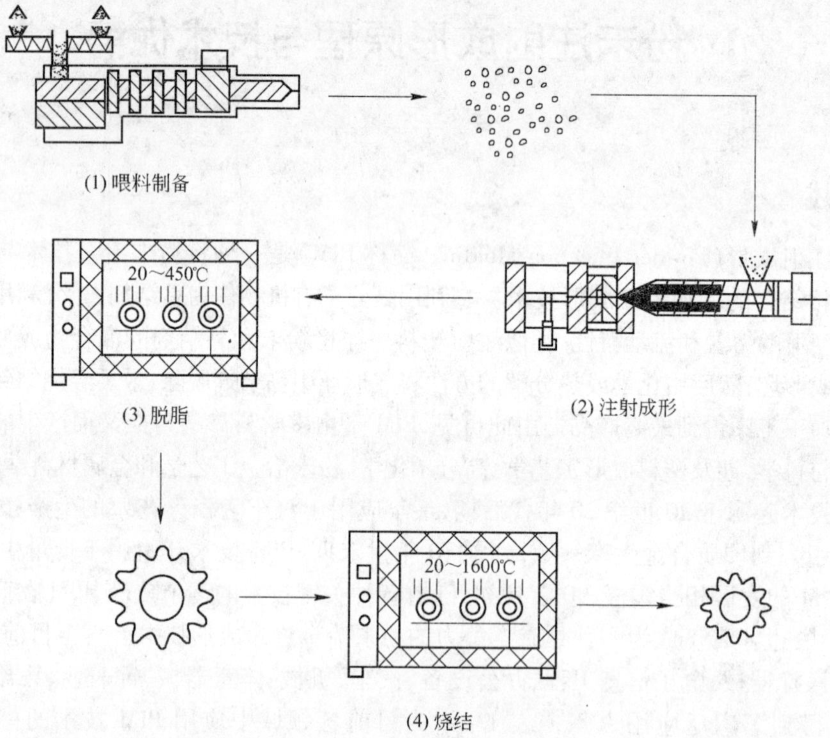

图 1－1　PIM 基本工艺过程（Rudolf Zauner[1]）

（1）喂料制备。粉末和黏结剂的混合物称喂料。通常情况下，用于 PIM 的喂料中黏结剂占 40%～60%（体积分数）[14]，其通常由高分子和低分子有机物混合而成，有机物加热到远低于原料粉末熔点的一定温度范围内时将会发生软化和熔化，具备一定的熔融特性及流动性。常用的黏结剂的主要成分有石蜡（PW）、聚乙烯（PE）和聚丙烯（PP）。用于 PIM 的粉末颗粒尺寸细小，一般应低于 20μm。

（2）注射成形。喂料首先在注射成形设备中加热以使高聚物相发生软化或熔化，然后粉末及高聚物熔融态混合物注射到模腔内，注射温度远低于粉末的熔点，在注射过程中熔融的黏结剂起到粉末载体的作用，而使粉末成为可流动的黏流体。在注射压力作用下，黏流体充填模腔各部位，然后在冷却作用下，高温黏流体凝固，从而成形为所需形状的注射成形坯体。最后，在较低的压力下将注射成形坯体从模腔中脱出。

（3）脱脂。将注射成形坯在溶剂、加热或二者的结合作用下，使有机黏结剂溶解或分解而从坯体中脱除的过程称为脱脂,注射成形坯经过脱脂后的坯体称为脱脂坯。由于注射成形坯体中黏结剂所占比例较高,黏结剂基本上均匀包覆在每个粉末体周围。黏结剂脱除后的坯体多为松散的粉末体,其强度较低,造成搬运上的困难。故在脱脂过程中,保温温度一般略高于脱脂温度,从而达到预烧结的效果,使得粉末坯体具备一定的强度。

(4)烧结。烧结就是使由松散粉末体组成的脱脂坯在较高温度下固结成为密实的、具有所需强度及性能的致密坯体。由于粉末注射成形坯体中黏结剂所占体积分数较高,烧结过程的收缩较模压成形坯的要高,一般在20%以上,对于陶瓷坯体或纳米粉末体,烧结收缩率可以达到25%~33%,而对于模压成形坯体,其烧结收缩率一般在3%~15%范围内,因此,PIM制品烧结过程中变形及尺寸精度的控制成为一个重要环节。特别是对于烧结过程中有液相和重力差产生的合金,如高密度钨合金,在液相烧结过程中受到重力作用,容易产生坍塌和变形,而PIM工艺中添加大量的黏结剂,烧结收缩量大,变形更为严重。此时,可以采用(固相+液相)二步烧结以控制烧结变形[15]。如W-Ni-Fe合金先在1400℃进行固相烧结,形成坚固的W连通骨架,然后再进行液相烧结。W骨架的产生有效地阻碍了合金变形,同时使合金显微组织的均匀性及性能都得到提高[5,16,17]。然而,两步烧结方法在液相量较多的情况下并非十分有效,此时可以采用强化烧结(亦称活化烧结)法,即通过降低活化能,使得致密化速率加快,在较低的温度下得到高的密度和优良的性能。强化烧结包括:细粉(细晶)活化、机械活化、粉末预合金化、添加合金元素的活化固相烧结和活化液相烧结[5,18~20]。

另外,由于脱脂坯体强度较差而难以搬运,因此可以采用脱脂烧结一体化技术,从而避免其中间搬运过程造成的缺陷,同时缩短了生产周期,降低了生产成本[5]。目前,可以根据不同合金和零件的特点,在脱脂后烧结或脱脂烧结一体化两种不同的烧结工艺中进行选择。

1.3 技术优势

PIM工艺的主要优势是可以以低成本制备非常复杂形状的零件。与传统粉末冶金和精密铸造相比,PIM工艺的优势具体表现在:

(1)产品形状可以非常复杂和非常细小(厚度可以小于0.25mm,见图1-2薄壁金属钛部件),并且具有形成最终几何形状的能力(图1-3~图1-8),如可以成形制品内部的螺纹以及外部的螺纹,从而使得产品的机加工程度降至最低。

图1-2 粉末注射成形薄壁金属钛部件(玩具的旋转枢纽)[4]

图1-3 粉末注射成形汽车用不锈钢部件前、后视图[4]

图 1-4　粉末注射成形 Fe-Ni 合金螺线管操纵阀的烧结坯(左)及注射坯(右)[4]

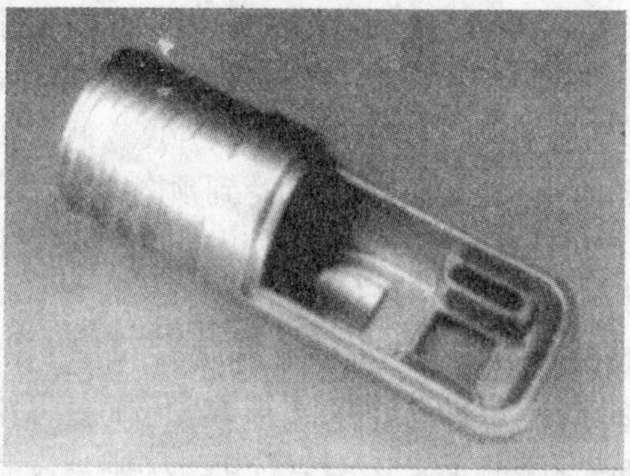

图 1-5　粉末注射成形不锈钢手术显微镜部件[4]

图 1-6　粉末注射成形不锈钢六角夹具[4]

图 1-7　粉末注射成形钢制联轴器[4]

(2)材料利用率高。由于喂料可以重复使用,因此材料利用率可达 95% 以上,这一特点对于一些贵重的金属材料的生产尤为重要,如高密度钨合金[20~24]、硬质合金(图 1-9 和图 1-10)[25~27]、特种陶瓷[28,29]以及贵金属等。

图 1-8　粉末注射成形陶瓷杯[4]

图 1-9　粉末注射成形硬质合金部件[4]

(3)PIM 所得零件表面精整程度较高,形状保持较好,无须进行磨削或机加工等二次加工亦可保持其形状上的精准性。

a b

图 1-10 粉末注射成形硬质合金可转位异形刀片

a—正面;b—反面[27]

(4)自动化程度较高,因而该工艺适合用于批量生产。对于大批量生产,生产速率可达每天 200000 件制品的规模[3~6]。

(5)可以通过采用塑料工艺中已有的计算机方法进行计算机模拟,得到最佳的零件和模具设计[31,32]。

(6)采用共注射成形还可以制备由不同成分材料组成的零件[33~35]。

2 注射成形粉末颗粒特征与注射成形粉末制备

粉末颗粒堆积情况与颗粒特征是PIM工艺中十分重要的参数,粉末颗粒堆积情况属于粉末体的集合特征,它包括松装密度、振实密度、颗粒间摩擦状态、比表面积、渗透性和孔隙大小等,其中粉末的松装密度和振实密度、孔隙大小是影响黏结剂加入量的最关键因素。颗粒粒度、形状、表面化学和表面粗糙程度等为粉末颗粒的特征,他们共同决定了颗粒间的摩擦,从而决定粉末成形坯在脱脂后保持形状的能力。

对于PIM工艺,尤为重要的参数是松装密度、颗粒粒度、颗粒形状和表面粗糙程度等,且最关键的特征是松装密度,它由颗粒粒度、形状、表面粗糙程度及孔隙度等特征共同决定。由于加入到粉末中的黏结剂的总体积应与粉末体孔隙的体积相等,黏结剂过量或欠量均会导致成形坯产生变形或缺陷。同时,烧结收缩、脱脂速率和成形坯的强度与粉末松装密度紧密相关。松装密度越低,黏结剂含量越高,烧结时收缩率也越大。一般来说,PIM工艺希望粉末具有高的松装密度,因为松装密度高的粉末的注射过程易于控制[3,5,36,37]。

2.1　粉末颗粒松装密度

松装密度是用以表征粉末颗粒松装堆积的重要参数,它是指粉末在规定条件下自然填充容器时测得的粉末密度。与此相对应的振实密度是将粉末装于振动容器中,在规定条件下,经过振动后测得的粉末密度[37]。在注射成形工艺中,颗粒松装堆积特征很重要,注射成形喂料的粉末装载量的高低与粉末的松装密度或振实密度密切相关;另外,粉末松装密度高,烧结收缩率就小。

2.1.1　影响松装密度的因素

粉末体的松装密度是颗粒粒径、颗粒形状、粉末比表面、粉末粒度偏聚情况等诸因素相互作用的结果[3]。

(1)颗粒粒径大小。颗粒粒径大时,颗粒间的摩擦力较小,松装密度大。相反,粒径越小,由于颗粒间的内聚力使得粉末颗粒间越易发生团聚,粉末松装密度越低。颗粒间的内聚力是粉末体易于发生团聚的主要原因,因此小粒径粉末由于粉末间内聚力高难以获得高的松装密度,同时这种颗粒间的吸引力导致的团聚还可使混合困难。改善颗粒团聚的办法是在颗粒表面包覆一层极性分子,使得颗粒之间产生斥力,这种表面斥力将会减弱颗粒间内聚力,从而有利于粉末体获得高的松装密度。

(2)颗粒形状、表面粗糙度。影响颗粒之间摩擦的另一重要因素是颗粒表面以及颗粒形状的规则程度。颗粒表面越粗糙或颗粒形状越不规则,颗粒之间的摩擦就越大,松装密度就越低。同一粒度下,呈球形状、表面光滑的粉末其松装密度最大,反之,形状偏离球形的颗粒则松装密度较低。

(3)粉末比表面积。通常,粉末的形状越不规则或粉末的粒度越小,则粉末的比表面积越大,颗粒间的吸引力增加,粉末易产生团聚,松装密度降低。

(4)粉末偏聚。产生聚集的主要原因是颗粒间粒径的差别,不同粒径的颗粒混合在一起时,由于粒径差别太大而引起粉末颗粒偏聚,偏聚会导致松装密度不均匀,在烧结时会导致坯件发生变形。对于粒径变化大的粉末,偏聚会导致总密度的下降以及局部密度不同。在均匀混合的粉末注射成形喂料中,粒径偏聚并不严重,而在未混合前的松散粉末中则可能存在较严重的偏聚。

(5)器壁效应。器壁效应是指在盛装粉末的容器或阴模内壁周围存在一层局部有序的松装区,此处的松装密度最高,因此容器中的粉末体会随着离容器壁的距离的增加呈递减趋势,这种效应在平坦、光滑的容器表面更为显著。因此,模腔内壁附近的粉末松装堆积实际上和其他区域是不相同的。

2.1.2 提高松装密度的方法与途径

粉末体的松装密度是由颗粒粒径、颗粒形状、粉末比表面、粉末粒度偏聚情况等共同决定的,可以通过以下方式来提高粉末体的松装密度:

(1)对比表面较大、形状不规则、粒度较细易于发生团聚的粉末,采用粉末表面改性,使其表面包覆一层极性分子,减少摩擦,提高松装密度。

(2)对非球形、不规则形状粉末,采用球磨调整粉末形状,或者采用粉末球化处理,如等离子球化,高速旋转冲击球化等。

(3)采用多种粒度粉末进行搭配。

2.2 注射成形粉末体的颗粒特征

粉末原料是粉末注射成形技术获得成功的关键一步,粉末影响到喂料的性能、脱脂的快慢和脱脂过程中的变形与烧结行为,控制粉末特征对成功控制注射成形制品的尺寸与性能的稳定性很重要。对于粉末注射成形而言,粉末颗粒的形状、粒度与分布、表面积、颗粒间的相互摩擦是十分重要,它们影响到粉末的松装密度、振实密度、装载量、喂料的性能(均匀性和流动性)和烧结收缩与产品的致密化。一般说来,适用于注射成形的粉末一般由等轴状球形或近球形颗粒组成,粒度一般小于20μm。

2.2.1 粉末颗粒的粒度

颗粒粒径大,颗粒间的摩擦力小,松装密度大;相反,粒径越小,由于颗粒间的内聚力使得粉末颗粒间越易发生团聚,粉末松装密度越低。由于脱脂速率、成形坯的强度和烧结收缩与粉末体的松装密度有较大关系,因此粉末体颗粒的粒度对注射成形工艺起到了关键性的作用。

注射成形粉末颗粒的最佳粒度范围在1~20μm内,过粗或过细的粉末均对PIM工艺产生不良影响。当粉末颗粒过粗时,由于粉末的烧结活性比较低,使得烧结致密化程度低,导致孔隙度增大和密度降低,影响材料性能;对于超细粉末,由于其高活性的表面和高的内聚力导致其松装密度低,从而使注射成形工艺难以控制,使得生产成本提高。

考虑到一些特殊工艺及制品对粉末的特殊要求,1~20μm并不是划定一种粉末是否可以用于注射成形的绝对粒度范围,例如,德国的T. Hartwig指出,颗粒粗大、烧结性能较差的粉末适宜用于大尺寸制品的生产。在T. Hartwig的研究中,三种粒度分别为22μm、45μm和75μm的不锈钢粉末被用于制造注射成形大尺寸部件,粗颗粒的使用表现出了工艺及所制得制品性能易于控制的优越性。另一方面，由于微注射成形技术的出现，对超细粉末的需求日益增加，这是因为微注射成形本身技术上的特点要求粉末颗粒粒度十分细小，理想的微注射成形粉末的平均粒径在1～3.5μm范围内，目前用于微注射成形的粉末最细可以达到100nm[38～41]。

2.2.2　粉末颗粒的形状

粉末颗粒的形状亦是粉末注射成形工艺的一个重要影响因素，当颗粒形状不规则时，成形坯在脱脂后有较好的形状保持性，但是由于不规则形状使得粉末松装堆积的配位数和密度均降低，降低了喂料的流动性，继而影响了物料的充填效果，同时延长了烧结致密化过程。较为理想的解决办法是将球形粉末与不规则形状粉末进行混合，使得混合粉末同时具备两种粉末的优点：松装密度高及形状保持性好。

采用气雾化法制备的粉末颗粒的形状较规则，脱脂坯在烧结过程中收缩量较少，收缩率的各向异性程度较低，然而，其成形坯在脱脂过程中容易产生坍塌。相反，水雾化粉末一般为不规则形状，粉末之间的结合能力较好，脱脂后形状保持性良好，然而由于其收缩率较高，容易产生烧结变形。因此可以通过将气雾化粉末与水雾化粉末进行混合，在保证成形坯在脱脂时具备足够的形状保持能力的同时降低烧结变形程度。表2－1为316L不锈钢水、气雾化混合粉末的松装密度和临界装载量与气雾化粉末的添加量的关系。可见，随着气雾化粉末加入量的增加，粉末的松装密度升高，临界装载量得到提高，高的装载量有利于降低烧结收缩，使得产品尺寸得到有效控制[42]。

表2－1　316L不锈钢水、气雾化混合粉末松装密度和临界装载量与气雾化粉末添加量的关系[42]

粉末	气雾化粉末体积分数/%	松装密度	临界装载量（体积分数）/%
A	0	3.1	58
B	25	3.4	60.5
C	50	3.7	63
D	75	3.6	65.5
E	100	5.5	68

美国Kjar Anthony[43]采用半固态技术发明了一种新型的“橄榄球”颗粒形状的粉末，这种粉末颗粒外观呈椭圆状，与英式橄榄球外形十分接近。这种形状粉末的特点在于摇实密度高，具有大量的光滑表面，与黏结剂混合性好，喂料的流动性好，不易产生相分离。然而，实际上这种形状的粉末很难制备。

2.2.3　粉末颗粒的比表面积

粉末的比表面积越大，粉末的松装密度和摇实密度越低，粉末的流动性越差，粉末注射成形工艺中所需的黏结剂含量就越大，在制备混合料时混合就越困难，脱脂特征也会发生相应的改变，然而其优点在于烧结活性提高[44～46]。德国T. Hanemann[47]在其对氧化铝粉末喂料制备的研究中指出，粉末比表面积对喂料的黏度影响十分显著，当采用比表面积为$10m^2/g$的氧化铝粉末制备粉末喂料时，可以达到40%以上的装载量，采用粉末比表面积约为$107m^2/g$的粉末制备喂料，最大装载量只有8%或更低。

比表面积可以利用气体吸附法等方法来测定[37]。比表面积可以换算成具有相同比表面积的均匀球形颗粒的直径,称为比表面积径。对于某些粉末体来说,用比表面积来表示粒径要更容易一些。比表面积无法说明粉末性能、粉末构造或内部构造的特征,因此,它与其他粉末特征参数一起用以全面地描述粉末的特征。

2.2.4 粉末颗粒间的摩擦

颗粒间摩擦一般通过粉末流动性与松装密度来体现。随着表面积的增加,粉末间的摩擦也增加,从而使得流动性和松装密度下降。高的摩擦使堆积和充模性能降低,而低的摩擦则产生脱脂过程中坯件的崩塌和形状难以保持等问题。可见,颗粒间摩擦在测定流变学、松装特征和工艺过程中坯件形状保持等方面是相当重要的。安息角(又称自然坡度角)是代表颗粒间摩擦的一个常用指数。它是水平线与从一小孔流出而堆积成的粉末斜面之间的角度。自然坡角越大,则脱脂过程中阻止坯件变形和崩塌的抗力越大,大多数注射成形粉末的自然坡角应大于55°。

2.3 注射成形粉末的制备

PIM各步工艺与粉末的粒度大小、形状、表面粗糙程度、显微结构及化学成分等密切相关,这些粉末特性直接影响了喂料的装载量和流变性能、脱脂和烧结过程的控制以及制品的最终性能。粉末体的特性又决定于粉末的制备方法,因此粉末制备是注射成形工艺中最基本同时也是十分关键的一个步骤。对于不同的材料,应选择适合材料自身特点的粉末,同时,还应综合考虑注射成形制品的要求以及制造成本等各方面因素,以达到既能生产出符合要求的粉末又节省生产成本的目的。目前,适宜于粉末注射成形粉末的粉末制备技术有(气、水、离心、等离子)雾化法、氧化还原法、羰基热解法、液相沉淀法、机械球磨法等[3,4,44]。

2.3.1 雾化法

雾化法又称喷雾法,是制备粉末注射成形粉末最为常用的制粉技术,它是一种依靠击碎液体金属或合金制得粉末的方法。由于雾化法仅需克服液体金属之间的结合力就能使之成为细小粉末,因而与机械粉碎法相比,所消耗的外力较小,能耗低,是简便经济的粉末制备方法。雾化法包括:(1)水雾化及气雾化;(2)离心雾化:包括旋转圆盘雾化、旋转电极雾化、旋转坩埚雾化等;(3)其他雾化方法:等离子雾化、真空雾化等。本小节内容主要介绍三种最常用于注射成形粉末制备的雾化技术:水/气雾化、离心雾化以及等离子雾化。

2.3.1.1 气雾化和水雾化

气雾化与水雾化并称二流雾化,一般用于制备注射成形金属及合金粉末,是雾化制粉技术中最基本同时也是最常用的两种雾化技术[36,45,46]。注射成形不锈钢所用的粉末大多是采用这两种雾化技术制备的[36,45,46,48,49]。

图2-1为气/水雾化法制备粉末的示意图[50],熔融材料进入喷嘴受到高速雾化介质的冲击而形成小液滴,这些小液滴在运动过程中自身的热量不断地传递给雾化介质,从而随温度降低凝固成粉末颗粒。水/气雾化十分适用于制备成分均匀的合金粉末。

A 气雾化

气体雾化可采用空气或惰性气体等作为雾化介质,采用惰性气体雾化可以减少金属液滴的氧化和杂质气体的溶解，提高粉末制品的纯度。气体作为雾化介质时，冷却能力较液体弱，使得粉碎后的金属液滴有足够的时间供表面张力起作用充分球化，因此，气体雾化的优点在于所制备的粉末颗粒呈球形，均匀性好，松装密度及振实密度较高[3, 45, 51,52]。图2－2分别为气雾化316L和17－4PH不锈钢粉末。

粉末注射成形技术向微小型化的发展需要粒度更为细小的成形粉末，高压气体雾化法虽然可以生产粒度较细的气雾化粉末[53]，然而由于能耗高、气体用量大，故而生产成本较高。传统气雾化制粉工艺所采用的气体介质的工作温度一般是在常温下，若将雾化气体加热至高温，雾化气体的破碎效率将会得到有效提高。在传统雾化技术的基础上，基于气体温度升高使得出射口处气流速度提高的原理，研究者们发展了高温气雾化技术。作为一种新雾化工艺，高温气雾化的优点在于高效地制备粒度较细的粉末，与采用高压气体雾化法相比，高温气雾化方法的使用能显著地提高细粉的产量，能耗及气体的用量相对降低，生产成本下降20%～30%[54～56]。

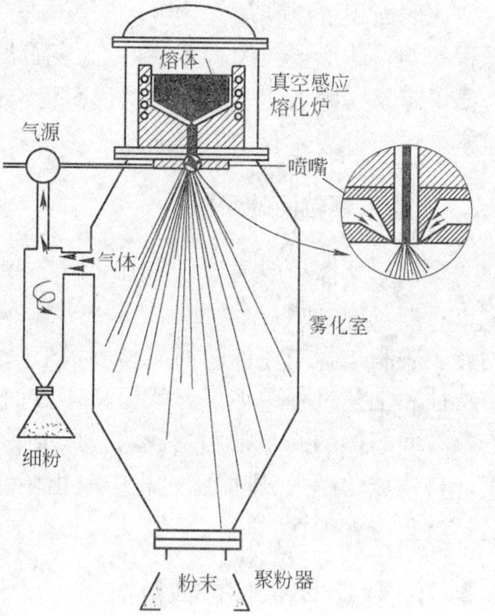

图2－1 气/水雾化法制备粉末的示意图[50]

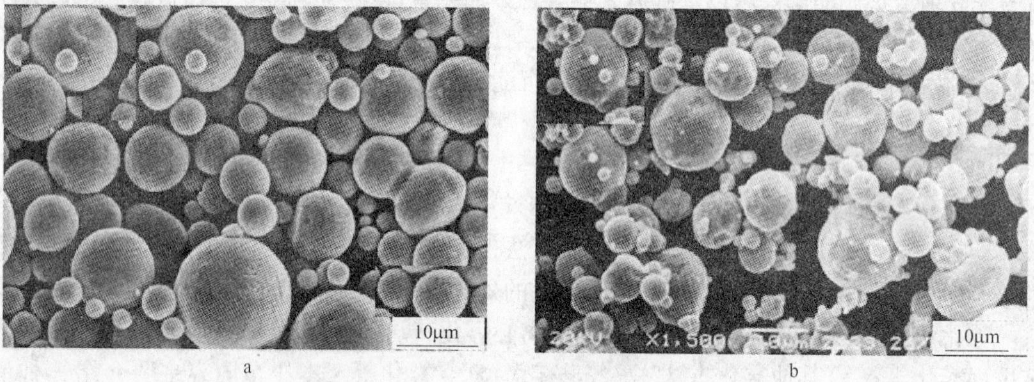

图2－2 气雾化316L(a)(Pavan Suri[45])和17－4PH(b)(Yiming Li[51])不锈钢粉末

图2－3代表雾化气体介质入射口处的速度与气体温度之间的关系。随着温度的升高，气体产生膨胀，容器内的气体压力随之增高，从而使得出射口处的气体受到更大的压力的作用而进行喷射，高速气流具有高的动能，能提高破碎金属液流的效率，使得所得粉末粒度变细，细粉产量提高。图2－4为在常温气体雾化机的基础上通过添加一个加热系统改装成的热气体雾化设备，该设备可将气体介质加热至500℃。

B 水雾化

采用水雾化法制备的注射成形粉末，颗粒形状不规则，成形后粉末颗粒之间具有自锁能力，使得坯体在脱脂时具有一定的形状保持性。图2－5为典型316L不锈钢水雾化粉末的形貌。

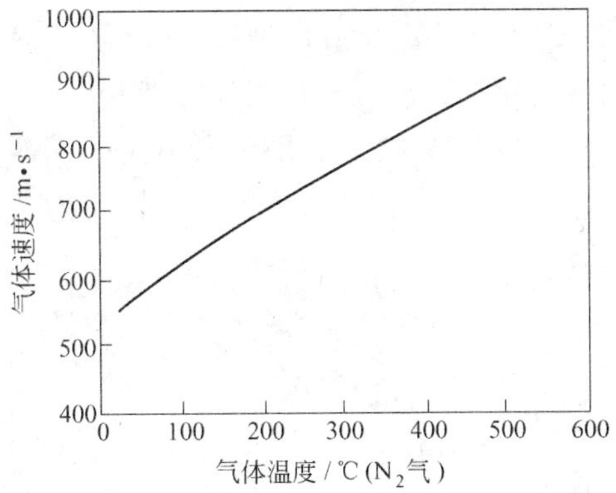

图 2－3　雾化气体介质入射口处的速度与气体温度的关系[56]

图 2－4　高温气体雾化设备[56]

图 2－5　316L 不锈钢水雾化粉末[45]

由于水在喷射时较气体具有更高的动能，因此，水雾化对金属熔液的破碎效率明显高于气雾化，所得粉末粒度相对较细；同时由于雾化介质水的热容量大，颗粒冷凝速度快，金属液滴的表面张力作用时间短，金属液滴在尚未充分球化之前已经凝结成固态粉末，因此粉末形状不规则。通过提高水的压力，增大水的流速及流量，缩小金属液流直径、采用适当喷射顶角等措施，可以使得水雾化粉末粒度减小。另外，控制好以下几个工艺参数可以得到球形度较高的粉末：低的水流速，喷射顶角大，液滴飞行路程长等[3]。

水雾化法一般可用来生产注射成形用细粉末，然而，由于水可将粉末体氧化从而导致氧化夹杂，一般进行水雾化以后，需采用氢气还原消除因水与金属反应造成的氧化，若想更好地控制颗粒形状与避免氧化，可以用油来代替水作为雾化介质。

粉末的粒度大小与雾化过程中雾化介质压力成反比，因此通过提高液体介质压力的方式，可以进一步降低水雾化粉末的粒度，由此，人们在常规水雾化技术的基础上发展了超高压水雾化技术，用以满足注射成形对价格低廉的超细粉末的需求。Animesh Bose[57] 等将超高压水雾化法制备的 316L 不锈钢粉末与采用传统水雾化方法所制备的同种成分的粉末进行了比较，该研究中采用的超高压水雾化制备的超细粉末粒度在 3 ~ 5μm 范围内，普通水雾化粉末的粒度为 7 ~ 9μm，采用同一种黏结剂将两种粉末以相同的装载量制备喂料，喂料经注射成形、脱脂后，在不同温度点下进行烧结制备最终样品，进行密度测量以及拉伸性能测试，其结果如

图2-6所示。显然,无论是密度还是强度,超细水雾化粉末所制备的样品均较普通水雾化粉末所制备的样品高,同时,超细粉末的样品在900℃已经开始致密化,1100℃时便已达到97%的相对密度。因此,采用超高压水雾化技术制备的超细粉末具有最终制品致密度高、性能优良的特点,同时由于致密化开始温度低、速度快,可以有效地节省能耗,降低生产成本。

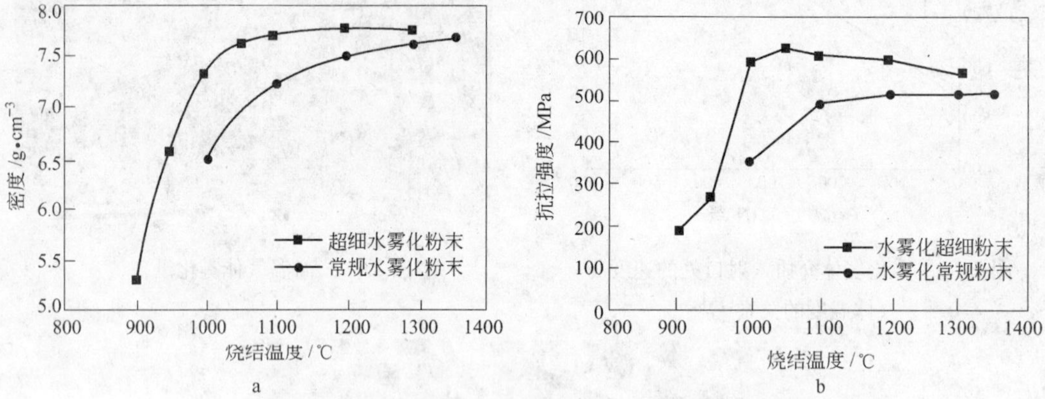

图2-6　超细水雾化粉末与常规水雾化粉末制备的注射成形316L不锈钢密度(a)及抗拉强度(b)与烧结温度之间的关系[57]

C　注射成形气雾化粉末与水雾化粉末的比较

水雾化粉末的形状不规则,颗粒间摩擦大,松装密度及振实密度较低,因此在粉末粒度相同的情况下,水雾化粉末制备注射成形喂料所需的黏结剂的量较气雾化粉末多。以注射成形316L不锈钢粉末为例,在Pavan Suri[45]等人研究中,$d_{50}=8\mu m$水雾化粉末的装载量为53%;Ji[58]等人研究中采用$d_{50}=5\mu m$的水雾化粉末,制备了装载量达到55%的喂料;Hartwig等人[36]的研究采用$d_{90}<20\mu m$的水雾化粉末,装载量可以达到59%,以上研究的水雾化粉末注射成形制品的最终烧结致密度均在95%~97%内。Fox[58]在其研究中指出,水雾化粉末的装载量达到58%时,喂料已经难以用于注射成形,然而对于气雾化粉末,装载量达到60%($d_{50}=8\mu m$)及65%($d_{50}=13\mu m$)的喂料仍可成形,并可烧结至全致密,两种喂料制备的样品烧结至全致密时的收缩率分别为18%和15%。

Pavan Suri[45]等人采用膨胀计测定法分别对注射成形气雾化及水雾化粉末注射成形316L不锈钢烧结致密化过程进行了研究。气雾化及水雾化粉末分别用以制备装载量为65%和53%的喂料,两种粉末的粒度及粒度分布相近,经注射成形、脱脂后进行烧结,其升温速率为10℃/min,烧结温度为1350℃,保温1h。图2-7为烧结收缩率随烧结时间的变化。水雾化316L不锈钢经过1h的烧结后,收缩率约为21%,致密度为97%;而气雾化样品的收缩率仅为14%,然而致密度却达到99%。图2-8为烧结收缩速率与烧结时间及温度的关系,当温度为1320℃时,气雾化粉末达到其最大收缩速率,而水雾化粉末的收缩速率最高出现在温度为1000℃时;气雾化粉末在980℃便开始收缩产生致密化,在1080~1031℃之间,气雾化粉末保持相对稳定的速率进行致密化,而水雾化粉末达1000℃后继续升温,收缩速率呈现递减趋势。由于粉末颗粒形状的不规则导致了水雾化粉末无法制备较高装载量的喂料,注射成形坯的密度相应较低,烧结收缩显著,然而大量孔隙的生成阻碍了合金进一步的致密化,收缩速率下降。

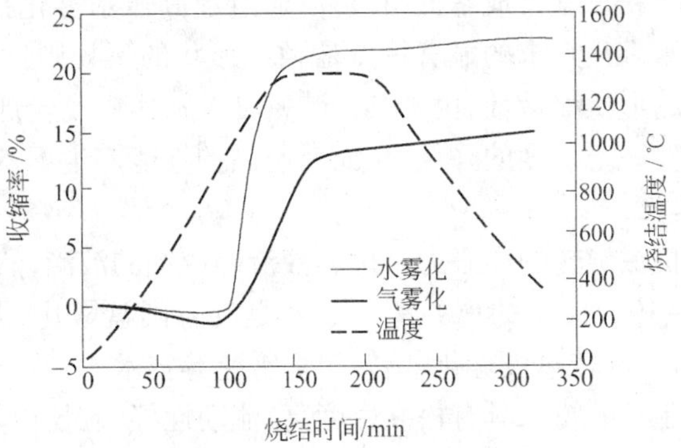

图 2－7 水、气雾化粉末制备的注射成形 316L 不锈钢收缩率与烧结时间及烧结温度之间的关系[45]

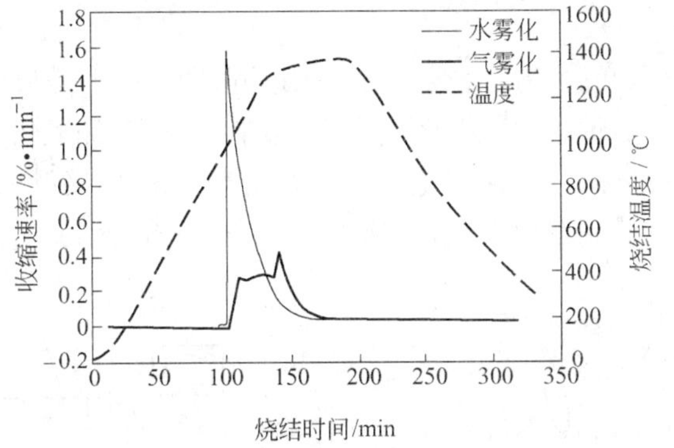

图 2－8 水、气雾化粉末制备的注射成形 316L 不锈钢收缩速率与烧结时间及烧结温度之间的关系[45]

图 2－9 为气雾化和水雾化 316L 不锈钢烧结后的金相显微形貌，由图可见，气雾化粉末样品的孔隙数量明显少于水雾化粉末的烧结样品。

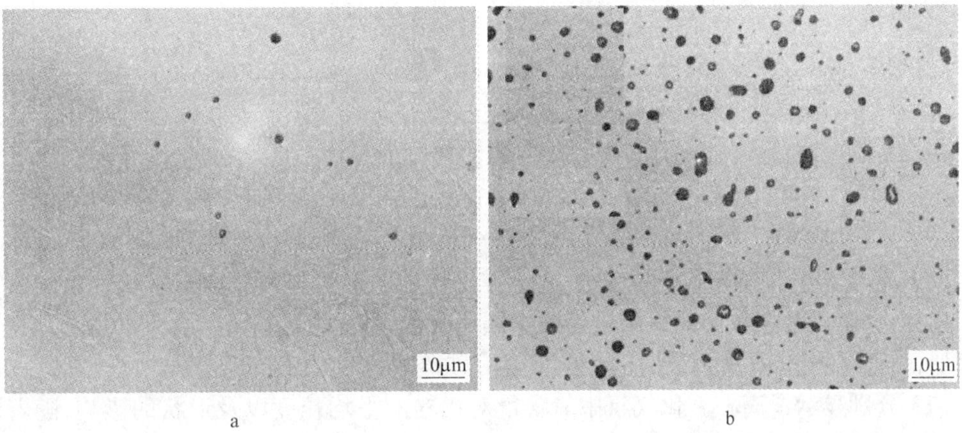

图 2－9 烧结态水雾化(a)及气雾化(b)注射成形 316L 不锈钢的显微形貌[45]

总的来说，相对于水雾化粉末而言，气雾化粉末更适用于注射成形，这是由于气雾化粉末较为规则的形状使得其具有较高的松装密度及振实密度，从而使得喂料的装载量得到提高，喂料的流变性能较好，最终使得烧结后样品具有较高的致密度以及良好的力学性能。水雾化粉末相对于气雾化粉末制备成本低,且可以通过超高压水雾化技术制备价格较为低廉的超细水雾化粉末。水雾化粉末的显著特点是颗粒形状的不规则性,这种特征有利于成形坯在脱脂时具备一定的形状保持性,由于其松装密度及振实密度较低,喂料的装载量以及最终烧结制品的密度均有一定程度的降低,从而对制品的性能产生不良影响。

2.3.1.2　离心雾化

离心雾化是利用机械旋转的离心力将金属液流碎成细的液滴,然后冷却凝结成粉末,离心雾化原理示于图2－10。最早的离心雾化技术是旋转圆盘雾化,即所谓D.P.G法,之后又出现了旋转水流雾化、旋转电极雾化、旋转坩埚雾化等技术。

离心雾化技术所制备的粉末具有松装密度高、流动性好、粒径均匀和不存在坩埚污染等优点,十分适用于制备装载量高、流变性能良好的粉末注射成形喂料。目前,离心雾化技术已应用于制备高温合金、低熔点金属或活性材料等的注射成形原料粉末,如铝粉、锆粉、钛粉和超合金粉末等。

以铝粉的制备为例简单介绍离心雾化的工艺过程,图2－11是典型的用于制备铝粉的旋转圆盘离心雾化机,它由熔炉、喷管、雾化室、旋转盘、控制系统、测氧仪及真空计等主要部分组成。原料首先在熔炉中加热熔化,通过喷管进入雾化室,当熔体接触高速旋转的圆盘时,离心力使熔体碎成液滴飞出,熔滴在尚未碰到器壁之前就凝固成固态粉末,落入收集器底部。

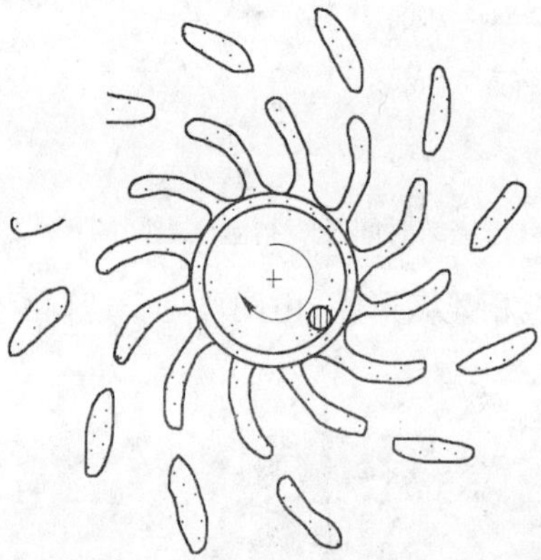

图2－10　离心雾化原理示意图[60]

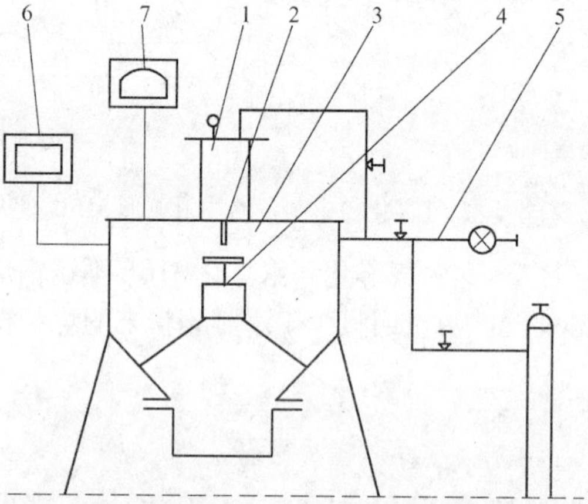

图2－11　UR－7M离心雾化机[61]

1—熔炉;2—喷管;3—雾化室;4—旋转盘;
5—控制系统;6—测氧仪;7—真空计

由于离心雾化本身技术上的特点,离心雾化粉末的形状与颗粒度与雾化气氛的氧含量密切相关,这是因为气氛中的氧易被熔融金属所吸收,然而金属熔液氧含量的增加使得其黏度增加,表面张力作用减小,从而使得液滴的破碎和球化过程的阻力增加。图2－12和图2－13分别显示了离心雾化气氛中氧含量对铝粉的平均粒度以及形状的影响,随着氧含量的增加,铝颗粒的粒度呈上升趋势,同时形状趋向长径比较高的纤维状转变。对于大多数低熔点及活性高的金属在离心雾化过程中均遵循相同的变化规律:随着氧含量的升高,颗粒粒度增加,颗粒形状越不规则且长径比越高。若氧含量过高,粉末易于呈纤维状,其松装密度极低。因此,针对离心雾化技术对气氛氧含量的敏感性,在采用离心雾化法制备适合于粉末注射成形的高活性金属粉末时,应严格控制雾化室中气氛的氧含量,以保证所制备的粉末颗粒细小、呈近球状，如图 2－13c 所示。

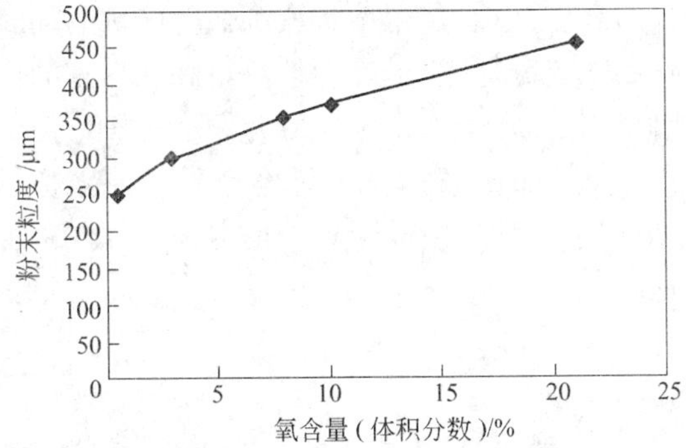

图 2－12　氧含量对铝颗粒平均粒度的影响[62]

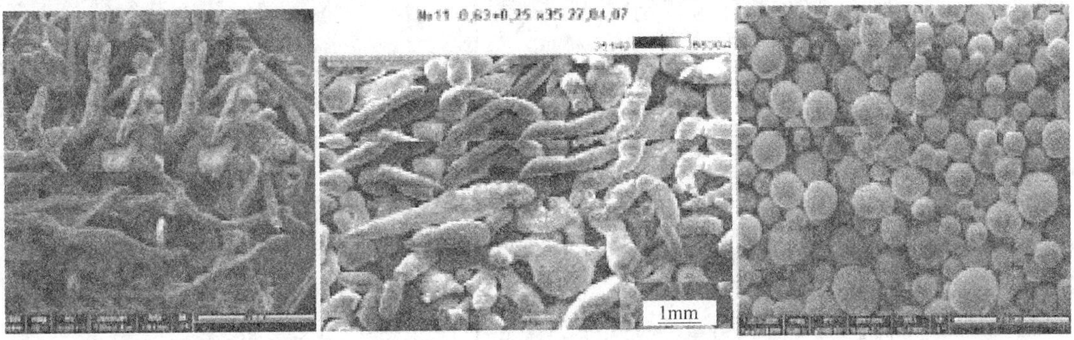

a　b　c

图 2－13　氧含量对铝颗粒形貌的影响[62]

氧含量：a—21%；b—3%；c—0.5%

2.3.1.3　等离子雾化

如钛等活性较高的金属容易在粉末制备过程中吸收碳、氧、氮与氢等间隙元素而导致纯度较低。在粉末制备过程中控制颗粒粒径细小可以使其适用于粉末注射成形工艺，但由于细小粉末更高的活性将会使得碳、氧、氮等对金属颗粒的污染更为严重。以金属钛为例，制备钛粉的传统工艺为机械研磨、氢化－脱氢以及气雾化等，这些工艺都存在金属钛被严重氧化、氮化等问题，而氧、氮等元素是无法在随后的各步工艺中脱除的，从而将会造成最终制品成分上纯度偏低。等离子雾化具有可以制备球形度高和纯度高粉末的优点，所制备粉末的粒径范围较宽，在 25～90μm。图 2－14 为等离子雾化制备金属钛粉的工艺示意图，以钛丝作为喂料，钛丝被引入顶部的三个高温等离子喷射管的等离子焰会聚处，被熔化并迅速被加速，高温等离子

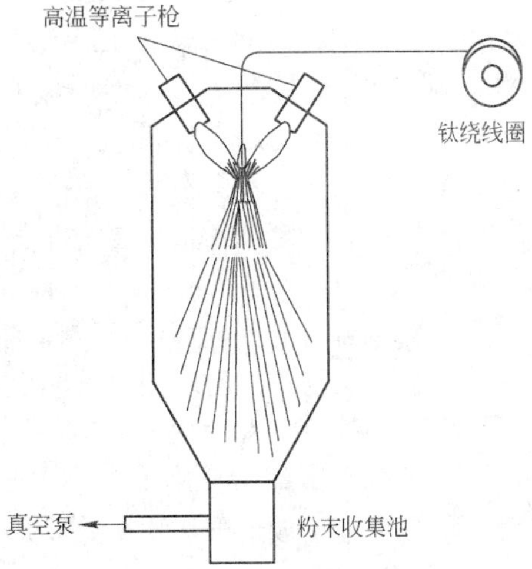

图 2－14　等离子雾化设备及工艺示意图[65]

焰为熔化后的熔融液滴提供了高的热能和动能。由于高温等离子焰的汇聚作用,使得雾化区附近形成一个范围较大的高温区域,使得熔融液滴在此区域运动时仍然保持熔融状态,有利于液滴在表面张力的作用下充分球化,最终颗粒获得高球形度的形状。另一方面,由于熔化与雾化一步完成,因此材料无须在熔池中预先熔化,从而避免了氧化及其他杂质的引进。等离子雾化法在高活性的金属(如钛、锆等)及其合金粉末制备方面有其独特的优势。目前,等离子雾化法已广泛应用于多种注射成形粉末的制备,如难熔金属、高温超合金、陶瓷、复合材料和传统金属等粉末[63~65]。

2.3.2 还原法

传统氧化还原法是制备金属粉末最为典型的方法,它包括碳还原、气体还原和金属热还原。一般来说,钨、铁、钴、铜等金属氧化物采用氢还原法即可制得,而稀有金属如钛、铌等粉末则需要采用金属热还原法才可以制得,碳还原法可以用于制备铁、锰、镍以及对碳含量要求不甚严格的钨粉。采用氢气还原 WO_3 制取金属钨粉是最为典型的还原制粉法,还原法除了可以制备单质金属粉末外还可以通过各种金属氧化物的共还原从而制备金属复合粉末,如 W–Ni–Fe[66] 及 W–Cu[67] 等。

然而由于还原法制备的粉末颗粒形状十分不规则,还原过程在高温下进行,不可避免地会存在粉末团聚现象,因此还原后的粉末一般均需经过球磨等处理解除粉末团聚[68,69],获得形状较规则,粒度较细的颗粒,方可用于注射成形。

2.3.3 羰基物热离解法

羰基物热离解是化学气相沉积法(CVD)中的一种,是离解金属羰基化合物而制取粉末的方法。羰基物热离解所制备的粉末粒度较细,粒度范围在 0.1~10μm 之内,其中大多数羰基粉末在 4~7μm 之间。羰基粉末的形成是一个形核、长大的过程,粉末颗粒多为接近规则球形的层状组织。羰基粉末最显著的特点是纯度高,羰基铁粉一般不含有 S、P、Si 等金属杂质,因为这些金属均不生成羰基化合物,如果不考虑碳、氧的含量,羰基铁粉在化学成分上是各种铁粉中最纯的。除了最常见的羰基铁粉[70~73],羰基物热离解法还可以用于制备羰基镍粉及羰基钴粉等,同时离解几种羰基物的混合物,还可以制得合金粉末,如Fe–Ni、Fe–Co、Ni–Co 等。在 Al、Si 以及 SiC 等颗粒上沉积离解后的金属,还可以制得 Ni/Al、Ni/Si、Ni/SiC 等包覆粉末。羰基离解工艺中的 CO 气体等产物可以进行再利用,如能严格控制 CO 与羰基物的泄漏,则基本上不对环境排放任何污染物质,该方法是一项环境友好性的粉末制备技术。然而,各种金属羰基化合物挥发时都具有不同程度的毒性,尤以羰基镍的毒性最为剧烈,因此,生产过程中应谨慎毒气的泄漏,充分做好防毒措施[74]。

羰基物热解离法十分适合用于制备注射成形粉末,这是因为羰基粉末具有粒度细小、形状规则的优点,正是理想粉末注射成形粉末的两个基本特征,同时羰基粉末的粒度范围正好在注射成形对粉末所要求的粒度范围之内。各种羰基粉末中,羰基铁粉在注射成形中的用量最大,主要用于制备 17–14H、316L 不锈钢等低合金钢。

目前,粉末注射成形羰基铁粉的最大供应商是德国的 BASF 公司,得益于其碳含量的控制技术以及颗粒表面处理技术,BASF 的羰基铁粉产品以其优良、稳定的质量持续占有十分高的市场份额[74]。

3 粉末注射成形黏结剂设计基础

3.1 PIM 黏结剂概述

在 PIM 技术中,由多种有机聚合物组成的黏结剂在较低的温度(小于 300℃)具有很好的熔融和流动特性,是粉末体充填模腔成形复杂形状非常重要的载体,黏结剂的体积分数约占 40% ~60%,而且这部分黏结剂在粉末体烧结前必须全部脱除但又不对坯体产生缺陷。因此,黏结剂的设计是 PIM 技术中最关键所在。

PIM 黏结剂有两个基本功能:增强体系的流动性和维持形状[75~77]。增强流动性是其本质功能,同时也是 PIM 技术得以实现的基础。它使 PIM 技术具有了本身独特的优点和特征:金属粉末或陶瓷粉末在注射压力下能充填复杂形状的模腔,并在充填过程中压力梯度减少,从而形成的坯体组织和密度均匀,且各向同性。进而在烧结过程中收缩均匀,有利于保持坯体的复杂形状,控制尺寸公差,从而制造出形状复杂、组织均匀、精度高、少无切削的零部件。而黏结剂维持形状的功能是 PIM 工艺得以顺利进行的基础:良好的保形性使坯体成形时不会出现形变、掉角、塌陷等缺陷,能使坯体顺利从模腔中脱除,便于转移,并在脱脂中保证坯体不会变形。

通过长期的实践,理想的黏结剂要求具备以下特征:(1)注射成形时黏度低,黏度对应变速率的敏感度小;(2)熔点低,流动性好,固化性好,在室温下具有好的机械强度,能保证足够的坯体强度;(3)黏结剂对粉末润湿性好,黏附性好,与粉末无化学作用;(4)黏结剂必须由多组分有机物组成;(5)黏结剂中各组分必须有好的工艺相容性,不发生相分离;(6)不吸水,组分不易挥发,润湿性好,热导率高,线[膨]胀系数小,链节长度短,无结晶趋向;(7)在脱脂过程中无毒、无污染;(8)易于脱出,无残留物。

实际上,像对金属粉末的要求一样,黏结剂的许多要求之间也是相互矛盾的。低熔点组元熔点低、黏度小,但在热混时易产生挥发、分解,注射时易产生相分离,脱脂时间长。黏结剂的相容性可以改善黏结剂的综合使用性能,但同时在脱脂时聚合物解链脱溶困难、给脱脂带来不利。目前黏结剂的研究和开发缺乏系统性和理论深入,黏结剂仍是一个阻碍 PIM 技术发展的严重问题。系统而深入地研究黏结剂的配方、黏结剂与粉末的亲和性能、黏结剂与粉末的混合、黏结剂和喂料在各种条件下的流变性能及热力学性能、黏结剂对脱脂及产品性能的影响,为黏结剂的选择提供普适性原则和理论基础,无疑具有十分重要的意义。开发新型高效的黏结剂体系,也是 PIM 技术需要重点研究的内容之一。

3.2 黏结剂设计基本原则

3.2.1 复合组元设计原则

黏结剂是一种短时存在的载体,它使粉末均匀充填成所需形状并且使这种形状一直保持到烧结开始。因而,尽管黏结剂不决定最终的化学成分,但是它会直接影响工艺能否成功。不同的粉末注射成形工艺，主要是黏结剂成分以及脱脂技术不同。

黏结剂须与粉末混合成供注射成形用的均匀喂料。黏结剂会影响到粉末充填、团聚、混料、喂料流变特性、成形、脱脂、注射坯尺寸精度、缺陷以及成形坯的最终化学性能，其中有些方面的要求是相互矛盾的，于是黏结剂成为各要求因素的协调剂[50,78,79]。不可能存在完美无缺的黏结剂，而且黏结剂的选择还依赖特定的条件。大多数黏结剂是多组分体系，包含一种主要相和几种添加相，主要相决定其基本性质，添加相用以适应特定的粉末应用。一般而言，粉末注射成形黏结剂应包含三个具有不同作用的部分：(1)流动性好的低分子、低熔点组元：是使得粉末易于均匀混合和充填模腔的重要保证；(2)起骨架支撑作用的大分子、高熔点聚合物：高分子聚合物组元的特点是黏度高、强度高；(3)少量可改进黏结剂总体性能的添加剂(表面活性剂、增塑剂、润滑剂等)。

3.2.2　低分子有机物组元

在 PIM 黏结剂体系中，低分子、低熔点黏结剂组元是使得粉末易于均匀混合和充填模腔的重要保证。分子链长度较短的蜡类物质具有低熔点特性，在较低的温度下即可熔化形成低黏度流体，从而满足良好流动性的需要。这些分子链长度较短的分子还将成形剂组分中链的方向性降低至最小的程度，这对获得各向同性很重要。因此，这类有机物往往被用作 PIM 黏结剂体系的低熔点组元。

蜡类物质的相对分子质量小，其熔化温度低、黏度低，并且它具有热塑特性，这些特性使得它成为粉末注射成形黏结剂的配方中常用的低熔点组分。在注射成形工艺中用到的蜡类物质主要是石蜡和微晶蜡。石蜡的分子尺寸范围宽，一般含有 18 ~ 32 个碳原子，熔点在 38 ~ 68℃之间。石蜡由于本身的优点，加上价格便宜，是蜡系物质在黏结剂体系内使用最多的一种蜡。微晶蜡是从原油分馏中提炼的无色、无味的固状饱和性碳氢化合物类混合物，它具有高熔点和无定形的特点。如表 3 - 1 所示[80]，微晶蜡和石蜡相比，一般来说，微晶蜡的熔点、沸点和相对分子质量都较石蜡高一些，它的熔点在 60 ~ 95℃，晶化程度较其他种类蜡低。石蜡和微晶蜡性质上的差别是由于它们的化学组成不同：石蜡大多数含有多于50%

表 3 - 1　石蜡和两种微晶蜡的区别[80]

性　质	石　蜡	微晶蜡	
		韧性的	硬性的
熔点/℃	46 ~ 75	65 ~ 75	85 ~ 95
含油量(质量分数)/%	<0.5	2 ~ 5	<3
针入度(25℃)	10 ~ 20	15 ~ 30	<7
黏度 1cSt，(98.9℃下)	2.4 ~ 5.7	10.2 ~ 25	9.21
闪点/℃	>400	>500	>550
折光指数(100℃下)	1.430 ~ 1.433	1.435 ~ 1.445	1.435 ~ 1.445
相对分子质量	350 ~ 500	550 ~ 700	600 ~ 900
晶　体	片状针状	小针状	很小的针状
物理性质	脆而易碎	脆而有延性	脆而有韧性

注：$1cSt = 1 \times 10^6 m^2/s$。

的正构烷烃，而微晶蜡不仅含有大量正构烷烃，还含有大量的异构烷烃，以及少量的芳烃。微晶蜡的碳链长度为C30～C80，主要集中在C36～C60，其相对分子质量在500以上。与石蜡相比，微晶蜡的熔点和分子量高，折光指数大、相对密度大、熔化后黏度大，其收缩率和表面张力小。石蜡抗张强度高，脆性大，受力后易粉碎或断裂。微晶蜡硬度小，柔性好，受力情况下倾向于塑性流动，延伸度大，挠性好。微晶蜡在黏结剂中经常与石蜡一起使用，它的加入虽然不会明显改变黏结剂的黏度，但从均匀性和热稳定性上有效地优化了黏结剂的综合性能，从而达到了提高注射成形产品尺寸精度和性能的目的[81,82]。另外如图3－1所示，蜂蜡也是蜡类物质中的一种，其性能优良，但由于市场售价较高，限制了其在注射成形中的应用。棕榈蜡是巴西棕榈叶形成的一种天然蜡，由于硬度原因它成为另一种粉末注射成形黏结剂的常用组分，其熔化温度在80～87℃。

蜂蜡，约为$C_{60}H_{120}O_2$

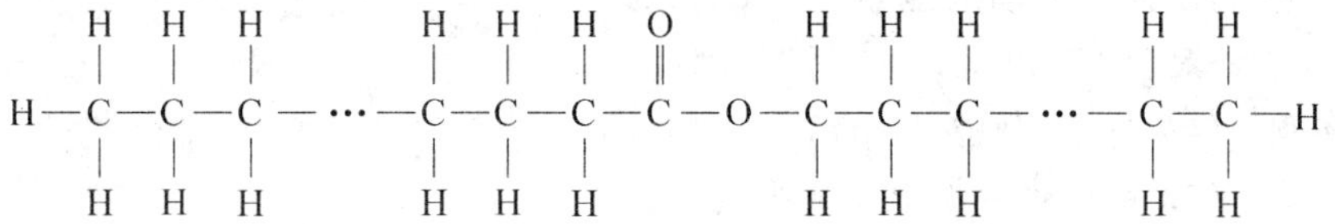

图3－1　蜂蜡分子结构[50]

（由约45～60个碳原子组成，碳链中心附近碳原子与氧相连）

作为PIM黏结剂低分子组元的另一主要选择是油。蜡基黏结剂具有无毒、稳定、在混炼及注射时易于处理、粉末装载量高的优点，但其内应力大且释放较慢，因而需在高温时长时间脱脂，且在脱脂过程中成形坯易产生塌陷和变形等[83～86]。油基黏结剂具有较好的流动性，在注射成形时可使内应力松弛，因而避免了微裂纹的产生。此外，油基黏结剂能方便地用溶剂溶解而脱去，脱脂时间短，能较好地保持成形坯的形状，但油基黏结剂也有其缺点：它使粉末装载量低，油的加入影响成形坯强度，烧结收缩大，影响产品的精度和力学性能，不利于制造高性能产品[87]。

现有PIM技术黏结剂中用到的油类物质主要有植物油和矿物油。植物油脂是由脂肪酸和甘油化合而成的天然高分子化合物，广泛分布于自然界中。凡是从植物种子、果肉及其他部分提取所得的脂肪统称植物油脂。植物油的主要成分是脂肪，而脂肪由饱和脂肪酸、单不饱和脂肪酸、多不饱和脂肪酸及甘油组成。从其来源可分为：从木本植物取得的油脂，如棕榈油、椰子油、乌桕油、桐油、漆油等；从草本植物提取的油脂，如大豆油、花生油、菜籽油、棉籽油、芝麻油、葵花籽油等。

矿物油有时又称白矿油或白油。依据习惯，把通过物理蒸馏方法从石油中提炼出的基础油称为矿物油，主要是含有碳原子数比较少的烃类物质，多的有几十个碳原子，多数是不饱和烃，即含有碳双键或是三键的烃。

3.2.3　高分子聚合物组元

PIM黏结剂体系中的高分子聚合物组元的特点是黏度高、强度高，在成形坯中起骨架支撑作用。这些聚合物包括热塑性的、热固性的化合物以及凝胶体系。其中应用最广的是热塑性物质，包括高密度聚乙烯（HDPE）、低密度聚乙烯（LDPE）、聚苯乙烯（PS）、聚丙烯

(PP)、聚乙二醇(PEG)、乙烯乙酸酯共聚物(EVA)、聚氯乙烯(PVC)等。

聚合物是以碳原子为主链,含多种支链的长链分子,通常有热塑性聚合物和热固性聚合物两种。热固性聚合物在加热时发生交联而变为永久刚性,重新加热时不软化,但高温下会分解。热塑性聚合物加热到一定的温度,发生软化、熔融,形成具有一定流动性的黏流体。热塑性聚合物的黏度仅取决于温度,这种物质是由较小的单体通过沿链长方向无交联而重复组成的。支链越大越多,则聚合物硬化效应越大,可能出现显著的钩绕,这与链的长度有关。较短的链条可以晶体化,而较长的链则是无定形的,中等链长度的聚合物有部分晶化。相应地,聚合物力学性能及热性能受晶化程度影响。

温度是原子和分子运动的能量标志,而原子和分子运动是聚合物实现形变的基础;因此温度对材料力学行为有很大的的影响。图3-2是温度对无定形聚合物形变的影响,表3-2是对图的进一步解释[88]。

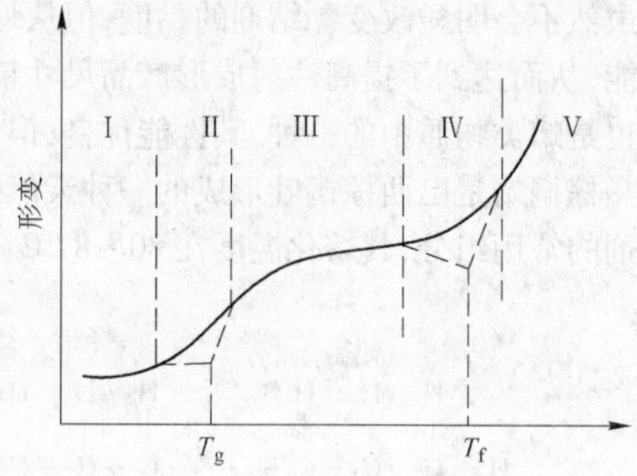

图3-2　无定形聚合物力学行为的五个区[88]

表3-2　无定形聚合物五个区域的力学行为和分子行为[88]

力学行为	Ⅰ 玻璃态	Ⅱ 皮革态	Ⅲ 橡胶弹性态	Ⅳ 塑性流动态	Ⅴ 黏性流动态
分子行为	仅有原子团的振动	链段运动	迅速短程扩散运动,推迟长程运动	长程缠结的滑移	长程(整分子扩散)构型的变化

无定形聚合物表现出三态和两个转变区,即玻璃态、橡胶态、黏流态、玻璃化转变区和塑性流动区。前面三个阶段是聚合物在注射成形过程中首先经过的,塑性流动区和黏流态是喂料充模过程中聚合物所处的状态。

如图3-3所示,对晶化状态的聚合物,玻璃化温度影响最小;热固性聚合物在温度升高时引起交联,形成刚性结构。总之,无定形的、晶化的及热固性等三种聚合物的弹性模量都随温度的升高而下降。

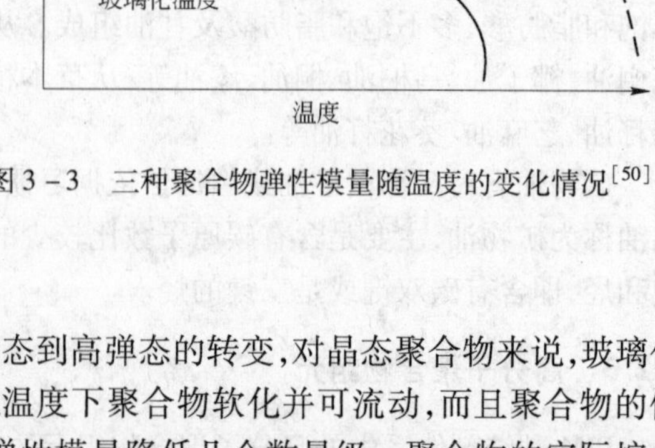

图3-3　三种聚合物弹性模量随温度的变化情况[50]

3.2.3.1　玻璃化转变温度

玻璃化转变温度指无定形聚合物从玻璃态到高弹态的转变,对晶态聚合物来说,玻璃化转变指其中非晶部分的这种转变。在玻璃化温度下聚合物软化并可流动,而且聚合物的体积热膨胀系数以及焓值都发生变化,软化使弹性模量降低几个数量级。聚合物的实际熔化温度高于玻璃化温度,并取决于相对分子质量的大小。许多聚合物的相对分子质量(链长)存在一定范围,即属于多分散体系。由于熔化温度由链长决定,链长度分散使得熔化出现在某一温度范围内。在熔化温度下，体积及线［膨］胀系数会发生变化，熔化过程中体积膨胀使得在注射成形坯中产生应力，导致成形坯断裂。

聚合物玻璃化温度的改变方法主要有共聚和增塑。共聚一般含有两种或两种以上的组分，共聚后对玻璃化温度的影响复杂。对于两种性质相近的单体，共聚物玻璃化温度与其组成的质量分数呈现线性关系；两种性质相差较大的单体，因共聚物分子的堆砌密度降低，分子链的活性增大，使得玻璃化温度低于线性关系的估计值；如果共聚单体引入氢键和极性基团的相互作用，使分子链的柔性降低，或者是共聚物分子的堆砌密度大于均聚物，那么共聚物的玻璃化温度将高于线性值。增塑剂是低挥发性的小分子液体，加入到聚合物中可以有效降低聚合物的玻璃化温度。增塑剂对于高聚物玻璃化温度的影响主要取决于增塑剂本身玻璃化温度的高低。一般情况下，增塑剂对降低玻璃化温度比共聚更为有效，但对于降低熔点共聚却比增塑剂更为有效。

增塑剂能够起到增塑效果的原因是由于增塑剂分子能够与聚合物链能够形成次价键。次价键能够削弱聚合物分子链间的相互作用，使之相互分离，增加聚合物链段运动的活动空间，从而有利于聚合物分子的链段运动，提高了聚合物分子链的柔顺性。此外增塑剂对分子链的稀释作用增加了体系的自由体积，有利于链段的运动。目前广泛使用的增塑剂是邻苯二甲酸酯类，占全世界增塑剂用量的92%，包括邻苯二甲酸二辛酯（DOP）、邻苯二甲酸二异辛酯（DIOP），邻苯二甲酸二（2－乙基乙酯）（DEHP）等，其中DEHP又占邻苯二甲酸酯的约51%。

3.2.3.2　黏流温度

黏流温度是整个高分子链相对于其他链发生移动的温度，此时整链的运动必须通过分子链段的协同运动来完成。因此，相对分子质量越大为实现黏流运动所需协同运动的链段数越多，运动过程所克服的摩擦阻力越大，则黏流温度越高。对相对分子质量较大的结晶聚合物，相对分子质量过高时，其黏流温度可超过结晶熔融温度，结晶熔融后进入高弹态而无法加工，只有进一步升温才能达到黏流温度。随相对分子质量的进一步增加，黏流温度可能超过热分解温度。由于聚合物相对分子质量的多分散性，实际上聚合物没有明晰的黏流温度，往往是一个较宽的软化区域，在此温度区域内，均易流动，而且可进行成形加工。

外力对聚合物黏流温度也有影响。一般情况下，一定的外力作用，对分子的无规热运动产生“导向”效果，分子链段沿外力方向跃迁的概率提高，使分子链的重心有效地发生位移。增大外力和延长外力作用时间有利于分子在外力方向运动，使聚合物的黏流温度降低。在对聚合物的挤出、注射和吹塑及粉末喂料的注射成形等加工过程中，都是靠外力作用使聚合物产生熔体流动而达到塑化成形。外力也不能增加太多，高的外力超过临界压力时将导致熔体不稳定流动，材料表面不光洁或表面破裂。

3.2.3.3　聚合物密度估算

聚合物的密度可以采用基团（官能团）和加和性相结合的方法对其进行估算。聚合物密度计算公式如下：

$$\rho = M/V = M/\sum_i V_i \tag{3-1}$$

式中，ρ 为密度；M 为平均相对分子质量；V 为摩尔体积；V_i 为基团摩尔体积。表3－3是常用聚合物的基团摩尔体积数据，根据式（3－1）可以对黏结剂体系的密度进行估算。

黏结剂和喂料的热性能是预测和控制注射成形坯成功脱脂的很重要的间接手段。黏结剂组成中的各有机物组元对黏结剂和喂料的热性能具有很大影响。各有机物组元的热性能

表 3-3　常用聚合物的基团摩尔体积数据

基　团	V_i	基　团	V_i
$—CH_3$	22.8	—CHF—	19.85
$—C_6H_5$	64.65	—CHCl—	28.25
$—CH_2—$	16.45	—O—	8.5
$—CH(CH_3)—$	32.65	—COO—	24.6
$—C(CH_3)_2—$	50.35	—C—	4.75
—CH ═ CH—	27.75	—CH—	9.85
$—CH═C(CH_3)—$	42.8	—S—	15.0
$—C_6H_4—$	61.4	—CH ═ C—	20.0
$—CH(C_6H_5)—$	74.5		

是很重要的技术工艺参数，热失重分析 TGA 和差热分析 DTA 曲线反映有机物的热性能，例如热分解温度范围、聚合物结晶结构变化、玻璃化转变熔融和降解过程。根据这些 TGA-DTA 曲线可以了解有机物组元的熔融、结构转变和热解等物理化学热性能特性，从而可以大致确定制备黏结剂的工艺参数（混合温度）和热脱脂工艺参数（热脱脂温度）。

如图 3-4 所示，通过 DSC 曲线可以测定聚合物的玻璃转化温度（T_g）、熔融温度、结晶温度转变、降解温度转变。表 3-4 是根据各组元的 TGA-DTA 曲线得到的相应热性能数据。粉末注射成形黏结剂配方中有时会含乳胶，它是液体中微细且分散的有机分子。聚合物以液滴形式存在，尺寸为 0.05～0.5μm。乳胶可使低浓度聚合物在粉末中有效地分散。

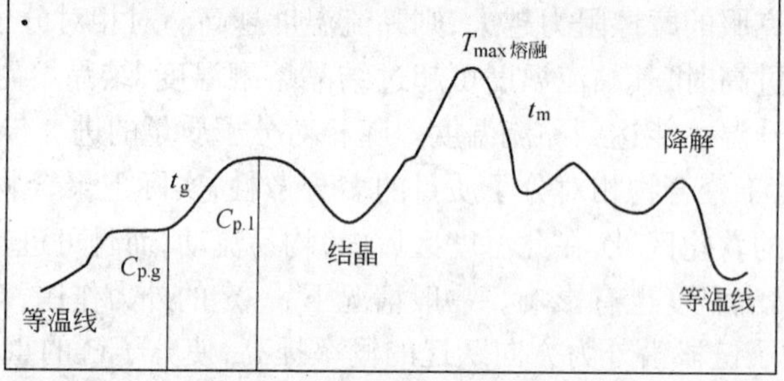

图 3-4　聚合物的 DSC 曲线

表 3-4　黏结剂各组元的热性能数据

黏结剂组元	熔融温度/℃	热解温度范围/℃	备　注
EVA	55.1	380～539	熔点为 DTA 分析结果所得数据，热解温度由 TGA 曲线测得
SA	65.9	160～435	
HDPE	142	413.5～550	
PW(CH)	70	182～370	
Aristowax(USA)	62.1	167～320	
Lalwax(USA)	65	170～325	
PP(CH)	171.2	289～500	
PP(USA)	175.3	244～460	
PB(JPN)	454.2	420～600 以上	

3.2.4　添加剂组元

为改善粉末湿润、模具湿滑、混合料黏度、残留应力或脱脂行为，在混合料中须添加其他组分。添加剂有多种名称如表面活性剂或润滑剂、模具防黏剂、增塑剂、湿润剂等，这些名称与添加剂带来的性能变化有关。所获得的特殊效果取决于分子大小和其极性，因此，添加剂组元又经常被统称为耦合剂。

表面活性剂是一类能显著降低液体表面张力或二相间界面张力的物质。一般表面活性剂中含亲水和亲油两个部分。亲油部分通常为 $C_8 \sim C_{18}$ 的烷基长链，亲水部分通常为水溶性基团。两类结构与性能截然相反的分子碎片或基团分处于同一分子的两端并以化学键相连接，形成了一种不对称的、极性的结构，因而赋予了该类特殊分子既亲水、又亲油，但又不是整体亲水或亲油的特性。表面活性剂的这种特有结构通常称之为“双亲结构”，表面活性剂分子因而也常被称作“双亲分子”。

表 3 -5 是常用物质的表面张力情况。从表中可以看出，一般金属和无机物属于高能表面物质，它们的表面自由能不低于 200J/m^2，而大多数聚合物属于低能表面物质，它们的表面自由能不低于 100J/m^2。黏结剂与高能表面物质的表面张力相差较大，在共混时聚合物对粉末的润湿性会很差，一般需要加入表面活性剂分子使黏结剂与粉末的相溶性增加，促进得到均一的混合料。

表 3 -5　常用物质的表面张力[89]

物质名称	温度/℃	表面张力/mN · m^{-1}	物质名称	温度/℃	表面张力/mN · m^{-1}
铅	350	442	酚醛树脂胶	20	78
锌	700	538	脲醛树脂胶	20	71
铝	700	750	环氧树脂胶	20	47
银	1000	920	聚醋酸乙烯乳胶	20	38
铜	1120	1280	聚偏二氯乙烯	20	40
铁	1120	1270	聚甲基丙烯酸甲酯	20	39
金	1570	1835	尼龙 66	20	46
镍	1550	1925	聚苯乙烯	20	33
钠钾硅酸	—	700	聚乙烯	20	31
盐玻璃	1000	225 ~290	聚四氟乙烯	20	18.5
水	20	72	聚全氟丙烯	20	16.2

图 3 -5 是表面活性剂与粉末的作用过程。一般表面活性剂极性基团能与粉末产生吸附，而尾部的非极性部分与黏结剂的极性相似，与黏结剂易于混合在一起，这样使得粉末能够均匀的分布在黏结剂中，起到降低表面或界面的张力，减少体系中出现气泡的可能性。表面活性剂能够增加粉末在黏结剂中的分散性和润湿性，主要是因为它在粉末表面的吸附能够产生如下三种作用：第一是空间位阻效应，使粉末不易发生团聚；第二能够降低粉末的表面能，表面活性剂在粉末外表包覆，形成低表面能的单分散颗粒，降低了表面能，并且外露一端的基团在粉末颗粒分散时起到亲和剂作用。第三是静电作用，这也利于粉末的均匀分散。

在使用表面活性剂的过程中，要根据所需要的性质和具体应用场合不同选用不同的表面活性剂。有时要求表面活性剂具有不同的亲水亲油结构和相对密度。通过变换亲水基或亲油基种类、所占份额及在分子结构中的位置，可以达到所需亲水亲油平衡的目的。比较典型的表面活性剂是硬脂酸或其衍生物包括各种硬脂酸盐，硬脂酸的密度 0.85g/cm^3，熔点 73℃，分子结构式 $CH_3(CH_2)_{16}COOH$。硬脂酸可通过降低黏结剂与粉末间的界面能使接触角减少。颗粒表面积增加则这种作用随之增大，从而使混料更容易，这是因为流动黏度下降，所需的能量减少，获得更好的均匀分布。硬脂酸还可以用作模壁润滑剂。一些较为常见的表面活性剂有：聚丙烯酸铵、邻苯二甲酸二丁酯、鱼油、亚麻油、硬脂酸锂、甘油酸酯、烯烃磺酸盐、硬脂酸以及硬脂酸锌，其中许多都已应用到注射成形喂料的设计上。

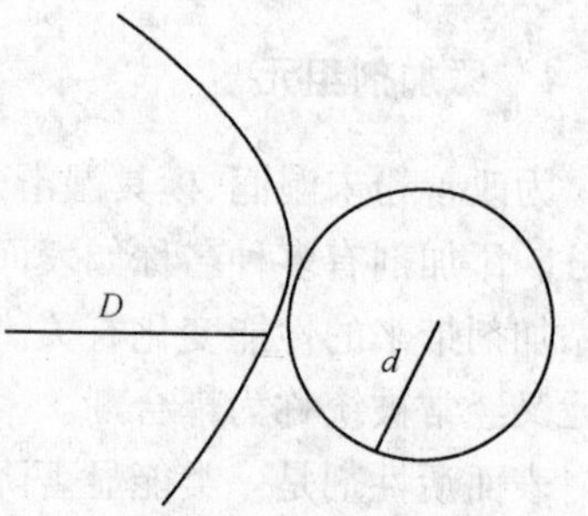

图 3-5　表面活性剂在粉末表面的吸附的模型[90]

d—极性基团的大小；*D*—粉末的直径

增塑剂是指一些加入聚合物中可降低聚合物的玻璃化温度（T_g），增加聚合物的塑性，并导致聚合物的某些力学性能发生改变的化合物。注射成形的黏结剂体系中，增塑剂能够在一定程度上降低聚合物塑性变形的温度（玻璃化温度 T_g、熔点 T_m、软化点 T_s 和黏流温度 T_f）或给定温度下的有效黏度，从而提高了混合料在成形温度下的塑性变形能力，改善了其成形性能。

增塑剂能够起到增塑效果的原因是由于增塑剂分子能够与聚合物链能够形成次价键。次价键能够削弱聚合物分子链间的相互作用，使之相互分离，增加聚合物链段运动的活动空间，从而有利于聚合物分子的链段运动，提高聚合物分子链的柔顺性。此外增塑剂对分子链的稀释作用增加了体系的自由体积，有利于链段的运动。

根据不同角度可以对增塑剂进行不同的分类。根据加入的方式分为内增塑剂和外增塑剂：内增塑剂通过共价键与聚合物分子链相连，是聚合物分子的组成部分；外增塑剂与聚合物分子链之间没有共价键连接，通常是一些外加的液态或低熔点的固态小分子有机物或低聚物，有时一些与被增塑聚合物相容性好的低 T_g 聚合物也可用作增塑剂。根据其作用分为主增塑剂，即溶剂型增塑剂；辅助增塑剂，即非溶剂型增塑剂；催化剂型增塑剂。根据其化学结构分为苯二甲酸酯类，脂肪酸酯类，磷酸酯类，聚酯类，环氧酯类，含氯化合物等。

目前广泛使用的增塑剂是邻苯二甲酸酯类，占全世界增塑剂用量的 92%，包括邻苯二甲酸二辛酯（DOP）、邻苯二甲酸二异辛酯（DIOP），邻苯二甲酸二（2-乙基乙酯）（DEHP）、邻苯二甲酸二异癸酯（DIDP 等）等，其中 DEHP 又占邻苯二甲酸酯的约 51%。

一些低玻璃化温度的聚合物也可以用作增塑剂，如聚己内酯以及乙烯与乙酸乙烯酯、CO 或 SO_2 的共聚物等。聚合物的增塑很大程度上取决于增塑剂的化学结构，包括化学组成、相对分子质量和所含功能基。聚合物增塑剂具有低挥发性，而且聚合物增塑剂可通过设计合成，与基体聚合物树脂具有很好的相容性，与邻苯二甲酸酯类相比其萃出和挥发性问题也得到大大的改善。但聚合物增塑剂其低温挠曲性较差，并且价格相对较贵，增塑效率较低。

3.3　黏结剂组元的选择原则

3.3.1　PIM 对黏结剂组分相容性的要求

在高分子材料领域，部分相容被认为是聚合物 - 聚合物能共混的前提，许多文献也提及 PIM 黏结剂的组分要相容，PIM 黏结剂是低分子与高分子物质的混合，所以 PIM 组分间相容与高分子间相容是有区别的，相容的情形亦各有不同情况。聚合物共混时，相容性可有如下两种含义：第一种是热力学相容，聚合物能形成分子水平上相互混合的均相结构；第二种相容性又称工艺（广义）相容性，依两种材料共混时分散难易和所得共混物的动力学稳定性高低而定。分散度越高，所得共混物稳定性越大，则称两种材料的相容性越好。这类相容体系宏观上是均相的，而微观上是非均相的，不能达到分子级的热力学相容。低分子物质 - 聚合物共混时，类似地也可能有两种水平的相容：一种是能形成分子水平均相的热力学相容，即高分子物质 - 溶剂体系；另一种情形是工艺相容性，聚合物在外力作用下以细微颗粒分散于小分子连续相中，即形成宏观均相，微观（纳米级均匀）非均相的体系。在 PIM 共混中，如果两组分不相容，则共混的黏结剂体系宏观上相分离，与粉末混炼后不能得到均匀的喂料，注射时产生相分离或得到的注射坯不均匀，导致烧结体不均匀；如果两组分达到热力学相容，则不能同时发挥两组分各自的优越性，黏结剂流动性、保形性及易于脱除不能同时兼顾；当两组分具有工艺相容时，此时各组分仍然保持其独立特性，而对整个共混物提供新的宏观性质，具体说，也就是具有工艺相容性的黏结剂体系，既有低分子组元提供的良好的流动性，又同时具有高分子组元提供的高强度。从上面的讨论可以看出，热力学的相容性，并不能作为两种材料能否并用的依据，但热力学相容性与工艺相容性是有密切关系的。组分间有适当的热力学相容性，才可能有良好工艺相容性。

相容与否决定于混合物的混合过程中的自由能变化是否小于 0，即要求 $\Delta G = \Delta H - T\Delta S < 0$。对于聚合物的混合，由于高分子的相对分子质量很大，混合时熵的变化很小，而高分子 - 高分子混合过程一般都是吸热过程，即 ΔH 为正值，因此要满足 $\Delta G < 0$ 是困难的。ΔG 往往是正的，因而绝大多数共混高聚物都不能达到分子水平的混合，或者是不相容的，形成非均相体系。但共混高聚物在某一温度范围内能相容，像高分子溶液一样，有溶解度曲线，具有最高临界相容温度（UCST）和最低临界相容温度（LCST），这与小分子共存体系存在最低沸点和最高沸点类似。大部分聚合物共混体系具有最低临界相容温度，这是聚合物之间相容性的一个重要特点。还应指出，聚合物之间的相容性还与相对分子质量的分布有关。一般，平均相对分子质量越大，聚合物之间的相容性就越小。

以上定性地描述了影响相容性的一些因素，那么在实际中如何判断聚合物之间的相容性呢？最常用的判据是溶解度参数和 Huggins - Flory 相互作用参数[91,92]。

3.3.2　溶解度参数

溶解度参数的概念是在 20 世纪中期被提出的，它被定义为物质内聚能密度的平方根，是表征简单液体分子间相互作用强度特征的重要参数。随着科技的发展，溶解度参数概念得到不断扩展与修正，1971 年，E. B. Bagley[93] 等提出以液体的内压替代内聚能密度并建立了相应的二维溶解度参数体系，在此基础上发展起来的理论使溶解度参数成为研究混合物体系的重要部分。随着聚合技术的发展和应用,溶解度参数逐步被推广应用于聚合物－聚合物体系中。运用三维溶解度参数方法预测和改善聚合物共混物的相容性,是聚合物共混研究的重要发展方向。以最初的 Scatchard Hildebrand 正规溶液理论为依据,C. M. Hansen 建立了三维溶解度参数体系[94]。根据 Hassen 的理论,溶解度参数也可以用下面的方法来计算。溶解度参数三部分组成,且:

$$\delta^2=\delta_d^2+\delta_p^2+\delta_h^2 \qquad (3-2)$$

式中,δ 表示黏度;下标 d 表示色散力组分;p 表示极性力组分;h 表示氢键组分。
并且有:

$$\delta_d=\frac{\sum F_{di}}{V};\delta_p=\frac{\sqrt{\sum F_{pi}^2}}{V};\delta_h=\frac{\sqrt{\sum E_{hi}}}{V} \qquad (3-3)$$

式中,V 为各物质的摩尔体积;F_{di} 为色散组分的基团贡献;F_{pi} 为极性组分的基团贡献;E_{hi} 为氢键组分的基团贡献。各结构基团的 F_{di}、F_{pi} 和 E_{hi} 值可查表获知。

在计算得到溶解度参数后,进一步判定物质间相容性时,有些文献判定是利用高聚物与溶剂的溶解度参数差,并根据经验,当其值小于 1.5 时[78],两者才有可能相容,但很多事实证明上面方法过于简单。两种聚合物是否有良好的互溶关系,在结构上的相似程度可以通过式(3-4)进一步来判断[94]:

$$\delta_\Delta=[(\delta_p^S-\delta_p^P)^2+(\delta_h^S-\delta_h^P)^2+4(\delta_d^S-\delta_d^P)^2]^{1/2}<R \qquad (3-4)$$

其中,R 为经验常数;S 指溶剂;P 指高分子。δ_Δ 可以定性地表述几种聚合物相容性的大小,其值越小,则相容性越好。

表 3-6 列出了一些常用溶剂和聚合物的溶解度参数,一般溶解度参数越接近,相容性越好。

表 3-6 常用溶剂和聚合物溶解度参数[89]

聚合物	溶解度参数/$(J/cm^3)^{0.5}$	溶剂	溶解度参数/$(J/cm^3)^{0.5}$
聚四氟乙烯	12.7	正庚烷	15.4
聚二甲基硅氧烷	14.9~15.5	苯乙烯	17.6
聚三氟氯乙烯	14.7~16.2	四氯化碳	17.6
聚乙烯	15.8~17.1	甲苯	18.2
聚丙烯	16.8~18.8	乙酸乙酯	18.6
聚苯乙烯	17.4~19.0	苯	18.7
聚异戊二烯	16.2~20.5	甲乙酮	19.0
氯丁橡胶	16.8~18.9	氯仿	19.0
丁腈橡胶	17.8~21.1	二氯乙烷	18.6~20.1
聚甲基丙烯酸甲酯	18.6~26.2	二氧六环	20.5
聚醋酸乙烯酯	19.1~22.6	丙酮	20.5
聚氯乙烯	19.2~22.1	环已醇	23.3
环氧树脂	19.8	已醇	26.0
聚甲醛	20.9~22.5	二甲基甲酰胺	24.6

续表 3-6

聚合物	溶解度参数/$(J/cm^3)^{0.5}$	溶剂	溶解度参数/$(J/cm^3)^{0.5}$
二醋纤维素	23.2	二甲基亚砜	27.4
硝酸纤维素	23.5	苯酚	29.7
聚丙烯腈	22.6~31.5	丙三醇	33.8
聚乙烯醇	25.8~29.1	水	47.5

以上着重从分子的结构出发研究了溶解度参数 δ 值对有机物相容性的影响。但应当注意到，对于两种及两种以上组元共混时，由于聚合物相对分子质量的不确定性及计算中不可能对所有影响因素都考虑到，上面的计算值与实际情况不可避免会有一些偏差。所以利用溶解度参数的同时，也要对其他方面（比如黏结剂对粉末的润湿性等）进行考虑。

3.3.3 Huggins-Flory 相互作用参数

Scott[95] 从一般热力学概念出发讨论了聚合物之间混合热力学问题。聚合物-聚合物二元体系偏摩尔混合自由焓为：

$$\begin{aligned}\Delta\widetilde{G}_1 &= RT\left[\ln\Phi_1+\left(1-\frac{m_1}{m_2}\right)\Phi_2+m_1X_{1,2}\Phi_2\right]^2\\ \Delta\widetilde{G}_2 &= RT\left[\ln\Phi_2+\left(1-\frac{m_2}{m_1}\right)\Phi_1+m_2X_{1,2}\Phi_1\right]^2\end{aligned}\qquad(3-5)$$

式中，$\Delta\widetilde{G}_1$ 和 $\Delta\widetilde{G}_2$ 分别为组分 1、2 的偏摩尔混合自由焓；Φ_1、Φ_2 分别为组分 1、2 的体积分数；$X_{1,2}$ 为 Huggins-Flory 相互作用参数，吸热时为正值，放热时为负值；m_1、m_2 为聚合度；T 为绝对温度；R 为气体常数。

分别求 $\Delta\widetilde{G}_1$ 和 $\Delta\widetilde{G}_2$ 对 Φ_1 和 Φ_2 的一阶和二阶导数，令其为零，求得开始发生分离时的 $X_{1,2}$ 临界值 $(X_{1,2})_c$ 为：

$$(X_{1,2})_c=\frac{1}{2}\left[\left(\frac{1}{m_1}\right)^{\frac{1}{2}}+\left(\frac{1}{m_2}\right)^{\frac{1}{2}}\right]\qquad(3-6)$$

两种组元相容的条件是 $X_{1,2}$ 小于或等于临界值 $(X_{1,2})_c$。由式(3-6)可知，聚合物相对分子质量越大，$(X_{1,2})_c$ 越小，越不易相容。

根据热力学第二定律，两种液体物质混合时，

$$\Delta G_m=\Delta H_m-T\Delta S_m<0\qquad(3-7)$$

式中，ΔG_m 是摩尔混合自由焓；ΔH_m 是摩尔混合热；ΔS_m 是摩尔混合熵；T 是绝对温度。只有 $\Delta G_m<0$ 时，组分在热力学上才是相容的。

1949 年，Huggins 和 Flory 从液-液相平衡的晶格理论出发，导出 ΔG_m 和 ΔG_m 的表达式，得出聚合物二元混合物的热力学表达式：

$$\Delta G_m=RT(n_1\ln\Phi_1+n_2\ln\Phi_2+X_{1,2}n_1\Phi_2)\qquad(3-8)$$

即

$$\Delta S_m=-R(n_1\ln\Phi_1+n_2\ln\Phi_2)$$

$$\Delta H_m=RTX_{1,2}n_1\Phi_2$$

式中，n_1、n_2 为组分 1、2 的摩尔分数；Φ_1、Φ_2 为组分 1、2 的体积分数；R 是气体常数：$X_{1,2}$ 为

Huggins – Flory 相互作用参数。

令 V_1 及 V_2 分别为组分 1、2 的摩尔体积，则式(3 – 8)可写成如下形式：

$$\Delta G_m/RT = \Phi_1 \ln\Phi_1/V_1 + \Phi_2 \ln\Phi_2/V_2 + \frac{X_{1,2}}{V_1}\Phi_1\Phi_2 \tag{3-9}$$

由 $\Delta H_m = V(\delta_1 - \delta_2)^2\Phi_1\Phi_2$($V$ 为混合后总体积)可推出：

$$X_{1,2} = \Delta H_m/(RTn_1\Phi_2) = V(\delta_1 - \delta_2)^2\Phi_1/(RTn_1) = V_1(\delta_1 - \delta_2)^2/(RT) \tag{3-10}$$

式中，δ_1 和 δ_2 分别为组分 1 和 2 的溶解度参数，可查表得到。

3.3.4　相容性测定方法

溶解度参数和 Huggins – Flory 相互作用参数是判断聚合物相容性的两个主要参数，研究聚合物之间的相容性的方法很多，目前采用较多的有以下几种：

用光学显微镜或电镜直接观察分散相的尺寸及其分布，或利用小角 X 射线散射和小角中子散射测定相区尺寸，从而研究相容性。

(1)玻璃化转变。聚合物共混物的玻璃化转变温度与两种聚合物分子水平的混合程度有直接关系，若两组分相容，共混物为均相体系，就只有一个玻璃化温度，此玻璃化温度决定于两组分的玻璃化温度和体积分数(WLF 方程)；若两组分不完全相容，形成界面明显的两相结构，就有两个玻璃化温度，分别等于两组分的玻璃化温度，部分相容的体系介于上述两种极限情况之间。具体可以用动态学法(模量 – 温度曲线)，DSC 以及介电常数来测定玻璃化温度。

(2)红外线谱法。对于相容的聚合物共混体系，由于异种聚合物分子之间有较强的相互作用，其所产生的光谱相对于聚合物两组分的光谱谱带产生较大的偏差，由此可表征相容性的大小。但难以用谱带偏离程度定量表征聚合物之间的相容性。

(3)黏度法。Chee 提出的 DSV 法[96]，根据 Huggins 方程，对于单一聚合物稀溶液而言，比黏度 η_{sp} 是溶液浓度 c 的函数，即：

$$\eta_{sp} = [\eta]c + bc^2 \tag{3-11}$$

式中，$[\eta]$ 为特性黏度；b 为与 Huggins 系数 K_H 相关的系数，$b = K_H[\eta]^2$。

从方程(3 – 11)可以看出，η_{sp}/c 与 c 为直线关系。对于聚合物共混物的稀溶液来说，如果二者具有很好的相容性，它们的稀溶液将表现出单一聚合物稀溶液的特性，其黏度 η_{sp}/c 与浓度 c 应为线性关系。这就是我们利用 DSV 法测试聚合物共混体系相容性的理论依据。

3.4　黏结剂分类及应用举例

根据黏结剂主体组元成分和性质一般将黏结剂体系分为[97,98]：蜡基黏结剂、油基黏结剂、油加蜡基黏结剂、聚醛基黏结剂、水溶性黏结剂、凝胶水基黏结剂、丙烯酸基黏结剂、热固性黏结剂、热塑 – 热固性黏结剂等。

3.4.1　蜡基黏结剂

蜡基黏结剂是研究最早、最成熟和应用最广的一种体系[99]。目前广泛使用的蜡包括普通石蜡、蜂蜡、巴西棕榈蜡、微晶蜡、聚乙二醇蜡和聚烯烃蜡等。这类石蜡类物质熔点低，润湿性好，分子链短，黏度低，而且分解时较其他聚合物体积变化小。蜡相对分子质量小，易挥发，故有利于脱脂。但是单独使用一种蜡作为黏结剂时，由于它本身的熔化温度范围窄，因此要求加热极其缓慢或作虹吸处理，这使得脱脂变得十分困难。单组分黏结剂还有填充不均以及脱脂过程中向成形坯表面移动的问题。所以，典型的做法是将蜡与其他聚合物如聚丙烯（PP）、聚乙烯（PE）、乙烯－醋酸乙烯酯共聚物（EVA）以及添加剂混合而得到所需的多组分结构黏结剂。

蜡基黏结剂的优点是熔点低、黏度低且黏度随剪切速率提高而迅速降低；流动性好，因而可填充各种复杂模腔的边角凹凸处，压坯强度较高，注射温度范围宽；成本低，装载量高，适合于生产厚度小于8mm的制品和表面粗糙度低的零件。蜡基黏结剂的缺点是熔点低，在热脱脂时热变形温度低，保形性差，易坍塌，需支撑材料；黏度低，不能与金属粉末产生很好的混合，易产生两相分离以及在注射成形时易发生喷射和出现焊纹；并且当石蜡冷却时，体积收缩大（11%～20%）。

3.4.2　油基黏结剂

油基黏结剂由油（Oil）和聚合物如聚苯乙烯（PS）、PP、PE及硬脂酸（SA）等组成[5]。两种典型油基黏结剂的成分（质量百分配比）为：（1）Oil∶PP∶PE∶SA＝44∶44∶6∶6；（2）Oil∶PP∶PS＝1∶1∶1。

油基黏结剂的优点是压坯强度高，溶剂脱脂和热脱脂快，保形性好，可以制造壁厚或直径较大的零部件。缺点是熔点、黏度高，装载量较低且对注射成形机磨损较大；脱脂易受残碳影响，溶剂脱脂对环境有污染。油基黏结剂虽易于注射成形，脱脂过程不易产生缺陷，但油基黏结剂装载量低，油的加入影响生坯强度，烧结收缩大，影响产品精度和产品力学性能，不利于制造高性能产品。

3.4.3　聚醛基黏结剂

聚醛基黏结剂是由德国的BASF公司研制的一种黏结剂[98]。它一般由离子表面活性剂，20%～35%聚缩醛，10%其他黏结剂组元如低密度聚乙烯（LDPE）、PP、EVA、PW、SA，0.5%～2.0%润滑剂、增塑剂（蜡、聚硅酮、聚乙烯醇、线性饱和聚酯等）及0.05%～1.0%松弛剂（聚硅酮、酰胺、脂肪酸酰胺等）组成。

聚缩醛是黏结剂中的主要组分，属于一种均聚物。聚缩醛的特点是热分解时通过无支链的聚合物解聚，加热时产生均匀挥发，并且不产生结构上的变形，无残留灰分。这种黏结剂的优点是压坯强度高，可以生产截面小于40mm的零部件，保形性好，无相分离；缺点是黏度高（比蜡基黏结剂高5～10倍），需专门设备，投资大，成本高，存在酸处理和环境污染问题。

使用这种黏结剂当装载量达70%时，仍可快速脱脂而且不变形，适合于连续自动化生产。目前已经广泛应用于不锈钢、陶瓷、硬质合金等材料体系。

3.4.4　水溶性黏结剂

常见的水溶性黏结剂主要有纤维素基、固体聚合物溶液（SPS）基和聚乙二醇（PEG）水溶液基三种[100～102]。

纤维素基黏结剂主要由聚合物、溶剂（水）和分散剂组成。对于聚合物，要求具有交叉链节的结构，使得能在高的粉末装载量的情况下保持低黏度，并且使注射坯有较高的强度。较常用的聚合物有藻朊酸盐、CMHP（羟基、羧基、甲基、丙基）纤维素。分散剂主要用来润湿颗粒表面，在颗粒与液体分散介质之间形成链节，并黏附在颗粒表面，从而提高流动性。典型的聚电解质 Tamal 850 就是一种良好的分散剂，添加量一般为 0.10% ~1.5%（一般优先选择 0.5%）。这种黏结剂的所有组分均分散于水中，形成悬浮体，可以注射、挤压、浇注及其他成形，粉末固体体积分数高，毛坯强度高，且稳定性好。

SPS 基黏结剂最早于 1996 年由 M. Y. Cao、J. W. Oconner 和 C. I. Chung 等人发明。这种黏结剂主要由低相对分子质量的固态结晶化学物质构成，再加入少量聚合物。结晶化学物质在受热时熔化，并将聚合物溶解，在其重结晶温度下溶液变成固态。通过调整聚合物的量可以自由调整 SPS 的黏度和强度。它一般是由大量的聚乙二醇（PEG）和少量聚合物组成。此类黏结剂两种典型成分（质量分数）为：（1）70% PEG +30% 苯氧树脂；（2）70% PEG +25% 聚甲基丙烯酸甲酯（PMMA）+5% 聚氧乙烯。

SPS 基黏结剂的最大的优点是可以用普通溶剂（包括水）选择性溶解掉化学物质，效率较高，可以缩短脱脂时间，并且由于部分聚合物不溶解，脱脂时仍可保留坯块形状而不变形，具有良好的维形能力。缺点是热混合时间较长，固体装载量较低，成形时间长，脱脂时易出现局部缺陷，另外，用水脱脂对某些粉末不适合。

PEG 基黏结剂一般是由不同相对分子质量的 PEG 和聚合物（PMMA、PE、DOP 等）组成。一种典型的 PEG 基黏结剂组成成分（质量分数）为：8% PEG600 +8% PEG1000 +64% PEG1500 +20% PMMA。

水溶性黏结剂的优点是可以用水作溶剂，不需有毒的有机溶剂来脱脂，不污染环境，适合于生产细长的零部件和陶瓷材料。缺点是粉末易于吸水受潮和氧化，因此限制于非反应性粉末；坯块易变形，装载量较低；注射温度范围窄，不适合生产烧结密度很高的部件。

3.4.5　凝胶水基体系黏结剂

凝胶水基黏结剂是一类利用特定的树脂受热产生凝胶化反应获得生坯强度，从而再把黏结剂脱除后进行烧结的一类黏结剂[98,103]。这种黏结剂主要由甲基纤维素、少量水、甘油和硼酸组成。甲基纤维素与水在受热时形成凝胶以提高生坯强度。

使用凝胶水基体系，其优点是黏结剂体系中大量采用水，只需少量树脂，水受热蒸发，在混料和注射成形过程中易于改变注射料的黏度和金属粉末的装载量，脱脂时只需低温干燥水分即可，因而成本低，速度快，并且可生产大而厚的制品。缺点是黏结剂体系中的水对一些活泼的金属或合金粉末有氧化作用，而且水受热易蒸发，故不能保持水分量的恒定，使得注射料难以重复利用；并且压坯强度差，注射温度范围窄，注射坯易弯曲，注射坯脱模困难。

3.4.6　丙烯酸基黏结剂

丙烯酸基黏结剂一般由聚丙烯酸（PAA）水溶液、甘油和非反应性黏结剂（一般是水、甲基纤维素、甘油、硼酸等）组成[104]。这种黏结剂目前应用于雾化铁粉、羰基铁粉体系。它主要是利用金属粉末与反应性黏结剂组元聚丙烯酸发生反应，形成坚固的三维交叉碳链节结构。在烧结时烧结收缩受到抑制，并且烧结期间，碳链断裂，碳原子扩散进入 Fe 粉，形成珠光体。非反应性黏结剂由于硼酸的阻碍不发生碳扩散，显微组织为铁素体。

丙烯酸基黏结剂的优点是脱脂速度快，不需要特殊设备，可以生产厚度较大的零部件；注射温度范围宽，注射坯强度高，可以根据需要，对于如合金钢等需要粉末中添加碳的场合进行补碳，因此在制造过滤器、自润滑轴承上面得到应用。缺点是反应性黏结剂会产生交叉链节，并且注射坯易增碳，所以对大多数合金体系应谨慎使用。

3.4.7　热固性黏结剂

热固性黏结剂是一种能够和粉末共混并在注入热模时发生缩合反应而固化的黏结剂[101]。该黏结剂由热固性树脂、甘油和表面活性剂组成。热固性树脂一般包括酚醛树脂，脲醛树脂、三聚氰胺、氨基甲酸乙酯、硅有机树脂、呋喃树脂、聚酯、聚亚酰胺等；表面活性剂包括聚吡咯烷乙烯、脂肪酸、聚氧乙烯醇，有机钛酸酯、聚四元共聚物等。典型的热固性黏结剂组成成分（质量分数）为：62% ~63% PVP（聚乙烯基吡咯烷酮）+5.6% ~7% 糠醇树脂+18% 甘油+12% 催化剂。

甘油可以提高缩聚物的沸点，使黏结剂塑性变好，减少气体孔洞的形成。脲醛树脂可以使得糠醇树脂的黏度提高，提高成形坯强度，但同时增加了气体孔洞存在的问题。表面活性剂可以改变流变性、增塑，使树脂的固化反应不完全。聚乙烯基吡咯烷酮，非离子表面活性剂，增塑，使树脂的固化反应不完全。

一般认为，热固性黏结剂对温度稳定性好，因此可以提高注射坯尺寸精度。但热固性黏结剂不适用于金属粉末注射成形技术，主要由于热固性黏结剂很难确保物料在混炼、注射或放置时不产生任何交联；并且固化时间长，注射料不能重复利用，反应得到的副产物是气体，易导致产品多孔，使重金属粉末的混合和悬浮困难，热脱脂很难完全进行，因而碳残留量高。

3.4.8　油+蜡基多组元黏结剂

对于（油+蜡）基多组元黏结剂，其组元主要包括高密度聚乙烯（HDPE）、聚苯乙烯（PS）、蜡（PW）、食用花生油（Oil）、硬脂酸（SA）、热塑性弹性体聚丁二烯（PB）、聚乙烯-乙烯乙酸酯共聚物（EVA）、邻苯二甲酸二辛酯（DOP）。其特点是能有效地降低体系黏度，便于注射；而且采用两步脱脂法能使得脱脂的时间减少，成本降低，在烧结过程中能保持坯体不变形。

油+蜡基多组元黏结剂优点是黏度适中，注射温度范围宽，流变稳定性好，注射坯强度高，溶剂脱脂速度快，脱脂量达到70% 以上，适合于生产壁厚较厚零部件。

3.4.9　热塑-热固性黏结剂

热塑-热固性黏结剂也是黏结剂研究的一个主要方向。开发这类黏结剂是为了克服单纯热塑性黏结剂或热固性黏结剂的缺点，使之在混炼和注射过程中表现为热塑性，从而能在热塑性设备上实现均匀混合和注射充模；而在脱脂过程中，在高温的作用下，树脂固化，黏结剂表现出热固性特点，脱脂坯不会软化变形，从而提高制品的尺寸精度和保形性。这样能充分利用了热塑、热固树脂各自的优点，摒弃其缺点和不足。目前由于环氧树脂的特殊性能：未加入固化剂时是热塑性树脂，不会受热硬化，加入固化剂后，环氧树脂可以在常温到250℃之间很宽的范围内固化，这样能使它满足不同工艺的要求，是目前热固-热塑黏结剂研究中较受青睐的一种聚合物。

3.5　黏结剂设计举例

黏结剂的设计是基于黏结剂增强流动和维持形状的作用展开的。黏结剂的设计一般包括功能设计、结构设计和聚合物合成设计。即首先确定黏结剂应具有的性质和功能,进而推断实现这一(或这些)功能的黏结剂结构;最后根据需要合成或选择符合这些要求的黏结剂。此外,为改善黏结剂的流动性、热稳定性以及润湿性等尚需加入某些添加剂。

实际生产中,由于粉末的成分、粒度、表面状况等的不同,黏结剂的选取要随之变化。由于目前尚无一具体能反映粉末特性与黏结剂配料关系的公式可循,下面仅给出油 + 蜡半固态黏结剂[5]和水溶性黏结剂[84]的设计过程,以便于读者了解设计过程中要注意的问题。

3.5.1　油 + 蜡半固态黏结剂

3.5.1.1　实验原料和黏结剂成分的选择[5]

实验主要金属粉末为 W 粉、羰基 Ni 粉和羰基 Fe 粉。各粉末的物理性质见表 3－7。表 3－8 为蜡基黏结剂、油 + PP 热塑性黏结剂、新型半固态油基黏结剂的成分组成。表中 PW1、PW2、PW3、PW4 为石蜡基多组元黏结剂,由 PW + EVA + HDPE + SA 组成。表中 BO(PS: PP: Oil = 1: 1: 1)为典型的油基塑料黏结剂。OP 系列为在 PW 系列和 BO 系列基础上结合两系中成分的优点进行改性得到的一种黏结剂。由于黏结剂的成分组成不同,黏结剂流变性和热脱脂行为也不同,PW 黏结剂黏度较低,BO 黏结剂黏度高,其注射坯体的强度也高,油 + 蜡半固态黏结剂则介于两者之间。

表 3－7　W 粉、羰基 Ni 粉、羰基 Fe 粉的物理性质

粉　末	W 粉	羰基 Fe 粉	羰基 Ni 粉
粒度/μm	2.91	3.97	2.66
形状	不规则	球形	不规则
松装密度/$g \cdot cm^{-3}$	3.64	2.39	0.75
摇实密度/$g \cdot cm^{-3}$	6.00	3.77	1.54
比表面积/$cm^2 \cdot g^{-1}$	0.24	0.71	0.69
纯度/%	≥99.95	≥96	≥99
主要杂质含量/10^{-6} (质量分数,不大于)	O(200) C(500)	C(15000) N(3000) O(15000)	Fe(300) O(2500) C(1500) S(50)

表 3－8　黏结剂及其组成(质量分数)变化

黏结剂类型	编号	低分子有机物的组成/%	骨架/%	低分子耦合剂的组成/%
蜡基黏结剂 (PW 系列)	PW1 PW2 PW3 PW4	74PW (PW + Aristowax)≤74 (PW + Aristowax)≤74 (蜡 + 油)≥65	20EVA + 5HDPE (PB + HDPE)≥25 (EVA + HDPE)≥25 (EVA + HDPE)≤39	1 SA 1 SA 1 SA 1 SA

续表 3-8

黏结剂类型	编号	低分子有机物的组成/%	骨架/%	低分子耦合剂的组成/%
油 + PP 热塑性黏结剂	BO	油(33.33)	PS(33.33) PP(33.33)	1% ~5% DOP
	OP339 OP3010	(油 + 蜡)≤45 (油 + 蜡)≤45	PP + PS≤60 (PS + PP)(共聚物)≤55	1% ~5% DOP SA≤5 DOP≤5
新型半固态油基塑性黏结剂(OP 系列)	OP305PB OP3010PB OP3519EVA	(蜡 + 油)≤40 (蜡 + 油)≤45 (蜡 + 油)≤45	PB + PP≤60 PB + PS + PP≤55 PS + PP + EVA≤45	SA≤5 DOP≤5

3.5.1.2 黏结剂的热分解

图 3-6、图 3-7、图 3-8 分别为 PW1、BO 和 OP3010 黏结剂的 TGA-DTA 热失重曲

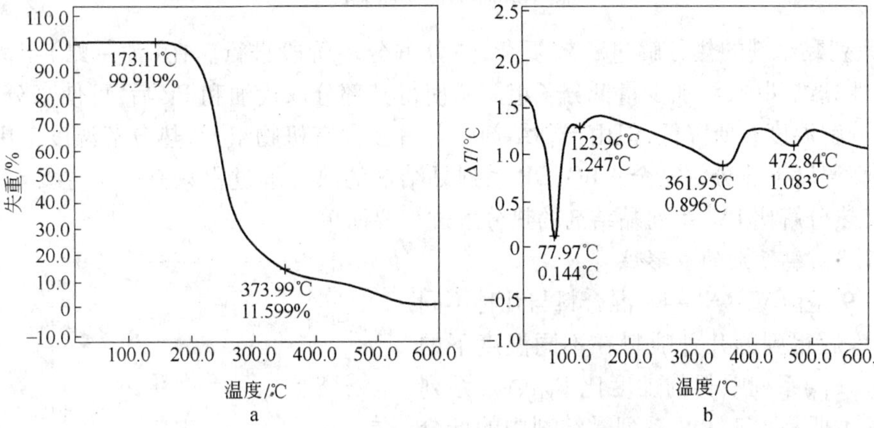

图 3-6 PW1 黏结剂的 TGA-DTA 曲线

a—TGA 曲线;b—DTA 曲线

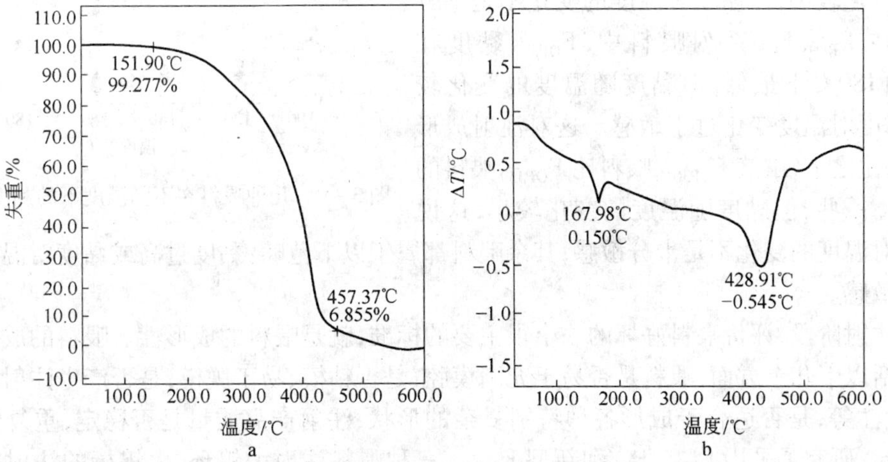

图 3-7 BO 黏结剂的 TGA-DTA 曲线

a—TGA 曲线;b—DTA 曲线

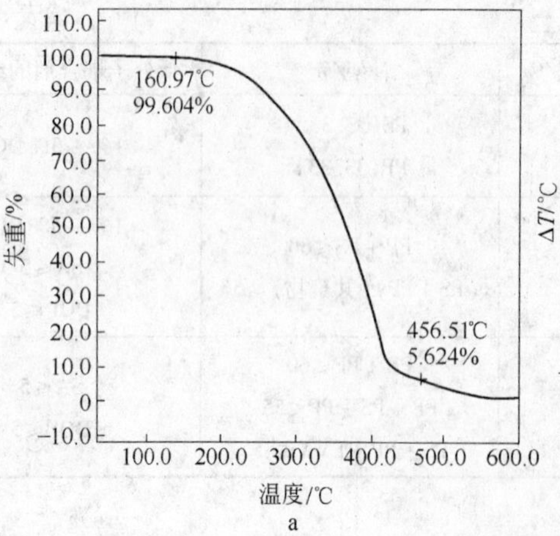

图 3－8　OP3010 黏结剂的 TGA－DTA 曲线

a—TGA 曲线；b—DTA 曲线

线。PW 系列黏结剂的热分解过程较复杂，热分解分多阶段进行。在（油＋蜡）半固态 OP 系列热塑性黏结剂中，添加少量低分子组元蜡使得其部分取代油和 PP 后，可使高分子骨架组元的热分解温度有所降低，但由于黏结剂中含有多种有机物组元，热分解温度范围变宽，需要在较高温度下热分解完全。BO、OP 系列黏结剂的热分解过程只有一个主要热分解温度阶段，其热分解比 PW 系列黏结剂的热分解过程要简单。

3.5.1.3　黏结剂的成形性

图 3－9 是由 W－Ni－Fe 混合料与几种不同黏结剂混炼后得到的几种喂料在不同温度下的黏度分布。F_{PW}系列喂料的黏度比 F_{BO}、F_{OP}系列喂料低，这主要是由于 PW 系列黏结剂中的低分子黏结剂组元为多，而 F_{BO}、F_{OP}系列黏结剂以高分子组元为主。在所有喂料中，F_{PW}系列在所有温度的变化较小，即黏度对温度的变化不是十分敏感。在 F_{BO}、F_{OP} 系列喂料中，F_{OP339} 黏度在 160℃和 180℃下最低，但黏度随温度的变化较大，即黏度对温度变化过于敏感。这对注射成形不利，相比之下，虽然 F_{OP3010}喂料比 F_{OP339}喂料的黏度略高一些，但黏度随温度的变化较小，这说明黏度对温度的变化不是十分敏感，其余喂料都属于以下范畴：黏度过高或黏度对温度的变化过于敏感。

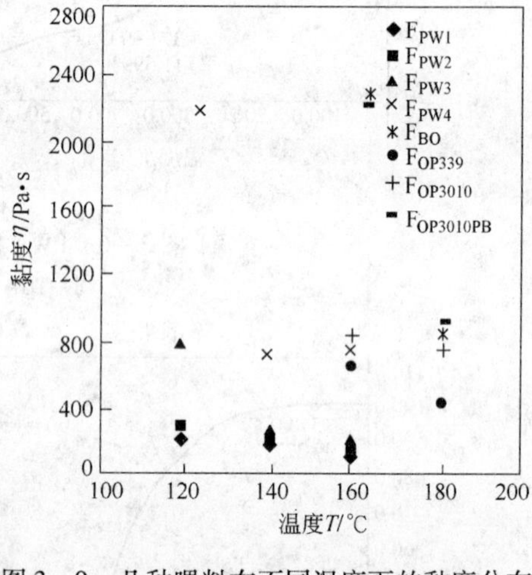

图 3－9　几种喂料在不同温度下的黏度分布

在注射阶段，评价喂料好坏的一个很主要的标准，就是喂料的成形性。喂料的成形性的好坏包括以下几个方面：喂料是否易于充满模腔，是否粘模、易于脱模，是否产生注射缺陷如孔洞、欠注等，是否适合于成形各种特别复杂的形状，注射产品质量是否稳定，重复性是否好。为此，研究了采用 F_{PW1}、F_{BO}和新型 F_{OP3010}三种喂料注射大钨环、大钨棒的注射工艺过程，对比了三种喂料的成形性。其比较结果见表 3－9：可以看出 F_{OP3010}喂料的成形性综合性能最好，具有好的流动性和高的强度。

表 3－9　三种喂料成形性的比较

喂料类型	流动性	充模	脱模	注射坯强度	注射缺陷	备　注
F_{PW1}	好	易	难	低	有	只适合注射钨棒
F_{BO}	差	难	难	—	有	两者都不适合
F_{OP3010}	好	易	易	高	无	两者都适合

3.5.1.4　注射样品的脱脂

采用纯的热脱脂工艺，脱脂时间长，而且对于厚度较大（8～10mm 或更大）的零部件不可能实现。对于很薄的零部件也易发生翘曲和断裂。综合采用溶剂脱脂和热脱脂工艺，既可实现注射坯的快速脱脂，也可保证脱脂坯无缺陷。由于试验样品较大，采用溶剂脱脂＋热脱脂。

图 3－10 是黏结剂分别为 PW1 和 OP3010，溶剂脱脂时间为 10h 时，其黏结剂脱脂率与样品比表面的关系。表 3－10 为几种不同注射坯的最大脱脂率，可以看出对于同样的注射坯，不同黏结剂对脱脂率影响很大，OP3010 黏结剂的脱脂率比 PW1 黏结剂大。

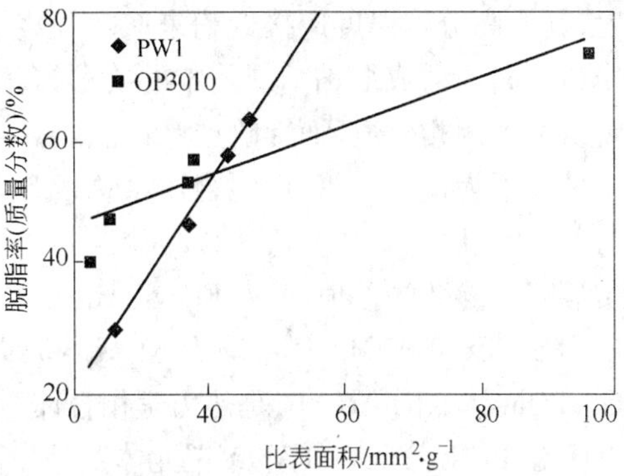

图 3－10　黏结剂分别为 PW1 和 OP3010 脱脂 10h 时脱脂率与比表面积的关系

综合 PW1、BO 和 OP3010 三种黏结剂形成注射样品的热分解、成形性和溶剂脱脂等特性，可得出 OP3010 黏结剂热分解简单、黏度适中、流动性好、成形性好、注射坯的强度高、溶剂脱脂率最快且不发生变形。所以对于该 W－Ni－Fe 体系应该选用 OP3010 作为黏结剂。

表 3－10　几种不同注射坯的最大脱脂率（质量分数）　（%）

黏结剂	冲击样	大圆棒 1	钨弹芯	大钨环
PW1	58.0	57.0	—	—
BO	48.2	—	—	—
OP3010	68.5	67.2	66.2	74.5

3.5.2　一种水溶性黏结剂的设计[101,105]

黏结剂组元在满足增强流动和保持形状的作用后，还必须有水溶性质。多元固态醇类物质有较好的水溶性，表 3－11 列出了几种固态多元醇类物质。

根据 Hildebrand 溶度参数相近原则，只有当高聚物与溶剂的溶解度参数差值 $|\delta_1-\delta_2|$ 小于 1.5 时，两者才有可能相溶。经过计算发现，PEG 不仅与溶剂有较好的溶解性，与其他常用的聚合物的相溶性也较好，而其他多元醇与常用聚合物的溶解度差值远大于 1.5，所以选择 PEG 作为水溶性组元。另外，根据不同相对分子质量 PEG 性质的比较，得到 PEG 的混合配方为：10% PEG600（PEG 相对分子质量为 600）＋30% PEG1000＋60% ＋ PEG1500。

表 3-11　几种醇的物性

名　称	形　态	熔点/℃	沸点/℃	密度(25℃)/g·cm^{-3}
聚乙二醇(1000)	白色结晶	37-41	>200	1.105
新戊二醇	白色针状固体	128	211	1.11
2,5-二甲基-2,5-己二醇	有色晶体	92	214~215	0.898
丁四醇	柱状固体	121.5	329~331	1.45
三羟甲基丙烷	白色片状结晶	61	295	1.09(70℃)

除了水溶性组元外,还需要一部分组元起保形作用。这部分组元首先既要保证坯体在浸出脱脂过程中不因软化或溶胀而变形,维持脱脂后坯块的强度,又要使黏结剂具有较低的黏度,减小注射后高分子定向作用和不一致收缩;其次要考虑到高分子组元具有适宜的分解温度,其最高分解温度应接近粉末产生预烧结的温度,并具有较高的分解速率,残碳量少;最后作为金属注射成形黏结剂基本的要求,高分子组元与低分子组分必须具有良好的相容性,否则易产生两相分离,而影响产品性能。

试验中为便于计算,设混合体系总量为 1mol,固定 PEG 1000 的质量分数为 75%,计算其与 PE、PS、PMMA 和 POM 四种高聚物的混合自由熵变,结果见表 3-12,其中 $\Delta\delta$ 为两种物质溶解度参数的差值,X 为 Flory-Huggins 作用参数。从表中数据可知,算出的 PEG-PE,PEG-PS,PEG-PMMA 体系均为 $\Delta G/T>0$,即 $\Delta G>0$,从热力学分析是不相容的体系。只有 PEG-POM 体系的 $\Delta G<0$,是热力学相容体系。结合溶度参数计算结果以及聚合物结构分析,可以认为,PEG-POM-PAMA 三元体系是一种很有希望的水溶性金属注射成形黏结剂。

表 3-12　PEG 基黏结剂混合过程 $\Delta G/T$ 计算结果

共混体系	$\Delta\delta=\delta_{PEG}-\delta_{P}$	X	$\frac{\Delta G}{T}$/J·(mol·K)$^{-1}$
PEG-PE	3.16	3.796	5.669
PEG-PS	1.95	2.163	1.366
PEG-POM	0.54	0.136	-1.864
PEG-PMMA	1.80	1.756	1.209

经过混炼和溶解的试验后,表明 POM-PEG 相容性好,混合后能得到相结构均匀的混合物。图 3-11 为 POM-PEG 混合物断面喷金后进行电镜扫描的相片,可以看出其断面形貌均匀一致且呈明显的韧性断裂,证明 POM-PEG 确为热力学相容体系,并且 POM-PEG 混合物冷却后强度好且在水中无溶胀现象。图 3-12 是相对分子质量为 98.4 万的 PMMA 与 PEG 的混合物断面喷金扫描照片,整个体系的相态在宏观上是均匀的,由此可见,PMMA 与 PEG 的确具有工艺相容性。

由表 3-13 可以看出,当聚合物只有 POM 时,混合物的流动性很好,但在水中的溶解率低;当只有 PMMA 时,溶解率很大但流动性不好。对水溶性黏结剂来说,其流动性和溶解率是两个很重要的指标,两者缺一不可。用 PMMA 替代 2% 的 POM 后,混合物的总体性能改变不大,在水中的溶解率却提高了 8%。继续增大 PMMA 的含量,进行混料时变得越来越困难,混合物的流动性也变差,溶解率提高的幅度也很小。

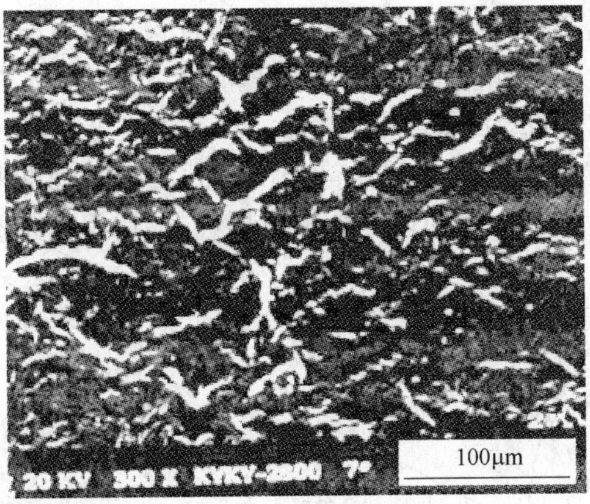

图3－11　POM－PEG电镜扫描照片

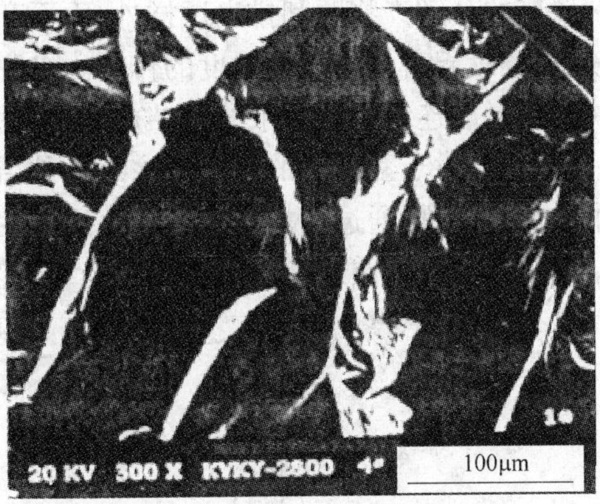

图3－12　PMMA－PEG电镜扫描照片

表3－13　PEG/PMMA/POM三元体系的混合效果

聚合物的组成	比　例	混合情况	流动性	强　度	溶解率	溶胀情况
PEG/PMMA/POM	75:25:0	均匀	不好	好	66.5	不溶胀
PEG/PMMA/POM	75:0:25	均匀致密	好	好	24.3	不溶胀
PEG/PMMA/POM	75:2:23	均匀	较好	好	32.4	不溶胀
PEG/PMMA/POM	75:5:20	比较均匀	不太好	好	34.7	不溶胀
PEG/PMMA/POM	75:10:15	难混匀	很差	—	—	—

由此可知，当PEG:PMMA:POM＝75:2:23时，效果最好。此时的混合物断面的SEM照片如图3－13所示，体系各组分整体分布均匀，说明具有工艺相容性，这有利于发挥组分间各组分的优势，做到分步脱脂。

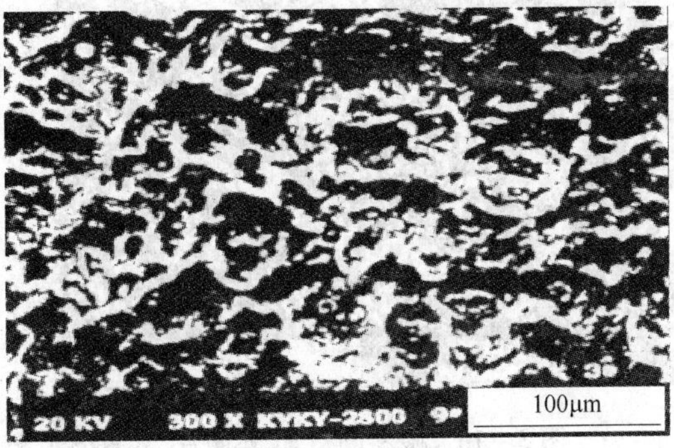

图3－13　PEG/PMMA/POM混合物的断面照片

由于PEG在高温下容易被氧化，因此要加入少量的抗氧化剂，试验选择加入2，6－二叔丁基对甲酚（BHT），加入量为0.01%。其次，为更好地改善黏结剂组分间的相容性及减小黏度，加入1%的增塑剂DOP。最后，为增强黏结剂与粉末的作用力，加入2%的表面活性剂SA。由此确定黏结剂配方为：72%PEG、23%POM、2%PMMA、2%SA、1%DOP、0.01%BHT。

加入添加剂的PEG/POM/PMMA黏结剂TGA－DTA的分析如图3－14所示：各黏结剂组元合并为一个的整体但又表现出了各自的热解行为，且无明显的分阶性，这说明了PEG－POM－PMMA黏结剂组元间具有优良的相容性，在烧结温度下，黏结剂可以完全裂解脱除。

将PEG－POM－PMMA黏结剂体系混合后，应用于气雾化316L不锈钢金属粉末的注射成形，注射的零件为标准拉伸试样。其中图3－15为混合料的断口形貌图。图3－16是80℃脱脂2h的坯块照片，此时大部分PEG被脱除，坯体中已形成连通孔道，利于后续快速热脱脂的分解产物顺利排出试样外，而不产生鼓泡、开裂等缺陷。剩余的聚合物连接着金属粉末，继续起着维持坯体强度的作用。水脱脂之后，样品中总黏结剂已被脱除50%以上，坯块中已形成连续通道剩余的黏结剂可用热脱除的方法迅速脱除。

总之，对于黏结剂的设计应注意各黏结剂组元的合理搭配。首先使其满足黏结剂的基本性能，然后再通过添加增塑剂和表面活性剂提高混合料的均一性和成形性，最后根据各黏结剂体系不同性质选择适当的脱脂烧结工艺。

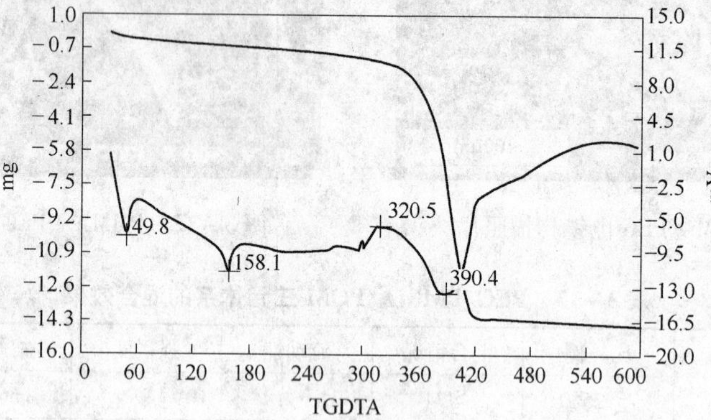

图3-14　加入添加剂的PEG/POM/PMMA黏结剂TGA-DTA分析

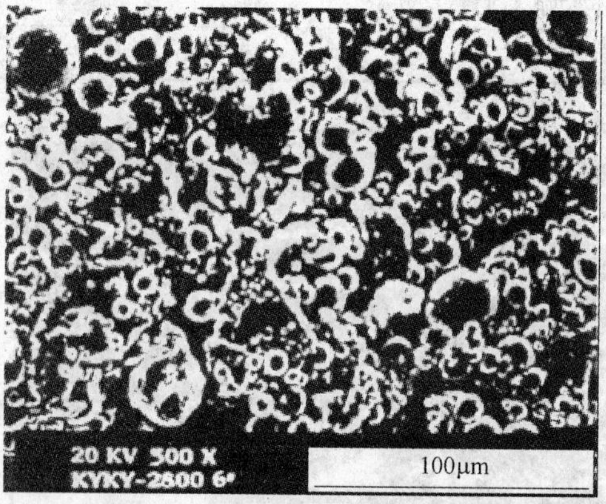

图3-15　喂料断口SEM照片

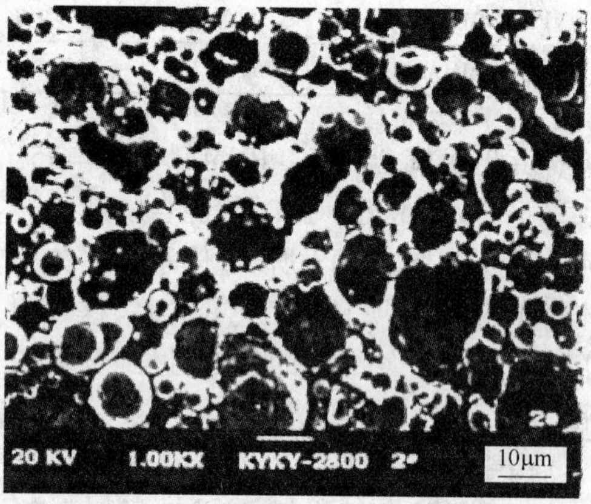

图3-16　水脱出部分PEG的SEM

4 粉末颗粒之间及粉末颗粒与黏结剂的相互作用

用于注射成形的粉末要求颗粒细小且有较大的安息角，而且粉末装载量要高。此时，粉末颗粒具有高的比表面积和表面能，粉末颗粒间存在较强的相互作用力和相互作用能。粉末颗粒之间的相互作用主要包括在混料前粉末之间的相互作用和处于黏流态时粉末颗粒之间的相互作用。

4.1 细粉末颗粒之间的相互作用

粉末注射成形中粉末颗粒很细（理想粉末颗粒要求[106]），所以颗粒界面在整个材料中占有较大的比例。细小颗粒表面原子由于排列的突然中断，使得材料的表面缺陷浓度大、表面自由能高和表面张力大。并且随着颗粒的变细，界面分子所占比例变大，相互作用也变得更强烈。对于纳米粉末，高体积分数的界面分子使得颗粒的表面活性很高，会引起纳米粒子表面原子输送和构型的变化，同时也使得表面电子自旋构象和电子能谱发生变化。由于表面原子的晶体场环境及结合能与内部原子有所不同，存在悬键，具有不饱和的性质。这种不饱和性质使得粉末具有很高的化学活性，呈现热力学不稳定状态，因而极易与其他原子结合。粉末颗粒会对这种不稳定状态须进行调整，其方式有两种：一种是自行调整；另一种是靠外来因素调整，主要是指表面吸附杂质、生成新相等[107]。

4.1.1 表面原子的自行调整

粉末颗粒的自行调整主要是指表面弛豫、重构、偏析、台阶等几种现象[108]。弛豫是指粉末的表面原子（或离子）间距偏离体内的晶体晶格常数，而晶胞结构基本不变的现象。一般负离子的极化作用与屏蔽作用使负离子亚层外移，正离子亚层向内移而偏离平衡位置，从而形成电矩，表面负电荷导致同种粉末颗粒产生相互排斥。随着粉末粒度减小，比表面积增大，表面原子增多。从能量的角度来说，弛豫结构的纳米固体表面相互靠近至紧密接触时会产生强大的排斥力。同理，其他几种靠表层原子自行调整方式如重构、偏析、台阶也不会导致粉体团聚，并且固体表面通常是弛豫结构。因此，对于清洁的粉末颗粒表面（未吸附任何其他物质）进行自行调整时，粉体间基本无吸引力或吸引力（F_a）很小，表面作用力主要表现为电矩的静电排斥力（F_r）。即粉末颗粒间发生自我调整时，粉末颗粒间总的作用力 $F_t = F_a - F_r < 0$ 时，粉末颗粒是自动分散。

4.1.2 外来因素的调整

注射成形中粉末颗粒细小，与纳米粉末颗粒接近，因此与纳米粉末有一些相似性质。粉末颗粒一般是分布在大气环境下，其表面容易形成一层羟基结构（表面悬键与空气中的 O_2 和水等反应生成羟基结构 R—O—H）[109]，使得表面和内部的成分、结构不再相同。表面羟基层的形成，一方面使表面结构发生变化，减少表面因弛豫现象而出现的静电排斥作用；另一方面导致羟基间的范德华力、氢键的产生，使粉末颗粒间的排斥力变为吸引力，这样就容易引起团聚。随着羟基的密度、数量及活度的增加,发生团聚的可能性会更大。

表面的羟基活度与粉末颗粒的结构、阳离子极化率、量子尺寸效应和电子结构等有关。由于羟基层中氧的两端一边是高价金属离子 R^{n+}($n=2$、3、4、5 等),一边是电荷小的氢离子,结构不平衡,表面过剩能仍较大,从而使羟基继续以物理吸附的形式吸附水等极性物质。而物理吸附水层由于羟基的极化作用,又使吸附水的性质变得活跃(如 H^+、OH^- 的浓度远大于其在自由水中的浓度)。这种作用有利于吸附水层的增厚,当吸附层达到一定厚度时,纳米粉表面就形成水膜,从而产生另一种大的吸引力,即水膜的表面张力。同时,易于实现粒子间离子和分子的扩散。由于纳米粉曲率半径小,根据公式:$p=\frac{2\sigma\cos\theta}{r}$(式中 p 为毛细压力,σ 为比表面过剩自由能,θ 为接触角,r 为形成的毛细管半径),会使相互接触的水膜的毛细表面力变得很大(可达几百兆帕),这样大的作用力必然会导致粉体间的相互聚集、凝结。极化与反极化作用又会促进表面离子离解或水化,形成一层新的物质——固相桥[110,111]。活化能进一步降低使粉末颗粒间形成新的连接相成为可能,形成一次团聚、二次团聚。纳米粉末颗粒表面羟基层(包括吸附层)间的范德华力、氢键及毛细管力导致的粉末间团聚属于物理吸附,这种作用力小,称为软团聚;纳米粉末表面羟基层间的化学吸附或化学反应,使得粉体颗粒间作用力大,称为硬团聚[112]。

由于粉末颗粒在制备和使用过程中极易发生团聚或凝结,这样会使得粉末颗粒不能满足注射成形的要求或者制备出的混合料性能较差。研究表明[50],松散粉末颗粒相互作用情况对喂料的粉末装载量及其流变性等有很大的影响。因此在进行混料前应当对粉末进行保护或适当处理,以消除粉末团聚对喂料性能的不良影响。主要方法有:(1)保持纳米粉体清洁表面结构与电矩排斥分散状态,防止(或消除)表面羟基层的产生;(2)减少电解质的产生和引入,消除固相桥等;(3)采用粉末包覆或粉末钝化:对于粉末粒度很细的超细粉末、纳米粉末,或粒度较细的一些有毒粉末如镍、镉、碲等,如果不采用特殊处理,很难直接用于注射成形工艺,一般采用在粉末表面涂附一层有机物质,使之形成一层膜;(4)进行球磨:对于粉末团聚程度较大、形状十分不规则的粉末,如高密度合金、硬质合金等,为了提高粉末装载量,一般需要进行必要的球磨工艺处理,以降低粉末的团聚程度,改善粉末的形状。对粉末粒度较粗大的粉末,如陶瓷粉末等,采用球磨降低粉末粒度,以改善粉末注射成形工艺的成形性和烧结行为。球磨能够有效地对粉末进行分散,提高粉末的分散情况,并且能够提高粉末注射成形的装载量。

4.2　喂料中粉末颗粒的相互作用

粉末注射成形喂料中,由于添加了大量的高分子有机物作为黏结剂,以及少量的低分子有机物表面活性剂和增塑剂,使得粉末颗粒间的相互作用力发生很大的变化。喂料中粉末颗粒的相互作用主要包括范德华力、静电力。起主导作用和地位的是范德华力或范德华能,它是颗粒间相互作用时最重要的一种分子间作用力(能)。

范德华力一般由色散力、诱导力和取向力组成。色散力是分子的瞬时偶极间的作用力,它的大小与分子的变形性等因素有关。一般相对分子质量愈大,分子内含有的电子数愈多,分子的变形性愈大,色散力亦愈大。诱导力是分子的固有偶极与诱导偶极间的作用力,它的大小与分子的极性和变形性等有关。取向力是分子的固有偶极间的作用力,它的大小与分子的极性和温度有关。极性分子的偶极矩愈大,取向力愈大;温度愈高,取向力愈小。静电力和诱导力只存在于极性分子间,而色散力存在于所有性质的分子间。分子之间的范德华力一般是随着分子体积的增大而增大,随着距离的变大而迅速减少。分子间的范德华力如下式[113]:

$$\phi_{ij}^{\text{van-der-waals}} = \phi_{ij}^{\text{London}} + \phi_{ij}^{\text{Keesom}} + \phi_{ij}^{\text{Debye}} = -\left(\frac{1}{3}\alpha_i\alpha_j I + \frac{\mu_i^2\mu_j^2}{3kT} + \frac{\alpha_i\mu_i^2 + \alpha_j\mu_j^2}{2}\right) \times \frac{1}{r_{ij}^6} \tag{4-1}$$

式中,ϕ_{ij}表示范德华力;上标 London、Keesom、Debye 表示不同的组成部分;α_i 和 α_j 是分子极化率;I 是两个相互作用分子的电离能;r_{ij}是分子 i 和 j 之间的距离;μ_i 和 μ_j 是两个分子的偶极矩;k 是玻耳兹曼常数,$k = 1.38 \times 10^{-23}$ J/K。

对于分子之间的范德华力,除了尺寸很小的强极性分子外,极性分子间、非极性分子间及极性分子和非极性分子间均以色散相互作用为主。表 4-1 给出了常见分子之间的范德华作用能。

表 4-1　常见分子之间的范德华作用能[114]

分　子	偶极矩 μ/C·m	极化率 α/J^{-1}·C^2·m^2	$E_{静}$ /kJ·mol^{-1}	$E_{诱}$ /kJ·mol^{-1}	$E_{色}$ /kJ·mol^{-1}	$E_{总}$ /kJ·mol^{-1}
Ar	0	1.85×10^{-40}	0.000	0.000	8.50	8.50
CO	0.390×10^{-30}	2.20×10^{-40}	0.003	0.008	8.75	8.76
HI	1.40×10^{-30}	6.06×10^{-40}	0.025	0.113	25.87	26.00
HBr	2.67×10^{-30}	4.01×10^{-40}	0.69	0.502	21.94	23.11
HCl	3.60×10^{-30}	2.93×10^{-40}	3.31	1.00	16.83	21.14
NH_3	4.90×10^{-30}	2.47×10^{-40}	13.31	1.55	14.95	29.60
H_2O	6.17×10^{-30}	1.65×10^{-40}	36.39	1.93	9.00	47.31

粉末注射成形中有机物黏结剂主要以分子状态存在,而粉末则是由大量原子以晶格结构形式存在的。由式(4-1)可知原子或分子间的相互作用力与它们之间的距离的六次方成反比,所以是一种短程相互作用力,其有效范围小于 2nm。粉末颗粒是由大量的原子聚集构成,其作用力要比式(4-1)给出的要大得多,是一种长程作用力,作用范围可以达到 100nm。对于如图 4-1 所示球形颗粒模型,Overbeck[115] 等提出了表示范德华力作用能的公式:

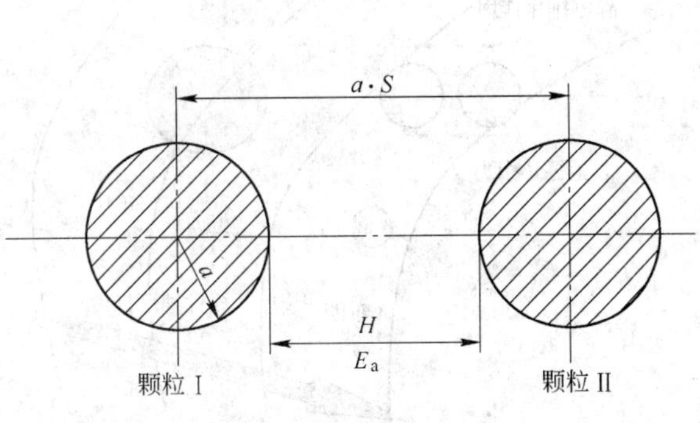

图 4-1　两个颗粒间的范德华吸引力[94]

a—颗粒半径

$$E_a = -\frac{A_{p,b}}{6}\left[\frac{2}{S^2-4}+\frac{2}{S^2}+\ln\left(\frac{S^2-4}{S^2}\right)\right] \tag{4-2}$$

式中，$A_{p,b}$为淹没在黏结剂中颗粒的 Harmaker 常数，且 $A_{p,b}=(\sqrt{A_p}-\sqrt{A_b})^2$；$A_p$ 为颗粒的 Harmaker 常数；A_b 为黏结剂的 Harmaker 常数；而 $S=\frac{H+2a}{a}$。

根据上述各式，可以计算分散系中颗粒间的各种相互作用能。关于黏结剂的 Harmaker 常数，表 4－2 列出了有关文献中黏结剂或与黏结剂比较接近的物质的 Harmaker 常数[94]。一般情况下 Harmaker 常数为正，这说明范德华力总为引力，黏结剂组元的改变和表面活性剂的加入并不能改变范德华力为引力这一基本特性。

表 4－2　一些重要物质的 Harmaker 常数[94]

物　质	A/J	物　质	A/J	物　质	A/J
正庚烷	3.8×10^{-20}	聚丙烯	6.84×10^{-20}	金	29.6×10^{-20}
辛　烷	4.8×10^{-20}	聚苯乙烯	6.5×10^{-20}	铜	28.4×10^{-20}
十二烷	5.0×10^{-20}	聚氯乙烯	7.5×10^{-20}	铅	21.4×10^{-20}
十四烷	5.1×10^{-20}	聚乙烯	9.8×10^{-20}	铁	26.5×10^{-20}
石　蜡	7.1×10^{-20}	硬脂酸	4.7×10^{-20}	—	—

范德华作用能引起颗粒间相互吸引，能在一定程度上起到防止颗粒沉降的作用。但范德华力的吸引作用有时也容易引起粉末颗粒的聚集，聚集导致重力作用加强，导致粉末的聚沉。

4.3　喂料中有机物黏结剂与粉末颗粒之间的相互作用

一种或几种物质以或大或小的颗粒分散在另一种物质中所构成的体系称为分散系。起分散作用的物质称为分散介质，被分散的物质称为分散相。注射成形混合料的颗粒大小处于微米级，一般形成粗分散系或胶体分散系[117]。在分散系中颗粒的受力状况如图 4－2 所示，受力的情况和颗粒尺寸大小密切相关：颗粒较大时（1 ~ 10μm），惯性和重力作用很重要；如果颗粒在 0.1μm 左右，则静电排斥作用和范德华引力更为重要。

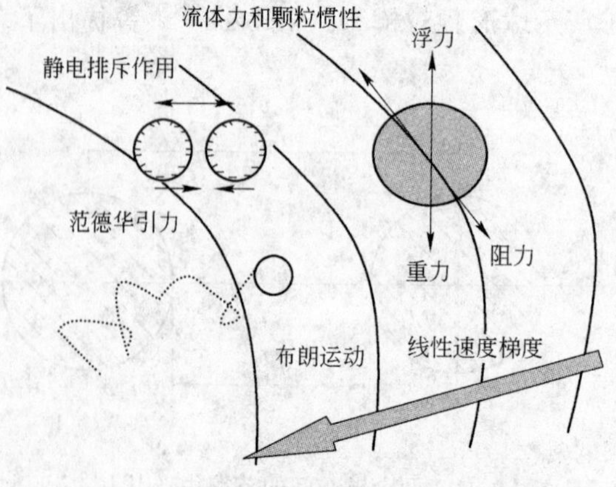

图 4－2　悬浮液中粉末颗粒上的各种作用力[116]

由于不同尺寸颗粒作用力的情况不同，使得颗粒作用能的大小也不同。表 4－3[116] 显示了悬浮体中各种作用引起的颗粒作用能大小。

表 4－3　悬浮体中各种作用引起的颗粒作用能[116]

作用类型	作用能/kJ		
	0.1μm	1μm	10μm
沉降动能	10^{-13}	10^{-6}	10
范德华作用	10	100	1000
静电排斥作用	0～100	0～1000	0～10000
布朗运动	1	1	1
搅拌动能	1	1000	10^{6}

在注射过程中，为保证得到无缺陷的坯体，要求颗粒和黏结剂能形成宏观上均一的分散系。颗粒的分散情况和各种作用能的情况有关。粉末颗粒的作用能除了表 4－3 中所列的几种以外，还包括吸附层屏蔽作用能和吸附层位阻效应引起的作用能。

4.3.1　重力势能和浮力势能

重力势能的作用引起颗粒沉降，从而使得黏流状态下液态黏结剂和粉末之间产生分离，引起分散不均匀。浮力的作用是阻碍固体颗粒沉降，使颗粒处于彼此分散的状态。在分散系中颗粒受到重力和浮力的作用如下式所示。

重力作用　$$E_g = V\rho_S g \tag{4-3}$$

浮力作用　$$E_b = -V\rho_l g \tag{4-4}$$

式中，g 为重力加速度；ρ_S 为颗粒的密度；ρ_l 为有机物的密度。沉降作用能会随颗粒尺寸的减小而减小，对于注射成形中所用的粉末（粉末粒度接近纳米级），这种影响是很小的（见表 4－3）。

4.3.2　吸附层位阻效应引起的作用能

在粉末和有机物黏结剂混炼和注射过程中，高分子聚合物以及表面活性剂容易吸附到颗粒的表面上。粉末与黏结剂的相互作用主要有两种[97]：第一种是物理相互作用，它起因于固体表面的粗糙、凸凹不同处，容易吸附部分尺寸比较小的黏结剂分子或助剂分子，如图 4－3a 所示；第二种是物理化学相互作用，它起因于固体表面的未饱和化学键与黏结剂分子中的某些基团发生物理化学作用（主要包括静电作用，偶极－偶极作用、氢键及范德华力作用），而将黏结剂或助剂分子锚固在颗粒表面，如图 4－3b 所示。

空间位阻稳定作用有时会让人误认为仅仅是黏结剂简单地填充了颗粒周围的空间或者在颗粒相互接近时起到立体屏障作用，实际上高分子化合物吸附层是非常稀薄的，它更像一层模糊、弹性的覆盖层围绕着颗粒。当覆盖层被压缩时，将引起高分子化合物链段的聚集，限制它们和周围介质的相互作用，导致自由能的增加而产生排斥力。目前有两种机理可以来解释高分子化合物的这种稳定作用。一种是以严格统计学为根据的“熵稳定作用”[118,119]；另一种是以统计学为根据的渗透斥力稳定理论[120]。

黏结剂的物理化学作用使得其在颗粒表面形成了牢固的吸附层。当颗粒在黏结剂中运

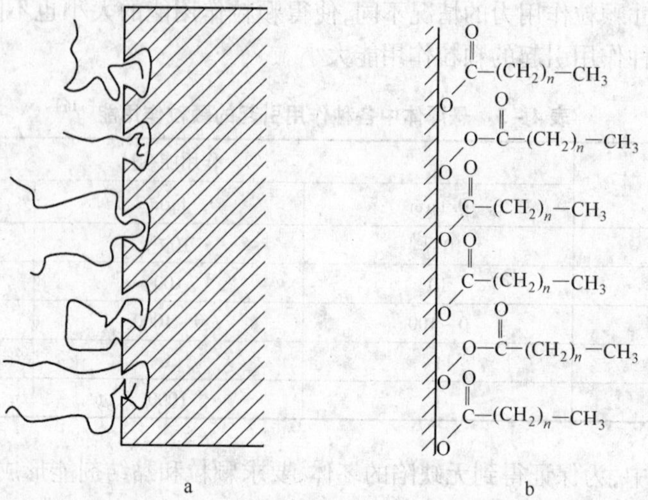

图 4－3　粉末与黏结剂组元的物理和化学相互作用模型

动时，这些吸附物将随颗粒一起运动。当两个颗粒接近时，这种特殊的吸附层之间产生相互作用，使粉末和黏结剂不致发生严重分离。

形成吸附层的颗粒相互靠近时，受外力作用以及浓度、空间变化的影响，位于颗粒之间的吸附物质将重新建立平衡。当吸附物质为高分子时，高分子吸附形态的调整，例如链序、链环及链尾的形态和比例的变化，以及吸附量的变化非常缓慢，在颗粒碰撞的短暂瞬间(10s内)，难以建立起新的吸附平衡。高分子吸附层位阻效应往往会发生在吸附平衡尚未建立时，这是高分子吸附的一个重要特点。

颗粒的吸附层接触有两种极端情况，如图 4－4 所示，图 4－4a 为穿插作用，在两吸附物之间的接触区内形成透镜状的穿插带 H；图 4－4b 为压缩作用，吸附层的接触只引起吸附层与吸附层之间的互相排挤并压缩。在实际的粉末分散系中，穿插与压缩作用兼而有之。图 4－5 表示了这种混合的相互作用。设吸附层厚度为 δ，颗粒间距离为 H。图 4－5a 表示当

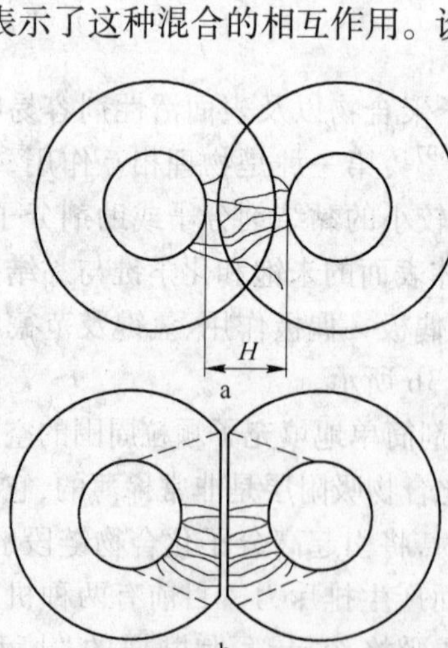

图 4－4　颗粒吸附层接触的两种极端情况

a—吸附层相互穿插；b—吸附层相互压缩

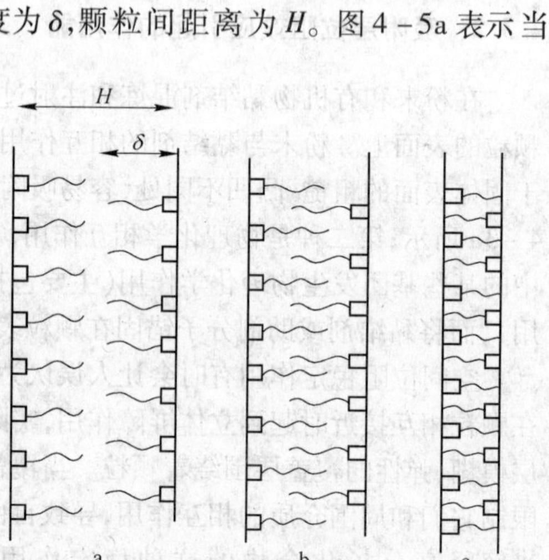

图 4－5　位阻相互作用的不同模式

颗粒间距 $H>2\delta$ 时，吸附层间无位阻相互作用；图 4-5b 为 $\delta<H<2\delta$ 时，可能穿插和压缩均有，以穿插为主；图 4-5c 为 $H<\delta$ 时，压缩和穿插均有发生，以压缩为主。

颗粒与黏结剂的相互作用很复杂，除了上面提到的几种之外，还有溶剂化力、毛细管力、憎水力等作用力。这些作用力对粉末与黏结剂组成混合料的均匀性有一定程度的影响。

4.4 黏结剂与粉末共混的热力学

4.4.1 基本颗粒的分散过程

喂料在熔融混合过程中，粉末为分散相，黏结剂为连续液相，其颗粒在黏结剂中的分散过程可以理解为如图 4-6 所示的三个过程：接触润湿（a→c）、铺展和浸入润湿（c→e）和扩散（e→f）。

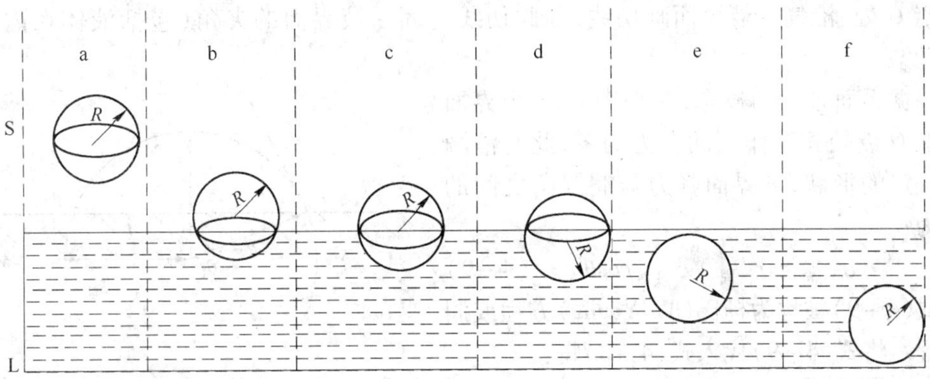

图 4-6 固体颗粒在黏结剂中分散的三个阶段模型[118]

a→c 接触润湿；c→e 铺展和浸入润湿；e→f 扩散过程

整个过程可以表示为：

$$S+L\rightarrow(S+L)+\Delta G \qquad (4-5)$$

式中，S 表示粉末；L 表示分散介质；(S+L) 表示粉末与分散介质形成的混合体；ΔG 表示分散过程中 Helmholtz 自由能变化。该混合过程可视为黏附润湿过程，并且假设分散系中粉末为球形颗粒，则其 ΔG 为：

$$\Delta G=4\pi R^2\sigma_{液固}+S^{L}\sigma_{气液}-S^{L}\sigma_{气液}-4\pi R^2\sigma_{气固}=4\pi R^2(\sigma_{液固}-\sigma_{气固}) \qquad (4-6)$$

式中，$\sigma_{液固}$、$\sigma_{气固}$ 和 $\sigma_{气液}$ 分别表示固体表面与液体接触时的表面张力、固体表面与气体接触时的表面张力以及液体与气体接触时的表面张力；R 表示固体粉末颗粒的半径；S^{L} 为液面的面积。按照热力学规律，$\Delta G<0$ 是液态黏结剂润湿固体的条件，且 ΔG 值越负，越易润湿。

通过观察颗粒自发分散过程，发现判据式（4-6）并不是充分条件。过程能量状态的变化是非线性的，是有起伏的。这种起伏导致了对界面能的不同要求。所以，有必要对黏结润湿过程和浸入过程分别进行讨论。它们自发进行的判据都是 $\Delta G<0$，通过计算可以得到如下表达式：

对于黏结润湿过程自发进行的判据为：

$$\sigma_{液固} < \sigma_{气固} + \frac{1}{2}\sigma_{气液} \tag{4-7}$$

对于浸入润湿自发进行的判据为：

$$\sigma_{液固} < \sigma_{气固} - \frac{1}{2}\sigma_{气液} \tag{4-8}$$

通过比较式(4－6)、式(4－7)、式(4－8)可以得出，如果整个过程在热力学上要自发进行，必须满足式(4－8)，即对球形颗粒在液体中自发分散过程起控制作用的步骤是浸入润湿过程。但固体的表面张力$\sigma_{液固}$、$\sigma_{气固}$难于测量，因此难于用式(4－8)进行计算和衡量润湿程度。润湿角是反映半液态黏结剂对固体粉末颗粒润湿的重要数据。

4.4.2　杨氏方程和最小润湿角

如图4－7所示，液体在固体的表面形成液滴，达到平衡时，在气、液、固三相接触的交接点O处，沿气－液界面画切线，称此切线与固－液界面的夹角（包括液体在内）θ为润湿角。

根据界面张力的概念，在平衡时，3个界面张力在O点处相互作用的合力为零，此时液滴保持一定的形状，且界面张力与润湿角之间的关系为：

$$\sigma_{气固} = \sigma_{液固} + \sigma_{气液}\cos\theta \tag{4-9}$$

式(4－9)被称为杨氏(T. Young)方程或润湿方程。将式(4－9)代入式(4－8)得：

$$\cos\theta > \frac{1}{2} \tag{4-10}$$

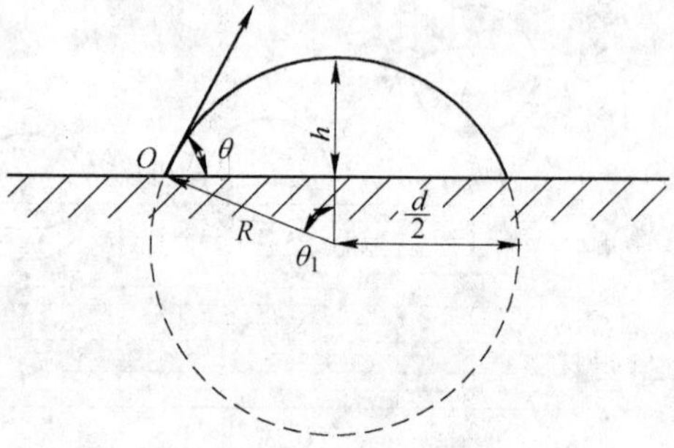

图4－7　润湿情况示意图

由式(4－10)可知，当$\theta < 60°$时，$\Delta G < 0$，此时球形颗粒的分散过程在热力学上可以自发进行。润湿角的测定，对于表面积很平整很大的固体来说，测量的方法很多，可以利用液滴法、气泡法等。然而注射成形过程中主要是针对粉末来说的，所以对于粉末－黏结剂的混合料的特殊体系一般是采用动态法来进行测定的。

4.5　表面活性剂对混合料物理化学性质的影响

表面活性剂如硬脂酸、油酸，由于分子结构中含有非极性官能团（—CH_2—）和极性官能团（—COOH），其作用在于非极性官能团与高分子有机物中的非极性分子结构相连接，而极性官能团易于与带极性的金属粉末颗粒之间连接[99]。根据极性相似原理，表面活性剂可以很好地充当一种协调剂，作为一个桥架结构改善高分子有机物与粉末颗粒之间的相互作用[121,122]。它们可以有效地增强黏结剂对粉末的润湿能力，提高粉末分散的均匀性，减少粉末和黏结剂产生两相相分离的现象，使得混合料在注射成形中有良好的流变行为，减少坯体出现缺陷的可能性。

4.5.1　表面活性剂对粉末颗粒相互作用的影响

表面活性剂在喂料中的作用通过官能团体现，OH—、COOH—等极性基团作用于粉末颗粒表面，而 CH_2—、CH—和 CH_3—等官能团作用在黏结剂上，在黏结剂与粉末颗粒之间起着桥梁作用，从而在粉末颗粒表面形成一层表面活性的吸附层，改变颗粒间相互作用的范德华力和范德华能。

4.5.1.1　*表面活性剂对范德华力的影响*

在 316L 不锈钢粉末和黏结剂混合物中添加油酸钠使得范德华相互作用能降低，即颗粒间的相互作用力范德华力减弱，因此使得喂料黏度降低，提高其流动性。图 4-8 是 316L 不锈钢粉末在蜡基黏结剂中粉末颗粒间相互作用的关系曲线，油酸的加入使得范德华作用力得到明显的下降[45]。

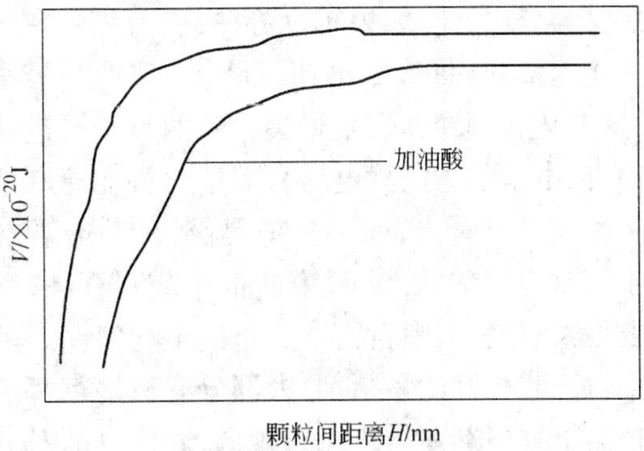

图 4-8　316L 不锈钢粉末在蜡基黏结剂中粉末颗粒间的相互作用关系[45]

4.5.1.2　*表面活性剂对静电作用能的影响*

注射成形中所用的粉末颗粒一般都较细，特别是纳米粉末，在性质上和溶胶颗粒有一定的相似性。表面活性剂容易吸附在颗粒表面，自身基团发生离解，从而使得粉末颗粒表面带电；另外，由于颗粒本身的晶格缺陷等原因也会使得颗粒带电，从而会使得颗粒在黏结剂中存在静电作用[123,124]。静电作用在一定程度上能够阻止粉末发生团聚，从而有利于混合料处于均一状态。

对于凝胶水基体系和其他含水的黏结剂体系，由于存在一部分水使得体系中粉末颗粒的作用情况与胶体中的双电层很相似。如图 4-9 所示，粉末颗粒的表面吸附表面活性剂后，形成了双电层。形成双电层之后，当颗粒受到外力而发生靠近时，会因为双电层的重叠而形成斥力，对保持和促使粉末颗粒保持分散和稳定起到重要作用。

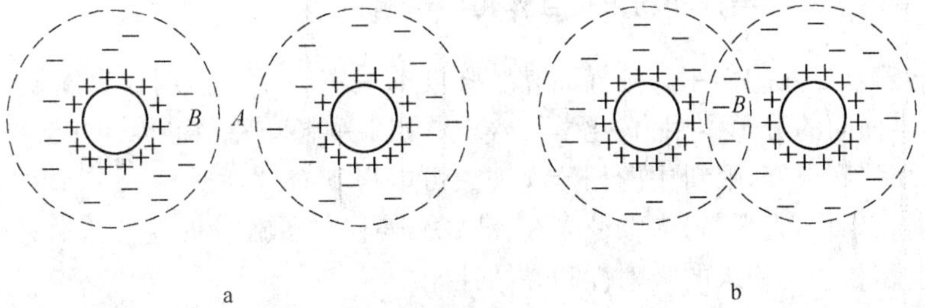

图 4-9　表面活性剂形成双电层的示意图[125]

图 4-10 为 DLVO[126] 理论给出的两表面间可能的相互作用情况。图中虚线 E_R 和 E_A 分别为库仑力产生的斥力势能曲线和范德华引力产生的势能曲线，E 为总势能曲线。在一定的条件下是稳定存在还是聚沉，取决于粉末颗粒间的相互吸引力和静电斥力。若斥力大于引力则粉末颗粒形成稳定的均相悬浮液，反之则容易发生聚沉。当两个带电的粉末颗粒相距较远时，扩散层尚未重叠，粒子间远距离的吸引力在起作用，即引力占优势，总势能为负值；随着两个粒子的靠近，扩散层重叠，斥力开始起作用，总势能逐渐上升为正值，至一定距

离处，总势能最大，出现一个势垒 E_{max}。势能上升意味着两颗粒不能进一步靠近，或者说它们碰撞后又会分离开。如果越过势垒，引力势能在数值上迅速增加，总势能迅速下降，出现第一最小值，这意味着颗粒要发生聚集。若两粒子再进一步靠近，由于强大的静电斥力而使总势能急剧增大。由此可以看出，如果势垒足够高，粉末颗粒处于相对稳定的状态；若势垒很小或不存在，容易发生聚集，引起喂料密度分布的不均匀性。

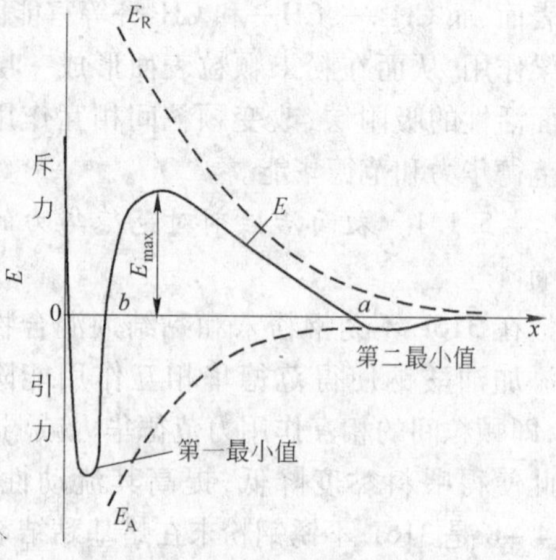

图 4－10　势能曲线[126]

对于非水性的黏结剂，大部分有机溶剂都不发生离解且溶剂离子化能力较低，表面电荷对分散起的作用非常有限。此时双电层作用很小，基本不起作用。但对于介电常数较高的黏结剂，粉体表面的电荷仍然存在，双电层的作用不容忽视。因为有些聚合物在常温下虽然介电常数较低，但在较高温度时其介电常数可能会很高。例如聚氯乙烯的介电常数在玻璃态时为 3.5，处于高弹态时增加到约 15，聚酰胺的介电常数玻璃态为 4.0，处于高弹态增加到近 50。聚合物的介电常数是一个较宽范围的值，因此如果黏结剂中含有这些成分，就必须考虑静电作用的影响。

一般来说，静电作用对于粉末颗粒的排斥能可以表述为[94]：

$$E_r = 32\pi\varepsilon\varepsilon_0 a\left(\frac{RT}{ZF}\right)^2 \tanh^2\left(\frac{ZF\psi}{4RT}\right)\ln[1 + \exp(-kH)] \tag{4-11}$$

式中，ε 为黏结剂相对介电常数；ε_0 为真空介电常数，等于 8.854×10^{-12}F/m；R 为摩尔气体常数，等于 8.314J/(mol · K)；T 为温度，K；Z 为电荷数；F 为法拉第常数，等于 9.649×10^4C/mol；ψ 为颗粒表面双电层的势能；$1/k$ 为双电层厚度。

4.5.2　表面活性剂对黏结剂和粉末相互作用的影响

黏结剂与粉末界面的作用力是界面黏结强度的决定因素。作用在界面上的力有三种：静电作用力；界面间的分子作用力；化学结合力。如果颗粒和黏结剂界面能够得到理想的黏结，则界面黏结强度很好，喂料中两相分离现象可以得到有效地避免。实际上，由于粉末颗粒形状不规则，表面不光滑，粉末颗粒存在孔隙等，使得分子在短程内黏结不好，表面活性剂的添加易改善黏结剂对粉末的吸附性和黏结性能。

4.5.2.1　表面活性剂对润湿性能的影响

黏结剂对粉末的润湿性的好坏直接影响粉末的装载量和黏结剂与粉末的结合强度。而这两个参数将对粉末的注射、脱脂和烧结有着重大影响。如表 4－4 所示，加入适量表面活性剂能在不影响脱脂和烧结工艺的情况下，明显减小黏结剂对粉末的润湿角，提高黏结剂对粉末的润湿性。

图 4－11 是不同表面活性剂在 Fe－2Ni 粉中对润湿角的影响，可以看出，随表面活性剂的加入，润湿角变小；不同种类的表面活性剂其润湿能力不同。图 4－12 为表面活性剂用量对润湿性的影响，与表 4－4 所示的规律相似，随表面活性剂加入量的增加，润湿角的减小由

表 4-4　不同温度下随 SA 含量增加润湿角的变化情况

黏结剂组成	不同温度下的润湿角/(°)		
	130℃	150℃	180℃
35PE - 65PW	13.38	7.16	6.92
34PE - 65PE - 1SA	13.59	6.94	6.49
30PE - 65PW - 5SA	11.16	5.08	5.07
27PE - 65PW - 8SA	10.68	4.76	4.61
25PE - 65PW - 10SA	8.76	4.40	3.91
20PE - 65PW - 15SA	4.79	3.10	2.92
15PE - 65PW - 20SA	3.23	2.64	2.58

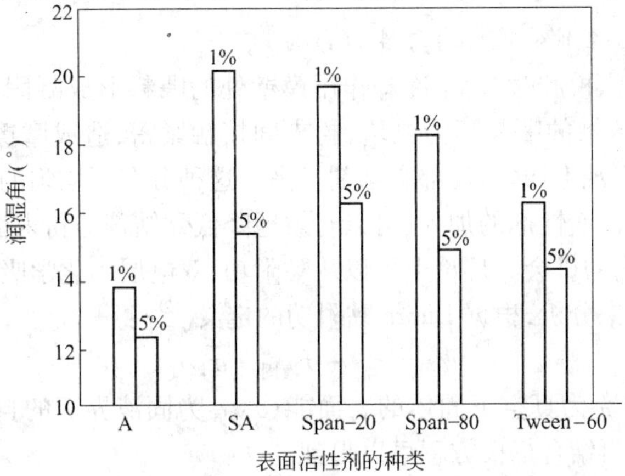

图 4-11　不同表面活性剂对黏结剂与粉末润湿角的影响[90]

原来的急剧下降变得比较平缓。一般认为，黏结剂的加入量应小于 5%（体积分数）。

一些研究[90,127]表明，未加入表面活性剂时，黏结剂对粉末的润湿是依靠粉末的表面吸附作用与粉末结合，黏结剂难以均匀地铺展在金属粉末表面，从而造成需要较多的黏结剂加入以保证在粉末表面形成完整的包覆层，增加包覆层的厚度，降低粉末的装载量。

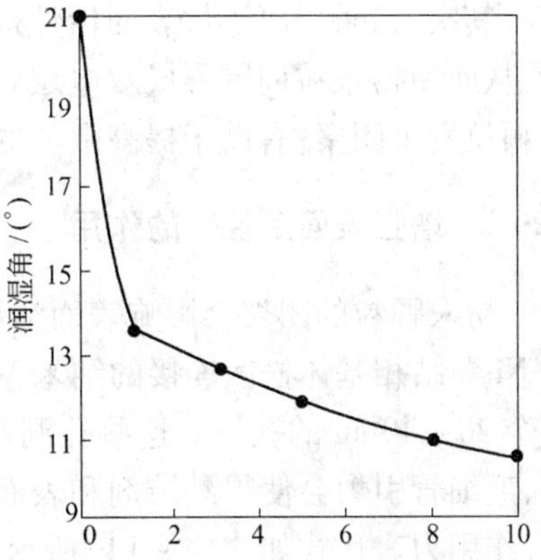

图 4-12　表面活性剂的用量对润湿角的影响[90]

表面活性剂的加入，其分子链上不同亲和性的基团会选择性地结合黏结剂和金属粉末，即极性端和金属连接，非极性端和黏结剂连接，从而形成牢固的粉末与黏结剂界面搭桥，有效地减少黏结剂的加入量，降低了混料的黏度和提高了粉末的装载量。

4.5.2.2　表面活性剂对结合强度的影响

表4-5是采用X射线光电子能谱(XPS)研究和分析表面活性剂对粉末结合能的影响。添加表面活性剂后使得黏结剂与粉末元素的结合能发生变化,并且随表面活性剂量的增加,电子结合能逐渐降低。这就促进粉末与黏结剂之间的结合强度的提高,从而促进得到均一的混合料。

表4-5　黏结剂与316L不锈钢粉末颗粒界面有关原子的XPS结合能

原子种类	电子层	电子结合能/eV		
		30PE-70PW	29PE-70PW-1SA	25PE-70PW-5SA
Fe	$2P_{3/2}$	707	706.1	705.8
Cr	$2P_{3/2}$	575	573.8	573.5
Ni	$2P_{3/2}$	852.2	851.9	851.3

4.5.2.3　表面活性剂对喂料均匀性的影响

喂料通过浇口注入模腔时,由于冷却作用模壁处的喂料形成凝固层,流道减小,出现喂料塞积,使得在这些区域的喂料压力剧增,粉末间接触紧密,造成摩擦力增大,粉末运动困难,从而造成注射坯宏观不均匀,局部黏结剂量高。这种分布不均匀的情况会对后面的工序产生很坏的影响。表面活性剂的加入,可以有效地降低黏结剂与粉末体系的黏度,增强喂料的流动性,减少相分离的机会。理论上可以从黏附功、双电层和化学吸附来分析。

首先通过黏附功来分析,根据Dupre黏附功的定义[128]:

$$W_a = \sigma_{固} + \sigma_{液固} \cdot \sigma_{液气} \tag{4-12}$$

式中,W_a为黏附功;$\sigma_{固}$为真空下固体的表面能;$\sigma_{液固}$为固液界面的自由能;$\sigma_{液气}$为液气平衡状态下的表面能。再结合杨氏方程可以得到:

$$W_a = (\sigma_{固} - \sigma_{固气}) + \sigma_{气液}(1 + \cos\theta) \tag{4-13}$$

由于表面活性剂的加入可以降低润湿角,所以会导致黏附功增加。从而说明黏结剂与粉末的结合力增加,使两者分离的可能性减少。

其次,当采用离子性表面活性剂时,表面活性剂极性部分容易在粉末颗粒表面的定向吸附,从而使得颗粒周围形成双电层。当带同号电荷的颗粒相遇时,由于静电斥力而防止了粉末颗粒发生团聚,有助于提高喂料的均匀性。

4.5.3　增强表面活性剂的作用

粉末颗粒的团聚会影响表面活性剂对粉末颗粒和黏结剂相互作用的效果。例如,由Co或Ni黏结相基体松散连接的纳米WC粉末团聚体的半径一般为75μm左右,它通常含有数百个20~40nm的孔洞。这些孔洞在团聚体中类似于毛细管。如果混料前不对粉末进行处理,毛细管引力会使得黏结剂和表面活性剂进入到这些孔洞里面。毛细管引力如图4-13所示,作用力表达式如式(4-14)所示:

$$\Delta p = 2\gamma_{lg} \cdot \cos\theta / r \tag{4-14}$$

式中,Δp表示毛细管引力;γ_{lg}为液气两相的表面张力;θ为接触角;r为毛细管半径。表面活性剂倾向于被吸收到或迁移到这些球形孔洞里面,使得表面活性剂在填满这些孔隙前不能均匀地覆盖在颗粒的外表面或者促进分散。因此,必须在混料前对粉末进行球磨以破坏这些粉末的团聚，使得表面活性剂能够起到相应的作用。

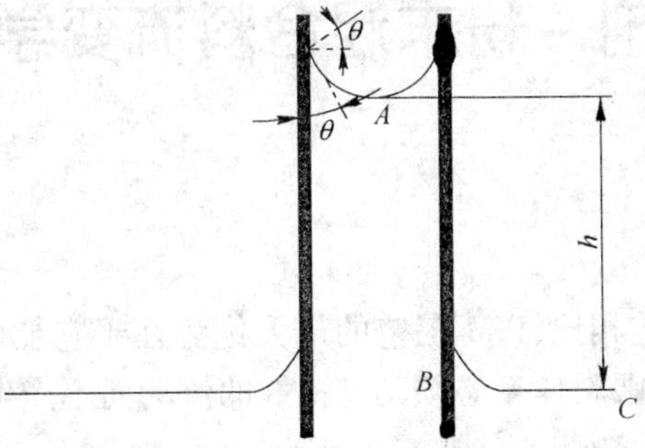

图 4-13　毛细管引力示意图[129]

总之，在粉末与黏结剂的混合过程中，存在着多种作用力。各种力的大小与粉末颗粒的大小、表面性质、形状及外界温度等因素有关。实现粉末在黏结剂中的均匀分散，要结合粉末的实际情况对黏结剂的各种组元进行调节。另外，表面活性剂和其他一些助剂能够在一定程度上改善黏结剂和粉末之间的润湿性能，增加混合料的均匀性，提高注射样品坯体的成形质量，从而有利于得到高性能的注射产品。

5　黏结剂－粉末混合料流变学行为

5.1　概述

与传统粉末冶金模压工艺相比，PIM 工艺的最大优势在于它能够一次性成形为复杂形状的制品，这就要求成形用的喂料体系必须具有良好的流动而不产生缺陷的能力，即良好的流变学特性。

在注射成形过程中，喂料在高温、高压和剪切力共同作用下的变形和流动过程是相当复杂的，可能既有瞬时的变形，也有对时间依存关系的变形；变形既可能是永久性的，也可能是在外力作用去除后能完全恢复和部分恢复的。而一些注射缺陷如表面塌陷、内部缩孔、开裂、两相分离、变形翘曲、分层、欠注等大都是在这个复杂的变形和流动过程中产生的，而且这些缺陷无法在后续脱脂和烧结过程中消除[130~133]。因此，制备符合粉末注射成形要求的具有良好流变特性的喂料是保证喂料顺利充填模腔最终成形无缺陷坯体的最关键因素。

基于以上分析，对粉末喂料的流变学行为进行合适的评价和表征，对于研究喂料在模腔内部的流动和变形行为从而预测并控制注射缺陷的产生、指导注射工艺参数的选择和模具设计具有非常重要的意义。材料体系完整的流变学特征应包括剪变黏度、剪变模量、拉伸黏度和拉伸模量，以及温度对它们的影响[94]。而对于 PIM 喂料这样的黏性流体系统而言，人们重点关注的是其黏度对剪切应力和温度的敏感性。因此，PIM 流变学的问题，主要就是喂料黏度的评价和表征问题[134]。

5.2　流体的黏度定义及流体分类

流体对剪切的阻碍作用称为黏度，定义为：

$$\eta = \tau / \dot{\gamma} \tag{5-1}$$

式中，η 为黏度；$\dot{\gamma}$ 为剪切速率；τ 为剪切应力。在描述剪切速率和剪切应力对黏度的影响时，广泛应用如下经验公式：

$$\eta = K\dot{\gamma}^{n-1} \tag{5-2}$$

式中，K 为常数；n 为流动指数。将式(5－2)代入式(5－1)可得：

$$\tau = K\dot{\gamma}^{n} \tag{5-3}$$

根据流体的黏度在一定温度和剪切应力下表现出的特性，可将流体划分为牛顿流体和非牛顿流体[135]。

5.2.1　牛顿流体

牛顿流体的特点是，在层流区其剪应力和剪切速率之间呈现正比关系。即：

$$\tau = \eta\left(\frac{\mathrm{d}v_x}{\mathrm{d}y}\right) = \eta\dot{\gamma} \tag{5-4}$$

式(5－4)称为牛顿黏性定律。式中 η 为流体的黏度，单位 Pa·s。换言之，凡服从式(5－4)

中规律的流体，都称为牛顿流体。式(5－4)的图示 $\tau = \dot{\gamma}$ 曲线称为牛顿流体的流动曲线，如图5－1中曲线1所示。值得注意的是，图5－1是用对数坐标来标绘流动曲线的，在这种情况下，所有的牛顿流体具有同一个斜率，而黏度 η 的大小则通过不同的截距来显示。其优越性在于不但可以在很大范围内表达两个变量的变化，更重要的是可以很方便地与非牛顿流体的性质相比较。不难看出，牛顿流体的流动曲线仅需用一个简单物理参数 η 即可确定，因此也仅需一个简单的实验测定即可完全成功地确定流体流变的或层流的特性。

具有牛顿流体特性的体系有：(1)所有气体；(2)所有的液体或低相对分子质量(小分子)物料的溶液。

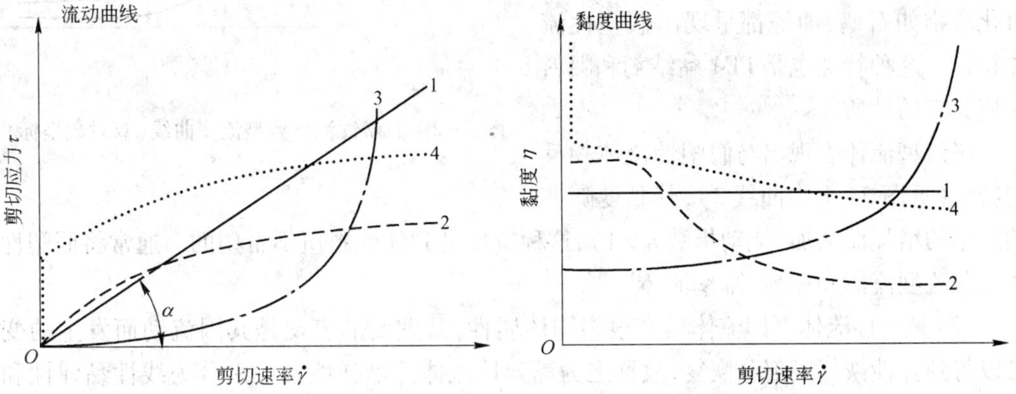

图5－1　不同流体的流变曲线[136]

1—牛顿流体；2—假塑性流体；3—胀流型流体；4—塑性流体

5.2.2　非牛顿流体

凡是剪切应力与剪切速率之间不服从式(5－4)中关系的流体均称为非牛顿流体，最常见和最重要的非牛顿流体是高分子溶液和熔体。除极稀的溶液外，高分子的溶液都是非牛顿流体，因此，从某种意义上说，牛顿流体仅是非牛顿流体的一种特例。非牛顿流体又可以分为下列三大类：

(1)广义牛顿流体。包括假塑性流体(Pseudoplastic Fluid)、宾汉塑性流体(Bingham Fluid)和胀流型流体(Dilatant Fluid)。

塑性流体又称圣维南流体(S. Venant Fluid)，它具有一个临界剪应力 τ_y，在剪应力小于 τ_y 时其呈现出固态立体结构，但当剪应力超过此临界应力后其固态结构将被完全破坏而呈现出流体形态，且黏度随剪切速率增加呈线性反比下降。如图5－1中曲线4所示，其纵轴的截距即为 τ_y 的大小，称为屈服应力。表现出这种特性的有悬浮液、原油、污泥等。

假塑性流体不具有屈服点，其特点是剪切变稀，即黏度随剪切速率增大而呈指数型下降(流动指数 $n<1$)，如图5－1中曲线2所示。这是因为流体的分子或粒子本来是杂乱无章地分布着，受到剪切应力后它们将趋于平行排列，故而其间的作用逐渐减至最小，于是黏度也随之下降到最小。此时继续增大剪切应力，由于分子的线性排列已经完成，所以又表现出牛顿流体的特性，黏度不再变化。同样，在极低的剪切速率下，由于分子处于介于线性排列

与杂乱分布之间的平衡状态，因而结合非常牢固。剪切速率的微小变化，不能影响这个平衡，故此时亦与牛顿流体相似，黏度保持不变。图5－2为假塑性流体黏度值的典型变化曲线。可以看出，在低剪（$\dot{\gamma}$较小）处存在一个牛顿区，称为第一牛顿区；同时，在高剪（$\dot{\gamma}$较大）处也存在一个η不变区，即第二牛顿区。

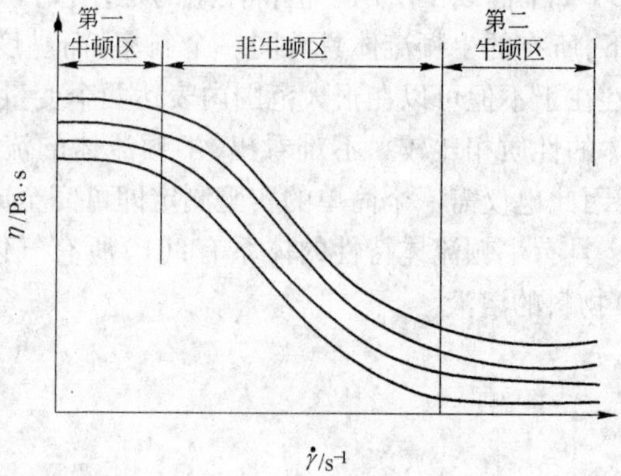

图5－2　假塑性流体典型流变曲线（双对数坐标）示意图[135]

假塑性流体是目前工业上最常用的非牛顿流体之一，工业上应用较多的一些有机化合物如石蜡、油等都呈现出假塑性流体特性。这种特性也是PIM黏结剂和喂料所应具有的性质。

胀流型流体表现出与假塑性流体相反的特性（见图5－1中曲线3），其黏度随剪切速率的增加而增加（流动指数$n>1$），这种特性是PIM喂料所不希望的。通常将假塑性流体和胀流型流体并称为"幂率流体"。

（2）黏弹性流体。即流体具有很多固体属性，其重要的表现是其因流动而发生的变形可以得到弹性恢复或部分恢复，故称之为黏弹性流体。黏弹性又可以分为线性黏弹性和非线性黏弹性两大类。

（3）触变流体。这种流体的黏度不仅与剪切速率有关，而且随受剪切的持续时间而降低，这是因为受剪后其结构破坏。但是，触变是一个可逆的过程，静止后其结构可以渐渐重新生成。

5.3　粉末喂料的流变学行为[135]

流变学是研究材料体系在外力作用下的变形和流动的科学。对流变学的研究由三个基本问题组成，即流场、本构关系和测量技术。此外，物质函数对于表征流体的流变行为、确定流变本构模型中的参数有重要作用，并且与流场有密切关系，因此物质函数也是流变学中重要的内容之一。

5.3.1　流场表达式

对于流变学来说，最主要和最典型的流场为稳态剪切流、小幅振荡流和拉伸流三种，但对于PIM来说，重点关注和研究的是剪切流。简单剪切场由两个平行板组成，其中上板移动时，两板间的流体受剪形成线速度分布。如此设x、y二维流场，则剪切速率$\dot{\gamma}=\frac{dv_x}{dy}$，运动学条件（或称速度场）为：

$$v_x=\dot{\gamma}y,v_y=v_z=0 \tag{5-5}$$

此流场的形变速率张量为：

$$d=\frac{1}{2}\begin{bmatrix}0 & \dot{\gamma} & 0\\ \dot{\gamma} & 0 & 0\\ 0 & 0 & 0\end{bmatrix} \tag{5-6}$$

式中，$\dot{\gamma}=\dot{\gamma}_{xy}=\mathrm{d}v_x/\mathrm{d}y$。

从牛顿黏性定律中知道，由于 η 为常数，故对牛顿流体仅需一个黏度 η 即足以说明问题。但对非牛顿流体，即使在这种稳态剪切流中，也需要三个独立的函数才能描述其流变行为。这三个函数是[137,138]：

$$\tau_{12}=\eta(\dot{\gamma})\dot{\gamma} \tag{5-7}$$

$$N_1=\tau_{11}-\tau_{22}=\psi_1(\dot{\gamma})\dot{\gamma}^2 \tag{5-8}$$

$$N_2=\tau_{22}-\tau_{33}=\psi_2(\dot{\gamma})\dot{\gamma}^2 \tag{5-9}$$

式中，τ_{12} 为剪切力，Pa；$\dot{\gamma}$ 为剪切速率，s^{-1}；$\eta(\dot{\gamma})$ 为依赖于剪切速率的黏度，即非牛顿黏度；N_1、N_2 分别为第一、第二法向应力差，Pa；$\psi_1(\dot{\gamma})$、$\psi_2(\dot{\gamma})$ 分别为第一、第二法向应力差函数或系数。

以上三个函数称为物质函数，可以看出，非牛顿流体的剪切黏度 η 是剪切速率 $\dot{\gamma}$ 的函数。三个物质函数的特定形式取决于流体的本构关系。由于这三个函数确定后可以完全确定它的应力状态，故有时又称之为测黏函数。

寻求物质函数数学表达式的目的是：(1) 表达式中含有重要的流变参数，并提供测量目标，希望能建立这些流变参数与相对分子质量、相对分子质量分布以及分子结构之间的关系；(2) 这一表达式能与连续方程一起用以求解运动方程，以建立流变参数与流动条件和流道几何形状之间的关系。由于上述物质函数中 $\eta(\dot{\gamma})$、$\psi_1(\dot{\gamma})$ 和 $\psi_2(\dot{\gamma})$ 等的数学表达式来源于本构方程，因此可以用于确定本构方程中的参数；反过来，也可以用以检验本构方程是否成功。

5.3.2 喂料流变测量学

为了确定本构方程的参数（或者检验本构方程），从而解决实际问题，必须测量出 η、ψ_1 和 ψ_2 这些流变学参数。但是能直接测量的并不是物质函数本身，而是作用在仪器上的力、力矩、转速、定性长度等，因此必须将这些可测量的量与物质函数联系起来，这就是流变测量学。以下介绍几个典型的流变仪及各自的测量原理和方法。

5.3.2.1 旋转流变仪

旋转流变仪样式很多，如锥板式流变仪，平行板式流变仪等。其中在流变学的研究中应用最广的是锥板式流变仪，如 Sangamo，或 Rheometric Scientific 公司的 ARES 流变仪中的锥板系统，Haak 公司的 RotoViso 流变仪，Paar Phisica 公司的 MCR300 流变仪，TA Instruments 公司的 Carri－Med 控制应力流变仪以及 Bohlin 仪器公司的 CVO 120HR 流变仪等，而且其中几乎每一台都有锥板系统、同轴圆筒系统、平行板测量系统可以更换。

锥板式流变仪测量头的几何形状如图 5－3 所示。被测流体置于锥板之间的空隙中，锥体以角速度 ω 旋转，而圆板是固定不动的。从该系统上能直接测出三个量：使锥体旋转所需的扭矩 J，作用在圆板上的总法向推力 F，以及圆板上的压力分布 $(p+\tau_{\theta\theta})_{\theta}=\frac{\pi}{2}$ 等。从这些测量中求出物质函数 η、ψ_1 和 ψ_2。假设惯性影响即径向运动方程中的离心力一项可以忽

略,锥与板之间的夹角 θ_0 非常小,一般仅零点几度到几度。剪切流的测量原理如下:

A 剪切速率

由于 θ_0 角非常之小,以至锥板间流体的流动可以从局部上看做两平行板之间的简单剪切流动。此时其速度场为 $v_\phi = v_\phi(r,\theta)$, $v_\theta = v_r = 0$。

上板运动速度 $v_0 \approx \omega r$

板间距 $b = r\sin\theta_0 \approx r\theta_0$

$$y \to r\sin(\frac{\pi}{2}-\theta) \approx r(\frac{\pi}{2}-\theta)$$

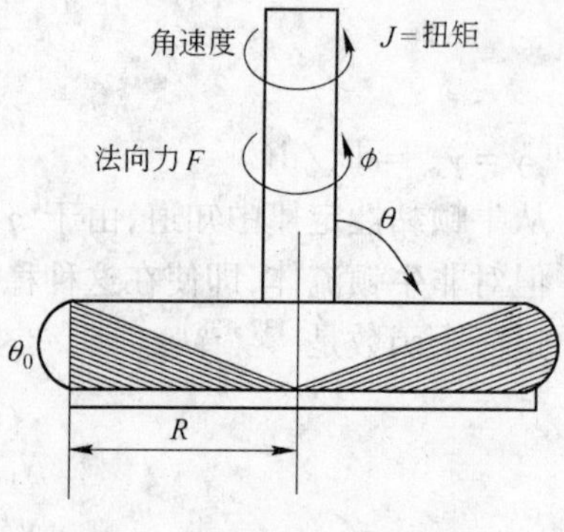

图 5-3 锥板黏度计示意图

所以两平板之间的速度分布 $v_x = v_0\dfrac{y}{b}$,完全可以润滑近似于锥板之间的

$$v_\psi = \omega r[r(\frac{\pi}{2}-\theta)/(r\theta_0)] = \omega r(\frac{\pi}{2}-\theta)/\theta_0$$

因此,剪切速率张量 $\dot{\gamma}$ 的 θ_ϕ 分量为:

$$\dot{\gamma}_{\theta_\phi} = \frac{\sin\theta}{r}\frac{\partial}{\partial\theta}(\frac{v_\phi}{\sin\theta}) + \frac{1}{r\sin\theta}\frac{\partial v_\theta}{\partial\phi} = \frac{\sin\theta}{r}\frac{\partial}{\partial\theta}(\frac{v_\phi}{\sin\theta}) \approx \frac{1}{r}\frac{\partial v_\phi}{\partial\theta} = -\frac{\omega}{\theta_0} \quad (5-10)$$

由上式可见,$\dot{\gamma}_{\theta_\phi}$ 在间隙中实际上可以认为是处处不变。据此可以知道 τ_{θ_ϕ} 和 $\tau_{\phi\phi}-\tau_{\theta\theta}$ 和 $\tau_{\theta\theta}-\tau_{rr}$ 也是与位置无关。

B 剪应力

驱动锥体转动所需的扭矩 J 可由力臂 r 和力 $\tau_{\theta_\phi}\big|_{\theta=\frac{\pi}{2}}$ 与 $r\mathrm{d}r\mathrm{d}\phi$ 的乘积对板面积分而得:

$$J = \int_0^{2\pi}\int_0^k \tau_{\theta_\phi}\Big|_{\theta=\frac{\pi}{2}} r^2\mathrm{d}r\mathrm{d}\phi$$

由于已知 $\dot{\gamma}_{\theta_\phi}$ 在间隙中处处不变,所以 τ_{θ_ϕ} 也处处保持为常数,因此,不难得出:

$$\tau_{\theta_\phi} = \frac{J}{\frac{2}{3}\pi R^3} \quad (5-11)$$

C 黏度

当测得 J 和 ω 后就可以求出 τ_{θ_ϕ} 和 $\dot{\gamma}_{\theta_\phi}$,再根据广义牛顿流体黏度的定义,即

$$\tau_{\theta_\phi} = -\eta\dot{\gamma}_{\theta_\phi}$$

就可以算出黏度 η 之值,即

$$\eta = \frac{3J}{2\pi R^3\dot{\gamma}_{\theta_\phi}} \quad (5-12)$$

5.3.2.2 毛细管及狭缝流变仪

如图 5-4 所示,毛细管流变仪为由一贮槽和一圆柱形毛细管联结而成。受试流体在毛细管中流动,测量其压力和流量从而求解其稳态剪切流中的流变参数。狭缝流变仪与毛细管相同,只不过流体流经毛细管的截面形状不同而已。黏度的测量原理如下:

A 剪应力分布

管流的运动学条件:

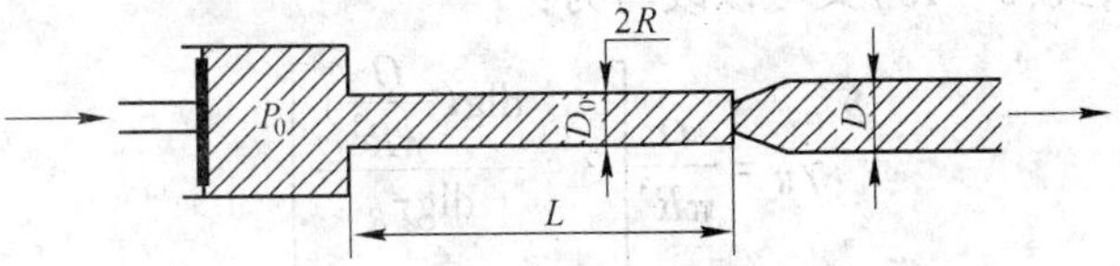

图 5－4 毛细管流变仪示意图

$$v_z = v_z(r), v_\theta = v_r = 0, p = p(r,\theta,z)$$

在圆柱坐标系中，用 z 分量表示的运动方程为：

$$0 = -\frac{dp}{dz} - \frac{1}{r}\frac{d}{dr}(r\tau_{rz})$$

或

$$0 = \frac{\Delta p}{L} - \frac{1}{r}\frac{d}{dr}(r\tau_{rz})$$

积分后，得：

$$\tau_{rz} = \frac{\Delta pr}{2L} + \frac{C}{r}$$

由边界条件知 C 必为零，而已知 $\tau_R = \Delta pR/(2L)$，则得出：

$$\tau_{rz} = \tau_R \frac{r}{R} \tag{5-13}$$

可见剪切应力呈线性分布。

B 剪切速率

体积流量 $Q = 2\pi\int_0^k v_z r dr = 2\pi\int_0^k v_z d(\frac{r^2}{2})$，分步积分之，并结合管壁无滑移的边界条件：$r = R, v_z(R) = 0$，则上述体积流量为：

$$Q = \pi\int_0^K \dot{\gamma} r^2 dr$$

改变积分变量：$r = 0, \tau_{rz} = 0; r = R, \tau_{rz} = \tau_R$，于是，则有下列关系式：

$$Q = \frac{\pi R^3}{\tau_R^3}\int_0^{\tau_R} \dot{\gamma}\tau_{rz}^2 d\tau_{rz}$$

为求得壁上的剪切速率，将上式对 τ_R 求导，得：

$$\dot{\gamma}_R = \frac{1}{\tau_R^2}\frac{d}{d\tau_R}(\tau_R^3 \frac{Q}{\pi R^3}) \tag{5-14}$$

上式通常被称为 Weissenberg－Rabinowitsch 方程式。$\dot{\gamma}_R$ 和 τ_R 已知后，就可求得壁面上的黏度：

$$\eta(\tau_R) = \frac{\tau_R}{\dot{\gamma}_R} = [\frac{1}{\tau_R^3}\frac{d}{d\tau_R}(\frac{Q}{\pi R^3}\tau_R^3)]^{-1}$$

上式也可写成：

$$\eta(\tau_R) = \frac{\tau_R}{(\frac{Q}{\pi R^3})}\left[3 + \frac{d\ln(\frac{Q}{\pi R^3})}{d\ln\tau_R^3}\right]^{-1} \tag{5-15}$$

式(5－15)推导中无任何条件，因而它适用于任何流体。为应用时方便起见，以 $\frac{Q}{\pi R^3}$ 对

τ_R 作图可得一直线，式(5－15)又可以改写为：

$$\dot{\gamma}_R=\frac{Q}{\pi R^3}\left[3+\frac{\mathrm{dlg}(\frac{Q}{\pi R^3})}{\mathrm{dlg}\tau_R}\right] \tag{5-16}$$

或

$$\dot{\gamma}_R=\frac{\dot{\gamma}_{RN}}{4}\left[3+\frac{\mathrm{dlg}\dot{\gamma}_{RN}}{\mathrm{dlg}\tau_R}\right] \tag{5-17}$$

式中，$\dot{\gamma}_{RN}$为用牛顿流体公式得到的表观剪切速率

$$\dot{\gamma}_{RN}=\frac{4Q}{\pi R^3}=\frac{8\bar{V}}{D}$$

令

$$n=\frac{\mathrm{dlg}\tau_R}{\mathrm{dlg}\dot{\gamma}_{RN}}$$

则上式又可改写为：

$$\dot{\gamma}_R=\dot{\gamma}_{RN}\left[\frac{3}{4}+\frac{1}{4n}\right] \tag{5-18}$$

式(5－18)普遍适用于计算非牛顿流体的真实剪切速率。

从实验中发现，对许多聚合物溶液在很宽的 $\dot{\gamma}_{RN}$范围内 τ_R（或 τ_w）对 $\dot{\gamma}_{RN}$的对数坐标作图，都能得到恒定的斜率 n'值，所以可以写出如下的经验式：

$$\tau_w=K'(\dot{\gamma}_{RN})^{n'} \tag{5-19}$$

将式(5－18)带入上式则可以得到：

$$\tau_w=K\dot{\gamma}_R^{n'} \tag{5-20}$$

式中，$n=n'$，$K=K'[4n/(3n+1)]^{n'}$。当 $n=1$ 时，上式又简化为：

$$\tau_w=K\dot{\gamma}_R$$

这就是著名的牛顿流体表达式。式中 K 此时等于μ，代表牛顿黏度。因此，可以认为 n 值与 1 的偏差，便可描述流体偏离牛顿流体的程度。

对大多数聚合物溶液和（或）熔体，n 值通常恒小于 1。式(5－20)就是 Oswaldde Wale 幂律关系，是本构方程的一种。

式(5－16)的变形还有以下两种，其一为：

$$\dot{\gamma}_R=\frac{3Q}{\pi R^3}+\tau_R\frac{\mathrm{d}}{\mathrm{d}\tau_R}\left(\frac{Q}{\pi R^3}\right) \tag{5-21}$$

此式在 $Q/\pi R^3$ 对 τ_R 作图接近线性时使用。其二，如遇到接近 Bingham 模型的流动性为，则有：

$$\dot{\gamma}_R=\tau_R\phi_a\left[1+\frac{1}{4}\frac{\mathrm{dlg}\phi_a}{\mathrm{dlg}\tau_\rho}\right] \tag{5-22}$$

式中，参数 $\phi_a=\frac{4Q}{\pi R^3\tau_R}=\frac{8Q}{\pi R^4\frac{\Delta p}{L}}$，称为表观黏度，为黏度的倒数。此式对偏离牛顿流体不大时十分有效，因为第二项可以看做是对非牛顿流动行为的修正。

5.3.2.3　同轴圆筒式流变仪

利用两个同心圆筒的环亦可以进行流体黏度的测量，让流体在此环隙中做层流运动即可。黏度测量原理如下：

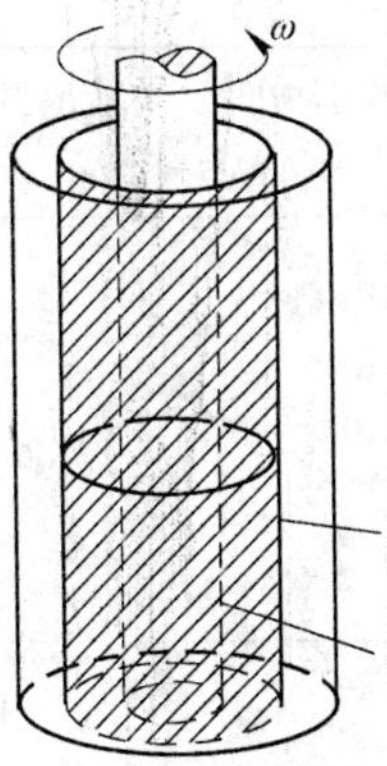

图 5－5 同轴圆筒流变仪示意图

如图 5－5 所示，内筒半径为 R 的同心圆筒以等角速度 ω 旋转，并假设圆筒足够长，其中间可视为平面运动。取柱坐标系，z 轴与旋转轴重合，不计重力的影响，可得：

$$\frac{d^2 v_\theta}{dr^2}+\frac{1}{r}\frac{dv_\theta}{dr}-\frac{v_\theta}{r_2}=0$$

边界条件为：

$$r=R,v_\theta=\omega_1 R,$$
$$r=kR,v_\theta=0$$

可求得筒间半径为 r 处流体的切向速度为：

$$v_\theta=\omega R\frac{\frac{kR}{R}-\frac{r}{kR}}{(k-\frac{1}{k})}$$

式中，k 为外圆筒半径与内圆筒半径 R 之比。

(1)速度梯度。

$$r\frac{d}{dr}(\frac{v_\theta}{r})=2\omega R^2(\frac{1}{r^2})(\frac{k^2}{k^2-1}) \tag{5－23}$$

(2)剪应力分布。按照广义牛顿流体的定义，此式剪应力分布 $\tau_{r\theta}(r)$ 可表示如下：

$$\tau_{r\theta}=-\eta r\frac{d}{dr}[\frac{v_\theta}{r}]=-2\eta\omega R^2(\frac{1}{r^2})(\frac{k^2}{k^2-1}) \tag{5－24}$$

而内筒旋转需要施加的扭矩为：

$$M=2\pi RL(-\tau_{r\theta R})R=4\pi\eta L\omega R^2(\frac{k^2}{k^2-1})$$

(3)黏度。通过实验测量得出角速度 ω 和扭矩 M，则得黏度

$$\eta=\frac{M}{4\pi L\omega R}(\frac{k^2}{k^2-1}) \tag{5－25}$$

式中，L 为内筒浸入液体的高度。

5.3.2.4 不同种类流变仪的比较

各种类型流变仪的使用范围、优缺点和评价总结在表 5－1 中，以供使用时参考。当然，表中所指出的范围往往不是轻而易举就可以达到的，有时需要改变测量系统，甚至改变一起的结构。例如，低黏毛细管黏度计一般采用恒压式，而高黏度毛细管流变仪往往需采用活塞挤压的恒流式才能奏效。还需指出，除了本书所述的主要类型外，还可以用其他原理进行流变学参数的测量。必要时可参考其他流变测量学专著。

表 5－1 各种类型流变仪的测量范围和特点比较[135]

型式	剪切速率 /s^{-1}	黏度范围 /Pa·s	优点	缺点	评价
锥板式	10^{-2}～10^3	10^{-1}～10^8	(1)$\dot{\gamma}$ 处处相等，数据易处理； (2)直接测定 N_1、N_2； (3)试样用量小； (4)易清洗，恒温快	(1)边缘效应大； (2)转速高时，试样甩出； (3)悬浮液易梗阻	精度高，可测多种物质函数，适于较黏高分子溶液和熔体

续表 5-1

型　式	剪切速率 /s^{-1}	黏度范围 /Pa·s	优　点	缺　点	评　价
平行板式	$10^{-2}\sim10^{3}$	$1\sim10^{10}$	(1)直接测定 N_1、N_2； (2)易制造； (3)间隙可调,适于悬浮液； (4)易清洗,恒温快	(1)$\dot{\gamma}$ 随 R 变化； (2)转速高时,试样甩出	作为锥板式的补充,适于较黏高分子溶液和熔体
同轴圆筒	$10^{-2}\sim10^{3}$	$10^{-4}\sim10^{8}$	(1)制作较易； (2)同黏度液体扭矩大； (3)速度范围大； (4)适于悬浮液	(1)$\dot{\gamma}$ 对非牛顿流体修正大； (2)试样用量最多	广为使用,对低黏、低弹流体较为适用
毛细管式	$10^{-1}\sim10^{6}$	$10^{-3}\sim10^{8}$	(1)范围大； (2)τ 范围高； (3)宽温度易实现； (4)装置简易； (5)试样不暴露	(1)实验费时； (2)难清洗； (3)$\dot{\gamma}$ 修正大； (4)总黏度低	宽范围表观黏度测定,尤其适于高剪高黏测定

5.3.3　PIM 粉末喂料的本构方程

描述介质对应力、应变响应变化的数学模型称为本构方程。最熟知的本构关系有胡克定律、牛顿黏性定律、理想气体状态方程、热传导方程等。在流变学中,本构方程反映的是流体的应力和流体状态之间的联系,不同的介质或同种介质在不同运动条件下有不同的本构方程。归纳宏观实验结果,建立有关物质的本构关系是连续介质力学和流变学的重要研究课题。在流变学中,本构方程有如下一些作用:

(1)可以区分流体类型,即不同类型的流体使用不同类型的本构方程来描述；

(2)从本构方程可以获得流体内部的结构信息,如相转变等；

(3)本构方程与流动方程相联立可用以解决非牛顿流体的动量、热量、质量传递等工程问题。

不同介质或相同介质在不同的运动条件下有不同的本构方程,至今还没有找到普遍适用于各种流体运动的本构方程。建立物质的本构关系是流变学的重要任务,可通过实验方法、连续介质力学方法和统计力学的有机结合来完成。然而,尚未找到一个普适的本构关系,需根据研究对象和流动形态选用合适的本构关系。建立本构方程有多种途径,一般分为经验方法,半经验半理论方法和理论方法。理论方法又分为三种类型:(1)连续介质力学理论,即将物质看作连续介质,借助以往的知识描述介质对应力和应变的响应;(2)流变学分子理论,即从物质的分子结构观点描述介质的行为,又称为结构流变学;(3)从不可逆热力学观点,描述介质对应力和应变的响应。就目前的情况来看,完全采用理论方法构造出来的本构方程一般都比较复杂,很难直接用来解决工程问题。所以用于解决工程实际问题的本构方程一般是通过大量的实验，结合理论分析而建立的，方程中的系数通常由实验（即求取物质函数）来确定。

5.3.3.1　幂律流体的本构方程

在实际的粉末注射成形中涉及最多的是幂律流体。在描述粉末注射成形喂料熔体的剪切速率和剪切应力对黏度的影响时，广泛运用的经验公式如下[50]：

$$\tau = K\dot{\gamma}^{n} \tag{5-26}$$

式中，K 称为稠度系数；n 为幂指数。实际应用中常将式（5－26）改写成类似牛顿流体的本构方程：

$$\tau = \eta_a \dot{\gamma}$$

式中

$$\eta_a = K\dot{\gamma}^{n-1} \tag{5-27}$$

称 η_a 为幂律流体的表观黏度。表观黏度 η_a 是剪切变形速率的函数。

Ellis 等给出了非牛顿幂律流体本构方程的一些改进形式[139]，例如：

Ellis 流体 $\dot{\gamma} = \frac{1}{\eta_0}\left[1 + \left(\frac{\tau}{\tau_{1/2}}\right)^{\alpha-1}\right]\tau$，表观黏度为 $\eta_a = \frac{d\tau}{d\dot{\gamma}} = \frac{\eta_0}{1 + \alpha\left(\frac{\tau}{\tau_{1/2}}\right)^{\alpha-1}}$

式中，$\tau_{1/2}$ 是当 η_a 下降为 $\frac{1}{2}\eta_0$ 时的 τ 值；α 为常数。

Eyring－Powell 流体 $\tau = \eta\dot{\gamma} + \frac{1}{B}\sinh^{-1}\frac{\dot{\gamma}}{A_{EP}}$

式中，η，B，A_{EP} 是由实验决定的物质常数。

5.3.3.2　PIM 数值模拟常用的一些喂料本构方程

在实际的粉末注射成形数值模拟中，用来描述 PIM 喂料熔体受力与运动响应之间关系的本构方程使用得最多的是幂律流体的本构方程。还有其他一些经常使用的本构方程，现列举部分如下[140]。

Iwai T, Aizawa T 等使用的幂律流体模型如下：

$$\eta = \eta_0 \exp\left[\frac{E}{k}\left(\frac{1}{T} - \frac{1}{T_0}\right)\right]$$

式中，k 是玻耳兹曼常数（$k = 1.380 \times 10^{-23}$J/K）；$E$、$T_0$ 为材料常数。

Liaquat A, Najmi A 和 Lee D 使用的模型如下：

$$\eta = g(T)\dot{\gamma}^{n-1}, g(T) = m_0 \exp(T_\alpha / T)$$

式中 n，m_0 和 T_α 是材料常数。

Lam Y C, Chen X, Tam K C 等使用的黏度模型是上面两种模型的组合：

$$\eta = \eta_b \exp\left(1 - \frac{\Phi}{\Phi_c}\right)^{-m}, \eta_b = g(T)\dot{\gamma}^{n-1}, g(T) = m_0 \exp(T_\alpha / T)$$

式中，Φ，Φ_c 分别是粉末浓度和临界装载浓度，其他参数均为材料常数。

Bilovol V V, Kowalski L 和 Duszczyk J 使用七常数的指数型 Cross－WLF 模型：

$$\eta(T, \dot{\gamma}, p) = \frac{\eta_0(T, p)}{1 + (\eta_0\dot{\gamma}/\tau^*)^{1-n}}, \eta_0(T, p) = D_1 \exp\left[-\frac{A_1(T - T^*)}{A_2 + D_3 p + (T - T^*)}\right]$$

式中，$\eta_0(T, p)$ 是零剪切黏度；τ^* 为开端剪切应力；$1-n$ 是幂因子；$T^* = D_2 + D_3 p$ 代表参考温度。

Florin Ilinca, Jean - francois Hetu 和 Abdessalem Derdouri 使用的也是 Cross - WLF 模型表示，同时用下面的模型表示有效黏度：

$$\eta_{ef} = \eta + \tau_y [1 - \exp(-a\dot{\gamma})]/\dot{\gamma}$$

式中，τ_y，a 为常数。

以上的这些本构方程都是研究者根据具体研究的问题选用和建立的。在对实际的粉末注射成形过程进行模拟研究时，需要根据实际的材料体系，采用实验研究和理论分析相结合的方法选择适当的黏度模型，或建立具体材料体系的黏度模型。

当对任何本构方程写出物质函数后，下一步的工作便是开发一个新的本构方程。但需要注意的是，在建立本构方程时必须遵循一定的公理，即所谓本构公理。具体的理论和方法请参见相关专著。

5.4 粉末喂料流变行为的影响因素

粉末加入到黏结剂中形成注射成形工艺所用喂料后其流变行为变得比纯黏结剂更为复杂。由于粉末的固态特性和颗粒间摩擦，使得黏结剂的流动受到影响，喂料的黏度会呈 $10 \sim 10^4$ 倍增加。对于 PIM 喂料，要求其黏度应随剪切速率的增加而下降，即 PIM 要求喂料呈假塑性行为，并且剪切速率应该在一定范围内波动。当喂料呈假塑性行为时，喂料的黏度计算、测定、黏度随剪切速率和温度的变化可以用黏结剂的黏度公式处理。下面首先通过分析影响喂料熔体流动行为的因素，促进读者对喂料流变行为的初步理解；然后再用已经建立的黏度与各影响因素之间的关系表达式来进一步对喂料流变行为进行深入分析。

5.4.1 粉末装载量的影响

在黏结剂体系中加入粉末颗粒，其黏度会明显增加。为了表达喂料体系黏度与粉末装载量之间的关系，需要引入相对黏度和相对粉末装载量的概念。相对黏度是指粉末喂料的黏度与纯黏结剂体系的黏度之比；相对粉末装载量（注：粉末装载量即粉末体积分数）为实际粉末装载量与最大粉末装载量之比。其表达式分别如式(5-28)、式(5-29)所示：

$$\eta_r = \eta/\eta_b \tag{5-28}$$

$$\Phi_r = \Phi/\Phi_m \tag{5-29}$$

式中，η_r 为相对黏度；η 为粉末喂料的黏度；η_b 为纯黏结剂体系的黏度；Φ_r 为相对粉末装载量；Φ 为实际粉末装载量；Φ_m 为最大粉末装载量。

喂料黏度随粉末含量呈明显的非线性变化，当粉末装载量增加到一定值时，喂料黏度会增加到接近无穷大，这时的粉末装载量称为极限装载量。图 5-6 给出了单一粒径球体分散体系的这一行为。

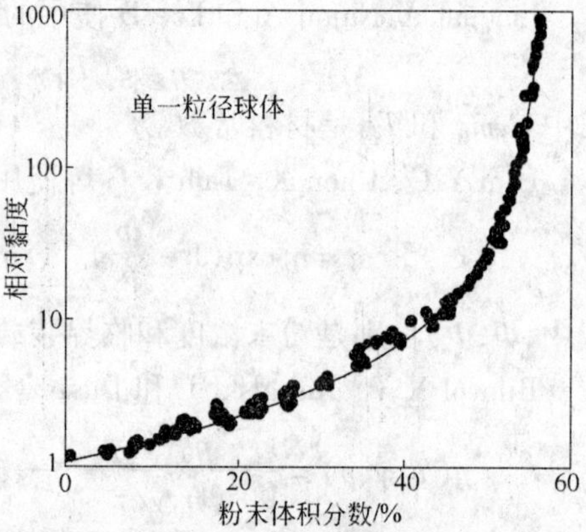

图 5-6 粉末装载量对分散系相对黏度的影响[141]

5.4.1.1 Einstein 黏度理论

Einstein 通过对颗粒分散体系做如下一些假设：

(1)体系是一个极稀的刚性分散系，颗粒球

面与液体之间没有滑动,液体为不可压缩的牛顿流体;

(2)颗粒体积分数足够小,从而可以忽略颗粒之间的相互作用;

(3)颗粒尺寸比溶剂分子大得多,介质可视为连续介质;

(4)颗粒尺寸比黏度计的尺寸相对小得多,可以忽略壁面的影响。并且在考虑球形颗粒对能量耗散影响的基础上,得出颗粒分散系相对黏度和颗粒粉末的装载量 Φ 之间有如下关系:

$$\eta_r = 1 + 2.5\Phi \tag{5-30}$$

该模型是在假设流体是极稀的不可压缩的刚性分散体系的情况下建立的,仅适合粉末装载量低于约15%的情况。实际注射成形中喂料粉末装载量在40%～60%之间,这种情况下该模型有较大偏差。

5.4.1.2 广义 Einstein 黏度理论

为了能使 Einstein 关系式符合浓悬浮液,目前很多学者对式(5－30)作了各种修正。现在大多数模型建立在颗粒坚硬、实心、呈球形、具有中等悬浮、无沉降等假设的情况下。表5－2列出了几个比较有代表性的模型。

表5－2 几种 Einstein 模型的修正表达式[142～152]

序号	黏度－粉末装载量关系模型
1	$\eta_r = A(1-\Phi_r)^{-n} - n$
2	$\eta_r = A\exp[2.5\Phi/(1-K\Phi)]$
3	$\eta_r = A\Phi(1-B\Phi)$
4	$\eta_r = A\Phi_r^{1/3}/(1-\Phi_r^{1/3})$
5	$\eta_r = A\Phi^2/(1-\Phi_r^n)$
6	$\eta_r = (1+A\Phi_r)/(1-\Phi_r)$
7	$\eta_r = (1-\Phi-A\Phi^2)^{-n}$
8	$\eta_r = (1-K\Phi)^{-2.5/K}(\Phi\rightarrow 0)$
9	$\eta_r = (1-\Phi/\Phi_m)^{-2.5\Phi_m}(\Phi\rightarrow\Phi_m)$

注:表中 A、B、K、n 均为常数。

目前使用的一些模型则是这些公式的简单组合。German 在分析了任何一种模型都必须满足的几个普遍原则后,以实验为依据,给出了关于相对黏度 η_r 随相对固体粉末装载量 Φ_r 变化最适宜的简单模型公式如下[147]:

$$\eta_r = \eta/\eta_b = A(1-\Phi_r)^{-n} \tag{5-31}$$

通常情况下,指数 $n=2$,系数 A 包含如剪切速率敏感性及颗粒尺寸等影响因素,典型条件下其值接近于1。在模型中,当粉末装载量为零时,相对黏度为1;粉末装载量低时可收敛为 Einstein 公式;当固体粉末含量达到最大值时,相对黏度为无穷大;对于浓悬浮液需考虑容器壁效应(从容器壁到容器中部存在固体粉末含量梯度,位于容器壁附近的颗粒散装密度低于中部的颗粒),于是,黏度也同样随位置不同而改变。但是只要试验装置或模具尺寸较颗粒尺寸大得多,这种效应就很小。

5.4.1.3 其他黏度－粉末装载量关系模型

在 Einstein 之后,Frankel、Acirivos、Batchelor、Chong 和 Kitano[146,153～156]等人分别在一定

的理论基础下提出了各自比较有影响的模型。他们建立模型的适用范围和优缺点见表 5－3。

表 5－3　其他黏度－粉末装载量关系模型[146,153~156]

学者姓名	建立的依据	公式表达式	优缺点
FrankelAcirivos	颗粒引入引起黏度的增加是由于相邻颗粒在发生相对运动时，其间的低黏度物质产生能量的耗散引起的。能量耗散是由相互挤压引起，对于相对滑动，其能量耗散可以忽略不计	$\eta_r=1+2.5\Phi+6.2\Phi^2$	可以解释许多实验数据，且对于较高的 Φ 值也适用。但当 $\Phi\to0$ 时，该模型不能还原成 Einstein 黏度理论
Batchelor	考虑流体中两个颗粒之间的相互作用	$\eta_r=\left[1+0.75\left(\frac{\Phi/\Phi_m}{1-\Phi/\Phi_m}\right)\right]^2$	有一定的适用性
Chong	考虑到高低浓度及多组元等多种情况	$\eta_r=\frac{9}{8}\left[\frac{(\Phi/\Phi_m)^{1/3}}{1-(\Phi/\Phi_m)^{1/3}}\right]$	使用范围很广泛，不仅适用于低浓度、高浓度、单分散、双分散及其他颗粒分布的悬浮液，而且也适用于固体颗粒分散于有交联的和无定形的黏弹性材料悬浮液
Kitano		$\eta_r=[1-\Phi/\Phi_m]^2$	该模型和实验具有更好的适用性

在使用和评价某一模型时，必须考虑到以下几个方面：(1)未包含最大粉末装载量的模型在实际粉末装载量下与实验数据符合得好不好；(2)确定最大固体粉末含量时不可动液体含量及吸收层厚度的情况如何；(3)固体粉末含量为零时得到的极限黏度是否为黏结剂黏度。

5.4.2　剪切速率的影响

5.4.2.1　粉末喂料对剪切速率敏感性特点

粉末喂料对剪切速率敏感性主要表现为以下几个方面：

(1)PIM 喂料对剪切速率较黏结剂对剪切速率的敏感性大，即使黏结剂对剪切速率不敏感，喂料黏度对剪切速率也十分敏感。

(2)黏度高的喂料在剪切速率低时有一屈服点，应力高于屈服应力之后，当剪切速率增加时，黏度开始下降。

(3)对于许多粉末，尤其是不规则形状颗粒和细粉末，当剪切速率非常高时，随着剪切速率的增加黏度反而又升高(膨胀性流动)。

图 5－7 所示为由硬质合金粉末与聚苯乙烯混合而成的喂料的黏度随剪切速率变化情况。当 $\dot{\gamma}=100$ 时，喂料为剪切稀化的；当剪切速率约为 1000 时，达到最小黏度；当剪切速率

大于1000时，黏度又变大。对剪切膨胀敏感程度取决于黏结剂润湿特性、粉末含量以及粒度分布。当粉末含量低时，无剪切膨胀的现象。在粉末含量高于约50%时，单一粒径粉末在黏度与剪切速率关系中出现临界变化。粉末含量大于60%，低剪切速率10～100s^{-1}时，会出现剪切膨胀。

(4)黏度随剪切速率增加而下降可反映均匀性改善的情况，相应黏度随剪切速率增加而增加则可能表明颗粒无序、膨胀或消除团聚。表面活性物质使混合料黏度降低但不改变"黏度－剪切速率"曲线的基本形状。剪切速率高时，颗粒相互滑移时膨胀（体积增大），消耗能量并使黏度增大。

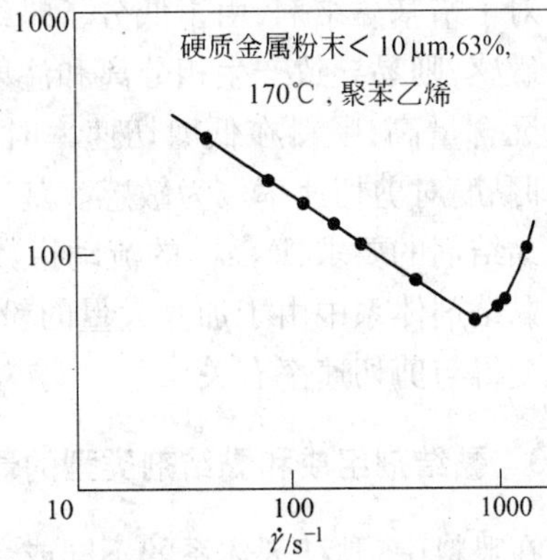

图5－7　硬质合金粉末喂料的黏度随剪切速率变化情况[94]

5.4.2.2　对剪切速率敏感性的评价因子——流动指数 n

流动指数 n 表示黏度对剪切速率和温度的敏感程度，可用以指导和控制注射工艺。n 值越大，表示喂料黏度随剪切速率增加而下降较慢，喂料的流动稳定性好，对注射成形有利。n 值越小，表明黏度 η 对剪切速率越敏感，η 值随剪切速率增加而下降较快。但过于敏感则导致流体注射工艺不稳定和注射坯的质量不宜控制。n 值太低或太高表明粉末与黏结剂易发生相分离，这对注射成形工艺是不利的。因此，注射过程中要求注射速率和注射温度相匹配。一般 n 在0.4～0.7范围内。

在所有条件下，对于所有喂料，n 值均小于1，这说明所有喂料都属于假塑性流体。从表5－4结果可以看出，随黏结剂组成发生变化，喂料流动指数 n 也发生较大的变化。对于 F_{PW1}、F_{PW2}、F_{BO}、$F_{OP3010PB}$ 喂料，在较低的剪切速率下，n 值较小。随剪切速率增加，瞬时流动指数 n 增加。这说明随剪切速率增加，黏度对剪切速率的变化由较敏感变得不十分敏感。对于 F_{PW3}、F_{PW4}、F_{OP3010} 喂料，随剪切速率的增加，瞬时流动指数 n 降低。这说明黏度对剪切速率的增加由不敏感变得较为敏感。对于不同体系的黏结剂，黏度对剪切速率的敏感程度变化有所不同。

表5－4　高密度合金在160℃时的流动指数 n[5]

剪切速率/s^{-1}	F_{PW1}	F_{PW2}	F_{PW3}	F_{PW4}	F_{BO}	F_{OP339}	F_{OP3010}	$F_{OP3010PB}$
4.21	0.3355	0.3104	0.4026	0.5259	0.4294	0.4384	0.6937	0.4667
14.04	0.3934	0.3605	0.3718	0.5043	0.4755	0.4363	0.6044	0.4733
42.12	0.4463	0.4063	0.3437	0.4816	0.5175	0.4344	0.5230	0.4793
140.40	0.5042	0.4564	0.3129	0.4568	0.5636	0.4322	0.4338	0.4859
421.20	0.5571	0.5022	0.2848	0.4341	0.6056	0.4302	0.3522	0.4919
1404.1	0.6150	0.5523	0.2540	0.4092	—	0.4282	0.2630	—

注：F_{PW1}、F_{PW2}、F_{PW3}、F_{PW4}、F_{BO}、F_{OP339}、F_{OP3010} 和 $F_{OP3010PB}$ 的具体成分见第3章表3－8。

对于蜡基黏结剂，由于低分子蜡组元含量高、黏度低，如果此时黏度对剪切速率的增加过于敏感，则易导致产生相分离和注射工艺不稳定。对于油基塑料体系黏结剂，高分子聚合物组元含量高，喂料在低剪切速率时的黏度很高，此时要求黏度随剪切速率增加而下降较快，即黏度对剪切速率较为敏感。基于以上这点，F_{PW1} 和 F_{PW2} 的流动指数 n 的变化较符合蜡基黏结剂的要求，F_{OP3010} 的流动指数 n 的变化较符合油基塑料体系黏结剂的要求。

黏结剂体系中由于加入大量的粉末，即使原来的黏结剂体系为牛顿流体，体系的黏度也可能变得与剪切速率有关。

5.4.3　黏结剂组成和黏结剂类型的影响

在喂料中，黏结剂体系的不同或黏结剂组分的变化，会使得喂料黏度对剪切速率的敏感性发生变化。根据 $\lg\tau$ 和 $\lg\gamma$ 的线性关系可以得到黏度对应变速率的敏感性。图 5－8 和图 5－9 分别为 PW、F_{BO} 和 F_{OP} 黏结剂系列喂料的 $\lg\tau-\lg\gamma$ 的关系图。

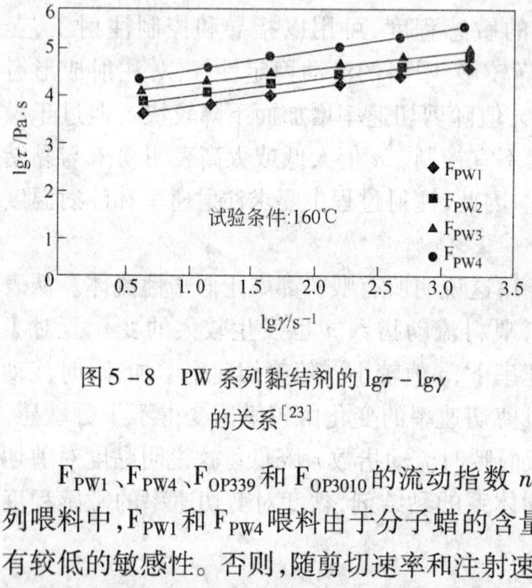

图 5－8　PW 系列黏结剂的 $\lg\tau-\lg\gamma$ 的关系[23]

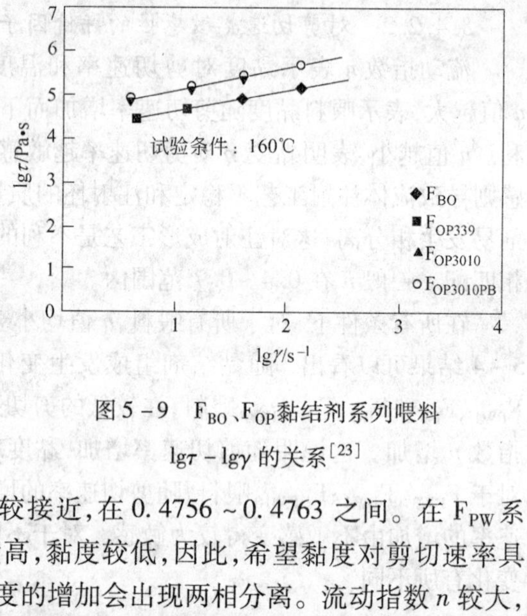

图 5－9　F_{BO}、F_{OP} 黏结剂系列喂料 $\lg\tau-\lg\gamma$ 的关系[23]

F_{PW1}、F_{PW4}、F_{OP339} 和 F_{OP3010} 的流动指数 n 较接近，在 0.4756～0.4763 之间。在 F_{PW} 系列喂料中，F_{PW1} 和 F_{PW4} 喂料由于分子蜡的含量高，黏度较低，因此，希望黏度对剪切速率具有较低的敏感性。否则，随剪切速率和注射速度的增加会出现两相分离。流动指数 n 较大，这说明相比之下，黏度对剪切速率的变化较不敏感，流动性较稳定。对于 F_{BO}、F_{OP} 系列喂料，由于黏结剂中含有大量的高分子聚合物，其黏度高，此时，希望黏度随剪切速率的增加而降低较快，即黏度对剪切速率较为敏感。根据我们的研究，F_{OP399} 和 F_{OP3010} 的流动指数 n 较 F_{BO} 和 F_{OP3010} 的低，即黏度随剪切速率的变化较快；对于 $F_{OP3010PB}$ 喂料，其黏结剂中虽然含有少量的蜡，但由于添加高分子聚合物聚丁二烯（PB），而使得黏度敏感性降低，这对注射成形不利[16]。

5.4.4　表面活性剂、增塑剂等的影响

表面活性剂和增塑剂对喂料黏度有较大的影响。当喂料黏度很高时，添加表面活性剂可以大大降低黏度，而增塑剂可以降低黏度对剪切速率的敏感性，增强喂料的流动稳定性。

图 5－10 和图 5－11 表示表面活性剂 SA 和增塑剂 DOP 的加入量对喂料流变性能的影

响。由图5－10可以看出，在未加入表面活性剂之前，喂料黏度较高，加入1%后黏度随即降低较多，加入量至5%时，黏度继续下降，但幅度较小；且在较高剪切速率下加入5%SA和加入1%SA的黏度相近，表明在高剪切速率下黏结剂中低分子和高分子组分黏度降低起着主导作用，这些组分本身对粉末润湿能力有所加强。但是添加过量的添加剂对黏度降低的效果有限。图5－11显示，当剪切速率较低时，加入增塑剂和未加入增塑剂的黏度相近，含DOP的喂料黏度略低。随剪切速率的增加，未加DOP的喂料黏度下降较快。根据剪切应力对剪切速率的双对数直线关系，求得流动指数分别为0.461和0.539。增塑剂的加入使得n值有所增加，这证明DOP降低了黏度对剪切速率的敏感性，提高了喂料的流动稳定性，喂料的黏度随剪切速率的变化而变化较小，即注射速率可以在较大范围内波动而对注射质量影响不大。

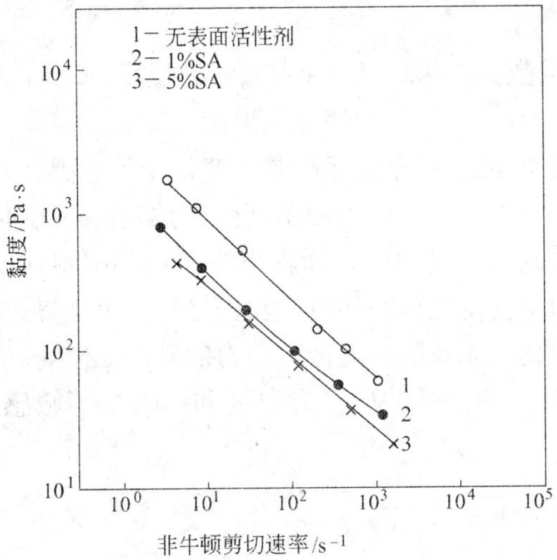

图5－10　表面活性剂加入量对喂料流变性能的影响[90]

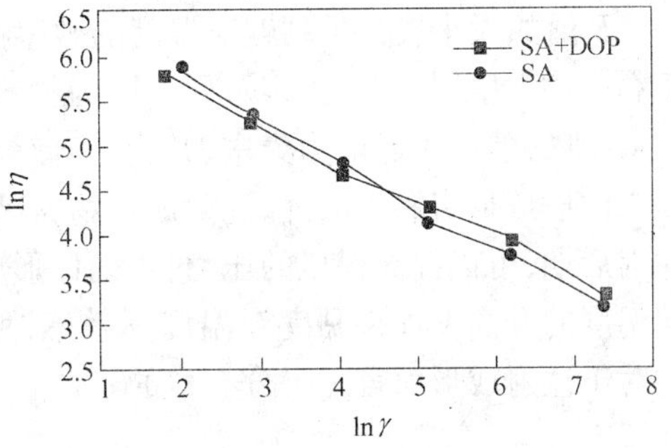

图5－11　表面活性剂SA和增塑剂DOP对其黏度随剪切速率的影响[5]

另外，表面活性剂有时能够改变黏结剂体系的pH值，而pH值对流变行为也有一定的影响。团聚体系通常呈现剪切稀化（假塑性流动）特性，这是由于剪切运动使颗粒不再团聚，从而使团粒内不动液体释放所引起的。水中分散SiO_2系统给出了两种不同pH值时该分散体系行为上的差异。当pH值为3时，体系在低剪切速率下团聚而在团聚被打破时出现剪切稀化；相比之下，当pH值为10时，颗粒表面极化且不再团聚，使其黏度下降并表现有牛顿行为[50]。

5.4.5　温度的影响

热塑性聚合物具有随着温度升高体系黏度降低的特征。主要因为随着温度的升高，一方面黏结剂分子平直化，另一方面黏结剂分子间的排斥力大大增加。由于粉末体积分数及线［膨］胀系数差异的叠加变化，使得喂料体系黏度随温度的升高下降的速度相对较快，这表明混合料体系黏流活化能大。于是，温度变化时，有三个主要因素引起黏度发生变化：

（1）激活能。当温度升高时，聚合物分子获得更多热能而被激活，从而产生流动。当在较低的温度下发生这种分子变化数目增多时,发生流动更容易,这说明热激活能降低。

(2)粉末装载量。黏流活化能 E 将随固体粉末含量而变化,当粉末含量增加时,热膨胀引起的黏度变化显著,不仅黏度增高,而且黏流活化能也增大。

(3)对混合和成形过程而言,温度对黏度的影响很重要。高温下由于黏度低,混合转矩也低。从实用角度看,提高 PIM 喂料中粉末装载量的途径之一就是采用较高的成形温度。但是,尽管高温时黏度降低,却会延迟冷却过程,增长周期应力,消耗更多能量而导致成形坯中存在更多的残余应力。更为重要的是,由于残留应力的收缩裂纹,它使成形部件中产生缺陷,原因是高的成形温度下在冷却过程中黏结剂体积收缩很大。

由于温度的影响是一个热激活过程,根据化学原理,热激活过程可以用一定的关系来表述。因此,原则上讲,分散系黏度与温度的依存关系可以表述为:

$$\eta = m_0 \exp\left(\frac{E}{RT}\right) \tag{5-32}$$

式中,E 为黏流活化能,kJ/mol;R 为普适气体常数,8.314J/(K · mol);T 为温度,K;m_0 为常数。

E 值的大小表征了黏度对温度的敏感性。E 值越小表明黏度对温度变化越不敏感。对于粉末注射喂料,这一点很重要。因为物料进入模腔会产生较大的温度变化,如果黏度变化太大,则必然会引起应力集中、开裂、变形等一系列缺陷,因此,选择较小的 E 值的喂料对于粉末注射成形有利。另外,注射成形物料黏度随温度变化微小还可以获得另外一个优势,在注射后期,可以提高保压的压力,以确保形成无收缩、无缺陷的坯体。压力的升高,必然会引起温度的升高。如果黏度对温度不敏感,那么获得的制品的质量对温度和压力均不敏感。这对于注射成形而言是十分有益的。

5.4.6　压力的影响

比较而言,压力对粉末注射成形喂料黏度的影响相对温度的影响较小,其部分影响是喂料黏度随压力升高而增加。要使压力变化所引起的黏度变化和温度变化 1K 所引起的黏度变化相等,则需压力变化 2MPa。通常,黏流活化能 E 越大,则对压力变化的敏感程度越大。因此,压力 p 对黏度 η 的影响与温度影响类似,可表达为:

$$\eta = \eta_0 \exp[C(p - p_0)] \tag{5-33}$$

式中,p 为压力;p_0 为参考压力;η_0 为参考压力下的黏度;C 为压力系数,它是压力引起黏度变化的有效激活焓。

浓缩悬浮液黏性流动包含颗粒的膨胀以适应颗粒间运动,由于改变了粉末和黏结剂的体积比,使混合料中粉末体积分数有微小修正。实际施加的压力使得颗粒产生不太有利的膨胀而且产生较高的喂料表观黏度。这仍然可运用包含粉末体积分数对黏度的影响的公式加以模型化。于是在粉末注射成形标准操作压力下,黏度将由于加压而变化约 6%,而温度的影响相对来说更大些。

5.4.7　粉末特性的影响

5.4.7.1　粉末粒径大小的影响

粉末特性对黏度的影响可以通过粉末特性的改变引起粉末装载量的变化来反映。颗粒越小，其表面积越大，颗粒间摩擦越大，粉末装载量越低。相应地，粉末—黏结剂混合料黏度与颗粒粒径成反比。在给定体积分数时，颗粒粒径大则混合料黏度下降。对于亚微米颗粒粒径，颗粒间作用力起主要作用并可影响混合料黏度。此时，在式(5－42)中将系数 A 处理成颗粒粒径 D 的函数，可得：

$$\eta_r = \eta/\eta_b = (A_0 + A_1/D + A_2/D^2)(1-\Phi_r)^{-n} \tag{5-34}$$

式中，A_0 稍大于1，A_1、A_2 为依次更小的项。伴随颗粒粒径变化，最大固体粉末含量 Φ_m 还会有所减少。

5.4.7.2　粉末粒径分布的影响

不同粒径颗粒混合配料可制得高散装密度的粉末注射成形喂料，颗粒本身具有高的散装密度，而且为获得有利于成形的黏度所需黏结剂较少。任意给定粉末含量下，添加尺寸差别大的粉末可改善最大散装密度并降低混合料黏度。图5－12所示为粒径比为21的两种粉末当粉末含量恒为55%时的混合料相对黏度与混合料组成的关系曲线。可以看出，当向大颗粒中添加小颗粒时，相对黏度降低并达到一最小值，而后随着细颗粒的继续增多，混合料相对黏度又开始增大。

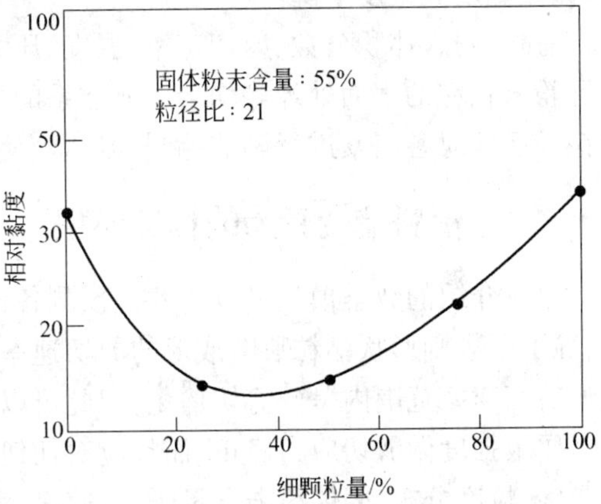

图5－12　两种粒度混合料的相对黏度与混合料组成的关系[94]

粉末粒度分布的影响可以通过最大固体粉末含量的变化来解释：两种粒度不一样的粉末混合时使最大固体粉末含量明显提高；在相同体积粉末含量的黏结剂体系中，合理粒径搭配的混合料中可以自由流动的黏结剂将更多，使得混合料的黏度变低。给定固体粉末含量下，粒度分布宽将使黏度下降，这表明为使粉末含量达到最大，粉末颗粒应有较宽的粒度分布。

5.4.7.3　粉末形状的影响

非球形颗粒形状对粉末－黏结剂混合料的黏度不利。如图5－13所示，相同的粉末浓度的分散系，颗粒形状相对于球形的任何偏离都意味着黏度的增加。原因在于其原来的散装密度低而颗粒间摩擦大，颗粒形状的不规则更显著地影响散装密度及喂料黏度，颗粒更易成团从而使最大散装密度下降。这些粉末特性都对喂料的黏度有负面的影响。

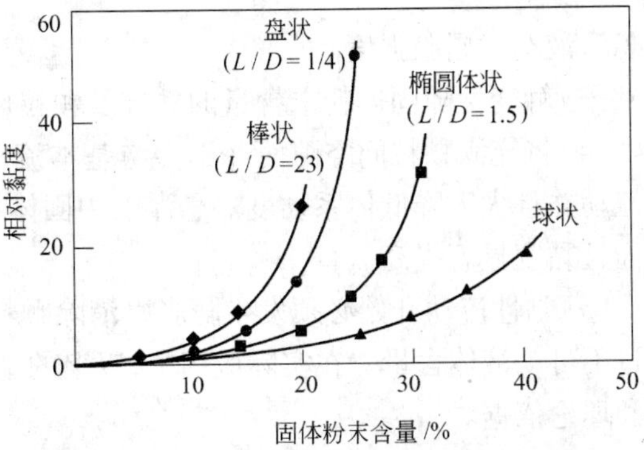

图5－13　水中不同形状（长径比表示）玻璃颗粒的形状和固体粉末含量对黏度的影响[50]

利用球磨可以改变粉末粒度分布或粉末形状并消除团聚，从而增大粉末装载量，降低喂料黏度。如图5－14所示为注射成形90W－7Ni－3Fe（体系采用石蜡基黏结剂)时球磨对黏度的影响[5]。粉末注射成形过程中,在混合阶段消除团粒十分重要,否则将导致流动黏度不均匀、成形不均匀及烧结过程中相当多的困难。因此,对于小颗粒,应调整其 ξ 势以保证颗粒不团聚,ξ 势高则颗粒相排斥。粉末表面活性剂对消除粉末团聚行为十分有效。最需要的是使粉末表面被极化分子覆盖,极化分子一端在颗粒表面上,另一端溶于黏结剂中。当黏结剂使用硬脂酸进行稳定化处理时,则黏度大幅度下降。

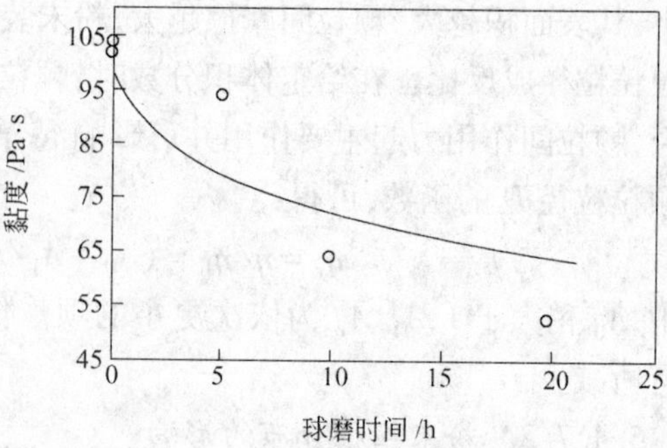

图 5-14　粉末球磨处理时间对粉末喂料黏度的影响[5]

总之,粉末体积分数、剪切速率、温度、压力、粉末装载量及粉末特性如粉末粒度、粒度分布和粉末颗粒的表面处理等均会对分散系的黏度产生影响,在生产喂料和注射成形过程中应该灵活地对各因素进行调节控制,以达到使分散系获得良好流变学行为的目的。

5.5　粉末喂料流变行为的标准模型

上节介绍的数学模型可以有效地预测各种参数对粉末-黏结剂混合料黏度的影响。通常,除了不规则形状颗粒喂料成形的剪切速率偏离正常剪切速率范围之外,正常粉末喂料在成形剪切速率范围内呈现剪切稀化,因此可以帮助我们选择剪切速率模型,即便如此也应对喂料屈服强度做剪切应力修正,而且应对任何触变行为做黏度修正。此外,需要知道纯黏结剂黏度、粒度分布、固体粉末含量、剪切速率、温度、压力以及屈服强度这些因素。在这些条件下,体系流变行为可以用模型较好的进行简化[140]。

5.5.1　粉末喂料黏度模型必须满足的基本原则

(1)纯黏结剂的相对黏度为 1.0,即 $\lim\limits_{\Phi\to 0}\eta_r = 1$。

(2)随着固体粉末含量的增加,当达到最大含量这一渐进极度时,相对黏度应为无穷大,即 $\lim\limits_{\Phi\to\Phi_m}\eta_r = \infty$,由于颗粒间互相运动包含有结构的膨胀,因此,固体粉末含量增加时,浓缩悬浮液有一屈服强度。

(3)触变性随固体粉末含量的立方及颗粒尺寸的负二次方而增加。

(4)将充满颗粒间空隙而并不参与基本流动过程的液体称为静止液体,可动液体能自由流动并且大大降低体系黏度。悬浮液中固体粉末含量达到极限时,所有液体都变为不可动而且黏度显著提高。

(5)黏性流动开始必须发生膨胀以消除颗粒与颗粒之间的摩擦,这需要液体稍稍过量,超过不可动液体含量。在实际应用中,以上的基本假设也就是选择混合喂料黏度模型的原则和理论依据。

5.5.2　粉末喂料黏度行为的模型化公式

实验研究表明,粉末注射成形体系的理想行为是:混合喂料在一段假塑性流动后出现屈服,最后是牛顿流动,剪切速率很高时出现膨胀行为。牛顿体区内黏度－剪切速率曲线有最低点。提高温度则黏度下降,原因是黏结剂黏度及固体粉末量降低。German 在分析以上各种因素对黏度影响的基础上,以实验为依据,给出了一套标准公式来使 PIM 混合喂料黏度行为模型化[50]。

首先,作用在混合喂料上的剪切应力 τ 必须对喂料屈服强度 τ_y 做修正:

$$\tau = \tau_y + \eta\dot{\gamma} \tag{5-35}$$

式中,η 为混合料黏度;$\dot{\gamma}$ 为剪切速率。剪切速率高时,体系有可能呈现膨胀行为。

其次,选择基于固体粉末含量的黏度模型:

$$\eta = \eta_b A(1-\Phi/\Phi_m)^{-n} \tag{5-36}$$

式中,η 为混合料黏度;η_b 为纯黏结剂黏度;Φ 为粉末实际体积分数;Φ_m 为最大固体粉末含量;n 为指数,通常其值为 2;系数 A 包含如剪切速率敏感性及颗粒尺寸等因素的影响,典型条件下其值接近于 1,可表示为:

$$A = (A_0 + A_1/D + A_2/D^2)\dot{\gamma}^{m-1} \tag{5-37}$$

式中,D 为粉末粒径,m 为指数。对于 PIM 过程中所遇多数剪切速率下,m 常小于 1。对于较粗的颗粒,就粉末粒径而对 A 所作的这种修正可以忽略。

然后,取纯黏结剂黏度 η_b 与温度 T 及压力 P 呈指数关系:

$$\eta_b = \eta_0[(E/k)(1/T-1/T_0)]\exp[C(p-p_0)] \tag{5-38}$$

式中,η_0 为温度 T_0 及压力 p_0(通常为 10^5Pa)下的黏度;E 为各种流动的激活能;k 为玻耳兹曼常数;T 为绝对温度;C 为与压力相关的焓变值;p 为压力。

同时热膨胀系数对粉末的体积分数也有影响:在温度发生变化时,黏结剂会因热膨胀而使得黏结剂体积发生变化,从而使粉末装载量发生变化。若已知参考温度下的粉末体积分数为 Φ_{T_0},那么热膨胀对固体粉末含量的影响可表示如下:

$$\Phi^{-1} = 1 + (1/\Phi_{T_0} - 1)[(1+\alpha_a\Delta T)/(1+\alpha_p\Delta T)]^3 \tag{5-39}$$

式中,α_a 和 α_p 分别为黏结剂、粉末的线[膨]胀系数;ΔT 为与参考温度的差值。因此,修正后的粉末装载量 Φ 可表示为:

$$\Phi = 1 + (1/\Phi_{T_0} - 1)[(1+\alpha_a)/(1+\alpha_p)]^{-3} \tag{5-40}$$

综合考虑以上各因素的影响,喂料黏度应表示为:

$$\eta = \eta_b(A_0 + A_1/D + A_2/D^2)\gamma^{n-1}\{1-[1+(1/\Phi_{T_0}-1)[(1+\alpha_a\Delta T)/(1+\alpha_p\Delta T)]]^{-3}/\Phi_m\}^{-n} \tag{5-41}$$

PIM 喂料的黏度与各种参数的关系非常复杂,这套公式中并没有完全包含前面讨论了的所有因素。这套公式仅为体系黏度随颗粒尺寸、固体粉末含量、颗粒本身的散装密度、温度、黏结剂组成、压力以及剪切速率而变化的估计提供了初步依据,过分依赖上式来预测实际行为是不合适的。其原因除由于黏性流动计算所需的许多参量都存在误差(通常都有 50% 的相对误差)之外,还由于 PIM 注射充模过程是一个非等温、非定常的复杂流动过程。

由于压力和线[膨]胀系数相对温度和剪切速率对黏度的影响要小得多,因此在实际应用中,一般把 PIM 喂料的黏度方程简化为[140]:

$$\eta(\dot{\gamma}, T) = m_0\exp(T_a/T)\dot{\gamma}^{n-1} \tag{5-42}$$

式中,m_0、T_a 为与材料有关的常数;n 为剪切稀化指数,$0 < n < 1$。式(5-42)是 PIM 研究中

目前公认的最合适的黏度模型。

5.6 喂料的最佳黏性行为和综合流变学评价因子

5.6.1 喂料最佳黏性行为

喂料最佳黏性行为是指在一定条件范围内,粉末注射成形过程最为可行,即表现为假塑性行为、黏度低、对应变速率和温度不敏感而且所需要的温度和压力低。喂料呈现假塑性流动主要是便于成形充填,防止喷射、溅射等缺陷,促进注射坯保持形状。

一般采用扭矩流变仪测量混合过程中的喂料黏度时,使用最大扭矩值。成形过程中剪切速率通常在 $10^2 \sim 10^5 s^{-1}$ 范围内(浇口剪切速率高),喂料黏度在成形温度下最大值为 $10^3 Pa \cdot s$。对于低压成形,所使用的压力为 0.7MPa 以内,黏度相应也降低至 $15 \sim 40 Pa \cdot s$ 范围内。虽然这些都是最大值,实际的上限黏度应降低十分之九。

估算出成形过程中的温度及剪切速率范围内的黏度,确定剪切速率在 $1000 s^{-1}$ 附近的黏度剪切速率的敏感程度。温度对粉末 - 黏结剂体系的影响有两个方面:黏结剂的热激活流动以及黏结剂与粉末的线[膨]胀系数的差别。要求对温度的敏感性要低,使由于成形温度波动而引起的问题减至最小,从而使应力集中、裂纹和弯曲减到最小。

5.6.2 综合流变学评价因子

Wier[157] 曾提出用综合流变学敏感性因子 α_{STV} 评价黏结剂和喂料的综合流变学性能。它综合考虑到黏度、黏度对温度的敏感性、黏度对应变速率的敏感性等几个方面的因素。敏感性因子 α_{STV} 的模型如下所示:

$$\alpha_{STV} = \frac{1}{\eta_0} \cdot \frac{\left|\frac{\partial \lg\eta}{\partial \lg\gamma}\right|}{\frac{\partial \lg\eta}{\partial(\frac{1}{T})}} = \frac{1}{\eta_0} \cdot \frac{|n-1|}{E/R} \tag{5-43}$$

式中,η 为黏度;η_0 为参考温度下的黏度;γ 为剪切速率;T 为温度;n 为应变敏感因子;E 为黏流活化能;R 为普适气体常数。敏感性因子 α_{STV} 越大,表示综合流变性能越好。

6　粉末注射成形充模流动计算机模拟

6.1　PIM 充模流动计算机模拟概述

PIM 注射充模的过程是一个非稳定、非等温的多相流动过程,有固相粉末、液相黏结剂,还有模腔中存在的气体,是一个影响因素繁多的非线性动力学系统[158~161]。在注射充模状态下,喂料是一种由固相粉末和熔融的有机化合物组成的非牛顿流体[162,163]。粉末注射成形产品的缺陷如表面塌陷、内部缩孔、开裂、两相分离、变形翘曲、分层、欠注等大多都是在这一复杂过程中引入的,而且这些缺陷无法在后续脱脂和烧结过程中得以弥补[130~132]。传统的做法是基于经验通过反复地调节参数和修改模具来达到消除缺陷的目的,但是这种方法不但缺乏量化指标的指导而且导致成本提高、费时耗材,并且有些参数本身无法通过实验获得[161~164]。随着计算机软、硬件水平的飞速提升及数值计算技术的不断发展,用数值计算方法来分析模拟注射成形过程已成为可能。用计算机对 PIM 注射充模过程进行数值模拟,能求出喂料熔体在充模过程中流动前沿的压力场、温度场、流动速度分布等参数的变化,从而使喂料熔体的充模流动过程可视化,这对于预测裂纹、气孔、熔接线等缺陷的产生,研究工艺条件和喂料性质对注射过程的影响规律进而得出最佳工艺参数组合,指导工艺参数选择和模具设计(如注射速度、温度、模具温度及浇口位置等)具有重要的作用。因此,PIM 充模流动计算机模拟已成为粉末注射成形技术研究的一个重要领域[163~165]。

流动数学模型、流变本构方程、初始条件、边界条件以及合适的流体力学模拟软件是进行 PIM 充模流动计算机模拟的五个基本要素。建立精确的流动数学模型即流动控制方程是进行数值模拟计算的前提,也是开发相应的流体力学模拟软件的基础;除了控制方程外,还需要相应流动的本构方程、初始条件和边界条件作为该方程的定解条件,才能对整个方程组进行数值求解;流体力学模拟软件是进行模拟计算的载体。

6.2　PIM 充模流动数学模型分类

PIM 喂料充模流动过程包括模腔内的气体、液相黏结剂及固相的粉末颗粒,随着注射过程的进行还会有近模壁层喂料的凝固。因此,PIM 的充模流动是一个复杂的多相流动过程。为简化模型起见,目前对 PIM 的充模流动研究大多都没将气体和凝固层的影响考虑在内,从而认为此过程中只有粉末和黏结剂的相互作用存在。对于液－固混合流体,根据不同情况和不同的问题特征,可以将液体相和固体颗粒相视作单一混合物的连续介质,此时称之为单相流体;也可将液体和固体颗粒视作不同的两种连续介质,此时称之为双相流体。目前,研究人员对 PIM 充模流动建立的数学模型大都是基于这两种分类形式来进行,分别建立了单相流模型和双相流模型。

6.2.1　单相流模型

粉末－黏结剂混合料在成形过程中固相粉末颗粒的浓度比较大,一般都在 45%～65%

(体积分数)。PIM 中粉末颗粒可看作常密度的球形固体颗粒,流场中彼此靠近的固相颗粒几乎不会有明显的速度差,而且理想状态下假设混料充分均匀,每个粉末颗粒都由黏结剂包裹,且黏结剂充满颗粒间隙。所以,在通常情况下,可以将粉末和黏结剂视作单一混合物的连续介质,由此建立起的数学模型称为单相流模型,也称为单流体模型,用欧拉方法描述。

6.2.2　两相流模型

由于 PIM 喂料中固体粉末的体积分数较大,为了研究可能出现的粉末与黏结剂两相分离情况,可将粉末和黏结剂各视为一相,由此建立起的数学模型称为双相流模型。两相流模型又可以分为两类:

(1)双流体模型。若将粉末同黏结剂相一样视为一种连续介质,则在喂料充模过程中存在相互作用又相互独立的两种连续介质,由此而建立的模型称为双流体模型,同样用欧拉方法描述。

(2)欧拉－拉格朗日模型。若将黏结剂相视作连续介质而将粉末相视作离散介质所建立的模型,称为欧拉－拉格朗日模型。此时对流体相用欧拉方法描述,对固粒相用拉格朗日方法描述,即跟踪固体颗粒在各种力作用下的运动轨迹和其他参量。

6.3　PIM 充模流动数学模型

6.3.1　单流体数学模型

由于 PIM 是在塑料注射成形的基础上发展起来的,因此早期对 PIM 充模流动模拟的研究是在塑料注射成形的基础上进行的。最早用于 PIM 充模流动模拟的数学模型沿用了注塑成形过程的连续介质数学模型,或者在此基础上稍微加以改进。该模型不考虑模腔内气体的影响,并将注射喂料熔体视为混合均匀的连续介质,而把粉末的影响则归结到流变学行为和其他物理性能参数的改变,从宏观上考察喂料熔体充模过程的流动。将 PIM 喂料熔体视为不可压缩的非牛顿流体,其在模腔中的流动属于非等温、非稳态流动。因此其流变场应遵循连续介质力学的质量守恒定律、动量守恒定律及能量守恒定律。向华[166]根据流体力学和热力学原理,采用欧拉法,得出了流场中任一控制单元的基本控制方程。

(1)质量守恒方程(连续方程):

$$\nabla \cdot \boldsymbol{V} = \frac{\partial u_i}{\partial x_i} = 0 \tag{6-1}$$

式中

$$\boldsymbol{V} = u_1 \boldsymbol{e}_1 + u_2 \boldsymbol{e}_2 + u_3 \boldsymbol{e}_3 = u_i \boldsymbol{e}_i$$

式中,$\boldsymbol{e}_1$、$\boldsymbol{e}_2$、$\boldsymbol{e}_3$ 分别代表直角坐标轴 1、2、3 上的单位向量;u_i 为速度分量,∇为 Hamiton 算子。

(2)动量守恒方程(运动方程):

$$\rho \frac{\partial u_i}{\partial t} + \rho u_j \frac{\partial u_i}{\partial x_j} + \frac{\partial p}{\partial x_i} + \frac{\partial \tau_{ij}}{\partial x_j} - \rho g_i = 0 \tag{6-2}$$

式中,ρ 为密度;t 为时间;p 为压力;τ_{ij}为切应力;g_i 为重力加速度分量。

(3)能量守恒定律(能量方程):

$$\rho c_p \frac{\partial T}{\partial t} + \rho c_p \boldsymbol{V} \cdot \nabla T - \lambda \frac{\partial^2 T}{\partial x_j \partial x_j} - (-\tau : \nabla \boldsymbol{V}) = 0 \tag{6-3}$$

式中，T、c_p、λ 分别为温度、比热容、热导率；$-\tau:\nabla V$ 为黏性耗散项。

单流体模型的优点是：容易实现有限元或有限差分等计算方法，可对其进行数值模拟和求解，能预测熔体在流道和型腔中的流动情况，并进行定量计算，求得充填过程的压力、温度、剪切应力、剪应变率以及冷却时间等参数。但同时它也存在一些不足之处：由于它是把粉末和黏结剂整体作为一相来考虑，所以不能考察喂料内部的结构变化及模壁冷凝层的影响，无法预测密度分布以及粉末与黏结剂之间的两相分离现象，更不能利用其结果来分析注射成形过程中缺陷形成的不确定性机理。

鉴于单流体模型在进行 PIM 充模模拟中的局限性，研究人员逐渐开始将目光转向探索更符合 PIM 充模过程实际的粉末－黏结剂两相流数学模型并取得了一定的进展，逐步发展了双流体模型和欧拉－拉格朗日模型。

6.3.2　双流体数学模型

为了建立 PIM 双流体模型，王玉会首先做了“等效粉末假设”和“粉末拟流体假设”[165,167]。

(1)等效粉末假设。粉末本身的流动性很差，只有通过加入一定量的聚合物及添加剂组元，才能赋予粉末与聚合物相似的流动性。贴近粉末表面的一层黏结剂随着颗粒一起运动，与粉末的相互作用很强。当粉末在黏结剂中运动时，这些吸附物将随粉末一起运动，即使是在注射成形过程中发生两相分离，这一层黏结剂分子仍然以极大的几率附着在粉末颗粒上。把粉末表面包覆的这层黏结剂组元与粉末颗粒看作一个整体而定义为等效粉末。

(2)粉末的拟流体假设。将 PIM 中粉末颗粒看作常密度的球形颗粒，认为流场中彼此靠近的固相颗粒几乎不会有明显的速度差，假设混料充分均匀，理想状态下每个粉末颗粒都由黏结剂包裹，且黏结剂充满颗粒间隙。由于固相粉末的体积分数较大(45%～65%)，因此在将黏结剂处理为连续介质的同时，可把粉末颗粒处理为拟流体。

基于以上两条假设，王玉会引用流体力学的研究方法，基于连续介质模型并应用平均化方法建立了粉末－黏结剂双流体模型，将适用于单流体质点的质量、动量以及能量守恒方程取平均后，得到描述粉末拟流体和黏结剂流体的两相流控制方程和两相间作用的表达式[165,167]。

$$\begin{cases}\dfrac{\partial\phi_k}{\partial t}+\nabla\cdot(\phi_k v_k)=0\\ \dfrac{\partial}{\partial t}(\phi_k\rho_k v_k)+\nabla\cdot(\phi_k\rho_k v_k)=-\phi_k\nabla\rho_k+\nabla\cdot(\phi_k\tau_k)+\phi_k\rho_k g+M_k\\ \dfrac{\partial}{\partial t}(\phi_k\rho_k c_k T_k)+\nabla\cdot(\phi_k\rho_k c_k T_k v_k)=2\mu_k S_k:S_k-\nabla\cdot(\phi_k\lambda_k\nabla T_k)+E_k\end{cases}\tag{6-4}$$

式中，ϕ_k，ρ_k 和 v_k 分别表示 k 相的体积分数、相密度和速度(k＝1、2，分别表示黏结剂和粉末)；ρ_k 和 τ_k 分别表示 k 相的正应力及剪切应力；g 为重力加速度；q_k 为 k 相的热流通量；M_k 及 E_k 分别为粉末与黏结剂两相间的动量交换与能量交换项；T_k 为 k 相的温度；S_k 为 k 相的应变率张量；$S_k:S_k$ 表示张量乘法，即 S_k 的九个相应分量乘积之和。PIM 喂料为不可压缩流体，$E_k=c_kT_k$，其中 c_k 为 k 相的比热容。

式(6－4)与 PIM 充模过程单相流模型的微分守恒方程形式相似，但式(6－4)不能像单相流模型的微分方程那样独立存在,粉末与黏结剂间的相间作用构成是其约束条件。PIM 充模过程不存在质量交换,相间作用主要通过相间动量交换 M_k 及能量交换 E_k 实现。

相间动量交换项为:

$$M_1 = -M_2 \approx C_D \rho_{12} A_{12} |\boldsymbol{v}_2 - \boldsymbol{v}_1| (\boldsymbol{v}_2 - \boldsymbol{v}_1) \tag{6-5}$$

式中,C_D 为粉末与黏结剂之间的拖曳系数;ρ_{12} 表示混合喂料的密度;A_{12} 为单位体积中粉末-黏结剂间的相界面面积。可见,以两相流模型为基础研究 PIM 充模过程主要是确定动量交换的拖曳系数 C_D。

相间能量交换主要是相间热交换,即:

$$E_{12} = -E_{21} \approx h_{12} A_{12} (T_2 - T_1) \tag{6-6}$$

$$h_{12} = \frac{\lambda_{12} Nu_{12}}{d_{12}}, \lambda_{12} = \phi_1 \lambda_1 + \phi_2 \lambda_2 \tag{6-7}$$

式中,λ_1 和 λ_2 分别为黏结剂和粉末的热导率;Nu_{12} 为无量纲的热传递系数,称为努塞尔数;d_{12} 是两相流模型中粉末-黏结剂两者的尺寸因子;T_1,T_2 分别为黏结剂和粉末的温度。

这种两相建模、求解的统一性使得粉末-黏结剂双相流模型的大规模计算成为可能,且模拟结果易与实验结果进行比较。并且这种模型比欧拉-拉格朗日模型计算量小、初始条件易于给定并且求得的结果易于使用。基于连续介质的双流体模型是目前较好的选择[165]。

6.3.3 欧拉-拉格朗日数学模型

在 PIM 的粉末-黏结剂两相流动中,固相的粉末颗粒是由几何特性与物理特性不同的颗粒群组成,即固相中每个颗粒的大小与形状是任意的,且其质量和热导率也不同。微观上,可以将每个颗粒作为研究对象,详细地考察它们的动力学行为。但是这样做不仅使问题复杂化,不易求解,而且这种微观上的严格也无助于问题的最终解决。因此郑洲顺对颗粒相作了如下的简化假设[140,168]:

(1)粉末颗粒为大小不一的球形,其半径 a 为随机变量,由 R. M. German 所给方法可将其他几何形状的粉末颗粒利用其球形度指数来进行似球处理;

(2)颗粒的密度、热导率等均为常数;

(3)在粉末注射成形的粉末-黏结剂两相流动中不发生相变;

(4)PIM 颗粒-黏结剂两相流动中,粉末固体颗粒与气体分子具有类似的物理及动力学特性,因此可利用类似于气体分子动力论的方法来研究 PIM 两相流动中颗粒相的运动。

基于以上假设,郑洲顺应用类似分子动理论的方法,由 Boltzmann 方程出发建立了粉末-黏结剂的欧拉-拉格朗日数学模型[140,168]。其控制方程如下:

(1)质量守恒方程:

$$\frac{\partial \rho_m}{\partial t} + \nabla \cdot (\rho_m \boldsymbol{u}_m) = 0 \tag{6-8}$$

式中,ρ_m 为混合物密度;$\boldsymbol{u}_m$ 为混合物速度;t 为时间。在此方程中令 $\rho_m = \rho$ 为常数,则得到 PIM 充模流动过程基于连续介质不可压缩单流体模型的连续方程(6-1)。

(2)动量守恒方程:

$$\frac{\partial \rho_m \boldsymbol{u}_m}{\partial t} + \nabla \cdot (\rho_m \boldsymbol{u}_m \boldsymbol{u}_m) = -\nabla \cdot \left(\underset{\sim}{S}_{1r} + \underset{\sim}{S}_2 + \sum_{k=1}^{2} \bar{\rho}_k \boldsymbol{u}_{km} \boldsymbol{u}_{km} \right) + \bar{\rho}_k \boldsymbol{b}_m + M_m \qquad (6-9)$$

式中，$k=1$、2，"1"代表黏结剂连续相，"2"代表粉末颗粒离散相；$\boldsymbol{u}_{km}$ 为 k 相平均速度与混合物平均速度之差，即 $\boldsymbol{u}_{km} = \boldsymbol{u}_k - \boldsymbol{u}_m$，称为 k 相扩散速度；$\underset{\sim}{S}_1$、$\underset{\sim}{S}_2$ 分别为黏结剂相和离散粉末相的真实应力张量；$\bar{\rho}_k$ 为 k 相颗粒的表观密度；$\underset{\sim}{S}_{1r} = \underset{\sim}{S}_1 / C_1$，其中 C_1 表示黏结剂相的体积浓度；$\boldsymbol{b}_m$ 为混合物单颗粒受到的单位质量外力；M_m 为混合物单颗粒在各种因素影响下的质量传递率。

在式(6-15)中，忽略两相的相对速度、只考虑压力和重力，便可得到 PIM 充模流动过程基于连续介质不可压缩单流体模型的动量守恒方程(6-2)。

(3)能量守恒方程：

$$\begin{aligned}
&\frac{\partial}{\partial t}\{\rho_m[\varepsilon_m + (\frac{u}{2})^2_m]\} + \nabla \cdot \{\rho_m[\varepsilon_m + (\frac{u}{2})^2_m]\boldsymbol{u}_m\} \\
&= -\nabla \cdot [\boldsymbol{q}_{1r} + \boldsymbol{q}_2 + \sum_{k=1}^{2} \rho_k(\varepsilon_k + \frac{u_k^2}{2})\boldsymbol{u}_{km}] \\
&\quad -\nabla \cdot [\underset{\sim}{S}_{1r} \cdot \boldsymbol{u}_1 + \underset{\sim}{S}_2 \cdot \boldsymbol{u}_2] + \sum_{k=1}^{2} \bar{\rho}_k \cdot \boldsymbol{u}_{km} + \rho_m \boldsymbol{b}_m \cdot \boldsymbol{u}_m + E_m \qquad (6-10)
\end{aligned}$$

式中，$\boldsymbol{\varepsilon}_m$ 为混合物内能；$\boldsymbol{u}$ 为平均速率；$\boldsymbol{u}_m$ 为混合物的平均速度；$\boldsymbol{q}$ 表示能量；E_m 表示颗粒间相互碰撞的能量。其余各项的物理意义与动量方程中各相对应。由此式也可得出 PIM 充模流动过程基于连续介质不可压缩单流体模型的能量守恒方程(6-3)。

由于该模型直接将粉末颗粒作为一个单元，可以直接考察粉末特性(粒度、粒径分布、密度、形状等)对流动过程的影响，从而可以监视流动过程中粉末的变化、聚集状态，以预测密度分布情况和两相分离现象等，而且颗粒模型很容易引申至三维问题的分析。但在实际计算中由于要处理大量的粉末颗粒，很容易导致计算过程的发散。

6.4　粉末喂料流变本构方程的选择

求解连续介质动力学初边值问题，本构关系是不可少的，否则就无法把握所研究连续介质的特殊性，在数学上表现为控制方程不封闭，其解不能唯一确定。因此，在 PIM 充模流动的数学模型中，除了三个基本守恒方程外，还必须补充本构方程来共同描述喂料熔体的流动和变形。关于 PIM 喂料熔体的本构方程已在上一章中进行了详细的描述，在实际应用中，目前公认的最适合描述 PIM 喂料熔体黏度的模型是[169~172]：

$$\eta(\dot{\gamma}, T) = m_0 \exp(T_a/T)\dot{\gamma}^{n-1}$$

式中，m_0、T_a 为与材料有关的常数；n 为剪切稀化指数，$0<n<1$；$\dot{\gamma}$ 为剪切应变率。在直角坐标系下 $\dot{\gamma}$ 的计算式如下[140]：

一维简单剪切流动的情况，$\dot{\gamma}$ 可以表示为：

$$\dot{\gamma} = \frac{\partial u_1}{\partial x_2}$$

二维流动的情况，$\dot{\gamma}^2$ 可以表示为：

$$\dot{\gamma}^2 = 2[(\frac{\partial u_1}{\partial x_1})^2 + (\frac{\partial u_2}{\partial x_2})^2] + (\frac{\partial u_1}{\partial x_2} + \frac{\partial u_2}{\partial x_1})^2$$

三维流动的情况，$\dot{\gamma}^2$ 可以表示为：

$$\dot{\gamma}^2=2\left[\left(\frac{\partial u_1}{\partial x_1}\right)^2+\left(\frac{\partial u_2}{\partial x_2}\right)^2+\left(\frac{\partial u_3}{\partial x_3}\right)^2\right]+\left(\frac{\partial u_1}{\partial x_2}+\frac{\partial u_2}{\partial x_1}\right)^2+\left(\frac{\partial u_2}{\partial x_3}+\frac{\partial u_3}{\partial x_2}\right)^2+\left(\frac{\partial u_1}{\partial x_3}+\frac{\partial u_3}{\partial x_1}\right)^2$$

6.5 PIM 充模过程的模壁边界和传热边界条件[140]

在 PIM 充模模拟分析中，除了要确定喂料流动控制方程和喂料本构方程外，还需要相应流动的初始边界条件作为该方程的定解条件，才能对整个方程组进行数值求解。粉末注射成形充模流动的初始边界条件是指对应于时间 $t=0$ 时的加载状态。由于数值解随边值条件的改变而改变，因此必须合理地考虑每一个边界条件。通常，对于一个相关变量，如果边界条件没确定，则假定变量的垂直于表面的导数为零。在进行数值模拟时，可以方便地通过在 PIM 过程最为可行的参数范围内改变材料和工艺参数的初始值进行模拟分析，从而优化 PIM 过程的工艺参数。

6.5.1 模壁边界条件

模壁边界包括速度边界和压力边界。速度边界包括固体模壁边界和前沿自由表面边界。入口处为给定的注射速度 v_{in}；在固体模壁边界 $\partial\Omega$ 上，速度有两种基本假设：流体满足无滑移条件 $v_{\partial\Omega}=0$ 或流体满足滑移条件 $v_{\partial\Omega}=v_0$；自由表面上速度满足 $\partial v_t/\partial m=0$，$v_t$ 为自由表面切向速度分量，m 为表面法向方向。流体的压力边界条件为入口处给定的注射压力 p_{in}，模腔边界处 $\partial p/\partial n=0$，n 为模腔边界法向方向，流体前沿处，$p=0$。如表 6－1 所示。

表 6－1 PIM 充模流动边界条件

边界名称	边界取值
固体模壁边界速度	无滑移条件 $v_{\partial\Omega}=0$ 或滑移条件 $v_{\partial\Omega}=v_0$
自由表面边界速度	$\partial v_t/\partial m=0$
入口处压力	$p=p_{in},v=v_{in}$
模腔边界压力	$\partial p/\partial n=0$

6.5.2 传热边界条件

对于 PIM 充模流动过程中由于熔体与模壁之间的温度差异而导致的传热现象，用 Fourier 热传导定律和能量守恒定律联合推导可表示如下：

$$\rho c_p\frac{\partial T}{\partial t}=\frac{\partial}{\partial x_i}\left(k\frac{\partial T}{\partial x_i}\right)+Q \tag{6-11}$$

式中，ρ、k、c_p 分别为模具材料的密度、热导率和质量定压热容；Q 为热源项，即单位体积的内热产生率。对于熔体前沿处，忽略熔体与空气之间的传热，即传导热通量 $\boldsymbol{q}=0$；忽略空气的压力，即 $p=0$。

6.6 数值计算方法

求解流体在模腔中的流动控制方程常用的数值计算方法有：有限元法[173,174]（FEM），有限差分法[175,176]（FDM）以及有限元/有限差分混合法[177]（FEM/FDM），由于黏度受温度显著影响，动量方程与能量方程的求解实际上是一个耦合过程。

(1)有限元法[164,178~180]。有限元法是求解数学物理问题中使用的一种近似求解方法，其基本思想是将连续的求解区域划分成离散的有限个单元(见图6-1)，由于单元能按不同的联结方式进行组合，且单元本身又可以有不同形状，因此可以模型化几何形状复杂的求解域。有限元法另一个重要特点是利用在每一个单元内假设的近似函数来分片表示全求解域上待求的未知场函数。单元内的近似函数通常由未知场函数或其导数在单元内各个节点的数值和其插值函数来表达。由此，在一个问题的有限元分析中，未知场函数或其导数在各个节点上的数值就成为新的未知量(也即自由度)，从而使一个连续的无限自由度问题变成一个离散的有限自由度问题。这些未知量一经求解，就可以通过插值函数计算出各个单元内场函数的近似值，从而得到整个求解域上的近似解[181,182]。有限元法是一种应用极广泛的数值计算方法，几乎能处理所有连续介质的偏微分方程问题。

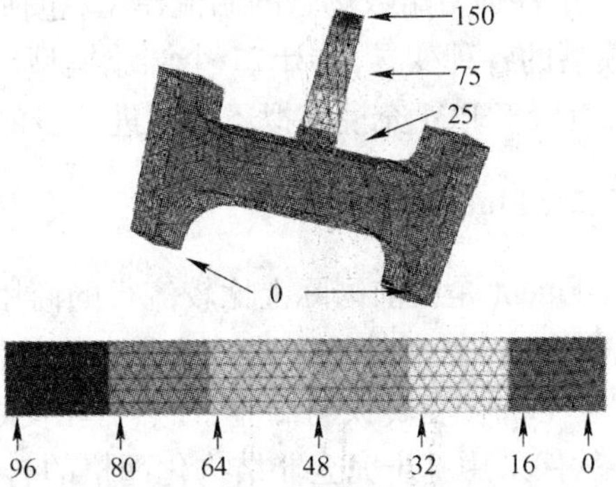

图6-1 几何形状的有限无网格划分[173]

(2)有限差分法[164,175,176]。将偏微分方程利用泰勒级数展开为一个函数，根据已知边界条件求出初始值，按照一定的差分格式，利用迭代的方式求解方程直到相邻两次解的差值达到规定小量。由于该方法为逐点近似，用离散网格节点上的值来近似表达连续函数，一般不能保证解的光滑性，故难以处理不规则几何形状和复杂边界条件的问题。有限差分法是点近似，计算结果不是很精确，且不能动态模拟注射成形过程，因此大多数研究者将目光转向工程范围应用极广的有限元法。

(3)有限元/有限差分法。在给定型腔的几何形状、流动条件、材料的热学性质和黏性系数时，通常采用有限元/有限差分法进行处理，即用有限元法求解压力场，用有限差分法求解温度场。此法采用有限单元描述平面中的几何形状，而用有限差分网格描述温度、速度、黏度、剪应变率等沿厚度的变化[183]。

6.7 PIM 充模过程计算机模拟常用软件

PIM 充模流动过程属于较典型的计算流体动力学(Computational Fluid Dynamics, CFD)问题，所以理论上通用的 CFD 模拟分析软件都可以用来对 PIM 充模流动过程进行模拟求解。不过，由于 PIM 充模流动的复杂性和独特性，CFD 软件通常不能直接用于 PIM 充模流动过程的模拟分析，而需要对软件进行适当的二次开发，即在 CFD 软件中加入用户子程序，使其包含 PIM 喂料熔体的特征。

从 20 世纪 60 年代以来，CFD 技术发展迅速，产生了大量 CFD 模拟分析软件，目前比较好的 CFD 商业软件有：Phoenics、Fluent、ANSYS、CFX、STAR-CD 等。

6.7.1 Phoenics 软件

Phoenics 是英国 CHAM 公司开发的模拟传热、流动、反应、燃烧过程的通用 CFD 软件，被称为计算流体与计算传热学的开山鼻祖。它可以进行稳态和非稳态,多相流的一到三维模拟,并且可以考虑黏度、密度、温度变化的影响。在流体模型上面,Phoenics 内置了 22 种适合于各种雷诺数场合的湍流模型,包括雷诺应力模型、多流体湍流模型和通量模型及 $\kappa-\varepsilon$ 模型的各种变异,共计 21 个湍流模型,8 个多相流模型,10 多个差分格式。该软件功能强大,但用于 PIM 充模模拟还需要进一步的探索。

6.7.2 Fluent 软件

Fluent 是目前国际上比较流行的商用 CFD 软件包,可用来模拟从不可压缩到高度可压缩范围内的复杂流动。灵活的非结构化网格和基于解的自适应网格技术及成熟的物理模型,使 Fluent 在转捩与湍流、传热与相变、化学反应与燃烧、多相流等方面有广泛应用。Fluent 软件采用基于完全非结构化网格的有限体积法,而且具有基于网格节点和网格单元的梯度算法;Fluent 软件具有强大的网格支持能力,支持界面不连续的网格、混合网格、动/变形网格以及滑动网格等。值得强调的是,Fluent 软件还拥有多种基于解的网格的自适应、动态自适应技术以及动网格与网格动态自适应相结合的技术。Fluent 软件包含丰富而先进的物理模型,使得用户能够精确地模拟无黏流、层流、湍流。湍流模型包含 Spalart - Allmaras 模型、$\kappa-\omega$ 模型组、$\kappa-\varepsilon$ 模型组、雷诺应力模型组、大涡模拟模型组以及最新的分离涡模拟和 V2F 模型等,另外用户还可以定制或添加自己的湍流模型。Fluent 软件包含三种算法:非耦合隐式算法、耦合显式算法、耦合隐式算法,是商用软件中最多的。

此外,Fluent 软件还具有以下一些功能和特点:(1)适用于牛顿流体和非牛顿流体;(2)含有强制/自然/混合对流的热传导,固体/流体的热传导、辐射;(3)包含自由表面流模型、欧拉多相流模型、混合多相流模型、颗粒相模型、空穴两相流模型、湿蒸汽模型、融(溶)化/凝固相变模型、蒸发/冷凝相变模型;(4)离散相的拉格朗日跟踪计算;(5)提供了友好的用户界面,并为用户提供了二次开发接口(UDF);(6)采用 C/C + + 语言编写,从而大大提高了对计算机内存的利用率。

6.7.3 ANSYS 软件

ANSYS 软件是由目前世界上最大的有限元软件公司之一的美国 ANSYS 所研发,该软件是融合结构、热、声、流体、电磁场等于一体的大型通用有限元分析软件,它具有强大的求解器和易用的前、后处理功能,为解决复杂、庞大工程项目的计算机模拟提供了一个强有力的工具。ANSYS 软件中的 FLORAN 模块是一个用于分析二维及三维流体流场的先进工具,可实现层流或湍流、传热或绝热、可压缩或不可压缩、牛顿流或非牛顿流、多组分运输、自由表面等分析。ANSYS 软件具有良好的开放性,可以通过用户可编程特性(UPFs),参量化设计语言(UIDL)、用户界面设计语言(APDL),以及 ANSYS 数据接口等多种不同的二次开发功能,在符合各自行业特点和专业要求的基础上,对其进行功能扩充和系统集成。

6.7.4 ANSYS - CFX 软件

CFX 由英国 AEA Technology 公司开发,是全球第一个通过 ISO9001 质量认证的大型商业 CFD 软件,已于 2003 年被 ANSYS 公司收购。ANSYS - CFX 是一种实用流体工程分析工具,可计算的物理问题包括可压缩与不可压缩流体、稳态和非稳态流动、耦合传热、热辐射、多相流、非牛顿流体、粒子输送过程、化学反应和燃烧问题。其优势在于处理流动物理现象简单而几何形状复杂的问题。和大多数 CFD 软件不同的,ANSYS - CFX 除了可以使用有限体积法之外,还采用了基于有限元的有限体积法。基于有限元的有限体积法保证了在有限体积法的守恒特性的基础上,吸收了有限元法的数值精确性。在其湍流模型中纳入了 $\kappa-\varepsilon$ 模型,低雷诺数 $\kappa-\varepsilon$ 模型,代数雷诺应力模型,微分雷诺应力模型,微分雷诺通量模型等。ANSYS - CFX 的多相流模型可用于各种流动分析,包括单体颗粒运动模型,连续相及分散相的多相流模型和自由表面的流动模型。ANSYS - CFX 为用户提供了表达式语言(CEL)及用户子程序等不同层次的用户接口程序,允许用户加入自己的特殊物理模型。作为世界上唯一采用全隐式耦合算法的大型商业软件,算法上的先进性、丰富的物理模型和前后处理的完善性使 ANSYS - CFX 在结果精确性、计算稳定性、计算速度和灵活性上都有优异的表现。

6.7.5 STAR - CD 软件

STAR 是 Simulation of Turbulent flow in Arbitrary Region 的缩写,CD 是 Computational Dynamics 的缩写。STAR - CD 是基于有限体积法的通用流体计算软件,在网格生成方面,采用非结构化网格,单元体可为六面体,四面体,三角形界面的棱柱,金字塔形的锥体以及六种形状的多面体,还可与 CAD、CAE 软件接口,如 ANSYS,IDEAS,NASTRAN,PATRAN,ICEM-CFD,GRIDGEN 等,这是 STAR - CD 在适应复杂区域方面的特别优势。

6.8 PIM 充模过程计算机模拟发展展望

PIM 充模流动过程是一个相当复杂的过程,现今 PIM 模拟大多还是采用广义基于 Hele - Show 流动的单相流模型,忽略了喂料内部结构变化,与 PIM 充模过程实际不相符合,而双流体模型与欧拉 - 拉格朗日模型计算复杂,计算量巨大,因此没有得到广泛应用。如何建立一个合理、有效、实用的模型将是今后研究工作的一个重要方向。同时,进一步深入研究粉末注射成形过程,开发商用针对性强的 PIM 充模流动模拟软件也是今后研究工作中的一项重要内容。

将混沌理论与分形理论应用于 PIM 充模过程的研究是近年来研究的新方向[184]。混沌(Chaos)理论被认为是继相对论和量子力学问世以来 20 世纪物理学的第三次革命,是当代基础科学的重要成就之一。分形(Fractal)是描述混沌运动的一种几何语言,分形理论与混沌理论密切相关,它揭示了非线性系统中有序与无序的统一、确定性与随机性的统一[185]。在国外,Lacocca 等[186] 通过实验证明 PIM 过程存在分形和混沌现象。在国内,曲选辉等[163] 通过 PIM 过程及成形坯中缺陷产生的规律的观察分析,指出其缺陷可能与非线性动力系统中的混沌现象有关,并提出将分形混沌理论应用于 PIM 过程研究。

对工艺参数进行优化、指导模具设计、减少摸索时间、降低生产成本是模拟工作的最终目标。因此,将充模流动计算机模拟与实际生产更紧密地结合起来,在通过实践检验计算机模拟准确性的同时,更好地利用模拟技术指导具体的生产实践是今后模拟工作的重要发展趋势。

7　粉末注射成形模具设计基础

PIM 成形工艺是利用有机物在一定加热温度下软化形成黏流体，从而将粉末充填模腔成形。因而其模具设计与传统粉末冶金模压成形模具设计有很大区别。PIM 模具设计与塑料注射成形模具设计，包括模具组成、流道、浇口设计等多方面有着很大的相似之处，并且形状、尺寸设计复杂。但 PIM 成形过程中黏流体由固体粉末与黏流态有机物组成，而且粉末与有机物的热导率和热膨胀有很大的区别，导致注入模腔时其流变性能与纯有机物相比有着很大的不同，因而 PIM 模具设计更为复杂。在设计 PIM 模具尺寸时，不仅要考虑在注射过程中的尺寸收缩，而且还要计算注射样品烧结后的尺寸收缩；为了保证在注射过程中容易成形、脱模、样品表面美观和防止喷射的出现，在设计模具时不仅要考虑浇口和流道的大小、形状和位置，还要考虑分型面、排气性以及模具成本等因素。

7.1　注射成形模具组成及设计步骤

7.1.1　注射成形模具的组成部分

PIM 模具的基本结构与塑料注射模具基本相同。一副完整的注射成形模具由流道系统（或称浇注系统）、成形系统、脱模系统、排气系统以及温度调节系统等组成[187,188]。

（1）流道系统。即喂料从浇口流入模腔的系统，包括主流道（主浇道）、分流道、浇口等。

（2）型芯、型腔和辅助件等。

（3）模具温度调节系统。用于模具的加热或冷却，帮助喂料充模注射或注射后注射坯快速冷却。

（4）脱模系统。也称顶出系统，即将成形坯从模具中脱开的机构，包括顶杆、顶板、复位杆、弹簧等。

（5）其他辅助系统。保证各结构件相互移动精确的导向系统、将各结构部分连成一线的连接系统，以及将模具安装在注射机上的安装部分等。

注射模具的结构设计必须根据成形零件的结构特点、产品数量、注射料性能及注射成形机型号和遵循安全、可靠、快速、廉价的原则具体确定。一般的模架、导柱、导套、复位杆、圆形顶杆、浇口套，甚至滑块、导轨、斜导柱等都已标准化。模具设计只需根据制品的形状特点选择合适的模架形式，以实现所要求的成形、脱模，再根据型腔大小、数目等确定模架尺寸。最后根据具体的注射机选择浇口套、定位圈等其他备件。图 7 - 1 给出了典型注射成形模结构图[187]。

7.1.2　模具设计步骤

由于注射成形模具在操作过程中必须满足多个条件，因而建议对任何模具设计都要进行系统的考虑。在这个系统工作中，需要考虑以下问题：

（1）模具承受的强度（根据产品的尺寸和注射压力来选择材质和设计临界厚度）；

（2）尺寸公差和几何结构；

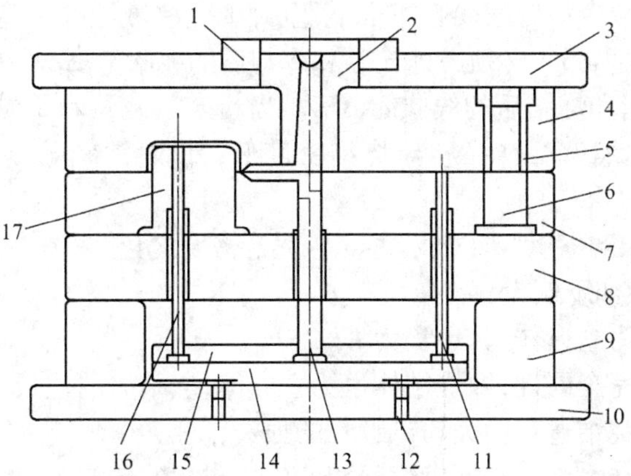

图 7-1 模具组成结构示意图[187]

1—定位圈;2—主浇套;3—定位底板;4—定模(凹模);5—导向套;6—导向柱;7—动模(凸模);8—垫板;9—支撑块;10—动模底板;11—回程杆;12—支撑销;13—勾料杆;14—顶出下压块;15—顶出上压板;16—顶出杆;17—凸模镶块

(3)外观和其他特性;

(4)浇口的形状和位置;

(5)排气系统;

(6)分型面的选择;

(7)模具温度调节系统;

(8)注射机特性(例如根据注射机的注射量来制定型腔数量);

(9)模具成本(包括材质的选择和加工方法)和制造周期等。

从上面列举的所需要考虑的问题可以看到,注射成形模具设计是一个相对复杂的过程,掌握其设计规律可以明显提高工作效率和减少后续处理。注射模具设计的基本步骤如下:

(1)成形坯形状及尺寸是分析确定成形坯的关键所在,通过 PIM 技术达不到图纸要求的地方,可与用户商量修改图纸,或通过后续加工来解决;

(2)腔体基本结构的确定,选择分型面及脱模方式;

(3)型腔数量、布局的确定;

(4)浇注系统基本形式分析,确定浇口形式、位置;

(5)温度调节系统的设计,加热、冷却方式的确定;

(6)排气方式的确定;

(7)模架的选择;

(8)加工工艺的分析、结构优化及加工方式的选择;

(9)模具材质、加工方法及制造周期的分析。

7.2 模腔尺寸设计

模腔尺寸直接影响着产品的最终尺寸,因此在注射成形模具设计中首先要确定好模腔的尺寸。模腔尺寸的确定主要从两个方面考虑:

(1)喂料在熔融态注射充模和冷却后的线收缩 ΔL_1。PIM 喂料是由有机物黏结剂和粉末共同组成,有机物黏结剂从固态转变成液态时会产生一定的体积膨胀,因而喂料在从熔融态充填模腔到凝固后会产生一定的体积收缩,从而产生一定的线收缩(假定为 L_1)。虽然喂料从熔融态注射充腔和冷却后的线收缩很小,但对于一些液固体积变化大的黏结剂和对精度要求高的产品的注射成形,必须考虑充腔和冷却后的线收缩 ΔL_1。

(2)注射坯经脱脂和烧结后的线收缩 ΔL_2。当粉末装载量和烧结产品的相对密度确定后,即可以确定烧结收缩率。产品相对烧结密度低,其收缩率低;烧结密度高则烧结收缩率高。

为了便于推导出相对密度 d_r(烧结密度与理论密度之比)和粉末装载量 Φ 对烧结线收缩的影响关系,我们做如下假设:

1)假定注射坯体为立方体,其边长为 L;

2)假定烧结各向完全同性,即烧结体也为立方体,烧结后的边长为 L';

3)假定在脱脂和烧结过程中无粉末颗粒的损失;

4)假定粉末颗粒在烧结过程不发生新相的生成或相的转变;

设粉末体的理论密度为 d_1,烧结体密度为 d_2。根据质量不变原理,注射坯粉末质量与烧结体质量相同:

$$L^3 \times \Phi \times d_1 = L'^3 \times d_2$$

$$L'/L = [\Phi/(d_2/d_1)]^{1/3}$$

$$L'/L = (\Phi/d_r)^{1/3} \tag{7-1}$$

$$1-(L'/L) = 1-(\Phi/d_r)^{1/3}$$

$$(L-L')/L = 1-(\Phi/d_r)^{1/3}$$

$$\Delta L_2/L = 1-(\Phi/d_r)^{1/3} \tag{7-2}$$

式(7-1)给出了烧结线收缩率与相对密度和粉末装载量的线性关系。从式(7-2)可以看到,粉末装载量越高或相对密度越大,烧结后产品的线收缩率也相对越小。对于一种产品的烧结,一旦烧结工艺确定,其烧结致密度(或相对密度)一般不会发生改变。大部分产品的烧结相对密度都在97%~100%之间,因此主要还是粉末装载量决定着烧结收缩。

在设计模腔尺寸时,首先要确定好粉末装载量,然后根据式(7-1)计算出注射坯的尺寸,即:$L = L'/(\Phi/d_r)^{1/3}$,最后根据黏结剂线[膨]胀系数及表面修整或加工余量进行适当放大。

7.3 流道系统

流道系统也称浇注系统,它是注射成形模具设计的核心内容。流道系统就是喂料由浇口流入型腔的通道,流道的配置、大小以及与型腔的连接会影响喂料的填充过程,并且在很大程度上会影响注射坯的质量。流道系统通常由 3 个部分组成:主浇道、流道和浇口,图 7-2是一典型的 PIM 流道系统简图[188]。

由于流道系统是模具设计的核心部分,在设计流道系统时应充分考虑以下因素:

(1)注射料的成形特性:浇注系统的设计必须围绕注射料的成形特性来进行,以确保毛坯的质量;

(2)成形坯的大小、形状及精度等:根据成形坯的大小、形状特点、技术要求等因素,结合分型面的选择,综合考虑浇注系统的形式、数量及位置,保证正常成形,还应避免流料对腔体的关键部位或脆弱部位的直接冲击,若无法避免,应采取相应措施或采用可更换的嵌件;

(3)模腔数量及分布形式:浇注系统的设计应保证单腔或多腔均匀、平稳地填充,以保证毛坯均匀一致;对称布局,防止模具的受力不均;

（4）成形坯的外观：浇注系统的设计应考虑到浇口的去除和修整方便，同时不影响制品的外观；

（5）成形效率：由于粉末注射料重复使用对性能无太大影响，故在保证注射质量的前提下，不必过分计较流道的体积。同时，由于其热导率较高，充填冷却时间较短，只要利于成形质量，较粗大的流道对效率影响不大；

（6）冷料的储存：浇注系统的设计必须考虑冷料不进入模腔，因此在主流道、分流道末端必须设置适当的冷料穴来储存冷料。

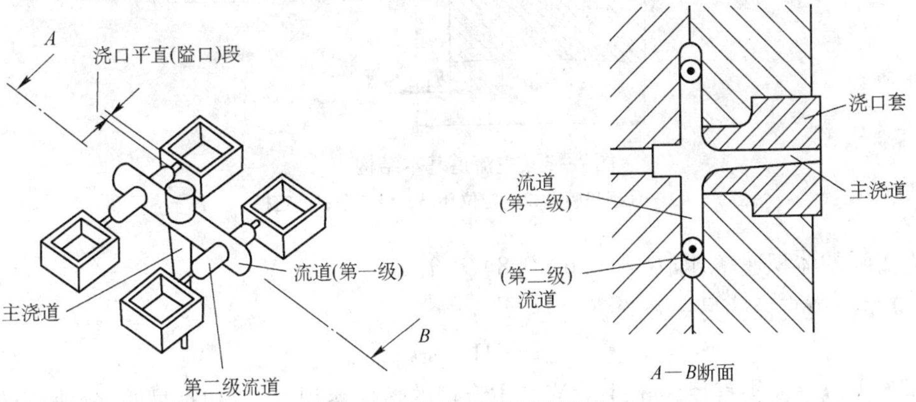

图 7－2　PIM 流道系统简图

为了使流道系统设计更加合理，在流道系统设计时要遵循以下原则[189]：

（1）通过最小的排列填充型腔；

（2）限制流动尽可能少；

（3）尽可能减少占总质量的比例；

（4）容易脱模和不影响制品外观；

（5）在技术上尽可能长度短一些，以保证压力、温度、材料损失少；

（6）流道系统在成形过程中无影响或影响不大；

（7）浇口的位置设在制品的厚壁断面处，并要防止出现喷射现象。

7.3.1　主流道

主流道位于模具的入口处，将从注射机喷嘴射出的熔融注射料导入模腔或分流道。主流道一般外形做成柱套状，镶配于型腔板或流道板上，称为主流道衬套。主流道基本结构如图 7－3 所示[187]，主流道截面一般为圆形，整体为圆锥体，锥度为 2°～4°，以方便成形后的冷凝料从主流道中取出。与注射机喷嘴接触端的主流道衬套的球面半径要比喷嘴球面半径大 0.5～1mm，使得二者能接触紧密，又不发生溢料现象。

主流道直径主要是根据其内熔体的剪切速率来确定。剪切速率以 $\gamma' = 5\times10^{2} \sim 5\times10^{-1}$ 为宜。根据经验公式计算的剪切速率为[187]：

$$\gamma' = 3.3Q/(\pi R_n^3) \qquad (7-3)$$

式中，γ' 为流动时的剪切速率；Q 为体积速率，cm^3/s；R_n 为流道的名义半径，即除去表面冷凝层后的有效半径，单位为 cm。

上式中，Q 值为注射机对该种注射料的额定注射量 Q_n 的 60%～80% 除以注射时间 t 得出的

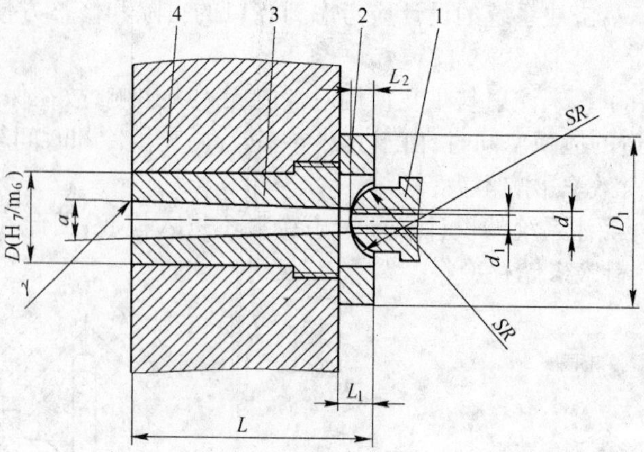

图 7－3　主流道基本结构[187]

1—注射机喷嘴；2—定位环；3—浇口套；4—定模

值，Q 为实际的体积速率，即 $Q=(0.6\sim0.8)Q_n/t$。

计算主流道直径的另一经验公式为[187]：

$$D=4V/(\pi k) \tag{7-4}$$

式中，D 为主流道大头直径，mm；V 为流经主流道的熔体容积，cm^3，包括型腔、分流道；k 为因熔体材料而异的常数。

实际设计主流道直径时，也可以根据注射机的喷嘴直径加大 0.5～1.0mm 来确定主流道的小端直径。

7.3.2　分流道

分流道是连接主流道与浇口的通道，起着将注射料分流、转换方向的作用。熔融喂料在分流道中的流动阻力应尽量小，并且不易冷却。因此，在设计分流道时需要从压力传递和热传导两个角度同时考虑，即减少流动阻力和热量损失。

为了减少喂料在流动过程中的压力损失，PIM 模具分流道截面一般设计成圆形或半圆形，并且横截面应尽可能大一些。因金属料的热导率高，固化很快，大的横截面也有利于物料冷却时间的延长。从压力传递的角度考虑，分流道截面积应取最大；从热传导角度考虑，要求分流道外周长度最小。截面积与外周长度之比表示分流道的效率。圆形与正方形的效率最大，但正方形流道不易脱模，实际中最常使用的是斜度为 10°的圆锥。

分流道的设计应根据型腔的数量、成形坯的形状、模板的层数及浇口的方式来布置。为了降低压力损失及避免注射温度下降，分流道的长度应尽量短，数量应尽量少。对于高精度成形，分流道的设计必须考虑流动分配平衡，使主流道到各型腔的距离相同。实际上由于种种限制，往往难以采用平衡的分流道系统，这需要通过浇口的平衡来解决。

7.4　浇口

流道系统是模具结构设计中极为重要的部分，而流道系统最重要的组成部分就是浇口，它是喂料进入模腔时通过的尺寸比较小的一段流道。浇口的位置、形状、数量、尺寸对毛坯的精度、外观及成形效率有很大的影响。浇口的设计必须考虑成形坯的形状、型腔内熔融注射料的流动方向、熔接痕产生的情况、浇口的去除等因素。对于复杂形状的模具设计，浇口的选择仅凭传统经验是很难确保不出问题的。计算机模拟技术的应用，可以在设计之前最大限度地预测模具充填的缺陷，并寻求最优的解决方案，从而降低失误。

7.4.1 浇口的作用和设计原则[75]

7.4.1.1 浇口的作用

(1)在控制熔融注射料的流动方向与流量的同时，将注射料封闭在型腔中直到成形坯充分固化，防止熔融注射料回道。

(2)流经主流道、分流道冷却的注射料，通过狭窄的浇口时产生摩擦热，温度上升，减少了流动痕及熔接痕的产生。

(3)容易切断流道与成形坯的连接，便于后续加工。

(4)对于多型腔或多点浇口，通过浇口的大小、宽度、厚度调整能取得对型腔的平衡充填。

7.4.1.2 浇口的设计原则

浇口设计的最基本要求是，选择应力集中最小、因取向性造成的变形最小的形式。同时，在设计浇口时还必须遵循以下原则：

(1)浇口应设置在能同时充填到各型腔末端的位置。

(2)最重要的原则是浇口应设在成形坯壁厚度最大的部位，这样较易进行因体积收缩所需的注射料补充，防止塌陷、孔洞的产生，提高成形坯的精度。

(3)浇口应设置在不影响成形坯外观(不明显)的部位，或较容易进行修整的部位。

(4)浇口应设置在难以产生熔接痕的部位。

(5)要避免在细型芯、镶片或细杆的附近部位、流动压力可能造成壁厚不均的部位以及成形坯偏心的方向上设置浇口。

(6)要避免在容易造成气体滞留的方位设置浇口。

(7)不在成形坯的关键受力部位设置浇口。

(8)浇口尺寸及位置的选择应避免熔体破裂而产生喷射和蠕动(蛇形流)，造成外观质量及强度的降低。浇口应设置为面向腔壁使液流沿腔壁能平稳流动推进的部位。

7.4.2 浇口的形状和尺寸

浇口的形状和尺寸取决于许多因素：喂料的性能、制品的厚度、模腔的容量、喂料和模具的温度，以及制品尺寸的精度等。

注射成形中较常用的是圆形和矩形横截面的浇口，矩形浇口由于深度和宽度可以独立改变，一般都优先采用。而矩形边缘浇口又是用得最为普遍的浇口，它具有下述许多优点：

(1)横截面形状简单，容易加工；

(2)浇口尺寸能够达到一定的精度；

(3)浇口的尺寸修改容易而迅速；

(4)浇口的深度和宽度可以独立改变：改变浇口深度可以调节保压时间；改变浇口宽度则可调节充模时的流动条件。例如，增加浇口宽度可使压力损失降低，而浇口内聚合物的凝固时间则无显著变化，因而保压时间也无显著变化。

圆形口的直径增大时,压力损失降低,同时浇口内熔体的凝固时间却延长,因而保压时间也延长。由此可见,浇口对熔体流动性能的影响很大。此外,浇口的尺寸对制品的力学性能也有影响。例如,高温注塑的聚苯乙烯,随着浇口尺寸的增大,冲击强度的变化幅度不大,而在低温注塑时变化幅度几乎达到40%。除了模具结构设计外,成形过程中的工艺条件对注射成形零件的质量优劣也会产生很大的影响。原因在于,工艺参数的波动将引起材料热物性和流变性能的变化,从而产生应力-应变曲线的多值性,这种注射成形过程中工艺参数的微小变化所导致的流动状态的突变(缺陷产生)可能与非线性动力学系统中的混沌状态现象相关。

浇口一般分为非限制性浇口与限制性浇口。非限制性浇口,即主流道浇口,或称为直接浇口。其特点如下:

(1)压力损失小;

(2)模具结构简单、故障少;

(3)浇口的加工处理麻烦,浇口凝料切除后成形坯上疤痕较大;

(4)容易产生残余应力和超压充填变形。

冷料直接进入模腔,会引起多种问题。所以在PIM中,很少采用直接浇口。但在成形精度较高的单薄框、圈类零件时,为了增大强度、减小变形,可将框、圈的底部封闭,并在浇口的对面设置冷料井。此时,可采用直接浇口,成形坯完成或烧结之后,去掉多余部分。

限制性浇口是通过浇口调整填充量,限制浇口的截面积,使浇口急剧固化的浇口形式。普通(侧)浇口系列等皆属于此类浇口,它们与非限制性浇口相比具有如下优点:

(1)能减少浇口附近的残余应力与变形;

(2)能减少成形坯变形、裂纹、翘曲、弯曲等;

(3)浇口封闭快,可缩短成形周期;

(4)浇口加工处理简单,外表美观。

7.5　分型面

在模具中,能够取出注射坯或流道凝料的可分离的接触面,都叫分型面。根据分型面的形状,分型面可分为水平分型面、阶梯分型面、斜分型面、垂直分型面和曲面分型面,图7-4给出了5种分型面的简图[189]。

分型面的确定对于模具的整体结构非常关键,它决定了制品的质量、成形效率、模具制造难度等。分型面的选择应遵循以下基本原则[187~190]:

(1)简化模具结构,便于成形坯的脱模。尽量采用一个与开模方向垂直的分型面,避免侧向分型和侧向抽芯,并使成形坯尽量留在动模一侧,以利于脱模结构的设计。

(2)便于排气,减少成形坯内部缺陷,尽量使分型线与熔体末端的流向一致,利于集气的排出。

(3)利于保持成形坯的质量,尽量使有同轴度、位置度要求的部分设在同一模板内。分型线应在制件不明显的部位,以利于不可避免的飞边溢料的修整,尽量不影响制品的外观质量。

(4)尽量采用直的分型面,以利于模具加工。

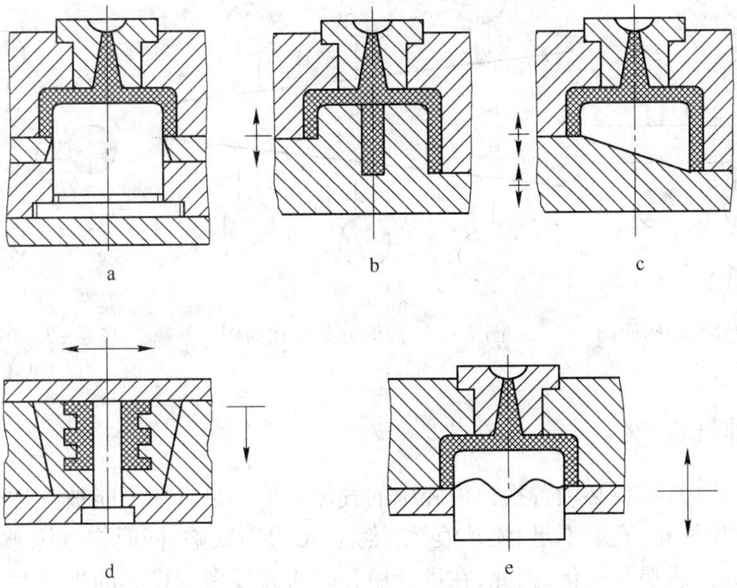

图 7－4 不同分型面结构简图

a—水平分型面；b—阶梯分型面；c—斜分型面；d—垂直分型面；e—曲面分型面

7.6 模腔设计

7.6.1 模腔数目设计

生产成形坯的数量、注射成形机的一次注射量、模具加工成本和可有的锁模力等方面的因素均制约所设计的模腔数目：

(1)一个模腔的模具适合于小批量生产；

(2)当生产量要求大时，模腔的数目要调整；

(3)当模腔数目增多时，模具成本增大，但平均每个成形坯的生产成本降低。

(4)在注射成形中，模腔数目在 2～8 腔应用较多，但也有一些模腔的数目高达 10～16 腔。

7.6.2 模腔流道设计

在多模腔设计中，流道的设计形式有多种。其中最为普遍的有三种：直分岔式结构、锥形分岔式结构、中心辐射式结构。

(1)直分岔结构。沿流道系统没有预防出现压力梯度的措施，因此模腔充填会不均匀(如图 7－5 所示)。

(2)锥形分岔结构：流道的形状平衡了流动路径的压力降低。沿主要流道的小的浇口接近于浇道，而大的浇口则远离浇道(如图 7－6 所示)。

(3)中心辐射分岔结构：各模腔平衡地得到浇道的喂料，每个模腔通过一个相等长度的流道提供喂料。优先位置的模腔由于有重力，充填速率低(如图 7－7 所示)。

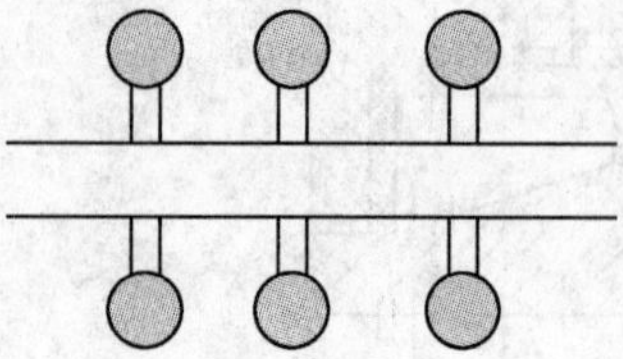

图 7-5　直分岔结构简图

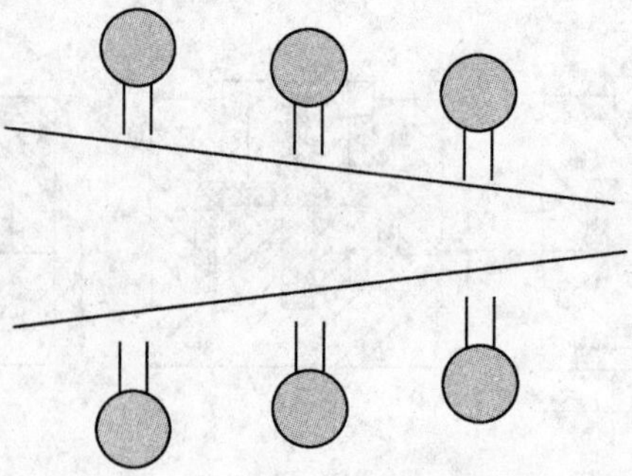

图 7-6　锥形分岔结构简图

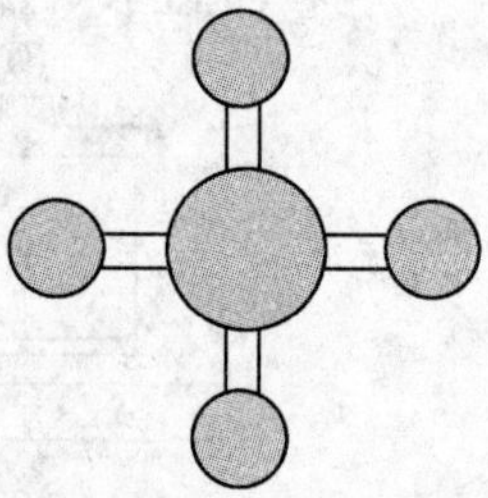

图 7-7　中心辐射分岔结构简图

7.7　模具排气

在注射过程中,喂料必须置换掉模腔中的气体。但如果气体不能被及时排出模腔,则会在注射坯内产生气孔、充填不足、流动痕、熔接痕、飞边等缺陷,同时空气因被压缩而使局部温度偏高,容易造成喂料氧化,因此,在设计模具时必须要考虑模具的排气性。

7.7.1　模具中气体的来源

注射过程中,模具内的气体主要来自以下三方面[191]:

(1)模具流道系统及型腔内的空气是气体的主要来源;

(2)喂料吸附的水分因高温而变成的气体;

(3)喂料中的低熔点黏结剂组元在高温下分解形成的气体。

7.7.2　模具中容易困气的位置

模具中容易困气的位置主要有以下七个:

(1)薄壁结构型腔,熔体流动的末端;

(2)厚壁结构的型腔空气容易卷入熔体,形成气泡,是排气系统设计的难点;

(3)两股或两股以上熔体汇合处常因排气不良而产生熔接痕,或填充不足等缺陷;

(4)型腔中熔体流动的末端;

(5)模具型腔盲孔的底部,在制品中则多为实心柱位的端部;

(6)成形制品加强筋和螺丝柱的底部;

(7)模具的分型面上。

7.7.3　模具排气的分类和方式

对于"模具排气"的系统分类,主要的区分在于"被动"排气(空气因进入的熔体的压力而排出)和"主动"排气(制造压力的梯度而人为地排走空气)。大部分模具都不需专门设计排气部分,因为空气可能从推杆或分型面排出。尤其是粗糙的分型面,空气很容易从分型面排出。

但是对于一些结构复杂的零部件,需要设置专门的排气装置。型腔的排气有如下几种方式:

(1)在分型面注射流动末端设置排气槽,这是最简便、最有效的排气方式(如图7－8所示)[189];

(2)型芯、型腔采用拼镶结构,从拼镶缝隙排气;

(3)故意增大顶杆、顶管的配合间隙,达到排气目的;

(4)在流动的末端设置冷料井排气;

(5)利用真空泵强制排气。

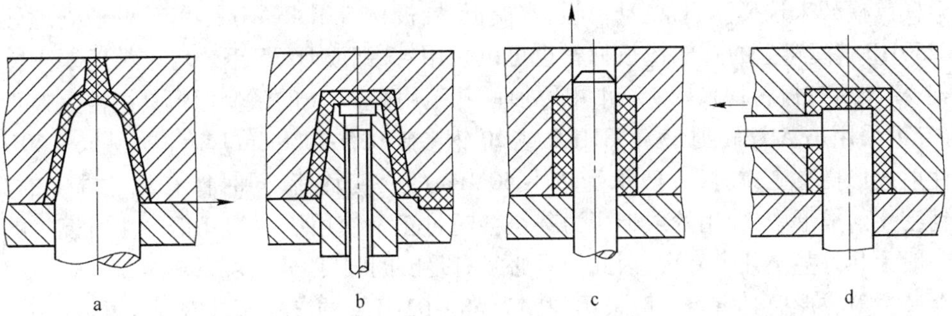

图7－8　利用分型面或模具零件配合间隙排气[189]

此外,在塑料制品的生产中常常采用的模腔镶嵌粉末多孔材料的排气方式,在PIM中一般不能使用,因为金属注射会将粉末多孔材料的孔隙封闭。排气槽(间隙)一般为0.02～0.030mm。排气槽过大,易引起溢料;排气槽过小,排气效果不良。

7.8　制品的顶出机构

注射成形完成后,顶杆将成形坯从模具中顶出。为了顶出时不使成形坯变形,必须有足够数量和大小适当的顶杆,以免在成形坯上残留太深的印痕。顶出杆一般与成形坯的非关键部位接触,其接触面积应该有成形坯投影面积的10%左右。

顶杆的位置既要考虑到制造工艺,又要照顾到功能的需要。顶杆的位置应设计在需要最大顶出力的部分(诸如型芯孔)附近和可承受与传递顶出力的结构性部分(诸如加强肋)上。顶杆会在成形坯上残留下永久变形的印迹,当顶杆与其导向体之间产生磨损时,这种印迹就将变成一圈毛边。为防止这种毛边突出在成形坯的功能表面上,应使顶杆支撑在凹入的形状部位。如有可能,应使顶杆支撑在成形零件最终进行切削加工的表面上或进行修整与再加工的无用区域,如注射料的流道。

由于金属注射料的强度与韧性较低及热导率较高,复杂形状的制品脱模过慢容易收缩开裂,过快容易黏模变形。制品的顶出比塑料制品需更加小心,制品的顶出方式对于制品的质量以及是否可以自动成形等起着重要作用,顶出的方式决定于注射料的特点、制品的形状、浇口的种类、制品的外观质量要求、制品的数量、模具制作的复杂程度等。其中,注射的特点、制品形状是最重要的考虑因素。

常见的顶出方式有如下几种:(1)手动直接取出;(2)用简单工具取出;(3)置换模芯,在外面用手或其他工具取出制品;(4)顶杆顶出;(5)顶管顶出;(6)顶板顶出;(7)气动顶出;(8)几种方式的组合应用。

至于对于塑料制品常用的强制脱模方式,在PIM中一般不采用。因为金属注射料的强度与韧性较低,会导致制品开裂,使凹凸部位脱落。以上(1)~(3)的顶出方式用于批量不大的产品试制的手动模具中,或形状特别复杂难以用常规方式脱模的制品,具体使用形式主要取决于零件的形状。以上(4)~(8)的顶出方式是批量生产模具中较多采用的形式。

7.9　模具材料的设计[75,192]

金属注射成形模具只有模架与塑料注射成形模具模架完全相同,模架材料可以参考塑料注射模具模架来选择。通常,动模板、定模板、推板材料用45钢或40Cr,调质处理硬度为180~250HB。模架上的其他垫板材料也可以采用45钢或Q235钢。对于精度要求特别高的模架,模架所有板料均采用45钢调质处理,甚至用Cr12类的微变形模具钢淬火处理。导柱、导套可采用T8A淬硬到55~58HRC或20钢渗碳0.5~0.8mm厚,淬硬到56~60HRC。

注射成形模具工作时,一般承受20~50MPa的交变负荷,同时伴有冷热温度的交替。在超精密注射成形中,使用的成形压力甚至会超过正常使用压力的几倍。注射模具的使用寿命一般为几万甚至几十万次,因此模具必须有足够的强度与刚度。

金属注射成形模具模腔一般采用硬度为58~62HRC的淬硬模具钢制作,因此必须注意由尖角、沟槽、切口及加工缺陷所引起的应力集中,这些缺陷会大大降低模具的疲劳强度。

对于腔体部分,材料选择主要考虑耐磨性、淬火形状稳定性、耐腐蚀性及加工性能。由于金属注射料对模具的冲刷磨损比一般塑料严重得多,耐磨性是用于批量生产的金属注射成形模具腔体的最基本要求,一般要求腔体的硬度在58~62HRC。工具钢由于具有好的综合强度、韧性、淬透性、耐腐蚀性及加工性能,是制作腔体的首选材料。常用材料有合金模具钢,如Cr12、Cr12MoV、Cr4W2MoV、Cr2Mn2SiWMoV、Cr6WV及高速钢W18Cr4V、W6Mo5Cr4V2等,对于批量特别大的精密零件,腔体的整体或关键部位常常采用硬质合金或钢结硬质合金材料。金属注射成形模具一般形状较为复杂,常采用超精密电火花、线切割等加工手段,要求材料组织均匀、淬透性及淬火形状稳定性高。金属注射料在注射温度下,常产生腐蚀性气体,因此金属注射成形模具材料还应具有一定的耐腐蚀性。

在特殊情况下,如试样和小批量零件的快速制作,为了简化工艺,Q235钢、45钢、铝合金、锌基合金等,也常用来制作某些腔体,这会大大缩短样品的开发周期,但这样的模具一般不能用于批量生产。

总之,金属注射成形模具材料的选择必须根据产品的批量,零件的形状、精度,采用的加工手段及热处理的难易程度以及材料来源的方便性等进行综合考虑。

7.10　模具加工

模具加工需要根据其部件形状、尺寸及精度要求分别采用粗加工、半精加工、精加工等机加工方式来完成制作加工,可使用的粗加工设备包括:车床、磨床、铣床、刨床等,半精加工和精加工设备包括电火花、线切割、数控机床、坐标磨床、仿形铣床等。为了获得光洁的表面,减小充模过程模具表面对物料的流动产生较大的阻力,往往需要对型芯进行抛光,抛光后的型芯表面粗糙度要达到11~12级。为了增加模具的使用寿命,型芯一般需进行热处理,如真空淬火、氮化处理等,使其表面硬度达55~65HRC。热处理的型芯使用寿命可达几万次以上。

模具各个部件加工好以后,可用各种检测方法检验其尺寸是否符合设计要求,根据设计图纸的公差要求,可分别选用游标卡尺、螺旋测微器、圆度仪、平面坐标仪、三维坐标仪等测量工具或测量仪器。

7.11 模具装配和试模

模具装配就是按照总装配图将各加工合格的零件进行装配和调整。值得注意的是镶块压入时应注意防止损伤,首先应摆正镶块,用手轻轻推压,然后用木棒和紫铜棒轻轻敲打调整,使两端平行进入,然后通过螺钉等方式固定,顶出系统各部位应运动自如,无卡滞、歪扭现象,顶杆端面与分型面相对高度根据设计要求而定。模具存放前应将模具清理干净后涂上防锈油脂。

试模过程就是检验所设计制造的模具是否能顺利生产出合格的成形产品。试模要考察以下几个方面:

(1)在正常注射参数下喂料能否均衡充满各个型腔;

(2)成形的各个成形坯的外观和内部是否无缺陷,尺寸及尺寸精度是否满足设计要求;

(3)脱模是否顺利,能否自动落下不发生损坏;

(4)冷却水道是否通畅,有无漏水现象;

(5)各部分是否活动自如平稳,安全可靠;

(6)能否高效率连续生产。

模具试模时,应首先选择较低的注射压力、较低的注射温度和较长的注射时间,然后按注射压力、注射时间、注射温度的先后顺序调整。首先设置参数使模具充不满,然后逐渐增加注射压力等参数,使模具各型腔均衡充满。

在试模过程中若通过调节注射参数后,仍出现以上所提及的问题,则要针对发生的问题分析可能的原因,对模具加工甚至模具结构进行相应修正。一般情况下首先考虑模具主流道、分流道的粗糙度修正,然后再考虑适当增大主流道、分流道、浇口、排气槽的尺寸。如果发现这些尺寸已经过大,可以将流道等部位焊合后再重新开设流道、浇口、排气槽等。模具在使用过程中若发现顶杆磨损过多,出现溢料飞边或模具某些部位发生损坏,应及时进行更换或修补。

7.12 计算机辅助工具在模具设计中的应用

注射成形是一个相当复杂的物理过程,随着计算机的普及,CAD/CAE/CAM 技术也在迅速地应用于注射成形领域,为模拟注射成形过程、优化注射成形工艺参数、提高模具设计与制造质量,降低生产成本,缩短模具设计制造周期提供了非常有效的手段。

注射成形模具的结构设计是模具设计的主要内容,而系统中的 CAD 或 CAE 软件都直接或间接的为模具结构设计服务。注射成形模具 CAD 的起点是注射坯的形状描述,根据塑件的形状、尺寸或精度要求,设计型芯与型腔,设计终点是获得满意的整个模具结构。注射成形模具 CAD 的主要内容有[189, 193]:(1)注射坯造型设计;(2)型腔、型芯表面形状设计;(3)型腔方案及布局;(4)选择标准模架;(5)模具装配图的设计;(6)模具零件图的设计;(7)模具零件计算和校核。

8　黏结剂脱脂基础与方法

8.1　引言

注射坯中含有有机黏结剂的体积分数一般在45%～60%，注射坯在烧结前必须将这些有机物成功地脱除，否则会造成各种缺陷。有机黏结剂的脱除常称为脱脂：它是采用物理化学的方法使注射成形坯中的有机黏结剂发生溶解、反应、挥发或热分解，从而使黏结剂从坯体脱除。例如，采用加热的方法使黏结剂液化或分解成气体从坯体中排出；采用有机物溶剂将注射坯中的部分黏结剂溶解出样品表面；利用黏结剂与气态物质反应生成气态或液态产物排出样品表面等[5,78]。

黏结剂脱除是注射成形技术中最关键、最重要的过程，也是迄今为止一直制约着PIM发展的最大难题。原因在于：如果黏结剂脱除不干净而保留在坯体内，则在烧结时，这些有机聚合物会发生热分解和挥发，产生大量气体，从而在坯体内产生很大的内压，造成坯体产生开裂或形成孔隙，同时热解过程也容易使样品内产生碳化或碳污染源，对产品性能产生不利影响。

8.2　脱脂基础

8.2.1　黏结剂的作用

黏结剂的作用可以归纳为三点[5,194]：(1)保证喂料在注射过程中具有良好的注塑性能；(2)保证注射成形坯具有一定的强度；(3)保证在脱脂的过程中坯体具有一定的强度和形状保持性，一直到粉末颗粒发生黏结并具有一定的强度为止。

黏结剂作为一种临时载体，在烧结前必须脱除干净，否则会对产品的性能产生不利影响。

8.2.2　黏结剂的热行为和热分解特性

注射坯在受热时，坯体表面的黏结剂首先受热发生软化，当持续受热时黏结剂的软化范围逐渐向坯体内部深入，并形成热梯度，软化的黏结剂因受重力作用会在粉末之间产生剪切流动。当温度达到黏结剂的熔点时，黏结剂发生熔化，并以熔融态存在于粉末之间，当温度继续升高并达到黏结剂组元的热分解温度时，黏结剂会发生热分解反应并产生小分子气体化合物。

图8－1为黏结剂中有机聚合物组元的热分解过程。一般而言，聚合物的热分解可分为链式解聚和无规分解[195]。链式解聚就是单体单元从链端或其弱点相继脱开，实质上就是链式聚合反应的反演过程，它必须达到分解温度才开始解聚。发生无规降解时，在链上任意位置发生链断裂，生成比单体大的各种长短碎片。这两类热降解可以同时发生，也可以分别发生。在聚乙烯类聚合物中通常以链式解聚为主要降解机理，而缩聚物的降解主要是无规断链。表征聚合物分解特性的参数主要有半分解温度和残碳量[196]。所谓半分解温度就是让聚合物置于真空中加热30min，聚合物损失其一半重量的温度。表8－1给出了部分聚合物的热降解数据[196]。

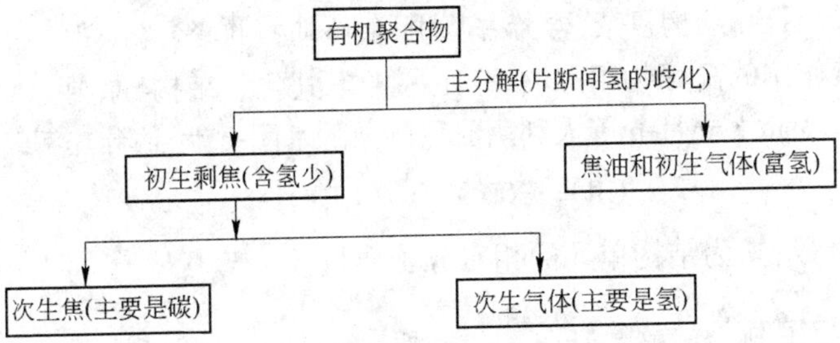

图 8－1　有机聚合物热解的基本过程[196]

表 8－1　部分聚合物热解数据[196]

聚 合 物	$T_{1/2}$/℃	K_{350}	单体产率/%
聚乙烯(线型)	414	0.004	<0.1
聚乙烯(支化)	404	0.008	<0.025
聚丁二烯	407	0.022	2
聚丙烯	387	0.069	<0.2
聚苯乙烯	364	0.24	40
聚乙烯醇	268	—	0
聚异丁烯	348	2.7	20
聚丙烯酸甲酯	328	10	0

注：$T_{1/2}$为分解温度，K_{350}为在350℃时的挥发(失重)速率。

脱脂时，黏结剂必须脱除干净，同时不能留下不可控制的灰分、残碳等对产品性能极不利的有害残留物。通过选用一定纯度、化学结构规整、简单的物质，可以做到在脱脂工艺条件下将灰分控制在可接受的范围之内。聚合物热解时的残碳量可以用成焦倾向来估算，它是一个可加量。Van Kreveled 将这一概念定量化，把它定义为每个结构单元产焦量除以12(碳的相对原子质量)，也就是聚合物每个结构单元变成的焦渣中等价的碳原子数。表 8－2 列出了一些结构基团的成焦倾向值(CFT)[196]。

表 8－2　成焦现象的基团贡献值 CFT(等价碳数)[196]

芳香族基团	CFT	酯族基团	CFT
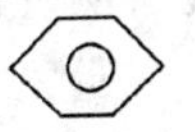	1	—CHOH—	1/3
		其他	0
		杂环基团	CFT
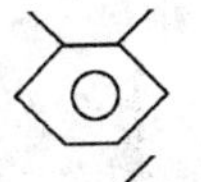	2	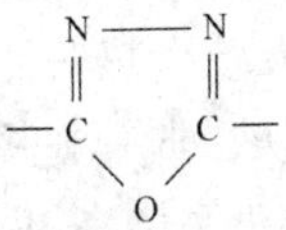	1
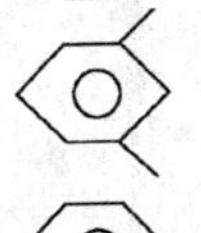	3		
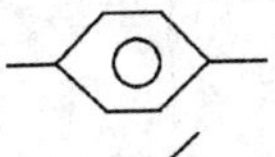	4	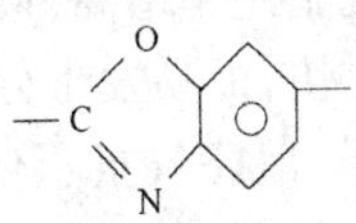	7
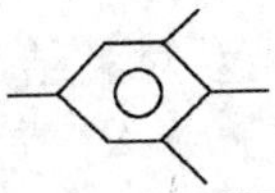	6		
直接与芳核连接基团（由氢转移带来的修正）		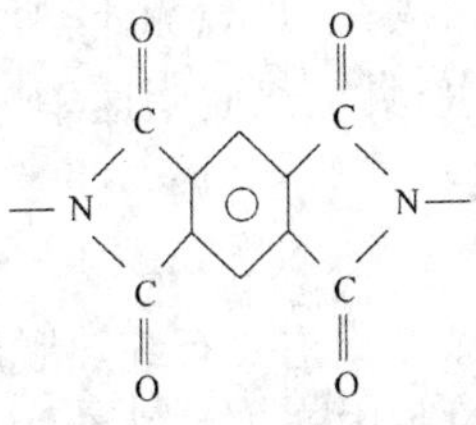	12
$=CH_2$ 和 $CH_2=CH—$	-1		
$—CH_3$	$-1\frac{1}{2}$		
$=C(CH_3)_2$	-3		
$—CH(CH_3)_2$	-4		

由表8－2可以看出，结构复杂，含芳香基团、杂环基团的聚合物，热解后残碳量多，所以选择成形剂中起骨架作用的高聚物组元时，一定要考虑其化学结构，原则上要选用基团结构简单、规整的高聚物。Van Krevelen等人利用成焦倾向的基团贡献，估计热解时的残碳量为：

$$CR = 1200 \times \sum (CFT)_i / M \tag{8-1}$$

式中，CR为质量分数；M为结构单元的相对分子质量。

8.2.3　脱脂缺陷与控制

8.2.3.1　成功的黏结剂脱除方式[5]

黏结剂以液体或气体的形式逸出，从样品表面往里面依次进行，形成连通的开孔隙，黏结剂脱除速度快，同时脱脂坯无脏化、无变形(见图8－2)。

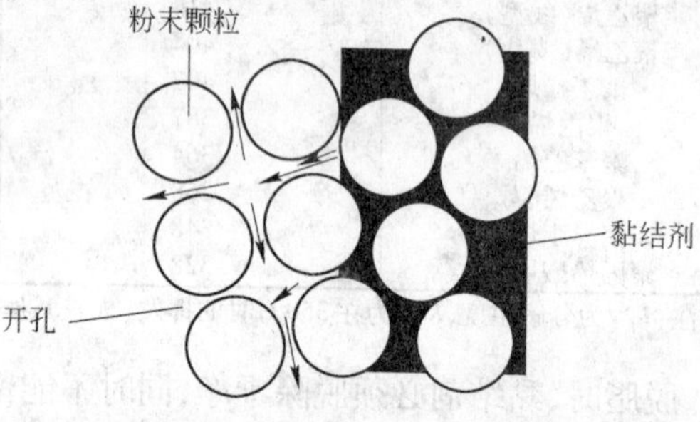

图8－2　理想的黏结剂脱除方式[5]

8.2.3.2　非成功的脱脂缺陷

脱脂方式选择不当或脱脂工艺不合理(例如脱脂温度过高、升温速率过快或脱脂溶剂选择不当等)，会在脱脂过程产生以下缺陷[5,27,80,197～199]：鼓泡、开裂、起皮、孔洞、脏化和变形等。这些在脱脂过程中产生的缺陷，难以在其后的烧结工序中弥补，从而对产品的外观、尺寸和性能都造成极大损害。

8.2.3.3　脱脂缺陷控制

为了保证样品在脱脂过程中不产生鼓泡、开裂、起皮、孔洞、脏化和变形等缺陷，在脱脂过程中要遵循以下原则[5,14,200,201]。

(1)脱脂一般在多个步骤完成。首先，脱脂在多个步骤完成，可以保证在脱脂的整个过程中坯体都具有一定的强度，这样就可以避免变形和开裂的发生。其次，从设计黏结剂角度上说，要求构成低分子量组分的各组元能在低温区内均匀脱除，这样就可避免黏结剂在某一温区大量脱除，从而避免开裂、鼓泡和变形的发生。最后，脱脂在多个步骤完成可以减少总的脱脂时间和控制缺陷发生。例如先经溶剂脱脂或催化脱脂脱除坯体内的部分黏结剂，然后进行热脱脂，就可以大大减少热脱脂的时间。

(2)脱脂速率不能太快。脱脂速率过快，容易导致缺陷的产生。例如，对于溶剂脱脂，提高脱脂温度可以使脱脂速率增高，但如果溶剂温度过高，会使脱脂坯产生鼓泡和开裂；热脱脂时如果脱脂速度过快，极易发生分层、开裂和变形等严重缺陷。

(3)选择脱脂气氛。脱脂气氛不仅会对脱脂速率产生影响，而且会对黏结剂的热解残碳量产生影响。采用在H_2气氛下热脱脂时，黏结剂的脱除一般比较干净；N_2气氛下热脱脂容易造成坯体残碳；真空热脱脂速率快，但容易造成坯体开裂。

8.3　脱脂方法

黏结剂的脱除方式主要有纯热脱脂、溶剂脱脂、催化脱脂等。在热脱脂中如果粉末填料很细则会在脱脂过程中产生黏结剂的虹吸脱除，而使低熔点有机物组元脱除速度加快。因此虹吸脱脂也是一种脱脂方式。

8.3.1 热脱脂

8.3.1.1 热脱脂工艺介绍

热脱脂就是在真空、氧化气氛或还原气氛下按照一定的工艺加热，使注射成形坯内的黏结剂挥发或热分解成小分子有机物气体，热解的气体通过扩散或渗透方式传输到样品表面，从而达到脱除目的[5,80]。

图8－3是典型的热脱脂工艺曲线。热脱脂过程一般由多个保温平台组成，这主要是根据黏结剂的属性而定的。黏结剂一般由低熔点、高熔点等多种有机物混合而成，而每种组元的热分解温度也不同。如果直接升温到高温，多种黏结剂组元同时发生热解，在短时间内就会产生大量的气体，这样就会造成坯体发生鼓泡、开裂和分层等缺陷。

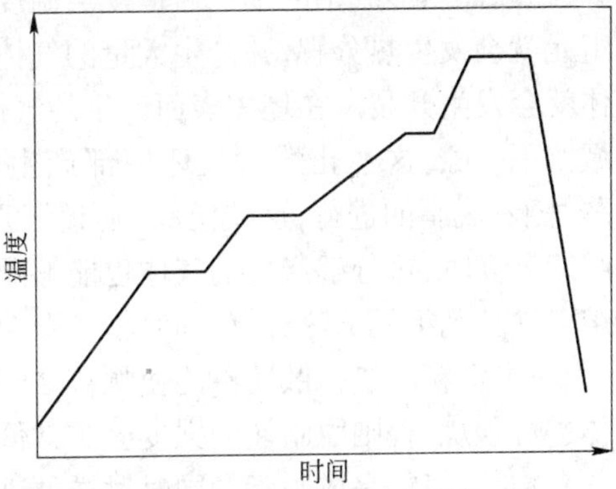

图8－3 热脱脂工艺曲线

图8－4是HDPE、PW、SA以及三者混合而成的黏结剂的热重分析曲线（升温速率为10℃/min）[202]。PW、SA、HDPE都有一个质量损失急剧下降区，但由它们混合而成的黏结剂质量损失相对非常平稳。这种质量的急剧损失，说明有机物发生了热分解。PW和SA大约在200℃开始发生分解，在330℃左右分解完毕；HDPE在460℃时才开始发生分解，在530℃左右完成；而黏结剂的热重曲线可分为两个阶段，分别为200～400℃和470～550℃，其中200～400℃失重损失的主要为PW和SA，470～550℃脱除的是HDPE。黏结剂这种缓慢而宽广的分解温度区间从技术的角度上至少有两个好处：（1）宽广的热分解温度区间，使得单位时间内产生的气体数量减少，从而避免了坯体发生开裂、分层或鼓泡等缺陷；（2）在低熔点组元PW和SA大部分脱除时，剩余的HDPE对坯体起到形状保持作用，而PW和SA的脱除，也使得坯体内形成了连通孔道，这为高熔点组元HDPE的脱除提供了便利。

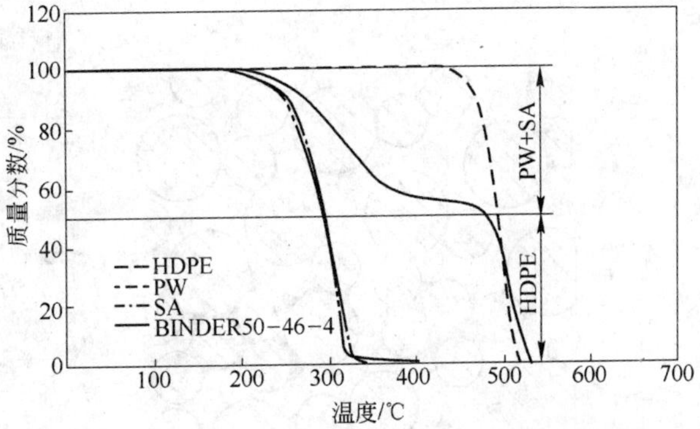

图8－4 HDPE、PW、SA以及三者组成黏结剂的热重分析曲线（加热速率10℃/min）

因此,在每一种黏结剂组元开始发生热解时进行保温,使这种有机物组元的大部分在保温阶段就从坯体脱除,并形成孔隙通道,这样当温度继续升高到另一黏结剂组元的热分解温度时,参与热分解的黏结剂数量就会减少,从而避免了脱脂缺陷的发生。

8.3.1.2　热脱脂过程及特点

在热脱脂中,黏结剂会发生软化、熔融和热分解,并通过扩散、渗透和虹吸等方式脱除。但在整个热脱脂过程中,黏结剂的脱除是由坯体表面逐步向坯体内部深入进行的,并在脱脂坯内形成联通孔道,图8－5给出了热脱脂过程示意图[203]。早期阶段,黏结剂主要发生软化、熔融、扩散、渗透和蒸发,并产生表面开孔,但一些低熔点组元(例如SA)发生挥发或热分解,在坯体内形成小的细孔通道。当温度升高到黏结剂某一组元的热分解温度时,该黏结剂组元就会发生热分解,并产生大量的气体,在坯体内部形成内压,当内压大于坯体强度时坯体就会发生开裂。在坯体表面产生的气体会优先扩散到脱脂气氛中,这样就在坯体表面区域留下孔隙,这些孔隙为坯体内部产生的气体顺利地扩散到样品表面提供了便利“通道”。随着脱脂的进行,这些便利“通道”逐渐互相连通,最后就形成了连通孔隙,这样当温度继续升高时,热分解产生的气体也能够顺利排出样品表面。在热脱脂的中后期,主要发生高熔点黏结剂组元的热分解,同时粉末颗粒之间的接触变得紧密。但如果在黏结剂完全脱除,而粉末颗粒的热扩散还不能使颗粒之间形成一定黏结强度时,就需要继续升高温度,对坯体进行预烧,否则脱脂坯的强度会非常低,无法完成搬移和转运。因此,对于高熔点合金或化合物,一般在完成脱脂的同时对样品进行预烧。

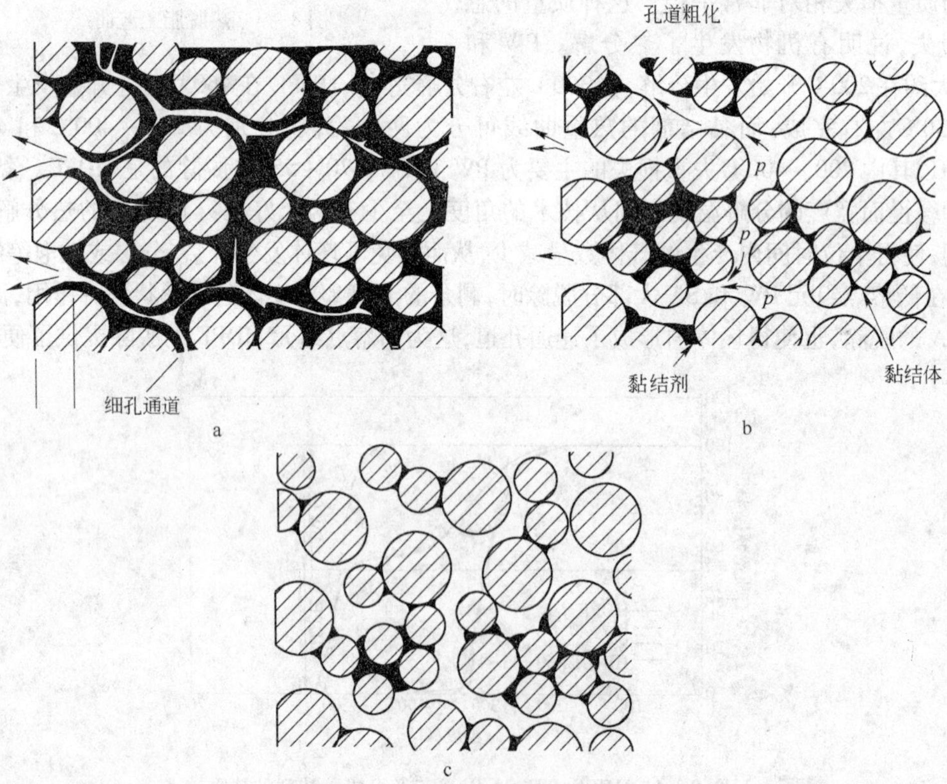

图8－5　热脱脂过程示意图[203]

a—初期阶段;b—中期阶段;c—末期阶段

8.3.1.3 热脱脂动力学

热脱脂过程主要由扩散和渗透两种机制共同作用[80,204]，并出现一些脱脂模型。这些模型假定脱脂为一个理想过程，并且成形坯内的粉末颗粒由单一粒度球体组成，如图8-6所示。为了使模型直观化，假设如下[80,205]：(1) 脱脂在等温条件下进行，黏结剂组元为单一组元；(2) 假设黏结剂与气体界面是平面。

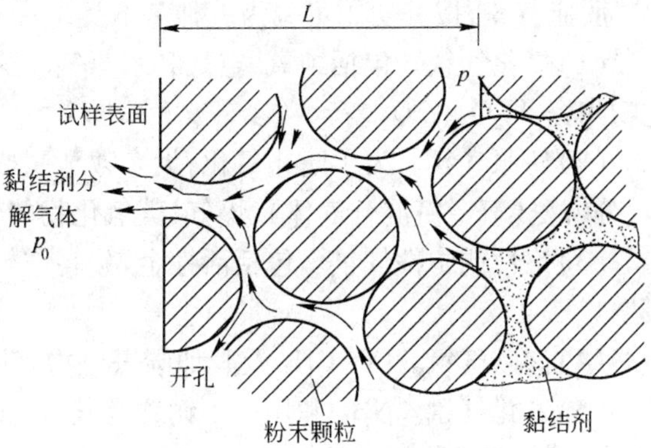

图8-6 热脱脂模型示意图

A 扩散控制脱脂

在平均自由程远大于孔隙大小的条件下，扩散作用控制脱脂。孔隙度越高、孔隙尺寸越大，气体扩散系数越高，此时分子分散性就越小。另外，气体相对分子质量小、温度越高、气体压力越高将有利于扩散。

$$t = H^2 (MkT)^{1/2} / [2D(p - p_0) E^2 V_m] \quad (8-2)$$

式中，H 为试样厚度；M 为黏结剂分解气体的相对分子质量；k 为玻耳兹曼常数；T 为脱脂温度；D 为粉末颗粒直径；p 为黏结剂外部气氛界面处的压力；p_0 为外部气氛压力；E 为孔隙率；V_m 为气体分子的体积。

减少试样厚度、降低粉末装载量和降低外部气氛压力、提高脱脂温度和粉末颗粒直径都可以使脱脂时间减少。然而，在选择粉末粒径时，要考虑粉末装载量、喂料流变性、烧结收缩率和产品性能等因素。在实际应用中，为了减少烧结时的尺寸收缩，希望粉末装载量越高越好。

B 渗透控制脱脂

气压较高时，分子间碰撞将限制脱脂速率，假设气体通过孔隙时没有惯性效应且发生黏滞流动，则

$$t = 22.5 H^2 f^2 p\eta / [(p^2 - p_0^2)(1 - f^3) D^2 F] \quad (8-3)$$

式中，t 为脱脂时间；H 为成形坯厚度；f 为颗粒的相对散装密度；p 为孔隙中的压力；p_0 为外界压力；η 为黏度；D 为颗粒直径；F 为黏结剂蒸发时的体积变化。脱脂时间直接随着气体黏度、零件厚度的平方、粉末粒度平方的倒数和压力降的倒数而变化。

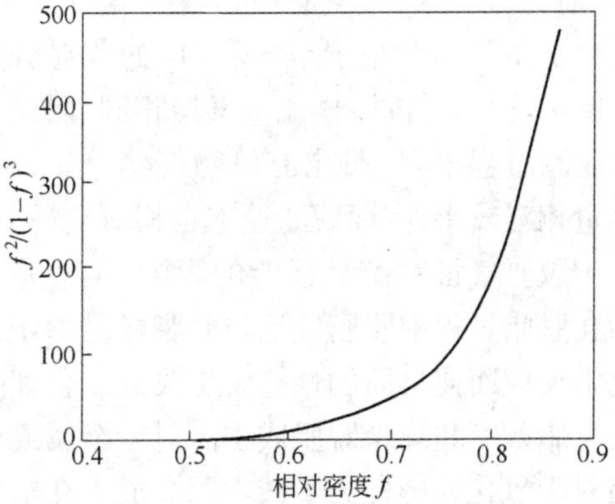

图8-7 f 与函数 $f^2/(1-f)^3$ 的关系[80]

由于分子和分母中都出现 f，因而孔隙度对脱脂时间的影响比较复杂。图8-7给出了 f 与函数 $f^2/(1-f)^3$ 的关系[80]，它表示脱脂时间对松装密度的依赖性。这个函数的形式表明：固体粉末含量超过约理论值的75%，成形坯脱脂将非常困难。因此，要加快脱脂，必须满足下列条件：选用薄小的零件，粉粒粗、孔隙度高、压力梯度大（表面压力小），温度高。气体黏度和黏结剂与气体界面的压力都

随温度的升高而升高。

8.3.1.4　脱脂气氛

A　脱脂气氛分类及作用

脱脂气氛,按其功用可分为五种基本类型:

(1)氧化气氛。包括纯氧、空气和水蒸气。这主要针对对氧不敏感的氧化物脱脂,如氧化物陶瓷 Al_2O_3、ZrO_2 等。

(2)还原气氛。为了防止氧化,大多数金属或合金的脱脂都在还原性气氛下进行,如纯氢、分解氨(氢－氮混合气体)、煤气、碳氢化物的转化气(H_2 和 CO 的混合气)。

(3)惰性或中性气氛。包括活性金属、高纯金属的热脱脂用的惰性气体(N_2、Ar、He)及真空。

(4)渗碳气氛。CO、CH_4 及其他碳氢化物气体。

(5)氮化气氛。NH_3 和用于不锈钢及其含 Cr 钢的 N_2 热脱脂。

脱脂气氛的作用是控制坯体与环境之间的化学反应和清除润滑剂的分解产物,具体有三个方面:

(1)防止或减少周围环境对脱脂产品的有毒反应,如氧化、脱碳等,从而保证产品质量稳定;

(2)排除有害杂质,如吸附气体、表面氧化物或内部杂质;

(3)维持或改变材料中的有用成分,这些成分常常能与烧结金属生成合金或活化烧结过程,如硬质合金的控碳、控氧等。

B　脱脂气氛对脱脂速率和产品性能影响

热脱脂过程中,脱脂气氛对黏结剂的脱脂过程会产生一定影响。图 8－8 是石蜡基黏结剂在不同脱脂气氛下质量损失率随温度的变化曲线[206]。从图 8－8 可以看到,脱脂气氛不同,黏结剂开始脱除的温度和脱脂量也不同。真空脱脂在升温前期脱脂速率相对最快,但随着温度的升高,氧化气氛脱脂速率明显加快,而真空脱脂速率明显减慢,但仍高于 N_2 气氛脱脂。由于 N_2 的相对分子质量相对小于空气和 O_2 的相对分子质量,而三者的流体流量又均相同,因而在脱脂过程中 N_2 带出有机物气体分子的能量相对较小,因而脱脂速率也相对较慢。

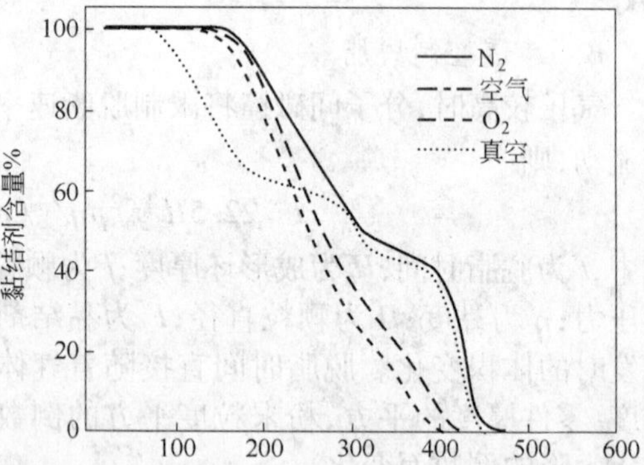

图 8－8　石蜡基黏结剂在不同脱脂气氛下的质量损失率[206](加热速率:10℃/min, 气体流量:200cm³/min)

脱脂气氛对产品性能的影响,主要是指在脱脂过程中脱脂气氛与脱脂样品由于化学反应而使材质的性能发生改变。合理的选择脱脂气氛,既可以提高产品性能,也可以提高脱脂效率和降低脱脂成本。对于金属或合金制品的热脱脂,一般是在还原性气氛下进行,而对于氧化物陶瓷为了减少脱脂成本在空气中进行就可以了。脱脂气氛对脱脂速率会产生一定影响,而且会对产品的性能和组织产生一定影响。图 8－9 为不同脱脂气氛对 WC－TiC－Co 合金组织的影响照片[207]。从图 8－9 可以看到,采用 N_2 气氛脱脂使得合金体内

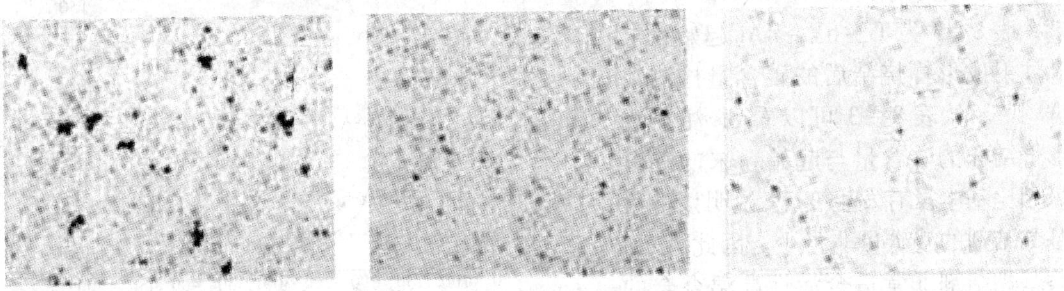

a　b　c

图 8－9　热脱脂气氛对合金显微组织的影响[207]

a—N_2 热脱脂；b—H_2 热脱脂；c—N_2/H_2（1:1）热脱脂

生成了较多孔隙和石墨相，采用 H_2 气氛脱脂使得合金体内生成了脱碳 η 相，而 N_2 和 H_2 的混合气体使得合金生成的石墨相或 η 相数量大大减少。这说明在 N_2 气氛下热脱脂容易造成黏结剂脱除不干净和产生残碳，而 H_2 气氛下热脱脂则容易使得合金体内产生残碳。

8.3.1.5　真空＋热脱脂

真空＋热脱脂，是近年来针对萘基黏结剂而采用的一种新的脱脂方法。它是在较低温度下（低于 100℃），采用抽真空来使坯体内大部分萘升华出样品表面，然后再在较高温度下采用热脱脂的方法脱除剩余的黏结剂。由于在真空过程中已将大部分萘脱除，使得坯体内形成了较多的连通孔道，这样就非常有利于剩余黏结剂在热脱脂过程中从坯体排出，从而减少了热脱脂时间。

萘（Naphthalene，NTA）的熔点为 80℃左右，熔化后在标准大气压或负压条件下容易升华，因而采用 NTA 制备的黏结剂具有脱除容易和不容易残碳的特点。图 8－10 是 Ti－6V－4Al 注射成形棒坯（黏结剂组成（体积分数）为：80% NTA － 17.1% EVA－2.9%SA 组成）在真空条件下（真空度为 266.664×10^{-2} Pa（2×10^{-2} Torr）），保温温度对 NTA 脱除率的影响曲线[208]。可以看到，在真空条件下，NTA 在 60℃就可以升华，并且升华量随温度的升高或时间的延长而增大。图 8－11是该喂料在流动氩气保护下的 TGA/DSC 曲线（气流量为 20cm³/min）。

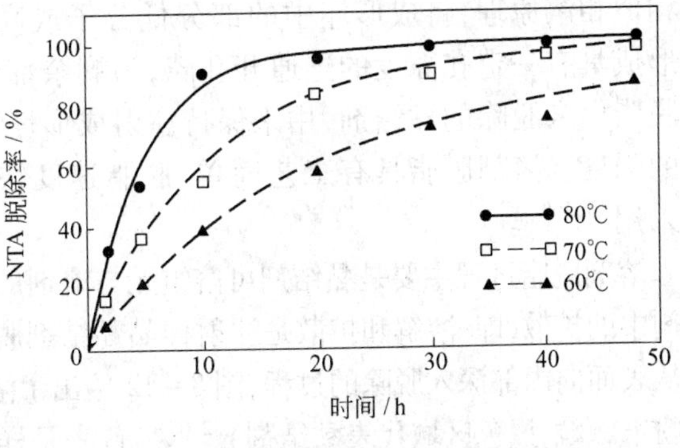

图 8－10　真空保温温度对 Ti－6V－4Al 注射成形棒坯失重的影响[208]

DSC 曲线显示 NTA 开始升华的温度为 71.3℃，EVA 开始热分解的温度为 366.7℃。TGA 曲线证实，当以 20℃/min 的速度升温到 500℃时，三种有机物基本可以脱除干净（残留率低于 1.9%（质量分数））。但在 100～200℃范围内黏结剂的质量损失急剧，这样气体在短时间内的大量释放就容易造成样品鼓泡、分层或断裂。因此，该黏结剂的脱除分真空＋热脱脂两步进行：（1）真空低温保温脱除 NTA；（2）2.5mol% H_2 ＋97.5mol% Ar 混合气氛下，高温脱除

EVA 和少量残余的 NTA 和 SA。

表 8－3 为 Ti－6V－4Al 起始粉末和注射成形样烧结后的碳含量检测数据[208]。从表 8－3 可以看到，注射成形烧结样的碳含量与起始粉末的碳含量相比基本没有发生变化，说明该种萘基黏结剂的残碳量非常少。因此，该种萘基黏结剂非常适合活性高温合金的粉末注射成形，例如 Ti 合金、Zr 合金和 Nb 合金等的粉末注射成形。

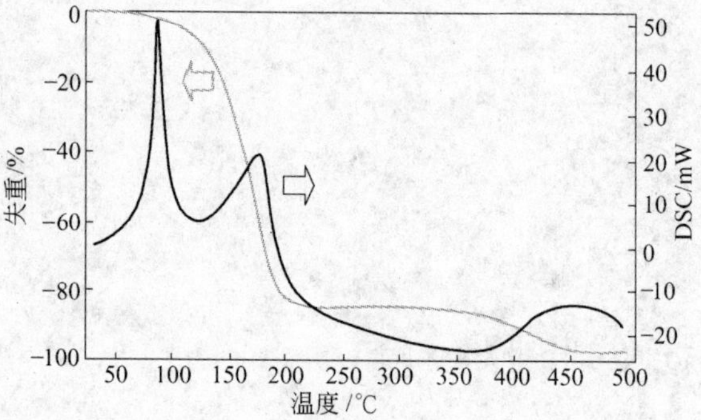

图 8－11　Ti－6V－4Al 喂料的 TGA/DSC 曲线[208]

表 8－3　起始粉末和注射成形烧结样的化学分析[208]

样　品	C 含量（质量分数）
Ti－6V－4Al 粉末	210×10^{-6}
1 号烧结样	260×10^{-6}
2 号烧结样	200×10^{-6}
3 号烧结样	190×10^{-6}
烧结样平均值	217×10^{-6}

8.3.2　溶剂脱脂

8.3.2.1　溶剂脱脂过程及特点

溶剂脱脂就是将注射成形坯浸没在低分子有机溶剂或无机溶剂（或溶剂蒸汽）中，利用相似相溶原理，将成形坯中的部分低分子或高分子有机物可溶组元溶解到溶剂中，从而形成具有一定孔隙度的连通开孔隙，为剩余部分黏结剂在较高温度下脱除做准备。溶剂脱脂中未脱除的黏结剂，用来保持注射成形坯溶剂脱脂过程中的形状和溶剂脱脂后毛坯的强度。溶剂脱脂具有工艺简单、脱脂速度快和变形小的特点，因而在实际中得到广泛采用[5,209]。

溶剂脱脂过程主要是黏结剂可溶组元与溶剂的互溶，以及溶剂中溶解的黏结剂在坯体和溶剂中的扩散，即：溶解和扩散是注射样品黏结剂脱除的两个基本过程[21]。溶剂脱脂是黏结剂从表面向内部深入脱除的过程，图 8－12 给出了溶剂脱脂过程示意图（图中白色球形部分代表粉末颗粒，黑色区域代表黏结剂）[210]。首先是样品表面黏结剂可溶组元的溶解，由于样品表面溶解的黏结剂很容易扩散到溶剂中，因此，黏结剂溶解的速度决定着脱脂速率的快慢。随着脱脂时间的进行，黏结剂中的可溶组元脱除后在坯体中形成连通孔洞，溶剂通过连通孔洞向坯体内部深入，黏结剂一方面溶解于孔洞的溶剂里，溶解孔洞里的高浓度溶剂向坯体外溶剂里低浓度区域扩散，由于溶解和扩散的速度相当，黏结剂的脱除由溶解和扩散两个过程控制。当脱脂进行到样品内部时，溶质扩散到样品表面的距离变长，扩散的过程变得困难，此时溶解的黏结剂扩散速率决定了脱脂速率的快慢，因而脱脂速率在后期变的缓慢。但经溶剂脱脂后，在脱脂坯内形成了连通的孔道，这就非常有利于后面热脱脂气体的排出。

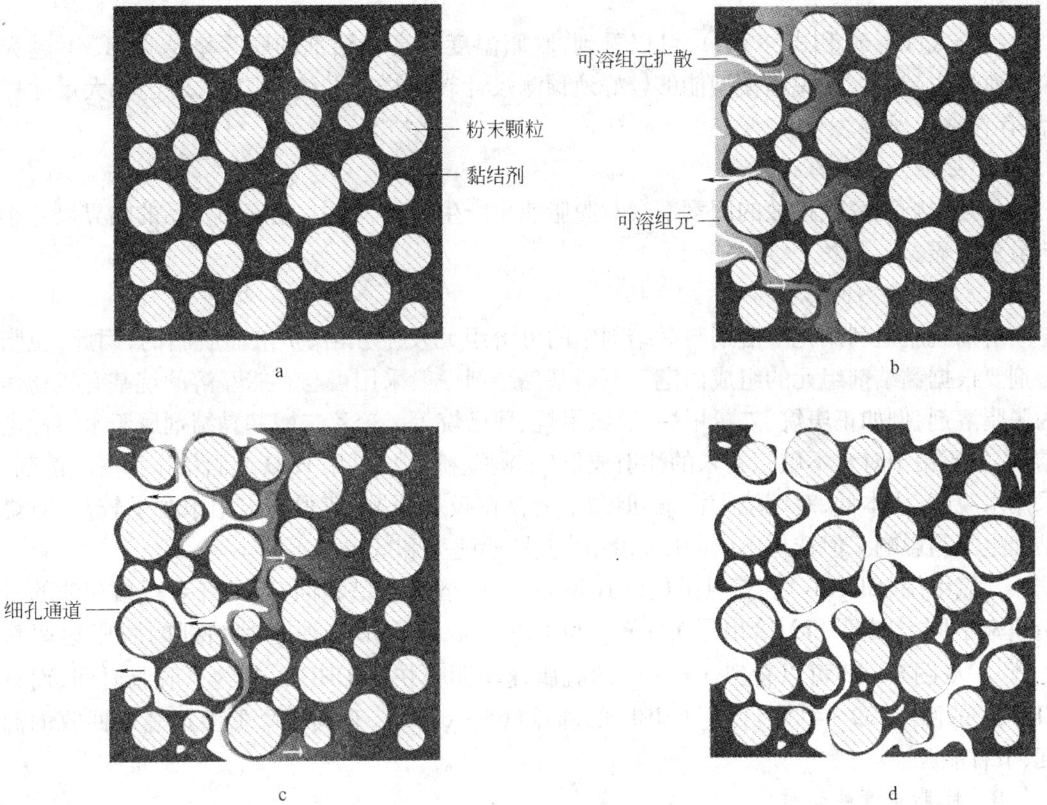

图 8 - 12 溶剂脱脂过程示意图[210]

a—注射坯；b—溶剂脱脂初期；c—溶剂脱脂中期；d—溶剂脱脂末期

8.3.2.2 溶剂脱脂动力学

A 等温脱脂模型

成形坯放入溶剂或暴露在溶剂蒸汽中时，黏结剂的可溶组元以扩散方式经黏结剂 - 溶剂溶液从成形坯中流出。黏结剂的扩散系数取决于分子的能动性。一般温度越高，溶剂分子越小，分子运动就越快。对等温溶剂脱脂，成形坯内部与周围溶剂之间黏结剂浓度梯度的近似模型为[209]：

$$\overline{C}_b = C_i \exp(-D_{bs} t \pi^2 / H^2) \tag{8-4}$$

式中，$\overline{C}_b$ 为成形坯中剩余黏结剂的平均浓度；C_i 为黏结剂的起始浓度；D_{bs} 为黏结剂与溶剂的互扩散系数，t 为萃取时间，H 为零件厚度。

B 由样品尺寸规格和温度决定的脱脂模型

Ricardo V. B. Olivira 通过对陶瓷粉末注射成形溶剂脱脂的研究，结合提出了由脱脂温度和样品尺寸因子（A_S/V）决定的脱脂模型[211]：

$$\Phi = t^{A_S/V} / (B^{A_S/V} + t^{A_S/V}) \tag{8-5}$$

式中，Φ 为黏结剂脱除部分；t 为脱脂时间；B 为与脱脂温度相关的函数：

$$B = A\exp[Q/(kTN_A)] \tag{8-6}$$

式中，T 为绝对温度；k 为玻耳兹曼常数；N_A 为阿伏伽德罗常数；A 为指数前因子；Q 为溶解活化能。

结合式(8 -5)和式(8 -6),可以看到,脱脂温度越高黏结剂的脱除率越高,A_S/V 越大脱脂速率也越快。该脱脂模型能够较好地预测尺寸较小样品的溶剂脱脂,对于较大尺寸样品,存在一定误差。

8.3.2.3　主要影响因素

凡是影响溶解或扩散的因素都会对脱脂速率产生影响,其中,温度和样品的临界尺寸影响最为明显。

A　脱脂溶剂的影响

溶剂脱脂是利用化学溶剂与黏结剂中的可溶组元发生互溶、扩散而脱脂的,因此,脱脂溶剂要根据黏结剂组元的组成而定。石蜡基黏结剂一般采用可与石蜡互溶的烷基有机物作为脱脂溶剂,例如正庚烷、二氯甲烷、三氯甲烷、环已烷等。聚乙二醇基黏结剂属于水溶性黏结剂,主要用于对水不敏感粉末的注射成形(如陶瓷粉末),可用 H_2O 或酒精作为脱脂溶剂。采用水脱脂,成本低,对环境无污染,但黏结剂存在吸水问题,使得粉末中水含量较高,对烧结产生不利影响。但选择不同的脱脂溶剂,其脱脂速率和效果也不同。

二氯甲烷(CH_2Cl_2)和三氯甲烷($CHCl_3$)均可以溶解石蜡和油,但二者对石蜡和油的脱脂速率不同。图 8 -13 给出了 CH_2Cl_2 和 $CHCl_3$ 脱除石蜡 + 油基黏结剂的脱脂速率对比[25]。从图 8 -13 可以看到,CH_2Cl_2 的脱脂速率明显快于 $CHCl_3$,节约了脱脂时间,而且 CH_2Cl_2 的沸点(39 ~41℃)低于 $CHCl_3$ 的沸点(65 ~68℃),有利于降低溶剂蒸馏回收的温度,节省能源。

B　脱脂温度的影响

图 8 -14 为相同尺寸的样品在不同温度下的脱脂率随时间的变化曲线[212]。从图 8 -14 可以看到,在相同的脱脂时间内,随脱脂温度的升高,黏结剂脱除率增大;随着脱脂时间的延长,黏结剂脱除率增加,但增加的速率逐渐减慢,最后趋于恒定。温度越高,黏结剂在溶剂中的溶解和扩散速度越快,脱脂速率也越快。

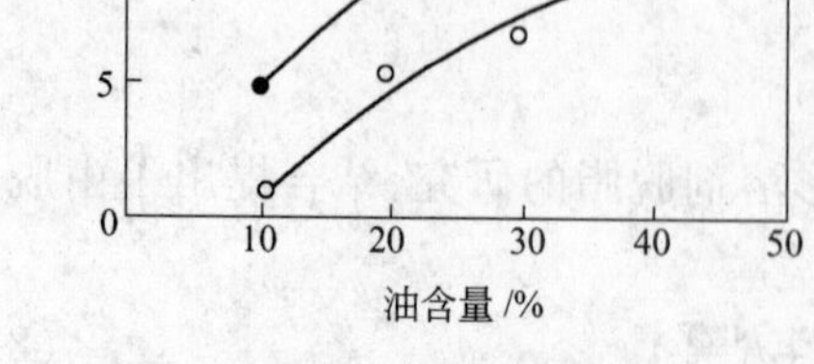

图 8 -13　室温下 $CHCl_3$ 和 CH_2Cl_2 的脱脂速率对比[25]

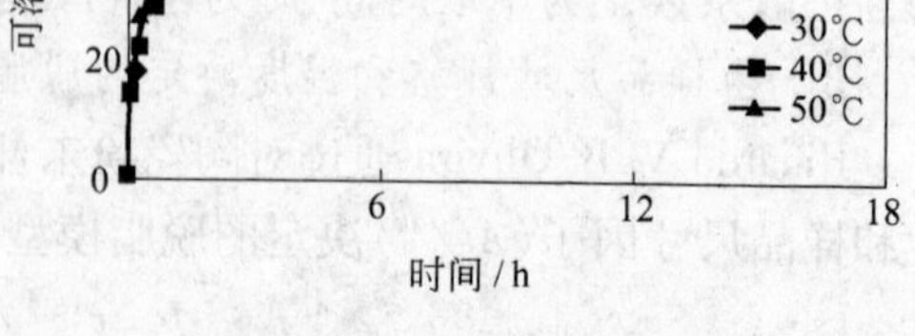

图 8 -14　相同尺寸的样品在不同温度下的脱脂率随时间的变化曲线[212]

C 样品形状和尺寸的影响

为了能够更好反映样品的形状对脱脂速率的影响，利用 A_S/V 能够较好的反映样品的临界尺寸。图 8－15 为相同温度下、不同形状样品的脱脂率随时间的变化曲线[212]。从图 8－15 可以看到，随着 A_S/V 的增加，在相同时间内的脱脂率越高，即脱脂速率随着样品临界厚度的增加而减小。当溶解速率大于扩散速率时，脱脂速率就由扩散过程控制，反之则由溶解过程控制。在相同的温度下，黏结剂在溶剂里的溶解速率基本相同，但样品的厚度越大，黏结剂从连通孔道中向外扩散的时间也相对越长，这样脱脂速率也相对就越慢。

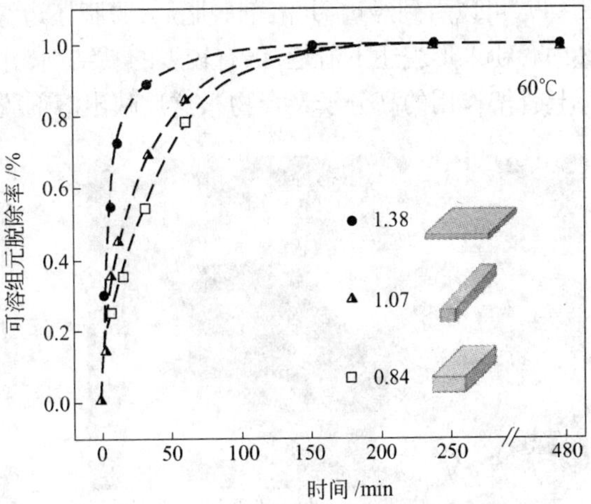

图 8－15 相同温度下、不同形状样品的脱脂率随时间的变化曲线

8.3.2.4 黏结剂的溶解和溶胀过程

在进行溶剂脱脂过程中，由于聚合物同时存在溶解和溶胀两个作用，使得强度不大的注射坯体容易产生鼓泡、开裂、变形、坍塌等缺陷。

A 溶解和溶胀

黏结剂体系的组元中一般存在几种类型的聚合物，一般聚合物的相对分子质量小的聚合物溶解快并且溶解度大，反之相对分子质量大时溶解慢并且溶解度小。对于大相对分子质量聚合物，溶解是一个缓慢的过程，需经过溶胀和溶解两个阶段。首先溶剂小分子渗透进入聚合物内部，使之体积膨胀，称之为溶胀阶段。出现溶胀现象的原因是由于被溶解的聚合物分子和溶剂小分子的尺寸相差很大，而且聚合物分子还存在链与链之间的缠结，导致二者的运动速度差别极为悬殊，溶剂分子扩散快，能先进入到聚合物分子链间的空隙中，结果使聚合物的体积发生膨胀。当聚合物被溶胀后，可分为两种类型：即无限溶胀和有限溶胀。无限溶胀指聚合物能不断地吸收溶剂分子产生连续的溶胀，直到完全溶解于溶剂中形成均一的溶液。有限溶胀指聚合物在溶剂中吸收溶剂到一定的限度以后，不管再与溶剂接触多久都不溶解，处于一种溶胀平衡状态。

B 影响溶胀的因素

聚合物的溶解、溶胀情况和它们的化学组成、结构及相对分子质量分布有关。这主要包括官能团的存在和官能团沿着大分子链的分布、大分子链的柔性和长度、链的交联度和相对分子质量的大小等。另外，除了黏结剂本身，脱脂所用溶剂的化学结构也很重要。

首先，聚合物中官能团的存在情况对它的溶解和溶胀性质影响很大。官能团的存在能够改变聚合物中和聚合物－溶剂体系中分子间的相互作用；官能团的分布情况也对聚合物的溶解和溶胀影响很大，若官能团沿着大分子链分布，其分布越均匀，可溶性就越好。例如纤维素的羟基上引入少量的乙基和羟乙基就能够明显地提高纤维素在碱溶液中甚至在水中的溶解度；聚乙烯醇的分子链上如果具有 3%～15% 的醋酸基团，聚乙烯醇分子链上的羟基团和醋酸基团呈嵌段分布时的溶解度比醋酸基团不规则统计分布时的溶解度要小得多。

8.3.2.5　溶剂脱脂形貌特征

图8-16和图8-17分别为注射坯断口和脱脂坯断口的SEM照片[27]。对比图8-16和图8-17，可以看到经过3h溶剂脱脂后，脱脂坯边缘粉末形貌已经比较清楚的显现出来，但脱脂坯中心粉末形貌还不清楚，仍有较多的黏结剂，并且出现丝状连接物（丝状连接物主要是对坯体起骨架作用的高分子聚合物），这反映出溶剂脱脂过程是由试样外部向内部逐步推进的。

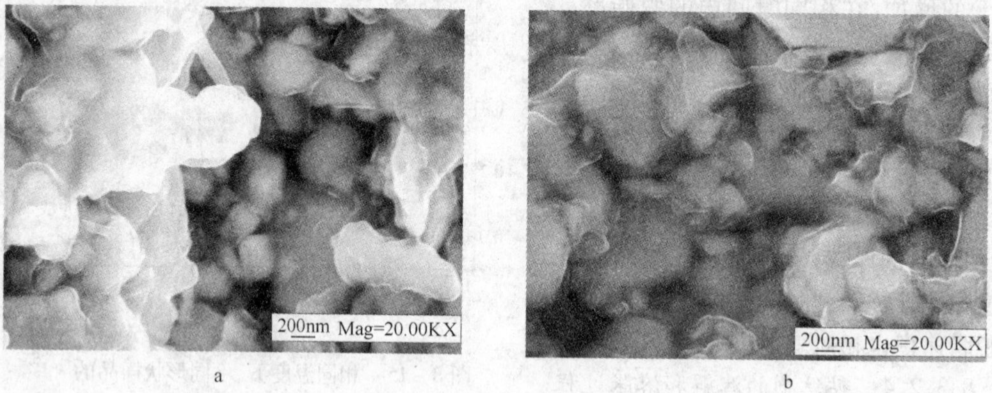

图8-16　注射坯断口SEM照片[27]

a—脱脂坯边缘；b—脱脂坯中心

图8-17　溶剂脱脂3h后的SEM照片[27]

a—脱脂坯边缘；b—脱脂坯中心

8.3.3　催化脱脂

催化脱脂是德国BASF公司于20世纪90年代初开发出来的一种脱脂方法，因而也称BASF催化脱脂[5,80]。BASF公司采用的黏结剂体系是由聚缩醛和起稳定作用的添加剂组成的，是利用聚缩醛树脂在气态酸性气氛下极易催化分解为甲醛而实现快速脱脂的：

$$\left(\!-CH_2-O-\!\right)_n \rightarrow n(CH_2=O) \qquad (8-7)$$

催化脱脂是直接的气-固界面反应，反应温度一般低于聚缩醛树脂的熔点。在催化脱脂过程中，由于固态高聚物在催化剂的作用下可以直接分解为气相产物[213]，且反应温度远低于高聚物的软化点，不会产生液相；同时，催化脱脂只在气态催化剂与高聚物的接触面上发生，所以随反应的进行气体的扩散由外向内逐渐推进，外围区域脱脂时产生的气体就可以沿这些通道顺利排出，从而减少了脱脂缺陷的发生。

8.3.3.1 催化脱脂化学反应式

聚甲醛（—CH_2—O—CH_2—）是一种对酸性气氛非常敏感的高聚物。它在酸性气氛下可以迅速发生"拉链式"的解聚反应[213~215]：

$$—CH_2—O—CH_2—O—CH_2—O—CH_2— \ +H^+ \rightarrow —CH_2—$$
$$O—CH_2—O^+H—CH_2—O—CH_2— + H_2O \rightarrow$$
$$2(—CH_2—O—CH_2—OH) \ + H^+ \tag{8-8}$$

这一步反应产物—CH_2—O—CH_2—OH 的端基为非常不稳定的半缩醛羟基，在反应受热的过程中很容易分解出甲醛（HCHO）气体[214]：

$$—CH_2—O—CH_2—O \rightarrow —CH_2—OH + HCHO\uparrow \tag{8-9}$$

Cherdron 等认为，反应（8－8）的产物（—CH_2—O—CH_2—O^+H—CH_2—O—CH_2—）还可以按以下的方式分解[215]：

$$—CH_2—O—CH_2—O^+H—CH_2—O—CH_2— \rightarrow$$
$$—CH_2—O—CH_2—OH(a) + C^+H_2—O—CH_2—O—CH_2—(b)$$

产物（a）按照反应式（8－9）继续分解释放出甲醛气体，而产物（b）按下式继续降解：

$$C^+H_2—O—CH_2—O—CH_2— \rightarrow CH_2—O^+—CH_2—OCH_2 \rightarrow HCHO\uparrow + C^+H_2—O—CH_2— \tag{8-10}$$

8.3.3.2 催化脱脂工艺特点

催化脱脂过程速度的控制因素是气态催化剂和气体产物的扩散过程，是随时间逐渐由样品外围向内推进的，外围黏结剂脱除后留下的孔隙为中心区域的黏结剂气态分解产物提供了排除的通道，这是避免样品因整体受热、黏结剂软化、分解而发生胀裂。图 8－18 和图 8－19 分别为脱脂反应温度和脱脂时间对脱脂率的影响曲线[216]。脱脂反应温度越高，反应速率加快，同时气体产物的扩散速度也加快，从而导致脱脂速度加快。但从图 8－19 中可以发现，当脱脂时间小于 4h 时，脱脂量随时间是线性增加的，说明催化脱脂速率的受控过程主要是黏结剂组元的催化分解。图 8－20 给出了聚甲醛在较长时间的催化脱脂时重量损失率随时间的变化曲线[217]，可以看到，在最初的 4h 内，聚甲醛的失重也是直线下降，但时间继续增加则失重速度明显降低。

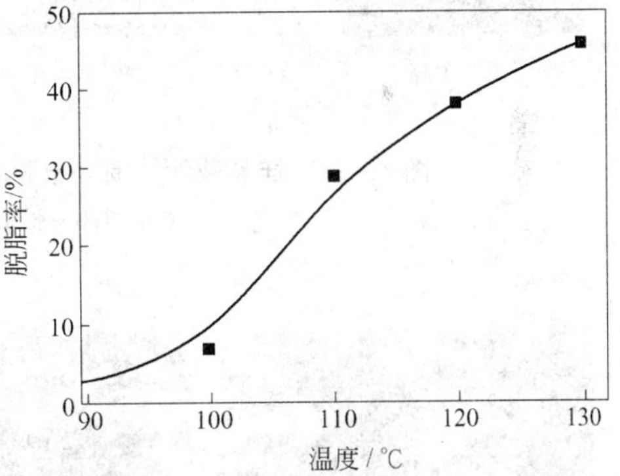

图 8－18 脱脂温度对脱脂率的影响[216]

图 8－21 和图 8－22 分别为样品截面外围区域和中心区域脱脂过程不同时刻的 SEM 照片[218]。从图 8－21 可以看到，脱脂 15min 后出现少量的孔隙，随时间推移，孔隙数量很快增多，尺寸增大。在 1h 左右，外围区域脱脂程度已经很深，可以观察到不同深度的粒子；而样品内部区域在脱脂过程中，孔隙出现的时间要晚得多，在脱脂反应开始后 3h 才出现可

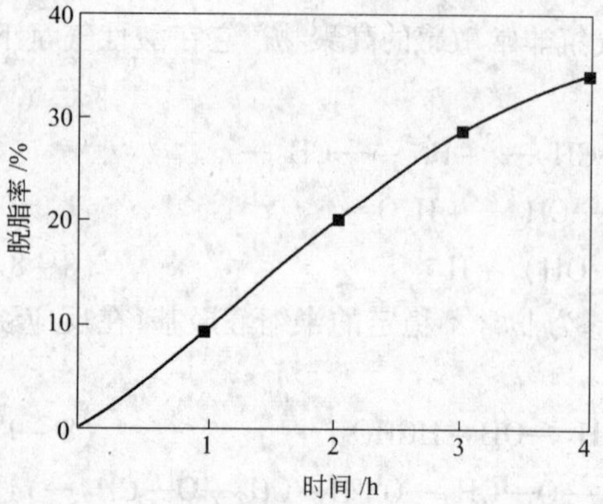

图 8-19　脱脂时间对脱脂率的影响[216]

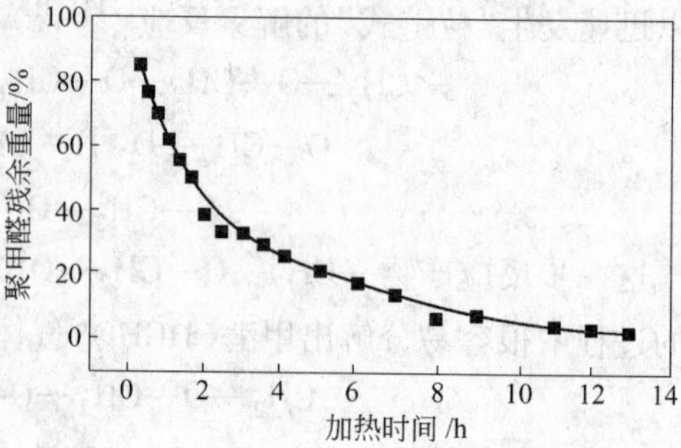

图 8-20　聚甲醛残余重量随脱脂时间的变化[217]

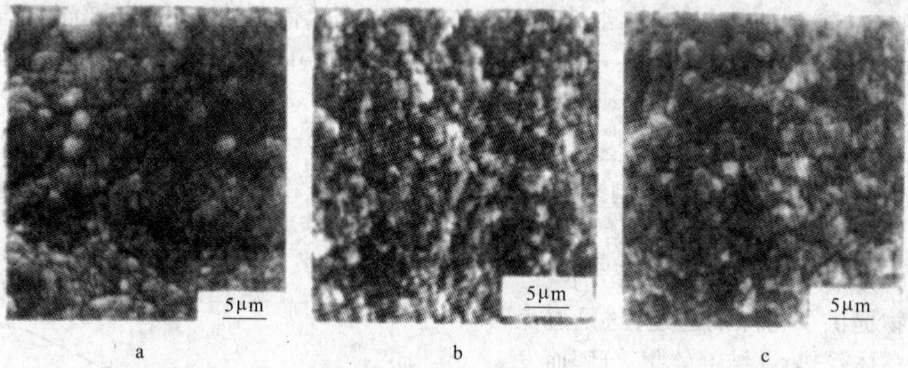

图 8-21　样品截面外围区域脱脂过程不同时刻的 SEM 照片[218]

a—未脱脂；b—脱脂 15min；c—脱脂 1h

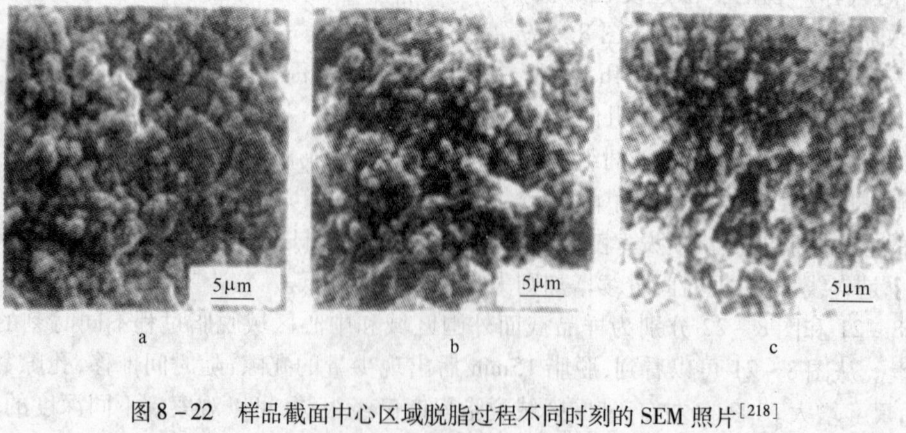

图 8-22　样品截面中心区域脱脂过程不同时刻的 SEM 照片[218]

a—脱脂 3h；b—脱脂 5h；c—脱脂 7h

以观察到的孔隙，其增长也慢得多，至7h后孔隙的数量和尺寸才达到外围区域脱脂1h后的水平，这就说明催化脱脂的过程是逐步推进的，外围区域脱脂容易，耗时短。

8.4 脱脂过程中碳的控制

黏结剂在加热过程中一般都会排出样品表面，但如果工艺设置不当，会使坯体残留较多的碳，而大多数合金或金属（例如硬质合金，W、Mo和Ti合金）的烧结性能又对碳含量比较敏感，因此，热脱脂有时并不是简单地将黏结剂从样品体内脱除，还要控制好热脱脂坯内的碳含量。

8.4.1 热脱脂过程碳的产生

黏结剂通过两种方式脱除，一是通过黏结剂在高温下的蒸发，该方式是物理脱除，一般不会有碳的产生；二是高温下的热分解，该过程属于化学反应，一般会伴随热解碳的产生。黏结剂的蒸发是物理过程，通常是加热到黏结剂聚合物到熔融态的某一温度，然后保温使其缓慢蒸发出坯体。聚合物的热分解一般是在较高温度下发生的降解，热降解反应有不同的方式，有的主链断裂，有的侧基分解等。但有机物在高温分解时，一般会释放出氢或其他小分子化合物生成碳，但这个碳不是独立的碳原子，而是好几百个碳原子稠合形式的碳，这个过程一般称为“生碳”。所生成的产物，若尚含有少量的氢，碳含量约为95%以上，则称为“焦”，这个过程一般称为“结焦”。例如，对于烷基有机物，在裂解过程中产生的烯烃小分子如乙烯可以通过脱氢生成乙炔，在600～900℃时会有相当量的乙炔发生聚合反应生成乙炔的聚合物：

$$nC_2H_2 \longrightarrow (C_2H_2)_n \tag{8-11}$$

在900～1000℃或更高温度下主要是通过乙炔阶段而生碳：

$$CH_2{=}CH_2 \xrightarrow{-H} CH_2{=}CH^{\cdot} \xrightarrow{-H} CH{\equiv}CH \xrightarrow{-H} CH{\equiv}C^{\cdot} \xrightarrow{-H} {}^{\cdot}C{\equiv}C^{\cdot} \tag{8-12}$$

$$CH{\equiv}CH \xrightarrow{-H} C_n \longleftarrow {}^{\cdot}C{\equiv}C^{\cdot}$$

因此，在低温脱脂时必须将黏结剂脱除干净，否则会在高温结焦生碳。

8.4.2 热脱脂过程中的脱碳反应

脱碳反应主要是由于脱脂气氛中的氧或粉末中的氧在高温下与C发生反应而造成坯体碳的损失，其反应主要有：

$$C + H_2O \longrightarrow H_2 + CO \tag{8-13}$$

$$MeO + C \longrightarrow Me + CO \tag{8-14}$$

$$C + \frac{1}{2}O_2 \longrightarrow CO \tag{8-15}$$

因此，降低脱脂气氛中的氧、水蒸气和减少粉末的氧化程度，均可以使碳的损失程度降低。

8.4.3 脱脂坯碳的控制

黏结剂脱除不干净或热分解结焦使坯体增碳，而气氛中的氧或水蒸气以及粉末中的氧则使胚体内的碳含量降低，因此，要控制好脱脂坯的碳含量，则必须控制好增碳反应和脱碳反应。对于大多数材质来说，并不希望在脱脂过程中产生碳，因而必须保证黏结剂脱除干净，并防止结焦残碳的产生。但是，对于一些合金的粉末注射成形，则希望在脱脂过程产生少量的碳来改善合金的性能。例如硬质合金和合金钢，可以通过调节热脱脂工艺使脱脂坯残留少量碳，用来弥补在烧结过程中的碳损失，从而保证合金的碳含量在正常范围内。

要降低热脱脂过程中热解碳的含量，主要从三个方面考虑：

(1)减少在热脱脂过程中要脱除黏结剂的数量。热脱脂过程要脱除的黏结剂越少，参与热分解的有机物也就越少，这样产生残碳的几率也就越少，从而使控碳就相对容易。

(2)调节热脱脂工艺和脱脂气氛。通过增加低温保温段和延长低温保温时间，使黏结剂有机物组元尽量以蒸发和缓慢分解的方式排除样品表面，减少在高温段参与快速热解的黏结剂数量，从而使碳含量降低。但是，增加低温保温段和延长低温保温时间使得热脱脂工艺复杂和生产周期非常长。脱脂气氛一般会对热脱脂速率和残碳量产生一定影响，通过改变热脱脂气氛可以对坯体的碳含量进行微调。

(3)对黏结剂进行改性，采用残碳量相对较少的有机物作为黏结剂组元。例如采用 PE 和 EVA 来替代 PP 作为黏结剂高熔点骨架组元，由于 PE 和 EVA 的残碳量均低于 PP，从而使热脱脂过程中的残碳量减少。

上述三种方法均可以使热脱脂坯的碳含量降低，但单独采用某一种方法均有缺陷，因而人们往往将它们有机结合起来来控制坯体的碳含量，即：首先尽量采用残碳量相对较少的有机物对黏结剂进行改性；其次尽量减少在热脱脂过程中要脱除黏结剂的数量；最后是对热脱脂工艺和脱脂气氛进行调节。由于黏结剂的成分一旦确定，一般是不会改变其组元构成，因而在实际控碳中，人们研究最多的还是减少在热脱脂过程中要脱除黏结剂的数量和调节热脱脂工艺和脱脂气氛。在热脱脂过程中，脱脂气氛对坯体的碳含量影响很大。为了防止合金在热脱脂过程中的氧化，脱脂一般在还原性气氛、惰性气氛或真空条件下进行。有研究证实[31]：N_2 热脱脂黏结剂容易以炭黑的形式残留在脱脂坯中，造成合金增碳；H_2 热脱脂容易导致合金脱碳；75% N_2 + 25% H_2 混合气体热脱脂可以较好的控制坯体的碳含量。尽管在 H_2 气氛下脱脂容易造成脱脂坯脱碳，但通过调节热脱脂工艺，仍可保证脱脂坯的碳含量在正常范围内。

减少在热脱脂过程中要脱除黏结剂的数量，常用的方法有：溶剂脱脂 + 热脱脂，催化脱脂 + 热脱脂或虹吸脱脂 + 热脱脂。其中，溶剂脱脂 + 热脱脂是目前应用最广，也是最成功的脱脂方法。在溶剂脱脂过程中，一般可以将坯体内 50% ~80% 的黏结剂脱除掉，只剩余少部分黏结剂在热脱脂过程中脱除，而且溶剂脱脂完成后坯体内形成了大量的连通孔道，这些连通孔道非常有利于热脱脂过程中气体的排出，因而该方法既减少了热脱脂时间，而且控碳变得容易。图 8 - 23 为优化工艺曲线，图 8 - 24 为溶剂脱脂 + 热脱脂的优化工艺曲线[219]。从图 8 - 23 可以看到，单独采用热脱脂，需要设置大量的保温平台，而且热脱脂时间非常长，而采用溶剂脱脂 + 热脱脂(图 8 - 24 所示)，热脱脂工艺非常简单，而且坯体内的碳含量还低于纯热脱脂坯体的碳含量。

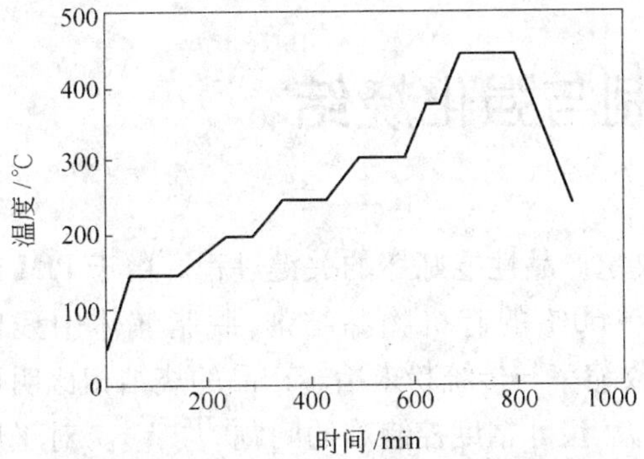

图 8-23 纯热脱脂优化工艺曲线[219]

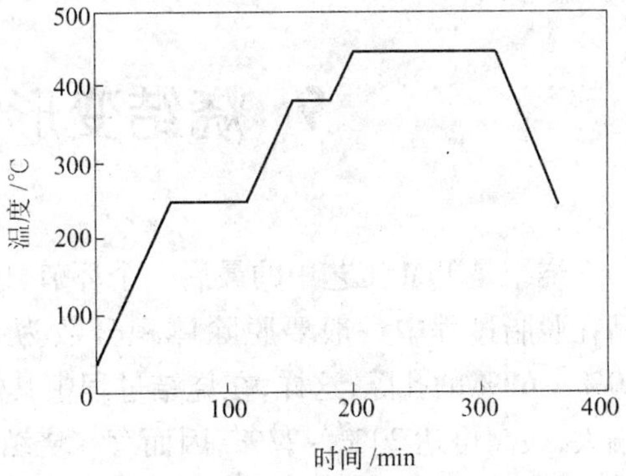

图 8-24 溶剂脱脂+热脱脂优化工艺曲线[219]

9 烧结变形控制与强化烧结

烧结是 PIM 工艺中的最后一个环节,也是决定产品性能好坏的关键过程。由于 PIM 产品在脱脂过程中一般要脱除体积分数为 40% ~60% 的有机物黏结剂,脱脂坯体中残留 40% ~60% 的孔隙,这样,在烧结过程中其烧结收缩率与传统粉末冶金产品的烧结相比明显偏大,最高可达 20% ~27%,因而存在烧结变形大、尺寸精度控制难的问题[214,215]。对于烧结变形的原因,Bulger 与 Erickson 认为,PIM 产品在烧结过程中发生的变形是由下面三个原因共同造成的[222]:(1)重力效应;(2)低的粉末固体含量;(3)不均匀的生坯密度。而 German 在他的研究中指出,在较高的烧结温度及较快的升温速率下,会因为不均匀的收缩导致 PIM 产品的尺寸不容易控制[223]。因此,PIM 产品的尺寸精度和烧结变形控制是一个系统的过程。

9.1 粉末装载量对烧结变形的影响

9.1.1 粉末装载量与线收缩率的关系

在 PIM 工艺中,除粉末特性和烧结工艺影响烧结变形外,粉末装载量的高低也会对烧结变形产生很大的影响。

粉末装载量表示粉末占整个喂料的体积分数,用数学公式可以表示为:

$$\Phi = V_{粉}/(V_{粉} + V_{黏}) \tag{9-1}$$

粉末装载量越高,黏结剂在喂料中的体积相对越小,这样烧结过程中的体积收缩相对越小,变形相对容易控制。因此,提高粉末装载量是一种减少烧结变形的有效方法。

同时,粉末装载量与样品的线收缩率具有一定的关系,为了能够定性地给出粉末装载量与线收缩率的关系,对其进行理论推导,并做以下假设:

(1)假设粉末装载量为 Φ,注射坯为立方体,其边长为 a,烧结后样品的边长为 b;

(2)假设烧结各向完全同性;

(3)假定烧结后样品完全致密,在脱脂、烧结的整个过程中无粉末损失;

(4)不考虑相变、晶格参数对样品尺寸的影响。

由于烧结后样品完全致密,且不考虑晶格参数的变化,因此烧结后样品的体积等于注射坯中粉末致密体的体积:

$$b^3 = a^3\Phi \tag{9-2}$$

$$(b/a) = \Phi^{1/3} \tag{9-3}$$

$$\text{线收缩率}\quad L = \frac{a-b}{a} = 1 - \frac{b}{a} = 1 - \Phi^{1/3} \tag{9-4}$$

式(9-4)给出了烧结收缩率与粉末装载量的关系,可以看到粉末装载量越高,样品在烧结过程中的线收缩率越小。因此,通过提高粉末装载量可以使样品的线收缩率减少,从而达到降低烧结变形的目的。同时,对于固相烧结产品,提高粉末装载量可以减少烧结时间和提高烧结密度。

9.1.2　提高粉末装载量的方法

提高喂料中粉末装载量的方法可从粉末和黏结剂两方面入手，即：对黏结剂改性和改变粉末的形貌或粒度分布。

粉末的松装密度（或振实密度）越高，粉末装载量也就越高。因此，粉末粒度、呈球形或表面规则，以及采用多种粒度粉末搭配都可以得到高粉末装载量的喂料。提高粉末粒度虽然可以使粉末装载量提高，但也使得粉末的烧结活性降低，尤其是对于难以烧结致密的陶瓷粉末，希望粉末粒度细小甚至到微米级。因此，在实际应用中，一般很少通过提高粉末粒度来达到提高粉末装载量最终达到减少烧结变形的目的。

在不影响烧结性能的情况下，或在一定的粒度范围内，对粉末粒度进行搭配来提高粉末装载量可以达到减少烧结变形的目的。邹黎明[224]研究了 NdFeB 磁性体粉末注射成形中粉末粒度组成对粉末装载量的影响，如表 9－1 所示，四种不同粒度粉末按 A∶B∶C∶D＝4.5∶2∶1.5∶2 的比例混合，粉末装载量达到 67%，远高于采用单种粒度粉末的最大装载量，其振实密度达到最大为 4.71g/cm^3。

表 9－1　NdFeB 磁粉粒度[224]

编　号	A	B	C	D
粉末粒度/μm	106～150	75～106	45～75	<45

不同的黏结剂体系对粉末的临界装载量具有一定影响。以 Fe－2Ni 合金的粉末注射成形为研究对象[225]，采用石蜡＋聚乙烯黏结剂和石蜡＋油＋聚乙烯两种黏结剂进行对比研究，通过降低聚乙烯的相对分子质量，使粉末装载量从 57% 提高到 60%。采用微晶蜡（MW）替换部分石蜡后，不仅使粉末的装载量提高，而且减少了注射样在冷却过程的体积收缩率（如图 9－1 所示）。

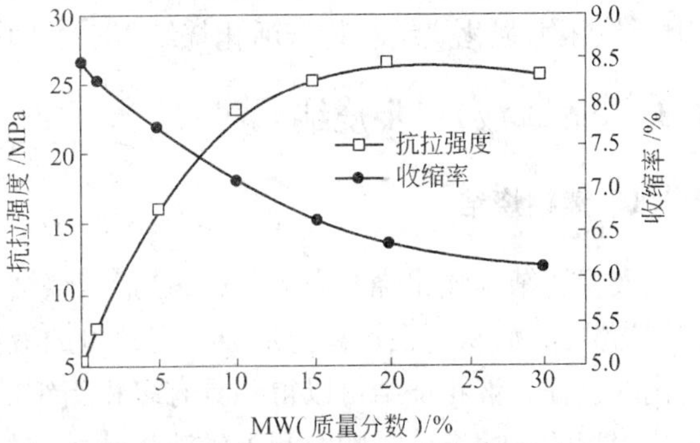

图 9－1　微晶蜡的加入量对坯体抗拉强度和收缩率的影响[225]

9.2　强化烧结

从控制 PIM 产品的变形与尺寸精度和提高性能出发，国内外对 PIM 产品的烧结进行了大量研究，发现强化烧结是最有效的方法，添加合金元素可以强化烧结[226,227]。

强化烧结，是指采用化学或物理方法，使烧结温度降低、烧结过程加快，或使烧结体的密度和其他性能得到提高的方法[37]。强化烧结从方法上可以分为两种：一种是依靠外界因素活化烧结过程，如在气氛中添加活化剂（如氢化物），改变烧结温度，施加外应力等；二是提高粉末的活性，使烧结过程活化，例如粉末或粉末压坯的表面预氧化，使粉末颗粒产生较多的晶体缺陷或不稳定结构，添加活化元素以使烧结形成少量的液相等。

强化烧结的驱动力有:(1)表面能或晶界能降低。如超细(或纳米晶)粉末,具有高的活化能,颗粒的黏结和晶粒的长大,都能促使活化能的降低,从而起到活化烧结作用,使烧结温度降低。(2)化学驱动力。添加第二相使基体材料在第二相中形成固溶体或中间相,促进扩散。扩散活化能 $Q=\beta T_m$(T_m 为第二相熔点)。第二相熔点降低,可以使扩散活化能降低。添加合金元素的强化烧结模型如图9-2所示,第二相为基体的扩散提供了短的扩散路径[5]。(3)应变能降低。采用高压成形、机械合金化等促使粉末体内产生大量的位错、空位和晶格畸变,可以使烧结温度降低。

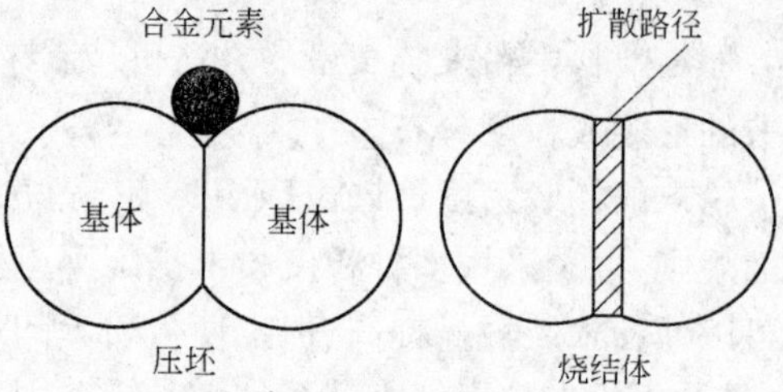

图9-2　添加合金元素强化烧结模型[5]

强化烧结的核心问题是强化原子的扩散过程。扩散过程的强化可以通过下列途径实现:

(1)提高烧结温度,进行高温烧结或反应烧结;

(2)使用高的温度梯度;

(3)添加烧结活化剂或烧结助剂;

(4)上述各种途径的综合运用;

(5)其他,诸如粉末颗粒预氧化,铁基材料两相区的循环烧结。

强化烧结包括热压、液相烧结、活化烧结、电火花烧结。强化烧结具体在粉末注射成形中的应用有:添加合金元素强化烧结(活化剂强化烧结)、固+液二步强化烧结、超固相线液相烧结、压力强化烧结和粉末活化烧结(细粉活化烧结、细晶活化烧结)等。

9.3　(固+液)二步烧结

9.3.1　液相烧结

液相烧结是强化烧结中的一种,是指当烧结过程中粉末坯体内的低熔点组元熔化或形成低熔共晶物,从而在坯体内形成一定数量的液相,液相引起物质快速迁移而使坯体快速致密化的过程。液相烧结可以得到具有多相组织的合金或复合材料,它是由烧结过程中一直保持固相的难熔组分的颗粒和提供液相的黏结相构成。

液相烧结能否顺利完成,取决于同液相性质有关的三个基本条件[37]:

(1)润湿性。润湿性由固相、液相的表面张力(比表面能)γ_s、γ_l 以及两相的界面张力(界面能)γ_{sl}所决定:

$$\gamma_s=\gamma_{sl}+\gamma_l\cos\theta \tag{9-5}$$

式中,θ 为润湿角或接触角。

完全润湿时,$\theta=0°$,$\gamma_s=\gamma_{sl}+\gamma_l$;完全不润湿时,$\theta>90°$,则 $\gamma_{sl}\geqslant\gamma_l+\gamma_s$;当 $0°<\theta<90°$ 时,表示部分润湿。液相烧结需满足的润湿条件是 $\theta<90°$;如果 $\theta>90°$,烧结开始时液相即使生成,也会很快跑出烧结体,这样烧结合金中的低熔组分将大部分损失掉,使烧结致密化过程不能进行。

(2)溶解度。固相在液相中具有一定的溶解度是液相烧结的又一条件,因为:1)固相有限溶解于液相可改善润湿性；2）固相溶于液相后，液相数量相对增多；3）固相溶于液相，可借助液相进行物质迁移；4）溶解在液相中的组分，冷却时如能及时析出，可填补固相颗粒表面的缺陷和颗粒间隙，从而增大固相颗粒分布的均匀性。但溶解度过大会使液相数量太多，也对烧结过程不利。另外，如果固相溶解对液相冷却后的性能不利，也不宜采用液相烧结。

（3）液相数量。液相烧结应以液相填满固相颗粒之间的间隙为限度。一般认为，液相量最多不超过烧结体体积的35%为宜。固相的临界体积分数为89%，形成坚固的骨架网络。液相过多时不能保证产品的形状和尺寸；过少时烧结体内将残留一部分不被液相填充的小孔，而且固相颗粒也将因为直接接触而过分烧结长大。

9.3.2　（固+液）二步烧结控制变形

液相烧结可以在短时间内使材料快速致密化，但是也容易引起烧结变形（尤其是固液两相密度相差大的合金）。在液相烧结前通过固相烧结或降低烧结温度可以控制液相生成与液相量来克服。“固相+液相”二步烧结工艺[10]即首先让产品在低于液相线温度下进行固相烧结，在坯体形成坚固的骨架后，采用液相烧结迅速将剩余孔隙填充，达到全致密。二步烧结法有助于降低直接液相烧结过程中的变形，并且能够使合金的显微组织和性能得到提高。此时，液相刚好均匀填充到固相颗粒间隙，固相在液相中的黏流运动非常困难。

二步烧结已在高密度钨合金领域得到成功应用，下面以W－Ni－Fe合金为例，介绍二步烧结的过程机理[5]。

9.3.2.1　固相骨架的形成

固相烧结可分为三个阶段：早期、中期、后期阶段。早期，随烧结温度升高，扩散进行，颗粒开始发生接触形成烧结颈并发生烧结颈的长大，随颗粒间距离的靠近，致密化发生，并伴随有颈曲面的消失。此阶段线收缩率为3%～5%。致密化驱动力使曲面处空位浓度增加，即：

$$\Delta C = \frac{\gamma C_0 \Omega}{kTr} \tag{9-6}$$

式中，γ 为表面能；C_0 为空位平衡浓度；Ω 为原子体积；r 为颈曲面半径；k 为玻耳兹曼常数；T 为绝对温度。

在早期阶段形成的大量曲面消失标志着烧结进入第二阶段。在此阶段，在晶界处形成光滑的连通圆柱形管道孔。随致密化的进行，孔隙收缩，较少部分孔隙开始封闭。封闭孔体积 F_{cp} 与密度 ρ 相关：

$$F_{cp} = \exp\left(9.242 - \frac{8.503}{\rho}\right) \tag{9-7}$$

晶界处孔的曲面是驱动力之一。此外，γ－（Ni，Fe）相固溶体的形成和化学互扩散作用，大大促进了W的自扩散和W在 γ 相中的扩散，致密化大大增加，产生了许多新的烧结黏结和颗粒接触，W晶粒压紧协调数增加，压坯强度增加。孔隙开始钉扎，标志着此阶段结束。在此阶段，线收缩在5%～92%之间，晶粒协调数增加到6。最后，随致密化进一步提高，孔隙在晶内或晶界处钉扎，形成十四面体形三维长程网络状的连通骨架，如图9－3所示，其晶粒协调数为14，达到骨架结构坚固的极限黏接条件，完全能满足液相烧结过程中阻碍钨颗粒黏性流动的条件。因此,从理论上讲,当相对密度为92%时,形成的W骨架完全能控制液相烧结中的变形。

9.3.2.2　液相生成对骨架的影响

经1400℃固相烧结后,形成W－W和W－γ固溶体固相黏结,压坯具有一定的强度,W骨架结构坚固,阻碍液相烧结中的变形。而且孔隙半径减小,毛细管力增大,有助于液相烧结时液相的均匀充填和致密化,固相骨架有助于阻碍液相烧结时的溶解析出和W颗粒聚集长大。

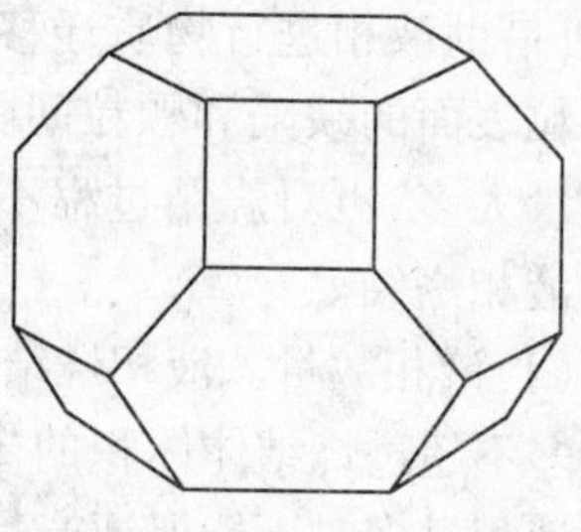

图9－3　十四面体形三维网络骨架结构

液相烧结过程中,固相骨架抵抗变形的能力取决于液相量和液相与W颗粒之间的二面角。液相生成后,当液相量很多时,由于W在γ－(Ni,Fe)相中的溶解度较大,大量的液相作为物质迁移通道促使大量W的溶解,甚至达到饱和状态,固相黏结发生溶解,W－W接触和W晶粒压紧协调数降低,产生黏性流动,重新形成黏结。因此,当液相多时,虽经固相烧结可使变形降低,但仍有一定的变形。

W晶粒协调数或骨架坚固性与二面角和烧结密度有关。W颗粒连接度为:

$$C_{ss} = \frac{\rho_s^2}{1.43 - 0.153\ln(\Phi) + \dfrac{376}{\Phi^{3/2}}} \tag{9-8}$$

W颗粒压紧协调数N_c为:

$$N_c = 1.6C_{ss}/\sin(\Phi/2) \tag{9-9}$$

式(9－8)、式(9－9)合并后,N_c变为:

$$N_c = 1.6\rho_s^2 \cdot \left\{\left[1.43 - 0.153\ln\Phi + \frac{376}{\Phi^{3/2}}\right] \cdot \sin(\Phi/2)\right\}^{-1} \tag{9-10}$$

式中,C_{ss}为W颗粒连接度;ρ_s为烧结密度;Φ为二面角;N_c为W颗粒压紧协调数。式(9－10)表明,随二面角Φ增加,烧结密度ρ_s增加,晶粒协调数增加。

当二面角较小时,液相优先渗入W－W晶界,在W－W界面上充满液相层,W颗粒连接度降低。液相层的厚度对W－W界面黏结强度和钨晶粒的黏性流动有很大影响。当液相过多,大量的W在液相中溶解时,一方面液相侵蚀界面,在W－W界面上充满了液相层,W晶粒协调数降低,骨架的坚固性削弱,W颗粒发生定向位移,运动的结果是W颗粒重新黏结。另一方面,液相通过残余管道孔向下渗透,从而发生变形且顶部呈圆拱状。

9.3.3　二步烧结工艺对PIM产品烧结变形的影响

表9－2是采用PIM制备的5种不同成分钨合金在两种不同烧结方式下的烧结变形量[228]。从表9－2可以看到,采用直接液相烧结制备的试样,变形度都比较大,并且随着黏结相成分的增多,合金的变形程度也越大。相比直接液相烧结,采用二步烧结可以使合金的变形都大大减少,但当液相较多时,通过此工艺来控制变形和尺寸精度并不十分有效。

表 9-2　采用两种烧结工艺制备的试样变形度[228]

合金成分	直接液相烧结		二步烧结	
	变形度 δ/%	单位变形度 $δ_A$/%	变形度 δ/%	单位变形度 $δ_A$/%
88W-8.4Ni-3.6Fe	46.0	2.06	13.0	0.46
90W-7Ni-3Fe	22.5	0.78	8.0	0.25
93W-4.9Ni-2.1Fe	6.3	0.20	4.3	0.13
95W-3.5Ni-1.5Fe	1.2	0.04	0.12	0.004
97W-2.1Ni-1Fe	0	0	0	0

9.4　添加合金元素强化烧结(烧结助剂强化烧结)

添加合金元素强化烧结,就是通过添加合金元素提供化学驱动力以实现协同强化烧结。对于陶瓷粉末,则需要添加烧结助剂来达到强化烧结的目的。但是,无论是添加合金元素或是烧结助剂,目的都是降低扩散活化能,加快扩散速度。但也有些活化元素并不直接参与烧结致密化,也能起到提高烧结密度的作用。例如,铜粉所含的氧化物常在烧结孔洞封闭后才被还原,故铜的相对烧结密度通常低于95%[37]。添加铝、铬、硅等活化元素于铜粉中有稳定氧原子并防止水蒸气于高温下产生,因而有提高其烧结密度的作用。例如,在铜中加入5%的铝后,其相对烧结密度可提高至99%。

9.4.1　强化准则[5]

添加第二相的强化烧结必须满足溶解度、偏析、扩散准则和性能要求。

(1)溶解度准则。基体相B在第二相A中的溶解度大,第二相A在基体相中的溶解度小,即:

$$S_B \gg S_A \tag{9-11}$$

式中,S_B 表示B在A中的溶解度;S_A 表示A在B中的溶解度。

这种溶解度上的差别有利于强化烧结,主要原因有:1)添加剂在基体相中的溶解度小会导致添加剂在粉末颗粒间界面上析出,有利于基体相颗粒的扩散;2)添加剂在基体相中的溶解度小可以减少维持强化烧结的添加剂需要量。而且,强化烧结的致密化过程是基体向添加剂扩散的过程,这种扩散有利于烧结颈的快速长大与消除孔隙。若添加剂在基体中的溶解度大,将会产生与前者相反的扩散,出现Kirkendall效应,孔隙度增大,导致烧结体膨胀。这些孔隙产生于添加剂扩散前所处的位置,对烧结体的性能不利。

(2)偏析准则。第二相A在基体材料的相界面偏析,为物质迁移提供短的扩散路径,偏析相可以以固态或液态的形式存在。A在B中的溶解度低和A的原子半径小于B的原子半径都有利于偏析。

(3)扩散准则。基体材料B在第二相A中的扩散速度 D_B 比第二相A在基体材料B中的扩散速度快,即:

$$D_B \gg D_A \tag{9-12}$$

式中，D_B 为 B 在 A 中的扩散系数；D_A 为 A 在 B 中的扩散系数。

激活能是影响扩散的首要因素，而相的熔化行为是评价激活能的主要标准。一般地，T 温度下的扩散系数 D 与相的绝对熔化温度具有如下关系：

$$D = D_0 \exp(-CT_m/T) \tag{9-13}$$

式中，C 为常数，约等于 16.8；D_0 为频率因子；T_m 为绝对熔化温度。

低的共晶点温度将有利于强化烧结的进行。合金化过程中液相线降低越快，越有利于快速扩散。同时，若形成高熔点的中间化合物，则不利于强化烧结，因为高熔点化合物的扩散系数低。因此，当体系形成中间化合物时，中间化合物应具有低的熔点或能与基体形成共晶相。

综合上面三个强化准则，针对固相活化烧结、瞬时液相烧结和稳定液相烧结，人们提出三种强化烧结的理想二元相图（如图 9-4 所示）[229]。

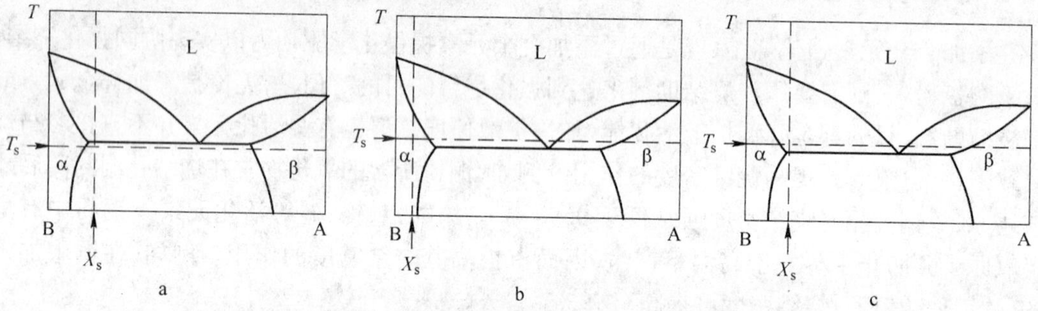

图 9-4　合金元素强化烧结的理想二元相图[229]

a—固相活化烧结；b—瞬时液相烧结；c—稳定液相烧结

A—添加剂；B—基体；T_s—烧结温度；X_s—烧结成分

9.4.2　合金元素的选择[5]

Miodownik 根据强化烧结的溶解度、偏析和扩散准则将选择适合合金元素准则用公式加以定义，即：

$$\Omega = \Delta H_1 + \Delta H_2 + \Delta H_3 \tag{9-14}$$

式中，ΔH_1、ΔH_2、ΔH_3 分别是与溶解、偏析、扩散相关的热力学数据。其中：ΔH_1 为一个组元溶解于另一个组元的溶解热，即 B 在 A 中的熔解热。$\Delta H_1 = -RTx_i^2$（x_i 为原子种类百分数；R 为气体常数；T 为温度）；ΔH_2 为第二相偏析在基体界面上所放出的能量；ΔH_3 为在第二相（添加剂 A）中形成单位空位所需的能量，与添加剂的表面能有关。

但是 ΔH_1、ΔH_2、ΔH_3 这三个热力学数据难以估计，Madan 在此基础上将这三个准则定义为：

$$\Omega = a_1 + a_2 + a_3 \tag{9-15}$$

式中，a_1、a_2、a_3 分别为与溶解、偏析和扩散有关的数据。其中：

$a_1 = 100(x_B)^2$　（x_B 为基体在添加剂相中的溶解度）；

$a_2 = 100(1-x_A)^2$　（x_A 为添加剂在基体中的溶解度）；

$a_3 = \delta + \eta$；

$\delta = 100[(T_{m,B} - T_{m,P})/T_{m,B}]$ （$T_{m,B}$为基体金属的熔点；$T_{m,P}$为添加剂的熔点）；

$\eta = 100[1 - (Q_\gamma/Q_\alpha)]$ [Q_γ、Q_α 为基体 B 在 γ 相（添加合金元素合金化的结构）和在 α 相（未加合金元素时基体的结构）中的自扩散活化能]。

9.4.3 烧结助剂强化烧结在 PIM 中的应用

陶瓷材料（如 SiC、AlN、ZrO_2 等）一般都具有耐磨、耐蚀、耐热震、高强度、高热导、高绝缘等性能，在微电子工业、石油工业、化学工业、核工业等领域具有广泛的用途。但是，陶瓷材料成形性能较差和难以烧结致密成为制约陶瓷材料发展的一个瓶颈。采用粉末注射成形和添加烧结助剂制备陶瓷产品，解决了陶瓷成形差的问题，使得材料的密度大幅度提高。因此，采用粉末注射成形和添加烧结助剂制备高性能陶瓷材料成为人们研究的一个热点。

SiC 是一种用途广泛的陶瓷材料，然而 SiC 即使在 1950℃、200MPa 的热压条件下也难以烧结致密。研究表明，在共价键高温结构陶瓷中，绝大多数要在热压烧结下才能够达到较高的密度，但当添加烧结助剂活化时，SiC 能够在不加压直接固相烧结得到比较高的密度。当然，为获得较高的过剩表面能烧结驱动力，即使有烧结助剂的活化作用，所用的粉末颗粒尺寸也要求达到亚微米级。图 9－5 为烧结助剂 B 存在时 SiC 粒度对烧结密度的影响曲线[230]。从图 9－5 可以看到，在质量分数约为 0.5% B（以 B_4C 的形式加入）和 3.0% 石墨的助剂活化下，粒度为 0.77μm 和 1.7μm 的 α－SiC 可以在 2150℃下烧结到 99% 理论密度；而粒度为 2.8μm 的 α－ SiC 烧结后还不到 90% 理论密度。

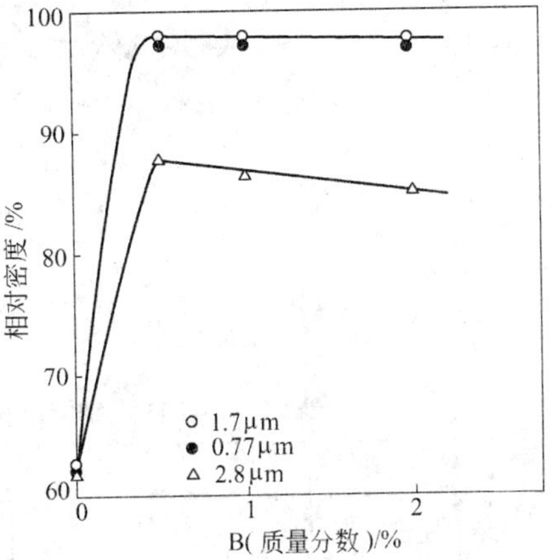

图 9－5 烧结助剂 B 存在时 SiC 粒度对烧结密度的影响曲线[230]

Al_2O_3 和 Y_2O_3 都具有高的熔点和热稳定性，但它们作为复合烧结助剂添加到 SiC 中，即使在常压烧结情况下也可以使 SiC 陶瓷具有高的密度。郑梅等[231]在研究 SiC 陶瓷的粉末注射成形时，在粒度为 0.2～0.7μm 的 SiC 粉末中添加 5.7% Y_2O_3 + 4.3% Al_2O_3（质量分数），经球磨混合、混炼、注射和脱脂后，在常压、氩气保护条件下进行高温烧结。表 9－3 是脱脂坯在不同温度烧结后的密度和相对致密度。从表 9－3 可以看到，SiC 陶瓷添加了烧结助剂后，在烧结温度为 1850℃时烧结样的致密度就达到了 95.2%，烧结温度在 1900℃时接近全致密，致密度达到 98.2%，而如果不添加烧结助剂，即使进一步提高烧结温度，并进行加压烧结，也难以达到如此高的致密度。图 9－6 是添加烧结助剂的 SiC 陶瓷烧结后的 SEM 照片。从图 9－6 可以看到，SiC 晶粒尺寸均在 2μm 以下，说明烧结助剂加快了烧结过程，但并未引起 SiC 晶粒长大。表 9－4 是不同烧结温度试样的硬度和断裂韧性检测结果。从表 9－4 可以看到，在 1900℃烧结后的 SiC 陶瓷样品其硬度和断裂韧性都达到最高，这主要是由于烧结密度得到了提高，而晶粒又没有发生长大。

表 9－3　脱脂坯在不同温度烧结后的密度和致密度[231]

烧结温度/℃	密度/g·cm^{-3}	理论密度/g·cm^{-3}	致密度/%
1700	2.24	3.30	67.9
1800	2.49	3.30	75.5
1850	3.14	3.30	95.2
1900	3.24	3.30	98.2
1950	3.15	3.30	95.5

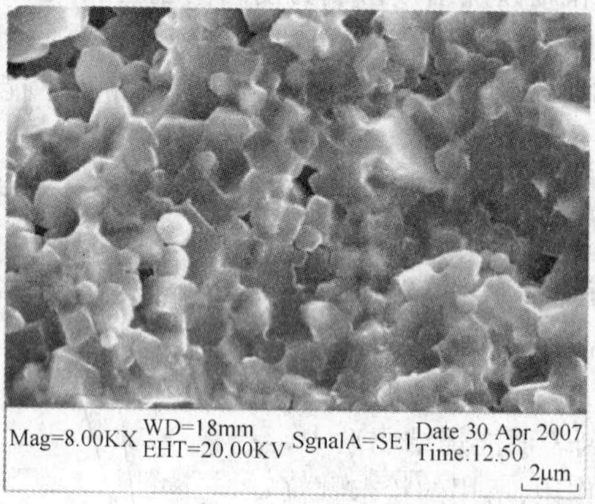

图 9－6　试样在 1900℃烧结后的 SEM 照片[231]

表 9－4　不同烧结温度试样的硬度和断裂韧性检测结果[231]

试 样 号	1	2	3	4	5
烧结温度/℃	1700	1800	1850	1900	1950
硬度 HV	185.6	354.1	2197.0	2486.3	1617.0
断裂韧性/MPa·m$^{1/2}$	0.40	0.62	5.98	6.68	5.68

AlN 陶瓷作为一种具有优良综合性能的新型陶瓷，在理论上其热导率可以达 320 W/(m·K)，是传统基片材料 Al_2O_3 的 10～15 倍，接近于 BeO 的热导率。由于 BeO 有剧毒，已经被逐渐停止使用。AlN 具有高的热导率、优良的电绝缘性能以及与 Si 接近的线[膨]胀系数，是大规模集成电路、半导体模块电路和大功率器件的理想散热材料和封装材料。AlN 存在硬度高和加工困难的问题，因而采用粉末注射成形制备 AlN 陶瓷零部件成为近些年来人们研究的热点。

通常纯 AlN 陶瓷难以烧结致密，需要在 AlN 中加入一定量的烧结助剂，这主要有 Y_2O_3、CaO、Eu_2O_3、SiO_2 等，它们直接影响到 AlN 中晶界第二相的种类、含量和分布，而且对 AlN 的热导性能有显著的影响。其中研究得最多的、效果最好的是 Y_2O_3。林健凉等研究了烧结助剂 Y_2O_3 对注射成形 AlN 陶瓷结构和性能的影响[232]。研究表明：当向 AlN 中添加 Y_2O_3 时，陶瓷的烧结致密度随着 Y_2O_3 的增加而提高，并生成了不同的第二相（如表 9－5 所示）。从表 9－5 可以看到，当烧结温度为 1850℃，Y_2O_3 添加量为 5% 时，AlN 的相对密度达到了 99.5%，这是纯 AlN 所不能达到的。从表 10－5 中还可以看到，当 Y_2O_3 添加量为 3% 时，

YAlO 相消失，出现 Y_2O_3，而采用传统方法制备 AlN 陶瓷，Y_2O_3 添加量为 12% 时，AlN 中才出现 Y_2O_3，造成这种差别的原因主要是注射成形工艺中引入了较多的残碳所致。

表 9-5 不同 Y_2O_3 添加量的 AlN 陶瓷在 1850℃烧结 2h 的相组成和烧结密度[232]

Y_2O_3 添加量/%	1	3	5	7
相组成	AlN + YAlO	$AlN + Y_2Al_4O_9 + Y_2O_3$	$AlN + YN + Y_2O_3$	$AlN + YN + Y_2O_3$
相对密度/%	87	99	99.5	99.7

难熔金属（W、Mo、Ta、Nb）的熔点都很高，一般采用固相烧结。但要达到高的烧结密度，烧结温度要达到熔点的 70% ~80%。例如，要使 W 达到高的烧结密度，烧结温度至少要达到 2400℃，这在实践中难以接受。但是，如果向难熔金属加入微量的活化元素，也能够加速固相烧结过程，促进烧结制品收缩，提高制品密度。

将少量的过渡金属加入到 W 粉中，会明显强化烧结过程。根据相图，Pd、Si、Ti、U、Ni、Fe、Co、Mn 等各元素的物理化学性质和它们对 W 的活化情况如表 9-6 所示[5]。从表 9-6 可知，Ni、Co、Fe、Pd 能够较好地满足溶解度要求和熔点要求。Ni、Co、Fe、Pd 单独作为活化剂，则 Ni、Pd 的活化效果最好。从 Ni、Co 活化效果来看，在固相烧结的早期阶段，W 在 Ni 中的扩散较快，Ni 的活化效果较好。但随温度升高，W 在 Co 中的溶解度增加，扩散加快，Co 对 W 的活化效果最好，因而其值最大。Ni-Co 同时作为添加剂，比单独加 Ni 的效果好，扩散性大大提高，起到协同活化的作用。

表 9-6 各元素的物理化学性质[5]

合金元素	Ni	Fe	Co	Mn	Pd	Ti	U	W
原子半径/nm	0.125	0.124	0.125	0.150	0.137	0.147	0.138	0.137
x_B（摩尔分数）/%	17.5	2	21.4	—	22	0.02	0	—
x_A（摩尔分数）/%	0.1	0.1	0	—	1	35	3	—
$T_{m,P}$/K	1785	1806	1746	1517	2088	1945	1408	—
$T_{m,B}$/K	—	—	—	—	—	—	—	3673
$Q\gamma$/kJ·mol^{-1}	307.5 （1000 ~1316℃）	—	238.4 （1100 ~1300℃）	—	—	—	—	Q_α =587.9kJ/mol （1000 ~1316℃）
δ/kJ·mol^{-1}	51.4	50.83	52.46	58.70	43.15	47.05	61.67	—
η/kJ·mol^{-1}	47.70	—	59.45	—	—	—	—	—
a_1	3.06	0.04	4.58	—	4.84	0.0004	0	—
a_2	99.8	99.8	100	—	98.01	42.25	94.09	—
a_3	99.1	—	111.91	—	—	—	—	—
Ω	197.3	—	235.92	—	—	—	—	—

向 Mo 中加入微量的过渡元素（如 Ni、Co），可以明显地加快 Mo 的烧结致密化，使烧结温度显著降低。但是，研究证实，Ni、Co 的加入虽然加快了致密化过程，但也使得 Mo 的力学性能下降[233]。向 Mo 中加入少量的 Ti 或 Zr，不仅可以起到活化烧结的作用，使合金密度提高，而且由于 Ti、Zr 的固溶强化效果，可以使合金的性能明显提高。图 9-7 和图 9-8 是分别加入微量 Zr 对 Mo 烧结致密度和抗拉强度的影响曲线。可以看到，当向 Mo 中添加 0.1% Zr 后，不仅使 Mo 的致密度提高，而且抗拉强度也明显提高。

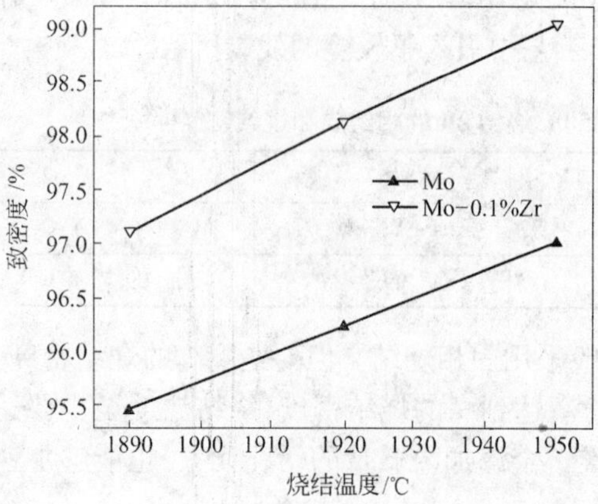

图 9-7 微量 Zr 对 Mo 烧结致密度的影响[233]

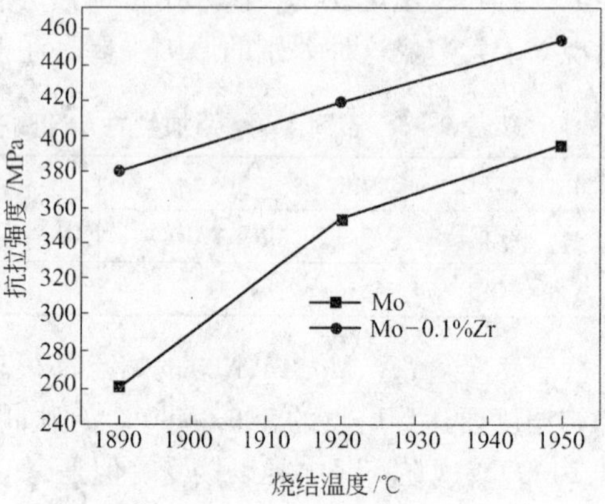

图 9-8 微量 Zr 对 Mo 抗拉强度的影响[233]

9.5 超固相线液相烧结

超固相线液相烧结(Supersolidus liquid phase sintering,简称 SLPS)[234~241],主要用于合金粉末的烧结,它是将温度加热到液相线和固相线之间,使颗粒内部形成液相(即半固态颗粒),并且这些液相能够在相互接触颗粒之间的表面进行扩散,在毛细管力的作用下半固态颗粒发生黏性流动和晶界滑移,从而使烧结体快速致密化。超固相线液相烧结在烧结过程中产生的液相主要沿着晶界和接触颗粒的接触面分布,其液相数量一般明显低于液相烧结的液相数量,因而既能保证产品具有高的致密度,又能够使产品具有最小的变形量。更重要的是,SLPS 也能够使粗大的颗粒合金粉末达到烧结全致密[240]。

SLPS 应用到 PIM 中,既可以降低 PIM 对粉末粒度控制的要求,又可以控制烧结变形和使烧结体近全致密化,因而已在低碳钢、工具钢、不锈钢、Cu-Sn 合金、镍合金等多种合金材料的 PIM 中得到广泛应用[236~238]。

9.5.1 致密化理论

SLPS 的烧结理论主要通过对致密化过程的颗粒和显微组织演变的观察发展起来。目前,比较一致的观点认为[236~239]:半固态颗粒在毛细管力作用下的黏性流动是 SLPS 的主要致密化机理。

图 9-9 是 SLPS 致密化初期阶段半固态颗粒毛细管力作用示意图[240]。从图 9-9 可以看到,液相出现在颗粒接触面、颗粒内的晶界处以及固相晶粒内部。颗粒接触面的液体使颗粒表面产生了一种流体静压力(即毛细管力),从而促使致密化快速发生。German 等人利用双球模型推导出了毛细管力的表达式:

$$\sigma_{cap} = \frac{5.2\gamma_{LV}\cos\theta}{D\left(\frac{\Delta L}{L_0}\right)} \tag{9-16}$$

式中,D 为颗粒直径;γ_{LV} 为液相-固相表面能;θ 为润湿角;$\Delta L/L_0$ 为烧结线收缩。毛细管力 σ_{cap} 的大小一般有几到几十兆帕(例如,当 $\gamma_{LV}=2J/m^2$,颗粒尺寸为 100μm,线收缩为 0.1 时,σ_{cap} 为 1MPa)。从式(9-16)可以看到,毛细管力 σ_{cap} 与颗粒直径 D 成反比,颗粒直径越

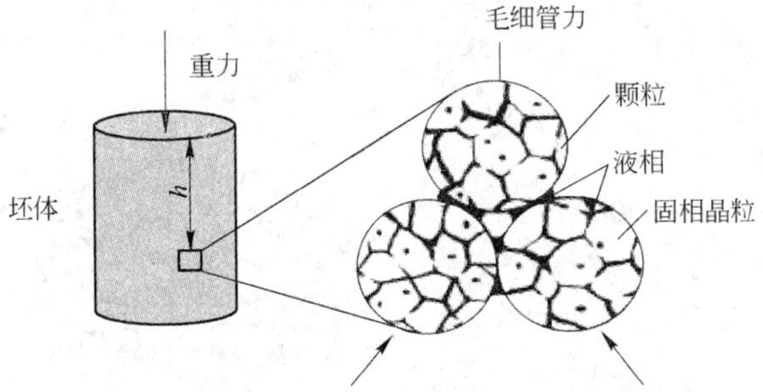

图9－9 SLPS致密化初期阶段毛细管力作用半固态颗粒示意图[240]

小，毛细管力σ_{cap}就越大。因此，粉末粒度越细，越有利于烧结致密化的快速完成。

图9－10是SLPS致密化完成阶段的组织结构示意图。从图9－10可以看到，液相主要分布在固相晶粒之间，少部分也存在于固相晶粒内部。孔隙和毛细管力在此阶段几乎可以忽略。

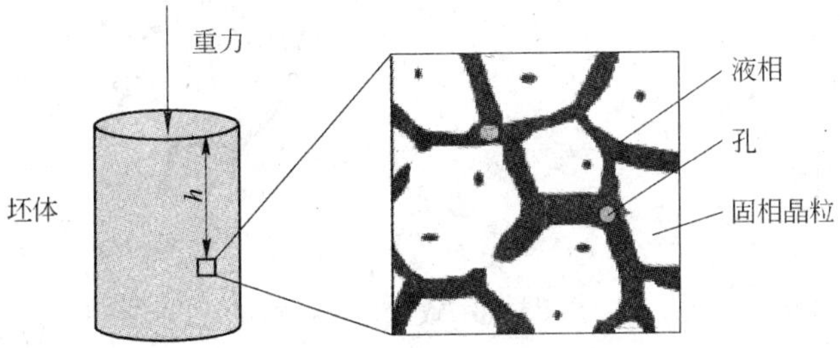

图9－10 SLPS致密化完成阶段的组织结构示意图

图9－11给出了SLPS烧结致密化全过程示意图[241]。烧结体的初始颗粒是由大量的晶粒组成（如图9－11a所示），而且这些晶粒由两种或两种以上的成分组成，此时烧结体内的孔隙最大。当烧结温度达到固相线和液相线温度之间时，低熔点元素发生熔化并在晶界之间形成液相（如图9－11b所示），此时颗粒内部的晶粒发生滑移，烧结颈开始形成。随着液相数量的增多，液相开始在颗粒之间的接触面聚集，并对颗粒产生一种毛细管作用力，促使颗粒发生黏性流动，从而使烧结体发生快速致密化（如图9－11c所示），孔隙发生球化并变小。在烧结的最后阶段，即烧结体达到近全致密时，烧结体内孔隙部分消失，残留的少量孔隙进一步缩小和形成闭孔（如图9－11d所示）。

9.5.2 温度对合金性能和变形程度的影响

SLPS的烧结温度直接决定着合金的致密度、晶粒尺寸、组织均匀程度和产品的变形程度，是SLPS烧结过程中的主要控制参数。温度决定着固/液的数量比值，温度偏低则使液相数量偏低，导致合金致密度下降。温度偏高，液相数量过多，容易造成烧结变形和晶粒长大。

SLPS存在一个临界温度，当温度超过临界温度时，烧结体开始发生快速致密化。但在

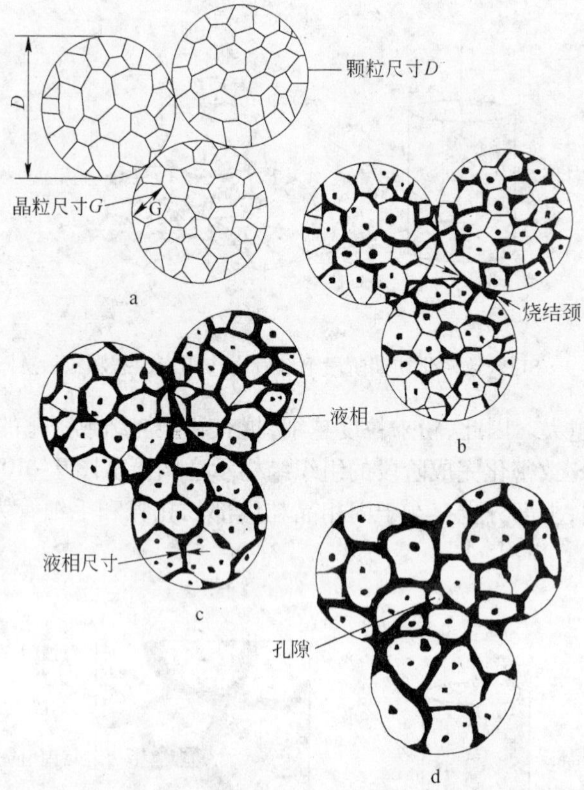

图 9－11 SLPS 烧结致密化全过程示意图[241]

致密化进行的同时,烧结体也会发生微小的变形,因而寻找一个既能满足全致密又不发生变形的狭窄烧结温度区间非常重要。

目前,合金的 SLPS 烧结温度主要是根据 DTA 曲线判断。图 9－12 是用来判断 Ni 基合金固相线和液相线的 DTA 曲线图[242]。从图 9－12 的标定可以看到,固相线温度和液相线温度主要是根据吸热峰的起始温度和结束温度来划分。

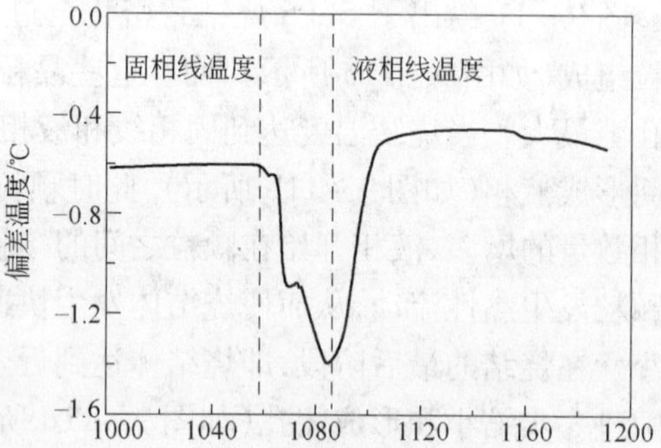

图 9－12 用来判断 Ni 合金固相线和液相线的 DTA 曲线[242]

在 9.4 节中讲到,添加合金元素可以降低烧结温度,水雾化 316L 不锈钢粉末中添加少量的 B 可以使合金粉末的烧结温度降低。同样,对于 SLPS 来说,含有少量 B 的 316L 不锈钢粉末的固相线和液相线温度同时降低。表 9－7 给出了根据 DTA 曲线得到的 316L 和 316L＋0.8％B 粉末的固相线温度和液相线温度[243]。从表 9－7 可以看到,316L 不锈钢的固相线温度和液相线温度区间非常窄,这样使得 SLPS 的温度控制难度增大。但在 316L 不锈钢添加 0.8％B 后,不仅固相线和液相线的温度降低,而且温度区间明显变大，其烧结温度区间为 1240～1390℃。表 9－8 给出了 316L＋0.8％B 在不同温度烧结 30min 后的致密度数据[243]。从表 9－8 可以看到，316L＋0.8％B 在 1260℃烧结 30min 就可以达到全致密，进一步提高烧结温度对密度的影响不大。但是，温度越高，合金内生成的液相越多，合金的黏性越低，这样就容易导致变形的发生。

表 9－7 316L 和 316L＋0.8％B 的固相线温度和液相线温度[243]

合 金	固相线温度/℃	液相线温度/℃	温度变化区间/℃
316L	1441	1459	18
316L＋0.8％B	1234	1393	169

表 9－8 316L＋0.8％B 在不同温度烧结 30min 后的致密度数据[243]

温度/℃	1150	1245	1255	1260	1265	1270	1275	1285
致密度/％	63.62	74.55	88.28	99.43	99.07	99.10	99.31	99.28

图 9－13 是烧结温度对 316L＋0.8％B 烧结体密度和体积变形程度的影响曲线[243]。从图 9－13 中可以看到，密度和体积变形基本上随着烧结温度的提高而增大，当温度在 1250～1260℃时，烧结体的密度迅速提高，而此时的烧结变形程度却基本没有增加，温度高于 1260℃时，烧结体的变形程度快速增加。说明 SLPS 在一个比较窄的温度范围内可以使烧结体的密度达到近全致密，而变形程度又最小。图 9－14 和图 9－15 分别是 316L＋0.8％B 合金在 1245℃和 1260℃烧结 30min 的显微组织照片。从图 9－14 可以看到，316L＋0.8％B 合金在 1245℃烧结 30min 后，合金体内还有较多的孔隙，但在 1260℃烧结 30min 后，合金的孔隙明显减少，基本上达到近全致密。

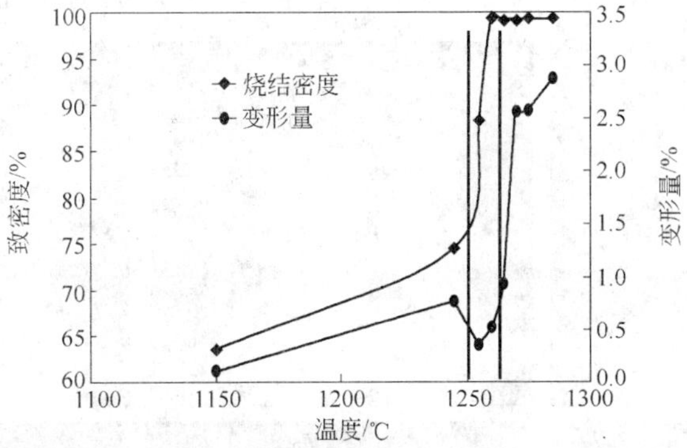

图 9－13 烧结温度对 316L＋0.8％B 烧结体密度和体积变形程度的影响曲线[243]

烧结温度不仅影响烧结体的密度和变形程度，而且也影响合金的晶粒尺寸。图 9－16 是烧结温度对 316L＋0.8％B 合金晶粒尺寸的影响曲线[243]。烧结温度从 1260℃到 1285℃只提高 25℃，但合金的晶粒长大近 40％，这显然会对合金的力学性能产生不利影响。

采用 SLPS 制备合金时，根据 DTA 曲线判断的烧结温度范围一般都相对较宽，但在实际应用中，为了控制烧结变形，烧结温度取中下限温度范围。对于 Cu－10％Sn 合金根据 DTA 曲线，其固相线和液相线温度分别为 851℃和 1015℃[240]，但烧结过程中发现，当温度达到

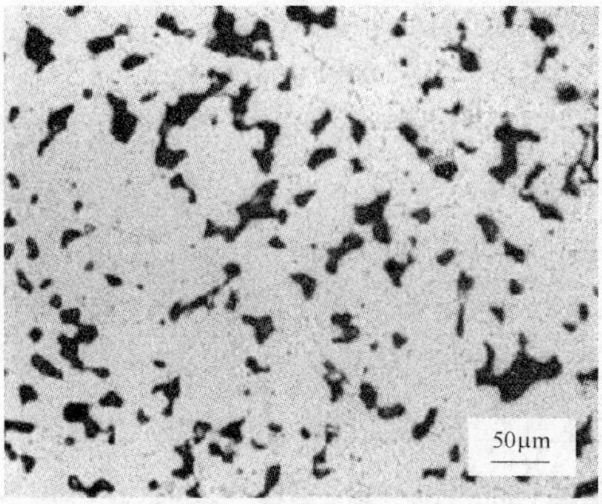

图 9－14　316L＋0.8％B 在 1245℃烧结后的显微照片[243]

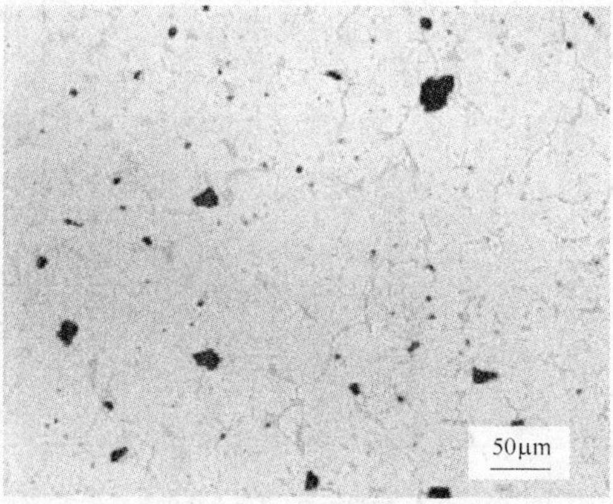

图 9－15　316L＋0.8％B 在 1260℃烧结后的显微照片[243]

933℃时，烧结体就有一定程度的变形，温度继续升高时，变形程度显著增大。图 9－17 是 Cu－10％ Sn 烧结体在不同温度下的变形情况[240]。当温度达到 948℃时，烧结体已经发生了比较严重的变形，温度达到 975℃时，烧结体几乎发生了坍塌。这是因为，烧结温度越高，合金生成液相的数量也就越多，合金的黏性降低，这样在重力作用下烧结体就容易发生变形。

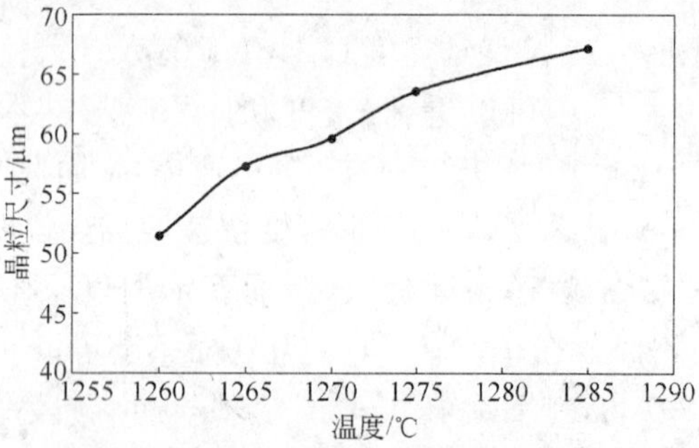

图 9－16　烧结温度对 316L＋0.8％B 合金晶粒尺寸的影响曲线[243]

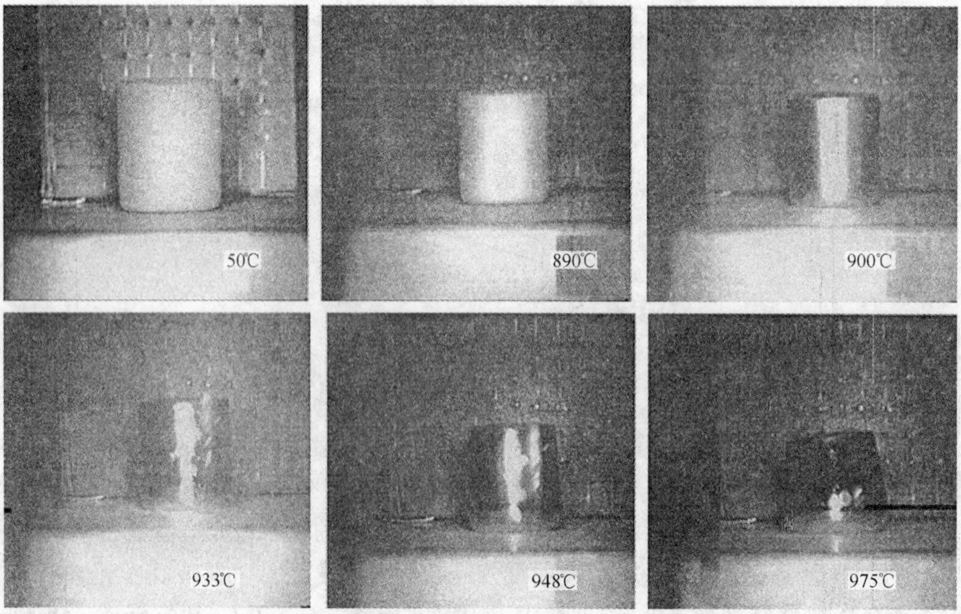

图 9－17　Cu－10％Sn 烧结体在不同温度下的变形情况[240]

9.6　压力强化烧结

压力强化烧结是应用较广的一种强化烧结方式，它是利用外界压力促使致密化进程加快，从而达到降低烧结温度的目的。压力强化烧结包括热等静压烧结和低压热等静压烧结（又称气压烧结）。压力强化烧结，除了粉末的表面能转化为烧结驱动力外，同时还有外加压力作为烧结驱动力。因此，其内在的传质机理除表面能驱动下的扩散传质外，其致密化机理还包括：高温下的塑性流动；外加压力作用下使颗粒重排，颗粒破碎及晶界滑移；空位的加速扩散。

压力强化烧结是采用气体介质传输压力，产品所受压力各向均匀，因而在控制变形和提高产品密度上效果非常明显。德国的 B. Zeep 在采用粉末注射成形制备形状复杂的 W 偏滤器时（图 9－18 为偏滤器构件组成），研究了热等静压对 W 产品烧结密度和性能的影响[11]。他将 W 热脱脂坯在 1500℃、280MPa 压力下进行等静压烧结 3h，制备出相对密度为 98% 的高性能钨产品。图 9－19 为采用热等静压烧结制备的 W 样品显微照片。W 晶粒分布均匀，大小约为 5μm。晶粒越小和孔隙度越低，W 的性能越好。如果采用常压气氛烧结或真空烧结，烧结温度必须要超过 2200℃，才有可能达到如此高的致密度。但如果要保证致密度，在如此高的温度下难以使 W 的晶粒控制在 5μm 以内。因此，采用 HIP 制备 PIM 难熔金属零部件，既可以降低烧结温度，又可以使合金具有优良的性能。

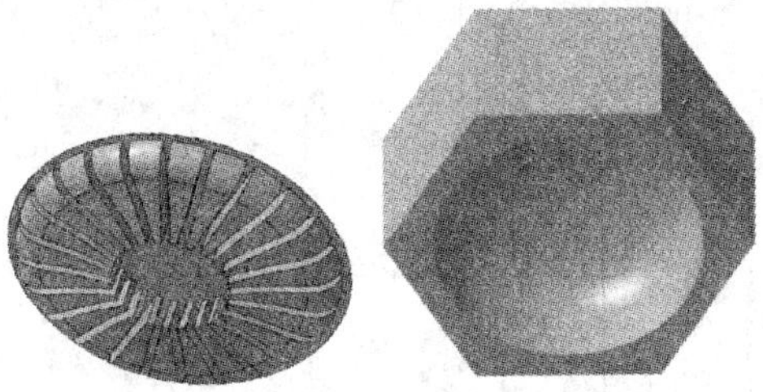

图 9－18　偏滤器的结构图[11]

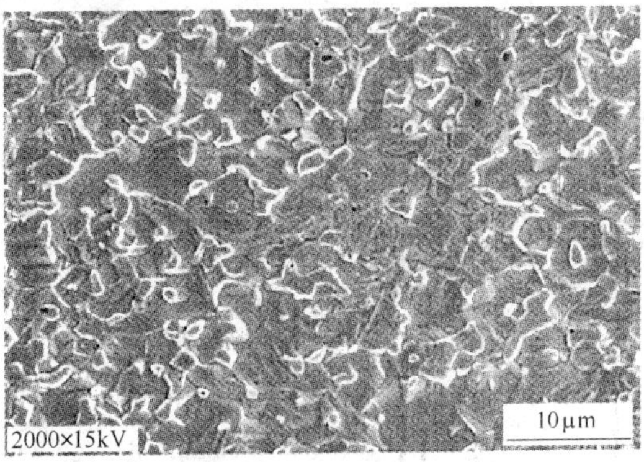

图 9－19　采用 HIP 制备的 W 样品显微结构照片[11]

Si_3N_4、SiC、立方 BN 和 AlN 陶瓷在接近熔点的高温下仍然显示出高的强度。在现代工程材料中，已被作为在高温（1000℃）下工作的轴承、密封材料、泵元件、发动机结构件的重要候选材料，所以它们又被称为高温结构陶瓷。这些陶瓷之所以显示出如此独特的优越性能，在于它们的键合性质是共价键。如 Si_3N_4、SiC、立方 BN 和 AlN 的共价键份额分别约为 70%、88%、81%、74%。所以，又把它们简称为共价键陶瓷。这些共价键陶瓷非常难烧结，在不加压固相烧结过程中，即使在足够高的温度下，粉末（3～5μm）之间也仅有微量的颈部长大，而不发生体积收缩致密化。这主要是由于这些共价键陶瓷的自扩散系数也比氧化物陶瓷低。N_2 在 $\alpha-Si_3N_4$ 和 $\beta-Si_3N_4$ 中的自扩散系数大致为 $5\times10^{-19}cm^2/s$（1200～1400℃），$3\times10^{-18}cm^2/s$（1300～1400℃）。Si 在 Si_3N_4 中的自扩散系数大约为 $1.5\times10^{-13}cm^2/s$（1400℃）。Si 在 SiC 中的自扩散性与 Si 在 Si_3N_4 中的自扩散性没有大的不同，而 C 在 SiC 中的扩散性比 N_2 在 Si_3N_4 中的自扩散性要高。

通常，共价键陶瓷都是采用热压烧结，但在采用 PIM 制备共价键陶瓷零部件时，由于要保证产品形状，可通过采用热等静压强化烧结来提高密度和性能。表 9－9 是 SiC 基复相陶瓷经 HIP 烧结（1850℃、200MPa）后的性能数据[244]。从表 9－9 可以看到，采用 HIP 制备的 SiC 基复相陶瓷均达到了较高的密度，可见 HIP 烧结能有效地促进 SiC 基复相陶瓷的致密化过程。

表 9－9　SiC 基复相陶瓷经 HIP 烧结后的性能数据[244]

材　料	相对密度/%	强度/MPa	断裂韧性/$MPa \cdot m^{1/2}$
SiC/Si_3N_4	99.8	810	4.60
SiC/TiC	99.8	674	5.13
SiC/SiC_w	98.2	791	5.66

铌是密度最小的一种难熔金属（$\rho = 8.57g/cm^3$），在合金钢和镍合金中都有广泛的应用。铌或铌合金一般采用固相烧结，但铌的高活性使得制备全致密的铌或铌合金非常困难。Gaurav Aggarwal 等人在采用粉末注射成形制备纯铌时，研究了烧结方法对合金致密度的影响，采用压力烧结可以明显提高铌的密度[198]。图 9－20 给出了三种不同烧结方式对铌的相对密度的影响。从图中可以看到，在相同的烧结温度下，Ar 气压力烧结和低压真空烧结的密度明显高于高真空度烧结。在 1600℃低压真空烧结 1h 的致密度超过了高真空度烧结 2h 的致密度，说明低压真空烧结使得发生致密化的起始温度降低，加快了致密化进程。

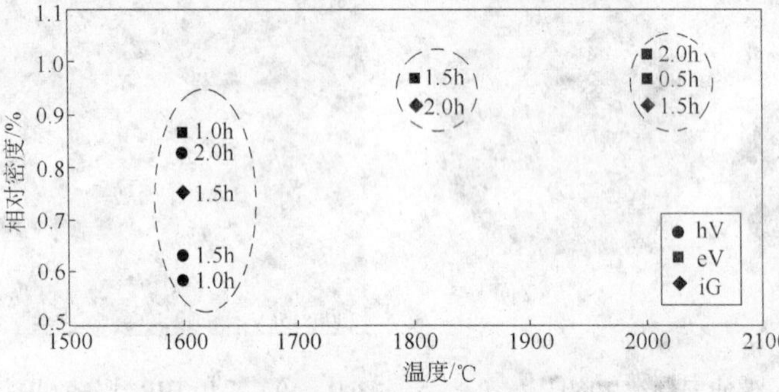

图 9－20　烧结方式对铌相对密度的影响[198]

hV—高真空度烧结；eV—低压真空烧结；iG—低压等静压烧结（低氧分压）

液相烧结可以在较短时间内使材料具有较高的烧结密度。但对于一些材料，仅采用液相烧结还难以使材料具有高的力学性能。为此，人们在液相烧结的过程中加入一定的气体压力（0.5～20MPa），来促使致密化过程进一步加快，从而达到降低烧结温度和提高性能的目的。硬质合金是典型的液相烧结合金。采用粉末注射成形制备硬质合金异型结构件，解决了模压法难以生产结构复杂零部件的难题以及合金难以加工的问题。但如果采用真空液相烧结，不但烧结温度高，容易导致晶粒发生长大，而且高的温度使得液相的黏度降低，颗粒在重排时由于重力作用就容易发生变形。因此，硬质合金在烧结时会充入一定压力的气体进行低压热等静压强化烧结（加压介质一般为 Ar 气），有利于合金性能的进一步提高。

表 9－10 是我们研究的烧结方式对采用 PIM 制备的 WC－10Co－1TaC 合金性能的影

响数据[27,197]。从表9－10中可以看到，采用真空烧结制备的合金其孔隙度为A02B02C00（如图9－21所示，含有少量较大孔隙），而且合金的密度和强度也相对较低，而采用低压热等静压制备的合金，不仅大孔隙消除（如图9－22所示）、合金密度提高，而且合金的抗弯强度明显提高。图9－23和图9－24分别为采用真空烧结和低压热等静压烧结制备的WC－10Co－1TaC合金的显微组织照片，可以看到采用低压热等静压烧结制备的合金，组织分布相对更加均匀。

表9－10　烧结方式对WC－10Co－1TaC合金性能的影响[27,197]

烧结方式	ρ/g·cm^{-3}	σ_{b0}/MPa	HV/MPa	孔隙度
真空烧结	14.48	1780	1310	A02B02C00
低压热等静压烧结	14.54	2690	1320	A02B00C00

注：A，B，C分别代表小孔隙，大孔隙和石墨相，其后的数字代表数量。

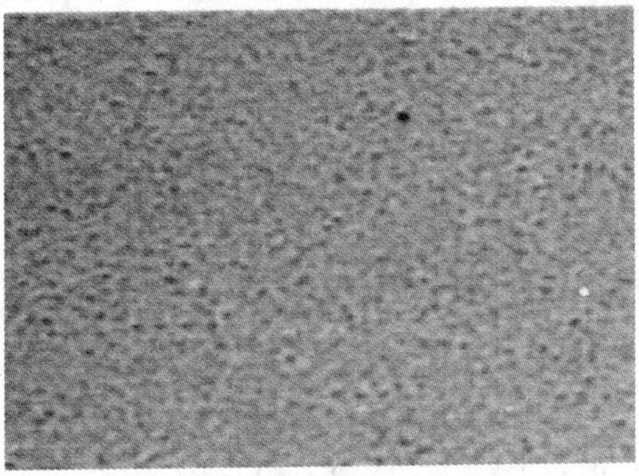

图9－21　真空烧结制备的合金孔隙度照片[27]

图9－22　真空烧结制备的合金孔隙度照片[27]

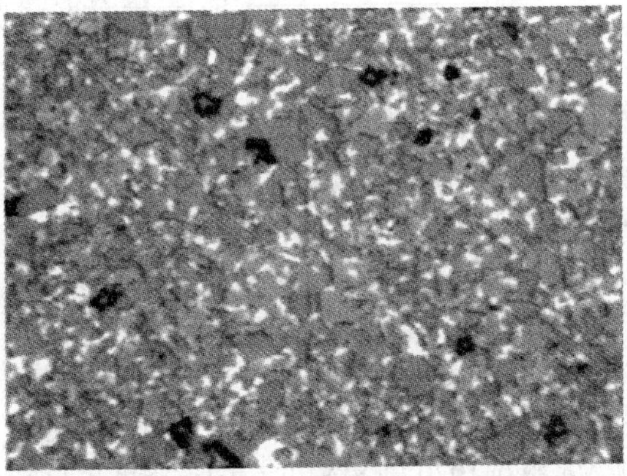

图9－23　真空烧结制备的合金金相照片[27]

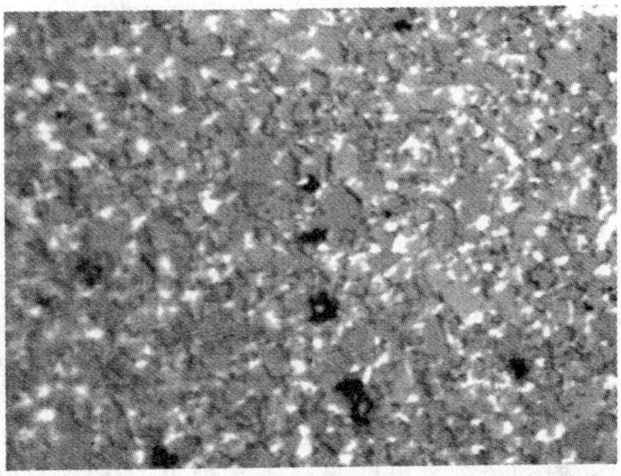

图9－24　低压热等静压制备的合金金相照片[27]

低压热等静压烧结不仅可以降低硬质合金的烧结温度和提高合金的性能，而且使合金在出现液相前已经发生较大程度的收缩，这样就减少了液相时的尺寸收缩，从而降低了烧结变形程度。通过对烧结气氛、烧结温度和烧结时间的精心控制，可以得到高性能、全致密的无变形烧结件。

9.7 粉末活化烧结

粉末活化烧结是通过采用物理、化学的方法细化粉末粒度或晶粒度提高粉末活性来达到降低烧结温度的目的，粉末活化烧结包括细粉活化烧结，细晶活化烧结。粉末活性包括颗粒的表面活性和晶格活性两方面，前者取决于粉末的粒度和粉末的比表面积，后者由晶粒大小、晶格缺陷、内应力等决定。在其他条件相同时，粉末愈细，两种活性同时增高。因此，粉末活化烧结一般是采用细化粉末粒度来提高粉末表面能，或使粉末产生缺陷而使晶体能量提高，从而达到降低烧结温度的目的。实现细粉活化烧结、细晶活化烧结的途径就是采用纳米技术制备纳米粉体。

图9－25为不同粒度Fe粉对烧结收缩率的影响[37]。从图9－25可以看到，粉末粒度为1μm的Fe粉在600℃时就开始发生体积收缩，而粒度为50μm的Fe粉要达到相同的体积收缩温度要到1200℃。图9－26为W粉粒度对样品长度收缩率的影响[9]。在相同的烧结温度下，细W粉坯体的长度收缩率明显大于粗W粉的长度收缩率。

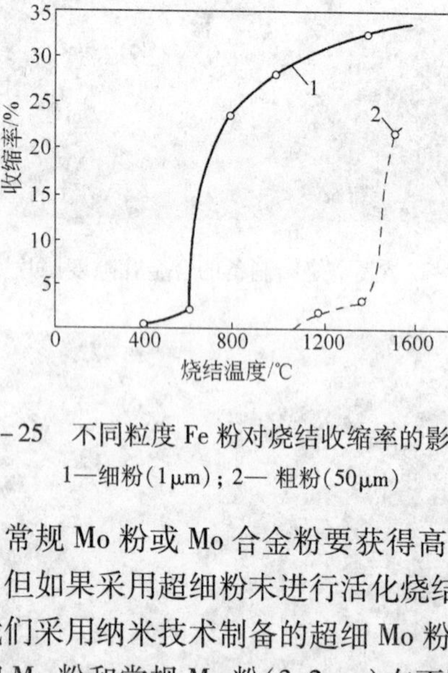

图9－25 不同粒度Fe粉对烧结收缩率的影响[37]
1—细粉（1μm）；2—粗粉（50μm）

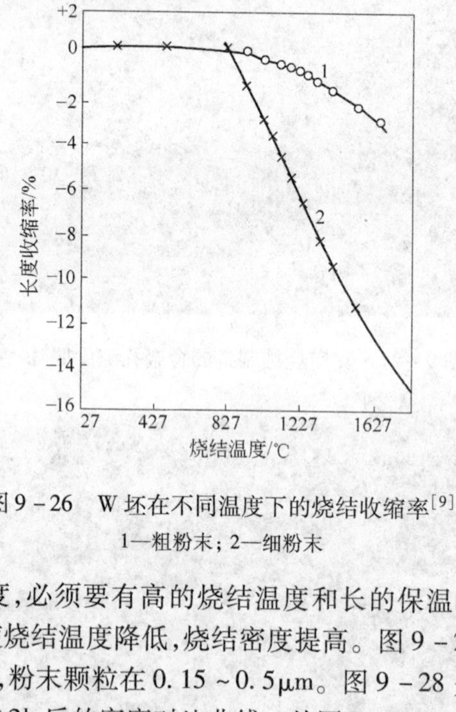

图9－26 W坯在不同温度下的烧结收缩率[9]
1—粗粉末；2—细粉末

常规Mo粉或Mo合金粉要获得高的烧结密度，必须要有高的烧结温度和长的保温时间。但如果采用超细粉末进行活化烧结，则可以使烧结温度降低，烧结密度提高。图9－27是我们采用纳米技术制备的超细Mo粉SEM照片，粉末颗粒在0.15～0.5μm。图9－28是超细Mo粉和常规Mo粉（3.2μm）在不同温度烧结2h后的密度对比曲线。从图9－28可以看到，超细粉末在1860℃烧结2h后的致密度达到96.6%，而常规Mo粉只有93.9%，超细Mo粉的烧结密度明显高于常规Mo粉，并且常规Mo粉在1920℃烧结2h后的致密度也只有96.2%，如果要提高致密度，则需要进一步提高烧结温度。

K. K. Chang在研究Fe基粉末的注射成形时，详细对比了常规316L不锈钢粉末（成分为：Fe－17.60Cr－11.29Ni－1.58Mn－0.60Si－2.03Mo－0.03C－0.029P－0.015S）和Fe基晶格畸变合金粉末的烧结性能[245]。图9－29是Fe基晶格畸变合金粉末在1200℃烧结30min后的金相照片。图9－30是常规316L不锈钢粉末在1350℃烧结2h后的金相照片。对比图9－29和图9－30，从图9－29中几乎找不到任何孔隙，而图9－30中的晶粒和晶界

图 9－27　超细 Mo 粉 SEM 照片

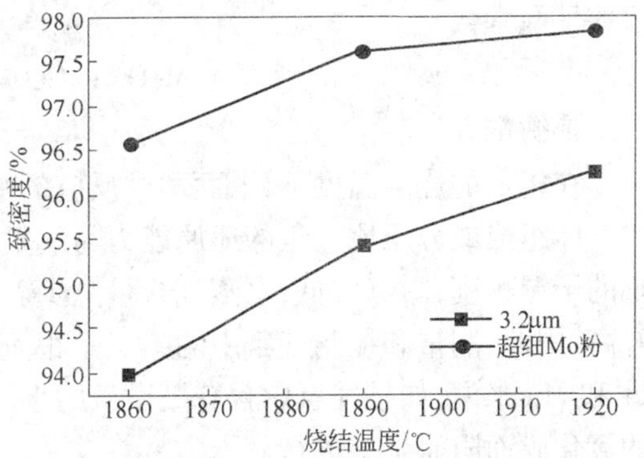

图 9－28　超细 Mo 粉与常规 Mo 粉烧结性能对比

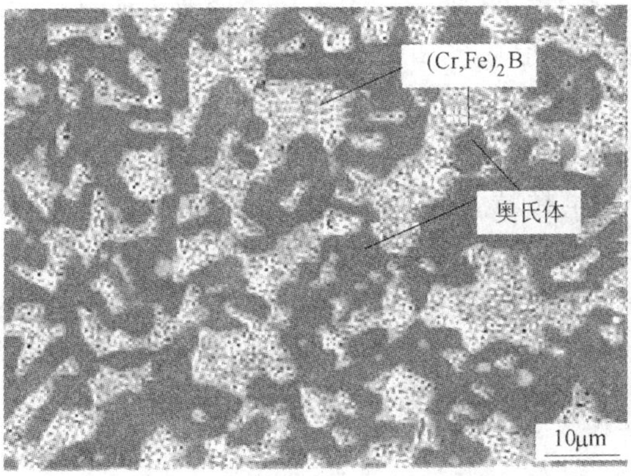

图 9－29　Fe 基变形粉末在 1200℃烧结 30min 后的金相照片[245]

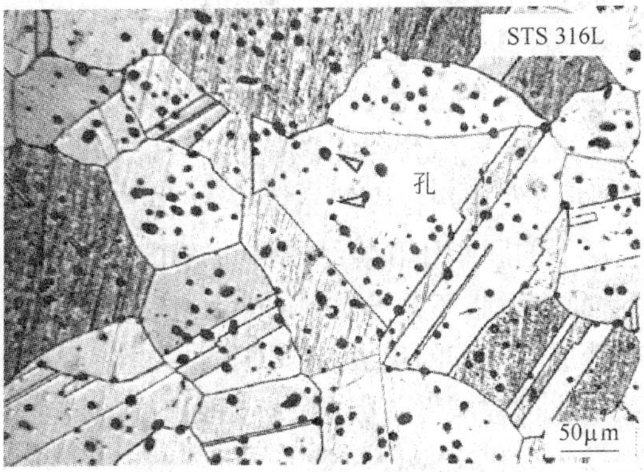

图 9－30　常规 316L 粉末在 1350℃烧结 2h 后的金相照片[245]

上存在较多孔隙，说明 Fe 基晶格畸变合金粉末的致密度高于 316L 不锈钢的密度。Fe 基晶格畸变合金粉末在 1200℃烧结 30min 就几乎达到全致密，而 316L 不锈钢粉末在 1350℃烧结 2h 仍有较多的孔隙存在，说明 Fe 基晶格畸变合金粉末具有高的晶体缺陷，使得粉末的烧结活性大大增强，因而在低的烧结温度下能够使烧结体达到高的致密度。

9.8　烧结气氛

烧结气氛是影响合金致密化和烧结性能的一个重要因素。烧结气氛按其特性主要分为还原性气氛、氧化气氛、氮化气氛、惰性气氛和渗碳气氛。对于大多数金属和合金来说，为了防止在烧结过程的氧化，一般在还原性气氛下进行（例如氢气、分解氨等）。活性金属或合金一般在惰性气氛或真空条件下烧结较好。氧化物陶瓷和氮化物陶瓷则分别在氧化气氛和氮气气氛下烧结。有时，为了得到好的烧结性能，往往将多种气氛混合起来进行烧结。

烧结气氛对烧结体性能的影响，主要是指烧结气氛与烧结体在高温条件下发生反应或固溶，或阻止烧结体与环境的反应。例如 H_2 或 CO 作为大多数金属或合金在高温下的保护气体最常见。H_2 和 CO 在高温下能够与氧化物发生反应：

$$MeO + H_2 \longrightarrow Me + H_2O$$

平衡常数

$$K_p = p_{H_2O}/p_{H_2} \tag{9-17}$$

$$MeO + CO \longrightarrow Me + CO_2$$

平衡常数

$$K_p = p_{CO_2}/p_{CO} \tag{9-18}$$

在指定的烧结温度下，上面两个反应的平衡常数都是定值，也就是在反应系统内有固定的气体组成或分压比。氢的还原能力与气氛中的水蒸气含量直接相关。通常用露点描述气氛的干湿程度：露点愈低，水蒸气含量愈少。由于还原反应不断生成水蒸气，使气氛的露点升高，因此，测量和控制气氛中的露点是很重要的，尤其对于活性高的金属 Al、Si、Ti、Zr、V、Cr 和 Mn 来说，如果气氛中含有极微量的水气都是不允许的，因为这些金属极易生成难还原的氧化膜而阻碍烧结进行。

Hezhou Ye 等人[246]在采用粉末注射成形制备 17－4PH 不锈钢时，研究了烧结气氛对合金组织结构的影响。图 9－31 是 17－4PH 不锈钢烧结体分别在真空、Ar 和 N_2/H_2 混合气氛下 1050℃烧结后的 SEM 照片。采用 N_2/H_2 混合气氛烧结（如图 9－31c 所示）的合金晶界轮廓非常清楚，晶界形状保持了最初的球形颗粒形貌（如图 9－32 所示），并且在晶界处存在一些浅灰色物质，而在真空或 Ar 气氛下烧结的合金晶粒形貌变得不规则，这说明在真空或 Ar 气氛烧结下，相互接触的颗粒之间发生了晶粒长大，而在 N_2/H_2 混合气氛下烧结，主要发生颗粒内的晶粒长大，并没有或很少发生颗粒之间的晶粒长大。对 N_2/H_2 混合气氛下的脱脂坯和烧结样进行 XRD 分析（如图 9－33 所示），发现烧结后合金中出现 Cr_2O_3 相，而热脱脂坯并没发现 Cr_2O_3 相，说明在 N_2/H_2 混合气氛下，高的温度和气氛中的水分等会造成 Cr_2O_3 的生成。Cr_2O_3 主要是在晶界处聚集，从而阻碍了颗粒间的原子扩散，并使得致密化过程减慢。因此，为了取得高的烧结密度，必须要选择和控制烧结气氛，避免烧结过程发生氧化反应。

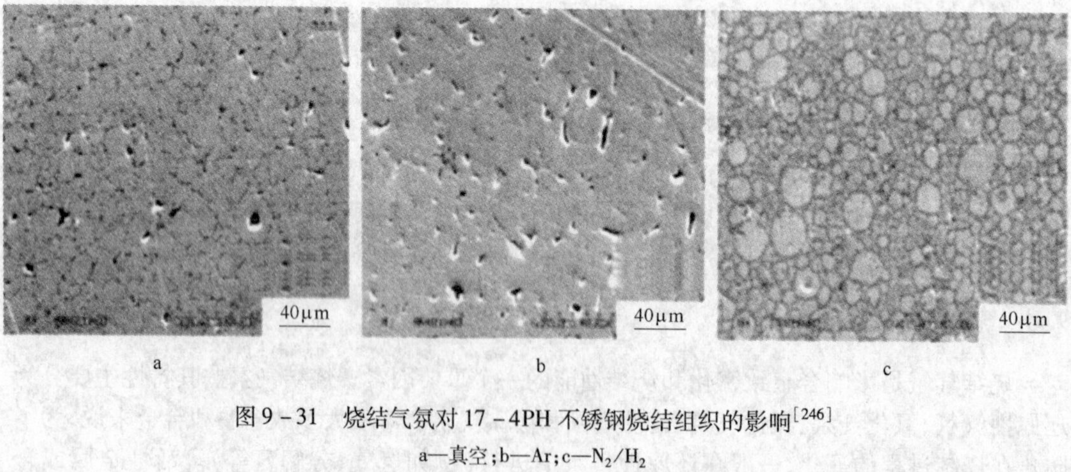

图 9－31　烧结气氛对 17－4PH 不锈钢烧结组织的影响[246]

a—真空；b—Ar；c—N_2/H_2

表 9－11 是烧结气氛对 PIM 制备的 316L 不锈钢密度和力学性能的影响[247]。从表 9－11可以看到，采用 Ar 气氛烧结虽然合金具有最好的烧结密度，但力学性能还是最低，而采用 N_2+H_2 烧结虽然密度较低，但仍可以得到最高的力学性能，这主要是由于氮在烧结过程中发生了固溶，产生固溶强化效果，从而使烧结体的力学性能达到最高。

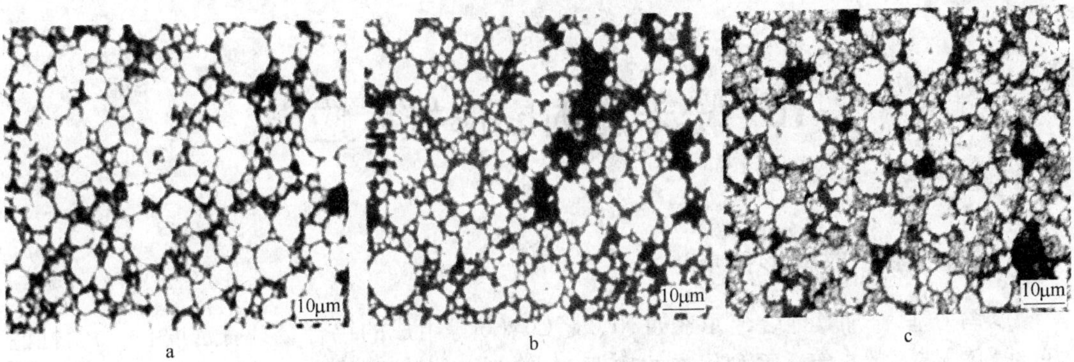

图 9－32　17－4PH 不锈钢在 N_2/H_2 混合气氛下的金相照片[246]

a—850℃；b—950℃；c—1050℃

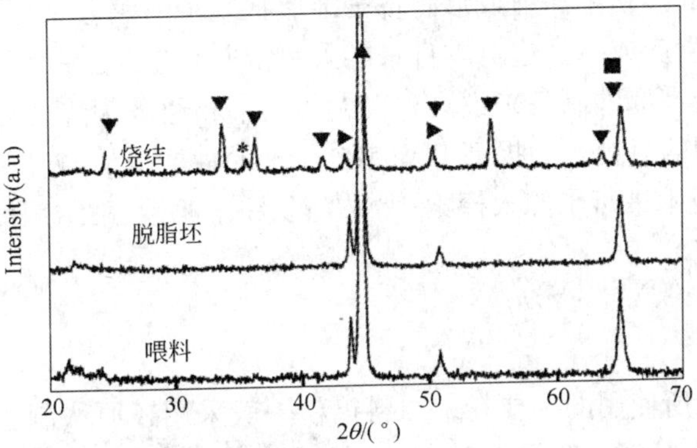

图 9－33　不同阶段的 XRD 图[246]

▼—Cr_2O_3；▲—Fe,Cr,Ni；▶—Cu；■—Fe,Cr；＊—Cr－O

表 9－11　烧结气氛对烧结样品性能的影响[247]

气　氛	密度/$g\cdot cm^{-3}$	孔隙度/%	$\sigma_{0.2}$/MPa	σ_b/MPa	δ/%	HRB
N_2	7.3	8.75	451	688	25	82
N_2+H_2	7.5	6.25	451	765	32	76
$Ar+H_2$	7.8	2.5	280	630	52	69.5
Ar	7.84	2	220	603	42	70.5

10 粉末注射成形技术应用

10.1 钨合金注射成形技术

以钨为基，添加其他合金元素如 Ni、Fe、Cu、Co 等组成的钨合金具有密度高、力学性能好、线[膨]胀系数小等一系列优异的物理、力学性能，在民用、军事、航空航天、核工业等领域获得日益广泛的应用，而且钨合金零部件的形状越来越复杂，如手机振子、高尔夫球杆头、钨环散弹等。采用传统模压－液相烧结法制备的钨合金零部件需要经过一系列的后续加工，因此材料利用率低。粉末注射成形制备三维形状复杂的钨合金可以极大限度地充分利用原材料，从而降低生产成本。这对本身只能采用粉末冶金方法制备而且原材料较贵、资源越来越紧缺的钨合金零部件制备来说具有很大的技术和经济优势，因此钨合金的 PIM 技术越来越受到世界各国的重视。为提高 PIM 钨合金产品性能、尺寸精度和经济性，目前，国内外对钨合金的 PIM 技术进行了深入探索[248,249]，从粉末改性、黏结剂设计、脱脂和烧结等方面进行了大量的研究。

10.1.1 粉末改性

钨合金注射成形所使用的主要粉末原料钨粉一般采用还原法制备，粉末形貌呈多晶团聚形（图 10－1），粉末粒度一般采用 2～3μm，也有人用 4～6μm 或更粗一些，粉末粒度粗会使全致密化困难，致密化温度提高，采用不同粒度钨粉混合搭配在注射成形制备钨合金中使用较少，其原因在于它会导致合金组织不均匀和烧结变形。钨粉末的松装密度和摇实密度低，与黏结剂混合时粉末装载量很低，且喂料中粉末与黏结剂分布不均匀，不利于注射成形。采用研磨或球磨等预处理手段能改变粉末形貌、粒度和性质，减小或消除粉末团聚，从而有利于粉末注射成形。Meendenting 等人[250]采用喷气研磨的方法对 W、Mo 等粉末进行预处理，粉末经 2h 处理后粒度由最初的 9.5μm 减小到 7.6μm，摇实密度由 1.66g/cm^3 增大到 2.15g/cm^3，研磨 4h 后粉末粒度降至 4.8μm，摇实密度提高到 2.66g/cm^3，摇实密度的提高有利于提高粉末装载量和改善喂料的流变性；Pavan Suri 等人[68]对钨合金注射成形用的 W 粉进行球磨预处理，球磨工艺为转速 300r/min，球磨时间为 1h，球磨后 W 粉粒度 D_{50} 由原来的 16.5μm 变成了 8.9μm，粉末粒度得到明显细化。图 10－2 是预处理前后粉末装载量和喂料流变性的比较，球磨后粉末的装载量提高，喂料黏度降低。在钨合金注射成形中，不仅钨粉性质对注射成形过程有较大影响，其他添加元素粉末的性质对注射成形同样也存在影响，I. H. Moon[251]等人对比研究了不同粒度铜粉对 W－Cu 注射成形零部件性能的影响，铜粉粒度越细，烧结后合金性能越好，粒度为 3μm 的电解铜粉所制备的 W－Cu 合金相对密度可达 98% 以上，且组织分布均匀。

对钨粉的改性，不仅仅局限于球磨改变粒度、松装密度特性，还有采用机械、化学等方法制备的多组元钨基复合粉末。日本 Yoon Eui－Sikyu，kim BK[252,253]等人，采用机械化学法制取钨铜复合粉末，还原后的粉末与黏结剂混合后进行注射成形，该粉末在烧结过程中表现

图 10－1　还原钨粉显微形貌

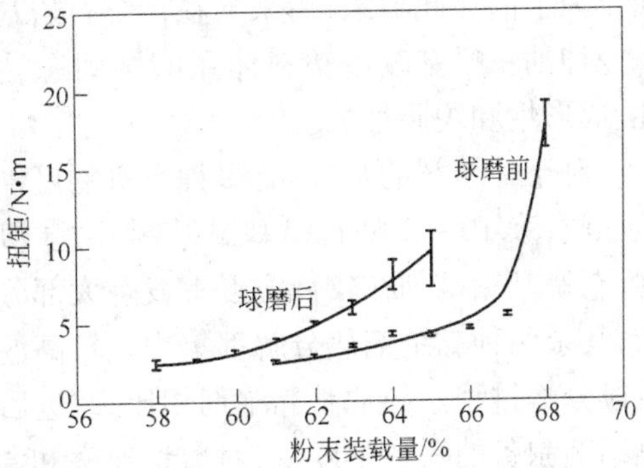

图 10－2　粉末装载量与扭矩的关系

出良好的烧结性能，通过固相烧结能使该材料的致密度达到 98% 以上。

10.1.2　黏结剂设计

与早期其他粉末注射成形一样，钨合金的注射成形中最早采用单一组元作为黏结剂，1988 年 T. S. Wei、R. M. German 等人[254]在 93W－4.9Ni－2.1Fe 合金注射成形时使用聚乙烯蜡（PE Wax）单一组元作为黏结剂，该黏结剂具有相对分子质量低，熔点低，流变性好，与粉末润湿性好的特点，采用该黏结剂粉末装载量可达 49%，但由于单一组元黏结剂在某一狭窄温度迅速发生软化、熔融，在很小的温度区间迅速裂解，脱脂坯鼓泡、开裂、变形问题非常严重，而且热脱脂时间非常长。因此，黏结剂的研究成为限制钨合金注射成形技术产业化最核心的问题，黏结剂组元和成分的设计在钨合金注射成形技术研究中占有很重要的地位。在上述 T. S. Wei、R. M. German 等人研究基础上，A. Bose[255]、Amano Yoshinari[256]等人对钨合金注射成形用黏结剂进行了改进，将黏结剂体系由单一组元发展为两组元，其黏结剂组成分别为聚乙烯蜡＋硬脂酸和聚乙烯＋石蜡。并由此发展了三组元、四组元甚至更多组元体系。国内我们于 1996 年开始对钨合金的注射成形技术进行研究[220,257]，早期采用的黏结剂主要是油基塑料黏结剂和石蜡基多组元黏结剂，以 97W－2Ni－Fe 合金注射成形为例，采用的黏结剂成分为 33PS－33PP－33Oil－1SA 油基塑料黏结剂，研究了钨合金注射成形[220]。这种黏结剂的强度、黏度很高，粉末装载量较低，一般为 47%，由于喂料的黏度高相应地使注射温度大大提高，其注射温度达到 200℃左右，而且对模具和注射机设备损耗太大，通过增加 SA 的含量可以使装载量提高但同时会使脱脂开裂、鼓泡的可能性大大增加。在采用石蜡基多组元黏结剂方面早期在石蜡基三组元黏结剂 PW－HDPE－SA 基础上研究开发了石蜡（PW）－高密度聚乙烯（HDPE）－（乙烯－乙烯酸酯共聚物）（EVA）－硬脂酸（SA）四组元石蜡基黏结剂体系[258]。与三组元石蜡基黏结剂相比，该黏结剂通过添加低熔点聚合物 EVA，使得低分子组元 PW 的熔点提高，高分子组元的熔点降低，从而较好地改变了黏结剂中 PW 与 HDPE 的相容性以及黏结剂与粉末的相容性，该黏结剂的成分为：74PW－5HDPE－20EVA－1SA。采用该黏结剂对 95W－3.5Ni－1.5Fe 合金粉末进行注射成形，粉末装载量可达到 54%，而且注射温度大大降低，在 110～125℃注射均能较好地控制注射毛坯的质量，其脱脂时间与二组元、三组元石蜡基黏结剂相比大大降低，但脱脂工艺不稳定，而且产品的厚度、直径受到限制，当制备大直径或厚度较大的钨合金时，其脱脂时间大大增加。为了消除此缺陷，后来又在传统石蜡基黏结剂和传统油基塑料体系黏结剂基础上开发了一种油+蜡基改进塑料体系的半固态黏结剂[24,259]，该黏结剂具有良好的热性能、流变性、成形性和脱脂性能。

对于黏结剂的组成，有多种有机物可供选择。表10-1是供选黏结剂组元的物理和化学性质，表10-2是石蜡基黏结剂、油基塑料黏结剂和改进后黏结剂三种喂料的热分解数据，石蜡基黏结剂在较低温度下发生大部分热分解，而且热分解分多阶段进行，分解过程复杂，其余两种黏结剂热分解都集中在较高温度下发生，热分解过程相对简单，只有明显的两阶段分解过程。与油基黏结剂相比，改进后的黏结剂热分解较快且完全，而且采用改进后的黏结剂制备的喂料黏度低，对剪切速率和温度的敏感性小，流变性稳定（如图10-3所示），注射坯强度高，易于成形和脱模，溶剂脱脂量大、脱脂速率快。随着超细/纳米钨粉的出现，黏结剂组成将发生很大变化，目前使用的黏结剂可能都不能较好的解决问题，因此黏结剂的研究仍在不断的改进。

表10-1　黏结剂组元的物理和化学性质[5,260]

组元	化学结构	熔点 T_m/℃	密度 ρ/g·cm^{-3}	热解温度范围/℃
PW	$C_nH_{2n+2}(n>18)$	58	0.91	164.3~327.5
EVA	$\{[CH—CH_2]_x—[CH_2-CH_2]\}_y$（CH 上接 $COCH_3$）	80	0.96	380.4~539.5
HDPE	$[CH_2—CH_2]_n$	139	0.98	413.5~550.0
SA	$CH_3[CH_2]_{16}COOH$	66	0.96	160.1~435.2
DOP	$C_6H_4[COOH_2(CH_2)_6CH_3]_2$	18	0.97	203.9~334.6
EO	—	0~3	0.917	260.1~435.2

表10-2　石蜡基黏结剂（FPW）、油基黏结剂（FBO）和改进后黏结剂（FOP）喂料的热分解数据[5]

黏结剂体系	分解温度/℃	主要分解温度阶段/℃	热脱脂失重/%	脱脂率/%
FPW	173~506	173.4~326.4	3.526	76.65
		326.4~440.8	0.08	1.70
		440.8~505.8	0.826	18.01
FBO	98~480	97.7~402.4	1.592	34.62
		402.4~544.9	2.537	55.24
FOP	124~490	123.8~423.0	1.883	39.82
		423.0~523.8	2.584	56.24

10.1.3　脱脂工艺的研究

1988年T. S. Wei、R. M. German[254]等人在93W-4.9Ni-2.1Fe合金注射成形时使用聚乙烯蜡作为黏结剂，对此单一组元黏结剂只采用一步热脱脂工艺，致使脱脂坯容易开裂；后来，随着黏结剂体系发展为蜡基二组元，其脱脂工艺也发生了变化，国外Amano Yoshinari[261]等人以Wax+PE作为黏结剂，采用的脱脂方法是二步热脱脂，首先在真空

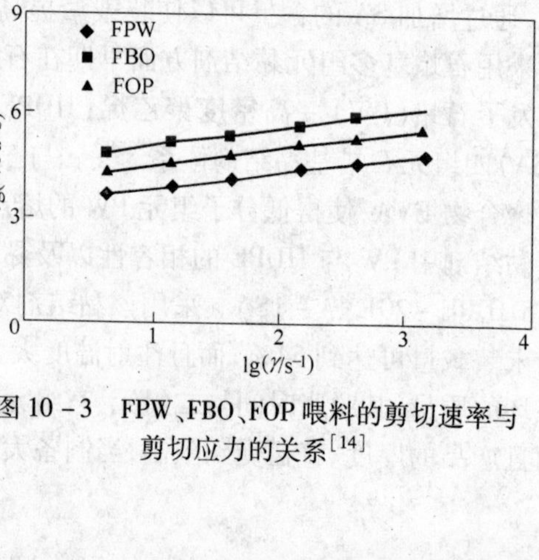

图10-3　FPW、FBO、FOP喂料的剪切速率与剪切应力的关系[14]

或非氧化气氛中将注射坯加热到300℃,依靠石蜡的蒸发和热分解达到脱除黏结剂中的石蜡组分,最后在600～800℃的氢气气氛下对黏结剂中剩余的PE组分进行热脱脂,该技术虽然能解决单一组元黏结剂脱脂中易产生缺陷的问题,但脱脂速度慢,不利于批量生产。随着黏结剂向多组元发展,与之相对应的脱脂方式也发生改变,在热脱脂技术上由最初的一步热脱脂发展成多步热脱脂,以74PW+25HDPE+1SA为黏结剂,在对95W－3.5Ni－1.5Fe合金的热脱脂中,采用二步、三步、四步热脱脂[262],其烧结后的力学性能如表10－3所示,增加热脱脂步骤可以改善脱脂效果,提高合金性能,热脱脂步骤的增加将延长脱脂时间,降低生产效率。

表10－3 按几种热脱脂工艺,95W－3.5Ni－1.5Fe合金在1530℃烧结120min的力学性能[262]

热脱脂工艺	抗拉强度/MPa	屈服强度/MPa	伸长率/%	相对密度/%
二步脱脂	687	645	2	98
三步脱脂	916	665	12	98.7
四步脱脂	990	722	14.9	99.4

脱脂气氛和升温速率是影响钨合金注射坯热脱脂的重要因素。Y. S. Zu[263]等人选用50PW+25EVA+20PE+5SA多组元黏结剂,采用氢气、氢气+氮气等气氛对93W－4.9Ni－2.1Fe进行热脱脂。纯氢气气氛有利于降低合金中的氧含量和残碳含量,有利于提高合金性能。在对95W－3.5Ni－1.5Fe合金的热脱脂中,研究了升温速率为3～5℃/min的影响[262],当升温速率大于3℃/min时,样品均易发生开裂,样品厚度增加,升温速率对开裂的影响更为显著,对圆片厚度为10mm以上时,即使升温速率为1℃/min,也会发生开裂。

热脱脂技术虽然能有效地脱除注射坯黏结剂,但存在脱脂速率低,易产生脱脂缺陷等缺点。T. S. Wei,R. M. German[254]等人采用虹吸脱脂技术对93W－4.9Ni－2.1Fe合金注射成形时所使用的聚乙烯蜡单一组元黏结剂进行脱除,其脱脂升温速度大大增加,由最初的0.5K/min增加到10K/min,且样品脱脂后无缺陷。选用粒度为1μm的氧化铝作为虹吸粉,脱脂效果最好,其原因在于,与合金粉末粒度相比,虹吸粉粒度太大所产生的毛细管吸力太小,难以脱除注射坯中的黏结剂;虹吸粉粒度太细,所产生的毛细管吸力太大,脱脂速度过快,容易导致注射坯出现脱脂缺陷。由于虹吸脱脂存在虹吸粉容易黏附于注射坯和污染注射坯的问题,随后发展出溶剂脱脂技术。国外Amano Yoshinari[264]等人以Wax+PE作为黏结剂,脱脂采用溶剂脱脂+热脱脂,先将注射坯用氧化铝粉包裹后放进有机溶剂中进行溶剂脱脂,然后在N_2气氛下进行热脱脂,该技术通过用氧化铝粉包裹注射坯,减少了溶剂与注射坯的直接接触,控制了溶剂脱脂速度,有效阻止了因溶剂脱脂过快而产生裂纹等缺陷。采用成分和组成为33%聚苯乙烯(PS)－33%聚丙烯(PP)－33%油(Oil)－1%SA油基黏结剂97W－2Ni－1Fe合金的注射成形中[265],由于高强聚合物的含量很高,脱脂方式采用溶剂脱脂+热脱脂,其脱脂过程是先采用三氯乙烷脱除PS,然后进行热脱脂和预烧结,其工艺最大的特点是缩短了脱脂时间,将原来数十个小时的脱脂过程缩短为5～6h,制备出的合金性能比传统模压+烧结法制备的合金高,见表10－4。

表10－4 注射成形工艺与模压工艺制备97W－2Ni－1Fe合金力学性能比较[265]

工　艺	抗拉强度/MPa	屈服强度/MPa	伸长率/%	HRC
注射成形	936	649	11.4	31
模　压	888	612	12.4	—

溶剂脱脂中，溶剂组成、脱脂温度、脱脂时间、工件形状和厚度以及粉末尺寸等对溶剂脱脂率均有较大影响，如图 10－4 所示[266]，脱脂率随着温度的升高而增加，但随着温度的升高，脱脂出现缺陷的可能性也大大增加；不同溶剂组成对脱脂率也存在较大影响，试样形状和截面变化不同，与溶剂接触的表面积也不同，导致脱脂速率各不相同，说明脱脂率与样品表面情况有很大关系。

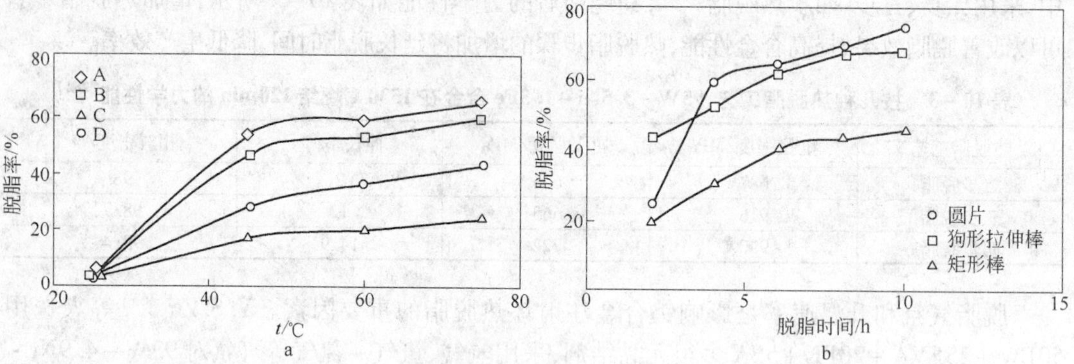

图 10－4　溶剂工艺对脱脂率的影响[266]

a—脱脂温度对脱脂率的影响；b—样品形状、脱脂时间对脱脂率的影响

A—正庚烷、乙醇、花生油混合物；B—正庚烷、乙醇混合物；C—正庚烷；D—三氯甲烷、乙醇、花生油混合物

10.1.4　烧结工艺研究与变形控制

钨合金粉末注射成形中黏结剂所占体积百分数比较高，粉末装载量为 46%～53%，在烧结过程中尺寸收缩非常大，一般都在 20% 以上，而且钨合金在液相烧结过程中，由于固相 W 与黏结相 γ－(Ni,Fe,W)的密度差很大，在重力作用下，W 颗粒因液相产生黏性流动而发生位移，导致产品坍塌和变形。对于钨合金注射成形产品来说不适合采用传统的单一液相烧结，特别是对于钨含量较低、形状复杂的钨合金产品更是如此。

采用固＋液二步烧结法可有效地控制钨合金的变形，在固相烧结阶段，形成了坚固的连通钨骨架，钨晶粒压紧协调系数提高，有助于控制液相烧结过程中的变形[267]。在对五种不同钨含量成分(88W－8.4Ni－3.6Fe、90W－7Ni－3Fe、93W－4.9Ni－2.1Fe、95W－3.5Ni－1.5Fe、97W－2Ni－1Fe)钨合金注射成形的研究中，采用固＋液二步烧结技术对注射成形的钨合金进行高温烧结，采用二步烧结可以降低钨合金的变形和提高显微组织的均匀性以及合金性能。当钨含量较高如 w(W)不小于 93% 时，采用此方法可以很好地控制液相烧结中的变形，从而达到所需的尺寸精度控制范围；但当钨含量较低(w(W)≤90%)，样品厚度较大时，采用此方法不十分有效。表 10－5 给出了两种不同烧结工艺对五种不同成分钨合金为圆柱样变形的影响[228]。其二步烧结工艺是经脱脂预烧后，首先在 1400℃ 烧结 2h，然后在 1530℃ 烧结 3h，最后随炉冷却。液相烧结工艺就是直接在 1530℃ 烧结 3h。

在液相烧结前采用固相烧结使变形大大降低，但当钨含量较低或样品尺寸较大时，采用此工艺仍不能满足尺寸精度的要求。由于钨合金的变形对烧结温度有着强烈的依赖性，因此降低烧结温度可以有效地控制变形。采用强化烧结可促进致密化，降低烧结温度和有效地控制变形。以 90W－7Ni－3Fe 合金注射成形为例[268]，对混合粉末进行高能球磨、机械合金化,使粉末纳米晶化和成分更为均匀,改变粉末的粒度和形貌特征,可将粉末装载量提高到57%以上,而且粉末具有非常好的烧结活性,采用固相烧结制备出抗拉强度高(不小于1130MPa),晶粒细(3 ~5μm),近全致密(不小于99%)和几乎无变形的合金。此外,添加微量合金元素也能起控制烧结变形的作用,表10－6为添加Co和未添加Co对95W－3.5Ni－1.5Fe合金变形的影响[5]。

表10－5 固+液二步烧结与直接液相烧结对PIM钨合金变形的影响[228]

试样成分	直接液相烧结		二步烧结	
	变形度/%	单位变形度/%	变形度/%	单位变形度/%
88W－8.4Ni－3.6Fe	46.0	2.06	13.0	0.46
90W－7Ni－3Fe	22.5	0.78	8.0	0.25
93W－4.9Ni－2.1Fe	6.3	0.20	4.3	0.13
95W－3.5Ni－1.5Fe	1.2	0.04	0.12	0.004
97W－2Ni－1Fe	0	0	0	0

表10－6 添加Co和未添加Co对95W－3.5Ni－1.5Fe合金变形的影响[5]

未加Co		添加Co	
变形度/%	单位变形度/%	变形度/%	单位变形度/%
6.30	0.20	0.8	0.02

10.1.5 钨合金注射成形的优势与发展趋势

与钨合金传统P/M相比,注射成形技术在钨合金产品制备方面的应用优势主要体现在以下几个方面:

(1)与传统的粉末冶金技术相比,注射成形能改善钨合金显微组织的均匀性。注射成形钨合金的显微组织分布更为均匀,黏结相γ－(Ni,Fe,W)相十分均匀地分布在W与W的界面和W颗粒之间,未出现明显的W相和γ相富集区,且孔隙小又分布均匀;而采用传统模压成形高密度合金的显微结构存在局部分布不均和γ相富集,或局部孔隙的大小不一,如图10－5所示[257]。

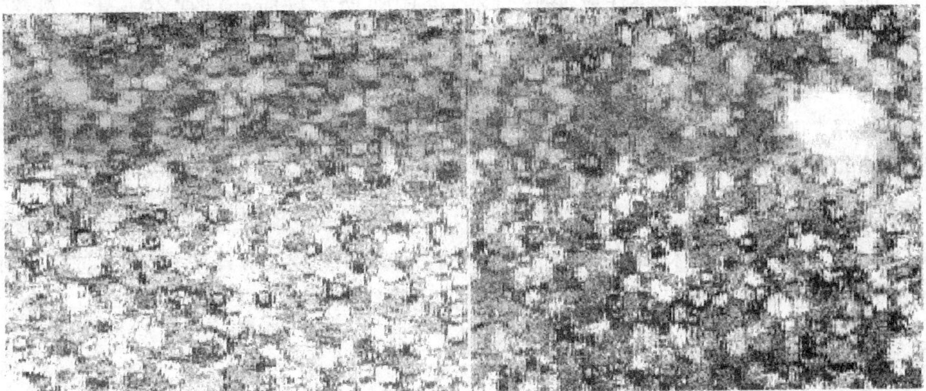

PIM钨合金　　P/M钨合金

图10－5 最佳烧结条件下,95W－3.5Ni－1.5Fe合金的显微组织(×100)[257]

(2)与传统的粉末冶金技术相比,采用注射成形制备钨合金能大大提高合金的力学性能,表10－7是注射成形工艺与传统粉末冶金工艺制备的钨合金及弹芯材料的性能对比[258,30],采用注射成形所制备的钨合金具有非常优异的力学性能,其性能远远超过传统粉末冶金方法(模压或冷等静压成形＋液相烧结)所制备的钨合金的性能。

表10－7 PIM和P/M制备的95W－3.5Ni－1.5Fe合金样品的性能比较[258,30]

试样种类	制备工艺	σ_b/MPa	$\sigma_{0.2}$/MPa	δ/%	HRA	备注
拉伸样	P/M	860	664	14.6	65	硬度分布不均匀
	PIM	1030	692	16.2	69	硬度分布均匀
弹芯	P/M	830	—	4	—	—
	PIM	965	—	13	—	—

如上所述,粉末注射成形主要解决形状复杂性问题,同时带来具有组织均匀和性能更高的特点,但从根本上提高钨合金的力学性能,必须从提高组织均匀性和细化钨晶粒着手。

粉末纳米化和纳米复合化可极大限度地提高钨合金的力学性能,具有非常诱人的发展前景。但由于纳米粉末的比表面积比常规粉末的比表面积大数倍乃至几十倍,粉末颗粒之间微孔隙非常小,导致黏结剂很难均匀地渗透到粉末体内以及粉末装载量非常低,这一问题是制约着纳米钨基复合粉末制备高性能钨合金注射零部件的关键问题,因此改善纳米复合粉末的团聚、分散,改善黏结剂与粉末的润湿性,成为今后钨合金注射成形的一个重要的研究发展趋势。

同时,由于纳米粉末的孔隙细小,黏结剂脱除更为困难,对纳米粉末注射成形脱脂过程中的低碳($w(C)<0.05\%$)和无碳控制将是涉及纳米钨基复合粉末制备高性能钨合金的另一个值得关注的问题。

10.2 硬质合金注射成形技术与应用

硬质合金具有高硬度、高强度、耐磨损、耐腐蚀、耐高温和膨胀系数小等优点,在金属加工、矿山开采、石油钻探和国防军工等行业具有非常广泛的应用[269,270]。现代科学技术的发展对硬质合金的形状要求愈来愈苛刻,某些特别复杂形状的硬质合金零部件难以通过传统模压成形工艺实现,需要进行一系列的后续加工。但硬质合金的硬度高,难以加工,进而给复杂形状零部件制备带来很大困难。粉末注射成形(PIM),具有一次成形为最终形状、加工少或无加工的特点,特别适合生产形状复杂、难切削加工材质的硬质合金零部件[271,272]。采用粉末注射成形制备形状复杂的硬质合金零部件,可以解决模压法不能成形复杂形状零部件和硬质合金加工困难的问题[273,274],因而该技术受到国内外科研机构的广泛关注并进行了深入研究。目前,注射成形技术已成为粉末冶金领域中制备硬质合金异型零部件的一种很有前途的近净成形技术,被誉为"国际最热门的金属零部件的成形技术之一"[275]。然而,由于硬质合金的粉末原料为不规则团聚体,以及硬质合金的性能要求苛刻和性能对合金中的C含量极为敏感等特殊性,使得硬质合金的注射成形工艺和其他粉末注射成形相比具有较大区别,主要体现在黏结剂组成、注射、脱脂和烧结工艺上。

10.2.1 黏结剂与注射工艺

黏结剂一般由多种有机物混合而成,它的性能直接影响着粉末的装载量、喂料的流变性、注射性能和脱脂性能。对于硬质合金注射成形来说,黏结剂的热解特性还会对合金的碳含量产生影响。

Mu - Jen Yang 和 Randall M. German[200] 最早采用成分为 50% ~65% 石蜡(PW)、30% ~40% 聚丙烯(PP)和 5% ~10% 的硬脂酸(SA)作为黏结剂,研究了 WC - Co 硬质合金的注射成形工艺。其中,SA 相当于表面活性剂,起到润湿和改善粉末与黏结剂的表面接触性能,而 PP 主要起强度支撑作用。选用石蜡作为黏结剂的基体成分,其原因主要有:石蜡具有较低的融点(50 ~60℃)、在熔融态下具有好的流动性、与有机物溶剂可以互溶,以及热解温度范围较宽和对环境污染小。聚甲醛催化脱脂类和聚乙二醇水溶脱脂类的黏结剂虽然已用于铁基合金、不锈钢等材料的注射成形工艺研究,但因这两类黏结剂在脱脂过程中均引发氧含量增加而导致控碳困难,故在硬质合金中采用较少[276]。因而,硬质合金注射成形所用黏结剂主要采用石蜡基黏结剂。

在最初的石蜡基黏结剂体系中,黏结剂体系内的组元都比较单一,而且一般采用 PP 来做高熔点组元(强度高和保形性好),其组元构成基本为 PW、PP 和表面活性剂(例如硬脂酸),通过改变组元之间的比例配比来调节黏结剂的流变性和脱脂性能。但是 PP 在热脱脂过程中残碳量较高,容易在合金体内产生石墨相,使合金硬度和强度下降[278],而且由于黏结剂内的组元较少,使得热脱脂温度范围相对较窄,仅通过改变组元的成分配比难以对黏结剂的属性发生较大改变。为此,人们通过改变黏结剂的组元和丰富组元构成来改善注射性能和脱脂性能。张健等人[225] 在对石蜡基黏结剂的改性研究中,将黏结剂中的部分石蜡替换为微晶蜡后,能够使得喂料的装载量提高。我们[26] 在研究 YG8 合金的粉末注射成形工艺时,采用残碳量相对较少的聚乙烯(PE)和乙烯 - 乙酸乙烯酯共聚物(EVA)来替代黏结剂中的骨架组元 PP,并增加了新组元邻苯二甲酸二正辛酯(DOP)作为黏结剂中的增塑剂,制备出了由 PW、PE、EVA、SA 和 DOP 组成的石蜡基多组元黏结剂[279],该黏结剂与由 PW、PP 和 SA 组成的黏结剂相比,热解温度范围宽、碳含量更容易控制。同时,我们采用室温下为液态和具有较好流动性的花生油(EO)来替代部分石蜡,制备出由 PW 和 EO 为黏结剂基体组元、EVA 和 PE 为骨架组元、SA 和 DOP 为添加剂组元的石蜡 + 油基多组元黏结剂[279]。石蜡 + 油基黏结剂由于含有一定量的油,注射过程产生的内应力比石蜡基黏结剂要小,而且溶剂脱脂速度也要明显快于石蜡基黏结剂(如图 10 - 6 所示,其中 1 号和 2 号分别代表石蜡

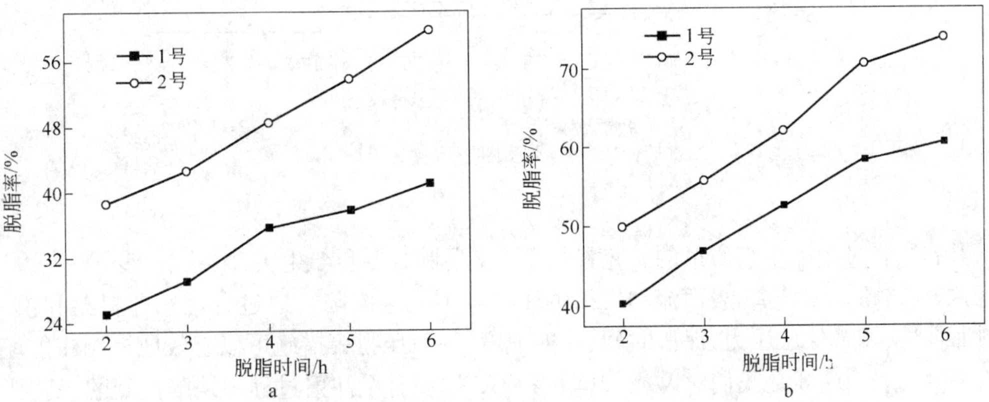

图 10 - 6　两种黏结剂在不同温度下的脱脂曲线[279]
a—30℃;b—40℃

基黏结剂和石蜡+油基黏结剂)。

虽然石蜡基黏结剂或石蜡+油基黏结剂已经成为硬质合金注射成形的首选黏结剂,但人们也在尝试着新黏结剂体系在硬质合金注射成形上的应用。祝宝军等人[280]采用50%环氧树脂(E-20)、35%PW、10%EVA和5%双氰胺(DICY)制备出热塑-热固型黏结剂,应用该黏结剂制备YG8硬质合金。由于在注射完成前,黏结剂表现为热塑性,因而具有好的流动性和注射性,热固后又具有高的强度,而且软化温度高,因而在脱脂过程中形状保持性好。采用该黏结剂具有产品尺寸精度高的特点,但是由于环氧树脂固化后的热分解温度高,这样就容易发生脱脂不完全或因脱脂温度高而脱碳,因而控碳难度大。

混炼和注射是硬质合金注射成形中两个相对简单的工序。混炼的目的就是使粉末和黏结剂混合均匀,制备出具有一定黏度和流变性的喂料。影响混炼效果的主要因素是混炼温度和混炼转速。混炼温度太低、喂料黏度过大、将导致喂料和混料器之间的磨损而带入异物,混炼温度过高,则会恶化黏结剂性能和导致粉末同黏结剂分离;混炼机转速太快而产生的高剪切力会导致磨损引入杂质,转速太慢则不能产生足够的剪切力粉碎合金粉末团粒,不能使黏结剂的黏度足够低。以上条件控制不当都不能达到混炼均匀的效果,进而在以后的工序中容易产生新的缺陷。判断硬质合金混炼是否均匀可以根据混合时转矩的变化和黏度变化来判断。图10-7为典型的YG10粉末与石蜡基多组元黏结剂混炼过程中转矩随混炼时间的变化情况[281],当混炼转矩达到图中E点时证明混合比较均匀。

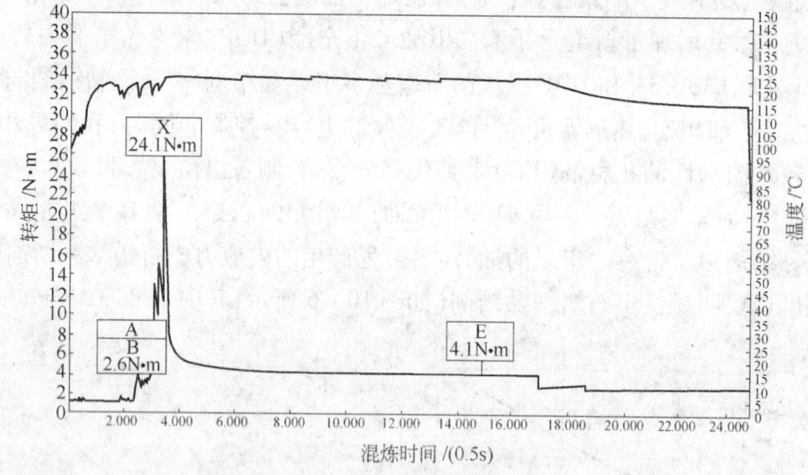

图10-7　喂料混炼曲线[281]
(每0.5s记录一次数据)

影响注射过程和生坯质量的工艺参数很多,控制不当会产生欠注、孔洞、变形、飞边、夹心、黏结剂与粉末相分离、表面流动纹和生坯单重不一等缺陷。通过合理选择料温和模温、控制加料量、调节保压压力、保压时间、注射速度、注射压力等措施可以有效地控制注射坯缺陷的产生。表10-8是我们对WC-10Co-1TiC硬质合金注射过程中缺陷控制的工艺研究总结[5]。

表 10－8　注射参数对注射坯性能的影响[5]

工 艺 参 数	注 射 性 能
注射温度过高	两相分离、夹心、孔洞、喷射、飞边、变形
注射温度偏低	欠注、冷流动、密度梯度
注射压力过大	飞边、夹心、注射坯单重不一、变形、开裂
注射压力偏低	欠注、孔洞
保压时间过长	飞边、两相分离
保压时间过短	欠注、孔洞、质量偏低
模具流道和浇口设计不合理	欠注、喷射、气孔、流动纹、裂纹、夹心
模具温度设定不合理	夹心、欠注、变形等

10.2.2　脱脂和烧结的碳含量控制与性能研究

硬质合金对碳含量的波动极为敏感，微量的变化都会对合金的性能产生重大影响，甚至使零部件成为废品[282]。这是因为 WC＋γ 两相区中碳含量的变化区域非常窄，缺碳时会引起 η 脆性相的出现，过碳则会引起游离软质石墨相的析出，而 η 脆性相和软质石墨相都会使合金的强度剧烈下降。图 10－8 为 WC－Co 合金两相区宽度与 Co 含量的关系[283]。由图 10－8 可见，WC－Co 合金允许碳含量的变化范围只有百分之零点几。同时，碳含量还会影响合金的晶粒尺寸，因为碳会改变合金的共晶点，合金的共晶点随碳含量的增高而降低，当碳含量高时，液相出现的温度降低，这样就容易导致晶粒长大。但在脱脂和烧结过程中，合金的碳含量都会发生改变，而且脱脂坯的碳含量直接决定着烧结后的碳含量。因此，脱脂时既要保证样品在脱脂过程中不发生开裂、分层、掉边等缺陷，关键还要保证样品不发生残碳或脱碳。

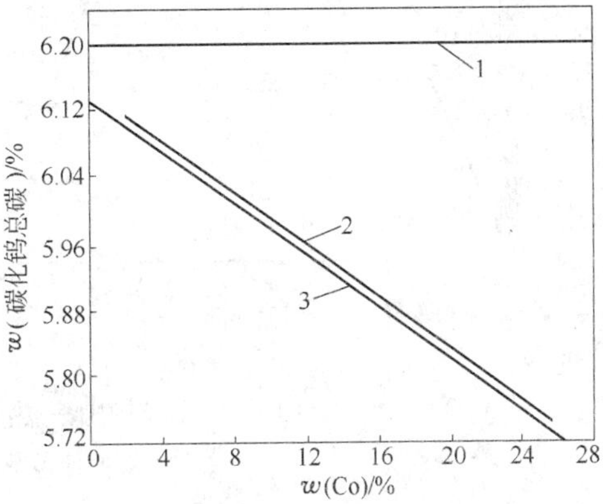

图 10－8　WC－Co 合金两相区宽度与 Co 含量的关系[283]

1—WC＋CO＋C；2—WC＋CO；3—WC＋CO－η

在硬质合金粉末注射成形中，最早是采用加热的方式脱脂，即热脱脂。但是研究发现，单纯采用热脱脂，虽然通过延长保温时间、降低升温速率和对黏结剂进行改性，可以避免开裂、分层和掉边等缺陷的产生，但是大量的黏结剂在热分解中容易结焦残碳，给控碳带来很大困难[207]。为此发展了溶剂脱脂＋热脱脂和虹吸脱脂。我们在研究中采用石蜡基黏结剂和石蜡＋油基黏结剂制备 YG8 硬质合金时，详细对比了溶剂脱脂＋热脱脂和单纯热脱脂对坯体碳含量的影响[277]。图 10－9 和图 10－10 分别为纯热脱脂和溶剂脱脂＋热脱脂的优化脱脂工艺曲线图。从图中可以看到，溶剂脱脂＋热脱脂与纯热脱脂相比，脱脂工艺大大简化，而且脱脂时间也减少了一半。由于溶剂脱脂已将坯体中的大部分黏结剂脱除，这样在热脱脂过程中参与热分解的黏结剂数量减少，从而使调整工艺控碳变得容易。

在热脱脂过程，脱脂气氛对坯体的碳含量影响很大。为了防止合金在热脱脂过程中的氧化，脱脂一般在还原性气氛、惰性气氛或真空条件下进行。祝宝军等人[218]在采用粉末注

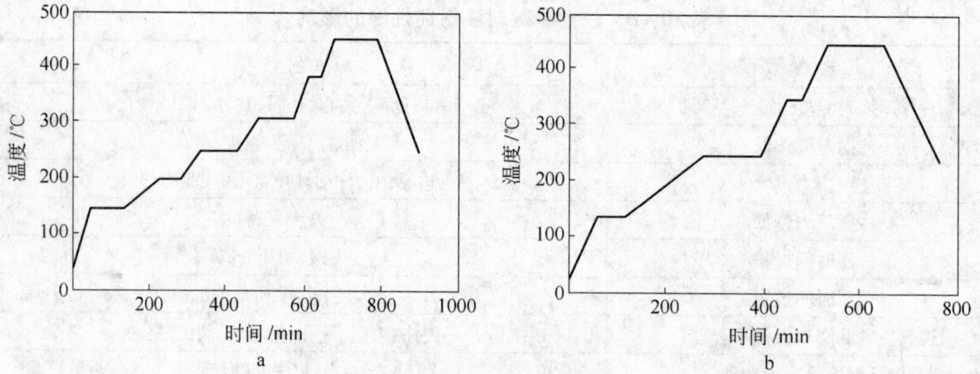

图 10-9　纯热脱脂的优化脱脂工艺曲线图[277]

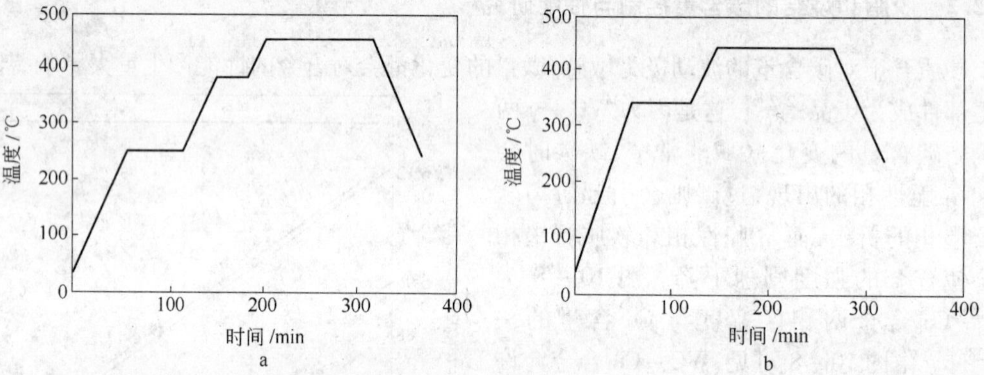

图 10-10　溶剂脱脂+热脱脂的优化脱脂工艺曲线图[277]

a—1 号喂料；b—2 号喂料

射成形制备 WC-8Co 合金时，研究了脱脂气氛对合金碳含量的影响：N_2 热脱脂黏结剂容易以炭黑的形式残留在脱脂坯中，造成合金增碳；H_2 热脱脂导致合金脱碳；75% N_2 +25% H_2 混合气体热脱脂既能有效地脱除黏结剂，又能保证合金碳含量相对稳定。

常规的硬质合金制品一般采用真空烧结，但真空烧结的制品密度一般相对较低。为了得到高性能硬质合金，人们发展了真空+低压等静压烧结，即在烧结的前中期采用真空烧结，在烧结快要完成时进行压力烧结来进一步提高制品密度。采用粉末注射成形制备硬质合金时，粉末装载量一般不高，在烧结过程中收缩量非常大，采用真空+低压等静压烧结对合金性能的提高非常明显。表 10-9 给出了 PIM 制备的 WC-10Co-1TaC 合金在真空烧结和真空+低压等静压烧结后的性能对比[284,27]。从表 10-9 中可以看到，真空+低压等静压与真空烧结相比，合金的密度有了一定提高，但强度提高非常明显。

表 10-9　两种不同烧结方式得到的 WC-10Co-1TaC 合金性能对比[284,27]

烧结方式	密度/g·cm^{-3}	抗弯强度/MPa	硬　度
真空烧结	14.49	1860	1290
真空+低压等静压烧结	14.53	2350	1310

在采用粉末注射成形技术制备 WC-10Co-1TaC 合金时，将脱脂和烧结工艺联系起

来,我们采用一步“热脱脂+烧结”工艺制备出性能优良的合金[281],其抗弯强度达到2690MPa,比传统的热脱脂后再烧结工艺制备的合金抗弯强度高了300~400MPa。图10-11和图10-12分别为合金孔隙度照片和合金金相照片,可以看到合金孔隙少且小(孔隙度为A02B00C00),而且TaC和钴相分布均匀。

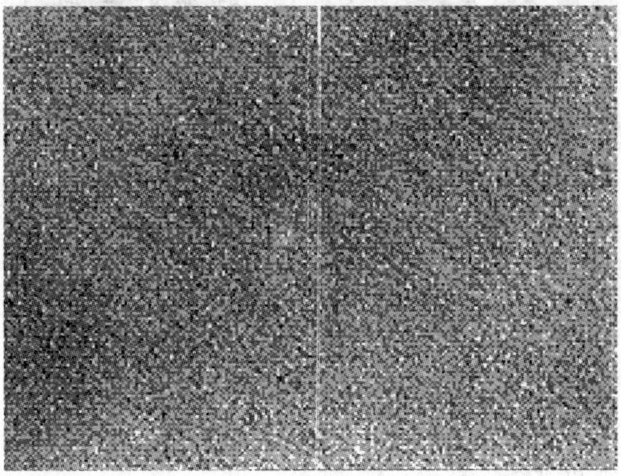

图10-11 一步“热脱脂+烧结”工艺制备试样的孔隙度照片[281]

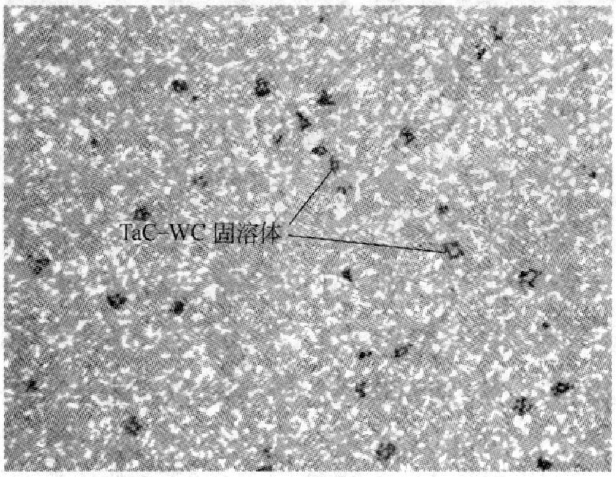

图10-12 一步“热脱脂+烧结”工艺制备试样的金相照片[281]

10.2.3 硬质合金注射成形技术应用

采用粉末注射成形制备硬质合金零部件,具有产品性能优越、生产成本低和利润率高的特点,因而受到众多生产厂家和科研机构的关注和加盟,已成为继20世纪80年代末不锈钢注射成形后粉末注射成形新的发展热点[285]。目前,用粉末注射成形工艺成功生产的硬质合金制品包括硬质合金刀具、微型钻头、齿轮、喷嘴、活塞、过滤器、体育用品、表带、表壳、高尔夫球头以及硬质合金非标准件等(图10-13~图10-16为几种典型硬质合金注射成形产品)。可以预见,随着广大设计人员和使用者对硬质合金注射成形技术的深入了解,以及硬质合金制品性能的逐步提高,采用粉末注射成形制备硬质合金产品的种类将更多,涉及的范围将更加宽广,因而市场前景非常广阔。

图10-13 硬质合金可转位异形刀片

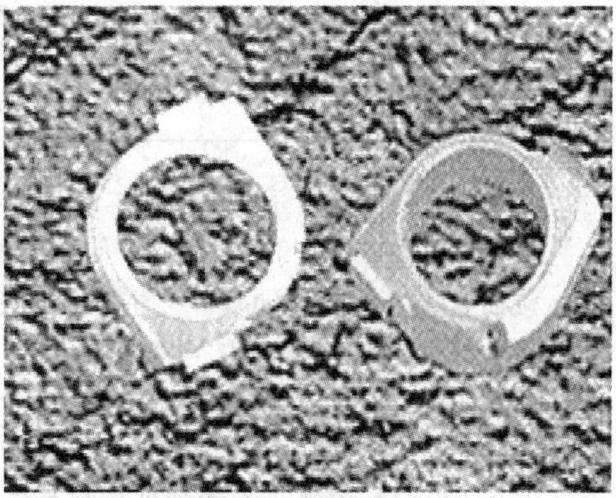

图10-14 硬质合金表壳

图 10－15　硬质合金齿轮齿带

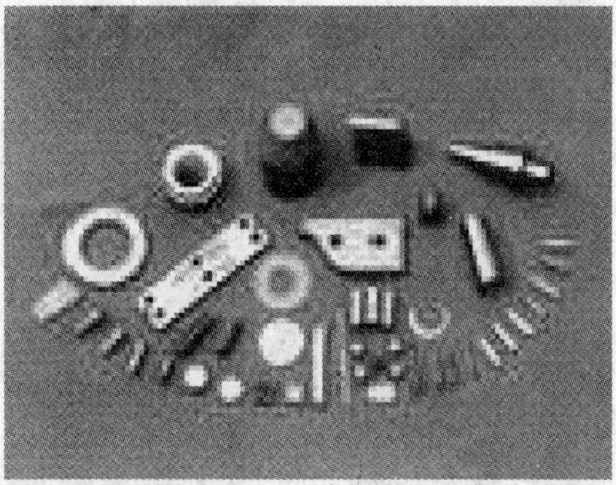

图 10－16　硬质合金非标准件

10.2.4　硬质合金注射成形发展趋势

10.2.4.1　超细及纳米结构硬质合金的注射成形

超细/纳米结构硬质合金解决了硬质合金强度和硬度不能同时拥有的难题，已成为世界硬质合金技术领域中的研究热点。截至 2002 年，世界亚微及超细硬质合金产量已达 12000～12800t，约占世界硬质合金总产量的 40%，而且产量在逐年增加。其中，60% 用于圆形刀具，其他应用领域包括电子工业用的工具、金属切削刀具、耐磨零件等[286]。但是，注射成形在超细硬质合金中的应用非常少，原因主要是关键技术没有解决。超细硬质合金的粉末一般小于 0.6μm，这样的粉末在混炼和注射成形过程中极易氧化，给控碳带来很大困难。表 10－10 给出了 Mu－Jen Yang 和 R. M. German[200] 采用粉末注射成形制备的细晶硬质合金和传统模压法制备的细晶硬质合金的性能对比[287]。从表 10－10 可以看到，采用粉末注射成形制备的细晶硬质合金性能明显低于传统模压法制备的细晶硬质合金。

尽管超细硬质合金的注射成形目前还存在一定的技术难度，但随着科研力量和资金的不断投入，超细硬质合金必将在 PIM 上得到广泛应用。

表 10－10　采用不同方法制备的细晶 WC－10Co 硬质合金性能对比[287]

制备方法	抗弯强度/MPa	维氏硬度
PIM	1410	780
模　压	3500	1280

10.2.4.2　合金成分变化范围不断扩展

最初的硬质合金注射成形，为了使控碳相对简单，人们关注较多的 WC－8Co 和 WC－10Co 硬质合金。但随着硬质合金注射成形技术的不断发展，粉末注射成形技术已在其他合金体系得到发展和应用，并取得良好的效果。

10.2.4.3　尺寸范围不断变宽

硬质合金注射成形产品的尺寸正在朝着“极小”和“更大”方向发展[288]。粉末微注射成形技术的发展使得微小型零部件的制备成为可能。采用粉末微注射成形技术制备硬质合金微钻头、微切削工具具有极大的技术优势和低的生产成本。因而，已成为人们研究的一个重点方向。常规的硬质合金 PIM 制品,其临界厚度不超过 10mm,但随着脱脂技术的不断进步和实际应用的需求,硬质合金 PIM 制品的临界厚度正在增加,最厚的临界厚度已达到 20mm[289]。

10.2.4.4　一步"脱脂 + 烧结"工艺制备硬质合金异形件

一步"热脱脂 + 烧结"工艺将热脱脂和烧结联系在一起,不仅提高了工作效率,而且使得产品的性能更加稳定。因为一步"脱脂 + 烧结"工艺在脱脂完成后无需搬运转移,这样就避免了在转移过程中对样品的损伤,同时也避免了样品在环境中的氧化,从而使控碳更加精确。因此,一步"热脱脂 + 烧结"工艺必将替代传统的独立脱脂和烧结工艺。

10.3　陶瓷注射成形技术

PIM 技术最早于 20 世纪 30 年代开始用于陶瓷材料研究[94],但真正意义上的陶瓷粉末注射成形技术(Ceramic Powder Injection Molding,CIM)是 20 世纪 70 年代末 80 年代初随先进陶瓷发动机部件的研发而快速发展起来的。由于 CIM 技术在成形精密陶瓷部件、陶瓷制品规模化生产等方面具有不可替代的优势,因此近年来发展十分迅速,在美国、日本、西欧等国家,这项成形技术的应用每年以 22% 的增长速度发展[290]。CIM 的应用领域十分广泛,如:瑞士三分之一的手表表壳已采用 CIM 技术生产,所采用的材料是耐磨性良好的氧化锆陶瓷;日本已经将内孔直径为 0.15mm 的 CIM 氧化锆光纤接头实现产业化,在全球市场上占有相当高的份额;美国已经实现了氧化锆理发推剪零部件的生产和发动机中氮化硅零部件的应用等[291]。

10.3.1　CIM 技术特点

随着近年来 CIM 新技术的不断发展,CIM 逐渐体现出其优越性,如材料利用率高、表面粗糙度低、产品精度高、生产成本低、生坯密度均匀,从而克服了传统粉末冶金工艺难以生产复杂形状陶瓷零部件、机加工工序长、原材料利用率低、成本高等的不足,特别适用于大批量生产体积小、带有横孔、斜孔、凹凸面、螺纹、薄壁、难以切削加工的陶瓷异形件,应用前景十分广泛。另外,CIM 对于各种陶瓷粉末原料都具有适用性,如 ZrO_2[292]、Si_3N_4[293]、AlN[294,295]、Al_2O_3[296,297] 等均可采用 CIM 工艺制造形状复杂的产品。

10.3.2　CIM 用粉末的特点

陶瓷粉末的粒度分布、比表面积以及颗粒形状对 CIM 的工艺过程影响显著[298~300]。一般说来,适于注射成形的陶瓷粉末的粒径一般要小于 20μm,理想的粉末粒径范围是 2 ~ 8μm[301]。由于 CIM 所用粉末粒度较细,容易产生团聚而不利于制备均匀的喂料,从而对注射坯体的质量甚至烧结过程产生不良影响,使得制品的质量降低。Martin Trunec[302] 等人研究了粉末预处理对氧化锆陶瓷注射成形的影响,研究表明,陶瓷粉末进行预处理可以改善粉末喂料的流变性能,从而制备性能均匀的喂料。在他们的研究中,陶瓷粉末分别采用干式球磨和湿式球磨(球磨介质采用二甲苯)进行预处理(表 10 - 11 为陶瓷粉末的处理方式及黏结剂组成),未处理及处理后的粉末分别与黏结剂进行混合,切变速率为 $200s^{-1}$,黏流体黏度随剪切速率的变化如图 10 - 17,可见,与未经处理的粉末相比较,经过球磨预处理后,黏度显著降低,其中,湿式球磨对黏度的影响最大。

表 10 - 11 陶瓷混合物的组分及粉末的处理方式[302]

混合物	ZrO_2(质量分数)/%	预处理方式	黏结剂组分(质量分数)/%		
			SA	EVA	PW
S1	87.8	未处理	2.2	6	4
DM1	87.8	干式球磨	2.2	6	4
WM1	87.8	湿式球磨	2.2	6	4

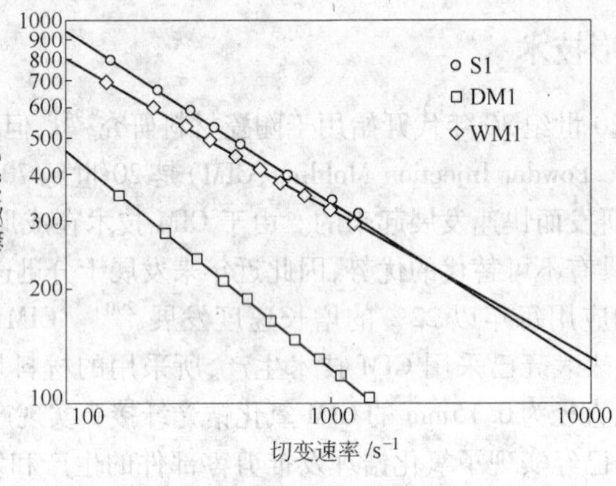

图 10 - 17 在 140℃时 ZrO_2 陶瓷混合的流变行为[302]

由于陶瓷粉末的烧结活性较低,使得 CIM 制品的烧结十分困难,因此喂料要求具有高的粉末装载量,以保证坯体在脱脂后具有足够的颗粒间接触,German 和 Bose[303] 指出,陶瓷注射成形粉末较理想的装载量一般在 45% ~85% 之间,因此,在对 CIM 中用陶瓷粉末进行选择时还应尽可能选用具有较高临界装载量的粉末。Johnson 在研究粉末粒度分布对装载量的影响时指出,在选择相同的黏结剂体系时,采用单一粒度的碳热还原 AlN 粉末为原料时,粉末的临界装载量为 63%,而采用特定粒度分布配合的原料粉末时,粉末的临界装载量可达 68%[295]。

10.3.3 CIM 黏结剂的研究

黏结剂的选择和使用是 CIM 技术十分关键的一步。表 10 - 12 中列出了目前国际上各种陶瓷粉末注射成形中经常用到的较典型的黏结剂,如表 10 - 11 所示,CIM 黏结剂体系主要属于热塑性多组元体系,即由流动性好的低熔点组元和高分子聚合物组元组成。

陶瓷粉末和黏结剂混合后所制备的喂料应具有良好的流动性能和较低的黏度,从而能够顺利地完成注射充模过程以获得所需形状的注射坯。PP 和 HDPE 等高分子聚合物熔点高、黏度大、在黏结剂体系中主要起骨架作用,保证脱模后坯体具有一定形状保持性;SA 和其他有机物作为表面活性剂或润滑剂不仅可以在黏结剂和粉末颗粒之间起桥接作用以防止两相分离,保证混料均匀,而且可以在粉末颗粒之间、粉末颗粒与模壁之间起到润滑作用。

表10-12　CIM中的几种常用黏结剂的组成

粉末成分	黏结剂组成	体　系
Si_3N_4	PW + EVA + APP + PE + SA[5] PW + PP + SA[11]	热塑性
ZrO_2	PW + EVA + SA[4]	热塑性
Al_2O_3	PW + PP + SA[19]	热塑性
SiC/Si_3N_4	PW + SA[25]	热塑性
AlN	PW + PP + SA[7]	热塑性

注：PW—石蜡；EVA—聚乙烯乙酸乙酯；PE—聚乙烯；PP—聚丙烯；SA—硬脂酸；APP—无规聚丙烯。

Nishimura[304]等指出，陶瓷粉末表面很难被极性较低的黏结剂如PE、PP及PS等润湿，一定温度下混合后所形成的黏流体黏性较大，从而表现出较差的流动性，特别是对于颗粒较细的陶瓷粉末，由于易于产生团聚，更难以被黏结剂充分润湿。此时，可以在黏结剂中引入带有一定极性官能团的表面活性剂，用以有效地提高陶瓷粉末被黏结剂润湿的能力。研究表明[305~308]，通过表面活性剂的合理选用可以有效地改变陶瓷粉末与黏结剂之间的润湿性。一般地，这些表面活性剂与粉末表面之间的亲和力高，易于择优吸附在粉末表面，如此便在粉末颗粒表面形成一密集的薄层，从而获得更加均匀的喂料。具有极性官能团的EVA是最常用于CIM喂料制备的表面活性剂[309]。M. Attarian[310]等人研究了EVA对$Al_2O_3-SiO_2$粉末喂料流变性能的影响，他们采用$d_{50}\approx1.5\mu m$的$Al_2O_3-SiO_2$粉末，黏结剂组分为PE + EVA + SA，装载量为55%~59%，当EVA的添加量为3%（质量分数）时，粉末颗粒的团聚现象十分明显，当EVA的添加量大于8%（质量分数）时，团聚现象显著减少，黏度降低，喂料具有良好的成形性。

选择陶瓷粉末黏结剂还应考虑各种不同成分粉末本身的特性，如AlN粉末对水具有很强的亲和力，非常容易水解氧化，这会造成粉末的氧含量升高，进一步影响材料的导热性能。因此，水溶性体系和凝胶体系的黏结剂都无法满足AlN注射成形的要求，这些黏结剂容易吸水，在喂料制备以及喂料和成形坯的储存运输中造成AlN粉末水解，使氧含量升高，从而影响陶瓷的导热性能。为了避免黏结剂对AlN粉末的影响，在选择合适的黏结剂体系时必须选择疏水性的黏结剂体系如蜡基或油基黏结剂体系。例如，Johnson选择了PW + PP + SA的黏结剂体系，林健凉等也开发出一种PW + HDPE + EVA + 其他有机物的黏结剂体系，都取得了良好的注射效果[311]。

10.3.4　注射成形

由于陶瓷质硬且脆，因此CIM对注射机螺杆、止回阀和料筒的耐磨损性能均有较高要求。例如可采用耐磨的双金属料筒以减少CIM设备料筒的损耗，料筒内表面采用耐磨耐腐蚀材料作为内衬，厚度为2mm左右；另外，可利用PVD、CVD法涂敷数微米厚度的TiN、VC、TiC涂层，从而提高螺杆表面硬度，提高螺杆使用寿命[312,313]。

由于传统注射成形工序所制备的陶瓷注射坯的热脱脂工序中升温速度十分缓慢，脱脂通常需要几天的时间，这样使得CIM制品的生产周期较长、成本较高。J. B. Hull、J. S. Ridgway等人[211,314]针对陶瓷注射成形中的这一问题，最早提出了一种新型的粉末反应注射成形技术（Powder Reaction Injection Molding Engineering，简称PRIME），该技术的关键在于利用特殊的高活性单体聚合物组成的黏结剂来制备粉末喂料，如氰丙烯酸酯，在充模结束后，单体聚合物在一定温度下发生聚合反应，从而使得喂料发生固结，成形后坯体具有一定强度。这种黏结剂在一定高温下可以迅速分解，仅需几分钟的时间便可分解为单体聚合物，因此，可以显著地缩短脱脂时间。

传统的注射成形设备用于注射陶瓷制品时通常需要较大的压力，一般在7～70MPa之间，对模壁会产生较大的摩擦力并且使成形坯体中存在较高的残余应力，容易导致坯体缺陷形成，针对这一问题，Gribovski最早发明了低压注射成形工艺（Low Pressure Injection Moulding，简称LPIM）[315]，LPIM与传统CIM工艺的区别在于其成形压力选择在0.35～0.7MPa范围内，喂料黏度较低，一般用以制备批量不大的陶瓷注射成形制品。LPIM作为CIM的一项新技术，已经被广泛采用，如D. M. Liu等人[316]在他们的研究中采用LPZM注射ZrO_2陶瓷粉末；Tkosmac[317]等采用LPIM工艺制备定向的SiC片晶增韧反应烧结Si_3N_4；S. Novak等[318]采用LPIM研究了Al_2O_3的表面改性等。

10.3.5　脱脂

脱脂是CIM工艺过程中耗时最长的一步，也是CIM工艺中极为关键的一个环节。陶瓷注射成形传统的脱脂方法是热脱脂，热脱脂过程中坯体很容易产生开裂、起泡、分层、变形等各种缺陷，进而降低成品率[319～323,298]。特别对于形状复杂的CIM部件，样品在脱脂之后能否保持原来的形状是下一步烧结复杂形状CIM部件的前提，也是CIM产品尺寸精度和变形控制的重要影响因素[324]。因此，热脱脂过程中必须严格控制升温速率和保温时间，使得黏结剂组元的分解、气化和向外扩散的速率基本保持一致，否则容易产生裂纹等缺陷，图10－18为热脱脂过程中升温过快产生的典型裂纹。过快的升温速度易于使坯体产生孔洞、裂纹和变形等缺陷。

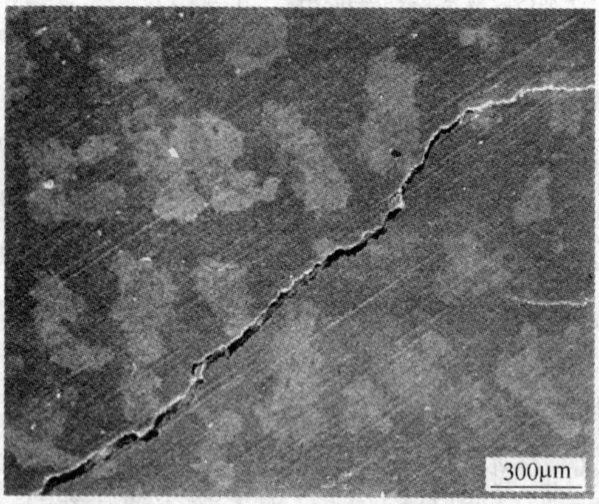

图10－18　热脱脂过程中升温过快产生的典型裂纹

由于陶瓷粉末的粒度细小，粉末的比表面积大，造成喂料中粉末和黏结剂之间结合十分紧密，且颗粒之间用以排除黏结剂的通道极为细小，所以对于同一形状和尺寸的产品来说，CIM的热脱脂要比普通金属粉末注射成形花费更长的时间。如曲选辉等人[311]对相同形状和尺寸的AlN陶瓷和金属注射坯脱脂的研究表明，对于厚度在8mm的样品，AlN陶瓷材料的热脱脂需要60h以上，而金属材料只需要不到10h。

溶剂脱脂是陶瓷注射成形另一种常用的脱脂方法，与热脱脂相比，溶剂脱脂具有脱脂速度快、脱脂时间短和保形性好等优点，然而由于脱脂过程中溶剂进入坯体内部，易于产生过分溶胀而导致坯块膨胀或开裂，同时溶剂脱脂不适宜用于厚度较大的坯块。Ricardo V. B. Oliveira[211]等人研究了成形坯体尺寸及温度对样品溶剂脱脂动力学的影响。实验采用Al_2O_3陶瓷粉末，黏结剂成分为PP＋PW＋SA（质量比6:6:1），装载量为87%，采用环己烷作为脱脂剂。图10－19显示了样品溶剂脱脂过程，可见，在CIM注射样品内部各部分组分均匀的情况下(图 10－19a、图 10－19b),样品在已烷中浸泡 4min 后样品表面由于大量可溶组元的消失已呈现多孔结构(图 10－19d),而样品中心没有观察到明显的变化(图 10－19c)。当脱脂时间延长至 4h 时(图 10－19e 及图 10－19f),组元(PW/SA)溶解,样品中心部位与表面呈现相似的结构。

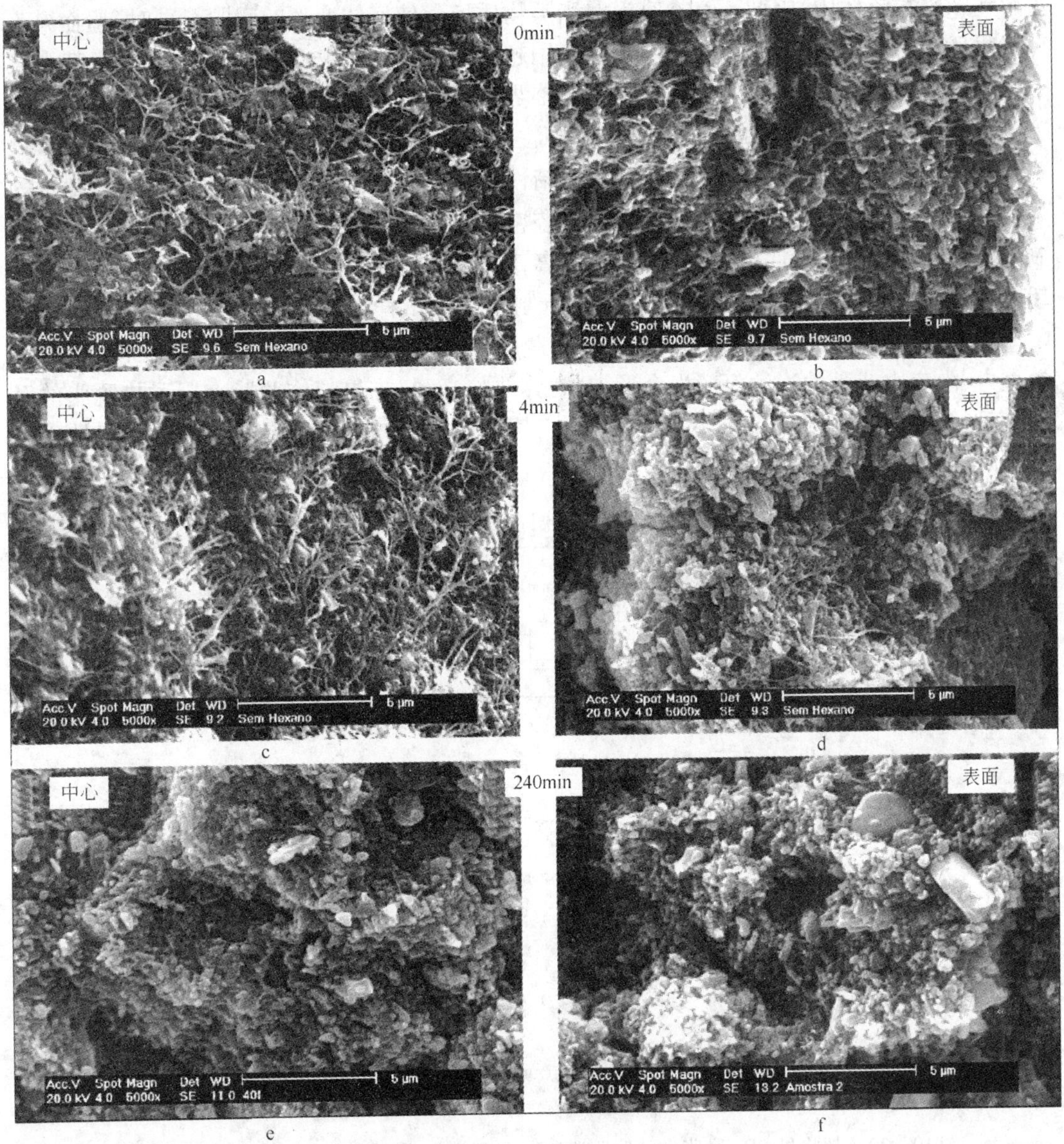

图 10－19　样品在 60℃已烷中脱脂后的 SEM 照片[228]

近年来人们不断地对 CIM 脱脂技术进行探索,取得了不少成果,超临界流体脱脂及催化脱脂等新的脱脂技术被成功应用到了 CIM 技术中,缩短了脱脂时间,减少了脱脂缺陷,有效地控制了成品尺寸和变形,使得整个工艺的成品率得到了提高。其中,超临界流体萃取是近十多年来迅速发展的一种新型萃取脱脂技术,该技术是利用超临界流体所具有的特性将注射成形坯体中部分有机黏结剂(石蜡)萃取,研究表明,此方法十分适合用于陶瓷坯体的脱脂,具有效率高、操作时间短、操作温度低、操作简单、坯体无变形损坏等优点。超临界流体是指处于临界温度(T_c)与临界压力(p_c)以上的流体(最常见的是超临界 CO_2 流体),其兼具气体和液体的双重特性:密度与液体接近,具有与液体相当的溶解能力;黏度和扩散性质接近气体,具有良好的传质传热性能。超临界流体脱脂是在低温下直接使固体脂类物质溶解在超临界流体中,因此不存在高温时脂类物质熔化使坯体变形的问题。同时,超临界流体对物质溶解能力有较强的选择性,因此利用超临界流体可在物质中选择性地萃取其中某一组分[325~327]。吴音等人[328]分别采用超临界 CO_2 流体脱脂、溶剂脱脂以及传统热脱脂方法制备 ZrO_2 陶瓷,研究了三种脱脂方法对注射成形 ZrO_2 的最终性能的影响。表 10－13 为利用不同的脱脂方法制备的 ZrO_2 陶瓷烧结件的性能,通过对比,三种脱脂方法所制备的烧结试样均达到了致密烧结的效果(ZrO_2 陶瓷密度为 6.1g/cm^3),采用超临界 CO_2 脱脂方法制取 ZrO_2 陶瓷烧结试件的平均抗弯强度高于溶剂脱脂和热脱脂的平均抗弯强度。图 10－20 为采用超临界脱脂以及热脱脂技术所制备烧结试样的圆度对比,可见,采用超临界 CO_2 脱脂的试样的变形较热脱脂的要小。热脱脂过程中由于产生液相而导致生坯软化及由于重力、内应力或黏性流动而产生变形、开裂等缺陷,而超临界流体脱脂克服了热脱脂的开裂、变形等各种缺陷,坯体结构保持均匀一致,从而使得烧结试样具有较好的形状保持性及较高的力学性能。

表 10－13　利用不同脱脂方法制备 ZrO_2 陶瓷烧结件的性能[329]

脱脂方式	脱脂时间/h	密度/g·cm^{-3}	抗弯强度/MPa
超临界 CO_2 脱脂(30MPa)	5	6.04	1074
溶剂脱脂	3	6.05	1038.4
热脱脂	80	6.04	983.5

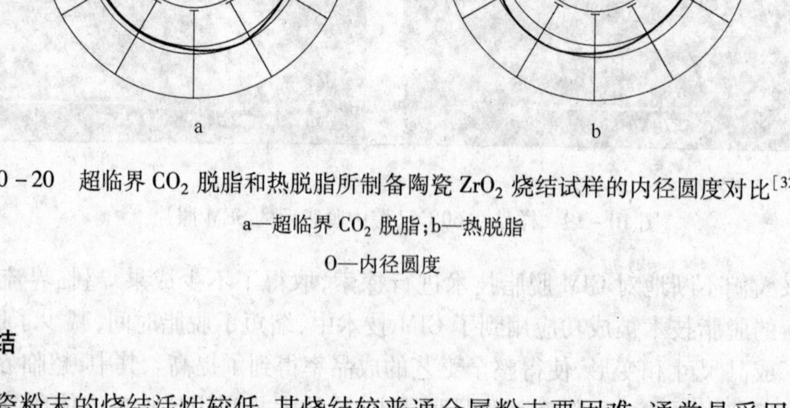

图 10－20　超临界 CO_2 脱脂和热脱脂所制备陶瓷 ZrO_2 烧结试样的内径圆度对比[329]

a—超临界 CO_2 脱脂;b—热脱脂

O—内径圆度

10.3.6　烧结

由于陶瓷粉末的烧结活性较低,其烧结较普通金属粉末要困难,通常是采用固相烧结,通过固相扩散达到致密化,因此需要较高的烧结温度。为了降低材料的烧结温度,目前较多采用活性较高的超细/纳米陶瓷粉末，或者引入少量烧结助剂[330~333,231]，使其在烧结过程中产生少量的液相来促进烧结。研究表明，在 AlN 粉末烧结体系中加入某些稀土金属和碱土金属的氧化物如 CaO、Y_2O_3 等，能有效地促进 AlN 粉末的烧结，有助于提高烧结产品的热导率；在烧结体系中引入的烧结助剂起到两方面的作用：一方面，它可与 AlN 粉末表面的氧化铝反应形成低熔物，产生液相，利用液相促进烧结，提高材料的致密度；另一方面，烧结助剂与氧杂质反应，生成铝钇酸盐，冷却时析出第二相，利用第二相将氧固结于晶界上，减少了高温烧结时氧进入 AlN 晶格的可能性，起到了一个纯化晶格的作用，从而提高了 AlN 烧结体的热导率。SiC 陶瓷的烧结十分困难，即使在 200MPa 的热压条件下也需高达 1950℃ 的烧结温度，郑梅等人[49]在对注射成形 SiC 的研究中，往 SiC 中添加 5.7% Y_2O_3 和 4.3% Al_2O_3（质量分数）作为烧结助剂，图 10－21 为不同烧结温度下进行烧结后所得到的显微组织形貌，可见 1800℃ 下开始出现烧结现象，但由于液相尚未产生，颗粒间界面仍十分清晰（图10－21a）；1850℃ 下液相大量生成并填充颗粒界面，但仍有一些大的空洞存在，未达到烧结致密的状态。1900℃ 下烧结，样品达到致密，仅有一些小的气孔存在，相对密度达到 98.2%，同时材料表现良好的综合力学性能，维氏硬度达 2486.3HV，断裂韧性达6.68MPa · $m^{1/2}$。

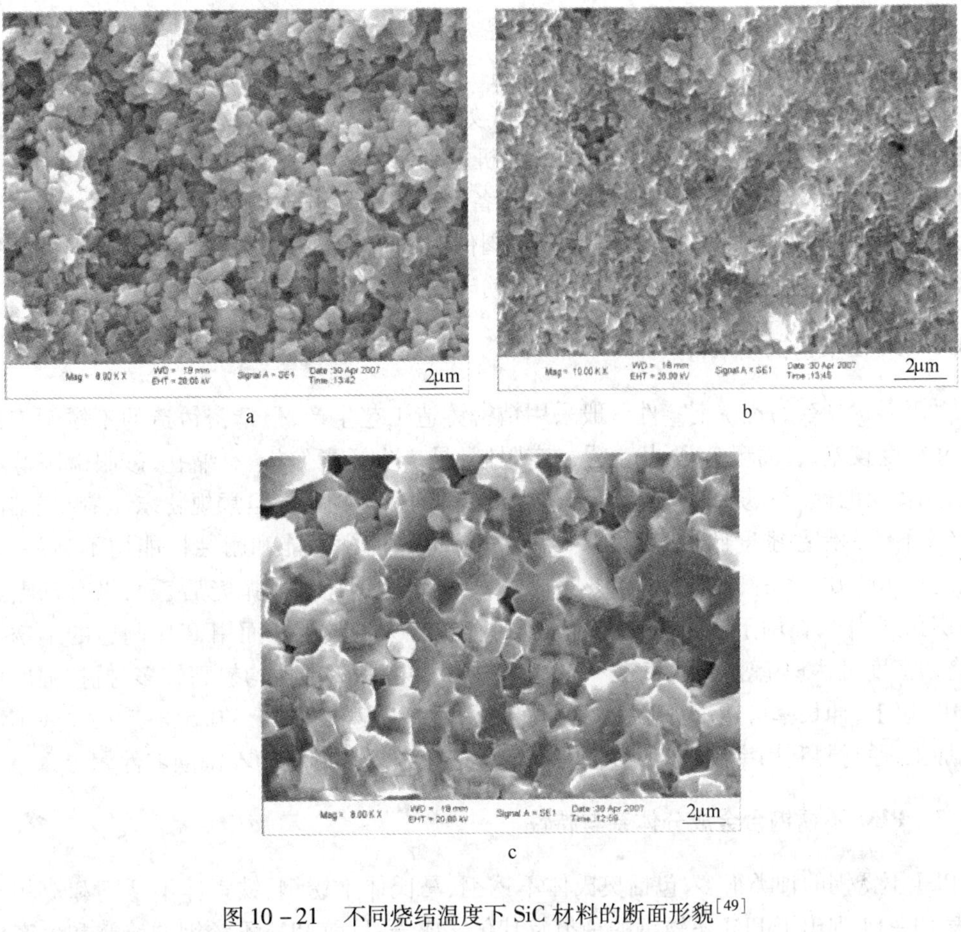

c

图 10－21　不同烧结温度下 SiC 材料的断面形貌[49]

a—1800℃；b—1850℃；c—1900℃

烧结还应根据陶瓷粉末的种类来选用合适的气氛，对非氧化物陶瓷一般用氮气或其他气体进行保护而不宜在空气中烧结，如 AlN 一般采用氮气氛进行烧结[333]。氧化物陶瓷烧结则可以在空气中进行，Martin Trunec 等将脱脂后的 ZrO_2 坯体在氮气氛中进行烧结，在 1500℃保温 2h 即可达到 97.7% ~99.6% 的致密度[302]，如在加压氮气或其他惰性气氛中进行，可减少烧结时间。烧结一般在常压下进行，但对某些高温下易蒸发的陶瓷，须在加压下进行。为了控制变形和得到较高的密度，也可以采用气压烧结或热等静压以提高陶瓷制品的性能。另外，通过控制烧结升温速度也可达到控制烧结致密化的效果。Karel Maca 等人研究了注射成形 CeO_2 陶瓷的烧结升温速度对最终密度的影响，在他们的研究中，当升温速度为 2℃/min 时，1500℃下烧结 1h，CeO_2 陶瓷的致密度达到最高值 99.8%，若升温速度超过 5℃/min，CeO_2 陶瓷的最终密度将会偏低[334]。

因此，陶瓷注射成形制品需根据不同陶瓷粉末的特点，通过选择合适的烧结气氛以及适当的升温速度，或者引入少量的烧结助剂促进致密化过程以缩短烧结时间、降低烧结温度，从而获得高致密度及良好的性能。

10.4 不锈钢注射成形技术

PIM 因在制备形状复杂、性能优良的产品方面有巨大优势，所以近年来应用十分广泛，目前越来越多的不锈钢零部件选用 PIM 来生产，不锈钢零件日益成为 PIM 的主要产品之一[37,335]。PIM 不锈钢部件已用于汽车零件（如点火室、充气囊轴、充气囊销等）、航空航天部件、小型枪械零件、牙矫正托套、外科手术机械、医用气体集流腔、电动牙刷齿轮、手表壳带、眼镜框、锁芯、驱动盘轴壳、半导体生产设备和加工工具、日用镊、钳、钻等工具、饮料分装系统的“丁”字和“十”字接头、轴承保持架、阀件、装饰件等。近年来，PIM 不锈钢产品销售额以 20% ~30% 的速度增长，PIM 用不锈钢粉末的年生产量已达 1000t[336]。

10.4.1 PIM 不锈钢技术特点

对于形状复杂的不锈钢零件一般采用精密铸造工艺生产，但精密铸造的不锈钢零件存在尺寸精度较差、表面粗糙、形状上受一定限制、易产生元素偏析、有缩孔、砂眼缺陷等不足之处；用传统的模压－烧结粉末冶金工艺也可生产不锈钢零件，但常规粉末压制/烧结制备的 P/M 不锈钢制品密度低（一般为 6.3 ~7.3g/cm^3），力学性能和耐蚀性能均不高，一般抗拉强度在 400MPa 左右，伸长率约 20%；而且 P/M 不锈钢经机械抛光后表面仍有麻点或微观可辨孔洞[337]，在用于装饰或较苛刻环境时存在较大的局限。而用 PIM 制造的不锈钢制品，烧结密度可达理论密度的 95% ~99.5%，力学性能和耐蚀性均提高较多，抗拉强度可达 500MPa 以上，伸长率可达 45% 以上，而且产品尺寸精度达 ±0.3% ~0.5%[338]，一般不需后续机加工，原材料利用率高，非常适合大批量生产三维复杂形状的不锈钢零件。

10.4.2 PIM 不锈钢合金成分体系与特性

PIM 不锈钢的种类很多，包括奥氏体不锈钢、马氏体不锈钢、铁素体不锈钢和双相不锈钢，表 10－14 列出了 PIM 不锈钢的种类及其化学成分，目前 PIM 不锈钢的研究和生产较多集中在奥氏体 316L 和马氏体 17－4PH 两个材料体系。

表 10-14 PIM 不锈钢种类及化学成分

种 类	化学成分(质量分数)/%							类 型
	C	Cr	Ni	Mo	Cu	Nb	Fe	
304L	0.017	18.2	10.8	—	—	—	其余	奥氏体
316L	0.017	17.0	12.8	2.1	—	—	其余	奥氏体
317L	0.017	19.5	14.5	3.3	—	—	其余	奥氏体
410L	0.017	12.5	0.2	—	—	—	其余	铁素体
430L	0.017	16.5	0.2	—	—	—	其余	铁素体
434L	0.017	16.9	0.2	1.0	—	—	其余	铁素体
440A	0.70	17.0	0.2	—	—	—	其余	马氏体
440C	1.0	17.0	0.2	—	—	—	其余	马氏体
17-4PH	0.040	16.5	4.1	—	4.0	0.3	其余	沉淀硬化

PIM 对不锈钢原料粉末的粒度、球形度、松装密度及振实密度均有要求[339]。与粉末冶金模压-烧结工艺用不锈钢粉末不同，用于 PIM 的不锈钢粉末的平均粒径一般应小于 20μm，而模压-烧结用粉末的粒径一般小于 150μm。目前，不锈钢原料粉末的制备方法主要是采用气雾化法和水雾化法，前一方法得到的粉末球形度好(如图 10-22)，碳、氧含量低，具有较高的粉末装载量，烧结后的合金致密度高，但成本偏高，脱脂坯强度低，适合制备 PIM 小型高性能复杂形状的不锈钢零件；水雾化不锈钢粉末的价格较低，脱脂坯强度高，但一般水雾化粉末的球形度差(如图 10-23)，碳、氧含量高，在制成喂料时粉末装载量较低，已成为金属粉末注射成形大批量工业生产降低原料成本的一个主要方向。为了改善水雾化粉末性能，使之有利于 PIM，日本 PAMCO 公司和英国 Osprey 公司[340,341]采用超高压水雾化法生产 PIM 不锈钢原料粉末，该技术大大改善了粉末的球形度。Y. Tanaka 等人[342]研究了不同方法制备的 316L 不锈钢粉末对注射成形的影响，在研究中所选用的 316L 不锈钢粉末分别为普通水雾化粉末、普通气雾化粉末和高压水雾化粉末，表 10-15 是三种不同方法生产的平均粒径为 10μm 不锈钢粉末的性能与 PIM 性能，从表上的数据对比可知，高压水雾化制备的不锈钢粉末具有比普通水雾化粉末更高的振实密度和高装载量，改善了粉末的 PIM 性

图 10-22 气雾化法制备的不锈钢粉末形貌

图 10-23 水雾化法制备的不锈钢粉末形貌

能，虽然与气雾化粉末的性能和PIM性能还存在一定的差距，其生产成本远低于气雾化粉末，非常适合生产大尺寸的零部件。此外，李松林等人[343]以英国Ospery公司生产的气雾化316L不锈钢粉末（平均粒度为22μm，w(C)<0.03%）和日本PAMCO公司生产的PF10型超高压水雾化不锈钢粉末（平均粒度为10μm，w(C)<0.017%）为原料粉末，采用相同的PIM制备工艺条件，研究了水雾化不锈钢和气雾化不锈钢的耐蚀性，发现水雾化不锈钢的耐蚀性要优于气雾化不锈钢。

表10－15 不同方法生产的平均粒径10μm的316L不锈钢粉末及其PIM的性能[342]

粉末类型	粉末性能				PIM性能			
	振实密度 /g·cm^{-3}	氧含量（质量分数）/%	比表面积 /m^2·g^{-1}	黏结剂（体积分数）/%	螺旋流动长度/mm	相对密度 /%	氧含量（质量分数）/%	收缩率 /%
一般水雾化	3.75	4500×10^{-4}	0.41	46	200	96	2500×10^{-4}	17.5
气雾化	4.80	900×10^{-4}	0.09	32	300	98	300×10^{-4}	11.5
高压水雾化	4.31	2500×10^{-4}	0.20	42	240	97	1600×10^{-4}	15.5

虽然采用水雾化粉末可以有效地解决注射成形生产较大尺寸件脱脂难和成本高这两大关键问题，但水雾化粉末存在烧结活性低，粉末装载量低，烧结性能不高的问题[46]。Chen X等人[344]指出，将两种不同粒度的粉末均匀混合，可以有效地改善不同粒度粉末各自的填充均匀性，提高PIM产品烧结密度和力学性能。汤潇等人[345]对平均粒径为65.71μm和9.57μm的316L不锈钢水雾化混合粉末注射成形的研究表明，在粗粉末中加入25%（质量分数）的细粉末，可以提高粗粉末的烧结活性和改善合金的力学性能。T. Hartwig等人[36]在316L和17－4PH不锈钢的注射成形中采用气雾化粉末与水雾化粉末的混合粉末为原料，研究表明，在气雾化粉末中添加一定量的水雾化粉末能提高合金的致密度，并指出该混合粉末在1420℃烧结后将达到99.6%以上的致密度，同时研究中还将水雾化粉末球磨活化处理后添加到气雾化粉末中，能提高PIM不锈钢的性能，如图10－24所示。

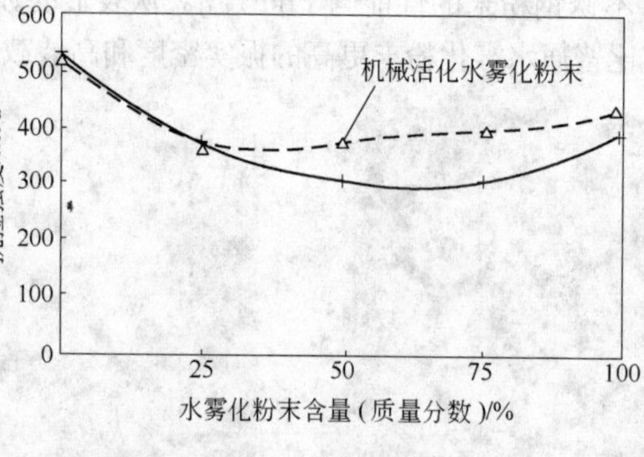

图10－24 机械活化后的水雾化粉末添加量对PIM的316L不锈钢抗拉强度的影响[36]

10.4.3 PIM不锈钢用黏结剂设计与研究

PIM不锈钢用黏结剂与其他合金粉末体系并无本质区别，石蜡基黏结剂、油基黏结剂、聚合物基黏结剂均可用于不锈钢的注射成形[346~349]。表10－16列出了目前不锈钢注射成形中常用的几种黏结剂配方。

表10－16 不锈钢注射成形中常用的几种黏结剂

黏结剂序号	黏结剂组成
1	53PW＋30EVA＋15CW＋2SA[50]
2	65PW＋30HDPE＋5SA[350]
3	PAN－31[351]
4	60PW＋15HDPE＋15PP＋10SA[352]
5	65PW＋ 30EVA＋ 5SA[51]
6	69 PW＋20PP＋10CW＋1SA[353]

注：PW—石蜡；EVA—乙烯—醋酸乙烯共聚物；CW—巴西棕榈蜡；SA—硬脂酸；HDPE—高密度聚乙烯；PP—聚丙烯。

从表10－16中可以看出，目前不锈钢PIM工艺中主要采用石蜡基黏结剂和聚合物基黏结剂，但是这些黏结剂在热脱除时，生坯中多孔网络的形成滞后，气体不能顺利逸出，产生内部压力，易导致生坯鼓泡、开裂，生坯一般只能很缓慢地加热来进行热脱脂，这样使得脱脂时间增加，降低了生产效率；如采用有机溶剂浸出脱除部分黏结剂再热脱脂的方法可以在热脱脂前将生坯中大部分低分子组元脱除，减少热脱脂时间，提高生产效率，但有机溶剂对环保及生产操作者健康有不良影响。1998年，Honeywell公司[354]研究开发出一种凝胶水基黏结剂，其黏结剂组成主要是水和少量树脂，同时该公司将该黏结剂与不锈钢粉混合做成商品注射料，用于许多部件的生产，如17－4PH飞机引擎叶轮、Hastelloy2X飞机燃烧室喷嘴、316L轮船推进器和18－8不锈钢餐具等，与传统石蜡基黏结剂和聚合物基黏结剂相比，这种黏结剂最大的优点是：大量采用水，只需少量树脂；脱脂时只需低温干燥水分，成本低，速度快；可生产大而厚的制品。但Holmes、Hens[355,356]等人对该黏结剂体系进行过仔细研究，发现该黏结剂存在许多不足：

（1）黏结剂体系中的水加热蒸发，从而在混料和注射成形过程中易改变注射料的黏度和金属粉末装载量；

（2）黏结剂体系中的水对一些活泼的金属或合金粉末有氧化作用；

（3）由于水加热蒸发，故不能保持水分的恒定，使得注射料难以重复利用；

（4）凝胶化时间长，注射坯脱模困难。

Anwar等人[357]在316L不锈钢的注射成形中研究开发了一种新型水溶性黏结剂，该黏结剂主要是由聚甲基丙烯酸甲酯（Polymethylmethacrylate）（PMMA）与聚乙烯乙二醇（Polymethylene glycols）（PEG）组成，其黏结剂组成为：10% PEG600 ＋ 10% PEG1000 ＋ 60% PEG1500＋20% PMMA，由于该黏结剂中含有PEG组元，在脱脂时，先用水迅速脱除黏结剂中的PEG组成，形成联通孔隙；然后采用热脱脂方式快速脱除黏结剂中的PMMA部分，这样可以有效地防止鼓泡、坍塌、裂纹等缺陷的产生，同时加快脱脂速度，因此该黏结剂具有脱脂速度快，且无环境污染，对生产操作者健康无影响的特点。M. A. Omar等人[358]以316L不锈钢的注射成形为例，研究了PEG＋PMMA黏结剂中PMMA含量对PIM不锈钢的影响，其中PEG组元的组成为10% PEG600＋10% PEG1000＋80% PEG1500，PMMA含量为10%～25%，随着黏结剂中PMMA含量的增加，注射坯和脱脂坯的强度增加（如图10－25），而且烧结后不锈钢的致密度也增加(如图10－26)，但同时也降低了PEG的脱脂速度(如图10－27)。采用PEG＋PMMA两组元黏结剂粉末装载量不高，最高只有65%，而且生坯密度仅为5.45g/cm^3，在PEG＋PMMA两组元黏结剂基础上，Bakan等人[359]将PEG组元的组成变为10% PEG600＋60% PEG1000＋30% PEG1500，同时以少量硬脂酸取代相应量的PEG，研究开发了PEG＋PMMA＋SA三组元黏结剂，与PEG＋PMMA两组元黏结剂相比，该黏结剂中通过添加带有一定极性官能团的表面活性剂SA，改善了粉末与黏结剂的润湿性，提高了粉末装载量，该黏结剂组成为83PEG＋15PMMA＋2SA，以316L不锈钢为例，粉末装载量达到了68%，而且注射温度大大降低，在145℃注射均能较好地控制注射毛坯的质量，生坯密度达到5.57g/cm^3，在脱脂方面，由于PEG平均相对分子质量减少，使PEG脱除速率提高，含68%(体积分数)粉末的生坯中的PEG可在3h内完全浸出，而且随后的热脱脂升温速度也提高，由原来的5K/min提高到了10K/min，加速了工艺过程，减少或避免了缺陷的产生，而且对环保无害，是制取PIM不锈钢零件的较好黏结剂，目前已应用推广于生产。

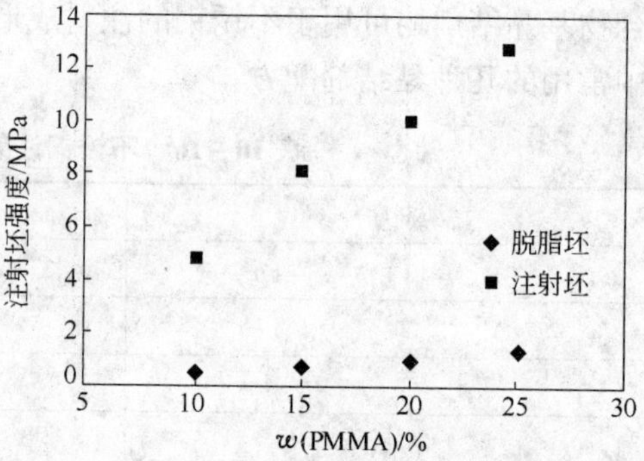

图10－25 注射坯和脱脂坯的强度随PMMA含量的变化[358]

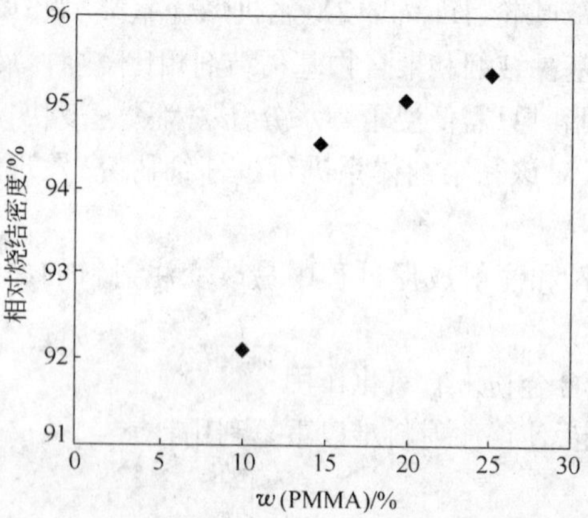

图10－26 烧结后样品密度随PMMA含量的变化[358]

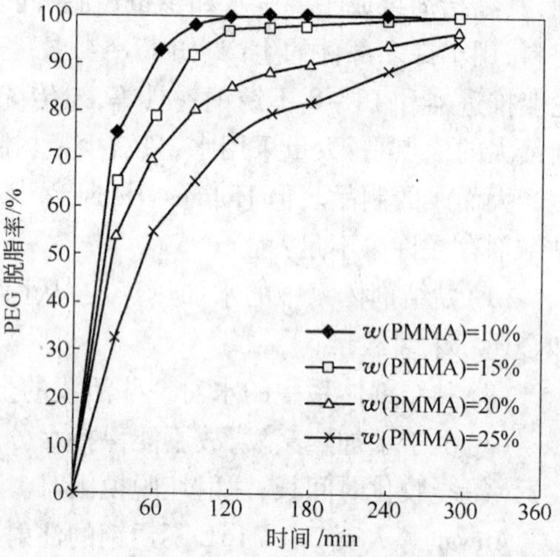

图10－27 PEG脱脂率随PMMA含量的变化[358]

为了减少脱脂时间和控制脱脂缺陷，德国BASF公司于20世纪90年代初对原有聚醛树脂基黏结剂进行了改进，研究开发了BASF黏结剂和称为Metamold的催化脱黏技术[360]，由于BASF公司只提供专利保密的黏结剂，因此无法获得黏结剂配方。与一般黏结剂相比，BASF黏结剂在注射成形过程中具有以下几个特点：

(1)注射压力大，注射压力达到200MPa(2000bar)；

(2)注射温度高，通常的注射温度接近200℃；

(3)模具温度高，注射时模具温度在120℃左右；

（4）注射坯无偏析和变形，而且注射坯厚度也较大。

此外，该黏结剂在脱脂方面，还具有脱脂速度快、脱脂缺陷少的优点，当采用100%的HNO_3作为催化剂时，黏结剂的脱脂速度可达1～2mm/h，远高于一般黏结剂注射坯的脱脂速度（0.1mm/h），而且100%气态HNO_3不会使不锈钢粉氧化，非常适合用作不锈钢注射用黏结剂。近年来，中南大学郑礼清等人[361]在聚醛树脂基黏结剂的基础上研究开发了聚甲醛基新型催化脱脂型黏结剂，其组成主要包括聚甲醛（POM）、高密度聚乙烯（HDPE）和少量的其他黏结助剂，该新型催化脱脂型黏结剂体系（聚甲醛、高密度聚乙烯和其他助剂）与17－4PH不锈钢粉末（粉末装载量58%，体积分数）的混合喂料呈假塑性流体，喂料的黏度随着温度的升高以及剪切速率的增大而减小，在185℃和$500s^{-1}$剪切速率条件下，其非牛顿指数n和黏流活化能E分别为0.26864kJ/mol和34.96785kJ/mol，具有较好的充模性。

10.4.4　脱脂、烧结与缺陷控制

脱脂是不锈钢PIM工艺过程中耗时最长的一步，也是不锈钢PIM工艺中极为关键的一个环节。不锈钢脱脂可用热脱脂、溶剂脱脂、虹吸脱脂、催化脱脂等方法[362]，最近在溶剂脱脂的基础上还发展出了冷凝蒸气脱脂技术[363]，热脱脂是最早采用也是目前常采用的方法。

不锈钢注射坯的热脱脂主要包括两个方面，一方面是黏结剂的热分解，另一方面是黏结剂分解气体的排出，这两方面控制不当均会使坯体产生开裂、起泡、分层、变形等各种缺陷，带来不利影响，因此，热脱脂过程中必须严格地控制升温速率和保温时间，使黏结剂组元的分解、气化和向外扩散的速率基本保持一致。李益民等人[201]对气雾化316L不锈钢注射坯热脱脂的研究表明，粉末装载量对PIM不锈钢成形坯的脱脂速率和脱脂缺陷有着重要影响，粉末装载量高，脱脂速率低，易产生裂纹、断裂等缺陷；粉末装载量低，脱脂速率高，易发生塌陷、鼓泡等缺陷。

溶剂脱脂是不锈钢注射成形的另一个脱脂方式。M. A. Omar等人[364]研究了316L注射坯的溶剂脱脂过程，实验中黏结剂采用60PE＋35PW＋5SA，粉末装载量为63%，溶剂选用烷烃类有机溶剂，图10－28显示了注射坯溶剂脱脂的过程，从图上可以看出，溶剂脱脂后，注射坯粉末颗粒表面的有机黏结剂被逐渐溶解，形成连通孔隙，这对于以后的热脱脂是十分有利的。

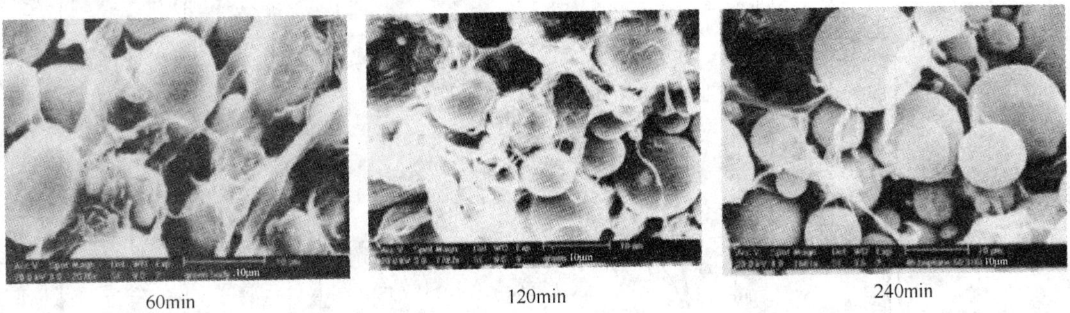

图10－28　注射坯经不同时间脱脂后的SEM形貌[364]

催化脱脂是德国BASF公司研究开发的一种快速脱脂技术，该技术采用硝酸、草酸作为催化剂，在低于聚醛树脂的软化温度下进行，避免了液相的生成，有利于控制生坯变形，保证了烧结后的尺寸精度，使得成品率得到提高，而且该技术脱脂速率快，大大缩短了脱脂时间，

目前该脱脂技术被成功地应用到了不锈钢 PIM 工艺中,减少了脱脂缺陷。

微波加热脱脂技术[300]和超临界流体萃取脱脂法[365]是新出现的脱脂技术,微波加热脱脂技术是利用微波进行加热脱脂的方法,该方法可消除温度梯度,从而避免产生缺陷;超临界流体萃取脱脂技术是利用超临界流体所具有的特性将注射成形坯体中部分有机黏结剂(如石蜡)萃取,与传统的热脱脂和溶剂脱脂相比,超临界流体脱脂极大地缩短了脱脂时间,但是这种方法对设备要求较高。

PIM 不锈钢脱脂中一个常见的问题就是碳含量的控制,对于不锈钢来说,脱脂残碳是十分有害的。控碳是 PIM 不锈钢脱脂中的一个重要方面,对不同碳含量不锈钢的控碳可以通过脱脂气氛以及加热速率的选择来实现。梁良华等人[366]在 440C 高碳不锈钢的注射成形研究中,采用溶剂脱脂 + 热脱脂两步脱脂技术,其中在热脱脂中选用 Ar 作为脱脂气氛,通过设计合适的热脱脂工艺达到完全脱除黏结剂并且无缺陷的目的。Hezhou Ye 等人[246]在 PIM 17－4PH 不锈钢研究中采用体积比为 1∶1 的 $N_2 + H_2$ 混合气体作为热脱脂气氛。此外,合金中碳含量的控制还与粉末中的氧含量有关。Daigo Sugiyama 等人[367]的 304L 不锈钢注射成形研究表明,不锈钢粉末中的氧在热脱脂中与碳发生反应而使不锈钢合金脱碳。

PIM 不锈钢的性能在很大程度上取决于致密化程度的高低,而致密化程度主要受烧结工艺的影响,包括烧结气氛、烧结温度和烧结时间。

PIM 不锈钢通常采用超固相线液相烧结[368],与其他烧结方式相比,该烧结方法的优势在于:(1)有利于控制产品的变形和精度;(2)产品成分均一化。Hwan－Jin Sung 等人[48]以 17－4PH 不锈钢为例,通过对烧结温度影响的研究发现,在 900～1350℃烧结温度内,合金致密度随烧结温度的升高而增加,相对密度从 900℃时的 61% 增加到 1350℃时的 99%,而且力学性能也随烧结温度的升高呈直线增加(如图 10－29)。此外,王栋梁等人[369]以 Cr－Mn－Mo－N 不锈钢为例,研究烧结温度对不锈钢的耐蚀性能的影响,结果表明,烧结温度从 1320℃提高到 1400℃时,随着烧结温度的提高,不锈钢的点蚀电位先升高,在 1380℃时达到最高值,此后又急剧降低(表 10－17)。这是由于 1380℃烧结的不锈钢中氮含量最高,氮的存在能够显著改善 Cr－Mn－Mo－N 不锈钢的耐点蚀性能,因而使得 Cr－Mn－Mo－N 不锈钢在 1380℃烧结后具有良好的耐蚀性能。

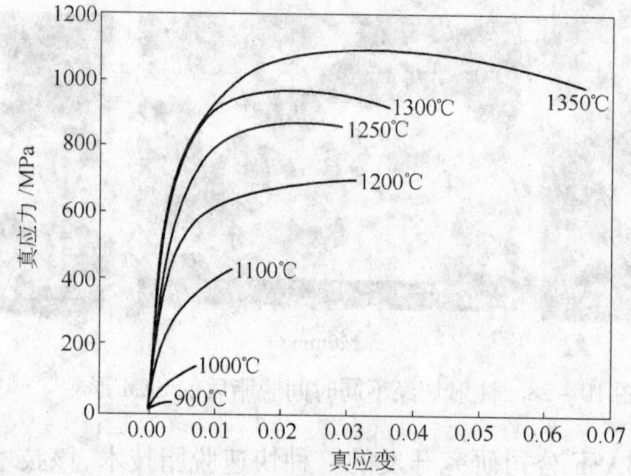

图 10－29　不锈钢在不同烧结温度下的真应力与真应变曲线[48]

表 10－17 不同烧结温度下 Cr－Mn－Mo－N 不锈钢的击穿电位[369]

烧结温度/℃	1320	1340	1360	1380	1400
击穿电位/V	0.432	0.617	0.857	0.895	0.653

由于 PIM 不锈钢在烧结时容易被氧化，因此通常选择还原性气氛或惰性气氛作为烧结保护气氛，如 Ar、H_2、N_2 以及真空气氛。对于 PIM 316L 不锈钢，对比以 Ar、Ar + H_2、N_2、N_2 + H_2 以及低真空五种气氛（气氛露点见表 10－18）作为保护气氛，在 1375℃ 烧结，气氛对合金产品的密度、力学性能以及显微组织的影响[247]。表 10－19 是烧结后产品的密度与力学性能，从表上可以看出，在烧结温度、升温速率、保温时间相同的情况下，Ar 和 Ar + H_2 烧结的密度较高，且两者相差不大，这主要是由于 Ar 和 H_2 露点低，在烧结时能使粉末不被氧化，促进烧结致密化；在 N_2 保护气氛下的烧结产品除伸长率外，其他力学性能均优于 Ar 和 Ar + H_2 保护气氛下的烧结产品，这主要是由于 N 元素对不锈钢具有固溶强化作用[368]。图 10－30 是不同烧结气氛下 316L 不锈钢产品的金相组织照片，采用 N_2 和 N_2 + H_2 气氛保护烧结时，晶粒形状不规则且 N_2 + H_2 气氛保护的样品晶粒异常长大很明显；而采用 Ar 和 Ar + H_2 气氛保护烧结的样品，晶粒形状为近球形，晶界平滑，这说明样品在 Ar 和 Ar + H_2 气氛保护下烧结时出现了较多的液相且液相流动分布较好，而采用 N_2 和 N_2 + H_2 气氛保护烧结时，液相的作用较小。此外，H. Zhang 等人[371]采用 H_2 和 30% N_2 + 70% H_2 作为保护气氛，研究了保护气氛对 PIM 17－4PH 不锈钢耐蚀性的影响，在氢气中烧结的 PIM 17－4PH 不锈钢在 10% 氯化钠溶液中的耐腐蚀性能很好，浸泡一星期后没有腐蚀，而在 30% N_2 + 70% H_2 中烧结的 17－4PH 不锈钢在相同的氯化钠溶液中产生 $1 \sim 10^{-3}$ g/（mm^2 · 天）的腐蚀；在氢中烧结的 17－4PH 不锈钢在亚氯酸铁溶液中的耐腐蚀性最佳，而在 30% N_2 + 70% H_2 中烧结的耐腐蚀性最差。

表 10－18 烧结中所用的气氛露点[247]

气 氛	Ar	N_2	H_2
露 点	≤－60℃	－40℃	－50℃

表 10－19 烧结后产品的密度与力学性能[247]

气氛	烧结密度/g · cm^{-3}	相对密度/%	屈服强度/MPa	抗拉强度/MPa	伸长率/%	硬度 HRB
N_2	7.30	91.3	451	688	25	82
N_2 + H_2	7.50	93.8	451	765	32	76
Ar + H_2	7.80	97.5	280	630	52	69.5
Ar	7.84	98.0	220	603	42	70.5

PIM 不锈钢烧结致密化除了烧结工艺影响外，不锈钢粉末对合金烧结致密化也存在较大影响，通常气雾化不锈钢粉末烧结致密度高，而水雾化不锈钢粉末烧结致密度低，然而气雾化不锈钢粉末成本高，为了降低 PIM 不锈钢的成本，同时提高烧结不锈钢的致密度，改善其力学性能和耐蚀性，目前通常采用在 PIM 过程中添加某些合金元素来促进 PIM 不锈钢的致密化。研究表明，在不锈钢粉末中添加 B、Cu 等元素能降低烧结温度，提高 PIM 不锈钢的

致密化程度。

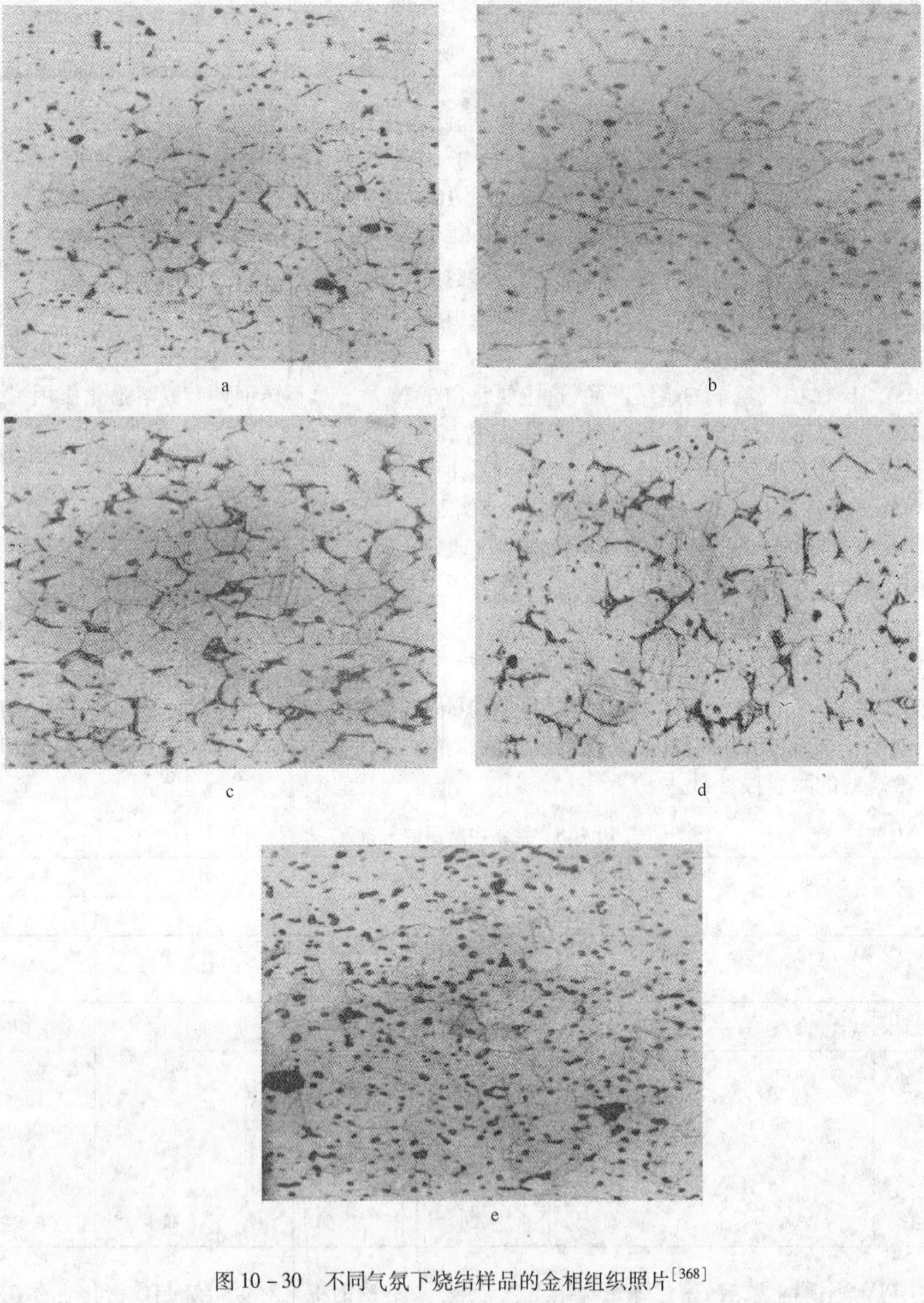

图 10-30　不同气氛下烧结样品的金相组织照片[368]

a—Ar；b—Ar + H_2；c—N_2；d—N_2 + H_2；e—低真空

A. Molinari 等人[371]在不锈钢粉末中添加 B 元素进行烧结，研究表明 B 形成液相有利于烧结密度的提高，而同时在晶界处共晶硼化物也制约着烧结体致密度的提高，当加入 0.2 %（质量分数）B 时烧结密度显著增加，而硼化物对其致密度的影响很小。

F. Deflorian, L. Ciaghi 等人[372]在不锈钢粉末中添加 Cu 元素进行烧结，研究表明 Cu 的添加不仅由于其液相的形成降低烧结温度，提高烧结体的致密度；而且还增强烧结体的耐蚀性。表 10－20 是几种常见添加元素对烧结不锈钢致密度及其力学性能的影响。

表 10－20　两种添加元素对烧结不锈钢致密度及其力学性能的影响

添加元素	烧结温度/℃	元素含量/%	烧结密度/g·cm^{-3}	硬度 HV	屈服强度/MPa	抗拉强度/MPa
B	1240	0	6.50	170	140	300
		0.2	7.12	185	154	354
		0.4	7.80	210	163	390
Cu	1180	0	7.00	200	235	275
		2	7.30	175	240	325
		4	7.25	160	265	330

由于 PIM 不锈钢在烧结时合金内部会残留应力，而且成分均匀性较差，因此通常在烧结后对 PIM 不锈钢进行热处理，其目的是消除残留应力和均匀化合金成分。另外对于 17－4PH 不锈钢，热处理还能使组织内不锈钢粒子脱溶沉淀，起到沉淀强化的作用，因此热处理是使 17－4PH 不锈钢获得高力学性能的关键，对于锻造 17－4PH 不锈钢通常是在 1000～1040℃固溶处理 1h，而后水淬，再在 480℃时效处理 4h，强度达到 1340MPa、伸长率达到 7%；而 PIM 17－4PH 不锈钢则是在氩气中烧结 1h 后炉冷，再在 480℃时效 3h，而不需另行固溶处理，这样达到的抗拉强度为 1360MPa、伸长率为 7%、硬度 40HRC，完全可以与锻造的性能相比拟[370]。

11　粉末注射成形技术新工艺

随着粉末注射成形技术产业化程度的不断提高，其应用领域也得到了很大程度的扩展。目前，粉末注射成形技术不仅可以用于制备一般的结构材料，而且对于制备复合材料、多孔、记忆合金、超导等一些功能材料等，也逐渐显现出其优势，同时，PIM 零部件的形状正逐渐向复杂化、微小型化和大尺寸化发展，使得形状设计具有更大的灵活性。新的材料体系和零件设计的出现对注射成形工艺提出了更进一步的要求，各种不同材料制备的零部件对特定形状和性能都有要求，因此对注射成形工艺的要求也各不相同，如微小零部件、复合材料及多孔材料零部件等，这些产品需要在传统注射成形工艺的基础上进行相应的调整以适合其制备和生产。因此，针对各种材料及零部件的特殊需求，需要在传统工艺和设备的基础上发展各种注射成形新工艺以及新的注射设备。近年来，新型注射工艺的研究进入了一个快速发展阶段，更进一步地推动了其向更多应用领域的不断扩展，这些新型注射工艺包括微注射成形技术、粉末共注技术、PSH－PIM 技术、低压注射成形技术以及气体/液体辅助注射成形技术等。

11.1　粉末微注射成形

近年来微系统技术（Microsystems Technology，简称 MST）显示出越来越重要的地位，这对应用于微型工程中的三维微型复杂元器件提出了日益紧迫的要求，这些元器件包括微型模具、用于传感器和加速器上的微型机械结构、生物传感器、微型流体元件、微型反应器等。随着微型结构这一领域的不断拓展，将有更多微型结构件的需求，同时要求满足性能和规模化生产的要求。

然而，微系统技术的发展受到加工技术的严重制约，传统加工方式已远远不能胜任。而现有的微型加工技术，如微型切削（micro cutting）、激光切削（laser ablation）、硅刻蚀技术（silicon etching）以及 LIGA 技术等往往受加工材料少的局限，无法同时满足技术可行性与高性价比的双重要求，生产效率低，无法应用于大规模生产。

粉末微注射成形技术（micro powder injection molding，简称 μPIM）将近年迅速发展起来的粉末注射成形技术有机地运用到外形尺寸是微米级器件的制备上，完全满足高性价比的要求，成为大规模生产微型元器件最具潜力的制备技术。目前采用粉末微注射成形技术制备出微型齿轮（图 11－1）[373,374]、微型反应器（图 11－2）[375]、微型混合器（图 11－3）[375]、微型模具、微型导管、微型泵等许多零部件[376]，这些零部件已用于微电子行业、微机械行业、医疗器械等多个行业。而且粉末微注射成形技术将可加工的材料范围扩大到各种纯金属、合金以及陶瓷。

11.1.1　粉末微注射成形技术的特点

粉末微注射成形技术，由于加工的零部件外观尺寸仅为微米数量级，导致了该技术与传统的注射成形方法相比，存在以下几个特点[377]：

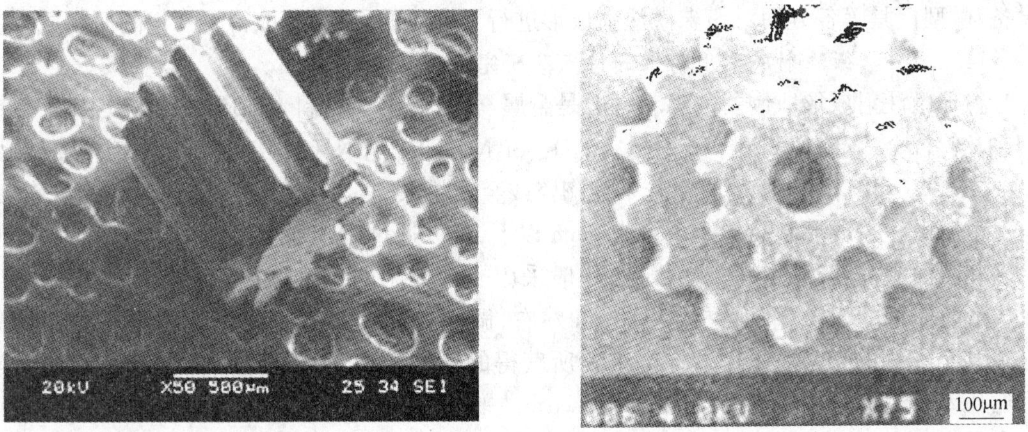

图 11－1　微型齿轮[373,374]

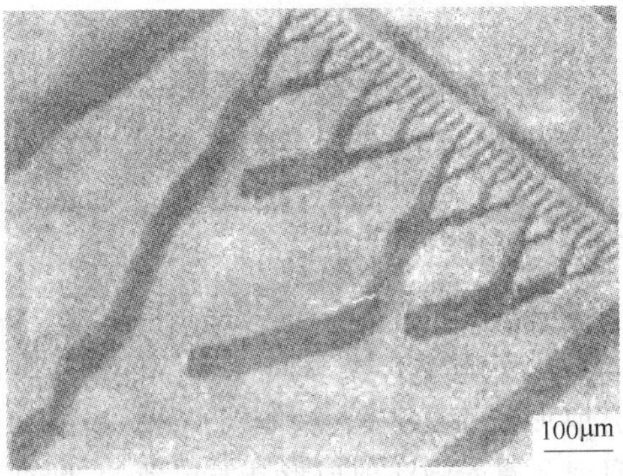

图 11－2　微型反应器[375]

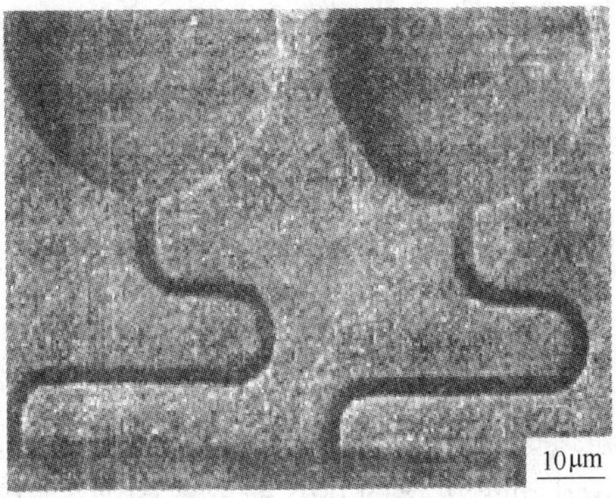

图 11－3　微型混合器[375]

(1)使用的原料粉末细,通常粉末的平均粒度小于 5μm。这对于粉末生产行业提出了更高的要求。尤其是金属粉,要满足这样的粒度要求存在一定的难度。

(2)采用微加工技术制造模腔。由于模腔的尺寸很小,往往比传统的加工工具小几倍,因此适用于粉末微注射成形的模具无法沿用传统的模具加工方法来制备,必须采用微型生产工艺。目前,国外的研究者大多选用在硅片上用深刻蚀的方法加工,也可以采用 LIGA、微型切削、激光切削以及微细放电加工等技术来加工模腔。

(3)在小型普通注射机或微型注射机上实现注射,难以在普通注射机上完成。微型注射机与普通注射机的最大区别在于前者采用螺杆－柱塞组合来完成注射,由螺杆部分来完成对注射料的充分混合,保证均匀的温度,而柱塞将熔融的注射料压入到模腔。

(4)注射时充型困难。由于粉末微注射成形的型腔都是微米级的,这就对黏结剂的选择和注射工艺参数的制定提出了更高的要求。黏结剂的流动性必须非常好,同时还要有足够的强度,在没有顶杆顶出机构脱模的情况下注射坯能够从微小的模腔中拔出。在注射时要增加一些特殊的工序,如粉末与黏结剂的混炼应在真空下完成,在注射时模具需要加热,注射后模具温度应能迅速降低。

11.1.2　粉末微注射成形技术的研究现状

针对粉末微注射成形技术的特点,国内外研究者从微注射用粉末、黏结剂、微注射成形设备、微型模具等各方面对粉末微注射成形进行了广泛的研究,并取得了一定的研究成果。

11.1.2.1　微注射成形用粉末的特点及研究

粉末微注射成形所制备的材料一般是金属、合金和陶瓷材料,如316L和17-4PH不锈钢以及钨合金等,陶瓷材料,如ZrO_2、Al_2O_3、Si_3N_4、TiO_2、AlN和PZT等,以及复合材料,如WC-Co、W-20Cu等,所用原料粉末为陶瓷或金属粉末。

由于微注射成形制品的大小多为1mm以下,难以通过后续加工技术来调整制品的尺寸精度和表面粗糙度等质量问题,因此,一般采用非常细小的粉末颗粒[378,379]。常规粉末注射成形所使用的粉末,平均粒径为10μm左右,微注射成形技术则要求使用平均粒径约为3μm甚至更细的粉末。采用这样的细粉所获得的微注射成形坯烧结后的制品表面粗糙度可达0.25μm,而常规法制品只能获得1.2μm。平均粒径3μm左右的金属粉末可以采用高压水雾化法来生产,这种技术已工业化。有研究表明,气雾化粉中加入水雾化粉可提高注射成形件的形状保持能力降低各向异性收缩,气雾化粉含量大的试样,脱脂后易于坍塌。使用水雾化粉末可保持形状而不损害其力学性能[344]。

德国IFAM研究所认为微金属注射成形需要平均粒径为1~2μm的细粉,以便制造微小结构,以粉末平均粒度为2μm的羰基铁粉为原料,能够得到的最小结构达到10μm,也就是5个粉末颗粒沿直线排开的长度,而且表面粗糙度已经小到几百个纳米[380]。目前国际市场上已经出现了专用于粉末微注射成形的1~2μm的陶瓷粉末和5μm以下的金属粉末。

11.1.2.2　粉末微注射成形用黏结剂的特点及研究

与普通粉末注射成形技术相比,粉末微注射成形技术由于粉末表面/体积之比增大,需要黏度较低但有足够强度的黏结剂,以利于微注射成形并避免生坯件脱模时变形损坏。德国Karlsruhe大学的IMR研究所为纳米陶瓷粉与超细金属粉微注射成形开发出新的、低黏度的黏结剂体系,成分(质量分数)为48%石蜡、48%聚乙烯以及4%的表面改性剂。该黏结剂与商用黏结剂有相似甚至在高剪切速率下更低的黏度,在160~170℃成形温度下,这种注射料具有较好的充模能力与高的生坯稳定性,保证顺利脱模,并降低热脱脂的温度和加热速度,通过低温和低加热速度的热脱脂,可制造出无裂纹、无变形的脱脂微型件,烧结后的体积收缩率为15%~22%,尺寸公差为0.005mm[381]。

德国Fraunhofer的IFAM研究所用粉末为平均粒度为1.5μm的羰基铁粉、4~5μm的不锈钢粉和0.6μm的氧化铝粉[381~384]。所用黏结剂有自混聚烯烃/蜡化合物和常态聚醛基化合物。研究中的脱黏结剂的方法有加热去除有机物法、聚醛基化合物催化脱黏结剂法及超临界二氧化碳脱黏结剂法。所制产品复压后的密度达98%,线性收缩为15%~22%。

新加坡南洋理工大学对金属粉末微注射成形黏结剂进行了实验研究,结果表明微注射成形工艺可成功地加工出尺寸在100μm左右的零件(图11-4),包含PVA水溶性黏结剂不适合微注射成形工艺,而对于4μm的316L不锈钢粉末可用PAN250+EVA+HDPE组成的黏结剂[385]。

此外,在对黏结剂的研究中还发现,黏结剂组成对微注射成形产品的表面粗糙度也有一定的影响。韩国研究者研究了EVA基、PP基和PW基不同黏结剂体系对316不锈钢纳米粉末微注射成形产品表面粗糙度的影响,研究发现,采用PW基黏结剂更适合316不锈钢纳米粉末的微注射成形,产品具有较低的表面粗糙度值[386]。

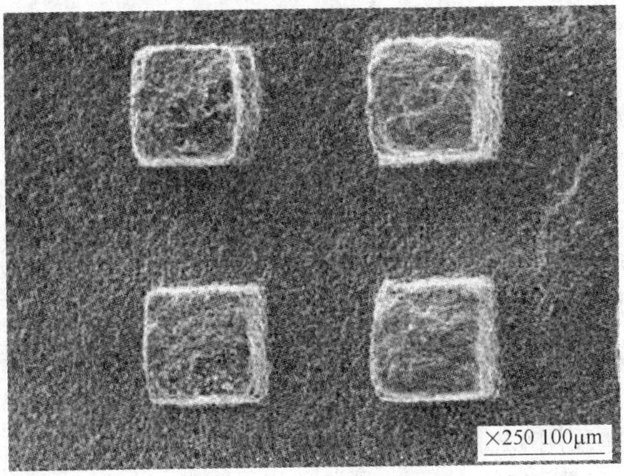

图 11－4 316L 不锈钢微器件[375]

11.1.2.3 微注射成形用设备

微型注射机是微注射成形的关键。微注射成形技术发展之初并没有专用的注射成形机用于微型零件的制造。生产实际中，通常采用传统的中型注射成形机配合多模腔模具设计实现零件制备，因而零件的成形质量难以得到保证。与传统的注射成形技术相比，微注射成形技术对生产设备有许多特殊要求，主要表现在高注射速率、精密注射量计量及高精度温度压力控制系统。

针对传统注射成形机在微注射成形领域中应用的局限性，进入 20 世纪 90 年代，欧洲、日本和美国的一些公司与科研机构合作开发了各种类型的专用微注射成形机（通常锁模力不大于 150kN（15tf）），目前国外主要设备供应厂商包括 Nissei、Dr. Boy、Battenfeld、MCP、Babyplast、高桥等，图 11－5 是 Babyplast 公司生产的 610P 型微注射成形机[387]。早在 1985 年，Battenfeld 公司就率先开发出注射量为 0.54g 的微型注射机，后来又与 HB－Plastic 等公司联合研制出可成形 0.001g 微型制品的塑化、注射分离式注射成形系统 Microsystem 50。一般的微注射系统大致由注射单元、微型模具、锁模装置、脱模装置、温压控制系统、质量监控系统、制品筛选装置组成。微注射成形设备的选择根据制品所需的注射量而定，不同的设备其注射量从 0.001～1g 不等[388]。美国的 American Precision Products 公司已利用其专用的微型注射机生产出质量小于 1g 的产品。

图 11－5 Babyplast 公司生产的 610P 型微注射成形机[387]

11.1.2.4 微注射成形用微型模具制造技术

微型模具的制造是微注射成形技术中的重要组成部分，其难点在于微小型腔或微小凸凹结构的加工，而模具其他结构零件的制造与普通模具基本一致。微小型腔的成形可以在一个很小体积的金属块上进行，然后把金属块作为一个镶块嵌入模板并进行整体组装，这不仅便于微小型腔的微细加工和镶块的更换，而且能够提高模具整体的使用寿命。目前用于微型模具型腔制造的相关技术，按其加工方式可以分为三种类型：

(1)光制作技术，如LIGA(LIGA取自于德文缩写，LI(Lithography光刻)，G(Galvanik电铸)及A(Abformung模铸))，X射线光刻、电子束光刻、激光加工技术和蚀刻等。以光制作为主的微加工技术主要用于微米量级零件(microparts)的加工，其加工精度可达0.01μm以下。目前光制作技术中应用比较广泛的是LIGA技术，LIGA技术被认为是微细加工领域中极有发展前途的一种新技术，其实质是用同步辐射X光进行光刻腐蚀、电铸成形和注塑三种工艺过程组合在一起的新型微细加工工艺。应用LIGA技术可加工出具有高深宽比(纵横比)和高精度的微结构零件，且加工温度较低，它不仅可成形纳米级尺度的微小结构，而且还能制造大到毫米级尺寸的微型结构，因此非常适用于微型模具制造，其制作过程如图11－6所示，图11－7是采用LIGA技术制造的微注射成形用模具硅板[389]。德国Karlsruhe大学IMR研究中心的Piotter博士利用陶瓷粉末和LIGA工艺制造的模芯，可以使零件的表面粗糙度 R_a 达到40nm或者 R_{max} 小于3mm[390]。

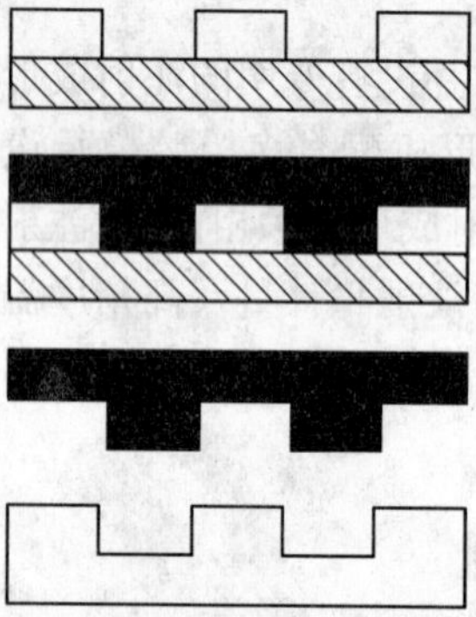

图11－6　LIGA法制作的主要过程

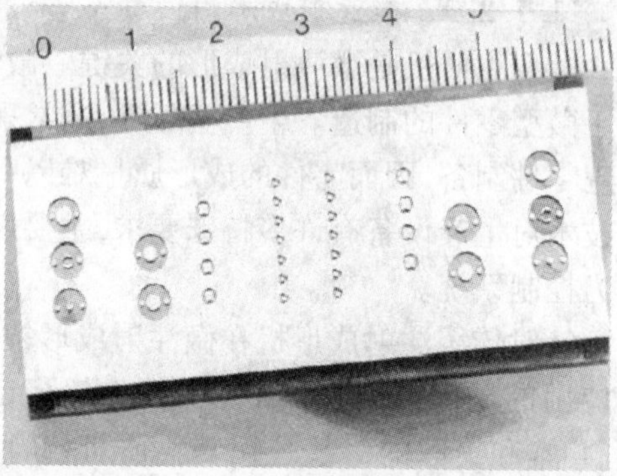

图11－7　采用LIGA技术制造的微注射成形用模具硅板[389]

(2)微机械加工技术，如微车削、磨削和铣削加工等。图11－8是日本FANUC公司开发的微型超精密加工机床[391]。微机械加工技术则一般用于毫米量级零件(miniaturized parts)的加工，其加工精度可达0.1μm以下。微机械加工零件的几何结构通常都是回转体或平面等比较简单的形体。用于车削、磨削和铣削的刀具通常是单晶体钻石，其切削刃可以被磨得非常锋利，圆度误差小于0.02μm。或者用方形、梯形及半圆的钻石刀具。目前研究最多、最成熟的是超精车削。

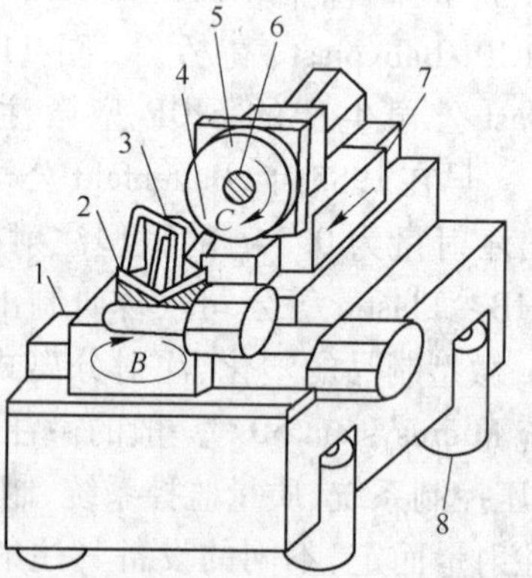

图11－8　FANUC公司开发的微型超精密加工机床[391]

1—X导轨；2—B轴回转工作台；3—空气涡轮主轴；4—刀具；5—C轴回转工作台；6—工件；7—Z导轨；8—空气油减振器

(3)电化学微细加工，例如电火花加工(EDM)、电火花线切割加工(WEDM)、线电极电火花磨削(WEDG)等。对于原材料不适合传统机械加工或者只允许在工件上施加非常小的工作压力时，可以用电化学微细加工的方法来成形。电化学微细加工的加工系统和工作原理如图 11－9 所示，其基本过程就是用一个微小电极作为阴极，沿着被加工零件的外形切线方向移动，利用金属在电解液中发生电化学阳极溶解的原理，将工件加工成所需形状的一种特种加工方法。

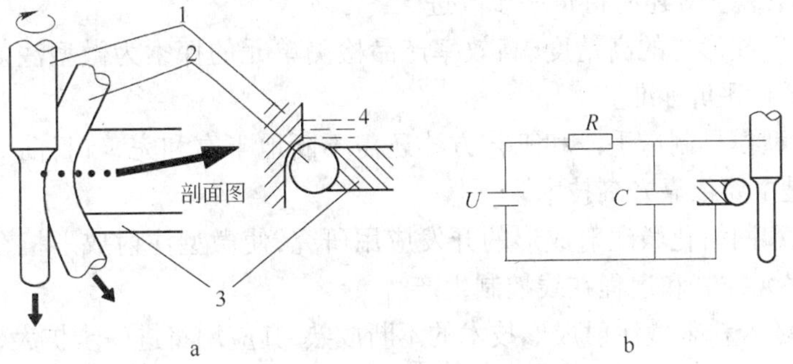

图 11－9 WEDG 加工系统和工作原理图
a—加工系统；b—工作原理图
1—工件；2—金属丝；3—导丝器；4—电解液

此外，研究者们还对现有的微型模具进行改进以更有利于粉末微注射成形，如，新加坡 G. Fu 设计了一套变温模具系统，专门用于金属微注射成形，包括快速升温/降温装置、抽真空装置、热流道和模腔压力传感器，成功地得到了 $\phi 60\mu m \times 191\mu m$ 和 $\phi 40\mu m \times 174\mu m$ 微结构零件[392]。

11.1.2.5 粉末微注射成形产品的烧结与连接

由于微注射成形技术制备的部件尺寸很小，组装十分困难，为此德国 Fraunhofer 的 IF-AM 研究所开发出共注射技术可进行不同材料的组合，采用共烧结技术连接部件进行一体化组装[13]。将两个或多个生坯叠放在一起，通过脱脂后的烧结黏结起来，可制造连通孔道的结构，用于微观流体与微观化学工程反应器、热交换器或混合器等烧结连接两种不同材料时可能产生一些问题。改变所用粉末的化学组成或粒度，可达到所需的烧结相容性。由于微型零件的界面小，易于共烧结，可获得无裂纹的制件。

粉末微注射成形技术得到的微型零件在无需加压的烧结过程中，可以完全连接起来，且在焊合线处有很好的强度。德国研究者已实现了 316L 与 17－4PH 不锈钢的连接[3]。利用微型零件如此简单的连接方式，可实现稍大零件的连接。研究者发现，对于微小零件的连接，可以采取两种方式：一是把两种材料的微型零件先连接在一起，然后将多个这样的零件再连接起来；二是先将每种材料的多个微型零件连接起来，然后将这样的组合体再连接起来。

11.1.3 粉末微注射成形技术的发展趋势和应用前景

粉末微注射成形技术凭借其独特优势，目前已应用在微电子、机械加工、医疗器械、化学分析等行业中。但由于微注射成形技术是新兴的技术，许多基础理论还不够完善，微注射成形工艺也不够成熟，还需要进一步探索和研究。同时，机电一体化技术、计算机网络技术等相关技术的不断发展为微注射成形技术的开展提供了许多新思路和新方向。因此，微注射成形技术的进一步发展还面临着许多挑战，主要表现在如下几方面：

（1）进一步完善新材料的微注射成形工艺研究，发展适用性广的新型材料。

(2)探索新的材料塑化方式,解决现有塑化方式带来的诸多问题,达到整洁、高效塑化注射材料的目的。

(3)研究和改进微注射成形工艺和成形技术,确保得到合格的制品。比如温度控制和检测系统、抽真空装置等还有待进一步改进。

(4)微型注射成形机的高精度、高效率产品检测单元的探索为微型注射成形机提供了可靠的性能测试和评价标准。

(5)新型微型模具制造手段和工艺方法还需不断地丰富和完善,目前对三维微型模具型腔的加工还是主要依靠光刻技术。

(6)智能化和网络化微注射成形的开发应用研究,使微型注射成形机在计算机和网络的帮助下实现多元控制和远程在线控制生产。

可以预见,随着粉末微注射成形技术的不断成熟,其应用将进一步扩大,在未来,微注射成形技术将更加广泛地用于航空航天、精确制导、高级信息处理和通信等诸多领域。

11.2 粉末共注技术

为了满足金属结构材料在某些应用上对于服役能力的需求,采用共注射成形技术制备层状双金属或多金属结构制品得到了广泛的关注。共注射成形技术采用双喷管注射成形设备,两个喷管内分别装盛两种不同材料组成的喂料[33~35]。首先,其中一个喷管中的材料A流入并充填模腔,然后通过模具的旋转或移位使另一个喷管与其相应浇口相连,最后,第二种材料B被注入模腔,环绕先注入模腔成形的材料或与其相邻接。由此可见,共注射成形技术使得我们在制备双金属结构制品时无须更换模具,同时两种金属的冷却可以同时进行,从而避免了由于过大温度差别而导致冷却时在两种金属接触面上产生应力。图11-10为共注射成形工艺示意图。

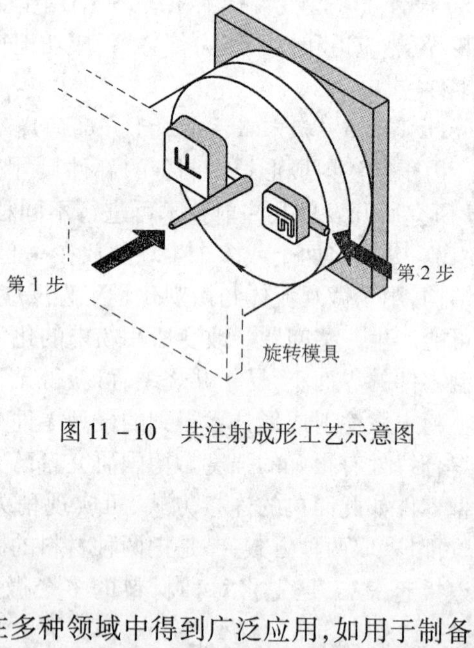

图11-10 共注射成形工艺示意图

11.3 造孔-注射成形(PSH-PIM)技术

多孔金属材料由于其本身固有的一些特性在多种领域中得到广泛应用,如用于制备热交换器、吸热材料、过滤器,医用多孔形状记忆植入片[393]等。传统的粉末冶金压制-烧结法制备多孔金属材料存在孔隙尺寸以及孔隙度大小难以控制的问题,同时其形状复杂程度以及受到成形技术的较大程度的限制,尺寸的精度无法得到保证。将造孔技术与注射成形技术相结合的PSH-PIM工艺是目前用于制备金属多孔材料的近净成形技术中受到广泛认可的一种,该项技术具有生产效率高,孔隙形状、尺寸、弥散程度以及孔隙度可控的特点,具有较高的应用价值和技术优势[394]。

图11-11为PSH-PIM基本工艺示意图,PSH-PIM工艺与普通PIM工艺的区别在于其喂料由金属粉末、黏结剂与造孔剂组成。下面以多孔316L不锈钢制备为例,对PSH-

PIM 技术进行简要介绍。图 11－12 为 316L 不锈钢粉末及造孔剂聚甲基丙烯酸甲酯(PMMA)的颗粒显微形貌,其中图 11－12b 的 PMMA 粒度为 10μm,图 11－12c 所示 PMMA 颗粒

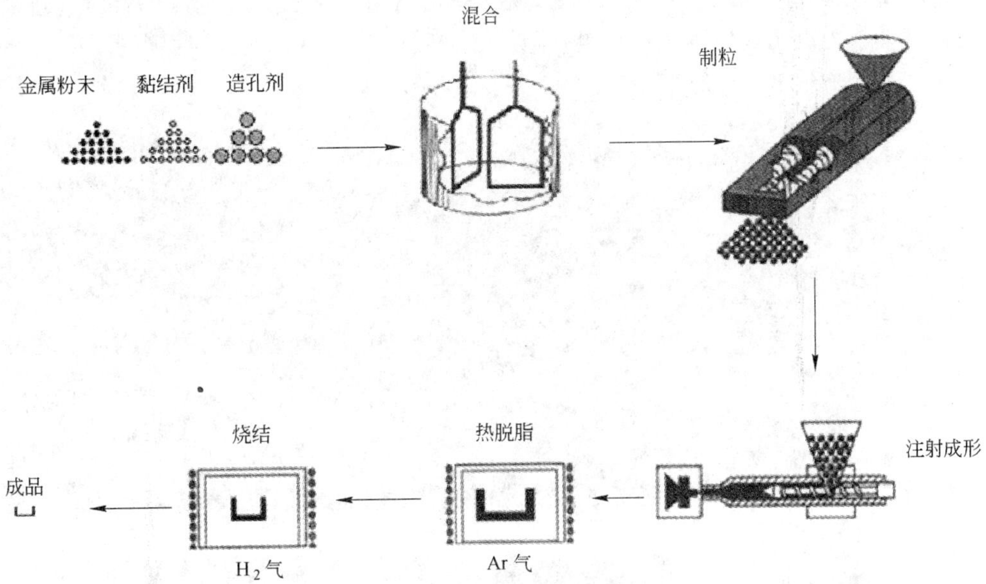

图 11－11　PSH－PIM 基本工艺示意图[394]

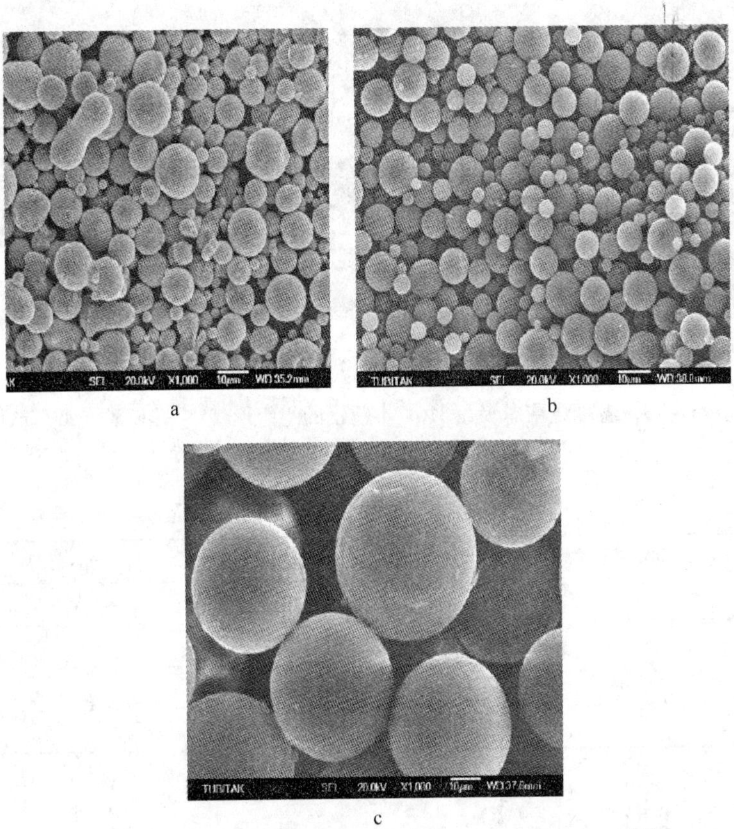

图 11－12　316L 不锈钢粉末与 PMMA 颗粒的 SEM 形貌[394]

a—316L 不锈钢粉末;b—10μm PMMA 颗粒;c—41μm PMMA 颗粒

的粒度为 41μm。分别添加两种不同粒度造孔剂所制备的注射成形 316L 不锈钢坯，经脱脂后在 1200℃下进行烧结，保温时间为 60min，所得最终材料内部的显微组织形貌示于图 11－13，四种材料中 PMMA 的粒度及含量以及黏结剂的含量列于表 11－1。可见，通过控制造孔剂的粒度大小可以达到控制多孔材料孔隙尺寸的目的，而材料的孔隙度则同时受造孔剂颗粒的尺寸及添加量多少的影响。

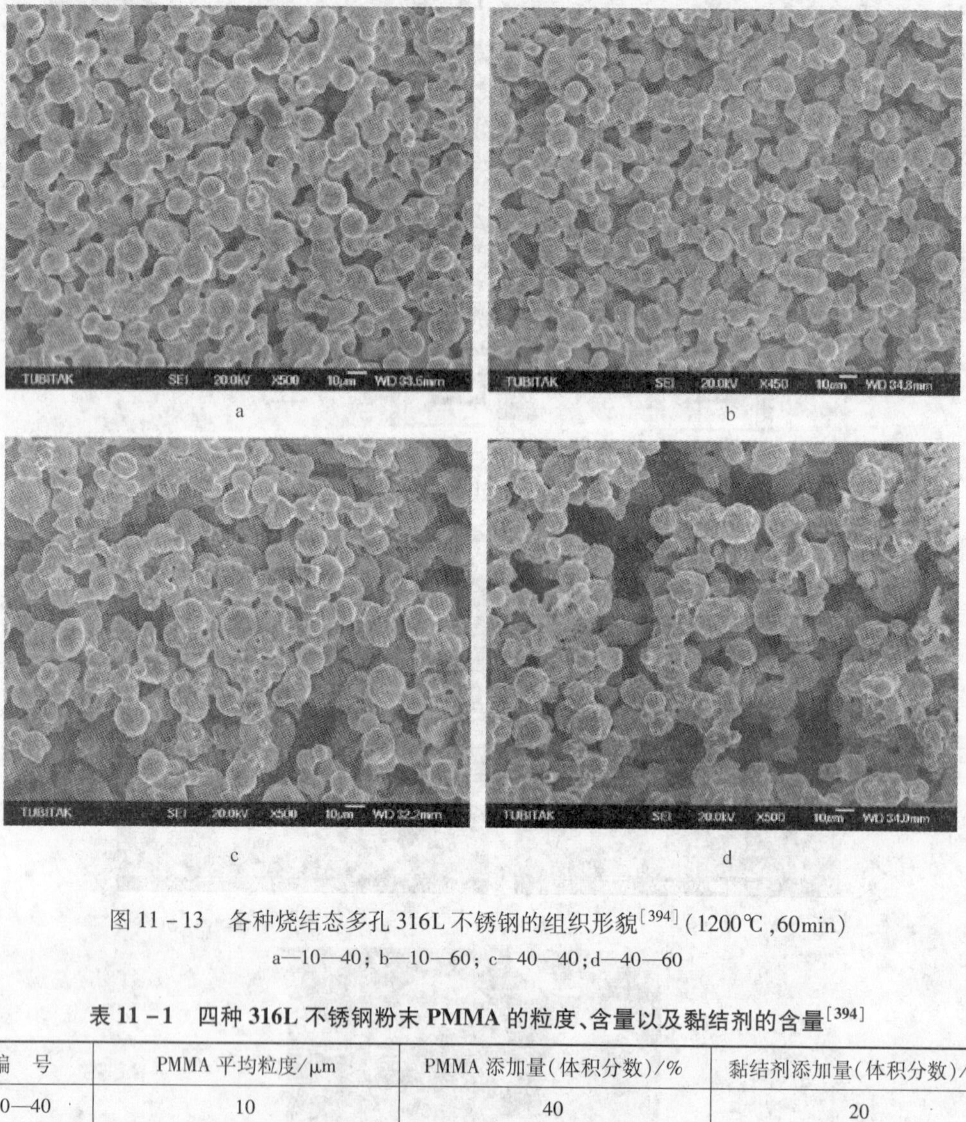

图 11－13　各种烧结态多孔 316L 不锈钢的组织形貌[394]（1200℃，60min）

a—10—40；b—10—60；c—40—40；d—40—60

表 11－1　四种 316L 不锈钢粉末 PMMA 的粒度、含量以及黏结剂的含量[394]

编　号	PMMA 平均粒度/μm	PMMA 添加量（体积分数）/%	黏结剂添加量（体积分数）/%
10—40	10	40	20
10—60	10	60	20
40—40	41	40	20
40—60	41	60	20

11.4　低压注射成形技术

低压注射成形是专门针对那些喂料黏度低、注射压力在 0.8MPa 之内便可成形的制品而设计的，它没有复杂的液压装置，喂料充模的压力依靠一个简单的气压装置来提供，低压注射成形设备中没有喷管、螺杆及推进器，取而代之的是带搅拌器的容器、送料管道及控制喂料的阀门[395]（图 11－14），因此，与一般注射成形设备比起来，低压注射成形设备体积小，占地少，且操作简单。低压注射成形技术的优点在于：注射坯体中几乎不存在压力梯度，能耗低，免去了复杂的液压推进系统，设备的体积小、成本低，磨具的磨损率低，杂质引入量少等[395~398]。低压注射成形技术主要应用于生产较小批量，形状复杂程度相对较低，尺寸较小的制品，由于采用压缩气体作为注射推进力，注射压力相当低，在 0.3～0.8MPa 的范围内，故要求喂料的黏度低以保证注射过程受到的阻力较低。因此，低压注射成形的应用范围很窄，但是由于低压注射设备价格低、能耗低、显著降低制品的生产成本，因此，条件符合的材料，在批量不大的情况下，选择该技术进行生产可以使得产品的利润得到提高。

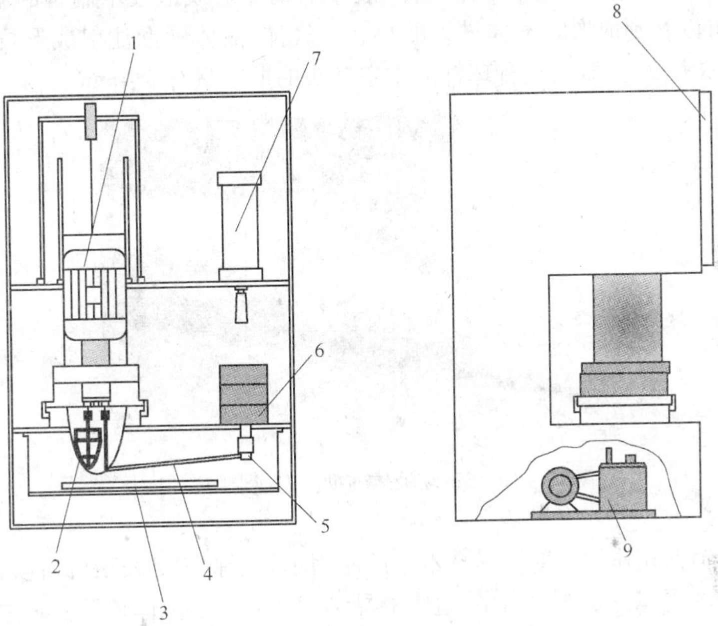

图 11－14　低压注射成形设备示意图[395]

1—减速器；2—搅拌器；3—隔热材料；4—喂料通道；5—阀门；6—模具；7—活塞杆；8—控制面板；9—真空泵

11.5　气体/液体辅助注射成形技术

气体/液体辅助注射成形技术统称流体辅助注射成形技术，此技术结合了发泡成形和注射成形的优点，是在注射成形过程中注入流体从而施加压力而辅助成形的一种新的注射成形技术。流体辅助注射成形最早应用于塑料注射成形制备塑料制品[399]，目前，这项技术已被应用于粉末注射成形，用于制备薄壁、轻质及较大尺寸的粉末注射成形制品[3]。

图 11－15 为流体辅助注射成形喂料充模的示意图，以气体辅助注射成形为例，首先，向模具型腔内注入经过准确计量的熔融态喂料，再直接注入高压惰性气体，气体在熔融喂料的包围下对熔体进行穿透和排空，使喂料形成气泡状，同时气体推动喂料充满模具型腔并对熔体进行保压，待制品冷却后再开模取出。气体辅助注射成形所采用的气体压力达到 30MPa，液体辅助注射成形通常采用高温液体，由于液体难以被压缩，因此，液体辅助法更有利于准

确控制注射过程以及制品壁厚。气体/液体辅助注射成形技术具有减轻零件重量,节省原材料,缩短成形周期,改善表面质量以及降低内应力等优点,适用于制备一些对表面轮廓要求较高而对性能要求不是很高的制品。

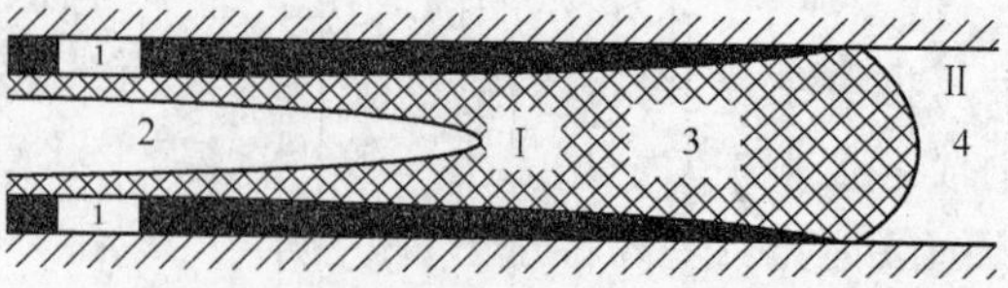

图 11-15　流体辅助注射成形喂料充模示意图
1—凝固层;2—辅助成形流体;3—熔体;4—型腔中未被填充区域

勺柄中空的陶瓷勺子是最早采用气体/液体辅助注射成形技术制备的制品,如图 11-16 所示,图中可以看到成形时气体进入的小孔。气体/液体辅助注射成形技术还可以用于制备中空的高尔夫发球球杆,这种球杆的中空杆头的壁厚只有 0.4mm。

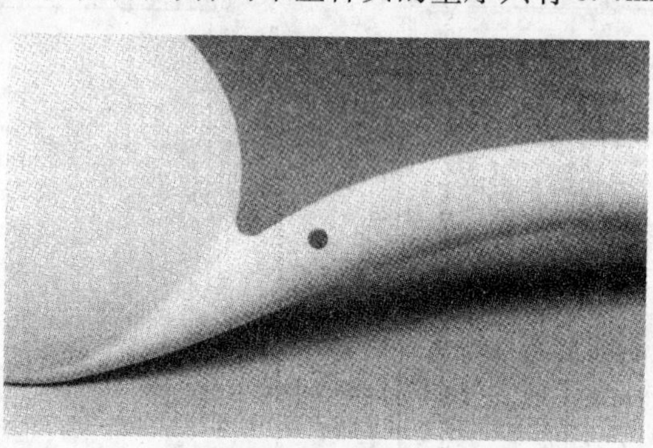

图 11-16　气体/液体辅助注射成形陶瓷勺[4]

目前,流体辅助在粉末注射成形技术中的应用仍处于探索和发展的阶段,尚未得到广泛应用,许多技术难题有待攻破。其中,适宜的黏结剂的获得是流体辅助粉末注射成形技术的核心,用于流体辅助粉末注射成形技术的黏结剂应有别于普通的粉末注射成形黏结剂,这种特殊的黏结剂可以使得喂料在充填模具型腔时具有一定的"超塑性"行为,可以经受大量的变形而不产生裂纹,且当喂料泡在向前扩展充模时不会被破坏[3]。

参考文献

[1] Rudolf Zauner. Micro powder injection moulding[J]. Microelectron Engineering, 2006, 83: 1442 ~ 1444.

[2] German R M. Powder injection moulding and what the designer needs to know[J]. Metal powder report, 2003, 58(9): 10 ~ 11.

[3] German R M. Injection Moulding of Metals and Ceramics[J]. Metal powder Industries Federation, Princeton, NJ, 1997.

[4] German R M. Powder Injection Moulding - Design & Applications[M].

[5] 范景莲．钨合金及其制备新技术[M]. 北京:冶金工业出版社,2006.

[6] German R M. PIM breaks the $ 1 bn barrier[J]. Metal Powder Report, 2008, 63(3): 8 ~ 10.

[7] Rom Billiet, Hanh Nguven. The dawn of the MIM magicians[J]. Metal Powder Report, 2003, 58(9): 36 ~ 39.

[8] 雅菁,刘志锋,周彩楼,等．陶瓷注射成型的关键技术及其研究现状[J]. 材料导报,2007,21(1):64 ~ 67.

[9] 谢志鹏,罗盛杰,李建保．陶瓷注射成形研究进展[J]. 陶瓷科学与艺术,2003,5:16 ~ 18.

[10] 王秀,谢志鹏,李建保,等．工程陶瓷注射成型的研究与发展[J]. 稀有金属材料与工程,2004,33(11):1121 ~ 1126.

[11] Zeep B, Norajitra P, Piotter V, Boehm J, Ruprecht R, Hausselt J. Net shaping of tungsten components by micro powder injection moulding[J]. Fusion Engineering and Design, 2007, 82: 2660 ~ 2665.

[12] Richard Felton, Editor, Eleanor Dallaway. MIM: Some way to go[J]. Metal Powder Report, 2007, 63(3): 3.

[13] Shuntaro Terauchi. MIM industry finds firm foothold in Japan[J]. Metal Powder Report. 2001, 56(7 ~ 8): 16 ~ 17.

[14] 范景莲,夏佩华,胡婧,等．钨基高比重钨合金注射坯溶剂脱脂工艺[J]. 中国有色金属学报,2001,11(4):651 ~ 654.

[15] 叶途明,易健宏,李丽娅,等．高比重钨合金研究的新进展[J]. 材料导报,2003,17(12):15 ~ 18.

[16] 范景莲,黄伯云,曲选辉,等．二步烧结法控制高比重合金的变形及其对组织与性能的影响[J]. 稀有金属,2000,24(1):42 ~ 46.

[17] 范景莲,刘涛,成会朝,等．钨基合金穿、破甲材料的研究进展[J]. 中国钨业,2007,22(1):25 ~ 29.

[18] Jinglian Fan, Xuanhui Qu, Boyun Huang. Injection molding of nano - structured 90W - 7Ni - 3Fe alloy powder prepared by high energy ball milling[J]. Transactions of Nonferrous Metals Society of China. 2000, 10(6): 794 ~ 797.

[19] 黄伯云,范景莲,梁叔全,等．纳米晶 W - Ni - Fe 粉的流变行为和烧结特性[J]. 粉末冶金材料科学与工程,1999,4(3):169 ~ 174.

[20] Boyun Huang, Jinglian Fan, Shuquan Liang, et al. The rheological and sintering behavior of W - Ni - Fe nano - structured crystalline powder[J]. Journal of Material Processing Technology. 2003, 137: 177 ~ 182.

[21] Jinglian Fan, Boyun Huang, Xuanhui Qu. Rheological behavior of W - Ni - Fe nanostructure powder[J]. Rare Metal Materials and Engineering, 2001, 30(2): 127 ~ 130.

[22] 范景莲,黄伯云,曲选辉．PIM 高密度合金在液相烧结过程中的变形[J]. 中南工业大学学报,2000,31(1):47 ~ 50.

[23] 范景莲,汪登龙,曹建虎．90W27Ni23Fe 纳米晶粉末的瞬时液相强化烧结特征[J]. 中国有色金

属学报. 2005,15(2):213 ~ 217.
[24] 范景莲,黄伯云,曲选辉,等. 注射成形钨合金用新型黏结剂的研究[J]. 粉末冶金技术,2003,21(3):131 ~ 134.
[25] Tao Li, Qingfa Li, J Y H Fuh, et al. Two – material powder injection molding of functionally graded WC – Co components[J]. International Journal of Refractory materials and hard metal, 2008, in press.
[26] 李志希,范景莲,刘涛. 硬质合金注射工艺参数的研究[J]. 硬质合金,2005,22(1):32 ~ 35.
[27] 范景莲,周红翠,成会朝,等. WC – 10Co – 1TaC 硬质合金异形刀片注射成形与合金性能的研究[J]. 中国钨业,2006,21(2):20 ~ 24.
[28] 姬文晋,黄慧民,温立哲,等. 特种陶瓷成型方法[J]. 材料导报,2007,21(9):10 ~ 12.
[29] Samuel I – En Lin. Near – net – shape forming of zirconia optical sleeves by ceramics injection molding [J]. Ceramics International, 2001, 27:205 ~ 214.
[30] 范景莲,黄伯云. 注射成形钨合金弹芯材料的性能与组织特征[J]. 兵器材料科学与工程,2004,27(3):1 ~ 8.
[31] 李茂,周孑民,梁叔全. PIM 充填过程计算机模拟[J]. 矿冶,2006,15(1):68 ~ 72.
[32] 李茂,谢贵良,蔡海涛. 粉末注射成形一维充填模拟[J]. 吉首大学学报(自然科学版),2007,25(3):15 ~ 28.
[33] Hezhou Ye, Xing Yang Liu, Hanping Hong. Fabrication of metal matrix composites by metal injection molding—A review[J]. Journal of Materials Processing Technology, 2008, 200:12 ~ 24.
[34] Jeffrey Alcock. Co – injection promises further growth for MIM[J]. Metal powder report, 1990, 54(6):30.
[35] Robin Baumgartner, Lye – King Tan. Technical Trends: MIM 'marries' metals[J]. Metal powder report, 2002, 57(3):38 ~ 42.
[36] T Hartwig, G Velt, F Petzoldt, et al. Powders for metal injection molding[J]. Journal of European Ceramic Society, 1998, 18(19):1211 ~ 1216.
[37] 黄培云. 粉末冶金原理[M]. 北京:冶金工业出版社,2004.
[38] William G. Hopkins. Fine powders: the heat is on at PSI[J]. Metal Powder Report, 2001, 56(3):20 ~ 24.
[39] Astrid Rota, Philipp Imgrund, Lutz Kramer, et al. Micro MIM approaches mass production[J]. Metal Powder Report, 2005, 60(12):16 ~ 20.
[40] Yoshinari Tanaka, Atsushi Watanabe, Yoshiyuki Kato. PAMCO targets ultrafine MIM powders[J]. Metal Powder Report, 1997, 52(6):27 ~ 30.
[41] Astrid Rota, Philipp Imgrund, Frank Petzoldt. Fine powders give miro producers the cutting edge[J]. Metal Powder Report, 2004, 59(2):14 ~ 17.
[42] S Pascoali, P A P Wendhausen, M C Fredel. Keeping to form in the powder business[J]. Metal Powder Report, 2002, 57(3):32 ~ 37.
[43] Kjar Anthony. Particulate feedstock for metal injection molding. WO, Patent, 94/06586[P].
[44] 尚峰,乔斌,李化强. MIM 用粉末制备技术的研究[J]. 煤矿机械,2007,28(8):115 ~ 118.
[45] Pavan Suri, Ryan P. Koseski, Randall M. German. Microstructural evolution of injection molded gas – and water – atomized 316L stainless steel powder during sintering[J]. Materials Science and Engineering A, 2005, 402:341 ~ 348.
[46] Bautista A, Moral C, Velasco F, et al. Density – improved powder metallurgical ferritic stainless steels for high – temperature applications[J]. Journal of Materials Processing Technology, 2007, 189:344 ~ 351.

[47] Hanemann T. Influence of particle properties on the viscosity of polymer - alumina composites[J]. Ceramics International, 2007, in press.

[48] Hwan - Jin Sung, Tae Kwon Ha, Sangho Ahn, et al. Powder injection molding of a 17 - 4 PH stainless steel and the effect of sintering temperature on its microstructure and mechanical properties[J]. Journal of Materials Processing Technology, 2002, 130 ~ 131: 321 ~ 327.

[49] Yan Li, Zhimeng Guo, Junjie Hao. Gelcasting of 316L stainless steel[J]. Journal of University of Science and Technology Beijing, 2007, 14 (6): 507 ~ 511.

[50] German R M 著. 粉末注射成形[M]. 曲选辉等, 译. 长沙: 中南大学出版社, 2001.

[51] Yiming Li, Liujun Li, K A Khalil. Effect of powder loading on metal injection molding stainless steels [J]. Journal of Materials Processing Technology, 2007, 183: 432 ~ 439.

[52] Gerling R, Aust E, Limberg W, et al. Metal injection moulding of gamma titanium aluminum alloy powder[J]. Materials Science and Engineering A, 2006, 423: 262 ~ 268.

[53] Sedat Ozbilen. Influence of atomizing gas pressure on particle shape of Al and Mg powders[J]. Powder Technology, 1999, 102: 109 ~ 119.

[54] Powder News: PSI to install hot gas atomization technology in China[J]. Metal Powder Report, 2001, 56 (9): 4.

[55] Joseph Tunick Strauss. Hotter gas increase atomization efficiency[J]. Metal Powder Report,. 1999, 54 (11): 24 ~ 28.

[56] Technical Trend: Gas atomization and the economics of blowing hot and cold[J]. Metal Powder Report, 2004, 59(6): 38 ~ 41.

[57] Animesh Bose, Isamu Otsuka, Takafumi Yoshida, et al. Faster sintering and lower costs with ultra - fine MIM powders[J]. Metal Powder Report, 2008, 63(5): 25 ~ 30.

[58] Ji C H, Loh N H, Khor K A, et al. Sintering study of 316L stainless steel metal injection molding parts using Taguchi method: final density[J]. Materials Science and Engineering A, 2001, 311: 74 ~ 82.

[59] Fox R T, Lee D. Optimization of Metal Injection Molding: Experimental Design[M]. International Journal of Powder Metallurgy, 1990, 26(3): 233 ~ 243.

[60] Morteza Eslamian, Joel Rak, Nasser Ashgriz. Preparation of aluminum/silicon carbide metal matrix composites using centrifugal atomization[J]. Powder Technology, 2008, 184: 11 ~ 20.

[61] Zhao Y Y. Considerations in designing a centrifugal atomizer for metal powder production[J]. Materials and Design, 2006, 27: 745 ~ 750.

[62] Sheikhali M Sheikhaliev, Zalina I. Sheikhalieva and John J. Dunkley. Spin atomization makes tighter, safer aluminum[J]. Metal Powder Report, 2008, 63(2): 28 ~ 30.

[63] Maher Boulos. Plasma powder can make better powder[J]. Metal Powder Report, 2004, 59(5): 16 ~ 21.

[64] Ali Alagheb, Chris Brown. Plasma atomization goes commercial[J]. Metal Powder Report, 1998, 53 (11): 26 ~ 28.

[65] Plasma Atomization gives unique spherical powders[J]. Metal Powder Report, 1997, 52(11): 34 ~ 37.

[66] Bahgat M, Min - Kyu Paek, Jong - Jin Pak. Reduction investigation of WO_3/NiO/Fe_2O_3 and synthesis of nanocrystalline ternary W - Ni - Fe alloy[J]. Journal of Alloys and Compound, 2008, in press.

[67] Yunping Li, Xuanhui Qu, ZhouShun Zheng, et al. Properties of W - Cu composite powder produced by a thermo - mechanical method[J]. International Journal of Refractory Metals and Hard Material, 2003, 21: 259 ~ 264.

[68] Pavan Suri, Sundar V Atre, Randall M. German, Jupiter P. de Souza. Effect of mixing on the rheology and particle characteristics of tungsten - based powder injection molding feedstock[J]. Materials Sci-

ence and Engineering,2003,365:337 ~ 344.

[69] Volker Piotter, Berthold Zeep, Prachai Norajitra, et al. Development of a powder metallurgy process for tungsten components[J]. Fusion Engineering and Design, 2008, in press.

[70] 杜美娜,尹海清,曲选辉. 微粉末注射成形[J]. 粉末冶金工业,2007,17(5):34 ~ 39.

[71] 邹联隆,易健宏,李强. 烧结工艺对注射成形 Fe – 50% Ni 软磁材料磁性的影响[J]. 粉体材料科学与工程,1999,4(4):310 ~ 314.

[72] 马书旺,秦明礼,曲选辉,等. 粉末注射成形 Fe – 50% Ni 软磁合金[J]. 稀有金属材料科学与工程,2007,36:706 ~ 710.

[73] 李益民,黄伯云,张健,等. 不同粉末对 Fe2Ni 合金注射成形工艺过程的影响[J]. 机械工程材料,2001,25(6):17 ~ 20.

[74] Friederang A W, Schlegel R. BASF continues to evolve carbonyl iron powders[J]. Metal Powder Report, 1999, 54(3):18 ~ 20.

[75] 张弛,徐春. 金属粉末注射成形技术[M]. 北京:化学工业出版社,2008.

[76] 曲选辉,颜寒松,黄伯云. 金属粉末注射成形黏结剂的发展[J]. 粉末冶金技术,1997,15(1):61 ~ 65.

[77] 李笃信,唐嵘,李益民,等. 金属粉末注射成形黏结剂及其研究进展[J]. 粉末冶金材料科学与工程,1999,4(4):281 ~ 288.

[78] Chung C I, Rhee B O, Cao M Y. Requirements of Binder for Powder Injection Molding[J]. Advances in Powder Metallurgy, 1989, Vol. 3:67 ~ 78.

[79] German R M. Optimization of the Powder – Binder Mixture for Powder Injection Molding[J]. Advances in Powder Metallurgy, 1989, 3:51 ~ 66.

[80] 赵书兰. 高分子材料[M]. 哈尔滨:哈尔滨船舶工程学院出版社,1994.

[81] 邹仁鋆. 石油化工裂解原理与技术[M]. 北京:化学工业出版社,1981.

[82] 李益民,曲选辉,邱光汉,颜寒松,毛金英,黄伯云. PW – 2EVA – 2SA 金属注射成形黏结剂[J]. 粉末冶金技术,1998,16(1):12 ~ 16.

[83] Rhee B O. Improved wax – based formulation for powder injection molding[J]. Advance in P/M. 1991, 2:43 ~ 45.

[84] Yong M T, Atre S V, German R M. Wax – based and PEG – based binder systems development for metal and ceramic powders[J]. Adv in P/M and Particulate Materials. 1996, 5:19 ~ 22.

[85] Hsu K C, Lin C C, Lo G M. Effect of wax composition on injection molding of 304L stainless steel powder[J]. P/M. 1994, 37(4):272 ~ 274.

[86] Cao M Y. A novel water soluble solid polymer solution binder for powder injection molding[M]. MPIF, Princeton, New Jersey, 1992.

[87] 李笃信,等. 改进型蜡基黏结剂的喂料流变性能. 中南工业大学学报. 2001,32(1):70 ~ 73.

[88] 董炎明,张海良. 高分子科学教程[M]. 北京:科学出版社,2005.

[89] 殷立新,徐修成. 胶粘基础与胶粘剂[M]. 北京:航空工业出版社,1988.

[90] 李松林,黄伯云,曲选辉,等. 表面活性剂对金属粉末注射成形喂料性能的影响[J]. 稀有金属材料与工程,2001,30(2):131 ~ 133.

[91] 李松林,黄伯云,曲选辉,等. 金属粉末注射成形黏结剂选择的基础[J]. 材料导报,1999,13(2):8 ~ 9.

[92] 卓启疆. 聚合物的自由体积[M]. 四川:成都科技大学出版社,1987.

[93] Bagley E B, Nelson T P, Scigliano J M. 3 – Dimensional solubility parameters an their relationship to internal pressure measurements in polar and H – bonding solvents[M]. Journal of Paint Technology,

1971,43(555):35.

[94] 梁叔全,黄伯云. 粉末注射成形流变学[M]. 长沙:中南大学出版社,2000.

[95] Hildebrand J, Scott R L. Regular Solutions[M]. Englewood Cliffs, NJ: Prentice – Hall, 1962.

[96] Chee K K. Dilute – solution viscometric study of polymer – solvent interactions in poly(vinyl chloride) – plasticizer systems[J]. Polymer, 1987, 28(6):977 ~ 979.

[97] 范景莲,黄伯云,李益民,等. 影响 PIM 发展的关键因素[J]. 粉末冶金技术,1998,16(3):217 ~ 222.

[98] 郭世柏,曲选辉. 金属注射成形黏结剂的研究进展[J]. 粉末冶金技术,2004,22(3):178 ~ 181.

[99] 李笃信,黄伯云,曲选辉,等. 金属注射成形蜡基黏结剂的研究[J]. 材料科学与工程,2001,19(1):34 ~ 38.

[100] 李松林,曲选辉,李益民,等. 聚乙二醇基黏结剂用于 Fe – 2Ni 注射成形的研究[J]. 金属学报,1999,35(2):172 ~ 174.

[101] 李海普,钟宏,祝爱兰. 一种新型水溶性金属注射成形用黏结剂的研制[J]. 粉末冶金技术,2006,24(4):275 ~ 279.

[102] 马洪芳,刘志宝. 金属注射成型用水溶性黏结剂的研究[J]. 试验与研究,2003,5:228.

[103] 刘晓光,等. 水基料浆凝胶注模法制备氧化锆陶瓷刀具的研究[J]. 陶瓷学报,2004,25(3):145 ~ 148.

[104] 武海良,吴长春,李冬梅,等. 粉体聚丙烯酸类浆料的制备与性能[J]. 纺织学报,2005,26(6):89 ~ 90.

[105] 祝爱兰. 新型水溶性 MIM 黏结剂的研制与性能研究[D]. 长沙:中南大学,2002.

[106] 李益民,李云平. 金属注射成形与应用[M]. 长沙:中南大学出版社,2004.

[107] 袁斌,曾美琴. 纳米材料及界面微观结构[J]. 材料导报,2002,16 (12):3 ~ 5.

[108] 丁训民,杨新菊,王迅. 表面物理与表面分析[M]. 上海:复旦大学出版社,2004.

[109] 徐跃萍,郭景坤. 无团聚 ZrO_2 – Y_2O_3 陶瓷超细粉的制备及微观结构表征[J]. 硅酸盐学报,1991,19 (3):269.

[110] 李国栋. 纳米粉体表面结构与分散机理研究[J]. 襄樊学院学报,2002,23 (5):50.

[111] 李国栋,熊翔,黄伯云. 纳米粉体大气环境团聚机理及无团聚纳米粉体制造方法[J]. 中南大学学报,2004 (4):537.

[112] 齐亮,徐明霞. 氧化锆纳米粉体的制备及其材料的掺杂研究新进展[J]. 材料导报,2006,20(专辑Ⅶ):130.

[113] Mu – Jen Yang, Randall M. German. The Interaction between the Cemented Carbide Powder and the Binder of Powder Injection Molding Feedstock[J]. Metal Powder Report, 50(9):38.

[114] 宋心琦. 物质结构与性质[M]. 北京:人民教育出版社,2006.

[115] Koelmans H, Overbeek TnG J. Stability and electrophoretic deposition of suspensions media[J]. Discuss Faraday Soc, 1954, 18:52 ~ 63.

[116] 高濂,孙静,刘阳桥. 纳米粉体的分散及表面改性[M]. 北京:化学工业出版社,2004,9.

[117] 张平民. 工科大学化学[M]. 长沙:湖南教育出版社,2002.

[118] Mackor E L, J H van der Waals. The statistics of the adsorption of rod – shaped molecules in connection with the stability of certain colloidal dispersions[J]. Journal of Colloid Science, 1952, 7(5):535 ~ 550.

[119] Clayfield E J, Lumb E C. The simulation of random copolymer adsorption. II. Loop formation and segment density distribution[J]. Journal of Colloid and Interface Science, 1974, 47(1), 16 ~ 26.

[120] 佐藤T,鲁赫R J,著．聚合物对胶态分散体稳定性的影响[M]．江龙等,译．北京:科学出版社．
[121] 朱谱新．高分子表面活性剂在气/液界面上的物理化学性质研究[D]．四川大学纺研所,2001.
[122] 张利祥．金属注射成形多孔 NiTi 形状记忆合金及其传热驱动的研究[D]．上海交通大学,2008.
[123] 王果坚．胶体稳定性[M]．北京:科学出版社,1990,8.
[124] Morrison S R 著．表面化学物理[M]．赵璧英等,译．北京:北京大学出版社,1984.
[125] 李玲．表面活性剂与纳米技术[M]．北京:化学工业出版社,2005.
[126] Verwey E J W, Overbeek J Th. G. Theory of the stability of lyophobic colloids[J]. Journal of Colloid Science. 1955,10(2),224~225.
[127] 范畴．Ti(C,N)基金属陶瓷粉末注射成形工艺的研究[D]．武汉:华中科技大学,2005.
[128] 李昆,李晓明,李笃信,等．表面活性剂对 MIM 硬质合金黏结剂和喂料性质的影响[J]．材料科学与工程,2002,20(2):248~250.
[129] 马民．毛细现象的力学解释[J]．阴山学刊．2006,15(4):94~95.
[130] 郭剑锋,向华,郑洲顺,等．MIM 支持块的充模流动计算机模拟[J]．粉末冶金技术,2005,23(1):26~31.
[131] 敖辉,李晓明,曲选辉,等．充模流动计算机模拟在硬质合金 MIM 中的应用[J]．硬质合金,2001,18(4):197~200.
[132] 乐红胜,曲选辉．粉末注射成形计算机模拟基本原理[J]．材料导报,1999,13(5):11~12.
[133] 曲选辉,颜寒松,李益民,等．MIM 黏结剂中聚合物性质的估算[J]．材料工程,1997,7:11~13,32.
[134] 李益民,李云平．金属注射成形原理与应用[M]．长沙:中南大学出版社,2000.
[135] 江体乾．化工流变学[M]．上海:华东理工大学出版社,2004.
[136] 李晓辉译．实用流变测量学[M]．北京:石油工业出版社,2004.
[137] 江体乾．流变学在化学工程中的应用[J]．上海化工,23(19):26~29,36.
[138] 陈朝俊,李斌,赵宏伟．流变学的应用与发展[J]．当代化工,2008,37(2):221~224.
[139] 李兆敏．非牛顿流体力学[M]．北京:石油大学出版社,1998.
[140] 郑洲顺．PIM 充模过程的数值模拟分析与应用研究[D]．长沙:中南大学,2005.
[141] Farris R J. Prediction of Viscosity of Multimodal Suspensions from Unimodal Viscosity Data[J]. Transactions of the Society of Rheology,1968,12:281~301.
[142] Mooney M. The Viscosity of a Concentrated Suspension of Spherical Paticals[J]. Journal of Colloid Science,1951,6:162~170.
[143] Jinescu V V. The Rheology of Suspensions[J]. International Chemical Engineering,1974,14:397~420.
[144] Lewis T B, Nielsen L E. Viscosity of Dispersed and Aggregated suspensions of Spheres[J]. Transactions of Society of Rheology,1968,12:421~443.
[145] Fedors R F. Viscosity of Newtonian Suspensions[J]. Polymer,1975,16:305~306.
[146] Frankel N A, Acrivos A. On the Viscosity of a Concentrated Suspension of Solid Spheres[J]. Chemical Engineering Science,1967,22:847~853.
[147] Metzner A B. Rheology of Suspensions in Polymeric Liquids[J]. Journal of Rheology,1985,29:739~775.
[148] Wildemuth C R, Williams M C. Viscosity of Suspensions Modeled with a Shear Dependent Maximum Packing Fraction[J]. Rheological Acta,1984,23:627~635.
[149] Dabak T, Yucel O. Modeling of the Concentration and Particle Size Distribution Effects on the Rheolo-

gy of Highy Concentrated Suspensions[J]. Powder Technology, 1987, 52:193 ~ 206.
[150] Brodnyan J G. The Dependence of Synthetic Latex Viscosity on Particle Size and Size Distribution[J]. Transactions of the Society of Rheology, 1968, 12:357 ~ 362.
[151] Lee D I. The Viscosity of the Concentration Distribution[J]. Transactions of the Society of Rheology, 1969, 13:273 ~ 288.
[152] Ball R C, Richmond P. Dynamics of colloidal dispersions[J]. Physics & Chemistry of Liquids, 1980, 9:99 ~ 116.
[153] Batchelor G K. The effect of Bosnian motion on the blik stress in a suspension of particles[J]. Journal of Fluid Mechanics, 1977, 83:97 ~ 177.
[154] Chong J S, Christionsen E B, Baer A D. Reeology of concentrated Suspensions[J]. Journal of Applied Polymer Science, 1971, 17:2007 ~ 2021.
[155] Kataoka T, Kitano T. Viscosity of particle filled polymer melts[J]. Rheological Acta, 1985, 24:317 ~ 320.
[156] Kitano T, Kataoka T. An emprical equation of the relative viscosity polymer melts filled with various inorganic fillers[J]. Rheological Acta, 1980, 20:207 ~ 209.
[157] 李益民，曲选辉，黄伯云．金属注射成形喂料的流变学性能评价[J]．材料工程，1999，(7)：32 ~ 35.
[158] 郑洲顺，曲选辉．粉末－黏结剂两相流模型的碰撞分析与计算机模拟[J]．计算机工程与应用，2003，4：215 ~ 216，232.
[159] 刘友良，高建祥，曲选辉．金属粉末注射成形计算机充模模拟两相理论和颗粒模型的应用[J]．湖南有色金属，2007，23(1)：31 ~ 34.
[160] German R M. Powder Injection Molding[M]. Princeton: Metal Powder Industries Federation, 1991.
[161] 郑洲顺，曲选辉，韩旭里，等．粉末注射成形过程计算机数值模拟[J]．中国机械工程，2002，13(14)：1257 ~ 1260.
[162] 王玉会，曲选辉，何新波．粉末注射成形多相流动过程数值模拟模型[J]．北京科技大学学报，2007，29(7)：717 ~ 720.
[163] 曲选辉，温宏宇，敖辉，等．粉末注射成形过程计算机模拟研究[J]．材料工程，2001，6：33 ~ 36.
[164] 徐华安，熊惟浩，叶大萌．粉末注射成形充模流动模拟研究现状与展望[J]．材料导报，2009，20(11)：84 ~ 91.
[165] 王玉会．粉末注射成形充模过程理论及计算机模拟[D]．北京：北京科技大学，2007.
[166] 向华．基于 ANSYS 的粉末注射成形充模流动过程模拟[D]．长沙：中南大学，2003.
[167] 王玉会，曲选辉，何新波，等．粉末注射成形过程的双流体数学模型[J]．机械工程材料，2008，32(5)：74 ~ 77.
[168] 郑洲顺，曲选辉，韩旭里．PIM 粉末－黏结剂固液两相流的动力学基本方程[J]．稀有金属与硬质合金，2002，30(4)：1 ~ 5.
[169] Novac O A, Anton D, Novac T. The rheological behavior of some binders and plastics used in injection molding[J]. Powder metallurgy 94, 1994:113.
[170] 郑洲顺，曲选辉，雷长明．PIM 充模过程中的黏度变化与缺陷形成[J]．金属学报，2007，43(2)：187 ~ 193.
[171] 郑洲顺，曲选辉，李云平，等．粉末注射成形充模流动的数值模拟[J]．计算机工程与应用，2003，22：20 ~ 21，30.
[172] 郑洲顺，曲选辉，韩旭里，等．粉末注射成形充模流动过程模壁凝固层增长的计算与模拟[J].

中国有色金属学报,2008,18(3):511～515.
[173] Barriere T, Gelin J C, Liu B. Improving mould design and injection parameters in metal injection molding by 3D finite element simulation [J]. Journal of Material Processing and Technology. 2002, 125:518.
[174] Kwon T H, Park J B. Finite element analysis modeling of powder injection molding filling process including yield stress and slip phenomena[J]. Polymer Engineering and Science, 1995, 35(9):741.
[175] Wang C. Finite difference model for simulation of 3 - dimensional PIM[J]. Metal Powder Report, 1992, 47(11):51.
[176] José A. Cuminato, Antonio Castelo Filho, Maurilio Boaventura and Murilo F. Tomé. Simulation of free surface flows in a distributed memory environment[J]. Journal of Computational and Applied Mathematics, 1999, 103(1):77～92.
[177] Hieber C A. A finite - element/finite - difference simulation of the injection molding filling process [J]. Journal of Non - Newtonian Fluid Mechanics. 1980, 7:1～32.
[178] Chang R. Y, Yang W. H. Numerical simulation of mold injection molding using a three - dimensional finite volume approach[J]. International Journal for Numerical Methods in Fluids, 2001, 37:125.
[179] Haagh G A A V, Peters G W M, Van De Vosse F N, Meijer H E H. A 3 - D finite element model for gas - assisted injection molding: Simulations and experiments [J]. Polymer Engineering and Science. 2001, 41(3):449.
[180] Hetu J F, Gao D M, Garcia - rejon A, Salloum G. 3D finite element method for the simulation of the filling stage in injection molding[J]. Polymer Engineering and Science, 1998, 38(2):223.
[181] 高建祥. 金属粉末注射成形计算机模拟充模过程的数值求解[J]. 湖南有色金属, 2006, 22(1):63～67.
[182] Jiang S L, Wang Z G, Zhou G F, et al. An implicit control - volume finite element method and its time step strategies for injection molding simulation[J]. Computer and Chemical Engineering. 2007, 31:1407～1418.
[183] Bilovol V V, Kowalski L, Duszczyk J. Modelling of transient temperature fields during filling stage of powder injection molding[J]. Powder Metallurgy. 2000, 43 (3):228～232.
[184] 乔斌,姬祖春,李映平,等. 金属注射成形技术的研究[J]. 材料导报, 2006, 20(Ⅶ):249～251.
[185] 张晓岩,武彬,肖建中. 陶瓷注射成形数值模拟及其进展[J]. 材料导报, 2005, 19:219.
[186] Lacocca R C, German R M. The experimental evolution of die compaction lubricants using deterministic chaos theory[J]. Powder Technology, 1999, 102:253.
[187] 熊春林,汤中华,李松林. 粉体材料成形设备与模具设计[M]. 北京:化学工业出版社, 2007.
[188] 闫光荣,许鹤峰等,译. 注射模具制造工程[M]. 北京:化学工业出版社, 2003.
[189] 付宏生,刘京华. 塑料制品与塑料模具设计[M]. 北京:化学工业出版社, 2007.
[190] 高树存. 注射模分型面的选择[J]. 塑料注射模技术. 2008, 3:45～47.
[191] 张维合. 注塑模具设计实用教程[M]. 北京:化学工业出版社, 2007.
[192] 张国强. 注塑模设计与生产应用[M]. 北京:化学工业出版社, 2005.
[193] 易际明,夏平,吴莉华,等. 注射模CAD/CAM技术研究与应用[J]. 机床与液压, 2004, 16:53～54.
[194] 罗威,肖建中,施亚齐. 陶瓷注射成形中黏结剂的研究与进展[J]. 现代技术陶瓷, 2006, 4:35～38.
[195] 梁晖,卢江. 高分子科学基础[M]. 北京:化学工业出版社, 2006.
[196] 中国科学技术大学高分子物理教研室. 高聚物的结构与性能[M]. 北京:科学出版社, 1981.
[197] 廖雪松,成会朝,范景莲,等. 注射成形硬质合金制品的缺陷及性能分析[J]. 粉末冶金材料科

学与工程,2007,12(4):238 ~ 243.

[198] Gaurav Aggarwal, Ivi Smid, Seong Jin Park, et al. Development of niobium powder injection molding. Part II: Debinding and sintering[J]. International Journal of Refractory Metals & Hard Materials, 2007, 25: 226 ~ 236.

[199] 李晓明,李益民,黄伯云,等. 注射成形硬质合金制品中的缺陷控制[J]. 硬质合金,2001,18(2):89 ~ 92.

[200] Mu - Jen Yang, Randall M. German. Nanophase and superfine cemented carbides processed by powder injection molding[J]. International Journal of Refractory Metals & Hard Materials, 1998, 16: 107 ~ 117.

[201] 李益民,刘绍军,黄伯云,等. 粉末装载量和气氛对 MIM 不锈钢脱脂过程的影响[J]. 材料科学与工艺,2000,8(3):54 ~ 57.

[202] Thomas - Vielma P, Cervera A, Levenfeld B, et al. Production of alumina parts by powder injection molding with a binder system based on high density polyethylene[J]. Journal of the European Ceramic Society, 2008, 28: 763 ~ 771.

[203] Hwang K S, Hsieh Y M. Comparative Study of Pore Structure Evolution During Solvent and Thermal Debinding of Powder Injection Molded Parts[J]. Metallurgical and Materials Transactions A, 1996, 27: 245 ~ 253.

[204] 李益民,曲选辉,黄伯云. 多聚合物组元石蜡基 MIM 黏结剂的热脱脂及其模型[J]. 金属学报,1999,35(2):167 ~ 171.

[205] 赵利刚,李益民. MIM 热脱脂初始阶段行为研究[J]. 粉末冶金材料科学与工程,2002,7(3):175 ~ 179.

[206] Trunec M, Cihlar J. Thermal Debinding of Injection Moulded Ceramics[J]. Journal of the European Ceramic society, 1997, 17: 203 ~ 209.

[207] Xuanhui Qu, Jianxiang Gao, Mingli Qin. Application of a wax - based binder in PIM of WC - TiC - Co cemented carbides[J]. International Journal of Refractory Metals & Hard Materials, 2005, 23: 273 ~ 277.

[208] Weil K, Eric Nyberg, Kevin Simmons. A new binder for powder injection molding titanium and other reactive metals[J]. Journal of Materials Processing Technology, 2006, 176: 205 ~ 209.

[209] 祝爱兰,钟宏. 溶剂脱脂型 MIM 黏结剂的研究[J]. 材料导报,2002,16(8):62 ~ 64.

[210] 祝宝军,曲选辉,陶颖,等. 粉末注射成形蜡基黏结剂溶剂脱脂行为[J]. 中南工业大学学报,2001,32(6):599 ~ 603.

[211] Ricardo V. B. Oliveira, Valdir Soldi, Marcio C. Fredel, et al. Ceramic injection moulding: influence of specimen dimensions and temperature on solvent debinding kinetics[J]. Journal of Materials Processing Technology, 2005, 160: 213 ~ 220.

[212] Wei - Wen Yang, Kai - Yuan Yang, Moo - Chin Wang, et al. Solvent debinding mechanism for alumina injection molded compacts with water - soluble binders[J]. Ceramics International, 2003, 29: 745 ~ 756.

[213] 周大纲,谢鸽成. 塑料老化与防老化技术[M]. 北京:中国轻工业出版社,1998.

[214] 化学工业部合成材料老化研究所,高分子材料老化与防老化[M]. 北京:化学工业出版社,1979.

[215] 陈静,郭宝华,司文捷. 新型陶瓷注射成形喂料催化脱脂过程的研究[J]. 材料科学与工程,2002,20(4):519 ~ 522.

[216] 李笃信,黄伯云,曲选辉,等. 新型金属注射成形催化脱脂型黏结剂的催化快速分解研究[J]. 材料科学与工艺,2001,9(3):256 ~ 258.

[217] 陈静,郭宝华,司文捷. 聚甲醛在新型陶瓷注射成型催化脱脂工艺中的应用[J]. 中国塑料,

2002,16(6):47~50.

[218] 祝宝军,曲选辉,陶颖,等.硬质合金注射成形脱脂过程中的碳含量控制[J].中国有色金属学报,2002,12(4):791~796.

[219] 范景莲,李志希,成会朝.硬质合金注射成形脱脂工艺与碳含量控制[J].稀有金属材料与工程,2006,35(1):74~77.

[220] 曲选辉,毛金英,李志林,等.MIM工艺对W-Ni-Fe高密度合金力学性能的影响[J],稀有金属材料与工程,1999,28(3):166~170.

[221] 姜峰,李益民,李松林.MIM316不锈钢致密化和尺寸精度的研究[J].粉末冶金材料科学与工程,2002,7(4):324~329.

[222] Bulger M K, Erickson A R. Non-isotropic shrinkage in MIM components[M]. Advances in Powder Metallurgy and Particulate Materials, 1997, 3:209~217.

[223] German R M. Sintering Theory and Practice[M]. New York, NY: John Wiley & Sons, Inc., 1996.

[224] 邹黎明,莫明珍,王洪杰,等.粉末粒度对注射粘结磁性体性能的影响[J].南方金属,2006,149:31~33.

[225] 张健,黄伯云,李益民,等.微晶蜡对MIM蜡基黏结剂性能的影响[J].粉末冶金材料科学与工程,2001,6(1):58~62.

[226] 曲选辉,李志林,李益民,等.钨基重合金注射成形产品变形原因及其控制[J].中南工业大学学报,1999,30(1):49~51.

[227] McPhee W A G, Schaffer G B, J. Drennan. The effect of iron on liquid film migration and sintering of an Al-Cu-Mg alloy[J]. Acta Materialia, 2003, 51:3701~3712.

[228] 范景莲,黄伯云,曲选辉.注射成形高密度合金的变形控制[J].稀有金属材料与工程,2001,30(5):369~371.

[229] 刘咏,韦伟峰,黄伯云,等.粉末冶金强化烧结的定性与定量分析理论综述[J].材料导报,2003,17(3):1~4.

[230] 果世驹.粉末烧结理论[M].北京:冶金工业出版社,2002.

[231] 郑梅,曾珊琪.注射成形SiC陶瓷的烧结温度及其力学性能分析[J].陕西科技大学学报,2007,25(6):61~65.

[232] 林健凉,曲选辉,秦明礼,等.注射成形AlN高导热陶瓷蜡基黏结剂[J].中南工业大学学报,2001,32(5):498~502.

[233] Mrotzek T, Hoffmann A, Martin U. Hardening Mechanisms and Recrystallization Behavior of Several Molybdenum Alloys[J]. Refractory Metals & Hard Metals, 2006, 24:298~305.

[234] A. LAL, R. G. IACOCCA, R. M. GERMAN. Microstructural evolution during the supersolidus liquid phase sintering of nickel-based prealloyed powder mixtures[J]. Journal of Materials Science, 2002, 35:4507~4518.

[235] Yixiong Liu, Rajiv Tandon, Randall M. German. Modeling of Supersolidus Liquid Phase Sintering: I. Capillary Force[J]. Metallurgical and Materials Transactions A, 1995, 26:2415~2422.

[236] 汤春峰,曲选辉,王天剑,等.超固相线液相烧结GH4049粉末合金[J].粉末冶金技术,2007,25(2):104~108.

[237] 赵丽明,曲选辉,李世琼,何新波.粉末注射成形TiAl超固相线液相烧结工艺研究[J].粉末冶金技术,2008,26(2):134~137.

[238] Shankar J, Upadhyaya A, Balasubramaniam R. Corrosion behavior of sintered oxide dispersion strengthened stainless steels[J]. Journal of Materials Science, 2004, 39:1815~1817.

[239] Wright C S, Ogel B, Lemoisson F, et al. Supersolidous Sintering of High Speed Steels Part 2: Sintering

of Tungsten Based Alloys[J]. Powder Metallurgy. 1995,38:221 ~ 229.

[240] Liu J, Lal A, German R M. Densification and Shape Retention in Supersolidous Liquid Phase Sintering [J]. Acta mater, 1999, 47(18):4615 ~ 4626.

[241] German R M. Rheological Model for Viscous Flow Densification During. Supersolidous Liquid Phase Sintering[J]. Science of Sintering, 2006, 38:27 ~ 40.

[242] Lal A, Iacocca R G, German R M. Densification during the Supersolidous Liquid - Phase Sintering of Nickel - Based Prealloyed Powder Mixtures[J]. Metallurgical and Materials Transactions A, 1999, 30, 2201 ~ 2208.

[243] Bollina R, German R M. In Situ Evaluation of Viscosity during Sintering of Boron Doped Stainless Steel using Bending Beam Technique. Euro PM2004 Sintering.

[244] 憧绍明,江东亮,谭寿红,等. 等温等静压烧结碳化硅基复相陶瓷的强化与增韧[J]. 无机材料学报,1999,14(1):61 ~ 65.

[245] Chang Kyu Kim, Chang - Young Son, Dae Jin Ha, et al. Microstructure and mechanical properties of powder - injection - molded products of Cu - based amorphous powders and Fe - based metamorphic powders[J]. Materials Science and Engineering A, 2008, 476:69 ~ 77.

[246] Hezhou Ye, Xing Yang Liu, Hanping Hong. Sintering of 17 - 4PH stainless steel feedstock for metal injection molding[J]. Materials Letters, 2008, 62:3334 ~ 3336.

[247] 姜峰,李益民,李松林. 烧结气氛对MIM316L不锈钢微观组织和性能的影响[J]. 粉末冶金工业. 2003,13(6):18 ~ 22.

[248] German R M. Powder Injection Molding[M]. Princeton, NJ, MPIF, 1990:207.

[249] Krauss W, Holstein N, Konys J. Development and fabrication aspects regarding tungsten components for a He - cooled divertor[J]. Fusion Engineering and Design, 2005 (75 ~ 79):775 ~ 778.

[250] Meendenting. Conditions metal powder for injection molding[P]. US Patent, 5, 314, 638.

[251] Moon I H, et al. Effect of Copper Particle Size on Sintering of Metal Injection Moulded Tungsten - Copper[J]. MPR, 1997, 3:42.

[252] Yoon Eui Sikyu, Ji - Hun. Densification and microstructure of the PIMed W - 15wt% Cu nanocomposite powder[J]. Journal of the Japan Society of Powder and Powder Metallurgy, 1999, 46(8):898 ~ 903.

[253] Kim B K, Hong S H. Densification of W/Cu Nanocomposite[C]. Proceedings of 2000 powder metallurgy world congress, Korea:1461 ~ 1464.

[254] Tai Shing Wei, Randall M. German. Injection Molded Tungsten Heavy Alloy[J]. International Journal of Powder Metallurgy, 1998, 24(4):327 ~ 335.

[255] Bose A, et al. Injection Molding of Molybolenum Treated Tungsten Heavy Alloy[J]. Advances in Powder Metallurgy, 1990, 3:401 ~ 413.

[256] Amano Yoshinari, Omachi Masahiro. Manufacture of Tungsten Heavy Alloy Product[P]. Japan Patent, 04, 093, 584.

[257] 范景莲,黄伯云,曲选辉,等. 注射成形高比重合金的性能与显微组织[J]. 中国有色金属学报,1998,8(4):590 ~ 594.

[258] Fan J L, Huang B Y, Qu X H. Low temperature thermal debinding behavior of wax based multi - component binder for tungsten heavy alloy[J]. Trans Nonferrous Met Soc China, 1999, 10(1):93 ~ 98.

[259] 范景莲,黄伯云. 黏结剂组成对黏结剂和喂料热性能的影响[J]. 稀有金属材料与工程,2004,33(2):213 ~ 217.

[260] 范景莲,黄伯云. 黏结剂组成对黏结剂和喂料热性能的影响[J]. 稀有金属材料与工程,2004,33(2):213 ~ 217.

[261] Amano Yoshinari, Omachi Masahiro, Matsumura Junzo. Production of tungsten heavy metal - based composite product[P]. Japan Patent, 04, 323, 306.

[262] 李益民,范景莲,曲选辉,等. 注射成形高密度钨合金脱脂工艺的研究[J]. 材料科学与工艺, 1999, 7(3):65 ~ 69.

[263] Zu Y S, Lin S T. Optimizing the mechanical properties of injection molded W - 4.9% Ni - 2.1% Fe in debinding[J]. Journal of Materials Processing Technology, 1997, (71):337 ~ 342.

[264] Amano Yoshinari, Omachi Masahiro, Matsumura Junzo. Production of tungsten heavy alloy product [P]. Japan Patent, 04, 337, 040.

[265] 曲选辉,李益民,李志林,等. W - Ni - Fe 重合金的注射成形工艺[J]. 中国有色金属学报, 1998, 8(3):436 ~ 440.

[266] 范景莲,黄伯云,胡婧. 钨基高比重钨合金注射坯溶剂脱脂工艺研究[J]. 粉末冶金材料科学与工程, 2001, 6(4):308 ~ 312.

[267] 范景莲,黄伯云. 注射成形钨合金的显微结构对其力学性能的影响[J]. 中南大学学报(自然科学版), 2004, 35(5):714 ~ 719.

[268] 曲选辉,范景莲. 纳米晶钨基重合金粉末的注射成型与固相烧结[J]. 材料研究学报, 2001, 15(1):30 ~ 134.

[269] Li Yan, Guo Zhimeng. Gelcasting of WC - 8wt% Co tungsten cemented carbide[J]. International Journal of Refractory Metals & Hard Materials, 2008, 26:472 ~ 474.

[270] Johnny B. MIM offers increased applications for submicron WC - 10Co[J]. Metal Powder Report, 1999(1):30 ~ 33.

[271] 祝宝军,曲选辉,秦明礼,等. 硬质合金注射成形过程中的难点问题及解决方法[J]. 稀有金属与硬质合金, 2001, 145:20 ~ 24.

[272] 祝宝军,曲选辉,陶颖,等. 硬质合金注射成形注射参数的优化[J]. 稀有金属材料与工程, 2002, 31(3):232 ~ 235.

[273] 李晓明. 硬质合金注射成形工艺的研究[D]. 长沙:中南大学, 2001.

[274] 黄金昌. 难熔金属和硬质合金的粉末注射成形[J]. 稀有金属与硬质合金, 1998, 135:62 ~ 64.

[275] 李笃信,黄伯云. 金属注射成形技术的研究现状[J]. 材料科学与工程, 2002, 20(1):136 ~ 139.

[276] 曲选辉,钟伟,李益民,等. 硬质合金注射成形制品中的缺陷控制[J]. 稀有金属材料与工程, 2000, 29(5):332 ~ 335.

[277] 范景莲,李志希,肖琼,等. YG8 硬质合金注射成形脱脂工艺的研究[J]. 中国钨业, 2004, 19(5):76 ~ 80.

[278] Martyn M T, James P T. The processing of hardmetal components by powder injection moulding[J]. International Journal of Refractory Metal & Hard Materials, 1993 ~ 1994, 12:61 ~ 76.

[279] 曲选辉,范景莲. 纳米晶钨基重合金粉末的注射成型与固相烧结. 材料研究学报, 2001, 15(1):30 ~ 134.

[280] 祝宝军,曲选辉,陶颖,等. 粉末注射成形热塑 - 热固黏结剂研究[J]. 湖南大学学报, 2004, 31(2):20 ~ 27.

[281] 廖雪松. 注射成形硬质合金缺陷与性能控制[D]. 中南大学, 2007.

[282] Sung H J, Taesik Y, Ahn S. Application of PIM for manufacturing WC - Co Milling Inserts[J]. Journal of the Japan Society of Powder and Powder Metallurgy, 1999, 46(8):887 ~ 891.

[283] 高建祥,祝宝军,李晓明,等. WC - Co 硬质合金注射成形制品的碳含量控制[J]. 硬质合金, 2002, 19(1):182.

[284] Luyckx S, Osborne C, Cornish L A. Fine grained WC - Co hard metal[J]. Powder, Metallurgy, 1996,

39 (3):210 ~ 214.

[285] Poniatowski D, Will G. Injection molding of tungstencarbide base hard metals [J]. MPR, 1988, 43 (12):812 ~ 815.

[286] 李沐山．世界硬质合金材料技术进展[M]．株洲硬质合金集团有限公司．2004.

[287] Agrawal D, Cheng J, Seegopan P, et al. Grain growth control inmicrowave sintering of ultrafine WC – Co composite powder compacts[J]. Powder Metallurgy, 2000, 43(1):15 ~ 16.

[288] Youseffi M, Menzies I A. Injection molding of WC – 6Co powder using two new binder systems based on montanester waxes and water – soluble gelling polymers [J], Powder Metallurgy, 1997, 40 (1): 62 ~ 65.

[289] Bruhn J. MIM offers increased applications for submicronWC – 10 % Co[J]. Metal Powder Report, 1999(1):30 ~ 33.

[290] 曾凡同，杨英清．粉末注射成形工艺[J]．机械设计与制造，1998(03).

[291] 中南大学粉末冶金研究所编．陶瓷粉末注射成形(PIM)[M]．长沙：中南大学出版社，1991.

[292] Trunec M. 株洲硬质合金厂编译．超细 ZrO_2 粉末的注射成形[J]．第九届世界陶瓷大会学术论文集，2000:103 ~ 107.

[293] 谢志鹏，杨金龙，黄勇．陶瓷注射成形的研究[J]．硅酸盐学报，1998，26(2):324 ~ 330.

[294] Lograsso B K, Jones L. Powder injection molding using corn based biopolymers[J]. Powder Metallurgy, 1997, 40(3):172 ~ 173.

[295] Johnson J L, German R M, Hens K F. Injection molding AlN for thermal management applications [J]. American Ceramic Society Bulletin., 1996, 75 (8):61 ~ 65.

[296] right J K W, Edirisinhe M J, Zhang J G, Evans J R G. Particle packing in ceramic injection molding. Journal of American Ceramic Society, 1990, 73(9):2653 ~ 2658.

[297] Miyamoto K, Takahashi Y, Inamura S, et al. Properties of Al_2Oceramic by low pressure inject ion molding method[J]. Journal of Japanese Society of Powder Metallurgy, 1987, 34 (9):378 ~ 382.

[298] Bandyopadhyay G, French K W. Effect of powder characteristics on injection molding and burnout cracking. Ceramic Bulletin, 1994, 73(3):107 ~ 114.

[299] Pujari V K. Effect of powder characteristics on compounding and green micro structure in the inject ion – molding process[J]. J Am Ceram Soc, 1989, 72(10):1981 ~ 1984.

[300] Xie Z P, Huang Y, Wu L G. Effect of powder characteristics and grinding process on fluidity of ceramic injection molding mixtures[J]. Journal of Material Science Letter, 1995, 14:1165 ~ 1167.

[301] Ng S H, Hull J B, Henshall J L. Machining of novel alumina/cyanoacrylate green ceramic compacts [J]. Journal of Materials Processing Technology, 2006:175:299 ~ 305.

[302] Martin Trunec, Petr Dobsak, Jaroslav Cihlar. Effect of powder treatment on injection moulded zirconia ceramics[J]. Journal of the European Ceramic Society. 2000, 20:859 ~ 866.

[303] Randall M G, Bose A. Metal Powder Industries Federation(1997).

[304] Nishimura, Kimihiro, Yshino, Kenji. US patent 5,380,179, 10 January 1995.

[305] Song J H, Evans J R G. Ultrafine ceramic powder injection molding: the role of dispersants[J]. Journal of Rheology, 1996, 40 (1):131 ~ 152.

[306] Chan T Y, Lin S T, Effects of stearic acid on the injection molding of alumina[J]. J. Am. Ceram. Soc, 1995, 78 (10):2746 ~ 2752.

[307] Nyborg L, Carlstrom E, Bertilsson H. Guide to the injection moulding of ceramics and hardmetals – special consideration of fine powder, PIM – 97, 1997, 17 ~ 24.

[308] Tseng W J, Liu D M, Hsu C K. Influence of stearic acid on suspension structure and green microstruc-

ture of injection - molded zirconia ceramics[J]. Ceramics International, 1999, 25 (2): 191 ~ 195.
[309] Kato, Shigeki, Inoue, Katsushiro, US patent 5,087,594, 11 February 1992.
[310] Attarian M, Taheri - Nassaj E, Davami P. Effect of ethylene - vinyl acetate copolymer on the rheological behaviour of alumino - silicate/polyethylene wax suspensions[J]. Ceramics International, 2002, 28: 507 ~ 514.
[311] 林健凉,曲选辉,范景莲,等. 陶瓷粉末注射成形中的关键影响因素[J]. 硬质合金,2001,18(2):99.
[312] Tsao I, Danforth S C. Injection moldable ceramic composites: compounding behavior, whisker degradation and orientation[J]. American Ceramic Society Bulletin, 1993, 72(2): 55 ~ 64.
[313] 岩桥俊之. 工程陶瓷的注射成形[J]. 模具技术,1990,2:54 ~ 64.
[314] Ridgway J S, Hull J B, Gentle C R. A PRIME approach for the molding of conduit ceramic parts[J]. Material Processing Technology, 2003, 133: 181 ~ 188.
[315] Mangels J A. Low - Pressure Injection Molding[J]. American Ceramic Society. Bulletin. 1994, 73 (5): 37 ~ 41.
[316] Liu D M. Control of yield stress in low - pressure ceramic injection moldings[J]. Ceramics International, 1999, 25: 587 ~ 592.
[317] Kosmac T. Low Pressure Injection Moulding of SiC Platelet Reinforced Reaction Bonded Silicon Nitride [J]. Journal of Materials Science, 1997, 32: 469 ~ 474.
[318] Novak S, Vidovic K, Sajko M. Surface Modificaton of Alumina Powder for LPIM[J]. Journal of the European Ceramic Society. 1997, 17: 217 ~ 223.
[319] Edirisinghe M J, Evans J R G. Review: fabrication of engineering ceramics by injection molding. II. Techniques[J]. Int. J. High Tech. Ceram, 1986 2: 249 ~ 278.
[320] Calvert M, Cima P. Theoretical models for binder burnout[J]. J. Am. Ceram. Soc, 1990, 73 (11): 575 ~ 579.
[321] German R M. Theory of thermal debinding[J]. Int. J. Powder Met, 1987, 23 (4): 237 ~ 245.
[322] Badyopadhyay G, French K W. Injection molded ceramics: critical aspects of the binder removal process and component fabrication[J]. Journal of the European Ceramic Society, 1993, 11: 23 ~ 34.
[323] Zhang H, German R M, Bose A. Wick debinding distortion of injection molded powder compacts[J]. International Journal of Powder Metallurgy. 1990, 26: 217 ~ 230.
[324] German R M, Hens K F. Key issues in powder injection molding[J]. American Ceramic Society Bulletin, 1991, 70(8): 1284 ~ 1302.
[325] 纪维维,石冰洁,张泽廷,等. 超临界流体萃取在陶瓷脱脂技术中的应用[J]. 北京化工大学学报,2004,31(2):28 ~ 30.
[326] 吴音,司文捷,金元生,等. 陶瓷注射成型的一种新的脱脂方法——超临界流体脱脂[J]. 稀有金属材料科学与工程,2003,32(1):54 ~ 57.
[327] 吴音,司文捷,金元生,等. 陶瓷注射成型超临界 CO_2 流体脱脂工艺研究,2003,32(6):456 ~ 459.
[328] 吴音,司文捷,苗赫濯. 陶瓷注射成型脱脂方法对 ZrO_2 陶瓷性能的影响[J]. 稀有金属材料与工程,2005,34:1477 ~ 1480.
[329] German R M, Kubish D. Evaluation of injection molded 17 - 4PH stainless steel using water atomized powder[J]. The International Journal of Powder Metallurgy, 1993, 29(1): 47 ~ 62.
[330] Galia A, Argentino A, Scialdone O, Filardo G. A new simple static method for the determination of solubilities of condensed compounds in supercritical fluids. The Journal of Supercritical Fluids. 2007, 27 (1): 7 ~ 17.

[331] 颜鲁婷,司文捷,苗赫濯. CIM 中最新脱脂工艺的进展[J]. 材料科学与工程,2001,19(3):108~112.

[332] 施剑林,Schubert H,Petzow G1. 微少量添加剂对高纯 Y-TZP 粉料烧结性能的影响[J]. 硅酸盐学报,1996,24(3):247~253.

[333] Du Xuelia, Qin Mingli, Akhtar Farida, et al. Effects of heat treatment on the properties of powder injection molded AlN ceramics[J]. Rare Metals,2008,27:70~73.

[334] Karel Maca, Martin Trunec, Jaroslav Cihlar. Injection moulding and sintering of ceria ceramics[J]. Ceramics International. 2002,28:337~344.

[335] Whittaker D. Process economics and technological Advances in P/M automotive parts[J]. The International Journal of Powder Metallurgy,1998,34(3):17~24.

[336] PIM Continues its March to Maturity[J]. Metal Powder Report,1988,32(7/8).

[337] 李松林,曲选辉,李益民,等. 国外注射成形不锈钢研究的进展[J]. 粉末冶金工业,2001,11(3):18~22.

[338] Yandon R, Simmons J W, Russel J H. Mechanical and corrosion properties of nitrogen alloyed stainless steels consolidated by MIM [J]. The International Journal of Powder Metallurgy,1998,34(8):47~54.

[339] German R M, Hens R F. Identification of the effects of key powder characteristics on powder injection molding [A]. In Powder Injection Molding Symposium [C]. P. H. Booker, J. Gaspervich, R. M. German ed. MPIF, Princeton, NJ,1992:1~15.

[340] Kato Y. PAMCO powders widen MIM applications[J]. Metal Powder Report,1993,48(10):32~36.

[341] Editor. Osprey improves atomizer for MIM powder production[J]. Metal Powder Report,1994,49(3):16~18.

[342] Tanaka Y, et al. Metal Inj. Molding Powder Produced by High Pressure Water Atomization. Powder Metallurgy,1998,41(1):47.

[343] 李松林,孙云飞,张传福,黄伯云. 金属注射成形气雾化和水雾化 316L 不锈钢耐蚀性[J]. 粉末冶金材料科学与工程,2005,10(5):309~313.

[344] Chen X. Improvements in conventional PM parts with bimodal powder mixtures[J]. Metal Powder Report,1997,52 (6):40.

[345] 汤潇,李益民,李流军. 不同粒度粉末注射成形试样的烧结性能[J]. 粉末冶金材料科学与工程,2006,11(6):354~358.

[346] Hsu K C, Lin C C, Lo GM. Effect of wax composition on injection moulding of 304L stainless steel powder[J]. Powder Metallurgy,1994,37(4):272~276.

[347] 寒川喜光. Injection molding of SUS316L powder with polyacetal [J]. 粉体および粉末冶金,1993,40 (4):379.

[348] Editor. Clariant introduces PIM binder system[J]. Metal Powder Report,1998,53(6):4.

[349] German R M, Kubish D. Evaluation of injection molded 17-4PH stainless steel using water atomized powder[J]. The International Journal of Powder Metallurgy,1993,29(1):47~62.

[350] Dawei Cui, Junsheng Jiang, Guangming Cao, Enzhong Xiao, Xuanhui Qu, Preparation of high nitrogen and nickel-free austenitic stainless steel by powder injection molding[J]. Journal of University of Science and Technology Beijing,2008,15(2):150.

[351] Adeka Fine Chemical, Tokyo, Japan.

[352] 林冰涛,段柏华,曲选辉. 粉末注射成形耐热不锈钢的工艺研究[J]. 稀有金属材料与工程,2007,36(增3):204~207.

[353] H. Özkan Gülsoy. Dry sliding wear in injection molded 17-4 PH stainless steel powder with nickel

boride additions[J]. Wear, 2007 (262): 491 ~ 497.
[354] Lasalle J. Powder Injection Molding Symposium[C]. MPIF, Pennsylvania State University, State College, PA, 1999.
[355] Holmes B, Ramanujam P. Simple and efficient technique for optimizing the primary performance in the presence of secondary performance[C]. IEEE Antennas and Propagation Society, AP - S International Symposium (Digest), 1999, 4: 2356 ~ 2359.
[356] Hens K F, Van Landuyt, Bender H. Chemical and structural analysis of etching residue layers in semiconductor devices with energy filtering transmission electron microscopy[J]. Materials Science in Semiconductor Processing, 2001, 4(1 ~ 3): 109 ~ 111.
[357] Anwar M Y, et al. MIM of 316L stainless steel powder using novel binder system. Powder Metallurgy, 1995, 38 (2): 113.
[358] Omar M A, Davies H A, Messer P F. The influence of PMMA content on the properties of 316L stainless steel MIM compact, Journal of Materials Processing Technology, 2001, (113): 477 ~ 481.
[359] Bakan H I, et al. Study of processing parameters for MIM feedstock based on composite PEG - PMMA binder[J]. Powder Metallurgy, 1998, 41(4): 289.
[360] Metamold - BASF' S New Powder Injection Moulding System[J]. Metal Powder Report, 1992, 5: 43.
[361] 郑礼清，李笃信，李昆，等．新型催化脱脂型喂料的流变性能研究，粉末冶金工业，2008，18(6): 14 ~ 18.
[362] German R M. Powder Injection Molding[M]. MPIF, Princeton, NJ, 1990.
[363] 祝宝军，曲选辉，陶颖．粉末注射成形冷凝蒸气脱脂过程研究[J]. 稀有金属材料与工程，2004, 33(10): 1056 ~ 1060.
[364] Omar M A, Ibrahim R, Sidik M I, et al. Rapid debinding of 316L stainless steel injection moulded component[J]. Journal of Materials Processing Technology, 2003, (140): 397 ~ 400.
[365] Jr Wiech USP 4305756, 1981.
[366] 梁良华，李笃信，李昆，等. 440C 不锈钢金属注射成形工艺研究[J]. 粉末冶金工业，2007, 17(6): 41 ~ 45.
[367] Daigo Sugiyama, Yasuyuki Murata, Takatsugu Amano, et al. Behavior of carbon and oxygen in MIM SUS304L parts during debinding and sintering process[J]. 粉体および粉末冶金，1997, 44 (5): 416 ~ 421.
[368] German R M. Supersolids liquid phase sintering part I: process review[J]. International Journal of Powder Metallurgy, 1990, 26(1): 23 ~ 24.
[369] 王栋梁，徐自伟，况春江，等．烧结温度对注射成形 Cr - Mn - Mo - N 不锈钢零件组织与性能的影响，粉末冶金工业，2009, 19(1): 11 ~ 15.
[370] 陆世英，张廷凯，康喜范．不锈钢[M]. 北京：原子能出版社，1994.
[371] Molinari A, Straffelini G. Persistent liquid phase sintering of 316L stainless steel[J]. Int. J. Powder Metall., 1998, 34(2): 21 ~ 27.
[372] Deflorian F, Ciaghi L, Kazior J. Electrochemical characterization of vacuum sintered copper alloyed austenitic stainless steel[J]. Werkst. Korro., 1992, 43(9): 447 ~ 452.
[373] Tay B Y, Loh N H, Tor S B, et al. Characterisation of micro gears produced by micro powder injection moulding[J]. Powder Technology, 2008.
[374] Gietzelt T, Piotter V, Ruprecht R. Manufacturing of isolated ceramic microstructures[J]. Microsystem Technologies, 2002, 9: 99 ~ 103.
[375] Rota A. New features in material issues for metallic micro components by MIM[C]. Proceedings of PM

– TEC, Florida, USA, 2002: 10 ~ 57.

[376] Volker Piotter. Micro moulding of medical device components[J]. Business Briefing: Medical device manufacturing & Technology, 2004(1): 60.

[377] Piotter V, Benzler T, Gietzelt T. Micro powder injection molding[J]. Advanced Engineering Materials, 2002, 2 (10): 639 ~ 642.

[378] Eung – Ryul Baek, Sugeng Supriadi, et al. , Effect of particle size in feedstock properties in micro powder injection molding[J]. Material Science Forum, 2007, 534(1): 349.

[379] Richard Heldele, Michael Schulz, et al. Micro powder injection molding: process characterization and modeling[J]. Microsystem Technologies, 2006, 12(10): 941.

[380] Volker Piotter, Tobias Benzler, Thomas Gietzelt. Micro powder injection molding[J]. Advanced Engineering Materials, 2000: 640.

[381] Rota A, Duong T V, Hartwig T. Wear resistant tools for reproduction technologies produced by micro powder metallurgy[J]. Microsystem Technologies, 2002, 7: 225 ~ 228.

[382] Merz L, Rath S, Piotter V. Feedstock development for micro powder injection molding[J]. Microsystem Technologies, 2002, 8: 129 ~ 132.

[383] Piotter V, Holstein N, Plewa K. Replication of micro components by different variants of injection molding[J]. Microsystem Technologies, 2004, 10: 547 ~ 551.

[384] Merz L, Rath S, Piotter V. Powder injection molding of metallic and ceramic microparts[J]. Microsystem Technologies, 2004, 10: 202 ~ 204.

[385] Liu Z, Loh N, Tor S. Production of micro components by powder injection molding[J]. Journal of Materials Science Letters, 2001, 20: 307 ~ 309.

[386] Supriadi S, Baek E R, Choi C J, et al. Binder system for STS 316 nanopowder feedstocks in micro – metal injection molding[J]. Journal of Materials Processing Technology, 2007, (187 ~ 188): 270 ~ 273.

[387] http://www.babyplast.net/babyplast610.asp

[388] 李志平,等. 注射成型的微型化 – 微注射成型技术[J]. 塑料工业, 2004, 32(5): 23.

[389] 黄诗君,张宏超. 金属粉末注射成型工艺[J]. 现代塑料加工应用, 2005, 17(6): 58 ~ 60.

[390] Volker Piotter. Micro powder – injection moulding of metals and ceramics[J]. Sadhana, 2003, 28 (1).

[391] http://www.fanuc.co.jp/en/product/robodrill/index.html.

[392] Fu G. A variotherm mold for micro metal injection molding[J]. Microsystem Technology, 2005, 11 (12): 1267.

[393] Using MIM to make porous implants with shape memory. Metal Powder Report. 2006, 61(3): 20 ~ 25.

[394] Gulsoy H O, German R M. Production of micro – porous austenitic stainless steel by powder injection molding[J]. Scripta Material. 2008, 58: 295 ~ 298.

[395] Aprecido Carlos Goncalves. Metallic powder injection molding using low pressure[J]. Journal of Material Processing Technology. 2001, 118: 193 ~ 298.

[396] Toy C, Palaci Y, Gaykara T. A new ceramic thread – guide composition via low – pressure injection molding[J]. Journal of Material Processing Technology. 1995, 51: 211 ~ 222.

[397] Xuejun Zhang, Yongting Zheng, Jiecai Han. Low – pressure injection molding and SHS – HIP without envelope of AlN – TiB_2 ceramic slender tube with blind hole[J]. Materials and Design. 2005, 26: 410 ~ 416.

[398] Novak S, Dakskobler A, Ribitsch V. The effect of water on the behaviour of alumina – paraffin suspensions for low – pressure injection moulding (LPIM)[J]. Journal of the European Ceramic Socie-

ty. 2000,20:2175 ~ 2181.

[399] Lei Chen, Jianhui Li, Huamin Zhou, Dequn Li, Zhicheng He, Qian Tang. A study on gas - assisted injection molding filling simulation based on surface model of a contained circle channel part[J]. Journal of Material Processing Technology, in press.

第二篇

粉末体增塑挤压成形基础理论与技术

粉末增塑挤压成形(Powder Extrusion Molding,PEM)是将粉末与一定量的增塑剂(如酚醛塑胶溶液、石蜡等)混合后在较低温度下挤压成形,然后通过干燥、预烧、烧结等工序制成制品。目前,它已成为制取硬质合金、高密度合金,其他金属及其合金的管、棒、条和其他异形制品的最重要的方法之一。

近来,粉末增塑挤压(PEM)与粉末注射成形(PIM)是发展比较迅猛的两种材料加工成形方法。由于其能提供成形复杂形状制品和异形制品的巨大潜力,而受到人们广泛的重视和研究。将 PEM 与 PIM 相对比,可以发现二者有许多相似点:

(1)都具有粉末冶金工艺的近净形技术特点;

(2)都能生产诸如铸造、机加工、压力加工等难以获得的形状的金属制品,特别是对于小型复杂零件及细长零件的成形具有很大的优势;

(3)成形的材料范围都有了很大的扩展,从硬质合金、铜、钢、高熔点金属、金属间化合物到陶瓷等难以用常规加工方法成形的材料,都可以采用这两种技术;

(4)都为新材料及其产品的研究开发提供了新的技术方法。

(5)成形剂的选用及其配比在 PEM 和 PIM 中都是技术核心之一,两者采用的成形剂在本质上没有区别。

(6)在脱脂烧结方面,二者一般均采用热脱除法、溶剂萃取法、溶解法、热分解法、催化脱除法以及混合脱除技术,经脱脂后的预制坯内部残留了较多的孔洞,烧结收缩比普通粉末冶金压制预制坯大,故 PEM 与 PIM 技术对烧结设备、气氛和过程的要求很高。

然而,与 PIM 技术相比,PEM 又有自己的独特性:

(1)PEM 在制备大的长径比粉末制品方面表现出极大的优越性,其制品密度均匀,长度不受限制,生产成本低且生产可自动化;

(2)PEM 的粉末粒度范围一般较大,可以从几微米到几百微米的范围内变化,对粉末没有特别的要求;

(3)在成形工艺上,PIM 是在一定温度下,将粉末喂料在注射机浇口高速注射下填充模腔,物料受到注射压力、模具内壁侧压力、与模具内壁相对运动产生的摩擦力的作用,处于三向压应力状态,是三向压缩变形,使得物料在冲头压力和阻力之间充满模具、压实、补料、冷却成形。而 PEM 是在一定温度下将粉末喂料在挤压机作用下进行挤压成形,压力一般不超过 300MPa,物料除了受正挤压力外,还受模具内壁侧压力、物料与内壁相对运动位移产生的摩擦力,其变形是两向压缩和一向挤出拉伸的变形。

(4)应用方面,PEM 主要制取长而细的制品,而 PIM 主要应用于小型复杂形状制品。

PEM 作为一种极具前途的粉末成形方法之一,其核心技术是成形剂设计与制备、挤压过程流变行为分析与控制、成形剂脱除，且挤压模具、挤压温度以及挤压速度也是挤压过程中不可忽视的问题。这些因素直接影响着挤压件毛坯质量以及最终产品的性能。

近年来，随着工业水平的发展对粉末冶金异型制品的需求不断增加，使得挤压成形技术在国际上得到了巨大的发展。如日本东京钨公司、瑞典 Sandvik 等已推出粉末增塑挤压成形技术，并开发出了系列硬质合金棒材，国内近年来也有多家公司相继引进了多台挤压机开发这项技术，并已形成了一定的生产力和研究能力。但挤压成形技术仍然很不成熟，仍有很多关键技术没有得到解决，严重阻碍了该技术的应用和发展。

改革开放以来，我国粉末冶金技术得到了不断发展。其中硬质合金方面就有四大厂家从国外引进了多台不同型号的挤压机。通过引进，使我国在挤压产品的数量、品种、质量上都有了较大的提高。虽然有的厂家在引进设备的同时也引进了成形的成形剂等技术，但由于原材料、成形剂配方等不配套，在生产大直径高质量棒材等产品上仍有一定困难。据报道国内目前所采用的挤压喂料用成形剂仍以石蜡、甲基纤维两个体系为主。由于使用这种成形剂配方，挤出物的强度不够或在挤出直径大时坯料表面质量变坏，如物料从模口挤出后表面起疙瘩（鲨鱼皮现象），出现螺纹、波纹，甚至形成竹节等。

目前国内能生产的挤压产品品种仍较单一，产品质量与国外同类产品相比仍有很大距离。出现这种现状的原因主要有如下几点：首先，对成形剂的研究、开发十分不够。对成形剂与粉末混炼行为、挤压流变行为、成形剂作用机理等的知识积累太少，研究不深。目前在欧洲、日本等国家和地区，成形剂制备仍属高度机密技术，已实用了的挤压成形的成形剂工艺技术研究成果未有正式报道。其次，对引进技术消化不够，基本上停留在满足生产需求的水平上。第三，各单位间相互保密，未能借助相互的力量有力地组织研究攻关。第四，基本理论研究严重落后，特别是对挤压成形过程这一较特殊的流变学领域内的流变学基础理论的研究开展不够。因此开展成形剂设计与制备、成形剂脱除机理方面的研究可以大大推动和促进挤压制品品种的增加、质量的提高。围绕成形剂技术与挤压流变学问题的攻关与开发必将有力地推动增塑粉末挤压成形新技术的研究与应用。

总的来说，国外工业发达国家对粉末挤压成形工艺的研究和应用已十分广泛，其技术已经高度商业化，但受到严格的保密。从设备到工艺技术都已进入了一个新的发展时期。国内近年来引进中发生的问题正在逐步得到重视并在大力加以解决。可以预见，在粉末冶金学科和产业界内，随着挤压成形技术的进步和工艺的成熟，挤压产品的品种、数量将越来越多，质量也将越来越好，应用范围也将越来越广，从而显示出越来越强的竞争力。

12 粉末挤压成形特点与技术要求

12.1 粉末挤压成形技术的发展历史

粉末挤压成形技术是在金属与塑料加工的挤压工艺基础上演化而来的一种粉末冶金近净成形新技术[1~3]。金属坯块的挤压成形是一门发展较早、较成熟的工艺，早在 1799 年，J. Bramash[4]就发明了“铅和其他软金属的挤压成形方法”，并获得发明专利。在金属压力加工行业，坯块的挤压成形已成为一种连续制取各种断面形状型材的基本方法，并获得了极其广泛的应用，其基础理论的研究也不断深入[5~9]。热塑性塑料的挤压成形亦称挤塑，在塑料加工领域中占有十分突出的位置，已形成了一整套基础理论与工艺技术。挤塑是目前塑料制品生产中应用最广的一种成形技术[10]。将塑料挤压工艺技术和粉末冶金相结合便产生了当今的粉末挤压成形技术。粉末挤压成形已有 50 多年的历史，硬质合金管材最早就是用此法生产的[11]。粉末挤压成形发展至今已成为制取硬质合金、高密度及其他多种金属与合金的管、棒、条及其他异形产品的最重要的方法之一。其基本特征与塑料挤塑工艺和金属坯材挤压工艺十分相似[10,12]，受温度、剪切速率的影响十分明显。粉末挤压成形技术虽源于挤压工艺，但与之仍有本质上的差异[13]，如挤压条件不同，喂料组成不同等。粉末挤压成形技术的核心内容是成形剂设计与制备及挤压流变过程的分析与控制，它对工艺的成功起着决定作用。

低温挤压成形工艺是粉末挤压成形基础上新发展的一种工艺，它的特点是成形剂在较低温度下有好的流动性，从而使粉末体能够在低温下（不大于 200℃）挤压[14]，其工艺过程如图 12－1 所示。早期文献[15]评述了含成形剂的铜、钨、硬质合金、难熔金属化合物喂料的挤压行为。对几种成形剂体系如石蜡/硬脂酸、淀粉糨糊、酚醛塑胶的酒精溶液的工艺特性分别进行了报道。文献对挤压比、挤压压力、成形剂含量等的变化对挤出物性能的影响进行了分析说明，认为石蜡含量一般应达到 4% ～10%（质量分数，视各种材质而变），相当于体积分数达 35% ～65%。如果混合料中成形剂含量不够，挤压过程中会产生冲击等现象，挤出制品质量差。为了防止一系列不利行为的发生，混合料中应增加石蜡的含量，而且要均匀混合，挤压时降低冲头运动速度等[16]。

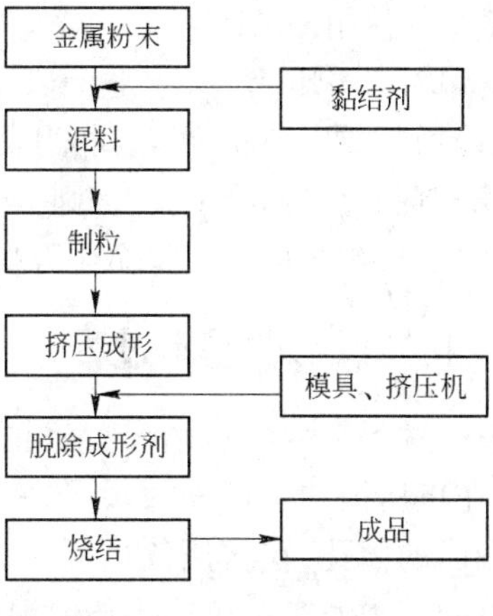

图 12－1 工艺过程图[14]

20 世纪 80 年代以来，增塑粉末挤压成形不断采用以螺杆挤压机为代表的连续挤压设备，其自动化程度、工艺过程控制精度都有了大幅度的提高，并大量采用了光电子监控、计算机在线适时控制等智能化部件，从而使得新一代挤压设备[17]功能更加完善、操作更为方便、生产能力大大提高。随着新一代挤压设备的出现与不断发展,PEM 工艺技术水平也不断提高[18],目前已能挤出直径为 $\phi15 \sim 40$mm 的棒材,壁厚小于 0.3mm 的管材,也生产出了各种形状、尺寸的蜂窝状横断面结构的陶瓷零件。产品有电路板微型钻头、计算机打印针等电子工业用精密部件,汽车联合杆等粉末冶金产品以及传统使用领域中的多种零部件。美国 ATW[19]公司已用 WC - Co 喂料挤压成形技术生产出给印刷电路板钻孔用的微型麻花钻。德国 Konrad Friedrichs[20~22]公司成形出了带螺旋冷却液孔的各种碳化物 - 钴棒材,最大直径达 38mm,钴的质量分数为 6% ~15%,最小晶粒可达 0.5μm。德国的 Gelit[23]厂已能成形出烧结后长达 2100mm 的棒材。

12.2　增塑粉末挤压成形技术的特点及影响因素

粉末增塑挤压成形工艺与传统 P/M 工艺相比主要有如下几个优点:

(1)产品形状几乎不受限制,能挤出常规粉末冶金工艺无法制得的形状复杂、物理力学性能优良的异形件。

(2)成品密度均匀。常规 P/M 工艺由于成形过程受粉末内外摩擦力的影响各处受压不均,从而造成坯块密度不均匀;增塑粉末挤压成形用喂料经高温剪切混合,成形过程又处在均恒受力剪切流变状态,挤出毛坯其横向与纵向密度相当均匀。

(3)适用性广。由于成形剂的加入,一些成形性不好的粉末也能用增塑粉末挤压成形工艺成形。

(4)烧结过程中收缩一致,能较好地控制制品的尺寸公差。

(5)挤压不同形状的异形制品有较大的灵活性,可以方便地更换挤压嘴。

(6)生产过程具有高度的连续性,挤压制品长度几乎不受挤压设备的限制,挤出返料可以反复继续使用。

增塑粉末挤压成形工艺也有其不足之处,如:

(1)由于成形剂脱除需要相当长的时间,其生产周期比常规 P/M 工艺要长。

(2)制品尺寸不能过大,否则会给成形剂脱除带来困难。

(3)成形剂的加入及脱除会给制品增添有害成分,如残炭、灰分。

12.3　挤压成形的基本过程

挤压过程是将经过增塑处理的混合料放入挤压筒中,在挤压筒的一端安放模子,模子上有所需挤压制品端面的模孔,在挤压筒的另一端插入挤压冲头,挤压机的压力通过挤压冲头传给混合料,使之通过模孔而成为具有一定形状的制品。棒材挤压模挤压如图 12 - 2 所示[24]。挤压时,挤压料在外力作用下的应力状态如图 12 - 3 所示[24]。作用的外力是冲头对挤压料的正压力及模壁对混合料的侧压力,同时还存在由于模壁与挤压料之间相对移动而产生的摩擦力。因此,在挤压过程中,挤压料的变形是两向压缩和一向向外拉伸。

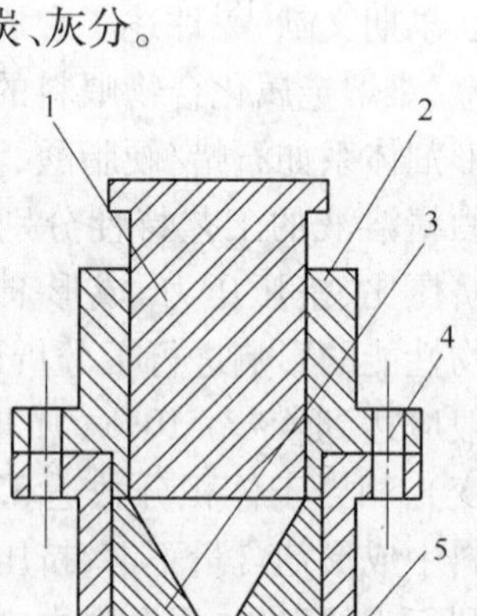

图 12 - 2　棒材挤压模挤压示意图[24]

1—冲头;2—挤压筒体;3—挤压嘴;4—销孔;5—模座

12.4 挤压过程中的影响因素

12.4.1 挤压模具

粉末混合料的挤压过程，存在成形和致密化的问题。如果模具设计不当，将使挤压件产生密度太低且不均匀的现象，这将导致后续的烧结变形。因此在设计挤压模具的时候，必须正确选择压缩比。压缩比计算式[25]：

$$K=\frac{D-d}{D}\times 100\% \qquad (12-1)$$

式中，K 为压缩比；D，d 分别为挤压嘴的外径和挤压嘴的内径。

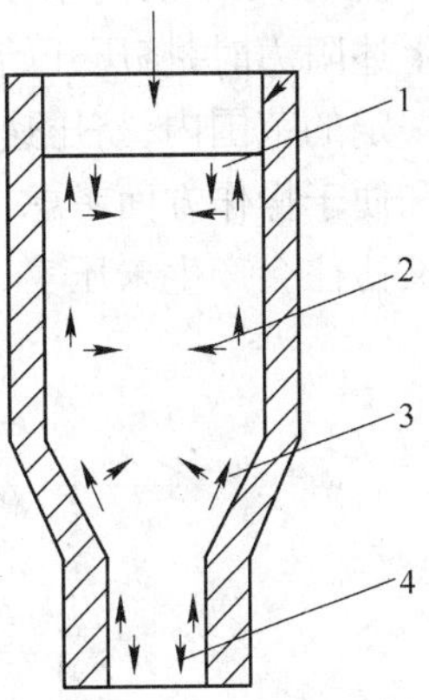

图 12－3 挤压时混合料的应力状态[24]
1—轴向压应力；2—径向压应力；
3—模壁摩擦力；4—拉应力

压缩比控制通常 $K\geqslant 95\%$，挤压嘴锥度角控制在 45°～75°，锥角过小，喂料虽然易流入定型带，但毛坯中心密度会相应降低；锥角过大，使挤压压力过大，会导致毛坯横向分层。

12.4.2 粉末

现有的 WC－Co、W、W－Ni－Fe、W－Cu 制粉技术已不是限制 PEM 工艺应用于难熔金属和硬质合金棒材的主要因素。例如国外瑞典 Sandvik 公司以气相还原碳化技术、日本住友电气和东京[26]钨公司以回转炉直接还原碳化（1350～1650℃）技术、美国 OMG 公司以快速碳热还原（1500～2000℃）技术生产亚微/纳米的 WC 粉末；美国 Nanodyne 公司[27～29]以喷雾－热转换技术生产 WC－Co 纳米复合粉末（从 Rutgers 大学购买）。国内我们采用机械合金化和喷雾干燥法制备的 W－Ni－Fe、WC－Co 纳米复合粉末等[30～31]。

12.4.3 成形剂

成形剂在粉末挤压成形技术中起增强流动、维持形状的作用，可以说成形剂是挤压成形技术的核心。它一般由起黏结骨架作用的组元、增塑组元以及少量起润滑等作用的添加剂组元构成。对成形剂的要求可概括为：与粉末有很好的润湿性、黏附力强、与粉末不发生化学反应，有一定的强度和韧性。成形剂必须在满足成形过程中粉料流动性要求的前提下，充分考虑脱脂过程对挤压棒材性能的影响，将成形剂的选择和配方与成形剂的脱除以及最终产品的性能结合起来。严格控制成形剂的加入量，加入量过低，棒材成形困难，有断裂现象；加入量过高，虽易于挤压，但产品变形大，并给后续脱脂带来困难。

12.4.4 挤压温度

过高的挤压温度将使挤压压力急剧下降，易造成毛坯软化变形，毛坯密度、强度过低；过低的挤压温度会导致挤压压力增大，毛坯表面粗糙度变高、容易出现分层或裂纹。挤压温度太高，易产生未压实、密度分布不均匀等现象。

12.4.5 挤压速度

挤压速度与挤压压力的关系如图 12－4 所示[24]。由于挤压压力主要消耗于克服成形剂的变形流动、粉末的内摩擦以及挤压料与挤压嘴之间的摩擦等阻力，因此，当挤压压力大到克服上述阻力时，挤压开始，对于此后所继续增大的挤压压力，则主要是用于提高挤压速度。在一定的范围内，挤压速度对毛坯质量的影响不大，因此，挤压速度的选择主要是从生产效率和便于操作方面考虑。但是太低的挤压速度会产生"竹节"形状的痕迹，而太高的挤压速度又往往会产生未压实、密度分布不均匀等现象。

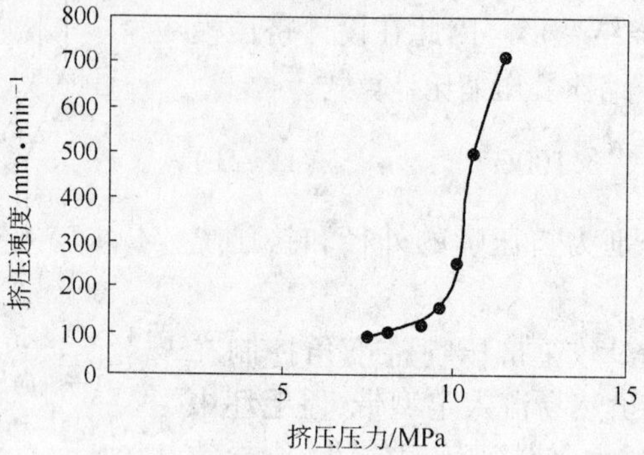

图 12-4 挤压速度与挤压压力的关系[24]

粉末增塑挤压成形的优越性主要体现在它能制备用常规 P/M 成形方法不能或很难成形的制品。从成本角度衡量，能用普通 P/M 成形方法成形的零件不宜采用增塑粉末挤压成形工艺。

对增塑粉末挤压成形技术的研究与应用已引起广泛关注，其技术、工艺装备等都已进入一个新的发展时期，增塑粉末挤压成形新技术用来制备粉末冶金异形件将有着十分广阔的应用前景。

13 粉末增塑挤压成形成形剂的设计与脱除

13.1 成形剂设计及其脱除机理与方式的研究

PEM 技术的发展历程,也就是成形剂设计、性能改进提高、加入和脱除方式不断革新的过程。可以说成形剂是增塑粉末挤压成形技术的核心,其设计、混合与加入及其脱除是 PEM 工艺成败的关键[19]。

早期,PEM 采用单一组元的成形剂体系。石蜡、微晶蜡、植物蜡(巴西棕榈蜡)、昆虫蜡(蜂蜡)等蜡类物质都有使用,但用得最多的仍是石蜡体系。石蜡具有良好的可塑性、润滑性。石蜡中加入其他蜡类物质,或加入聚乙烯等合成树脂作为调配物,可以在一定范围内改善其质量和性能[32]。石蜡及其调配物很久以来在造纸工业、橡胶制品、医药工业、文教用品、电讯器材、食品工业、防锈与润滑等方面一直有着十分广泛的用途[33]。人们对石蜡类物质的理化特性与使用性能及分类等各个方面都进行了长期而深入的研究,积累了十分丰富的知识与经验。为满足某些特殊用途,如用作 PEM 成形剂,还专门研制了合成蜡[34]。对于采用单一组元作为成形剂的挤压毛坯,在脱脂过程中成形剂会集中在某一狭小的温区脱除。这种特征会带来毛坯开裂、起皮、鼓泡等脱脂缺陷,还会使得毛坯形状难以保持。工艺上为克服这种限制一般采用十分缓慢的脱脂升温速率,这样又大大地增加了脱脂时间,最终导致产品成本上升。特别是对大直径($\phi > 10$mm)挤压毛坯,这种缺陷已到了无法克服的地步,以至于再采用这种成形剂配方就无法生产出合格的挤压制品。目前成形剂向多组元方向发展[35~36],国外发展的两组元成形剂 LDPE(低密度聚乙烯)/ SA(硬脂酸)和 PP(聚丙烯)/ SA(硬脂酸),国内的三组元成形剂 20/SBS(苯乙烯/丁二烯/苯乙烯嵌段聚合物) + 75/PW(石蜡) + 5/ SA(硬脂酸)等。

针对增塑粉末挤压成形用成形剂这一特定体系,各组元的最佳选择与搭配就变得十分困难。20 世纪 80 年代我国从西方工业发达国家引进了几套挤压成形设备及相关的成形剂技术,当时成形剂采用较多的是甲基纤维素与几种添加剂的溶液体系,实践证明它存在一系列的缺点[37],对 $\phi > 10$mm 的挤压毛坯基本上不适用。德国 Konard Friedrichs 公司采用的新成形剂体系是目前仅见报道并在生产实际中证明可挤压大直径产品的成功范例。

从 PEM 技术产生以来,随着成形剂体系的不同,形成了多种 PEM 工艺途径,脱脂方法多种多样,脱脂时间也有了较大程度的缩短。从脱脂步骤上可以粗略地将所有脱脂方法分为两大类:一类为二步脱脂法;另一类是一步脱脂法。二步脱脂法包括溶剂脱脂 + 热脱脂,虹吸脱脂 + 热脱脂。一步脱脂法主要是一步热脱脂法。

为了有效地脱除成形剂,人们开发了多种脱脂方法,如热脱脂、溶剂脱脂、催化脱脂,虹吸脱脂,其中较著名并已在工业上应用的有 Wiech 工艺[3]、Metamold 工艺[38]等。工业生产中用得最多的目前仍是热脱脂方式,德国 BASF 公司开发的催化热脱脂方式在所见报道中脱脂速率最快[39]。为了加速脱脂过程,人们还在试验热脱脂前分别采用溶剂萃取、虹吸等方式将一部分成形剂组元脱除,即所谓的分步脱除方式。对热脱脂方式人们还从改变环境压力与气氛、加热方式[40]、升温程式等方面开展了广泛的研究。在不断开发各种脱脂方式的同时，为了从工艺上制定出经济合理、技术可行的脱脂方式，人们对成形剂的脱脂机理展开了深入细致的研究。由于新的成形剂是一种化学成分复杂的混合物体系，为了简化问题，更为了得出准确的结论，人们一直致力于研究由一至两种成形剂组元构成的“模型成形剂”的脱脂机理，已出现了扩散控制机制、相界反应机制、气化过程控制机制[19]等成形剂及其组元的脱除机理学说。

13.2　粉末挤压成形剂设计原理

粉末挤压成形剂的功能是能增强粉末流动性，使之能顺利挤压成形的物质体系，称为成形剂。它一般由起黏结骨架作用的组元、增塑组元以及少量起润滑等作用的添加剂组元构成，它起增强流动、维持形状的作用。增塑粉末挤压成形中成形剂体积含量达 40% ~ 60%[25]。只有加入配方合理、用量适当的成形剂，粉末体才具有合适的流动性，在一定的外加工艺条件（温度、挤压速度等）下才能挤出合格的挤压毛坯，并使之维持制品形状直至成形剂被脱除，毛坯被烧结成为物理、力学等性能合格的挤压制品。对成形剂的要求可以概括为：与粉末能很好地润湿，黏附力强，与粉末不发生两相分离，有一定的强度和韧性等。单一品种的有机物都难以满足对成形剂的多种要求，一般而言，成形剂具有多组元性。成形剂在粉末挤压成形技术中起着十分关键的作用。可以说成形剂是挤压成形技术的核心。研究成形剂的设计与制备就变得十分重要。事实上，已开发出的各种挤压工艺技术间的最重要差异也就是成形剂构成及其热物性的不同。成形剂设计必须考虑的几个原则，为选择成形剂的各组元提供了理论依据。

13.2.1　成形剂组元的选择原则

可作为成形剂组元的有机物种类繁多，依据原料粉末和产品性能以及加工方式的要求不同而选用不同的种类。对粉末挤压成形技术的探索已表明，成形最好选在 25 ~ 50℃ 的温度范围内进行，且挤出毛坯具有相当的柔韧性又能保证内孔等形状特征不变[18]。因此，为达到高产、优质的目的，开发能满足成形工艺性能指标的成形剂变得十分必须。在众多的有机物品种中，很难选出所谓最佳的组元，而且针对不同的脱脂等后处理工艺，对成形剂组元的选择也会有不同的要求。对成形剂组元如何选择目前尚没有可供借用的理论或方法，大多数研究者仍是采用尝试法进行选择。这里只对如何选择挤压成形剂组元提出一些普适的原则。

挤压成形技术中一般采用多组元复合成形剂[41~43]。一般可分为由低相对分子质量物质构成的增塑组元；由高相对分子质量聚合物构成的保持形状起骨架作用的黏性组元；和少量增加金属微粉表面活性、使粉末与成形剂间充分润湿的表面活性组元等。在粉末挤压成形剂设计过程中，要重点考虑成形剂的成形性和脱脂特性对成形剂各组元的要求。对于起增塑作用的低分子组元，可以由不止一种低相对分子质量的物质[44]，例如它可由几种同类物质的混合物构成，对增塑组元的选择主要是考虑其脱脂行为特性，要求它能在整个低温区内热脱脂速率均匀，如果采用溶剂脱脂则具有较均匀的浸出特性。对起骨架作用的高聚物组元，一般只应选用一种高聚物[44]，这样选择首先可以减少高聚物品种之间的共混，避免共混不匀而带来的种种不利影响。选择高分子组元，首先要考虑它与所选定的低分子混合物的相溶性，这两种主要组元应该具有相同或相近的化学结构对称性，极性要相同，只有这样选择才可达到分子级混合均匀的目标。高分子组元相对低分子组元含量少，且脱脂温度高，脱脂前期能起到骨架作用，在脱脂后期温度较高时才被脱除，因此对它的选用主要是考虑它的成形性，即成形过程要具有好的流动性，又能维持挤出毛坯的形状不变。挤出毛坯一般应具有一定韧性，故选择的高聚物应带支链或侧基。一烯烃聚合物，这类聚合物才具有一定的刚性又兼有高分子柔弹性。由于聚合物相对分子质量越大，其熔体及混合物的黏度也越大，因此必须认真考虑聚合物相对分子质量的选择。成形剂中所用高聚物组元的相对分子质量不宜太大，且相对分子质量分布应具有一定的宽度。对表面活性等添加剂组元的选择则主要考虑它与粉末表面的亲和性。用不同方法制取的金属微粉，其表面张力、极性、表面形状会有很大的不同，一般选用带极性的一至数种表面活性组元，以达到增强粉末与成形剂间紧密接触的目的。与塑料制品中添加增塑、润滑、辅助剂不同的是，粉末挤压成形技术中使用的成形剂在成形后应全部脱除。组成成形剂的各类组元之间一般应不发生化学反应，从热力学角度考虑，应选择比热容小，热导率高的品种为好。由于成形后必须将成形剂去除，要求各组元灰分少，烧损后的残碳量要低。表 13 - 1[45] 为几种可供选择的成形剂组元。

表 13 - 1　几种可供选择的成形剂组元[45]

名称(简称)	化学结构式	密度 ρ/kg · m^{-3}	比热容 c_p /kJ · (kg · K)$^{-1}$	热导率 /W · (m · K)$^{-1}$
固体石蜡(SPW)	$C_nH_{2n+2}(20 \leqslant n \leqslant 38)$	900	2.2	27.8×10^{-2}
液体石蜡(LPW)	$C_nH_{2n+2}(11 \leqslant n \leqslant 24)$	770 ~ 810	—	—
聚苯乙烯(PS)	$\lbrack CH(C_6H_6)—CH_2 \rbrack_n$	1050	1.34	12.6×10^{-2}
聚丁二烯	$\lbrack CH_2—CH{=\!=}CH—CH_2 \rbrack_n$	905	—	20.8×10^{-2}
聚丁烯 - 1(PB - 1)	$\lbrack CH_2—CH(C_2H_5) \rbrack_n$	945	—	23.3×10^{-2}
低密度聚乙烯(LD - PE)	$\lbrack CH_2—CH_2 \rbrack_n$	920	2.09	33.5×10^{-2}
高密度聚乙烯(HD - PE)	$\lbrack CH_2—CH_2 \rbrack_n$	940	2.56	48.2×10^{-2}
聚丙烯(PP)	$\lbrack CH_2—CH(CH_3) \rbrack_n$	900	1.93	23.2×10^{-2}
聚甲醇(POM)	$\lbrack CH_2—O \rbrack_n$	—	—	—
邻苯二甲酸二丁酯(DBP)	$C_6H_4(COOC_4H_9)_2$	—	—	—
硬脂酸(SA)	$CH_3(CH_2)_{16}COOH$	901	—	—

以硬质合金棒材成形剂的选用为例，挤压用成形剂为固体 PW、液体 PW 以及 SA，成形剂各组元性能见表 13 - 2[46]。

表 13 - 2　成形剂各组元性能[46]

组　元	PW	SA
熔点/℃	50.1	67.0
分解温度/℃	164.3 ~ 327	160 ~ 435
急剧热解温度/℃	224.1 ~ 257.1	214.3 ~ 242.2
密度/g · cm^{-3}	0.9	0.96

选择固体PW、液体PW和SA作为成形剂,按5%～10%(质量分数)加入量进行筛选。表13－3[46]为不同成形剂量对挤压因素的影响,表13－4[46]为成形剂组分不同对挤压制品的影响。

表13－3　不同成形剂量对挤压因素的影响[46]

成形剂加入量(质量分数)/%	挤压压力/MPa	挤压效果
5	25	断裂,不连续成形
8	18	表面光滑,可连续成形
10	12	表面光滑,出模变形大

表13－4　成形剂组分对挤压制品的影响[46]

固体PW(质量分数)/%	液体PW(质量分数)/%	SA(质量分数)/%	挤压效果
30	70	0	挤压力小,黏度过低,有成形剂偏析,生坯强度低
70	30	0	挤压力高,黏度过高,流动性差,生坯出现龟裂
50	50	0	挤压力适中,黏度、流动性适中,生坯均匀
50	49	1	挤压力适中,黏度、流动性适中,生坯光滑均匀

从表13－3可知,成形剂加入量低于5%(质量分数)时,效果不理想,棒材成形困难,有断裂现象;当加入量高于10%(质量分数)时,虽易于挤压但产品变形大,并给后续脱脂带来困难;合理的成形剂加量应在50%(体积分数)即8%(质量分数)左右。

从表13－4可知,固体PW和液体PW任何一种质量分数过高,挤压效果都不理想,当固体、液体PW百分比相当的时候,同时加1%(质量分数)左右表面活性剂SA,效果良好。

考虑成形工艺及脱脂行为特性等对成形剂的综合要求,可归结增塑粉末挤压成形工艺用成形剂组元的选择原则为:

(1)各组元之间不起化学反应;

(2)增塑组元主要考虑其脱脂特性,一般采用低相对分子质量物质体系;

(3)黏性组元应选用一定相对分子质量的高聚物,组元本身要具有一定的柔弹性;

(4)表面活性组元在成形剂与粉末间起润滑、藕连等作用,宜选用带极性的有机低分子物质;

(5)各组元之间混合性好,能互相混溶;

(6)各组元应结构简单、规整、脱脂后残碳量少;

(7)各组元无毒性,且脱脂时各产物无腐蚀性、无毒性;

(8)各组元不是易燃、易爆物;

(9)价格适宜。

总之,通过对各组元的合理选择与搭配,要达到工艺技术规程对成形剂的综合要求,使得能顺利挤出所需形状的毛坯。按上述成形剂组元的选择原则进行配比,制备出的成形剂应具有如下明显特征:

(1)具有适当的黏性和良好的润湿性且易于与粉末混合均匀;

(2)与粉末体不发生任何化学反应;

(3)成形性好,能增强流动与维持形状;

(4)脱脂特性好:具有较均匀的脱除速率,且能脱除干净,不残留有害杂质,残碳量少,脱脂产物对操作人员、炉子发热元件等没有损害作用;

(5)烧结后对产品性能和外观等没有不良影响。

13.2.2　成形剂各组元间的可混性

设计合理的成形剂配方一般含有几类不同的组元。其低相对分子质量组元与高相对分子质量组元间的相对分子质量相差可达几百倍,其化学结构也可能不同,成形剂组元的这些特征给成形剂制备带来很大困难。我们要求各组元间最好能混合生成一种分子级均匀的混合物,因此选择各组元时必须考虑互混性。低分子组元间的互混比较容易实现,关键是高分子组元与其他组元间的混合。制备成形剂一般可采用加热熔融与加溶剂溶解的办法。采用熔融法制备成形剂时,由加热、剪切等外力推动各组元间相互作用,达到混匀的目的;采用溶解法主要是依靠分子间的热运动实现混合。实际上,熔融法制备成形剂也可认为是高温下高聚物组元溶解在液态低分子组元中。为使制成的成形剂在与粉末混合及挤压成形工艺中保持均相,不发生相分离,复合型成形剂必须具有一定的工艺稳定性。成形剂各组元可混性的判定可归结为如下三原则[47~48]:"极性相近"原则、"溶度参数相近"原则、"互作用参数 χ_1 小于1/2"原则。"极性相近"原则是人们在长期研究小分子物质互混时总结出来的,极性越相近,其互混越易,这种"极性相近"的规律一定程度上仍适用于低分子－高分子体系、高聚物混合物－溶剂体系。"溶度参数相近"原则是指只有当高聚物与"溶剂"的溶度参数接近或相等时,溶解过程才能进行,才会实现均相的状态。依据溶度参数判断高聚物的溶解性、高聚物间的相溶性十分普遍,且简单易行。但这种方法从原理上忽略了相对分子质量不同的影响,也没有考虑混合时的放热情况,从而解释不了某些依据溶解度参数判定为相溶的聚合物体系在加热升温后又产生相分离的现象,从而引入了 Huggins－Flory 互作用参数 χ_1,归纳出"互作用参数 χ_1 小于1/2"原则。含高分子聚合物体系的混合,高聚物的溶解等过程比小分子物质体系的溶解、互混过程要缓慢得多。由于高分子与低分子的尺寸相差悬殊,两者的分子运动速度存在着数量级的差别,因此小分子物质能较快地渗入高聚物,而高分子向低分子的扩散会非常缓慢。因此含高聚物体系的物质混合过程一般要经历两个阶段:首先是低分子物质渗入高聚物分子链间隔,使高聚物"体积膨胀",可称为溶胀阶段;然后才是高分子均匀分散在低分子物质中,达到完全均一状态。正是由于高聚物结构的复杂性:(1)相对分子质量大并具有多分散性;(2)高分子链的形状有线形的、支化的和交联的;(3)高分子物质存在非晶态与晶态结构等,从而使得含高聚物体系的混合比小分子物质体系要复杂得多。

13.3　成形性能及成形剂黏度

为了使成形剂与粉末混合后形成的喂料具有适当的流动性,在设计成形剂时要重点考虑其成形性能。粉末挤压成形工艺中加入成形剂的主要目的就是增强粉末的流动性,使之容易挤出各种横断面形状的制品,同时保持挤出毛坯形状不变。改变成形剂组成及含量,会大大改变工艺参数(如挤压压力、温度等)和制品外观特性。例如,从减小挤出坯块内应力的角度考虑,希望成形剂组元的黏结强度大、黏度小、弹性模量高[49]。设计合理的成形剂组成和含量是获得良好成形性能喂料的前提。

黏度是描述物质流变特性的重要参量。一定工艺条件下（温度、剪切速率等）物质的黏度决定于其组成。成形剂具有多组元特征，在各组元混合及喂料挤压成形一系列过程中，它具有液体或熔融体系的特征，其黏度可根据各组元的黏度和相对分子质量等推出[50]。为推导方便，现考虑二元混合物体系。对于二元混合物而言，其中只含有两种分子，这里称为A类分子与B类分子，混合物的物理性质应是混合物中每两个分子相互作用的平均结果。设在某一温度、剪切条件下A类物质的液体（熔体）黏度为η_A，B类物质的为η_B，而这两种物质按摩尔比$x(A):x(B)$组成的混合物的黏度为η_m。假设在所考察的体积单元内有N_A个A类分子，N_B个B类分子，分子总数为$N(N=N_A+N_B)$。又假定每两个A类分子相互作用产生的黏度为η_{AA}，每两个B类分子相互作用产生的黏度为η_{BB}，而一个A类分子与一个B类分子相互作用所产生的黏度为η_{AB}。显然，二元混合物的黏度η_m应是这些黏度的统计平均值，由N_A个A类分子所产生的黏度累加结果η_{At}为：

$$\eta_{Bt}=C_{N_B}^2\eta_{BB} \tag{13-1}$$

由N_B个B类分子所产生的黏度累加结果η_{Bt}为：

$$\eta_{Bt}=C_{N_B}^2\eta_{BB} \tag{13-2}$$

由每个A类分子同每个B类相互作用而产生的黏度累加结果η_{ABt}为：

$$\eta_{ABt}=C_{N_A}^1\cdot C_{N_B}^1\eta_{AB} \tag{13-3}$$

那么混合物的黏度η_m就是每两个分子相互作用所产生的黏度的平均结果，

$$\eta_m=\frac{\eta_{At}+\eta_{Bt}+\eta_{ABt}}{C_N^2} \tag{13-4}$$

将上述几式整理

$$\eta_m=\frac{N_A(N_A-1)}{N(N-1)}\eta_{AA}+\frac{N_B(N_B-1)}{N(N-1)}\eta_{BB}+2\frac{N_AN_B}{N(N-1)}\eta_{AB}$$

$$\eta_m=\left(\frac{N_A}{N}\right)\eta_{AA}+\left(\frac{N_B}{N}\right)^2\eta_{BB}+2\frac{N_AN_B}{N^2}\eta_{AB} \tag{13-5}$$

假定混合物已达到分子级混匀，所以

$$x_A=N_A/N,x_B=N_B/N \tag{13-6}$$

X_A和X_B为两种纯物质的摩尔配比。这样

$$\eta_m=x_A^2\eta_{AA}+x_B^2\eta_{BB}+2x_Ax_B\eta_{AB} \tag{13-7}$$

从上述推导过程可以看出，η_{AB}与配比无关。只要给定两种组元在给定条件下的黏度、组元的摩尔配比及η_{AB}，就可以推算出混合物的黏度。同时可知，只要测定了该混合物在任意一个配比下的黏度，就可以推算出η_{AB}。由于对于结构相似的组元，其分子之间相互作用机理是近似相同的，故公式中同配比无关的常数η_{AB}也可采用经验公式估算确定。

对于三元甚至多元混合物体系，上述推导过程也是适用的。n个组元时公式变为[51]：

$$\eta_m=\sum_{i=1}^{n}\sum_{j=1}^{n}x_ix_j\eta_{ij} \tag{13-8}$$

根据上述推导，在选用成形剂组元时必须考虑纯物质的黏度。只有选用黏度小的组元，才可能获得黏度较小的成形剂体系。上述公式的另一个应用就是可以减少对配比不同的成形剂体系黏度的测量，根据摩尔配比的变化就可预知其黏度变化情况。

13.4　成形剂与喂料的制备

成形剂一般由2~5个组元构成，其中至少含有一种高聚物组元，其相对分子质量与其他组元的相比要高出几百倍。由这些组元混合成微相均一的成形剂是相当困难、不易控制且比较耗时的。混合效果直接影响挤压制品的性能。成形剂及喂料的制备是粉末挤压成形技术中一个十分重要的工序。

13.4.1　熔融法

加热升温将成形剂各组元熔化，再加上机械剪切应力的作用，将各组元混合均匀，这种方法被称之为熔融法。一般的工艺过程中，总是先将高分子组元加入，待它在高温下由于剪应力作用变成黏流态后再加入其他各种组元物质。这种方法在经过反复的工艺探索后，能制定出合适的工艺条件，可以制备出微观结构比较均一的成形剂。由于成形剂中高分子含量一般不少于25%（体积分数），高分子在此混合过程中，仍处于某种缠结状态，这种形态有不利于低分子组元分散均匀的作用。特别是当低分子组元中含有液态组分时，如果组元加入顺序或加入时机掌握不当，则会造成比较严重的分相现象，增加混合时间也不能很好地达到预期的效果。

高聚物组元由室温下的固态转变为加工温度下的熔融状态的过程，会受到相当强的剪切作用。如果混合器温度过低，则高聚物较硬，这时如果仍处于高剪切速率状态下，则高聚物会发生较明显的化学降解。化学反应的普通历程如图13－1所示，其产物通常是比原高聚物相对分子质量小的高聚物，而不是单体，其反应历程的最大特点是它的反应温度系数为负值。升高温度可减小化学反应的程度和速度。当温度高达高聚物的熔点、转化点以上时，高聚物变成了黏流态，这时整条高分子链可以移动，故一般此时是不会发生高聚物化学反应的。影响化学反应的决定性因素是高聚物的相对分子质量，相对分子质量越大化学反应的程度越深。化学反应的结果，除了对宏观性能（如力学性能、光学性能、声学性能等）有影响外，主要表现在高聚物相对分子质量的改变。相对分子质量变化规律是开始时相对分子质量下降很快，随后达到一个极限值。

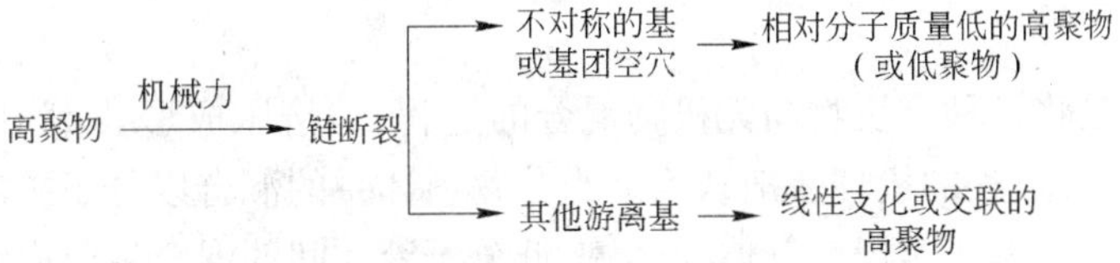

图13－1　高聚物力化学反应的普通历程

综上所述，用剪切熔融法制备成形剂时，加入高分子组元时的温度要适当高些，剪切速率要选得低些；待高分子熔化成黏流态后再分步加入低分子组元，此时应适当降低温度，增大剪切速率。

13.4.2　溶剂法

在一定温度下将成形剂各组元加入溶剂中，利用分子热运动达到各组元的均匀分散，从而制得分布均一的成形剂溶液，这种方法被称之为溶剂法。采用溶剂法制备成形剂，非常重要的一点就是溶剂的选择。在 13.2 中我们引入了溶度参数这一概念，只有当成形剂各组元的溶度参数相近时才能制得分布均一且稳定的成形剂。同样，也只有当溶剂的溶度参数 δ_1 与溶质的溶度参数 δ_2 相等或相近时，才能将溶质很好地溶解在溶剂中。高分子溶液因高聚物相对分子质量大、缠绕多，与溶剂的化学混溶性差，因而很难制得真溶液。对依据成形剂各组元选择规律选定的高聚物，一般只有少数几种溶剂的溶度参数能满足要求。从毒性、经济上以及环保等其他因素考虑，用单一纯溶剂很难制备出合适的成形剂溶液，一般可用配制混合溶剂的办法来解决。混合溶剂的溶度参数可以由其纯组元溶剂的溶度参数 δ_i 及相应的体积分数 ψ_i 线性加和来计算，即[48]：

$$\delta_{混} = \sum \delta_i \psi_i \tag{13-9}$$

大量实验事实已表明，单一溶剂与高聚物混合时，其相溶性差，但当两种或多种溶剂混合后，其混合溶剂与高聚物变得相溶。也有这种情况，两种单一溶剂与高聚物都相溶，但两者的混合溶剂却不与高聚物相溶。高聚物溶剂的选择需要具体分析清楚高聚物的结构，如结晶性的还是非晶的，是极性的还是非极性的，以及相对分子质量的大小等，再根据上述混合过程必须遵循的原则来选择，配制合适的溶剂体系。

高聚物溶剂选择是否得当还可通过观测高分子在溶剂中的形态以及溶液的剪切黏度等物理现象来判定。与高聚物相溶性很好的良溶剂，溶剂与高聚物链段的相互作用表现为斥力，高分子线团松懈；加入与高聚物溶解性差的溶剂将使链段间的吸力增强，高分子线团紧缩。当使用的是良溶剂时，溶液的黏度会很小。低黏度是我们所要求成形剂具备的一个重要特性。

温度是影响成形剂溶液制备及体系特性的一个重要参量。为使制得的成形剂溶液体系不发生相分离，必须使其保持在一定温度以上。当温度低于体系的临界共溶温度 T_c 时，就会发生相分离——分层现象。不同高聚物相对分子质量的临界共溶温度 T_c 有很大的差异，相对分子质量大的临界共溶温度 T_c 高，反之，则 T_c 低。作为成形剂用高聚物组元，其相对分子质量不能太大，可选取 5 ~ 10 万相对分子质量级的高聚物。

13.4.3　喂料的制备

喂料的制备是将一种有机物与无机物混合的过程，是挤压成形技术中一个十分重要的工序。目前，对混合过程的机理一般认为多组分物料体系的混合以分子扩散、涡旋扩散和体积扩散三种基本运动形式实现。气体与气体、低分子液体间的混合主要由浓度梯度驱使，借助分子扩散而实现；一般化工混合过程，流体间的混合主要是依靠体系内产生湍流，即由涡旋扩散来实现。成形剂与金属微粉的混合机理则是一种体积扩散机制。所谓体积扩散就是对流扩散，是指在机械搅拌等外力作用下，体系内各部分间发生相对位移，从而促使各组分的质点、液滴或固体微粒由体系的一个空间位置向一处运动，以达到各组分单元均匀分布的过程。很显然，针对成形剂与粉末混合过程，上述三种机理中，体积扩散这种物理运动的混合机制占有主导地位。

将粉末与成形剂混合均匀的过程是喂料的制备过程，在混合过程中发生较强的剪切作用。采用熔融法时，小批量实验时也将成形剂与喂料的制备合成一道工序，在一个混合器内完成,此种情况下应特别注意各组元的加入顺序及温度、剪切速率等的控制。为了增强成形剂与粉末之间的黏附力,成形剂中一般要加入一种表面活性剂组元,使它的一个极性端能很好地与金属粉末黏附,另一端又能与成形剂其他组元相溶。故表面活性剂组元最好的加入方式应该是:先将金属微粉加热至一定的温度,倒入处于同一温度的混合器内,再立即加入表面活性组元并使之与粉末反复剪切混合,让表面活性组元熔化并包覆金属微粉,使在粉末表面均匀吸附一层表面活性剂。由于表面活性剂与粉末间优异的润湿性能,粉末表面凹陷部分也将获得完全的润湿,从而达到减小成形剂用量的目的。待表面活性组元已均匀分散于粉末体中以后,再将制备好的成形剂渐次加入,经反复剪切搅拌混合,最后可制得性能优良的喂料。一种典型的喂料制备工艺过程如图 13 -2 所示。

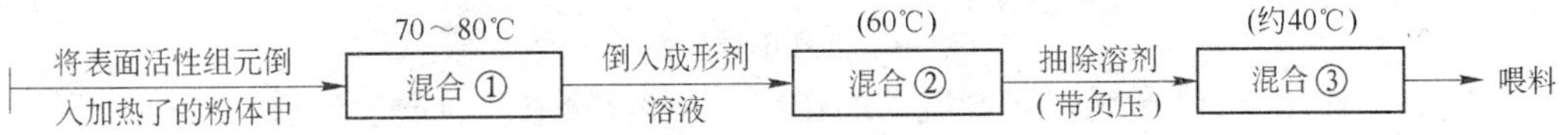

图 13 -2 喂料制备工艺过程

13.5 粉末挤压流变学

13.5.1 流变学原理概述

图 13 -3 给出的是某一聚合物熔体的普适流变曲线[5],在宽广剪切速率范围内,可分为Ⅰ、Ⅱ、Ⅲ三个区。各区对应不同的流变类型,要用不同的本构方程去描述对应的流变行为。

由于物体所承受的外力、流速、流道几何形状和热量传递等情况的不同,流动又可划分为:(1)层流和湍流;(2)稳态流动和非稳态流动;(3)等温流动和非等温流动;(4)拉伸流动和剪切流动;(5)一维流动、二维流动和三维流动。

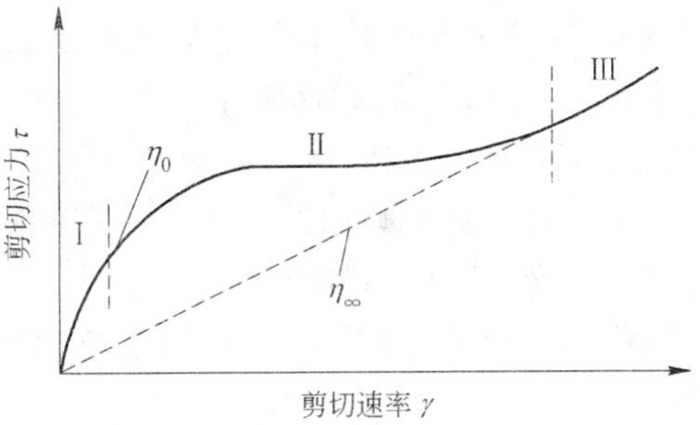

图 13 -3 聚合物熔体的普适流变曲线[5]

13.5.2 螺杆挤压输运过程流变行为

粉末螺杆挤压输运的突出特点是在挤压过程中发生了物料的相转变过程,即在挤压历程中发生物料由固相到熔体的转变。也只有完成了这样的转变,才能达到优质、稳定、高效率的连续挤出。

螺杆挤压的挤出成形过程实际上是很复杂的。从挤压时完成的职能看,常规单螺杆挤压极具代表性。图 13 -4 给出了单螺杆挤压机内挤压输送的流变过程模型。物料在挤压机内的运动包含固体输送、熔体输送等过程,最后经挤压口模挤出。喂料在流道内的运动状态,大致上可分为如图 13 -4 所示的三个区段。

13.5.3 喂料熔体在流动区的流动

粉末/成形剂体系混合均匀后,粉末颗粒呈分散相,它完全被连续相的有机高分子成形剂包覆,粉末均匀地分散在连续的黏结相中。因此,喂料熔体在口模挤压过程中,在剪切应

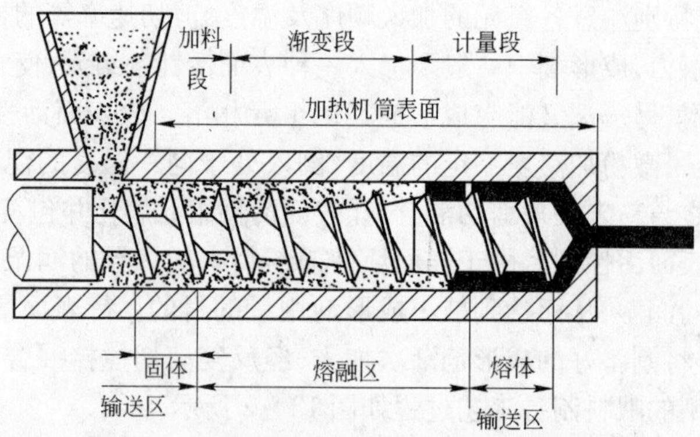

图 13－4　常规单螺杆挤压机[51]

力、温度等的作用下，成形剂相起着流动的作用，它带着粉末颗粒通过流道。

13.5.3.1　入口区的流动

不同成形剂配方制得的喂料其熔体在不同切剪速率下的流型不同，在入口区的流型主要有图所示的两种，其流型是有机连续相成形剂材质特征的体现。入口区的流型与入口压力降和流动的不稳定性有关。图 13－5a 中没有环流或涡流，物料顺着入口作径向流动，中心流线不断；而图 13－5b 中在入口的角落处形成较大的环流或涡流，其流动包括两部分：中心酒杯状的收束（收敛）流动和入口周围的环流。此种情况，随剪切速率 γ 的增大，环流部分就增大。当收束角减小到某一极限值时，中心流线断裂，死空间（靠近模腔壁和转角处，喂料很难挤压填充到该位置）与收敛流线之间已形成的流体界面发生畸变，稳定的层流被破坏，环流部分进入圆形口模，之后又恢复原来的流动场。这样周而复始，于是产生先是螺旋形流动，挤出物旋转，进而随 γ 增大，引起中心流线断开的流体破裂现象。而对应图 13－5a 中成形剂材质的熔体，尽管剪切速率 γ 升到了很高，但也不会产生中心流线断开的流体破裂现象。与牛顿流体相比，对于含有机高聚物的成形剂/粉末喂料熔体通过入口区时的入口压力降比小相对分子质量牛顿流体大得多。这不仅因为相对于小相对分子质量牛顿流体，喂料熔体的黏度大，有黏性损耗，而且熔体在通过入口区时还有相当大部分的弹性损耗[53]。

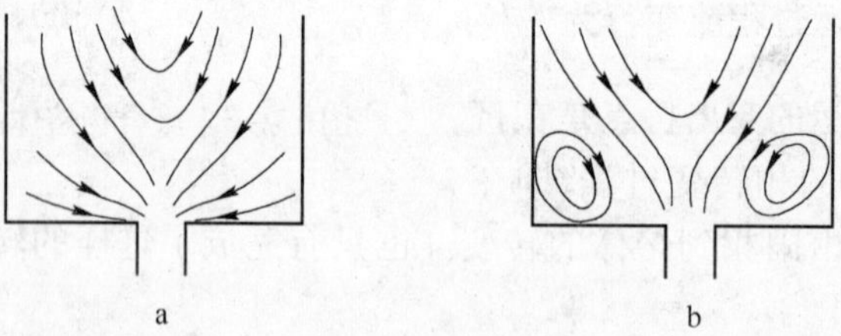

图 13－5　入口区流体的流型[52]

13.5.3.2　全展流区的流动

熔体流经入口区时，其速度是渐增的，到达了全展流区，流速沿流动方向不再变化，而仅为半径的函数。而且研究已经表明，流体流过入口区之后，并不是马上过渡到全展流区，而是要再经一段距离（约为直径的 3 倍）才能达到“全展流区”。虽然作为弹性流体的熔体流动问题很复杂，但在“全展流区”内则可认为流动进入了稳态，为轴向层流，其流动方向的压力梯度也为常数。在全展流区内熔体密度的变化也很小，可以认为不变。将该区命名为

“全展流区”,该区内各种流变参数已基本稳定,可对它进行定量流变行为分析。正如下面将要叙述的,通过对该区内流体的观测,作出一些比较符合实际情况的设定之后,再来研究全展流区的流动就可以写出动量平衡等方程式。通过这种简化,能导出流体性质和流体变量以及圆形口模几何尺寸之间的数学表达式。

13.5.3.3 出口区的流动

熔体经入口区、全展流区的流动后,到达出口处。出口区的流动主要考虑两个问题:挤出物胀大和出口压力。由于熔体中含有高聚物组元,它是黏弹性物质,故挤出物胀大是不可避免的,其原因是挤出流动中的非真实流动——弹性形变部分的恢复。这种挤出胀大由两部分组成:一部分是由在入口区的“入口效应”引起,另一部分起因于剪切流动。在入口区内,熔体运动速度由小到大,这种流动必然引起成形剂中有机高分子链的构象变化。全展流区内,熔体作层流,存在剪切应力,两种流动都能引起弹性形变。很显然,这种弹性形变,在喂料熔体挤压出后必然回复,从而产生膨胀—收缩现象,也就是常说的挤出过程有“弹性记忆效应”[53]。

14 产品设计

14.1 形状设计

在设计粉末挤压件的形状时，主要考虑[53]：(1)挤压的工艺性能好，成形容易，挤压力小；(2)加工余量小，耗材少；(3)所需的成形工序最少；(4)质量容易控制和保证；(5)模具结构简单，加工制造容易；(6)切削加工少，余量小；(7)成本低。满足上述要求的挤压件形状设计包括以下几个方面。

14.1.1 对称性

挤压件的断面形状尽量对称。对称性最高的为圆形，其次为正八边形，再次为正六边形和正四边形。对称性愈高，所需要的挤压力愈小，模具寿命愈高。最适宜挤压的形状为实心而又轴对称的形状。非对称形横断面对模具的作用有不平衡的侧向力，易使下模的中心移动而降低产品精度，或易使较长凸模的根部折断。在对称性的范围内，能够冷挤压的零件形状有：具有不同头部和阶梯形的实心零件；具有各种底部形状的杯形零件；带有阶梯壁的空心形状的零件等。

在一般情况下，应该尽量避免任何形状的不对称。图 14－1a 所示零件外壁上只有一个凸筋；进行挤压件设计时，在与凸筋相对的另一侧，应增设一个形状和尺寸完全相同的凸筋 *A*，以保证其形状对称，如图 14－1b 所示。挤压之后，再将不需要的凸筋 *A* 切除掉。

无论从模具载荷和设计观点来看，圆柱形零件是冷挤压中最理想的。当然，这并不是说，冷挤压不能制造圆形以外的具有对称断面的零件，但是凡有棱角的地方，不管倒圆多好，都会造成模具内的应力集中。

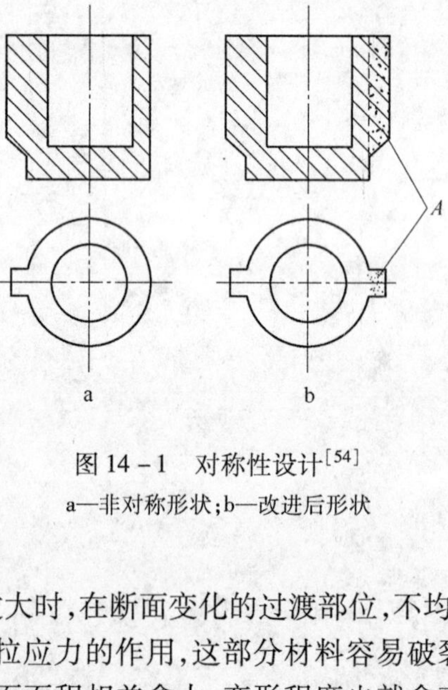

图 14－1　对称性设计[54]

a—非对称形状；b—改进后形状

14.1.2 断面面积的差

零件的断面面积之差愈小愈好。断面面积之差过大时，在断面变化的过渡部位，不均匀变形的程度加剧。可以预料，由于变形不均匀及附加拉应力的作用，这部分材料容易破裂，还可能引起模具局部过载、剧烈磨损和早期破坏。断面面积相差愈大，变形程度也就愈高，要将挤压加工控制在许用变形程度之内，就需要改进设计、改变成形方法或增加工序。

14.1.3 断面过渡

挤压零件的断面有差别时，从一个断面过渡到另一断面应使变化较缓慢进行，防止过渡变化突然,即从一个直径到另一个直径时,要避免直角转折和较小的圆弧连接。采用平底凹模制成的实心件和采用直角过渡的阶梯形凸模挤压成形的杯形件,如图 14 - 2a 所示,就属于不合理的断面过渡形式。

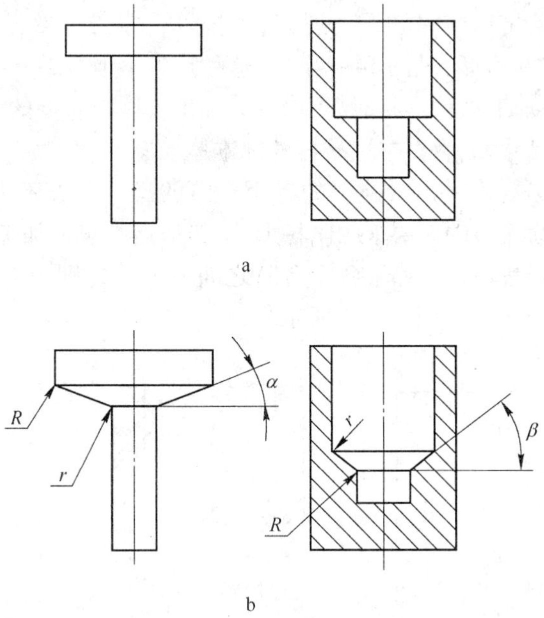

图 14 - 2 过渡性设计[54]
a—不合理的急剧过渡;b—合理的锥形过渡

断面急剧过渡的转折部位,就是变形最剧烈、应力分布最不均匀的区域,该处材料容易产生裂纹。相对应的模腔部位,是热处理和挤压时应力集中的区域。因此,应将断面变化部位设计成锥形过渡,如图 14 - 2b 所示。随着材料性能、零件形状和变形方式的不同,过渡锥面的角度数值的差异比较大。对于阶梯孔之间的锥形过渡,其锥角 β 一般选取较大的数值,通常在 30° ~60°范围内。过渡部位的衔接处采用充分平滑的圆弧连接。为了防止喂料滞流,要调整这里的圆角半径 R、r,断面变化较大的过渡部位,其圆角半径值应尽可能取得大些。

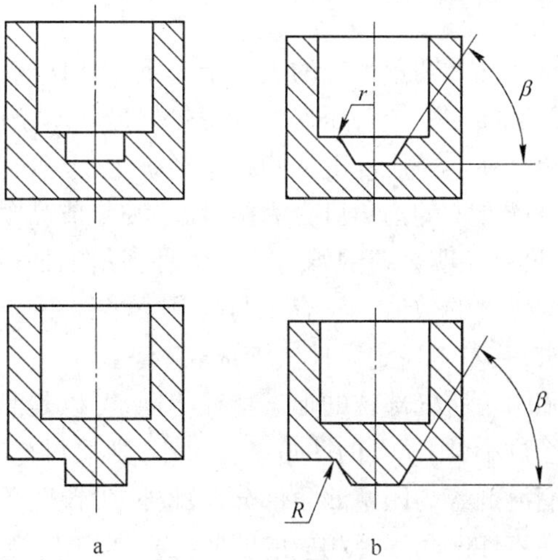

图 14 - 3 局部形状设计[54]
a—不合理的直角过渡;b—合理的锥形过渡

在零件底部有凹下的浅孔或不大的凸起(见图 14 - 3a)时,它们周围容易产生金属滞流,凸模和凹模的尖锐部分就出现应力集中。通常,也要设计成锥形的,并增加圆角以改善喂料的流动,如图 14 - 3b

所示。锥角 β 可参照上述内容选取。

14.1.4　断面形状

(1)避免锥形。模锻件上的拔模斜度,对粉末冷挤压是不适用的。挤压锥形时,将产生一个不利的水平分力,给挤压带来困难。所以,不推荐将零件外壁设计成锥形(见图14－4a),可以设计成直壁的圆筒形(见图14－4b)。这种形状不但容易从挤压模中取出,也利于模具制造。如果一定要加工这种形状时,可以首先加工出一个直壁的圆筒形,其外壁直径取锥形上、下部分的平均尺寸,之后再单独挤压外部锥体。

(2)避免阶梯形。阶梯形外形或孔壁的各个台阶的尺寸差异不大时,可以将其简化设计成内、外均为直壁的圆筒形件。要求的阶梯形状,挤压后由机械加工完成。这样可以简化模具设计与制造,模具寿命较长。如果各个台阶之间的尺寸差别较大,则不宜简化,可以采用逐个台阶顺序挤压的方法(如图14－5所示)。

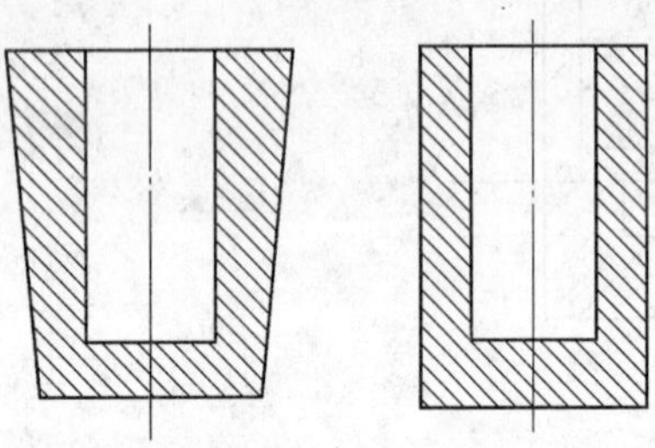

a　　b

图14－4　外形设计

a—不推荐的锥形;b—合理形状[54]

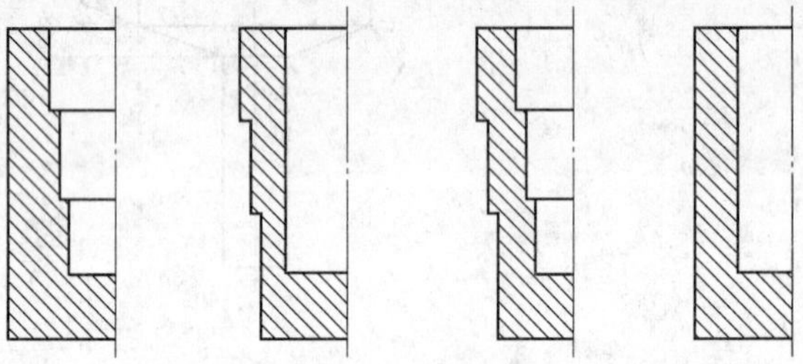

a　　b

图14－5　形状改进

a—不推荐的阶梯形;b—适宜形状[54]

14.1.5　圆角半径

挤压件上圆角半径的大小十分重要。任何尖锐部位,都会阻碍喂料的正常流动和加剧模具的磨损。一个挤压件设计得较好最基本条件之一是,所有的尖锐处全部为圆角,不允许有尖角存在。挤压件上的圆角半径确定不当,将会产生一系列的不利影响。

挤压件上的圆角可分为两种,一种是成品零件图上规定的圆角,另一种是没有注明的圆角,或没有注明公差的圆角。在两种圆角的处理上有一个共同原则,就是在允许的范围内,尽量取较大的数值。没有注明的圆角半径不应小于 $R0.3$mm。没有注明公差时,可根据使用要求,并参考通用设计法则选取。

随圆角所处部位的形态特征不同,可以是凸的圆角,也可以是凹的圆角。如果零件的凸角半径过小,则模具的凹角半径过小,则喂料充满这种模具的凹角时就需要很大的压力。空气及润滑剂容易闭塞凹角部分。此外,尖锐凹角会引起应力集中,而使模具容易损坏。

在零件凹角半径相应的凹腔凸角半径上,被挤压的喂料往往会发生剧烈的流动。零件凹角半径很小时,模具凸角的锐棱磨损很快,而发生塌陷或剥离。除此以外,零件圆角半径过小还会使模腔的锐棱咬住被挤压喂料,挤压件的纤维被割断,在表面上形成波纹或微裂。如果圆角半径是在需要进行机械加工的部位,那么它的大小应与余量的尺寸协调。圆角半径数值的大小,主要取决于产品图上的具体尺寸,可根据挤压工艺的具体要求,在允许的范围内,进行适当的调整。一般说,零件形状愈复杂,尺寸愈大,所需圆角半径也愈大。

14.2 模具的典型要素

模具的典型结构要素是指挤压模具的一般外形结构和断面形状。以挤压中最基本和使用最广泛的平面模和锥形模为例,对模具设计中的典型结构要素(如图 14－6),诸如模角 α,定径带长度 $h_{定}$,定径带直径 $d_{定}$,入口圆角 $r_{入}$,出口直径 $d_{出}$,外形尺寸等进行简略的分析。

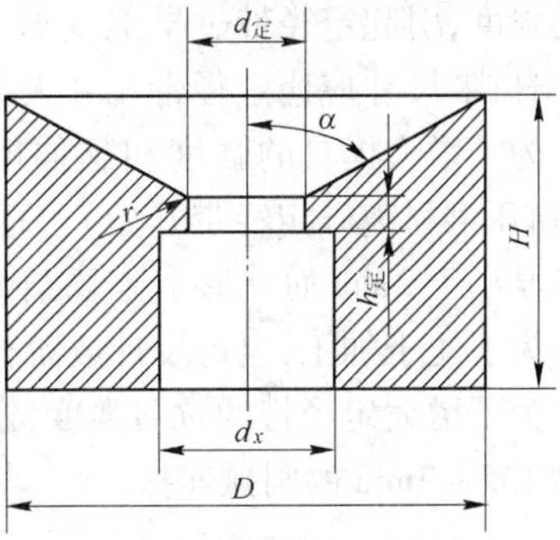

图 14－6 典型模具示意图[55]

14.2.1 模角 α

模角 α 是挤压模具设计中的一个最基本的参数,它是指模子的轴线与其工作端面之间所构成的夹角,如图 14－6 所示。

模角 α 在挤压过程中起着十分重要的作用,其大小对挤压制品的表面质量与挤压力都有很大的影响。平模的模角 α 等于 90°,其特点是在挤压时形成较大的死区,可阻止铸锭表面的杂质、缺陷、氧化皮等流到制品的表面上,以获得良好的制品表面。从减少挤压力,提高模具使用寿命的角度来看,应使用锥形模。根据模角 α 与挤压力的关系,当 $\alpha = 45° \sim 60°$ 时,挤压力出现最小值。但当 $\alpha = 45° \sim 50°$时,由于死角变小,表面的杂质和脏物可能被挤出模孔而恶化制品表面的质量。应该指出,随着挤压条件的改变,合理模角也会发生变化。为了兼顾平面模和锥形模的优点,出现了平锥模和双锥模。双锥模的模角为:$\alpha_1 = 60° \sim 65°$;$\alpha_2 = 10° \sim 45°$。

14.2.2 定径带长度 $h_{定}$ 和直径 $d_{定}$

定径带又称工作带,是模子中垂直模子工作端面并用以保证挤压制品的形状、尺寸和表面质量的区段。

定径带直径 $d_{定}$ 是模子设计中的一个重要基本参数。设计 $d_{定}$ 大小的基本原则是:在保证挤压出的制品在冷却状态下不超出图纸规定的制品公差范围的条件下,尽量延长模具的使用寿命。影响制品尺寸的因素很多,如温度、模具材料和被挤压喂料,制品的形状和尺寸,拉伸矫直量以及模具变形情况等,在确定模具定径带直径时一般应根据具体情况着重考虑其中的一个或几个影响因素。关于 $d_{定}$ 的计算方法将在下文分别叙述。

定径带长度 $h_{定}$ 也是模具设计中的重要基本参数之一。定径带长度 $h_{定}$ 过短,制品尺寸难以稳定,易产生波纹、椭圆度、压痕、压伤等废品,同时,模子易磨损,会大大降低模具的使用寿命。定径带长度 $h_{定}$ 过长时,会增大与喂料的摩擦作用,增大挤压力,易于黏结金属,使制品的表面出现划伤、毛刺、麻面、搓衣板形波浪等缺陷。

定径带长度 $h_{定}$ 应根据挤压机的结构形式(立式或卧式)、被挤压的喂料材料、产品的形状和尺寸因子等因素来确定。在生产实际中,在立式挤压机上挤压管材时,一般取 $h_{定} = 2 \sim 6$mm。

14.2.3 出口直径 $d_{出}$ 或出口喇叭锥

模子的出口部分是保证制品能顺利通过模子并保证高表面质量的重要参数。若模子出

口直径 $d_{出}$ 过小,易划伤制品表面,甚至会引起堵模,但出口直径 $d_{出}$ 过大,会大大削弱定径带的强度,引起定径带过早地变形、压塌,明显地降低模具的使用寿命。因此,在一般情况下,出口带尺寸应比定径带尺寸大 3～6mm,对于薄壁管或变外径管材的模子此值可适当增大。为了增大模具的强度和延伸模具的使用寿命,出口带可做成喇叭锥。出口喇叭锥角(从挤压型材离开定径带开始)可取 1°30′～10°(此值受锥形端铣刀角度的限制)。特别是对壁厚小于2mm 而外形十分复杂的型材模子,为了保证模具的强度,必须做成喇叭出口。有时为了便于加工,也可设计成阶梯形的多级喇叭锥。

为了增大定径带的抗剪强度,定径带与出口带之间可以以 20°～45°的斜面或以圆角半径为 1.5～3mm 的圆弧连接。

14.2.4　入口圆角半径 $r_{入}$

模子的入口圆角是指被挤压金属进入定径带的部分,即模子工作端面与定径带形成的端面角。入口圆角半径 $r_{入}$ 可防止低塑性喂料在挤压时产生表面裂纹和减少喂料在流入定径带时的非接触变形,同时也减少在高温下挤压时模子棱角的压塌变形。但是,圆角增大了接触摩擦面积,可能引起挤压力增高。

模子入口角 $r_{入}$ 值的选取与喂料的强度、挤压温度和制品尺寸、模子结构等有关。近来也有些厂家,在平面模入口处做成 $r_{入}=0.2\sim0.75$mm 的入口圆角;在平面分流组合模的入口处做成 $r_{入}=0.5\sim5$mm 的圆角。

14.2.5　其他结构要素

除了上述几个最基本的结构要素以外,挤压模具设计结构要素还包括:阻碍角、止锥角(或促流角)、阶段变断面型材模具中的“料兜”、过渡区、组合模的凸脊结构、分流孔和焊合腔的形状、结构和尺寸以及穿孔针的锥度和过渡形式、模子的外廓形状与尺寸等。

14.3　几种典型的挤压产品

图 14－7 为 PCB 工具用棒材、实心棒材、单直孔棒材、双直孔棒材、双螺旋孔棒材、薄壁管材、带材及其他型材。

标准尺寸毛坯棒材

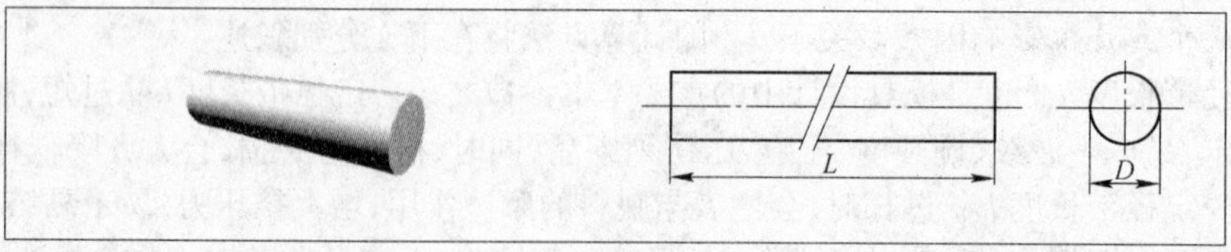

双直孔管材

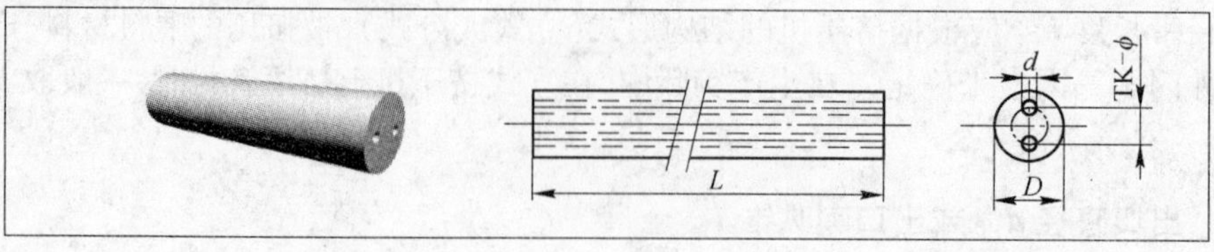

单孔管材

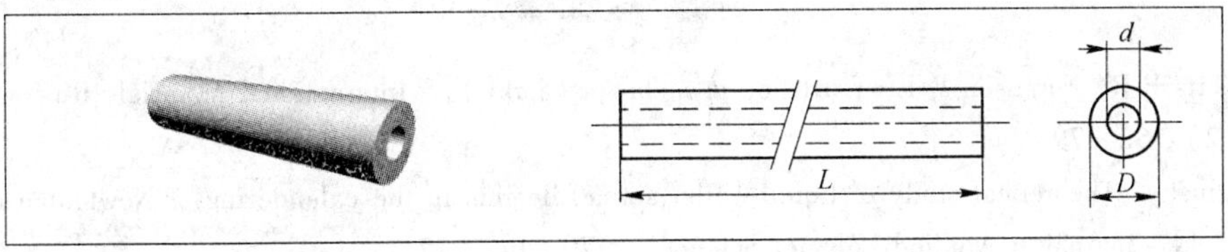

板材

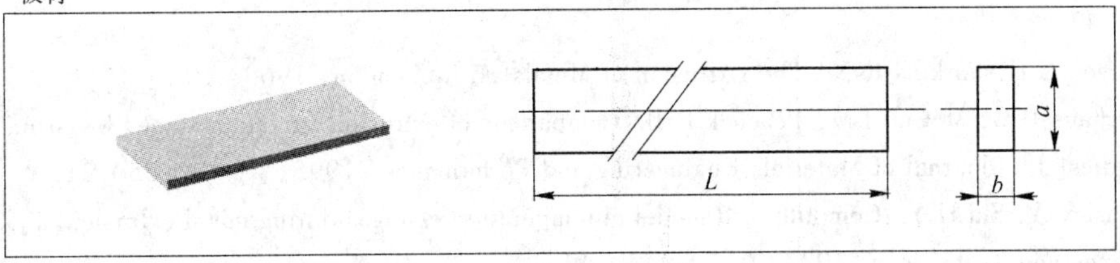

带角度的板条

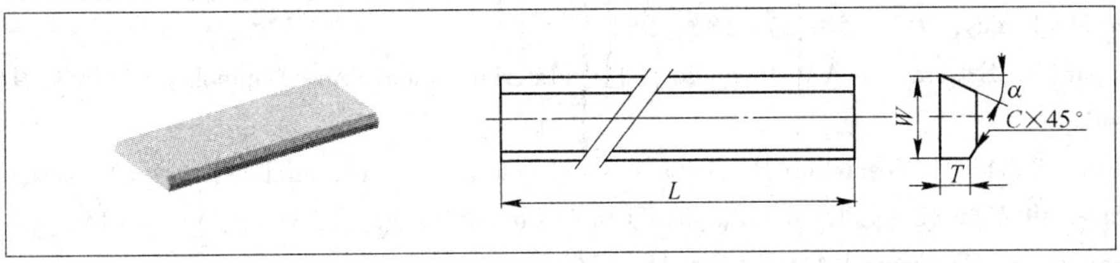

螺旋铣刀片

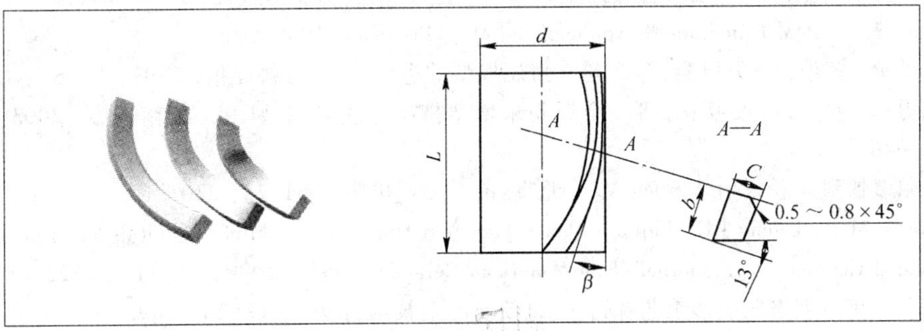

枪钻

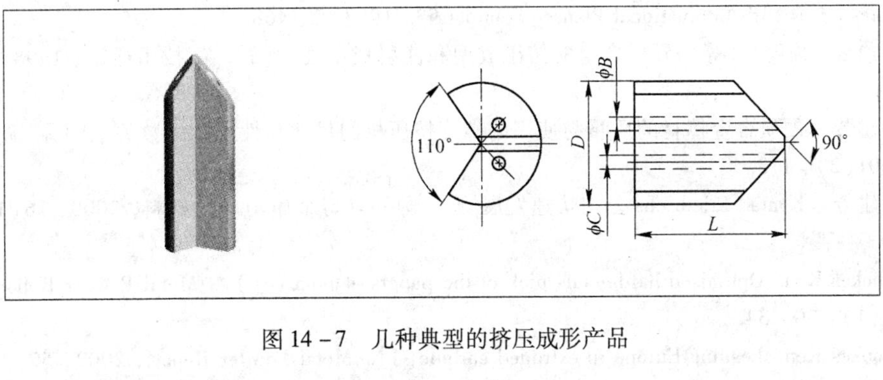

图 14－7　几种典型的挤压成形产品

参考文献

[1] Roberts P R, Ferguson B L. Extrusion of metal powders[J]. International Materials Reviews, 1991, 36(2): 62~79.

[2] Brazinsky. Theoretical study of liquid - film spread heights in the calendering of Newtonian and power law [J]. Journal of Applied Polymer Science, 1970, 14: 2271.

[3] Henly Anna. Conform - continuous extrusion of powder products. Metal Powder Report, 1991, 46(4): 44~47.

[4] Pearson C E, Parkins R N. The Extrusion of Metals[M]. London, 1960: 10.

[5] Berghaus D G, McCue J M, Peacock H B. Comparison of extrusion strains produced by cosine and conical dies[J]. Journal of Materials Engineering and Performance, 1995, 4(1): 25~31.

[6] Greasley A, Shi H Y. Computerised model of temperature changes during metal extrusion[J]. Materials Science and Technology, 1993, 9(1): 42~47.

[7] Durban D, Meat M E. Asymptotic solution for extrusion of sintered powder metals[J]. Journal of Applied Mechanics, 1991, 58(2): 582~584.

[8] Sheppard T. Extrusion of AA 2024 alloy [J]. Materials Science and Technology, 1993, 9(5): 430~440.

[9] Kimura K, Ishii M, Yoshimura H. An analysis of deformation, temperature, and microstructure for hot extruded titanium alloy[J]. Metallurgical Transactions B, 1993, 24B(1): 139~144.

[10] Ehrmann V. Rheological Acta, 1975, 14: 761.

[11] 株洲硬质合金厂编．硬质合金的生产[M]. 北京:冶金工业出版社, 1974: 213.

[12] Lenel F V. P/M Principles & Applications[M]. Princeton, 1980: 196.

[13] 周继承, 黄伯云, 吴恩熙, 等．粉末挤压成型的进展[J]. 材料导报, 1997, 11(6): 13~15.

[14] 陈勇军, 左孝青, 史庆南, 等．金属粉末增塑挤压与注射成型[J]. 云南冶金, 2003, 23(1): 42~46.

[15] 费尔多钦科．粉末冶金原理[M]. 北京:冶金工业出版社, 1974: 230.

[16] Barone M R, Ulicny J C. Liquid - Phase Transport During Removal of Organic Binders in Injection - Molded Ceramics[J]. Journal of the American Ceramic Society. 1990, 73(11): 3323~3333.

[17] 高立．钨骨架挤压成形工艺探讨[J]. 粉末冶金技术, 1994, 12(2): 109.

[18] Friedrichs K. A New Technology for the Production of Carbide Rods With Helical Twisted Coolant Holes [J]. 13th International Plansee Seminar 93, 1993, 2: 468.

[19] 黄伯云, 周继承, 等．硬质合金的挤压成型和注射成型技术[J]. 高技术通讯, 1998, 3: 54~57.

[20] 余建芳．硬质合金棒材的质量与使用的螺旋挤压机的尺寸和性能的函数关系[J]. 硬质合金, 2001(2): 113.

[21] 余建芳．Konrad Friedrichs 公司快速发展[J]. 国外难熔金属与硬质材料, 2000, 16(1): 62~63.

[22] Brookes Ken. Optimised hardmetals pick of the papers at plansee[J]. Metal Powder Report, 2002, 57(1): 30~34.

[23] Brookes Ken. Leading Europe in extruded carbide[J]. Metal Powder Report, 2002, 57(1): 26~29.

[24] 王晓瑾．影响挤压硬质合金棒材质量的因素分析[J]. 江西冶金, 2006, 26(6): 13~15.

[25] 张卫丰, 邵刚勤, 易忠来．硬质合金棒材成型技术进展[J]. 粉末冶金业, 2003, 13(6): 37~

40.
[26] Fukatsu T, Kobori K, Ueki M. Micro - grained cemented carbide with high strenth[J]. Refractory Metals & Hard Materials, 1991, 10: 57 ~ 60.
[27] McCandlish L E, Kear B H, Kim B K. Chemical processing of nanophase WC - Co composite powders [J]. Materials Science and Technology, 1990, 6: 953 ~ 957.
[28] Peter K. Nanodyne Incorporated[J]. The International Journal of Powder Metallurgy, 1998, 34(7): 8 ~ 10.
[29] Nanodyne starts construction of 500 tonnes/year WC - Co plant[J]. Metal Powder Report, 1997, 52 (11): 6.
[30] 马运柱,黄伯云,范景莲,等. 纳米级 W - Ni - Fe 复合粉末的制备[J]. 粉末冶金技术, 2005, 23(1): 40 ~ 43.
[31] Shao G Q, Duan X L, Wu B L, et al. Continuous Reduction Carburisation Mechanism of Precursor - Derived Nanocrystalline WC - Co[A]. Advances in Ceramic Matrix Composites VI[C]. J. P. Singh, N. P. Bansal and E. Ustundag , eds, The American Ceramic Society ,Ohio ,USA ,2000: 207 ~ 217.
[32] (美)贝内特 H 著. 工业用蜡[M]. 北京: 石油工业出版社, 1982: 43.
[33] 抚顺石油研究所编. 石蜡[M]. 北京: 烃加工出版社, 1987: 41.
[34] Shen S X, Li S W, Long W C. Powder Metallurgy Technology, 1985, 3(2):16.
[35] Zhou Jicheng, Huang Baiyun, et al. Thermal debinding dynamics of novel binder system[J]. Trans. Nonferrous Met. Soc. China, 2001, 11(4): 517 ~ 520.
[36] Angerman H H, et al. Low temperature debinding kinetics of two component model systems [J]. International Journal of Powder Metallurgy, 1993, 29(3): 239 ~ 247.
[37] Zhang C F. Cemented Carbide, 1987, 3: 28.
[38] Bloemacher M, Weinand D. Injection molding of stainless steel powders with a new binder technique [J]. Proc Powder Injection Molding Symposium, 92, 1992: 99 ~ 117.
[39] 彭先明, 范晓钧. 金属注射成形及其在欧洲的新发展[J]. 粉末冶金技术, 1998, 16(2): 126 ~ 136.
[40] Xie Z P, Huang Y, Wu J G, et al. Microwave debinding of a ceramic injection moulded body[J]. Journal of Materials Science Letters, 1995, 14(11): 794 ~ 795.
[41] Ho Y L, Lin S T. Debinding variables affecting the residual carbon content of injection - molded Fe - 2 pct Ni steels[J]. Metallurgical and Materials Transactions A, 1995, 26A(1):133 ~ 142.
[42] Angermann H H. Removal of low molecular weight components in the thermal debinding of MIM compacts [J]. International Journal of Powder Metallurgy, 1994, 30(4): 445 ~ 452.
[43] Moller James C, Lee Daeyong. Constitutive behavior of a powder/binder system: Molding and thermal debinding[J]. International Journal of Powder Metallurgy, 1994, 30(1): 103 ~ 114.
[44] Youseffi M, Menzies I A. Injection moulding of WC - 6Co powder using two new binder systems based on montanester waxes and water soluble gelling polymers[J]. Powder Metallurgy, 1997, 40(1):62 ~ 65.
[45] German R M. Powder Injection Molding[M]. Princeton ,NJ ,MPIF ,1990: 4.
[46] 张卫丰. 超细硬质合金棒材的制备研究[D]. 武汉理工大学, 2004.
[47] 赵志刚. 金属注射成形剂的设计研究[D]. 湖南大学, 2002.
[48] 殷敬华, 莫志深. 现代高分子物理学[M]. 北京: 科学出版社, 2001.
[49] 毛昌辉. 全国粉末冶金学术会议论文集, 1994: 62.

[50] 周继承. 增塑粉末挤压成形原理与工艺研究[D]. 中南工业大学, 1999.
[51] 周继承, 黄伯云. 粉末挤压流变学研究(一)[J]. 稀有金属材料工程, 1998, 27(4): 32 ~ 35.
[52] 周继承, 黄伯云. 粉末挤压流变学研究(二)[J]. 稀有金属材料工程, 1998, 27(5): 267 ~ 270.
[53] 洪慎章. 冷挤压零件的工艺设计[J]. 模具设计, 2004(3): 48 ~ 51.
[54] 洪慎章. 冷挤压实用技术[M]. 北京: 机械工业出版社, 2004.
[55] 刘静安. 铝型材挤压模具设计、制造、使用及维修[M]. 北京:冶金工业出版社, 1999.

第三篇

粉末热压力增塑近净成形理论与技术

15 粉末热压力增塑成形技术概述

传统粉末冶金工艺的特点是以粉末(粉末可以是纯金属或它的合金、非金属、金属与非金属的化合物及其他各种化合物)为原材料,经过压制、成形为一定尺寸的压坯,然后在物料主要组元熔点以下的温度进行烧结。其主要缺点是制品存在残余孔隙,烧结致密程度提高有限,难以达到全致密,不可能得到铸造或锻造法所生产制品的物理力学性能[1]。但是,将压制与烧结的工序同时进行,使粉末在高温和外压同时作用下,颗粒表面软化,形成黏流体,利用其流动性实现近净成形并制备复杂零部件,即粉末热压力增塑近净成形。这种工艺可极大限度地提高粉末冶金制品的致密化程度与性能,达到近全致密化,并且显微组织易于控制,晶粒细小均匀,有利于制备复杂形状的粉末冶金零部件,其物理力学性能接近或超过铸造或锻造法所生产的制品,因而,利用粉末热压力增塑成形技术制备高性能粉末冶金结构材料具有独特的优势。随着国防、航空航天等尖端技术领域对粉末冶金零部件的性能要求越来越苛刻,粉末热压力增塑成形技术逐渐受到人们的广泛关注,相关研究已陆续开展,并取得了显著成就。

粉末热压力增塑成形技术主要包括热压、热等静压、低压热等静压等技术。其中,热压技术制备的高致密零部件是最早发展起来的成形、烧结一体化技术,由于该技术在制备复杂零部件时存在一定的局限性,因而人们又开发了热等静压技术,该技术非常适合制作各种大尺寸高性能粉末冶金结构材料,但由于其工艺限制而使成本居高不下。近年来,低压热等静压技术在制备高性能超细晶粒硬质合金方面取得了迅猛的发展。

15.1 热压技术[2]

热压是将粉末装在预先制好的模具腔体内,在粉末烧结过程中施加机械压力,实现粉末热压力增塑全致密烧结。其可在真空或保护气氛下进行。热压技术已有70年的历史,最早用于碳化钨和钨粉致密件的制备,现在已广泛应用于陶瓷、粉末冶金和复合材料的生产。

热压技术的主要优点有:

(1)热压时,由于粉料处于热塑性状态,形变阻力小,易于塑性流动和致密化,因此,所需的成形压力仅为冷压法的十分之一,可以成型大尺寸的 Al_2O_3、BeO、BN 和 TiB_2 等产品。

(2)由于同时加温、加压,有助于粉末颗粒的接触和扩散、流动等传质过程,降低烧结温度和缩短烧结时间,因而抑制了晶粒的长大。

(3)热压法容易获得接近理论密度、气孔率接近于零的烧结体,容易得到细晶粒的组织,容易实现晶体的取向效应和控制含有高蒸汽压成分体系的组成变化,因而容易得到具有良好力学能、电学性能的产品。

(4)能生产尺寸较精确的产品。但在制备一些三维尺寸较为复杂的零部件方面存在一定的局限性,并且生产效率低、成本高。

15.2 热等静压技术[2]

热等静压的压力传递介质为惰性气体。热等静压工艺是将粉末压坯或装入包套的粉料放入高压容器中,使粉料经受高温和均衡压力的作用,被烧结成致密件。

热等静压强化了压制和烧结过程。降低烧结温度,消除孔隙,避免晶粒长大,可获得高的密度和强度。同热压法比较,热等静压温度低,制品密度高。热等静压同热压法的比较如表15-1所示。

表15-1 热等静压同热压法比较[2]

材料	温度/℃		压力/MPa		相对密度/%	
	热等静压	热压	热等静压	热压	热等静压	热压
钨	1485~1590	2100~2200	700~1400	280	99.00	96~98
硬质合金	1350	1410	994	280	99.999	99.00
氧化锆	1350	1700	1490	280	99.90	98
石墨	1595~2515	3000	700~1050	300	93.5~98.0	89.0~93.0

热等静压技术广泛应用于陶瓷、粉末冶金、陶瓷与金属复合材料的制备,热等静压技术已用于陶瓷发动机零件的制备,核反应堆放射性废料的处理等。核废料煅烧成氧化物并与性能稳定的金属陶瓷混合,用热等静压技术混合料制成性能稳定的致密件,深埋在地下,可经受地下水的浸蚀和地球的压力而不发生裂变。最近,热等静压已作为烧结件的后续处理工序,用来制备六方BN、Si_3N_4、SiC复合材料的致密件。

15.3 低压热等静压技术

热压法烧结由于受到工艺限制难以制备形状复杂的结构件,其烧结制品的应用范围受到限制。热等静压工艺虽然可以获得高的密度和低的孔隙率,但也存在明显缺点,如设备昂贵、运行费用较高、生产工艺程序复杂、生产效率低以及不太适合小尺寸的复杂零部件的生产。自20世纪80年代以来,人们将热等静压技术演变发展出一种新型烧结工艺,即低压热等静压。这种方法对消除WC-Co硬质合金的微孔隙和改善Co相的分布以及控制晶粒尺寸非常有效。这种工艺方法是将真空烧结、低压热等静压等几个工艺合为一道工艺在一台设备上完成[3]。它的机理是:压坯在烧结温度下进行真空烧结一段时间,接着在同炉中通入高压惰性气体,并保温保压一定时间。在加压过程中,烧结体内部粉粒开始进行粒子靠近及重排,当压力继续升高时,粉末体承受的压应力超过其屈服切应力时,粒子将以滑移的方式产生塑性变形,在这种切变塑性变形中,一部分粉末原子团被挤入邻近的孔隙中,使得孔隙不断被挤入的物质所充填,孔隙体积逐渐变小,孔隙总数也大量减少,粉末体的密度显著增大。随着压力的增大,粉末粒子发生大量塑性流动,粉末体的相对密度迅速接近理论密度。这时粉末粒子基本连成一体,残留的气孔已不再相互连通,而是弥散分布在粉末基体之中,好像悬浮在固体介质内的气泡。这些气孔开始是以不规则的狭长形态存在,但在表面张力作用下,将球化成圆形。残存气孔在球化过程中所占体积分数也将不断减小。粒子间的接触面积增大到如此程度,使得粉体承受的有效压应力不再超过其临界切应力,这时以大量原子团滑移而产生塑性变形的机制已不再起主要作用,致密化过程主要依靠单个原子或空穴的扩散蠕变来完成,最后趋近最大密度值[4]。由于它在烧结温度下对烧结体只施加1~10MPa的压力,与热等静压相比它对烧结体施加的压力要低得多,且无需包套,故对设备要求低,运行成本大为降低,从而在硬质合金等领域得到极为广泛的应用。

粉末热压力增塑成形技术除了上述技术外,还衍生了如反应热压烧结,电火花压力烧结,放电等离子热压烧结,其特点均是在高温对烧结体施加压力,烧结出的样品致密度与力学性能均显著高于传统粉末冶金法,其已成为制备尖端技术领域所要求的近净成形全致密化粉末冶金零部件必不可少的重要手段。

15.4 粉末热压力增塑成形技术的发展趋势

高新技术领域及国防、航空航天等尖端技术领域对粉末冶金零部件的性能要求越来越苛刻以及粉末热压力增塑成形制备的粉末冶金零部件所表现的优异性能,特别是热等静压及低压等静压等在近净成形制备复杂零件方面所具有的独特优势,使得粉末热压力增塑成形技术日益受到人们的重视而得以迅猛发展[72~74]。

目前,粉末热压力增塑成形技术的应用已经从当初的金属及硬质合金等粉末冶金产品扩大到金属陶瓷、陶瓷、复合材料、高温合金等冶金制品领域,并且它已经不再局限于粉末冶金制品的制备,还被广泛应用于其他方面,如铸件处理,对铸件内部的沙眼、孔洞和疏松等缺陷的处理,能使铸件性能,特别是断裂韧性和使用寿命有显著提高;材料黏结,使两种以上的同种材料或异种材料牢固地黏结在一起,成为一个整体,其特点是加工费用低,黏结温度较低,黏结区的性能与基体的性能相近。

随着应用领域的扩大,人们也相应地对粉末热压力增塑成形设备与技术提出了更高的要求。今后其可能发展的方向如下:

(1)逐步从经验型向科学型发展。将自动控制系统运用到热压力成形技术设备上去,通过专家系统对热压力成形技术设备生产实现智能控制,并对致密化过程的研究实行统一标准(统一评价实验程序及方法),如美国BDM联邦公司在海军航空作战中心的HIP设备上安装了第一台材料全智能数据处理装置,被加工材料、包套材料等在HIP过程中的变化由预先安置在各处的传感器及时向计算机中心传递,计算机对所得信息进行分析及计算后,按原定技术要求自动调整热等静压参数。

(2)热压力增塑成形技术设备向大型化、高产能化方向发展。随着热压力增塑成形技术日益向大型工程建设领域的应用与扩展,如在近海油气田的开发,光瑞典粉冶公司一家就向北海油田提供了近1500t热压力增塑成形制品。在核聚变反应堆中,西欧、北美、日本和俄罗斯共同建造的2000MW核聚变反应堆广泛采用了热压力增塑成形制品,其中仅第一壁的结构质量就达4100t,故产品大尺寸化,高产能化不可避免。

(3)生产近净形金属部件。粉末热压力近净成形生产全致密化高合金钢部件,已表现出了替代传统的锻压和铸造的趋势,特别是在石化和电力工业等一些苛刻的应用领域中。

在这些工作环境特别恶劣的领域，高性能材料是必不可少的。在海上油气工业领域，高合金不锈钢、特别是奥氏体－铁素体钢（也叫双相或超双相钢，其 $w(Cr)$ 达 21% ~26%、并含有 Ni、Mo）得到了日益广泛的应用。因其两相结合的综合特性，这类钢具有比奥氏体不锈钢更好的力学性能和比铁素体钢更好的防腐性能。这类钢若用传统方法制造，存在偏析严重且难于热处理的问题。由于抗腐蚀性能与合金元素（Cr、Mo、Ni、Cu、N_2）和杂质（S）含量直接相关，显而易见，用粉末成形技术与热等静压技术相结合可以使这些元素分布均匀，从而提高材料的抗腐蚀性能。同时，在粉末冶金方法中还采用了更为先进的包套设计和制作技术，如用 CAD 技术制作出能满足生产具有内空腔和通道等形状的零件所需的包套。当粉末加进包套时，其相对密度约为 70%，因而在固结期间发生约 10% 的线性收缩。由于是等静压作用，固结零件始终与包套原始形状保持一致，最后将该包套容器用酸蚀法均匀地去除。通过制造包套还可将支架、转轮体、法兰等集成在成形零件中，这样可减少或完全取消焊接加工和后续的无损测试。同时，近净成形零部件可节省大量的原材料并减少机械加工量。如在澳大利亚 East Spar 工程中 Y 型件的生产，若用通常的铸造或锻造方法制造，该零件包括加工余量需要用 3.5t 的材料，而用粉末冶金方法，最终零件仅重 2t。这种生产方法的另一个优点是产品具有精细的晶粒微观结构，可允许通过 100% 的超声波测试，对于传统材料来说这几乎是不可能的，因为其粗糙的结构增加了声波的分散。作为设计者的特别参考，强调以下事实是重要的：用热等静压技术处理的零件在各方向上有相同的特性，即在不同的粉末“铸件”之间，机械特性仅存在有限的发散；相反，传统锻造材料通常在横截面方向性能较差。在燃气涡轮机和蒸汽涡轮机工业中，已投入很大力量来提高生产效率和降低生产成本。满足这些需要的方法包括提高工作温度、研制新的具备更高性能的材料和采用更有效的制造系统。如汽轮机中有一个具有很复杂内部通道的、称为气腔的圆柱形零件，传统制造方法为先锻造一个圆盘，在热处理后进行大量的机加工，并需钻输送通孔和进行成品修理焊接，故生产周期长，成本高。而采用粉末冶金热等静压工艺，用一个内部通道和空穴一体化的包套来制造该零件，可使生产过程大为简化，只有上部的密封表面需要进行机加工。因为包套内部结构采用与基体材料粉末同质量的金属板制成，在进行热等静压处理后，使包套和黏结粉末之间形成完美的黏结，气腔得以成为一个整体零件，现在人们可以实现批量气腔部件的商业化生产。此外，采用热等静压处理技术进行粉末固结制造钢件的方法，现已获得美国材料测试协会（ASTM）的认可（A988 不锈钢，A989 合金钢）。

（4）紧紧围绕粉末冶金技术的发展，继续开发新热压力增塑技术。这方面包括：1）纳米材料热压力增塑技术的发展。其特点是当温度提高到 850℃以上时仍保持纳米晶粒。2）快速凝固及机械合金化粉末的热压力增塑固结工艺研究，其基本要求是，在得到致密材料的同时，不破坏原始粉末的纳米结构，因此必须对热压力增塑工艺参数进行精确的控制。对此方面的研究，荷兰、比利时、美国已走在了前面。3）热压力增塑技术与自蔓延高温合成技术（SHS）相结合。日本学者已用此复合技术成功地制取了致密的梯度材料与陶瓷材料。

16 粉末热压原理与工艺

16.1　粉末热压致密化过程与理论

16.1.1　粉末热压原理

热压又称为加压烧结，是粉末冶金中发展和应用比较早的一种粉末热压力增塑成形技术。热压是将粉末装在预先制好的模具腔体内，在粉末烧结过程中施加机械压力，实现粉末热压力增塑全致密烧结。原则上，凡是用一般方法能制得的粉末零件，都适于用热压方法制造，尤其适于制造全致密难熔金属及其化合物等材料。

16.1.2　热压致密化理论

热压理论的研究较工艺的应用要晚得多，较完整的理论直到 20 世纪 50 年代中期才形成，60 年代才有较大的发展。热压理论的核心在于研究致密化的规律和机制。热压致密化理论是在黏性或塑性流动烧结理论的基础上建立起来的。

Coble[5~6]将固相烧结分为三个阶段：烧结初期，烧结中后期和烧结末期。

(1)致密化初期阶段(烧结初期)——又称微流动阶段，即热压初期，包括一次颗粒间形成一定程度的界面，即颈部形成(颗粒间的接触面积从零开始，增加到一个平衡状态)，这个阶段不包括晶粒的长大。颗粒发生相对滑动、破碎和塑性变形，类似冷压的颗粒重排，其致密化速度较快，此阶段的致密化主要取决于粉末的粒度、形状及材料的断裂和屈服强度。

(2)致密化中期阶段(烧结中后期)——以塑性流动为主，开始于晶粒生长并伴随着晶粒间界面的广泛形成，此时气孔仍然是互相连通的，类似烧结后期的闭孔收缩阶段，可适用默瑞热压方程式，即孔隙度的对数与时间成线性关系[7]。

(3)终期阶段(烧结末期)——晶界开始形成连续的网络，气孔变成孤立的封闭气孔，晶粒开始长大，以受扩散控制的蠕变为主，此时，晶粒长大使致密化速度大为降低，达到终极密度后，致密化过程完全停止。

Coble 的这种微观结构变化对烧结过程进行划分的方法为理论讨论烧结过程提供了方便，但是由于材料的性质各不相同和烧结工艺的变化，使得实际应用中对烧结过程的划分带有很大的随意性。例如，一般认为烧结后期开始于烧结体的理论密度的 90% 左右，但这并不是对每一个体系都适用，在热压烧结过程中这种差异显得非常显著。烧结开始的几分钟，由于晶界的滑移，粒子的断裂或者是由于塑性流动引起粒子的传质，使得材料很快达到较高的密实度，晶粒颈部快速生长成为晶界。因而烧结中期与烧结初期之间并没有明显的界限。在烧结中期，材料的致密度有一个持续增长期，相对密度可达 98.9% 左右。同时，在热压烧结中，晶粒的生长并不是很显著，因而烧结的后期是很短暂的，甚至很难表现出来。因而，不同物质在热压条件下致密化机理不尽相同[8]。通常认为，玻璃等非晶体物质致密化主要是由黏性流动占主导，金属粉末致密化主要由塑性流动占主导，而氧化物、碳化物等硬质粉末的热压,是由扩散机理的致密化占主导地位。在氧化物与碳化物中添加金属或烧结助剂,则也认为其致密化主要是由流动过程占据主导,其在液相出现以前主要依靠塑性流动,而当液相出现以后,在压力的作用下氧化物、碳化物颗粒重排加剧,称为液相流动,从而使压块收缩致密化。

在烧结初期,材料致密化的主要机理为粒子重排,引起这种粒子重排可能是由于:(1)晶界面上的滑移;(2)粒子断裂;(3)塑性流动所产生的晶粒形状的变化;(4)扩散等。除扩散引起的粒子重排外,其他的过程完成得都非常快,所施加的压力对粒子的重排具有很大的影响。

在热压烧结的中期和后期,扩散对传质起到了决定性的作用。综合考虑,在热压的初期、中期与后期,颗粒的塑性流动、重排以及扩散分别对总致密化过程的贡献可由图 16－1 来表示。

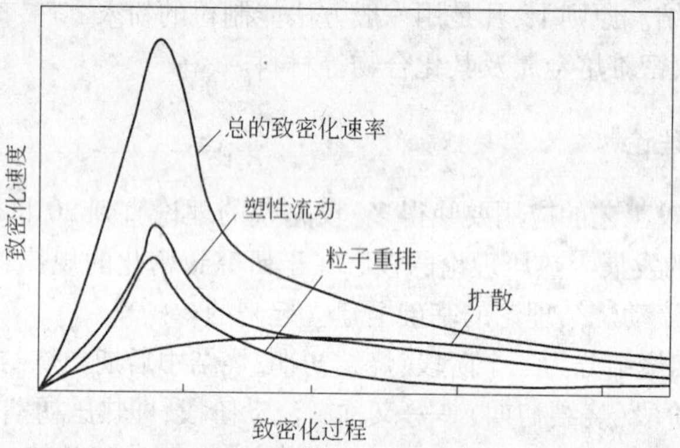

图 16－1　各种致密化机理对总致密化过程的贡献

16.1.2.1　塑性流动理论

物质塑性流动,从宏观的角度上看,可以认为致密化过程是物质向气孔流动的过程。早在 1949 年 Meckenzie 等便建立了塑性流动烧结理论[7],奠定了热压塑性流动理论的基础。他们根据烧结后期形成闭孔的特点,提出一个如图 16－2 所示的模型,即一个闭孔(半径为 r_1)和包围闭孔的不可压缩的致密球壳(半径为 r_2)。孔隙的表面应力($-2\gamma/r_1$)使孔隙周围的材料产生压应力而变形,迫使孔隙缩小,根据塑性体(又称宾厄姆体)的流动方程

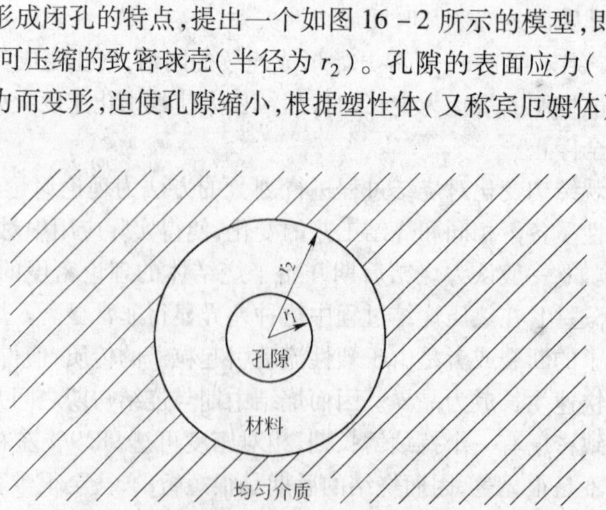

图 16－2　塑性流动模型[7]

$$\tau = \eta \dot{s} + \tau_c \tag{16-1}$$

式中,τ 为剪应力;τ_c 为屈服极限;$\dot{s}$ 为变形速率;η 为材料的黏度。

当剪应力 τ 超过材料的屈服极限 τ_c 时,就发生塑性流动。由于塑性流动,孔隙变小,由孔隙表面能的减小等于变形功,可以导出致密化的速度方程式:

$$\left(\frac{d\rho}{dt}\right)_{p=0} = \frac{3}{2}\frac{\gamma}{\eta r_1}(1-\rho)\left[1 - \frac{\sqrt{2}\tau_c}{2\gamma}r_1 \ln\frac{1}{1-\rho}\right] \tag{16-2}$$

式中,ρ 为相对密度,即孔隙加致密材料球壳的平均密度与材料理论密度之比;γ 为材料的表面张力。

该方程为无外力作用下的烧结速度方程式($p=0$),描述了相当于烧结后期(孔隙度小于 10%)靠表面张力使闭孔收缩的致密化方程。

1954 年,Muray、Rodgers 和 Williams 等人从塑性流动的烧结理论出发,提出了热压过程除受孔隙表面应力($2\gamma/r_1$)的作用外,还应受外加应力 p 的影响,并在 Mackenzie 等人的无外压致密化烧结速度方程中引入了压力 p:

$$\left(\frac{d\rho}{dt}\right)_{p>0} = \frac{3\gamma}{2\eta r_1}\left(1+p\frac{r_1}{2\gamma}\right)(1-\rho)\left[1 - \frac{\sqrt{2}\tau_c r_1}{2\gamma\left(1+p\frac{r_1}{2\gamma}\right)}\ln\frac{1}{1-\rho}\right] \tag{16-3}$$

将上式整理后再与式(16-2)比较,可以得出 Mackenzie 等人的方程与 Muray 等人的方程之间的关系

$$\left(\frac{d\rho}{dt}\right)_{p>0} = \left(\frac{d\rho}{dt}\right)_{p=0} + \frac{3p}{4\eta}(1-\rho) \tag{16-4}$$

可见,热压的致密化速度$(d\rho/dt)_{p>0}$比普通烧结的致密化速度$(d\rho/dt)_{p=0}$大一项 $3p(1-\rho)/(4\eta)$,而且随着外加应力 p 的增大和黏性系数 η 的减小,热压的致密化过程加速。

1960 年,McClelland 对 Muray 的热压方程式(16-3)作了重大的修正。他依然是根据 Mackenzie 的烧结方程式(16-2),认为塑性流动是热压致密化的主要机构,但他认为 Muray 方程中的压力 p 是随着密度而变化的,因为随着致密化孔隙的缩小,传递压力的有效面积增大,使得孔隙收缩的有效压应力并不等于外压力,而是孔隙度的函数,即与密度有关,通过建立有效应力与孔隙度的准确关系,并引入终极密度 ρ_E(平衡密度,即密度不再随着时间增大($d\rho/dt=0$)时的密度),推导出对于某一特定材料,在恒压下热压的终极密度随温度而变化的关系:

$$\frac{1}{T} = \frac{R}{Q}\left(\ln\{[1-(1-\rho_E)^{2/3}]\ln(1-\rho_E)\} + b\right) \tag{16-5}$$

式中,T 为温度;R 为普适气体常数;Q 为扩散激活能;ρ_E 为终极密度,b 为常数。

16.1.2.2 扩散蠕变理论

1961 年,柯瓦尔钦科和萨姆索诺夫[7]运用由气孔分散在非压缩黏性介质中所组成的系统模型,从流变学理论推导了热压方程式,并根据纳巴罗-赫仑的蠕变理论(黏度 η 同体积扩散系数 D_v 以及晶粒大小 d 的关系为:$\eta = kTd^2/(10D_v\Omega)$,式中 Ω 为原子体积,D_v 为体积扩散系数,k 为常数),考虑晶界的作用和晶粒大小的影响,对方程作进一步修正,最终得到孔隙度随时间的变化率:

$$\frac{\mathrm{d}\theta}{\mathrm{d}t} = -\frac{p}{4\eta_0(1+bt)}\frac{\theta(3-\theta)}{1-2\theta} \tag{16-6}$$

式中，θ 为孔隙率；p 为压力；t 为时间；η_0 为初始黏度。

1961 年，Coble 亦认为硬质粉末热压的后期是受扩散控制的蠕变过程，在考虑了晶粒长大使致密化速度降低的影响后，得出方程：

$$\frac{\mathrm{d}\theta}{\theta} = \frac{-Kpd(1+bt)}{1+bt} \tag{16-7}$$

式中，$K = \frac{7.5kTd_0^2b}{D_v\Omega}$；$T$ 为绝对温度；d_0 为原始晶粒大小；b 为常数。

扩散蠕变理论同样可说明热压终极密度的存在。因为随着温度升高，材料的黏度 η 和临界剪切应力 τ_c 降低均有利于孔隙的缩小，但是温度升高又使热压后期材料的晶粒明显长大，对由扩散控制的致密化过程不利。这两种因素对致密化的作用相反，因此，热压的密度不能无限制地增大。

16.1.2.3 经验方程式

Scholz 和 Lermacher[7] 由 Ta、Zr、Hf 等金属的碳化物热压实验数据总结出经验公式：

$$\theta = \theta_0(1+\beta t)^{-n} \tag{16-8}$$

式中，θ、θ_0 分别为时间 t 和 t_0 时的孔隙度；β 为经验常数；n 为与材料有关的常数。

该式表明热压致密化与时间成双曲线型函数关系，对该式取对数后，$\ln\theta$ 与 $\ln(1+\beta t)$ 成线性关系，由直线斜率决定 n 值。该式与 Muray 方程一样，主要适用于热压的早中期。

Westerman 和 Carlson 根据铅粒的热压实验，找到热压经验公式

$$\frac{\mathrm{d}\theta}{\mathrm{d}t} = \frac{-K\theta}{t} \tag{16-9}$$

该式表示 $\ln\theta$ 对 $\ln t$ 的线性关系，与 Muray 方程 $\ln\theta$ 对 t 的线性关系不同。舒尔茨对上式修正后又变为

$$\frac{\mathrm{d}\theta}{\mathrm{d}t} = \frac{-K\beta\theta}{1-\beta t} \tag{16-10}$$

式中，K、β 为经验常数。

16.2 粉末热压设备及其工艺[9, 10]

16.2.1 热压设备

热压设备主要由三部分组成：(1)加压装置；(2)加热装置；(3)热压模具。热压设备如图 16-3 所示，热压产品质量好坏与其紧密相关，其各自的特点在下面介绍。

16.2.1.1 加压方式

热压烧结加压方式通常有下列几种，可按实际情况选用。

(1)恒压法(DP)法：开始即加到预定压力，见图 16-4a。

(2)高温加压(AP)法：开始阶段不加压力，在最高温度时施加压力，见图 16-4b。

(3)分段加压(OP)法：又称连续加压法。在低温时施加较低压力，当温度达到一定值时，施加较大压力，加压保温后撤除压力。然后再升高温度保温退火，见图 16-4c。

(4)GP 法：热压前先加一定压力，然后逐渐增加到预定最高压力，见图 16-4d。

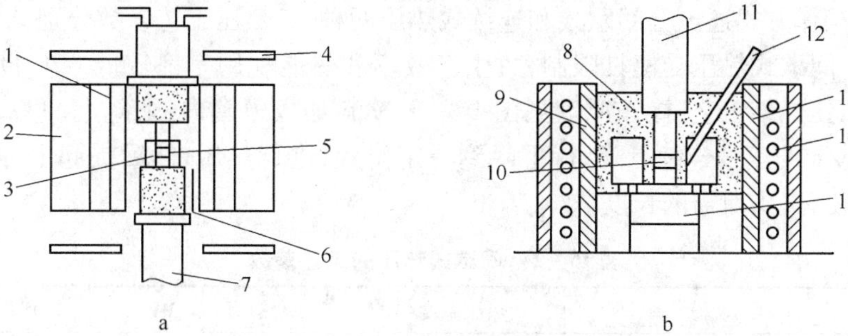

图 16－3 热压设备示意图

a—硅碳棒（或硅钼棒）发热体；b—钼加热丝或高频感应加热发热体

1—硅碳棒；2—炉体；3—样品；4—隔热板；5—热压模；6—通氧管；7—油压机或千斤顶；8—石墨粉；9—模具；10—热压粉料；11—压杆；12—测温管；13—石英绝缘套；14—高频线圈；15—氧化铝绝缘板

（5）SP 法：当温度升到预定热压温度时，才开始加压，见图 16－4e。此法比 GP 法和 DP 法容易致密。

（6）NP 法：是 GP 和 SP 两种热压方法的混合。从某一温度下开始逐渐加上一个压力，当温度升到预定温度后，压力也达到预定值，见图 16－4f。

（7）CP 法：先用 OP 法热压，在冷却过程中加一个压力 p，见图 16－4g。

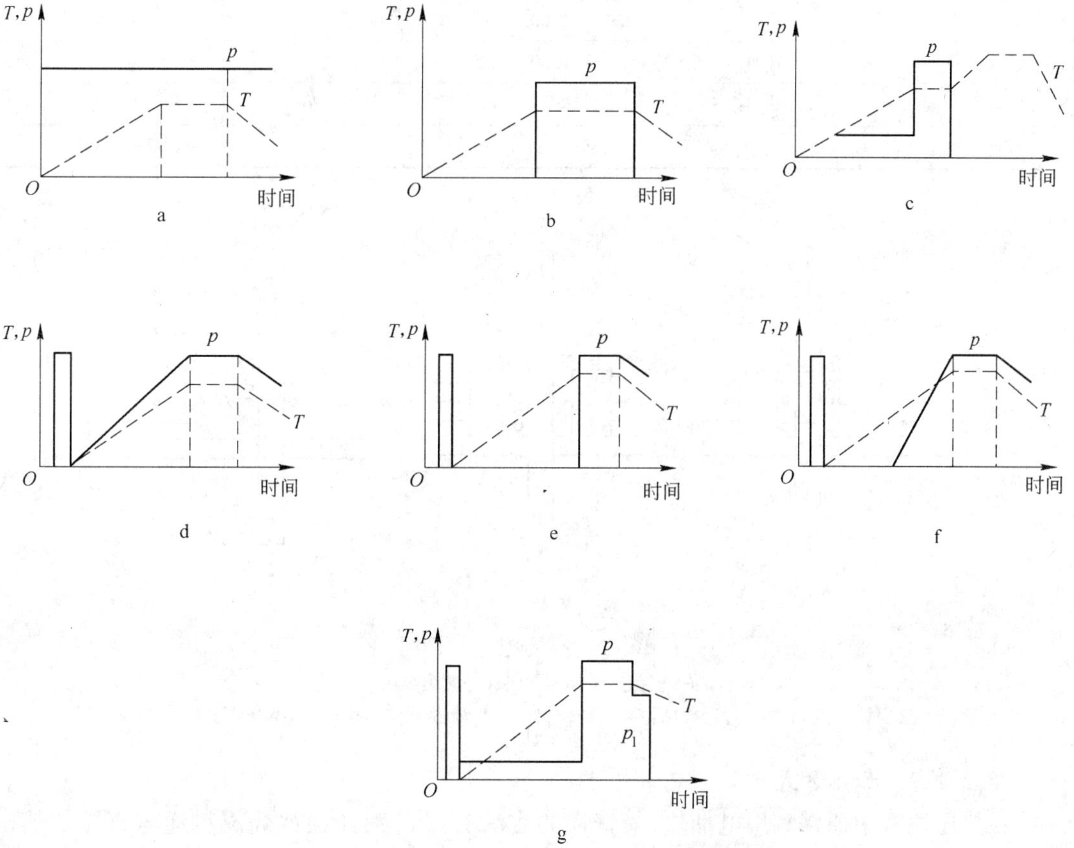

图 16－4 各种加压方式示意图

a—DP 法；b—AP 法；c—OP 法；d—GP 法；e—SP 法；f—NP 法；g—CP 法

此外,按操作方式还可分间歇式和连续式热压两种,其热压工艺参数分别见表16－1、表16－2。其中,间歇式热压受模具限制,故生产效率和热能利用率都较低。20 世纪 70 年代发展了连续热压烧结工艺,操作原理见图 16－5:粉料加入模套内,下降上冲头,加压烧结,并以 1～15cm/h 的速度连续下降,待下降到一定位置,进行热压,然后提起上冲头,加热再热压,如此反复,直到所需的长度。

表 16－1　间歇式热压的工艺参数

材　料	模　具	热压温度/℃	热压压力/MPa	保温时间/min
PZT 陶瓷	Al_2O_3	900～1250	5～90	30～60
$BaTiO_3$	Al_2O_3	1100～1300	10～30	5～360
MgO	Al_2O_3	1300～1350	15～30	240～600
BN	石墨	1600～2000	10～45	—
Si_3N_4	石墨	1750～1820	20～30	—
PLZT 透明陶瓷	Al_2O_3	1150(通氧)	21	—

表 16－2　连续热压的工艺数

材　料	模　具	温度/℃	压力/MPa	速度/$cm \cdot h^{-1}$
Al_2O_3	SiC	1560	—	4～5
$BaTiO_3$	Al_2O_3	1200	72	4～5
$Ba_2Ti_9O_{20}$	Al_2O_3	1250～1290	29～70	1～10
$PbZr_{0.54}Ti_{0.46}O_3$	石墨	900～1150	40	3.5～5.5

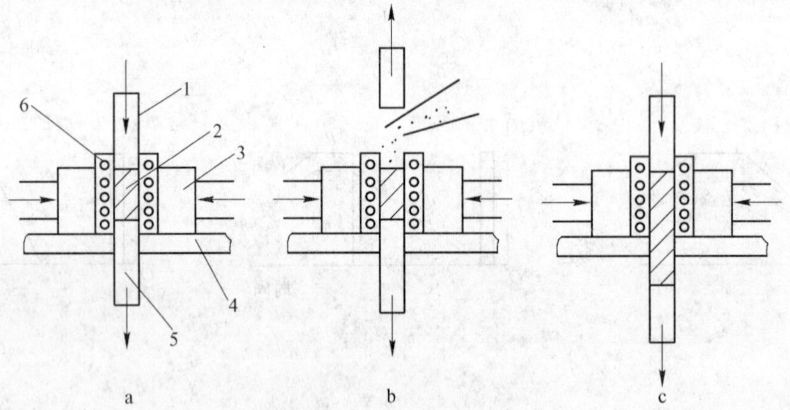

图 16－5　连续热压原理图

a—正在热压;b—加料;c—继续热压

1—上冲头;2—瓷体;3—支撑箍;4—承载台;5—下冲头;6—电热丝

16.2.1.2　加热方式

在热压过程中通常利用电加热,最普通的方法有:(1)对压模或烧成料通电直接加热;(2)将压模放在电炉中对其进行间接加热;(3)对导电压模进行直接感应加热;(4)把非导电压模放在导电管中进行感应加热。见图 16－6。电加热方法加热时,试样外层比内层温度高，为了达到热平衡需要较长的时间。

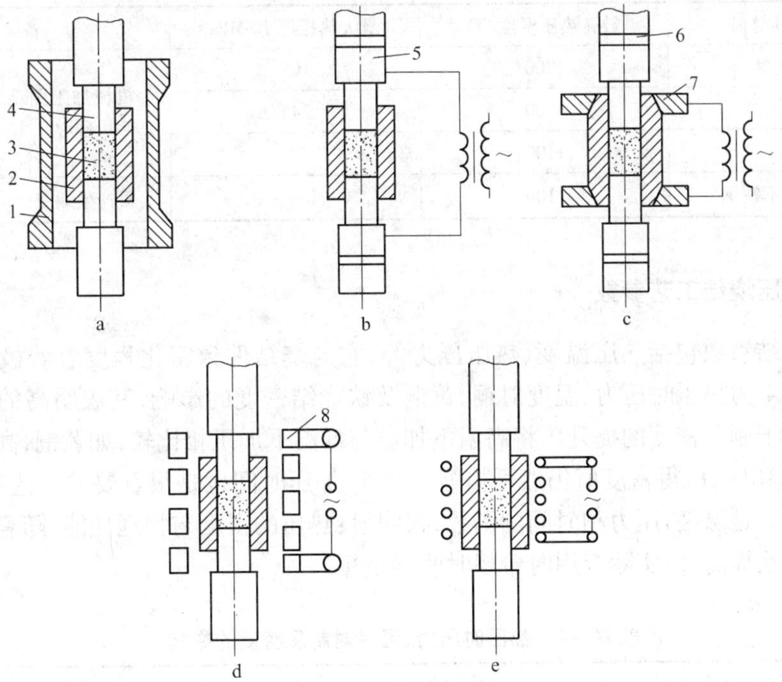

图 16－6　各种加热方式热压示意图[11]

a—在电阻炉中间直接加热；b—阳模直接通电加热；c—阴模直接通电加热；
d—导电（石墨）阴模感应加热；e—粉料在不导电（陶瓷）压模中感应加热
1—加热装置；2—阴模；3—制品；4，5—阳模；6—绝缘；7，8—石墨或铜的（水冷）导体

热压温度在1450℃以下可以用硅碳棒和硅钼棒发热体。当需要更高温度进行热压时，可用高频感应线圈，但模具需用导体制成，例如20kHz、25kW的高频感应来加热石墨模具。高频加热虽然可以获得很高的温度（取决于功率），但很难控制升、降温速度，而且温度很难均匀。

16.2.1.3　热压模具

热压模具必须具有较高的热稳定性、较高的高温强度和抗扭冲击性，同时要求在高温下不氧化，不与热压瓷料发生反应和粘连。常用模具材料最高使用温度和最大压力列于表16－3。

表 16－3　常用模具材料[12]

热压模具材料	最高热压温度/℃	最大热压压力/MPa	备　注
石　墨	2500	70	中性气氛
氧化铝	1200	210	机械加工困难，抗热冲击性弱，易产生蠕变
氧化锆	1180	—	
氧化铍	1000	105	
碳化硅	1500	280	机械加工困难，有反应性，价高
碳化钽	1200	56	
碳化钨，碳化钛	1400	70	

续表 16－3

热压模具材料	最高热压温度/℃	最大热压压力/MPa	备　注
二硼化钛	1200	105	机械加工困难，价高，易氧化，易产生蠕变
钨	1500	245	
钼	1100	21	
高温合金不锈钢	1100	—	易产生蠕变

16.2.2　热压烧结工艺参数[7]

热压烧结参数包括热压温度、热压压力等，它与烧结件致密化程度有着极为密切的关系。表 16－4 为热压时压力、温度对铜、黄铜及铁烧结密度的影响，其表明高的温度与高的压力均有利于制品密度的提升。将高温下加压与低温下加压相比较，如黄铜，高温时只用低温时压力的 10%，所得密度值仍然可相等。此外，加压时间也是很重要的工艺参数，因为金属的塑性变形是温度、压力和时间的函数，很明显：热压的密度与物理性能，随着加压时间的延长而大大地提高，但实际应用时希望时间尽量短。

表 16－4　热压时压力、温度对制品密度的影响[7]

粉末种类		压力		温度/℃	密度/$g \cdot mL^{-1}$	相对密度/%
		$kN \cdot in^{-2}$	MPa			
Cu		1000	1550	250	8.87	99.3
		1000	1550	300	8.87	99.3
		1000	1550	400	8.90	99.6
		500	780	300	8.77	98.3
		500	780	400	8.90	99.6
		500	780	500	8.91	99.7
		250	390	400	8.63	96.6
		250	390	500	8.24	97.9
黄　铜	55Cu，45Zn	500	780	300	8.19	98.7
		500	780	500	8.30	100.0
		250	390	500	8.24	99.3
	65Cu，35Zn	500	780	300	8.12	96.0
		500	780	500	8.14	99.6
		250	390	500	8.35	98.6
	60Cu，40Zn	500	75	700	（8.38）	100.0
		500	75	800	（8.38）	100.0
Fe		300	470	500	7.47	95.0
		300	470	600	7.87	100.0
		180	280	600	7.50	95.4

续表 16－4

粉末种类	压力		温度/℃	密度/$g \cdot mL^{-1}$	相对密度/%
	$kN \cdot in^{-2}$	MPa			
Fe	200	310	700	7.87	100.0
	110	170	700	7.44	94.5
	100	160	780	7.58	96.5
	100	160	800	7.85	99.7
	500	75	800	7.51	95.5

根据亨利等人的研究，如果在相同压力下提高温度和增加时间，则在增加塑性变形量的同时，也增加颗粒间的接触数量和面积。以电解 Fe 粉为例，为了得到密度为 7.58g/cm^3（相对密度 96.4%）的制品，当压力为 1600MPa（1.6t/cm^2）时，780℃下需要时间为 50s，700℃则需要 450s，表 16－5 表示时间与温度对密度的影响。热压与室温压制后再烧结进行比较，所需的时间大大缩短，同时具有较高的烧结密度。

表 16－5　热压时间和温度对 Fe 压坯密度的影响[7]

温度/℃	时间/s	密度/$g \cdot cm^{-3}$	相对密度/%
500	50	6.31	80.2
	150	6.38	81.1
	450	6.71	85.3
600	50	6.70	85.2
	150	6.89	87.5
	450	7.05	89.6
700	50	7.32	93.0
	150	7.52	95.6
	450	7.58	96.4
780	50	7.59	96.5
	150	7.71	98.0
	450	7.76	98.6

16.3　粉末热压制备材料的研究应用

对于某些粉末冶金材料，如陶瓷及不易压制、不易烧结的难熔化合物等进行常规烧结，其致密度的提高非常有限，烧结坯体内存在较多孔隙，材料的性能较差而不能满足目前对材料高性能要求。采用热压可以使粉末在高温下受到外压作用，使颗粒表面软化而形成黏流体，极大限度地提高粉末冶金制品的致密化程度与性能，达到近全致密化，故在此领域得到广泛的应用，其中非常典型的是采用热压制备各种类型的陶瓷和硬质合金模具材料。

16.3.1　陶瓷材料热压

α－Sialon，作为 Si_3N_4 的固溶体，是由部分 m(Al—N) 和 n(Al—O) 键替代($m+n$) Si—

N 键而形成，由于 α－Sialon 能吸收液相组分进入晶格而具有良好的高温性能，此外，α－Sialon 具有高硬度、高耐磨损和好的抗氧化优点，已越来越受到人们的关注。研究表明[9~12]，添加金属阳离子如 Ca^{2+}、Mg^{2+}、Li^{+} 及稀土金属阳离子如 Y^{3+}、Yb^{3+}、Dy^{3+}、Sm^{3+}、Nd^{3+} 和 Er^{3+}，可以稳定 α－Sialon 陶瓷的性能，提高其断裂韧性。

Feng Ye[17] 等人采用两步热压法制备了 Lu－α－Sialon 陶瓷，其工艺为：以 20℃/min 加热至 1500℃ 保温 1h，其后再以 30℃/min 加热至 1800℃ 保温 1h，单向热压力为 30MPa。该陶瓷具有良好的力学性能，加入 4% Lu_2O_3（质量分数）后，其维氏硬度可达 22GPa，抗弯强度 620.4MPa，断裂韧性 4.8MPa·$m^{1/2}$，在 1400℃ 高温下，该材料仍可保持室温强度的 87%。图 16－7 为热压烧结后的 Lu－α－Sialon 陶瓷断口的 SEM 形貌，样品已经烧结近全致密化，图中显示了裂纹偏转及晶须拔出，表明晶须对材料的强度与韧性具有较大影响。

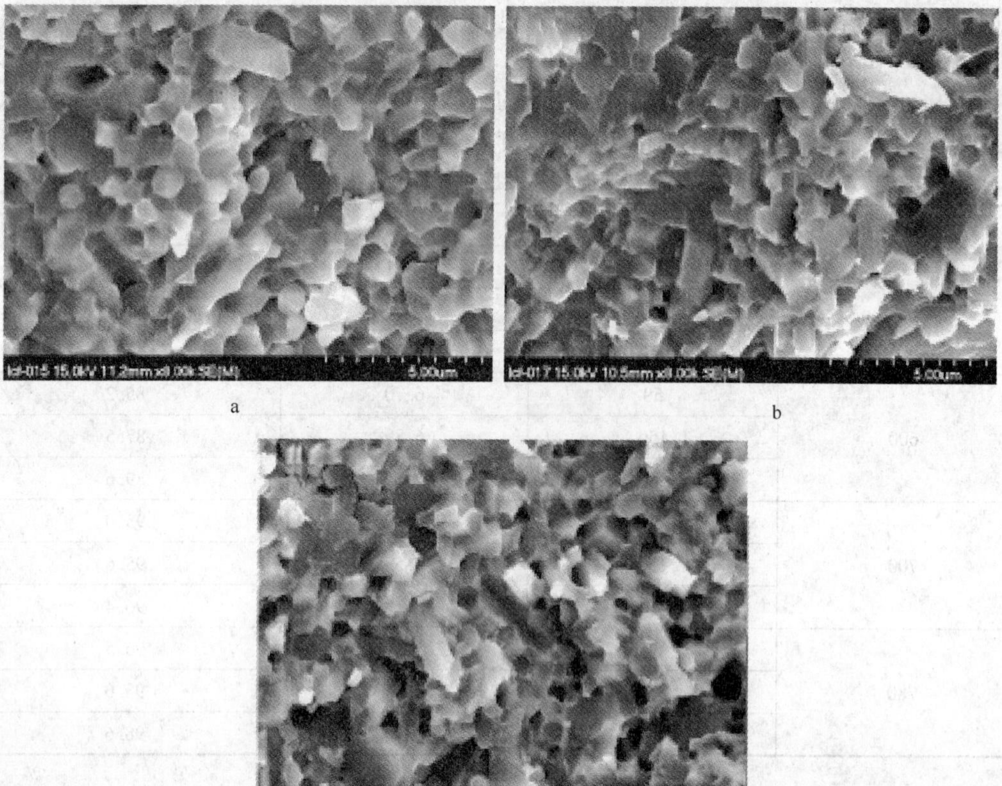

a　　b　　c

图 16－7　热压烧结后的 Lu－α－Sialon 陶瓷断口的 SEM 形貌特征[17]

Si_3N_4 作为轻质、高温结构材料，最大的缺点是其脆性。Ye Sun[18] 等人通过添加 BN 并采用热压工艺使得 Si_3N_4 陶瓷的抗弯强度得到了提高，该热压工艺参数为：在 1800℃ 氮气气氛下保温 1h，热压压力为 25MPa。Yongli Li[19] 等人采用热压温度为 1600～1800℃，在氮气气氛下制备 Al_2O_3－BN 陶瓷，然后研究其机加工特性。图 16－8 为使用硬质合金钻头钻成直径为 4.1mm 和 3.0mm 孔洞的 Al_2O_3－BN 陶瓷图片，图中显示其加工性能良好。图 16－9 为 Al_2O_3/30%（体积分数）BN 复合陶瓷经抛光的 SEM 形貌，图中显示 BN 晶粒没有明显长大，并紧密的分散在 Al_2O_3 晶粒及晶界处。

图 16-8　用硬质合金钻头钻成直径为 4.1mm 和 3.0 mm 孔洞的 Al_2O_3 - BN 陶瓷[19]

a—表面；b—横截面

16.3.2　硬质合金热压

热压是制备大尺寸硬质合金零部件的一种很重要的方法，如硬质合金轧辊等多种硬质合金模具，均采用热压方法制备，其特点是材料密度、强度与硬度高，组织成分分布均匀。Jia C C[20] 等人将热压与传统烧结方法制备的 WC - Co 硬质合金的性能与微观结构进行比较。热压条件为真空环境下，热压温度 1000 ~ 1300℃，压力为 25MPa，热压时间 90min。传统烧结工艺条件为真空环境下，烧结温度 1250 ~ 1395℃，烧结时间为 30 ~ 50min。图 16 - 10 为在不同温度下热压与传统烧结制备的 WC - Co 硬质合金的密度曲线，如图所示，热压在较低的温度即可获得高密度。图 16 - 11 为热压与传统烧结制备的 WC - Co 硬质合金的微观结构比较。图中显示，热压样品中 WC 颗粒相对传统烧结合金的要细小，故其硬度、强度等性能也较高。对于 WC - Co 硬质合金采用热压方法制备，硬度最高可达到 HRA92，抗弯强度达到 2500MPa。

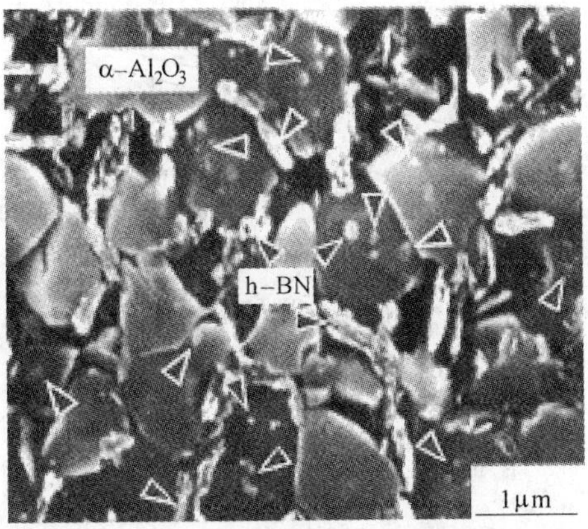

图 16-9　抛光的 Al_2O_3/30%（体积分数）BN 复合陶瓷表面 SEM 形貌特征[19]

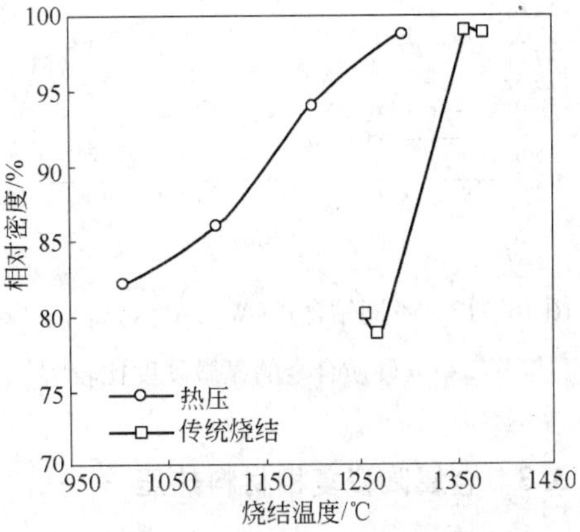

图 16 - 10　不同温度下热压与传统烧结制备的 WC - Co 硬质合金的密度曲线[20]

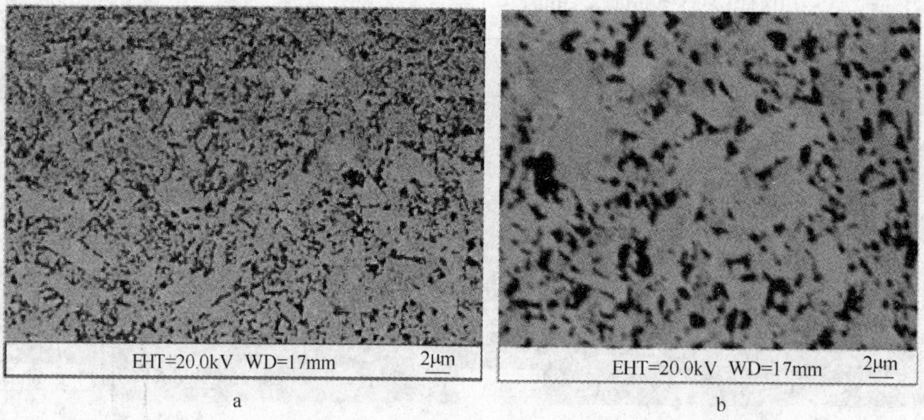

图 16 - 11　热压与传统烧结制备 WC - Co 硬质合金的金相组织[20]

a—热压（1300℃）；b—传统烧结（1360℃）

WC - Co 硬质合金具有室温脆性、高密度和成本花费高昂等缺点。而将延性好，质轻的 Al 固溶于 WC 晶格，则可增强 WC 的抗弯强度，降低材料的密度与成本花费。Zhuhui Qiao[21] 采用球磨与热压工艺制备新型硬质合金（$W_{0.8}Al_{0.2}$）$C_{0.7}$ - Co，样品置入石墨模具，热压温度为 1350 ~ 1450℃，升温速率为 150℃/min，保温时间为 15 ~ 20min，热压压力为 40MPa，热压气氛为氩气。图 16 - 12 与图 16 - 13 分别为不同钴含量（$W_{0.8}Al_{0.2}$）$C_{0.7}$ - Co 与 WC - Co 硬质合金的显微硬度与抗弯强度的比较曲线。图中表明，以上各性能（$W_{0.8}Al_{0.2}$）$C_{0.7}$ - Co 硬质合金均优于 WC - Co 硬质合金。图 16 - 14 为（$W_{0.8}Al_{0.2}$）$C_{0.7}$ - Co 硬质合金的 SEM 断口形貌，图中晶粒细小，表明热压使得（$W_{0.8}Al_{0.2}$）$C_{0.7}$ - Co 硬质合金很容易获得纳米晶结构。

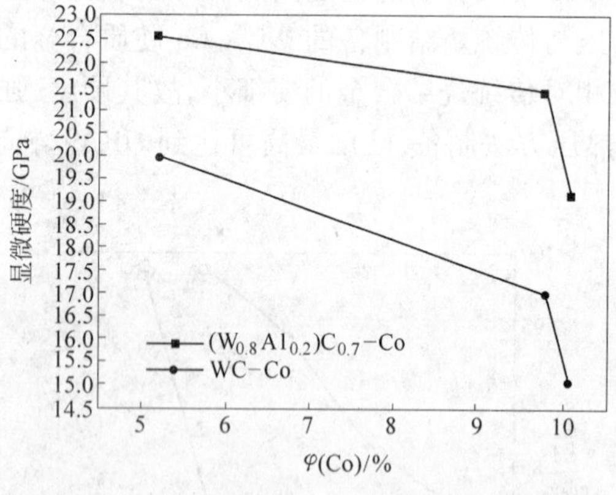

图 16 - 12　不同钴含量（$W_{0.8}Al_{0.2}$）$C_{0.7}$ - Co 与 WC - Co 硬质合金的显微硬度比较[21]

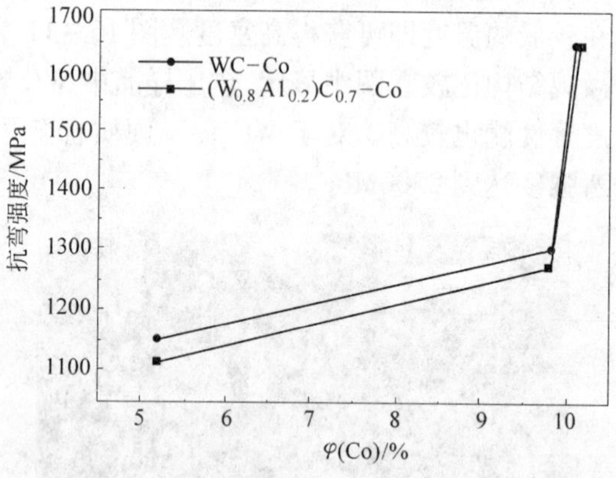

图 16 - 13　不同钴含量（$W_{0.8}Al_{0.2}$）$C_{0.7}$ - Co 与 WC - Co 硬质合金的抗弯强度比较[21]

16.3.3　金属陶瓷复相材料热压

将纳米尺寸金属颗粒弥散分布在陶瓷相晶界中，可以发挥金属的延性作用，较好克服陶瓷脆性，目前成为国内外近期关注的焦点之一。这种材料，其制备方法较普遍的是采用热压

图 16－14　$(W_{0.8}Al_{0.2})C_{0.7}$－Co 硬质合金 SEM 断口形貌[21]

a，c—φ(Co)＝5.16%；b，d—φ(Co)＝9.8%

方法。Sekino[22] 等人对 Ni－Al_2O_3 混合粉末进行球磨与氢气还原后热压，其热压条件为1450℃保温1h，热压压力为30MPa。以上方法制备的 Ni－Al_2O_3 陶瓷的矫顽磁力为3.1kA/m，其超过纯 Ni 将近两个数量级。Li[23] 等人采用球磨－热还原法(C－A)与非均相沉淀－热还原(C－B)两种方法制备纳米4% Ni(体积分数)－Al_2O_3 金属复合陶瓷粉末，然后进行热压，热压温度分别为1450℃与1400℃，热压压力为20MPa，在氩气气氛下烧结。其制备出的材料相对密度均达到98%，C－B 的断裂韧性高但其抗弯强度低，C－B 相对 C－A 的力学性能偏差幅度较小。图 16－15 为4% Ni(体积分数)－Al_2O_3 金属陶瓷断口的 SEM 图片，C－B断口中的 Ni 颗粒尺寸更细小，分布更均匀。因此，均匀包覆法获得的4% Ni(体积分数)－Al_2O_3 复合金属陶瓷的性能更稳定，其微观结构晶粒分布更均匀。

用难熔金属增强陶瓷复合材料热压已经开展了一些研究，Nawa[24] 等人分别在 α 相和 γ 相 Al_2O_3 中加入5% Mo(体积分数)粉后进行球磨热压后发现，在 γ－Al_2O_3/Mo 金属陶瓷的微观结构中，γ－Al_2O_3周围分布有呈长条状的 Mo 颗粒，Mo 增强 Al_2O_3 陶瓷使其具有高的断裂韧性，断裂韧性最高达到 $7.1MPa \cdot m^{1/2}$，而 α－Al_2O_3/Mo 金属陶瓷微观结构中，纳米尺寸的 Mo 颗粒分散在 Al_2O_3 晶粒周围，随 Mo 含量的增加，Mo 颗粒也有逐步转变为长条状的趋势。在 Mo 含量为5%～20%(体积分数)范围内，其硬度值最大为19.2GPa，抗弯强度为884MPa，断裂韧性为 $7.6MPa \cdot m^{1/2}$。

Lin[25] 等人采用化学气相沉积－热还原法制备了纳米 Mo/Al_2O_3 复合粉末。并将粉末在1400℃真空热压1h。热压、常压烧结制备的复合材料与纯 Al_2O_3 陶瓷密度进行了比较，如表 16－6 所示，与常压烧结法相比，热压 Mo/Al_2O_3 金属陶瓷的密度为最高。此外，

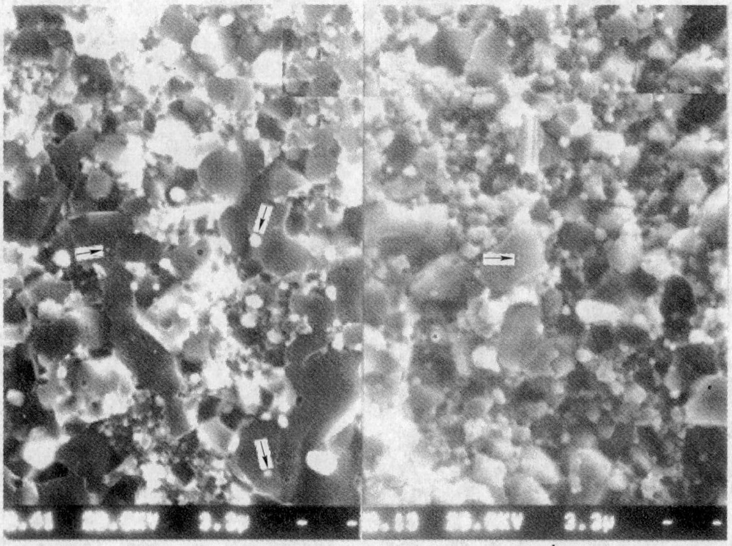

图 16－15　热压 4% Ni(体积分数)－Al_2O_3 的 SEM 断口形貌[23]

a—C－A；b—C－B

经高温烧结后，发现纳米尺寸的 Mo 分布在晶粒大小为 1.2～4.9 μm 的 Al_2O_3 周围，其 TEM 微观结构如图 16－16 所示。纳米 Mo/Al_2O_3 复合金属陶瓷的抗磨损率为纯 Al_2O_3 陶瓷的两倍。

表 16－6　Mo/Al_2O_3和 纯 Al_2O_3烧结后的密度[25]

样　品	参　数	样品密度/$g \cdot cm^{-3}$
Al_2O_3	1600℃ ×1h	3.82
Mo/Al_2O_3	1600℃ ×1h	3.31
Mo/Al_2O_3	1400℃ ×1h ＋ 热压	3.92

a

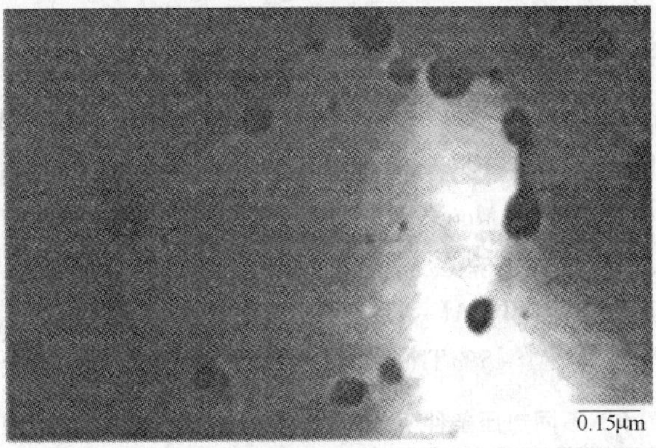

b

图 16－16 Mo/Al_2O_3 纳米复合材料的 TEM 形貌[25]

Ji[26]等人研究了 Al_2O_3 中添加 Cr 5%(体积分数)后热压,最高的断裂强度与断裂韧性分别为(736 ±29)MPa 和(4.0 ±0.2)MPa · $m^{1/2}$,不同热压温度与保温时间对材料密度与组织的影响如表 16－7 所示,不同热压工艺制备样品的断裂韧性、断裂强度与硬度比较如表 16－8 所示,热压压力为 35MPa,发现经球磨的纳米 Al_2O_3/Cr 复合粉末的断裂韧性、断裂强度与硬度均得到提高。

表 16－7 不同热压样品的密度及组织比较[26]

样 品	温度/℃	时间/min	密度/mg · m^{-3}	相对密度/%	晶粒大小/μm	颗粒大小/nm
Al_2O_3	1400	30	3.92	98.2	2.7	—
Al_2O_3	1450	60	3.99	99.9	3.5	—
纳米 Al_2O_3/Cr a	1400	30	3.81	92.0	1.3	467
纳米 Al_2O_3/Cr b	1450	60	4.02	97.1	0.68	124
纳米 Al_2O_3/Cr b	1500	60	4.04	97.6	0.85	—
纳米 Al_2O_3/Cr b	1600	60	4.06	98.1	1.6	186
微米 Al_2O_3/Cr	1400	30	4.08	98.6	2.1	1500

注:a 为未经球磨混合,b 为经球磨混合。

表 16－8 不同热压样品的断裂韧性,断裂强度与硬度比较[26]

样 品	温度/℃	时间/min	断裂韧性 /MPa · $m^{1/2}$	硬度/MPa	断裂强度/MPa
Al_2O_3	1400	30	3.6 ±0.2	17.6 ±0.3	425 ±86
Al_2O_3	1450	60	3.6 ±0.2	17.2 ±0.4	475 ±12
纳米 Al_2O_3/Cr a	1400	30	3.6 ±0.4	15.5 ±0.6	447 ±18
纳米 Al_2O_3/Cr b	1450	60	4.0 ±0.2	17.9 ±0.5	736 ±29
纳米 Al_2O_3/Cr b	1500	60	3.8 ±0.2	17.7 ±0.3	640 ±20
纳米 Al_2O_3/Cr b	1600	60	3.8 ±0.2	16.8 ±0.5	540 ±44
微米 Al_2O_3/Cr	1400	30	3.8 ±0.2	16.1 ±0.6	457 ±12

注:a 为未经球磨混合,b 为经球磨混合。

16.3.4　热压制备合金材料

为了提高 Al－Ti 合金的低温延展率，在金属或合金中产生纳米晶粒是近来研究的重点。但纳米晶粒的热不稳定性使其易于在高温下发生异常长大，传统的烧结方法难以制备晶粒为纳米尺寸的 Al－Ti 合金。Moon[27] 采用低热高压法制备了 Al－5% Ti（原子分数）合金，其结果见表 16－9，表中显示在热压温度为 120℃ 与 4.8GPa 热压压力下制备的合金纳米晶粒小于 50nm，并能获得全致密的 Al－Ti 合金，其洛氏硬度与维氏硬度达到 105.2HRB 和 243.7HV，该性能是近年来对 Al－5% Ti（原子分数）研究中所报道的最好性能之一。

表 16－9　不同热压条件下制备的 Al－Ti 合金的性能与组织[27]

样　品	热压条件			晶粒尺寸/nm	硬度 HV	硬度 HRB	晶粒异常长大
	压力/GPa	温度/℃	时间/s				
1	4.5	24 0	50	90	176.7	91.7	没有
2	4.8	300	50	90～300	156.3	83.8	有
3	4.8	240	250	120	166	87.3	没有
4	4.8	300	250	150～300	144.3	74.2	有
5	4.8	360	250	150～500	140.5	70.5	有
6	4.8	120	250	50	243.7	105.2	没有
7	5.3	240	250	140	149.3	85.1	没有
8	5.3	360	250	160～600	124	66.8	有

随着航空工业的发展，研究和开发 1200℃ 以上的新型高温材料成为热点，Nb 基多相合金由于具备高熔点，低密度及高温强度已经引起人们的广泛重视。Yi[28] 等人采用球磨后真空热压法研究制备 Nb－15Ti－11Al－10Si 合金。其热压时间为 30～90min，热压温度为 1300～1500℃，热压压力为 30MPa。合金密度随热压温度的升高与保温时间的延长而略有增加，致密化过程主要发生在 1400～1450℃，相对密度均在 96.3% 以上，合金主要存在铌基固溶体（NbSS）、Nb_5Si_3 和 Nb_3Al 相。

难熔金属 W/Cu 作为微波设备材料可以广泛应用于雷达、长途程控机和精确定位导弹等。但近来随着设备功率的不断增强，工作中热损耗明显增加。因此，高热传导是发展微波材料的关键性指标[29]。由于需要与陶瓷基板材料的低膨胀系数相匹配，不得不提高难熔金属 W/Cu 中的 W 含量，这大大降低了该材料的热传导性。目前，人们通过发展梯度材料来解决这一难题。B. B. Liu[30] 等人采用热压方式制备了三个成分为 W/Cu20，W/Cu33 和 W/Cu50 的梯度材料。研究了制备工艺参数包括烧结温度、压力和保温时间对材料的密度、硬度和微观组织的影响。实验表明，梯度界面分明，各梯度接近全致密化，图 16-17 为热压温度对 W－Cu 各梯度层相对密度的影响，其热压保温时间为 3h，热压压力为 70MPa，各层的相对密度随热压温度的升高而升高。W/Cu 合金的相对密度也随 Cu 含量的增加而增加，则相对密度 W/Cu50 > W/Cu33 > W/Cu20。在热压温度为 1050℃ 时，W/Cu50 和 W/Cu33 的相对密度在 98% 以上，W/Cu20 的相对密度在 95.8% 以上，当热压温度为 1070℃ 时，W/Cu50，W/Cu33 和 W/Cu20 的相对密度分别在 99.5%、99.2% 和 97.2% 以上。图 16－18 显示热压温度对 W－Cu 梯度材料各层硬度的影响。W/Cu33 和 W/Cu50 的硬度随温度的升

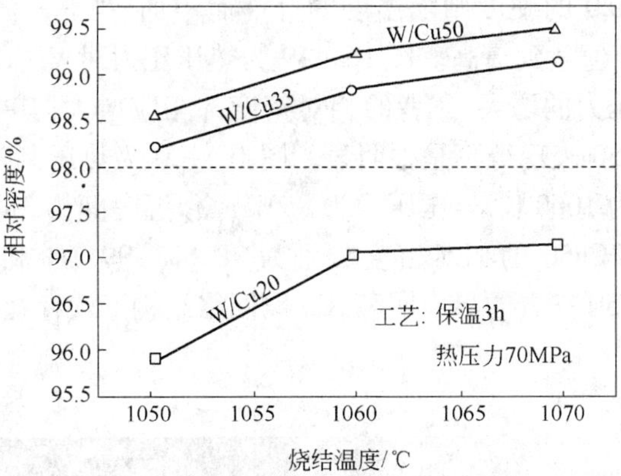

图 16－17　热压温度对 W－Cu 各梯度层相对密度的影响[30]

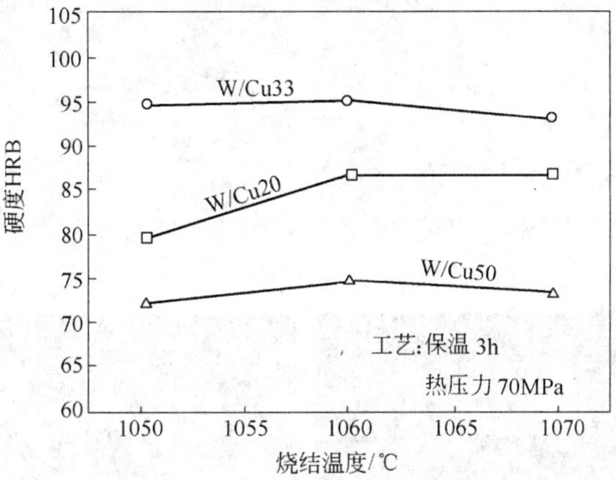

图 16－18　热压温度对 W－Cu 各梯度层硬度的影响[30]

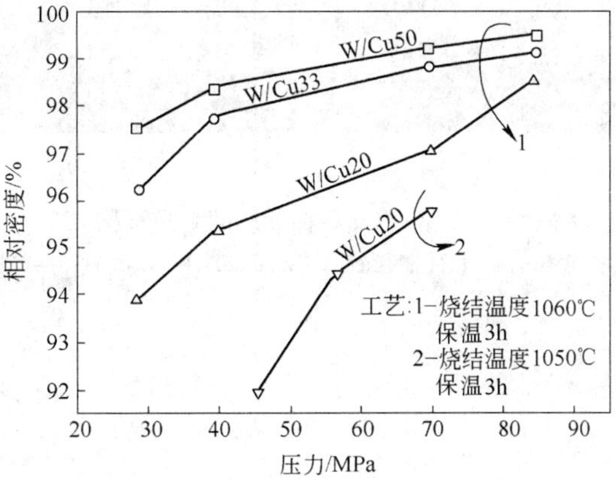

图 16－19　热压压力对 W－Cu 各梯度层相对密度的影响[30]

高先增加后减少，W/Cu20 的硬度则随温度的升高而增加，当热压温度达到 1060℃时，W/Cu33 和 W/Cu50 的硬度值达到最高。图 16－19 为热压压力对W－Cu各梯度层相对密度的影响，图中显示随热压压力的增大，三者的相对密度都相应增大，其中 W/Cu20 表现得非常明显，W/Cu33 和 W/Cu50 表现得不是很明显。图 16－20 为热压制备的梯度材料的横截面微观组织，在热压温度为 1060℃，热压压力为 85MPa，保温时间为 3h 的条件下，梯度材料中 W/Cu20、W/Cu33 和 W/Cu50 的相对密度分别为 98.6%、99.1% 和 99.5%，图中显示 W/Cu20、W/Cu33 和 W/Cu50 三者的界面明晰，Cu 以网络结构形式存在，W 以颗粒状态结构存在。

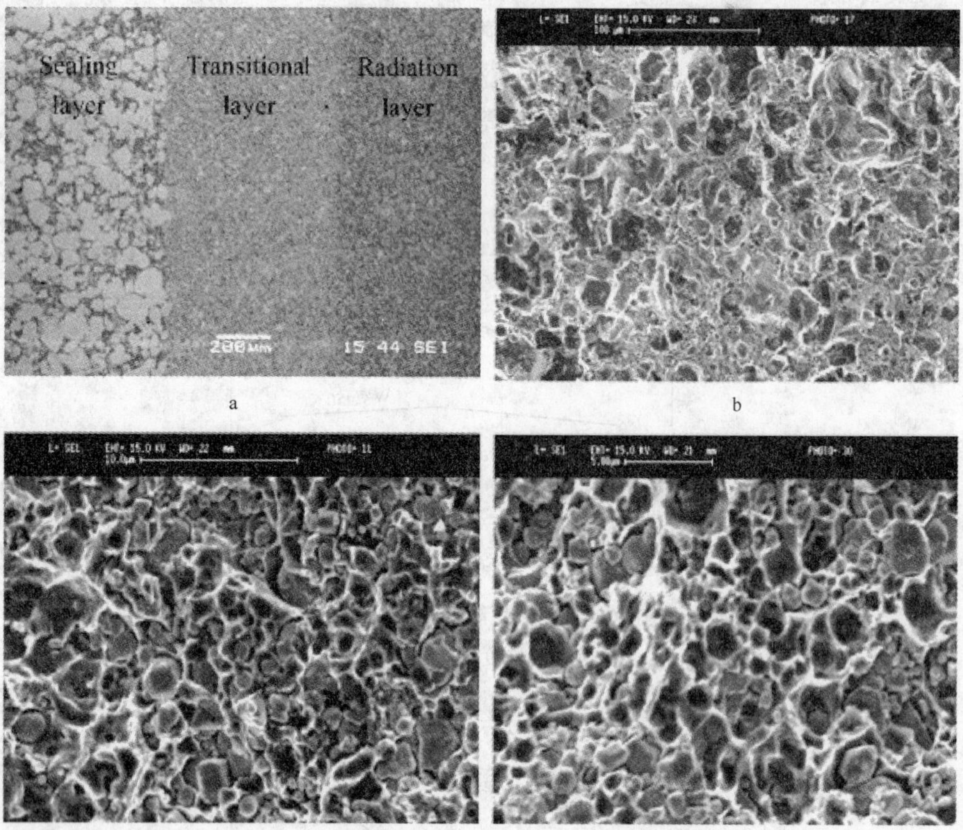

a　　b　　c　　d

图 16－20　W－Cu 各梯度层的微观结构[30]

梯度材料 W/Cu：a—整体横截面；b—W/Cu20；c—W/Cu33；d—W/Cu50

17　粉末热等静压原理与应用

17.1　前言

粉末坯体在加热烧结过程中，利用惰性气体介质在粉末体各方向对粉末体施加高的压力，即高的等静压力和高温烧结同时作用于粉末而获得全致密零部件的技术称之为热等静压（Hot Isostatic Pressing，简称 HIP）。热等静压工艺由于能提供极高的温度（通常最高温度为2000℃）与压力（通常最高压力达到200MPa），使得制备的工程部件材料达到全致密，性能可以满足航空航天工业极为苛刻的要求，在制备大型构件和近净成形方面具有独到的优势，成为现在和将来发展不可缺少的技术。

17.1.1　热等静压技术的工作原理[4,31,32]

在热等静压过程中，一般采用惰性气体（氩、氦）作为压力传递介质，也可采用液体金属或固体颗粒作为热等静压的压力传递介质。粉末体包套以及热等静压包封待压物料用的包套通常用金属或玻璃制备。热等静压机的工作原理如图17－1所示，首先将粉末装入包套5（金属管包套）再放入密闭的缸体4中，通过压缩机往缸体中打入高压氩气或氦气，同时将缸体内的加热体3通电加热，于是高温和高压的气体从各个方向均匀的压缩包套，从而使粉末零件同时进行压制和烧结。由于材料各方向均匀受力，材料显微组织非常均匀，并很好地消除内部孔隙，致密度可达100%，因此，材料能获得优良的综合力学性能。

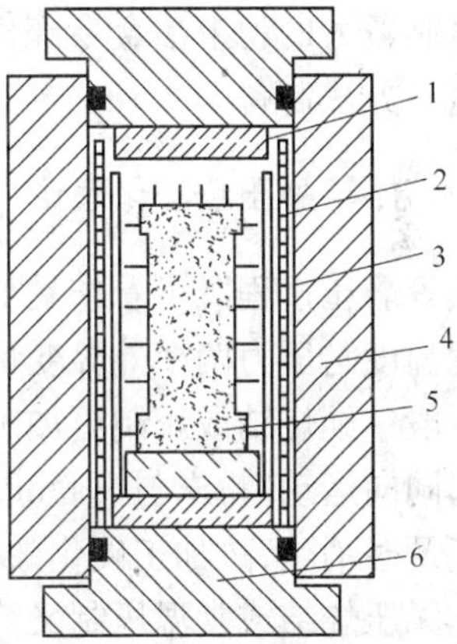

图17－1　热等静压机工作原理示意图
1—隔热盒；2—隔热屏；3—加热体；4—缸体；5—带包套的粉末件；6—下塞

17.1.2　热等静压技术的发展

热等静压技术，是自20世纪50年代中期开始研制和迅速发展起来的，最早是由美国巴特尔哥伦比亚实验室（Battelle's Columbus Laboratories）的萨勒（Saller）和戴顿（Dayton）等人开展研究的，该实验室在1955年为美国原子能委员会试制核燃料元件时探索了这种热等静压扩散黏结工艺，并于1956年建造了第一台热等静压机。60年代，采用这种工艺成功地将锆合金和不锈钢等材料包覆在二氧化铀上，同时实现了黏结和致密化，获得了良好的效果，这是热等静压技术在工业上的首次应用。

60年代中期，气体雾化法生产粉末的研制成功，对热等静压技术的迅速发展起了重要的推动作用。在此期间，运用这种技术已能生产工具钢和各种高温合金。粉末压块经过热等静压处理和压力加工可以获得优异的显微结构。70年代初，瑞典通用电力公司（ASEA）和美国坩埚公司（Crucible Inc）建立的雾化制粉和热等静压粉末高速钢生产工艺，即艾西－

斯托拉工艺(ASEA－Stora),显著改善了热等静压工艺的可靠性。1965 年,美国铝公司开始研究用热等静压工艺处理发动机用铸造铝合金,从而将该合金的疲劳特性性能提高了一个数量级。后来又发现,该工艺能够提高许多种金属铸件的性能。

一般热等静压机都是采用加热器对被成形物料进行间接加热。1969 年西都(Saito)和萨瓦斯库(Sawasku)发明了一种类似三向压制的成形方法——火花等静压(Spark Isastatic Pressing, SIP)。这种成形方法所用的上下石墨冲头,不只是为了传递压力,而且可用以向被压的金属粉末材料输入高频电流,电流在粉末颗粒之间产生火花,达到所需要的烧结温度条件,以使物料同时达到致密和烧结的目的。如果将这种方法用于非导电粉末,则需用金属对这种粉末进行包覆,以便借助金属包覆膜火花放电所释放出的热量将非导电粉末加热到成形烧结温度。

进入 70 年代,巴特尔研究所和美国空军材料实验室采用热等静压工艺压制了粉末 Ti－6Al－4V 钛合金零件,其产品性能与同材质的锻件性能大致相等。为了提高材料的利用率,降低成本,美国在研究近净成形方面投入了很大的力量,在研究的新成形方法中,热等静压工艺是制备大的粉末冶金零部件最为理想的一种方法。目前,国外飞机涡轮盘、高温合金均采用这一方法制备。

17.1.3　热等静压致密化理论

热等静压过程既可看作是加压下的烧结,亦可看作是高温下的压制。一方面,此过程同时受到温度与压力两个外界变量的共同影响,使分析和描述热等静压的收缩机制及动力学要比一般单纯烧结或压制更加困难和复杂。但另一方面,由于模套在压缩变形过程中与粉末一起同向运动,粉末与模套间的摩擦阻力可以不加考虑。另外,在高温下粉末塑性变形的硬化能及时消除,故加工硬化效应亦可忽略不计。因此,热等静压过程理论必须考虑的影响因素比无压烧结或常温压制又简单一些。

近几十年来,热等静压作为一种先进工艺技术,在实际应用中得到了很大的进展。但由于实验上的困难及经济上的原因,关于热等静压的理论研究却开展不多,现有文献中十分缺乏关于热等静压温度、压力、时间、原始粉末状态与压坯制品相对密度或孔隙率的关系数据,从而增加了定量描述热等静压机理的困难。

从 50 年代开始,人们对粉末热压过程,特别是对难熔金属化合物及陶瓷化合物的热压过程,进行了大量研究,其中的一些理论模型及动力学方程能较好地解释热压过程的基本现象。一般的热压理论对热等静压同样适用,因为就粉末致密过程的物理本质而言,热等静压与热压完全一致。它们之间的差别只在于热压是单向加压,即模具不随粉末运动,但这并不构成致密化机制的本质差别。最近几年一些有关热等静压理论的文章所建立的几何模型及微观变形机制都无大的创新[33, 34],基本属于对原来烧结及热压理论进行非本质性的修正和补充。因此,可将热压和热等静压同归于高温高压作用下粉末的致密化理论。

17.1.4　热等静压的优点

热等静压技术与常规的成形烧结技术(如模压、滑铸、铸造、热压、挤压锻造等)相比,压制时粉末各个方向能均匀受压,避免了粉末与模壁的摩擦,因而能够实现均匀成形。由于热等静压制品在尺寸、形状和性能方面显示出很大的优越性,并且近几年在生产中经济效果和安全方面取得的不断改进，使热等静压工艺在许多领域中取代了常规的成形－烧结技术。热等静压技术的优点主要有以下几点：

(1)热等静压粉末制件密度高。一般粉末冶金件(压形和烧结)的相对密度只有95%左右，而热等静压制品的相对密度可达99.80%～99.99%。

(2)热等静压粉末冶金制品密度分布均匀，能够制造长径比(长度/直径)很大的制件。传统模压成形工艺由于存在模壁摩擦，压坯沿压制方向会出现密度下降，尤其是压制较长的制件时，这种现象更加严重。而在热等静压条件下，被压物料各部位的密度均匀，因而制件的长径比不受限制，这样就有利于生产管状、棒状等长而细的产品。国外已生产出直径为40mm、长1.6m的硬质合金轧辊，我国已生产出直径为90mm、长度为1.2m的铍棒。

(3)能够生产形状复杂和近净成形的零件[35]。热等静压技术在制备各种形状产品时具有极大的灵活性。它不仅能制作各种外形复杂的产品，还能制作具有复杂形状内腔的产品，如外形为圆形中空的或者呈冬瓜状中空的铍无缝压力容器，而这种产品用其他方法制作是很困难甚至是不可能的。制作近净成形零件是热等静压技术的最大优点，与一般工艺相比，热等静压技术可以使材料利用率由10%～20%提高到50%，同时可缩短工艺流程，节省大量机加工，从而使成本降低50%～80%，如图17－2热等静压技术近净成形制备的Si_3N_4基陶瓷涡轮[36]。

a　　　　b

图17－2　热等静压技术近净成形制备的Si_3N_4基陶瓷涡轮[36]

(4)产品性能优异[37]。热等静压制品比一般热压制品致密度高，其显微孔隙几乎为零。一般方法生产的硬质合金，其体积孔隙度为0.005%～0.20%，而热等静压可使孔隙度降到0～0.0001%。用普通方法生产的硬质合金轧辊，因表面有孔隙，合格率往往不超过5%；而用热等静压法生产的合格率最高可达99%。从破坏理论来看，在高压下使用的硬质合金，即使是很微小的孔隙，也将成为破坏的隐患。所以，减少孔洞或显微孔隙是提高硬质合金制品寿命的关键。实践证明，用热等静压工艺生产的硬质合金模具，其寿命要比用一般方法生产的高4倍以上。

因热等静压温度低，不会使粉粒产生晶粒聚集长大，因此可以得到细晶粒结构的制品。热等静压工艺使用的温度低于一般粉体的烧结和热压温度。如难熔金属的热压温度一般为其熔点的70%左右，而热等静压的温度只是其熔点的50%左右。又如，钨粉和钼粉的烧结温度分别为3000℃和2600℃左右，但在70～140MPa压力下热等静压压至完全致密时的温度仅为1485℃和1427℃，如果先经爆炸成形再进行热等静压，温度还可降至1260℃和1205℃。如在1220℃下烧结的铍制件，其晶粒尺寸平均为50μm左右，而在1050℃下热等静压制的铍制件，其平均晶粒在25μm以下。

采用雾化预合金化粉末，并通过热等静压来成形固结高温合金和钛合金，可以解决通常熔炼铸锭中存在的严重成分偏析问题，使坯料获得均匀的超细晶粒多晶体组织。热等静压可以使某些难变形的铸造合金变成超塑性变形材料，并可以消除合金的热脆性，改进合金的冷热加工性能和减少材料性能的波动。

(5)使用热等静压技术生产有毒粉末或放射性材料时，由于采用包套密闭，可以大大减少对操作人员的危害，改善劳动条件。

(6)热等静压技术不仅可以用来生产各种金属、陶瓷、硬质合金与复合材料等粉末冶金制品，而且可以用来消除铸件、锻件的内部疏松、孔洞和裂纹等缺陷，也可将使用中产生内部缺陷的旧铸、锻件进行热等静压修复。

17.2　热等静压设备装置

17.2.1　热等静压设备的分类[38]

热等静压机主要由高压缸、热等静压炉、气体加压系统、电气系统和辅助系统等部分组成。其设备主要结构分类与特点见表17－1。

热等静压装置须满足以下要求：

(1)高压缸体与框架等高压装置必须绝对安全可靠。

(2)要有能满足各种粉末冶金材料致密化时所需的、温度均匀分布的加热炉。

(3)要求有高效隔热结构，使炉内能承受1000℃以上的高温工作，经过隔热结构层，炉的外壳温度降到约150℃，以保证高压缸处于低温条件下工作。

(4)要有可靠的密封装置，以保证稳定的高温和高压。

表17－1　热等静压设备主要结构

结构名称		功　能	结 构 特 点
高压缸	缸筒	安置热等静压炉，处理铸件	缸筒结构有两种型式：实体缸筒和钢丝缠绕缸筒。实体缸筒又有单层缸、双层缸和多环缸等不同结构。缸筒应能承受200MPa的高压压力
	上、下端盖	密封缸筒上、下两端	结构有螺旋端盖和浮动式端盖两种型式。浮动式端盖用液压升降，便于装料
	框架	缸筒的支架，承受缸筒的轴向力	有整体框架、绕带框架和叠板框架等多种型式
热等静压炉	加热炉	加热铸件到工作温度并保持稳定	按热传递方式分为辐射炉和对流炉；按发热材料分为钼丝炉（最高温度1500℃）和石墨炉（最高温度2000℃）
	隔热屏	套在加热炉外，使炉内温度均匀	由多层钼筒和不锈钢筒组成，各层筒间用硅酸铝陶瓷纤维棉隔热
	热电偶	测量加热炉内温度	一般由6副热电偶组装在一起，通过缸筒下塞的通孔引入筒内，测量高压缸内各区域的温度

续表 17－1

结构名称		功　能	结构特点
气体加压系统	真空泵	充惰性气体前高压缸内抽真空	采用滑片式真空泵
	压缩机组	高压缸内惰性气体充气加压	压缩机组可选用：(1)膜片式压气机；(2)多级柱塞压缩机；(3)液态气体压缩机；(4)低压模式压气机/热膨胀气体系统
	气　库	储存惰性气体	储气罐容积应为高压缸容积的10倍以上
电气系统		各部分机构的操作和控制	包括热等静压炉、压缩机组、冷却水泵、液压系统以及各种电磁阀和仪表的供电和控制
辅助系统	液压系统	使缸筒的上、下端盖的框架移动	采用往复活塞式液压缸带动各机构按要求移动
	冷却系统	保护高压缸和密封件的温度不超过设计要求	采用闭路物质循环软水冷却系统
	通风设备和氧监测装置	防止坑内或高压缸周围空气中惰性气体对人的危害	在设备现场安装排风装置、氧气监测装置及警报系统

17.2.2　热等静压的压力介质

热等静压的压力介质分为气体介质和液体介质两种。前者常用的有氩、氦、氮；后者有熔融盐浴、熔融玻璃等。另外在快速热等静压中也有用水或水蒸气作为压力介质的例子。

17.2.2.1　对压力介质的要求

(1)应是惰性气体或不可燃、不爆炸的液体以在高温高压下能安全操作为原则；

(2)不与发热元件或工件发生反应，不损害炉体，而且无毒性；

(3)尽量使用价廉的气体或液体，以降低操作费用。

17.2.2.2　常用压力介质的性质

氩气可以满足作为压力介质的要求，它是一种稀有惰性气体，其价格比氦气低廉，是广泛采用的压力介质。氦气也是较为理想的压力介质，不过价格更为昂贵，因而很少使用。在粉末高速钢的热等静压中，由于氩气能溶入钢中形成“氩脆”，损害钢锭质量，因此，改用了氮气作为热等静压的压力介质。氮气价廉，可降低操作费用，而且可以不附属气体循环、净化等装置，简化操作，节省投资。氩、氦、氮气的有关性能如下：

(1)常温下，纯氩、氦、氮皆为气体，化学性质不活泼、无味、无毒、不可燃，但容易使人窒息，有一定危险性。

(2)密度：在0℃及一个大气压下，氩气密度为0.001783g/cm^3，氦气为0.0001785g/cm^3；氮气0.001250g/cm^3，氩气的密度为氦气的10倍左右，为空气的1.38倍，氮气密度与氩气、空气属同一个数量级。在常温(27℃)常压到高温(1000℃)高压(100MPa)的条件变化中，氩气密度有很大的变化(表17－2为氩、氦气体在高温高压条件变化时所测得的密度值)。由表17－2可知，压力介质的密度(1093℃、100MPa的压力下，氩气为0.317g/cm^3、氦气为0.033g/cm^3)，随温度的升高而降低，随压力的增大而增加。在高速钢等材料的热等静压成形中，氮气的密度为常温常压下的180倍，氦气密度为常温常压下的190倍。氩气在1093℃、350MPa压力时的密度为1.060g/cm^3，超过了水的密度。

表 17－2　氩、氦密度值

温度/℃	指示压力/MPa				
	35	70	100	140	350
	氩气密度/g·cm^{-3}				
1093	0.106	0.211	0.317	0.423	1.060
1371	0.086	0.176	0.264	0.352	0.881
1649	0.075	0.152	0.224	0.300	0.750
1930	0.061	0.130	0.197	0.263	0.656
2205	0.058	0.117	0.175	0.234	0.585
2485	0.053	0.105	0.210	0.210	0.523
温度/℃	氦气密度/g·cm^{-3}				
1093	0.011	0.022	0.033	0.0442	0.1110
1371	0.0083	0.018	0.028	0.0367	0.0915
1649	0.0078	0.016	0.024	0.0314	0.0785
1930	0.0069	0.014	0.021	0.0274	0.0685
2205	0.0061	0.012	0.018	0.0243	0.0608
2485	0.0055	0.011	0.016	0.0219	0.0550

(3)热传导性：氦气、氩气和氮气的热传导系数见表 17－3。从表中可以看出，氩气的热传导系数约为氦气的 1/10。随温度的升高，氩的热传导系数比氦气增加得少。氮气与氩气情况相近，高温时，氮气增加多一些。

对最常用的商品氩气纯度提出如下要求：纯度不小于 99.999%；碳氢化合物小于 2.0mg/m^3；氧小于 15mL/m^3；水分小于 10mg/m^3。氩气中的碳氢化合物在炉内分解成碳会降低绝缘材料性能，氧和水分会氧化炉内部件。循环使用的压力介质应定期检查，并安装净化系统，保持压力介质的纯净度。

(4)比热容：氦气、氩气和氮气的比热容见表 17－4。

表 17－3　热导率　[kJ/(m·h·K)(kcal/(m·h·K))]

气　体	0℃,0.1MPa(1atm)	0℃,100MPa	1093℃,70MPa	1100℃,100MPa
氦　气	0.5192(0.124)	—	1.4528(0.347)	—
氩　气	0.0624(0.0149)	0.0048(0.00115)	0.1817(0.0434)	0.0021(0.00050)
氮　气	—	0.0042(0.00100)		0.0038(0.00090)

表 17－4　气体比热容

气　体	c_p/kJ·(kg·℃)$^{-1}$[kcal/(kg·℃)]	
	20℃,0.1MPa(1atm)	1093℃,70MPa
氦　气	5.2963[1.265]	5.0242[1.20]
氩　气	0.5234[0.125]	0.5024[0.12]
氮　气	1.0509[0.251]	—

17.3 热等静压工艺

17.3.1 热等静压工艺种类

17.3.1.1 采用包套热等静压工艺

在热等静压工艺中,原则上均应采用包套。包套的主要作用首先是作为气密性容器,在装入粉末或冷压压坯后经过真空抽气可排除粉末中的气体和水分,并在热等静压过程中保证压力介质不进入粉体孔隙,从而确保成形材料的质量。另外,包套作为模具,可使所装入的物料压成预定的形状和尺寸。实践证明,即便是少量的氩气进入粉末基体,也会引起热等静压件性能显著下降。热等静压工艺的成本较昂贵,因而包套的选择、设计和加工质量具有十分重要的作用。包套的损坏和设计的失误都将降低热等静压工艺的效益,甚至导致高压炉体的损伤。

A 包套材料选择原则

在选择包套材料时,必须遵守以下基本原则。

(1)绝对可靠的气密性:所谓气密性系指包套在抽空排气时不渗漏(即真空密封性)和在高压气体介质作用下不渗漏(即高压密封性),这是确保热等静压成形得以实现的基本条件。为此材料必须具有良好的焊接性能,必须保证焊缝的质量。

(2)不与被压物料反应:包套材料在热等静压周期中的高温、高压下不能与被成形的物料发生化学反应和共晶反应,以防止包套失效,避免污染被压物料和炉体。

(3)适当的强度和良好的塑性:热等静压所采用压力及温度范围分别为70~200MPa和700~2000℃。在高温、高压作用下,包套必须具有适当的强度和良好的塑性,以防止在热压过程中发生破裂或过分软化而可能渗透到粉末坯中。对于非金属包套,应注意其冷脆性;而对金属包套,则应留心其热脆性。包套材料良好的可塑性,可以保证随物料的收缩压实,使包套壁均匀增厚,不起皱,以免影响压坯的均匀收缩和表面质量。

(4)易加工成形、易剥离:除了成形形状简单的制品(如棒材、管材、锥体、轧辊)外,热等静压还能成形复杂形状的制件,但包套作为模具也应能适应复杂形状的设计要求,因此所选包套材料应具备良好的切削加工性能和焊接性能。当然,成形后能通过常规的机械方法或化学腐蚀方法使包套与压件分离,也是对包套材料的基本要求。

B 包套的种类

热等静压工艺使用的包套根据材质可分为金属包套和非金属包套。

a 金属包套

金属包套是当前最常用的一种包套,一般是用金属板材、管材、棒材,经冲压、旋压、机械加工、焊接等工艺制备成所需形状的包套。包套材质应根据拟成形粉末的种类来选择,如表17-5所示。金属包套的优点是强度和延性高,在装料、输送和搬运过程中不易损坏,对热等静压工艺的不同工艺周期的适应性好。其缺点是形状复杂,包套的制作工艺难度大、成本高,在热等静压过程中若收缩量大容易产生皱纹,影响压坯的形状。金属包套在热等静压成形后需用机械切削或化学腐蚀方法剥离,因而只能使用一次。尽管有的工作旨在改进剥离方法,如在包套内壁先喷涂一层隔离层,但所得的包套仍不能重复使用。

表 17-5　包套材料与适用范围

包套材料	适用范围	适用温度/℃	封焊方法
钢	粉末高速钢等	≤1400	TIG、MIG、气焊
镍	钛、陶瓷、铁氧体	≤1430	TIG、MIG、气焊
钛	硬质化合物	≤1700	TIG
不锈钢	不锈钢	≤1350	TIG、MIG
铜	铜，铁	≤1050	TIG、MIG
钼	钼、钨、Si_3N_4	1450~2200	TIG、电子束
锆	UO_2		
铅-碱玻璃	金属，陶瓷	410~630	热连接
硼硅玻璃	金属，陶瓷	550~900	热连接
硅酸铝玻璃	金属，陶瓷	700~900	热连接
高硅氧玻璃	金属，陶瓷	890~1600	热连接
石英玻璃	金属，陶瓷	1130~1600	热连接

注：TIG—钨极惰性气体保护焊；MIG—金属惰性气体保护焊。

为了制作形状复杂的制品，近年来出现了一种称作电沉积金属壳的包套。在由石蜡、聚苯乙烯或金属铝板做成的预制型件上用电沉积的方法沉积形成一层金属壳，然后去掉型模，就可以得到尺寸精确、形状复杂的薄壁包套。日本钨公司还研制了一种气相沉积金属薄膜包套，用于含 0.5% 氧化镁的氧化铝陶瓷的热等静压。其工艺是首先将粉末冷压压坯烧结到 92% 的理论密度，然后在其表面沉积一层厚 10μm 的钛膜，这层薄膜在热等静压过程中可以起到气密性包套的作用。国际镍公司提出的所谓超塑性包套是将两块超塑性合金薄板焊接在一起，然后吹成所需形状的模具，以制备形状复杂的制品。金属软模包套也是成形形状复杂制件的一种方法，即用某种适当的金属粉末进行等静压烧结或无压烧结，再加工成一定形状的模件，然后将它放在软钢包套内构成所需的型腔，用以充填被压粉末。这种软模的密度应和充填在其中粉末的密度一样，以保证粉末在热等静压过程中能均匀收缩。

1976 年，凯尔西-海斯（Kelsey-Hayes）公司研制开发了一种低碳钢流体模，用于热等静压成形质量为 10~100kg 的近净形状制件，成形后的坯体机械加工量小于 2.5mm，这种模具是通过精密铸造后机械加工或直接机械加工制成的。该模具在热等静压条件下软化，因而能够传递压力并密封压坯。成形后需经过机械加工、侵蚀或使用该公司的专利方法除去包套。

b　非金属包套

非金属包套是 20 世纪 70 年代发展起来的一种包套，主要包括玻璃包套、熔融玻璃介质包套和陶瓷包套三种。这类包套的特点是容易制作、对压坯形状适应性大、成本低、使用中不会因起皱而影响压坯尺寸形状的精确性、剥离容易。缺点是性脆易碎、装粉及搬运中需小心处理。此外，这类包套对热等静压工艺有特定的要求，即炉子应设计成低压加热式甚至无压加热式，使包套在低压情况下快速加热，在粉末开始收缩变形前软化，然后才可升压，若包套在软化前受压会发生破裂。

玻璃包套的制作方法和普通玻璃容器一样，即在熔融态用压力吹制或用模铸，也可以采用石膏模具用粉浆浇铸再进行烧结。表 17－5 中归纳了部分可用于制作玻璃包套的材料，并给出了每种材料的适用温度范围。玻璃包套的工作温度是以所用玻璃的黏度值确定的。在热等静压条件下，玻璃的黏度降低，容易黏附和渗入压坯，甚至发生流失。玻璃黏度一般在 $10^{5.5}$ Pa · s 时玻璃即会流失，从而暴露被压坯料。但若玻璃黏度超过 10^{13} Pa · s，玻璃就会因硬化而有破碎的危险。

凯尔西－海斯公司曾致力于玻璃包套的研究，并将其应用于钛合金的热等静压。研究表明，采用硼硅玻璃包套会使钛合金表面出现孔洞和 α 相富集层。而用 96% 的石英玻璃包套，可消除上列缺陷而取得比较满意的结果。利用玻璃包套代替金属包套进行氧化铍制品的热等静压，可以使压坯密度达到理论值的 99%，其组织细密，并略呈透明。

玻璃包套的设计比较简单，当被压物料为冷压坯时，玻璃包套的形状不一定要完全与压坯的形状密合。也就是说，简单的玻璃包套可以成形为复杂形状的粉末部件。玻璃包套的另一特点是可以将预先做的几个部件通过热连接的方法组焊在一起。玻璃包套在受热软化阶段，由于包套内部为真空状态，包套壁将会贴附在压坯的外表面，并使包套随压坯的收缩而变形。在现阶段，玻璃包套的应用仍不如金属包套广泛。

熔融介质包套的工作原理是将压坯埋入玻璃或低熔点金属中，经加热熔融后即可进行热等静压。熔融介质可采用玻璃、锌、铅、铋等低熔点金属，也可采用聚苯乙烯、尼龙、聚乙烯等热塑性材料以及氯化钠、氯化钾等盐类。介质容器用石墨或氧化铝等材料制成。利用玻璃作为熔融介质曾成功地进行了 WC－Co 硬质合金的热等静压实验，得到了接近理论密度的制品。所采用的玻璃为硼硅酸玻璃粉，以石墨模具为容器，将压制和烧结后的硬质合金部件埋入玻璃粉中，然后在温度为 1200～1700℃，压力为 21～42MPa 的条件下进行热等静压。硼硅酸玻璃的主要组分是二氧化硅和氧化硼，并要求不含钾等金属元素（含量应低于 0.05%），以防止与硬质合金发生作用，另外，氧化铝的含量也应控制在 5% 以下。当温度升高至热等静压所需的水平时，玻璃熔化，包围了硬质合金压件的表面。此时，因硬质合金内部也有液相产生，故熔融的玻璃不能通过压坯表面的孔隙进入内部。玻璃介质和压坯的温度均衡以后即可加压成形。根据硬质合金成分的不同，成形温度在 1200～1700℃ 内选择，并相应地调整玻璃组分（表 17－6 为不同温度下应用的硼硅酸玻璃成分），二氧化硅的成分范围为 83%～99.7%。氧化硼的成分范围为 0.3%～17%。

表 17－6 在不同温度下应用的硼硅酸玻璃成分

成分（质量分数）/%	热压温度/℃					
	1200	1300	1400	1500	1600	1700
B_2O_3	14.3～16.8	10.0～12.5	8.6～11.1	5.9～8.4	3.0～5.5	0.3～2.8
SiO_2	85.7～83.2	90.0～87.5	91.4～88.9	94.1～91.6	97.0～94.5	99.7～97.2

采用熔融介质进行热等静压时，在某些情况下为了避免压坯与直接接触的介质发生作用，可在压坯外面包覆金属箔。根据所选介质及压坯的具体情况，可以采用铂、不锈钢、铝、金、银、镍、铜等作为包覆箔材，厚度为几十微米。采用包覆金属箔的熔融介质包套法已成功地制备了高质量的氧化铝、氧化铍等氧化物和碳化钨等碳化物，以及碳化钛系列的金属陶瓷小型压件。表 17－7 列举了压坯包覆金属箔的熔融介质包套法的应用实例。

表 17-7 压坯包覆金属箔的熔融介质包套法的应用

粉末压件(熔点/℃)	适用温度/℃	金属箔(熔点/℃)	熔融介质(熔化或软化温度/℃)
Al_2O_3(2050)	1200	铂(1772)	硬质玻璃(780)
	1400	铂(1772)	硼硅酸玻璃(820)
BeO (2570)	1200	铂(1772)	硬质玻璃(780)
MgO (2800)	1400	铂(1772)	硼硅酸玻璃(820)
	800	不锈钢(1000)	聚乙烯(104)
	900	金(1063)	氯化钠(803)
TeO (733)	500	铝(660)	尼龙(149)
	650	金(1063)	软质玻璃(550)
	550	铂(1772)	铋(270)
TiC 系金属陶瓷	1370	铂(1772)	硼硅酸玻璃(820)
WC	1500	铂(1772)	硼硅酸玻璃(820)

陶瓷包套也属于非金属包套。它是通过蜡模造型的一种壳型包套,可以做成比较复杂的形状,但使用时需要特别谨慎的处理技术,以防止壳体在热等静压前产生裂纹,有关陶瓷包套应用的报道较少。

综合金属与非金属包套的特点而设计的一种在金属包套内充填陶瓷粉末,并将冷压坯埋入其中的方法,称为带化学隔离层的包套。这种包套制作简便,陶瓷粉末可采用泡沫氧化铝,在热等静压过程中同样起到压力介质的作用。

17.3.1.2 无包套热等静压工艺

在热等静压工艺中,包套工艺是一种传统的工艺,缺点是不易找到合适的包套材料、工艺繁琐、费用较高、生产效率低和制件尺寸难于控制等。近几年,国外开展了无包套热等静压工艺的研究,并证实这种工艺生产的材料具有较好的性能,可以和传统粉末冶金法和铸造法所生产的材料相媲美。目前,无包套热等静压工艺采用下列两种方式进行。

第一种方式为烧结后热等静压,即压坯在单独的烧结炉烧结成无表面开放孔隙状态,冷却后出炉并装入热等静压炉中进行。

第二种方式为烧结和热等静压同时进行。这实际上是无包套热等静压工艺的另一种方式。其特点是烧结和热等静压在同一炉中进行。当烧结达到表面闭孔状态时,再进行热等静压,冷却也在炉内进行。

国外一些公司采用无包套工艺已生产了耐蚀钢、工具钢、合金钢、高温合金、钛合金和氮化硅的零件,并使这些零件的性能有了明显的改善。

17.3.2 热等静压加压加热方式

目前国内外采用的热等静压工艺一般有先升压后升温、先升温后升压、同时升温升压和热装料四种方式。

17.3.2.1 先升压后升温

先升压后升温这种工艺方法的特点是无需将压力升至保温时所需的最高压力,采用低压气压机即可满足要求。这种工艺适用于采用金属包套的热等静压处理。利用这种工艺处理铸件、碳化钨硬质合金和预烧结件较为经济。但当采用玻璃包套却不能采用这种工艺方式,因为在不加温的条件下使缸内压力增加,会使玻璃包套破碎。该工艺方法的操作步骤如下。

(1) 抽真空洗炉。先用真空泵排出高压缸内的空气,当高压缸内真空度达到1333.22Pa(10Torr)左右时,停泵并向缸内充氩,使压力达到0.098MPa(1kgf/cm^2),开真空泵将氩气排除,再使高压缸达到1333.22Pa(10Torr)的真空度,再充入氩气,如此反复2~3次。

(2)升压。升压分两步进行。第一步使氩气库与高压缸相通并形成均压,氩气库压力在14.7MPa(150kgf/cm^2)以上,氩气通过管道自由充满到高压缸内,达到压力平衡时压力在4.9MPa(50kgf/cm^2)以上。第二步通过膜式气压机将氩气从气库泵入缸内,使高压缸内达到起始压力,起始压力可根据下式进行推算:

$$p_1 = \frac{p_2 T_1}{T_2} \tag{17-1}$$

式中,p_1 为升温时的起始压力,MPa;T_1 为泵入缸中的氩的温度,K;p_2 为保温时的最终压力,MPa;T_2 为达到保温温度时氩在热缸中的平均温度,K(一般为保温温度的30%~70%,若使用Q1H63热等静压机则为64%~70%)。式17-1为理想气体方程,计算值要比实际需要值略微偏低一些。实践表明,高压缸内装料体积大时,起始压力应该高一些。

另外,为了便于迅速确定起始压力,可通过实验做出某一热等静压机的压力-温度曲线。

(3)升温。升温前炉体的所有需要冷却部位必须通入足够的冷却水。在升温过程中,为了确保发热体的工作稳定性,升温不能过快,尤其是当起始压力很低时,不希望有较大的升温速度。

(4)保温保压完毕,即可断电降温降压,一般当温度降到400~500℃时即可泄压。泄压分两步进行,先使热缸中的氩自由流回气库。当压力平衡时,再开动膜式压缩机将热缸中的氩泵回气库,然后再开缸出料。

17.3.2.2　先升温后升压

这种工艺方法适用于采用玻璃包套的情况。特点是先升温,使玻璃软化后再加压,软化的玻璃充当传递压力和温度的介质,使粉末成形和固结。这种操作方式也适用于采用金属包套的情况和固相扩散黏结,具体操作步骤如下:

(1)洗炉后向高压缸内充灌氩气,使压力达到0.1MPa(1kgf/cm^2),目的是保护高压缸内钼丝和钼屏不被氧化。

(2)将炉内温度升高到所需温度。

(3)向高压缸内充灌氩气,使缸内达到所需最高压力,因此,必须使用膜式高压气压机来完成。

(4)保温保压、降温和泄压。

17.3.2.3　同时升温升压

这种方式适用于低压成形,并能够使工艺周期缩短,便需要使用高压气压机。操作程序是洗炉以后,升温和升压同时进行,达到所需温度和压力后保持一段时间,然后再降温和泄压。该方式适用于装料量大,保温时间长的作业。

上述先升压后升温、先升温后升压和同时升温升压三种工艺方式均为冷装料,在生产中用于硬质合金、钛合金、金属和陶瓷等粉末的成形和固结以及铸件处理。

17.3.2.4 热装料

热装料方式又称预热法,特点是工件预先在一台普通加热炉内加热到一定温度,然后再将热工件移入热等静压机内。热等静压处理后,工件出炉并在炉外冷却,与此同时,将另一预热的工件移入热等静压机内进行处理,形成连续作业。该工艺节省了工件在热等静压机中升温和冷却的时间,缩短了生产周期提高了热等静压设备的生产能力。在生产中,将预热炉和热等静压机安装在一条生产作业线上,通常一台热等静压机需要数台预热炉。

(1)将热缸塞盖打开,将预热好的工件移入高压缸的炉内,关闭塞盖。

(2)在通电补充加热的同时,向缸内充入氩气,当达到所需压力和温度时,停止压气机,并稳定炉内温度。

(3)在规定的压力和温度下保持一段时间,然后降温泄压,取出工件。

17.3.3 热等静压工艺参数和选择

17.3.3.1 热等静压工艺的特性

热等静压工艺是在高温高压下使粉末体达到完全固结,或使工件的内部缺陷得到消除。热等静压的压力环境不可能使粉末体或工件产生应力不均。在此环境下,粉末体或工件一般在各个方向上都能产生均匀的变形,并且能获得均匀的结构和物理力学性能。

热等静压工艺所使用的温度和压力比传统冷压-烧结方法都要低。热等静压成形温度一般为0.5~0.7T_m(T_m为粉末的熔点),压力一般在147MPa(1500kgf/cm^2)以下。而冷等静压成形压力一般都要高于147MPa,甚至高达294MPa,烧结温度也较高,一般为0.7~0.8T_m。热等静压工艺需要的时间也较短,根据压坯和工件的大小,可在几分钟至几小时内完成。在热等静压过程中,开始时致密化非常迅速,致密化在几分钟甚至几秒钟内即可达到一最大值。此时,通过提高温度来进一步提高它的致密化程度是最有效的。在热等静压过程中,虽然时间不是重要的工艺参数,但对于颗粒粗且呈球形、粉末颗粒之间的啮合情况较细粉差,因而其致密化要比细粉末慢得多。

17.3.3.2 热等静压工艺参数的选择

热等静压工艺参数有温度、压力、升温升压速度、保温时间、降温降压速度和出料温度等,但最主要的参数是温度、压力和保温时间。

A 保温温度

合适的保温温度是保证产品获得优良质量的关键因素。保温温度主要根据粉末的熔点而定。如果粉末为单相纯粉末,则T_{HIP}=0.5~0.7T_m。如果粉末为几种不同元素的混合物,则温度应选在粉末主要元素的熔点与其他元素的最低熔点之间。如属于液相烧结,其温度应低于基本元素的熔点,而大于共晶熔点。另外,保温温度与对产品的组织结构、密度、强度等方面的要求有关。

许多人研究了热等静压过程的温度效应。蒂姆勒(B. Thummler)和韦马尔(Weimar)根据已发表的数据得出如下结论:对于难熔金属来说,在3h、70~100MPa的条件下要达到

99%的理论密度,所需温度为0.5T_m;而对于陶瓷或具有牢固氧化物薄膜的金属及金属陶瓷,所需温度则为0.7T_m。但实际生产中,所采用的温度较高,如生产高温合金时的保温温度为980~1200℃(0.73~0.86T_m);生产工具钢时的保温温度为1050~1150℃(0.73~0.79T_m);生产钛和钛合金时的保温温度为955~1065℃(0.64~0.69T_m)。上述温度数据是为了可靠操作所选定的温度,而不是最小的温度值。

粉末在预压过程中的塑性变形能够大大降低热等静压工艺所必需的温度。如球形钨粉末在100MPa压力下要达到完全固结,一般需要加热至1540℃,而经过爆炸预压后,在1150℃的温度下就足以使之致密化。

B 保压压力

保压压力一般是根据所处理材料在高温下变形的难易程度决定的。易变形材料所需的压力要低一些,难变形材料所需的压力则要高一些。保压压力的选择还与粉末的成分、形状和粒度组成有关。

C 保持时间

保持时间或保温保压时间,是指热等静压过程达到最高温度和压力所保持的时间。保持时间主要根据压坯或工件的成分和大小而定。对于大型的压坯或制件,为了充分压实烧透,需要较长的保温保压时间,选用的保温保压时间一般为1~4h。

D 升温升压速度

为了避免炉内加热元件和热屏损坏,升温升压速度不能过快。

E 降温降压速度

对于某些粉末冶金产品,出于对组织性能的要求(如某种相的析出和分布),希望降温快一些,而对于一些大型工件,降温降压却不能太快,主要是为了防止由温差应力所引起的制品开裂。

F 出炉温度

选择出炉温度以压坯和工件不产生过分的氧化为宜。

17.4 热等静压工艺的应用

17.4.1 在硬质合金中的应用

硬质合金经热等静压处理后,其孔隙度比常规粉末冶金烧结与热压法均低,物理力学性能要优越。X. L. Shi[39]等人采用放电等离子烧结(SPS)、SPS后热等静压(SPS+HIP)、真空烧结(VS)和真空烧结后热等静压(VS+HIP)四种工艺制备了WC-6.29Co硬质合金,并分别对其物理力学性能和微观结构进行测试。结果发现,采用SPS+HIP法制备的硬质合金相对密度达到99.0%以上,抗弯强度超过2740MPa,洛氏硬度超过93.8,平均晶粒粒径小于400nm,虽然采用SPS制备的合金相对密度达到99.1%,洛氏硬度超过94,但抗弯强度很低;SPS+HIP样品没有脆性η相,从而避免大幅降低硬质合金的断裂韧度和强度;此外,SPS+HIP样品的平均晶粒尺寸小于且性能高于VS及VS+HIP法制备的样品。不同烧结方法制备的样品断口微观结构图如图17-3所示。不同烧结方法制备的WC-6.29Co硬质合金的性能比较如表17-8所示。

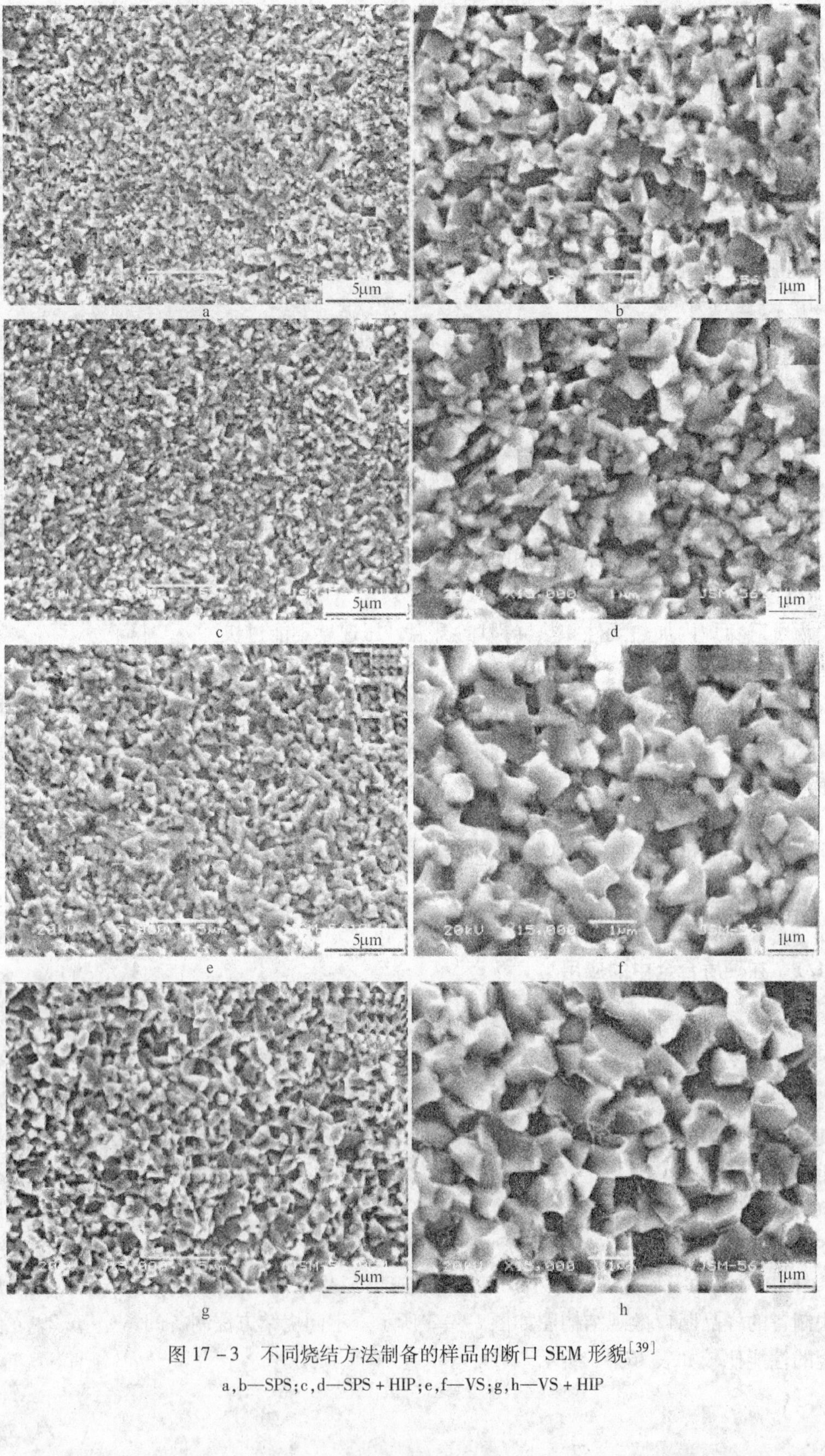

图 17－3　不同烧结方法制备的样品的断口 SEM 形貌[39]

a，b—SPS；c，d—SPS＋HIP；e，f—VS；g，h—VS＋HIP

表 17-8　不同烧结方法制备的 WC-6.29Co 硬质合金的性能[39]

项　目	SPS	SPS + HIP	VS	VS + HIP
相对密度/%	99.1	99.0	97.7	98.8
平均晶粒尺寸/nm	350	400	700	800
抗弯强度/MPa	1220	2740	1800	2260
洛氏硬度 HRA	94	93.8	93.2	93.1
磁饱和度/%	75	90	83	94
矫顽磁力/$kA \cdot m^{-1}$	47.2	44.4	43.8	41.5

J. M. Sánchez[40] 等人研究了 WC-7% Co(质量分数)硬质合金烧结后热等静压的微观组织与力学性能的变化后发现热等静压后硬质合金的孔隙率降低,断裂强度提高。但是,随着 HIP 保温温度的上升,合金硬度有所降低。通过添加碳化物相可以提高合金硬度等指标,也可以细化晶粒,表 17-9 为常用的合金添加组分。表 17-10 为在不同温度、不同热处理工艺制备的硬质合金样品的性能。表明硬质合金的硬度值、抗弯强度在 1200~1400℃ 范围内,随着 HIP 的保温温度的上升而上升,但对断裂韧性的影响较小。图 17-4 为不同硬质合金的 SEM 显微组织。图中表明 HIP 的保温温度高的微观结构相对致密度较高。

表 17-9　WC-7%Co 硬质合金组分(质量分数)[40]　(%)

合金类型	WC	Co	VC	Cr_3C_2	FreeC
hm1	91.75	7	0.4	0.4	0.45
hm2	92.55	7	0.4	0.4	0.45
hm3	91.9	7	0	0	0.3

表 17-10　在不同温度,不同热处理工艺制备的硬质合金样品的性能[40]

合金类型	热处理工艺	孔隙率	维氏硬度 (98N) /GPa	断裂韧性 /$MPa \cdot m^{1/2}$	抗弯强度/MPa
hm1	VS	A04 B06	20.6 ±0.3	8.1 ±0.1	1820 ±273
	VS + HIP 1 1000℃	A02 B02	21.0 ±0.1	8.2 ±0.1	2385 ±624
	VS + HIP 2 1200℃	A02 < B02	19.8 ±0.2	8.2 ±0.1	2800 ±891
	VS + HIP 3 1400℃	< A02 < B02	21.0 ±0.1	7.9 ±0.1	3120 ±405
hm2	VS	A02 B04	19.9 ±0.2	8.4 ±0.2	1730 ±215
	VS + HIP 1 1000℃	A02 B02	20.0 ±0.2	8.2 ±0.1	2524 ±367
	VS + HIP 2 1200℃	< A02 B02	19.5 ±0.1	8.3 ±0.1	2725 ±828
	VS + HIP 3 1400℃	< A02 < B02	20.2 ±0.1	8.5 ±0.1	3693 ±1078
hm3	VS	A02 B02	17.0 ±0.6	—	—
	VS + HIP 2 1200℃	A02 B02	16.6 ±0.3	—	—
	VS + HIP 3 1400℃	A02 B02	15.9 ±0.1	—	—

注:HIP 压力为 155MPa。

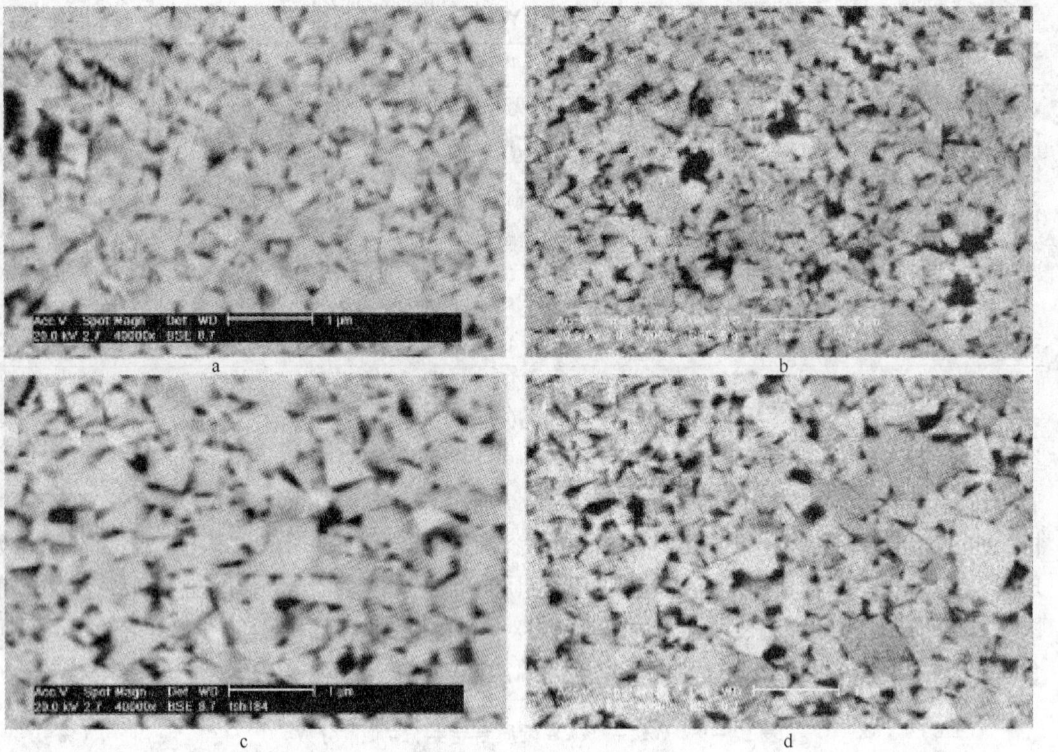

图 17－4　不同硬质合金的 SEM 显微组织[40]

a—hm1 VS + HIP 1200℃；b— hm1 VS + HIP 1400℃；c—hm2 VS + HIP 1200℃；d— hm2 VS + HIP 1400℃

17.4.2　在陶瓷材料中的应用

核反应堆的核心部件的工作温度通常在500℃和1000℃之间，偶尔会达到1650℃，陶瓷的高熔点和良好的热导性能使其成为制备核反应堆核心部件较理想的材料。Zr_xSi_y 能阻挡中子反应堆中的电子逸散从而提高反应堆的效率，因而引起了人们的广泛关注。但 $ZrSi_2$ 相的熔点只有 1620℃，如果存在多相还会因热胀系数不同而失配，对高温性能产生不良影响，故单相高致密度的 Zr_xSi_y 材料是最为理想的选择。Marion Le Flem 等人[41]采用硅颗粒与锆片状颗粒“电弧熔化—铸锭粉碎—等静压”三步法制得高致密的 Zr_3Si_2 单相材料，Zr_3Si_2 铸锭的微观结构如图 17－5 所示，材料晶粒尺寸相差悬殊，从 10μm 到 500μm 不等，许多晶粒被拔出后残留的凹坑以及裂缝显而易见，证明材料脆性较高且存在高的残余应力。图 17－6 为 Zr_3Si_2 热等静压后的微观组织，从图中可以看出，热等静压后晶粒尺寸缩小至 2～50μm，没有见到晶粒拔出现象，材料微观结构致密。

透明陶瓷在激光领域极有应用前景，材料的孔隙率直接影响其透光的好坏，而热等静压可以起到控制材料的孔隙率的作用。J. Mouzon[42] 等人采用预烧－热等静压工艺制备 $Yb_{0.6}Y_{1.4}O_3$ 透明光学陶瓷，研究了不同预烧工艺对后期热等静压孔隙的影响，得出以下结论：预烧后 $Yb_{0.6}Y_{1.4}O_3$ 材料的孔隙保留在晶粒之间，最有利于后期热等静压去除。

孔隙陶瓷在过滤器、气/液分离、轻质结构陶瓷、生物材料、热绝缘体、传感器等多方面的应用引起人们越来越大的关注。然而，孔隙陶瓷的强度显著较致密陶瓷低，因此，提高孔隙

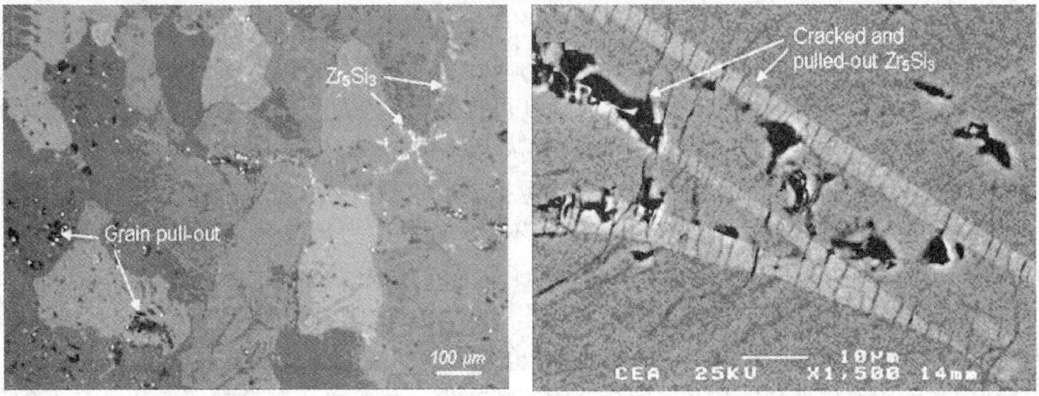

a　　b

图 17 - 5　Zr_3Si_2 铸锭微观结构图[41]

a—金相显微镜；b—背散射电子扫描

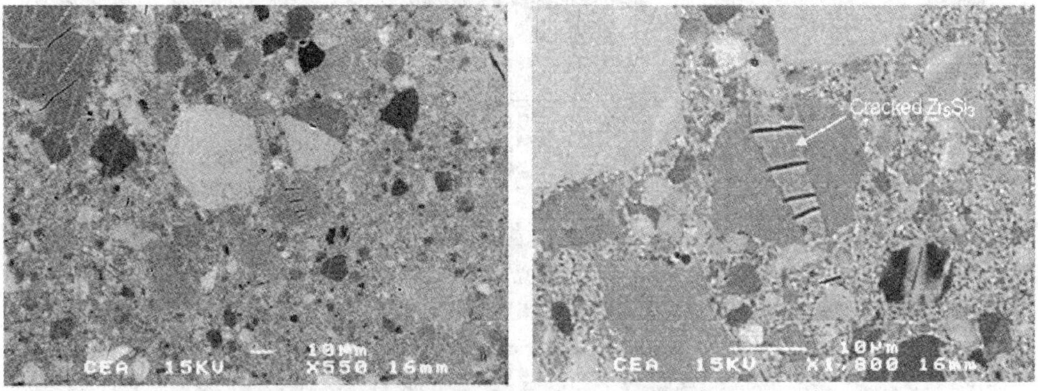

a　　b

图 17 - 6　Zr_3Si_2 热等静压后的微观结构图[41]

a—金相显微镜；b—背散射电子扫描

陶瓷的强度和韧性是当前面临的最为关键的问题。其中较为有效的强韧化方法是将颗粒、晶须或片状晶复合。此外，适当地引入小孔隙可以减少陶瓷基体的断裂应力，有利于强韧化。Muhammad Akhtar Sharif[43] 等人采用酚醛树脂 + Si + ZrO_2 进行常规烧结制备 C - SiC - ZrO_2 多孔陶瓷基复合材料，随后采用热等静压工艺对其进行致密化处理。结果表明，热等静压有效地提高了复合材料的密度（达 3.38 ~ 3.48g/cm^3），孔隙率由 32% 降低至 20%，并促使晶须状 β - SiC 形成与生长，材料硬度上升（最高达 13.99GPa）。

17.4.3　在高温合金中的应用

K488 合金是含有较高 Cr、Co、W 含量的普通铸造镍基高温合金，具有优异的抗环境腐蚀性能和良好的综合力学性能，适用于制造燃气轮机涡轮工作和导向器叶片。对于镍基高温合金，普通的铸造工艺不能完全消除合金凝固过程中所产生的气孔、疏松等铸造缺陷，人们常常采用热等静压（HIP）工艺来减少或消除这些缺陷。热等静压通过高温和高压条件的联合作用，能够加速合金中的原子扩散，有利于合金铸造缺陷的消除和合金微观组织的改善，从而有效地改善合金的高温力学性能、减小合金分散度[44,45]。

Ceschini[46]等人对铝合金进行热等静压研究，发现采用热等静压可使 A356 合金的疲劳强度提高 40% 以上，A204 合金的疲劳强度可提高 70% 以上，且两合金材料内部均无孔隙。周敬恩[47]等人也得出了相似的结论，并认为对于热等静压钝缺口试样，疲劳裂纹萌生于缺口根部附近的多个平面，最终哪个裂纹源扩展成主裂纹取决于局部微观组织。对于缺口几何形状不同的疲劳试样，在疲劳过程中，不管是在高应力状态下，还是在低应力状态下，都出现了铝基体的循环塑性变形和共晶硅粒子断裂导致疲劳裂纹萌生。对于非热等静压试样，铸造缩孔在构件的疲劳过程中起着重要作用。一方面，缺口根部存在较大尺度的铸造缩孔，导致了疲劳裂纹的萌生。另一方面，同时也可观察到疲劳裂纹从共晶硅粒子、金属间化合物、铝基体的滑移带和铁基金属间化合物等处萌生。热等静压与非热等静压断口形貌分别如图 17－7，图 17－8 所示。

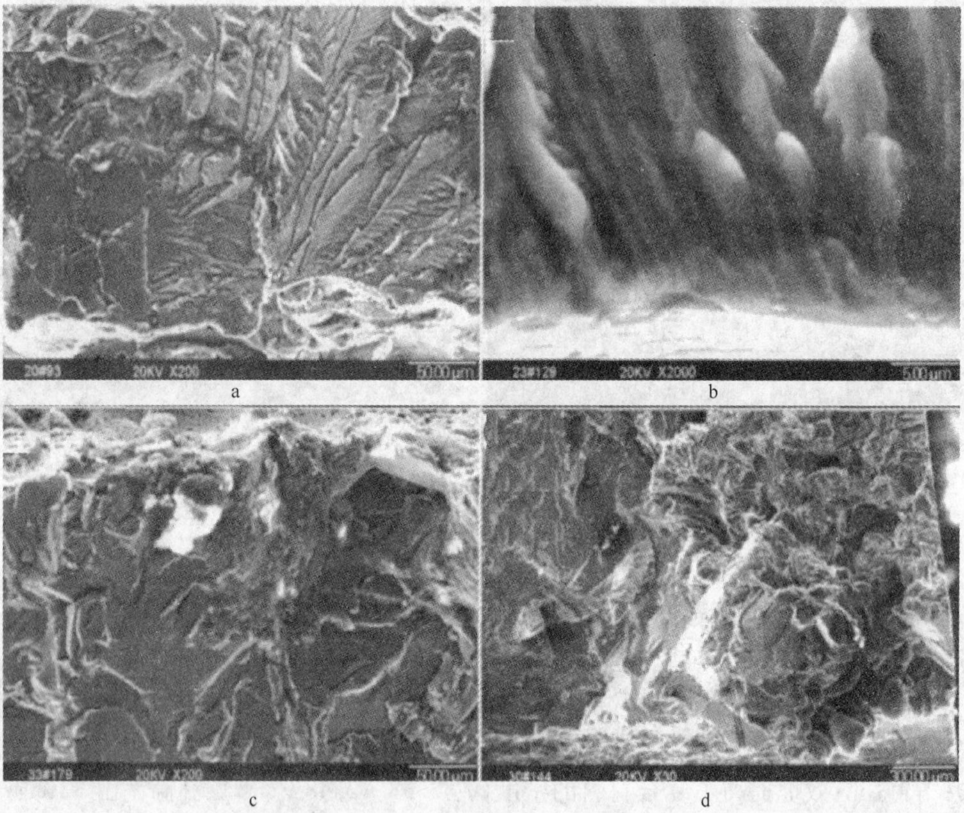

图 17－7 热等静压 A356－T6 铸造铝合金的疲劳断口形貌[47]

a—共晶硅粒子；b—滑移带；c—氧化膜；d—铸造缩孔

17.4.4 在金属陶瓷中的应用

随着半导体封装材料在半导体制造行业应用的不断增加，功率损耗发热的问题日益严重。由于半导体电路与封装材料不同其线[膨]胀系数有很大差别，最终导致热疲劳失效，这一问题已变成封装材料长期稳定工作的主要限制因素。Cu－SiC 因具有高热导率、高电导率和高力学性能已被作为传统封装材料（如 Al，Cu 其及合金）的替代材料而受到广泛研

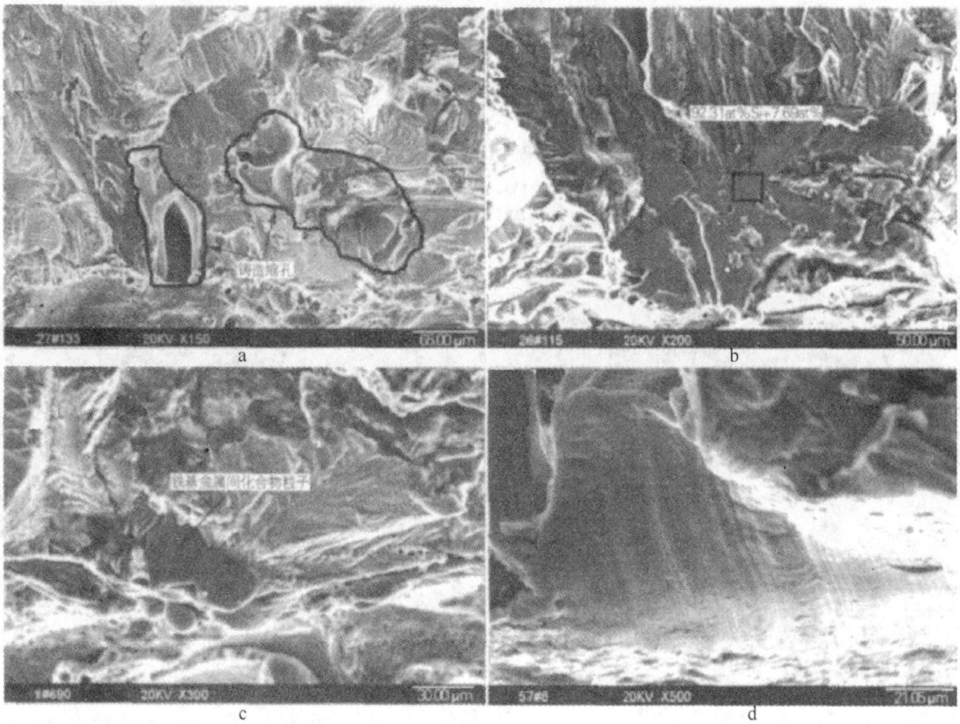

图 17－8 非热等静压 A356－T6 铸造铝合金的疲劳断口形貌[48]
a—铸造缩孔；b—共晶硅粒子；c—铁基化合物粒子；d—滑移带

究和应用。Treichler[48]等人将 Cu 粉与 SiC 粉混合后采用热等静压制备 Cu－SiC 材料，气氛压力为 200MPa，在 900℃保温 60min。表 17－11 为基底材料 Al_2O_3 与 Cu、Al、Cu/SiC 复合材料的热导率、电导率与线[膨]胀系数的对比，表中数据表明，Cu/SiC 复合材料的密度与线[膨]胀系数与基底材料比较接近，并且具有足够高的热导率。图 17－9 为在热等静压后 50Cu－50SiC 的微观组织，图中显示，SiC 颗粒均匀分布在铜网中，该结构有利于电导率的提高。

表 17－11 基底材料 Al_2O_3 与 Cu、Al、Cu/SiC 复合材料物理性能的对比[48]

性 能	Cu	Al	Al_2O_3	40Cu/60SiC	40CuTi(0.5)/60SiC
密度/$g \cdot cm^{-3}$	8.9	2.7	3.8	5	5.5
线[膨]胀系数/$℃^{-1}$	17×10^{-6}	23×10^{-6}	6.7×10^{-6}	10.5×10^{-6}	8.5×10^{-6}
热导率/$W \cdot (m \cdot K)^{-1}$	398	220	27	130	120
强度/MPa	300	150	440	150	415

由于陶瓷的高熔点和良好的热性能使其在核反应堆中具有很大的应用前景。但陶瓷的脆性与难以机械加工性，一直是其极大的弱点。将难熔金属作为增韧相加入陶瓷，可以有效地提高材料的韧性。Flem[49]等人研究 Mo 作为增韧相加入到 TiC 中，然后热等静压，气氛

压力为 160MPa，在 1600℃ 下保温 2h，发现热等静压后复合材料中 TiC 的含量在 0%，12.5%，25%，37.5%，50%，75% 和 100% 时，都具有较高致密度并且无裂纹出现。

Hirota[50] 等人对热等静压 Cr_2O_3 – 5% Mo（体积分数）金属陶瓷进行了研究，气氛压力为 196MPa，在 1200℃ 保温 2h，复合材料的相对密度达到 99.3%，抗弯强度与断裂韧性分别达到 620MPa 和 4.6MPa · $m^{1/2}$。图 17 – 10 为 Cr_2O_3/5% Mo（体积分数）金属陶瓷的微观 TEM 图，其中箭头所指为 Cr_2O_3 晶粒内的 Mo 颗粒。

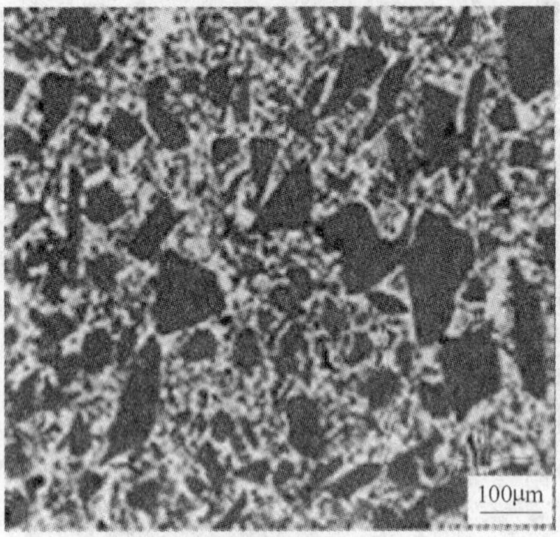

图 17 – 9　热等静压后 50Cu – 50SiC 的微观组织[48]

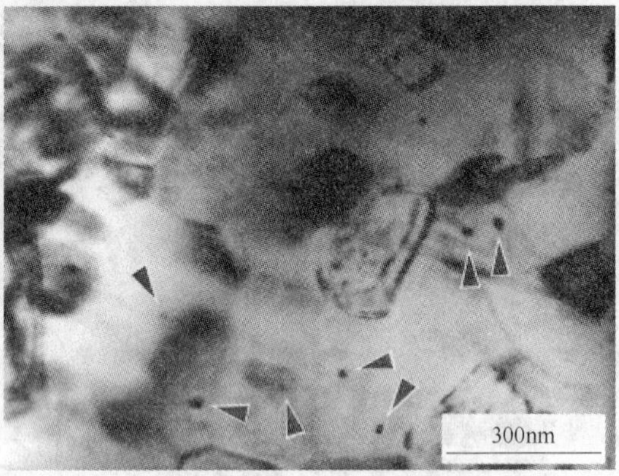

图 17 – 10　Cr_2O_3/5% Mo（体积分数）金属陶瓷的微观 TEM 图[50]

18 低压热等静压原理与应用

18.1 低压热等静压技术

粉末热压烧结由于受到工艺限制难以制备形状复杂的结构件，其烧结制品的应用范围受到限制。热等静压工艺虽然可以获得高的密度和低的孔隙率，但也存在着明显的缺点，如设备昂贵，运行费用较高，生产效率低，尤其是对于 WC - Co 硬质合金烧结体易产生钴池，碳化物晶粒异常长大和产品表面层发生变化等。采用高压气体均向加压，要求烧结体表面没有开口气孔，故通常需采用包套。包套工艺是一种传统的工艺，缺点是不易找到合适的包套材料、工艺繁琐、费用较高、生产效率低和制件尺寸难以控制等。近几年，国外开展了无包套热等静压工艺的研究，并证实这种工艺生产的材料具有较好的性能，可以与传统粉末冶金法和铸造法所生产的材料相媲美。目前，无包套热等静压工艺采用下列两种方式进行：

第一种方式为烧结后热等静压，即压坯在单独的烧结炉中烧结成没有表面开放孔隙状态，冷却后出炉并装入热等静压机中进行热等静压。当烧结达到表面闭孔状态时，再进行热等静压，冷却也在炉内进行。

第二种方式为同炉进行烧结和热等静压。这实际上是无包套热等静压工艺的另一种方式。其特点是烧结和热等静压在同一炉中进行。当烧结达到表面无孔状态时，再进行热等静压，冷却也在炉内进行。

第二种方式由于真空烧结和热等静压工艺合并为一道工序完成，生产将脱蜡、预烧、真空烧结、热等静压几个工艺合并为一道工艺在同一个设备内完成[51]，并且在硬质合金烧结温度下对烧结体只施加 1 ~ 10MPa 的压力，即低压热等静压，或称气压烧结，该工艺对设备要求低，运行费用低，并能使产品的孔隙度大幅度降低，甚至降低为零，可消除硬质合金中的钴池和碳化物晶粒的异常长大，从而保证和提高了制品的烧结质量[52,53]。低压热等静压从 20 世纪 80 年代开始得以迅猛发展，在工业发达国家低压热等静压工艺主要是在硬质合金生产中被普遍采用。国内几个大的硬质合金生产厂家如株洲硬质合金集团、厦门金鹭钨业有限公司等生产整体硬质合金刀具毛坯采用了低压热等静压工艺。图 18 - 1 为 KCE - FC 低压热等静压烧结炉设备图，其容积为 1 ~ 500L，最高温度可达 2200℃；气压压力最高 10MPa(100bar)。

18.2 低压热等静压设备装置及工艺

18.2.1 低压热等静压设备装置[54,55]

低压热等静压装置主要由炉体、脱蜡系统、真空系统、电控系统、气控系统、加压系统、液压系统、冷热水供给系统所组成。图 18 - 1 是低压热等静压设备。

(1)炉体结构。炉体须能承受 10MPa 的压力，故它的设计、加工、制造、检验应严格遵守 GB150—89 及其他相关规定。炉体结构如图18 - 2所示。

(2) 脱蜡系统。真空烧结制品挥发出许多杂质，在热等静压之前必须将其排除，以免污染加热。脱蜡系统由卧式圆筒形的收蜡器，立式圆筒分离器，列管式冷凝器所组成，所有设备和管道都为夹套，脱蜡时通 70～80℃的热水。

(3)真空系统。真空烧结中必须保证炉膛内有良好的真空度。为了达到要求，须配有一个真空系统，真空系统如图 18－3 所示。在升温过程中，在一定阶段内，由于产品残余物质的挥发，可造成真空度下降，此时，则须启动罗茨泵以加大抽气量，可使真空度迅速恢复到要求值。

(4)加热系统。根据温度均匀性的要求，加热区一般分为 2～6 个区域，每区分别进行控制。发热体通常采用石墨，也可采用其他材料。

图 18－1 KCE－FCT 低压热等静压烧结炉设备图

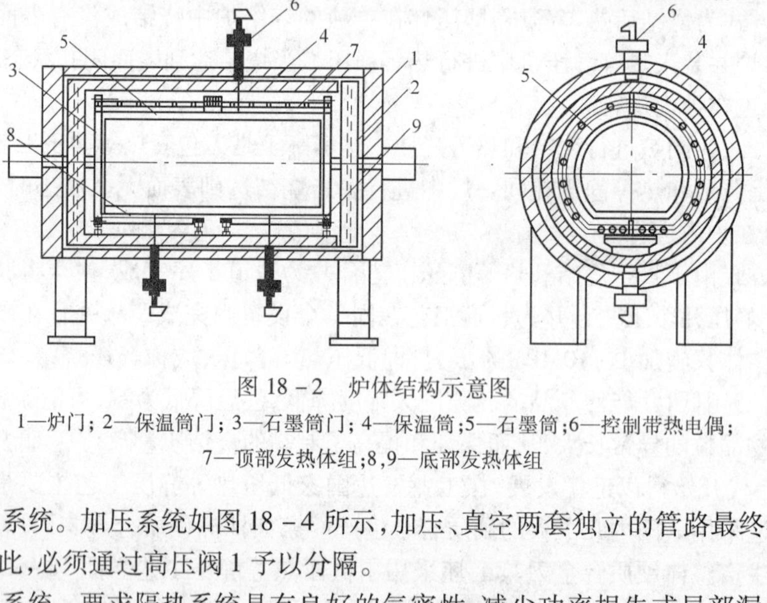

图 18－2 炉体结构示意图

1—炉门；2—保温筒门；3—石墨筒门；4—保温筒；5—石墨筒；6—控制带热电偶；7—顶部发热体组；8，9—底部发热体组

(5)加压系统。加压系统如图 18－4 所示，加压、真空两套独立的管路最终都汇集到压力容器上，因此，必须通过高压阀 1 予以分隔。

(6)隔热系统。要求隔热系统具有良好的气密性，减少功率损失或局部漏气所造成的炉内温度分布不均匀。一般采用石墨夹层式结构。在其底部或顶部开孔，完成抽真空、进气、排气的功能。

(7)测温系统。使用 W－Re 系列热电偶作为测温元件，可以测量每个温区炉顶和炉底的温度。测量过程中温度信号稳定。一般要求加热区的温度分布均匀，精度应在一定的误差范围之内。

(8)冷却系统。为了保证设备的安全运转及承压容器的安全使用，在承压容器的外面及上下端均有水冷套或冷却管，使用闭路循环水来完成冷却工作。在闭路水中通常加入防锈剂以减轻容器腐蚀，提高其安全性能。

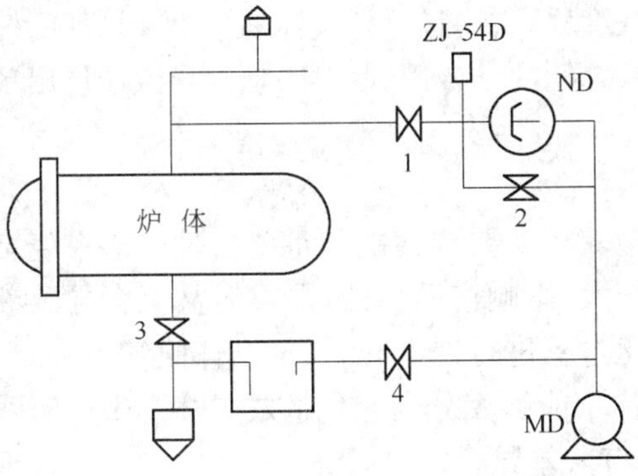

图 18－3 真空系统示意图
1—隔离阀;2—旁路阀;3—排脂阀;4—切断阀;
ND—罗茨泵;MD—旋片泵

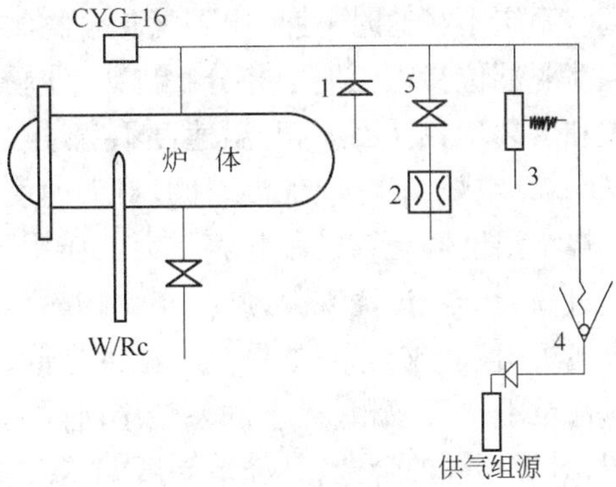

图 18－4 加压系统
1—放气阀;2—压力调节阀;3—安全阀;
4—单向阀;5—控压阀

(9)供气系统及安全装置。通常,在烧结－热等静压过程中,使用 Ar 或 N_2 送入容器中完成等静压工作。在供气系统及容器上均装有安全阀、压力表和报警器,一旦出现异常立刻报警、停电、卸压,确保设备安全运行。

(10)电控系统。设备的控制采用全自动及手动两种形式,各系统之间相互联锁。可用计算机或控制器进行控制、调节、记录等工作。

设备还配有辅助操作系统来完成装料、卸料、开塞、快速升温、快速冷却等工作。

18.2.2 低压热等静压工艺

18.2.2.1 低压热等静压工艺参数[56～58]

影响低压热等静压工艺参数的主要为温度、真空度与压力等。

A 温度

a 脱蜡温度和升温速度

脱蜡温度是影响脱蜡过程的最主要因素。脱蜡温度根据石蜡气化温度的不同而有所不同,而石蜡的气化温度则取决于石蜡的成分。石蜡是一种混合物,它由一系列的饱和烷烃所构成,这些烷烃中,所含碳原子数大多数在 20～30 之间。常用石蜡,碳原子数在 25 左右为主。随着碳原子数的增加,石蜡的熔点和沸点也随之增高。因此,石蜡没有固定的熔点和沸点。温度升高,不同碳原子数的烷烃成分将依次转化为蒸气。在过高的温度(大约在 450℃)下,烷烃将会裂解有碳的沉积。在常压下,石蜡中的各种烷烃的沸点与其裂解温度接近,为了控制硬质合金产品中的碳含量,需要在低于其沸点的温度下脱除石蜡,例如 300℃或更低。

升温速度对脱蜡过程的影响仅次于脱蜡温度。升温速度愈快,石蜡在较低温度下可能的气化(或裂解)就愈少,因而需要到更高的温度才能排尽。这样,碳氢化合物气体愈多可供分解的也愈多,使压坯增碳也愈多;反之,升温速度愈慢,碳氢化合物气体分解愈少,甚至可能不分解。由此可见,适当的减缓升温速度,可以使裂解倾向降低,压坯的增碳也就减小,同时,在脱蜡过程中,石蜡首先从压坯表面开始挥发,压坯内部的石蜡逐渐向表面扩散,此过程一直持续到压坯中的石蜡脱完为止。如果升温过快,造成压坯内成形剂急剧变化,或者由于真空系统不畅通时，使炉内碳氢化合物气体的浓度增高，而且这种气体易于沿着压坯的棱边和薄弱部位渗入压坯中并分解出碳，使粉末颗粒之间的结合遭到破坏，从而导致压坯出现裂纹和爆裂现象。因此，升温速度不宜过快。

b　真空烧结温度、保温时间、升温速度

烧结温度对烧结过程起着重大的作用，是合金获得所要求性能的重要条件。如果烧结温度过高会产生过烧现象，此时碳化物晶粒过分长大，影响产品性能，严重时甚至会导致液态金属析出，造成废品；如果烧结温度过低，致密化过程进行得不充分，烧结体收缩不够，严重时甚至不出现液相（处于固相烧结阶段），烧结体不能够充分合金化造成欠烧。生产实践表明，对于不同的合金，其烧结温度偏差波动范围有所差异。

保证一定的保温时间，有利于烧结致密化，但保温时间过长，硬质合金颗粒会发生不规则的长大，使得 WC 晶粒紧密排列，Co 黏结相分布不均匀，从而严重影响硬质合金的力学性能。

升温速度也是影响合金烧结过程的重要因素之一。在烧结过程中，为了使烧结体受热均匀，降低其内外温差，以使其收缩均匀，升温速度不宜太快，而且升温较慢有利于烧结体内氧化物的充分还原，并及时排除。如果升温速度过快，会造成烧结体受热不均，内外温差过大，制品表面提前烧结而形成致密层，使内部的气体难以排除，阻碍收缩。当收缩继续进行时（收缩的驱动力所引起），由于气体压缩而产生的膨胀力而导致烧结体鼓泡或开裂。

B　真空度

a　脱蜡阶段

在 Ar/N_2 作为载气进行差压脱蜡时，影响脱蜡过程的另一个因素就是压坯与载体气流量及真空度的关系。为了保证最大限度的脱蜡，在脱蜡过程中，一旦碳氢化合物气体挥发出来，就应尽快地从反应空间中排除，这样就减少了碳氢化合物裂解的可能。为此，Ar/N_2 流量应以保证尽快将碳氢化合物从反应空间带走为宜。

b　真空烧结阶段

在真空烧结过程中，严格控制真空度是很重要的。一般来说，在一定的温度下，真空度愈高，炉内气氛中金属蒸气压力越大，金属损失也就愈大，从而造成合金的成分和性能的变化，并且会使真空系统受到污染；如果真空度过低，烧结过程中的反应产物不能及时排除，不利于烧结体内氧化物的充分还原，从而造成合金性能低劣，难以达到真空烧结的目的。生产实践表明，在烧结体出现液相以前，将真空度控制在 0.133Pa（10^{-3}Torr）以上的高真空，将促进脱氧过程更趋完全。但是，当烧结体出现液相以后，必须使真空度降低到 1.333Pa（10^{-2}Torr）数量级。

C　压力

在加压烧结阶段，需要对炉内充入高压氩气，为了使压坯能够均匀受压，在加压过程中，前期可以加压较快，后期加压应缓慢。

a　保压压力

保压压力一般根据所处理材料高温下变形的难易程度来决定。易变形材料所需的压力要低一些，而难变形材料所需的压力要高一些。热等静压处理一般选用保压压力为 4 ~ 10MPa 之间。对于硬质合金来说，当保压压力为 4 ~ 5MPa，保压时间为 30min，加压过程在 15min 内完成时，压力大小影响不大，保压压力对硬质合金的性能影响见表 18 - 1 所示。

表 18-1 保压压力对硬质合金性能的影响[57]

合金牌号	烧结温度/℃	保压压力	抗弯强度/MPa	硬度 HRA	孔 隙 度
YG8	1400	4	3002	89.3	< A02
		5	3015	89.2	< A02
YG10	1400	4	3080	88.1	< A02
		5	3120	87.9	< A02
YG15	1400	4	3170	87.2	< A02
		5	3210	87.4	< A02

在真空烧结后期阶段紧接着进行热等静压处理，由于在烧结温度下，即使对合金施加很小的压力，也可以通过压力介质均衡地传递到合金的各个方向上，加之液相的存在，使 WC 颗粒能有效地通过液相的流动进行重新排列，填充孔隙。因此，此种热等静压处理一般选用保压压力为 6 ~ 10MPa。

b 加压速率

一般升压速度对制品的性能影响不大，但是，为了避免炉内加热元件和热屏损坏，升压速度不能过快。在实际工艺中，为了使压坯受压均匀，通常采用间歇式加压方式。

18.2.2.2 低压热等静压工艺

低压热等静压的工艺流程为：装料—抽真空—升温—烧结温度下保温—充氩气加压—保温加压—降压冷却—出料。在整个烧结过程中，对炉内温度、真空度、压力值的控制比较重要，且在各个工序阶段对控温要求不同。典型的真空度与温度的关系如图 18-5 所示，典型的低压热等静压工艺示意图如图 18-6 所示[56]。

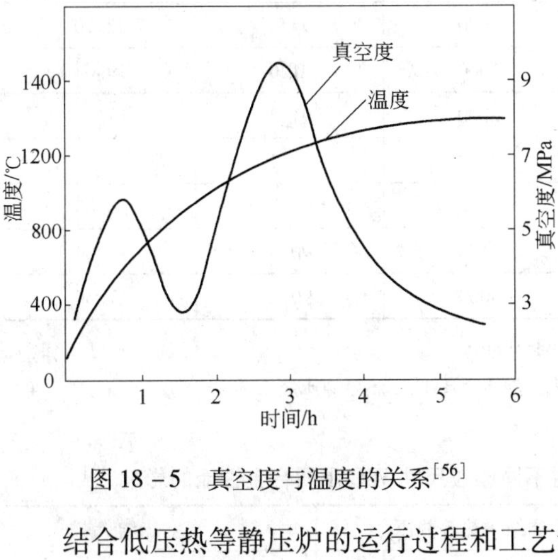

图 18-5 真空度与温度的关系[56]

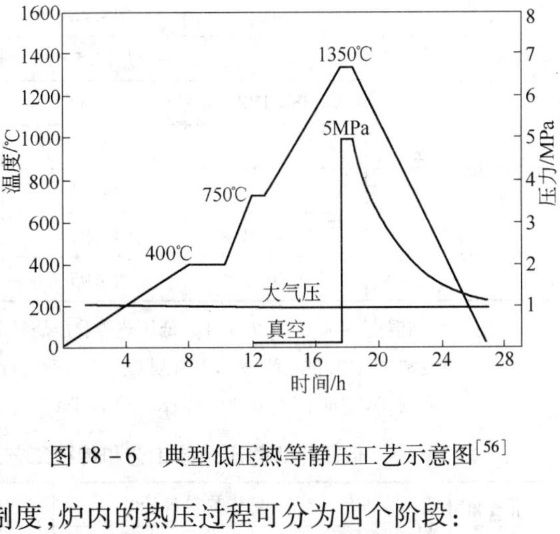

图 18-6 典型低压热等静压工艺示意图[56]

结合低压热等静压炉的运行过程和工艺制度，炉内的热压过程可分为四个阶段：

(1) 真空加热阶段。炉内压力基本保持恒定，压力很低（约 2MPa），气体量很小，炉内传热以导热和辐射为主。

(2) 低压保护气体加热阶段。炉内空间的压力约 2 ~ 4MPa，炉内传热以辐射和自然对流为主。

(3) 高压保护气体加热阶段。炉内的压力约 6 ~ 10MPa，烧结制品处于液相烧结阶段，炉内传热以辐射和自然对流为主，炉内温度较高，自然对流换热加剧。

(4)高压保护冷却阶段。利用高压保护气对炉体内进行冷却。

18.3　低压热等静压的应用

18.3.1　硬质合金的应用研究

早期人们利用低压热等静压工艺对硬质合金的性能及各种硬质合金的制备进行了系统研究[59],分别采用低压热等静压烧结(SH)、真空烧结(NS)和真空烧结后再热等静压(NS+HIP),实验结果见表18-2和表18-3。与传统真空烧结工艺及真空烧结后再进行热等静压工艺相比,低压热等静压烧结工艺能使硬质合金的强度以及矫顽磁力等性能有不同程度的提高,在实际生产中对大尺寸硬质合金顶锤进行了上述三种工艺试验,实验结果见表18-4。低压热等静压烧结工艺对提高抗弯强度效果明显,加之低压热等静压烧结炉的造价远低于热等静压设备,因此在生产中具有重大的推广应用价值。

表18-2　低压热等静压烧结工艺和传统工艺对不同牌号硬质合金性能的影响[57]

牌　号	工　艺	密度/g·cm^{-3}	抗弯强度/MPa	硬度HRA	矫顽磁力/kA·m^{-1}
P30	NS	12.70	1650	91.5	16.16
	NS+HIP	12.70	1980	91.1	14.24
	SH	12.77	1980	91.9	16.80
K-05	NS	14.41	1580	92.5	28.96
	NS+HIP	14.42	1900	92.6	27.20
	SH	14.46	1980	94.2	27.20
K-10	NS	14.5	1600	91.6	19.04
	NS+HIP	14.57	2200	91.2	17.76
	SH	14.61	2200	92.2	19.60
K-20	NS	14.91	2450	90.7	16.80
	NS+HIP	14.91	3180	90.4	15.04
	SH	14.95	3000	90.8	17.60

注:1. 烧结温度1460℃,压力5MPa,低压热等静压烧结时间30min。

2. NS:常规真空烧结;NS+HIP:常规真空烧结后进行热等静压;SH:低压热等静压烧结。

3. P30含TiC、TaC;K-05、K-10、K-20含TaC。

表18-3　低压热等静压烧结工艺和传统工艺对不同颗粒尺寸WC硬质合金性能的影响[59]

Co含量(质量分数)/%	WC颗粒尺寸分等	低压热等静压			烧结+热等静压			真空烧结		
		密度/g·cm^{-3}	硬度HRA	抗弯强度/MPa	密度/g·cm^{-3}	硬度HRA	抗弯强度/MPa	密度/g·cm^{-3}	硬度HRA	抗弯强度/MPa
4	中	15.2	92.7	3960	15.2	92.6	3400	15.2	92.2	2500
7	中	14.9	90.6	3275	14.9	90.6	3130	14.9	90.8	2740
10	中	14.6	90.2	3510	14.6	90.2	3370	14.5	89.9	2750
16	中	14.0	88.0	3500	14.0	87.8	3430	14.0	87.9	3460

续表 18－3

Co 含量（质量分数）/%	WC 颗粒尺寸分等	低压热等静压			烧结＋热等静压			真空烧结		
		密度/g·cm^{-3}	硬度 HRA	抗弯强度/MPa	密度/g·cm^{-3}	硬度 HRA	抗弯强度/MPa	密度/g·cm^{-3}	硬度 HRA	抗弯强度/MPa
10	细	14.5	93.0	3785	14.5	93.0	3710	14.5	93.0	1650
16	细	13.9	91.6	4390	13.9	91.5	4230	13.9	90.0	3825
8	中	14.8	90.8	3340	14.8	90.5	2850	14.7	90.5	1920

表 18－4 不同烧结工艺对大尺寸硬质合金顶锤性能的影响[59]

烧结工艺种类	工艺参数	密度/g·cm^{-3}	抗弯强度/MPa	硬度 HRA	孔 隙 度
真空烧结	1400℃ ×2h	14.7	2000～2400	89.3	A04
低压热等静压烧结	1400℃ ×1h 6MPa＋1400℃ ×1h	14.73	2700～3100	89.5	＜A02
真空烧结后热等静压	1400℃真空 ×2h 出炉 100MPa,1380℃ ×1h	14.71	2700～3050	89.5	＜A02

WC 粒度的不同其烧结特性也不同，从而使得真空烧结和低压热等静压烧结时其组织和性能存在较大差异。采用平均粒度分别为 1μm 与 5μm 的 WC 粉末，分别在低压和真空条件下烧结制备 WC－6Co 硬质合金[60]，对其显微组织与性能进行了比较，研究表明，低压烧结有效地降低了合金的孔隙度和增加了合金的密度。图 18－7 为采用粒径为 5μm 的 WC 粉末经低压热等静压与真空条件下烧结硬质合金样品金相显微孔隙的分布情况。采用细颗粒 WC 为原料时，低压烧结合金的力学性能提高幅度比粗颗粒时大；粗颗粒 WC 为原料时，低压烧结较真空烧结合金的性能提高不明显。

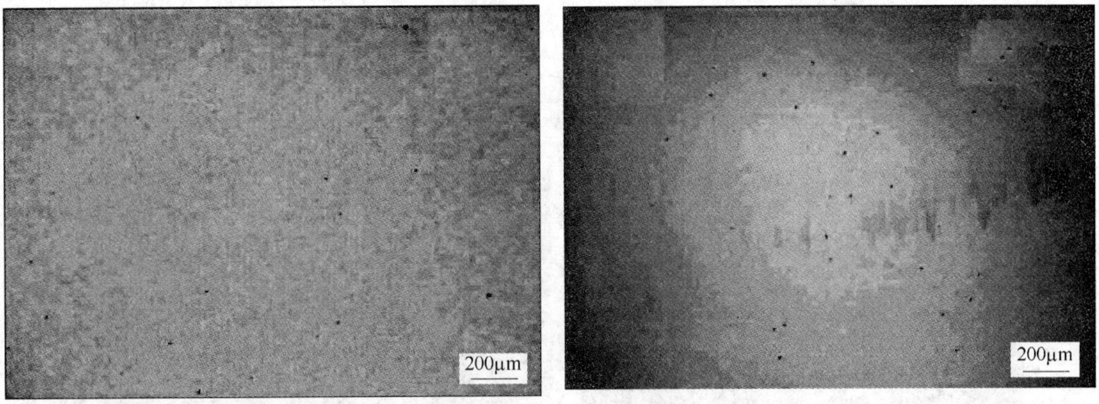

a b

图 18－7 低压烧结和真空烧结后合金的孔隙度[60]
a—低压烧结；b—真空烧结

在 WC－Co 硬质合金中添加碳化物如 TiC、TaC 和 NbC，可以增加硬质合金的硬度与抗磨损能力，Lee[61] 等人对添加 TiC 的 WC－Co 硬质合金采用低压热等静压进行了研究，烧结气氛为氩气，气氛压力为 10MPa，烧结温度为 1375℃，保温 1h，烧结粉末平均粒径为 0.57～

4.06μm。图 18－8 为低压热等静压后 WC－20% TiC－10% Co(质量分数)硬质合金的微观结构,图示表明,烧结后粒径长大很小。

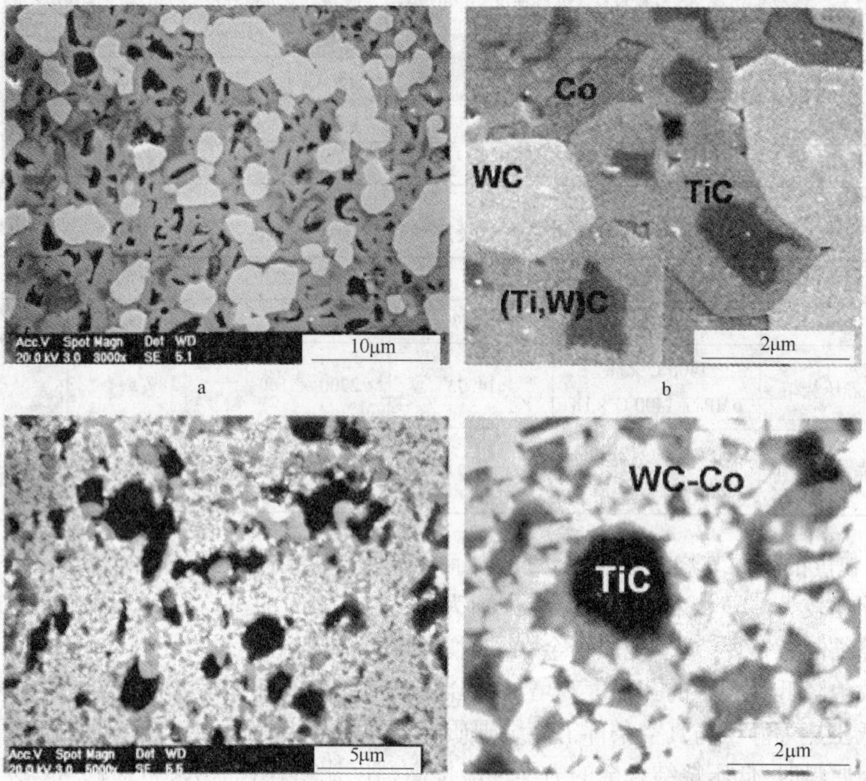

图 18－8　WC－20% TiC－10% Co(质量分数)硬质合金的微观结构[61]

a,b—粒径 WC/TiC＝4;c,d—粒径 WC/TiC＝0.5

王冲[62]等人对纳米复合 WC－10Co 粉末进行真空烧结和低压热等静压烧结,通过合金组织和性能的比较证实了低压热等静压工艺在硬质合金中的优越性。图 18－9 为纳米复

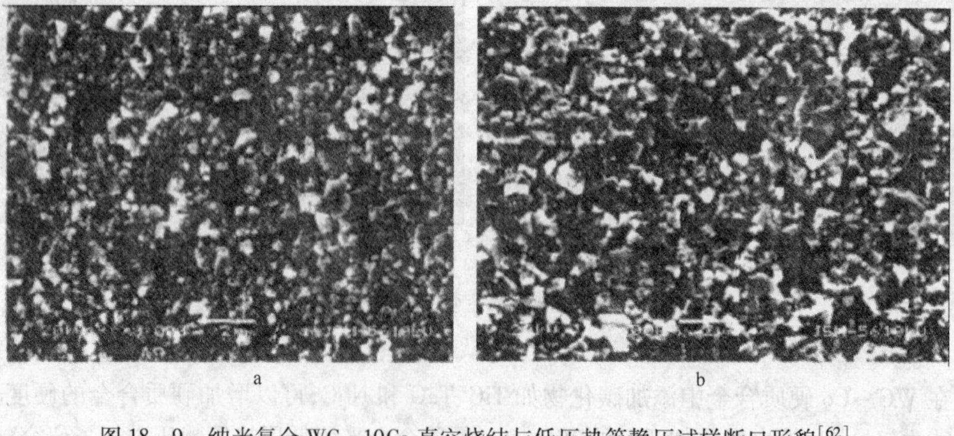

a　　　　b

图 18－9　纳米复合 WC－10Co 真空烧结与低压热等静压试样断口形貌[62]

a—真空烧结;b—低压热等静压

合 WC－10Co 真空烧结与低压热等静压试样的断口形貌，如图所示，真空烧结样品的断口端面较平整，晶粒分布比较均匀，有少量大晶粒和孔隙，粒径在 300～400nm 左右；而低压热等静压烧结后的样品断口凹凸不平，可能产生一些沿晶断裂，晶粒分布均匀，晶粒大小与真空烧结样品的差不多，无明显长大，致密度高，几乎无孔隙出现。真空烧结与低压热等静压 WC－10Co 合金的性能比较见表 18－5，表明低压热等静压烧结后的抗弯强度和密度明显比真空烧结的试样高。

表 18－5　真空烧结与低压热等静压 WC－10Co 合金性能的比较[62]

性　能	真空烧结	低压烧结
抗弯强度/MPa	2370	3810
硬度 HRA	93.5	93.4
密度/$g \cdot cm^{-3}$	14.33	14.36
矫顽磁力/$kA \cdot m^{-1}$	31.1	29.9

杨碧华[63]等人采用低压热等静压技术对矿山凿岩硬质合金进行处理，得到近无孔隙的组织结构，抗弯强度值提高 10%～15%，密度值也明显提高。现场高压凿岩试验表明，其使用寿命较未经处理的同类合金提高了 1～2 倍。周建华[64]等人采用低压热等静压工艺制取再生矿用硬质合金，断裂强度高，孔隙度可降低到 A00 级，其使用寿命可与常规硬质合金相媲美。

18.3.2　在陶瓷材料中的应用研究

陶瓷一般多采用热压法、热等静压法制备，其优点是可制得高致密、高性能的陶瓷材料，但热压法烧结的产品形状简单，并且一般要制作专门的石墨模具，对零部件形状有限制，生产效率较低。而热等静压法成本高昂，并需要制备包套，工艺复杂。相比之下，低压热等静压法制备的陶瓷成本低、效率高、产品性能高，零部件的形状可以从很简单到非常复杂，对形状没有要求，并能显著改善微观组织的均匀性。

Haitao Yang[65]等人使用低压热等静压二步法制备了 Al_2O_3－30%/TiCN（质量分数）复合陶瓷，首先在氩气气氛 0.2～0.5MPa、1700～1850℃下保温 30min，随后在相同温度、氩气气氛、6～8MPa 下保温 60min。所获得材料的相对密度为 99.5%，抗弯强度为 772MPa，硬度为 19.6GPa，断裂韧性为 5.82MPa·$m^{1/2}$。

Santos[66]等人将 Y_2O_3/Re_2O_3 与 Al_2O_3 预混合后加入 Si_3N_4 进行混合，采用低压热等静压烧结制备陶瓷材料，其工艺采用二步低压热等静压法，即首先在温度 1800℃，压力为 0.1MPa，N_2 气氛中保温 60min，然后在温度为 1900℃，压力为 1.5MPa，N_2 气氛中保温 120min。最后将样品在 1400℃、0.1MPa 的 N_2 气氛中进行热处理，结构晶化除去样品中的玻璃相。表 18－6 显示了所制备材料的性能，其性能比传统烧结样高很多。图 18－10 为样品显微组织 SEM 图，从图中可以看出，样品微观结构晶粒间没有空隙，结构致密，并均匀分布着大量的被拉长的条状 β－Si_3N_4 相，最大长径比达到 6，这是材料获得高性能的主要原因之一。

表 18－6　Y_2O_3/Re_2O_3 与 Al_2O_3 混合后再添加 Si_3N_4 的性能[66]

材　料	相对密度/%	抗弯强度/MPa	显微硬度/GPa	断裂韧性/MPa · $m^{1/2}$
$Si_3N_4+Y_2O_3-Al_2O_3$	99.7 ±0.2	692 ±45	12.9 ±0.4	6.8 ±0.3
$Si_3N_4+Re_2O_3-Al_2O_3$	99.5 ±0.2	663 ±44	13.1 ±0.4	6.6 ±0.3

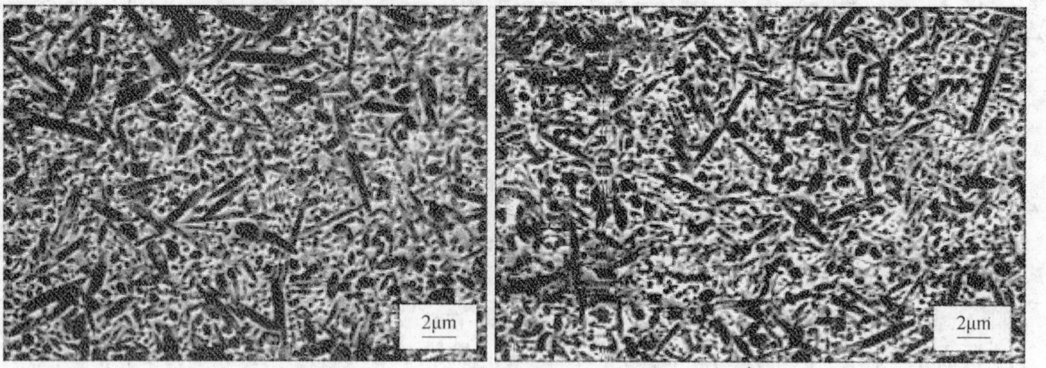

图 18－10　样品的微观结构[66]

a—$Si_3N_4+Y_2O_3-Al_2O_3$；b—$Si_3N_4+Re_2O_3-Al_2O_3$

熊向东[67]等人采用低压热等静压与热压两种方法制备了 Si_3N_4 陶瓷，两种工艺制备的 Si_3N_4 陶瓷的性能比较接近，性能结果见表 18－7。但对于制备复杂形状的陶瓷零部件，从成本与经济上考虑，低压热等静压工艺具有非常积极的效果。

表 18－7　低压热等静压法与热压法烧结 Si_3N_4 陶瓷的性能比较[67]

烧 结 方 法	相对密度/%	抗弯强度/MPa	硬度 HRA	断裂韧性/MPa · $m^{1/2}$
低压热等静压	99.18	818	91.2	7.8
热压法	99.81	875	92.4	8.0

银包套$(Bi,Pb)_2Sr_2Ca_2Cu_3O_x$（Bi2223）超长高温超导线被广泛应用于磁悬浮、变压器、超导电线电缆中，而长度超过 1000m 导线已经成功被许多公司制备。目前持续的发展则要求增加 Bi2223 导线的临界电流密度（J_c），高的力学性能与稳定性。而孔隙及缺陷破坏了 Bi2223 丝晶粒的连续贯通，从而被认为是限制上述三要求的主要因素。Kiuchi[68]等人认为低压热等静压可以有效地降低 Bi2223 丝的孔隙及缺陷，从而提高 Bi2223 导线的临界电流密度（J_c），高的力学性能与稳定性。图 18－11a 为常压烧结制备 Bi2223 丝的 SEM 显微组织，图 18－11b 为低压热等静压制备 Bi2223 丝的 SEM 扫描显微组织。比较上述两者的微观结构，在图 18－11b 所示低压热等静压烧结的 Bi2223 丝微观结构中，几乎不存在孔隙与裂纹。另外根据 Himeda 的研究[69]，Bi2223 丝经过常压和低压热等静压后，其密度分别为近 88% 和近 100%。故而，低压热等静压在超导陶瓷材料领域中有着极大的应用价值。

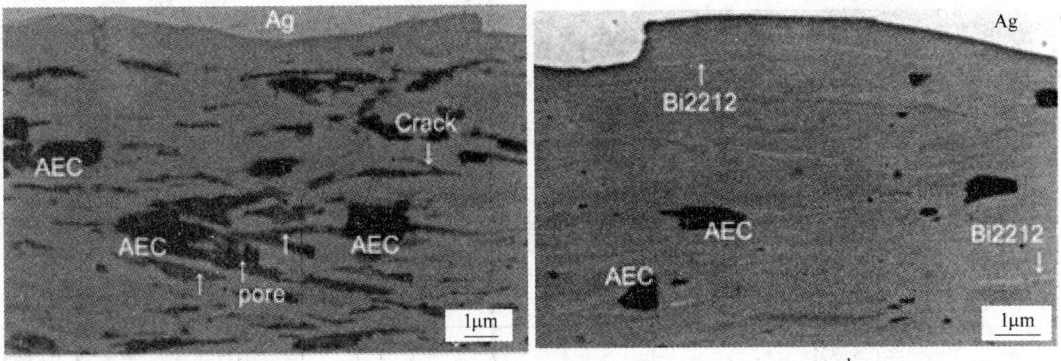

图 18-11 Bi2223 丝 SEM 扫描显微组织[68]
a—常压烧结 Bi2223 丝；b—低压热等静压烧结 Bi2223 丝
（灰色区为 Bi2223，黑色或灰黑色颗粒状物质为铜酸碱土盐（AEC），
如（Ca，Sr）-Cu-O；长条状的黑色或灰黑色区为孔隙与裂纹）

18.3.3 金属陶瓷的应用研究

目前，国内外主要是将低压热等静压应用到硬质合金研究与商业化生产上，已非常广泛，近年来应用到陶瓷上的研究已有大量相关报道，但在其他材料如金属陶瓷的研究报道则相应很少。目前一些研究表明，低压热等静压制备的金属陶瓷制品的性能虽然优于真空烧结样品，但与热压样品和热等静压样品相比仍有一定的差距。

袁宏辉[70]等人将 TiC 基金属陶瓷进行低压热等静压，首先在 600～700℃保温 60min，最后在 1380℃保温 60min，气氛压力为 5MPa，产品与真空烧结制备的多批次 TiC 基金属陶瓷性能的比较见表 18-8。研究表明，采用低压热等静压工艺优于真空烧结工艺。低压热等静压的工艺使 TiC 基金属的抗弯强度、硬度得到提高，其切削性能也比普通真空烧结有明显的提高。

表 18-8 TiC 基金属陶瓷在真空烧结与低压热等静压工艺下性能的对比[70]

工 艺	性 能 指 标	样 品 1	样 品 2	样 品 3
低压热等静压	抗弯强度/MPa	2021.3	2006.5	2112.4
	硬度 HRA	92	91.9	92
	孔隙度	A02B00C00	A02B00C00	A02B00C00
真空烧结	抗弯强度/MPa	1587.6	1650.0	1580.0
	硬度 HRA	91.7	91.6	91.6
	孔隙度	A06B02C00	A06B02C00	A06B02C00

熊计[71]等人采用真空烧结、低压热等静压、热等静压等工艺对 $TiC_{0.7}N_{0.3}$ 基金属陶瓷进行研究，$TiC_{0.7}N_{0.3}$ 基金属陶瓷的成分见表 18-9。低压热等静压气氛压力为 5MPa，热等静压气氛压力为 100MPa。不同工艺处理的金属陶瓷的性能见表 18-10，如表所示，经低压热等静压工艺与热等静压工艺处理的材料的性能均有所升高，但由于低压热等静压外部压力

较小，不足以全面改善孔洞状况，故性能提高不多。当经 90min 的热等压压处理后，组织中的液相充分流动，组织得到满意的改善，各项性能都明显提高。

表 18－9　金属陶瓷成分[71]

金属陶瓷	化学成分/%						
	0.13μm $TiC_{0.7}N_{0.3}$	3μm $TiC_{0.7}N_{0.3}$	WC	TaC	Mo_2C	Co	Ni
NT6A	—	51	14～20	4.5～10.5	10	5～9	5.5～9.5
NT6B	51	—	14～20	4.5～10.5	10	5～9	5.5～9.5

表 18－10　不同工艺处理的金属陶瓷的性能[71]

性　能	处理工艺							
	真空烧结 (1480℃ ×60min)		低压热等静压 (1410℃ ×60min，5MPa)		热等静压 (1350℃ ×30min，70MPa)		热等静压 (1350℃ ×90min，70MPa)	
	NT6A	NT6B	NT6A	NT6B	NT6A	NT6B	NT6A	NT6B
密度/g·cm⁻³	6.49	6.39	6.52	6.49	6.53	6.51	6.75	6.70
硬度 HRA	92.4	92.4	92.5	92.7	92.6	93	92.6	93.5
横向断裂强度/MPa	1430	890	1460	1100	1451	1235	1500	1740

参考文献

[1] 费多尔钦科 И. M 著. 北京钢铁学院粉末冶金教研室译. 粉末冶金原理[M]. 北京:冶金工业出版社,1974.

[2] 刘维良. 先进陶瓷工艺学[M]. 武汉:武汉理工大学出版社,2004.

[3] 谢宏,肖逸锋,贺跃辉. 低压烧结对硬质合金组织和性能的影响[J]. 中国钨业,2006,21(6):27~31.

[4] 马福康. 等静压技术[M]. 北京:冶金工业出版社,1992.

[5] Coble R L. Sintering crystalline sOlids - Ⅰ intermediate and final state diffusion models [J]. Journal of Apply Physics,1961,32(a):787~792.

[6] Coble R L. Sintering crystalline sOlids - Ⅱ experimental test of diffusion models in powder compacts [J]. Journal of Apply Physics,1961,32:793~799.

[7] Scholz S,et al. Special ceramics 1962. Academic,1963,293.

[8] 松山芳治主编. 粉末冶金学[M]. 东京:日刊工业出版社,1972.

[9] 高瑞平. 先进陶瓷物理与化学原理及技术[M]. 北京:科学出版社,2001.

[10]《电子工业生产技术手册》编委会. 电子工业生产技术手册 - 电子元件卷[M]. 北京:国防工业出版社,1991.

[11] 刘海涛. 无机材料合成[M]. 北京:化学工业出版社,2003.

[12] [日]一濑升. 现代陶瓷问答[M]. 北京:中国建筑工业出版社,1986.

[13] Chen I W,Rosenflanz A. A tough SiAlON ceramic based on α - Si_3N_4 with a whisker - like microstructure [J]. Nature,1997,389 :701~704.

[14] Shuba R,Chen I W. Effect of seeding on the microstructure and mechanical properties of α - SiAlON: Ⅱ, Ca - α - SiAlON [J]. Journal of American Ceramic Society. 2002,85 (5):1260~1267.

[15] Ye F,Hoffmann M J,Holzer S,et al. Effect of the amount of additives and post - heat treatment on the microstructure and mechanical properties of yttrium - α - sialon ceramics [J]. Journal of American Ceramic Society. 2003,86(12):2136~2142.

[16] Bandyopadhyay S,Hoffmann M J,Petzow G. Effect of different rare earth cations on the densification behaviour of oxygen rich α - SiAlON composition [J]. Ceramic International. 1999,25(3),207~213.

[17] Feng Ye,Chunfeng Liu,Yu Zhou,et al. Microstructure and properties of self - reinforced α - sialon ceramics doped with Lu_2O_3 [J]. Materials Science and Engineering:A,2008,496(1~2):143~149.

[18] Ye Sun,Qingchang Meng,Dechang Jia,et al. Effect of hexagonal BN on the microstructure and mechanical properties of Si_3N_4 ceramics [J]. Journal of Materials Processing Technology,2007,182(1~3):134~138 .

[19] Yongli Li, Guanjun Qiao, Zhihao Jin. Machinable Al_2O_3/BN composite ceramics with strong mechanical properties [J]. Materials Research Bulletin,2002,37(8):1401~1409 .

[20] Jia C C,Sun L,Tang H,et al. Hot pressing of nanometer WC - Co powder [J]. International Journal of Refractory Metals and Hard Materials,2007,25(1):53~56.

[21] Qiao Z H,Ma X F,Zhao W,et al. Nanostructured novel cemented hard alloy obtained by mechanical alloying and hot - pressing sintering and its applications [J]. Journal of Alloys and Compounds,2008,462(1~2): 416~420.

[22] Tohru Sekino,Toshio Nakajima,Koichi Niihara. Mechanical and magnetic properties of nickel dispersed alumina - based nanocomposite [J]. Materials Letters,1996,29:165~169.

[23] Li G J,Huang X X,Guo J K,Fabrication and mechanical properties of Al_2O_3 - Ni composite from two different powder mixtures [J]. Materials Science and Engineering A,2003,352(1~2):23~28.

[24] Nawa M,Sekino T, Niihara K. Fabrication and mechanical behaviour of Al_2O_3/Mo nanocomposites [J].

1994,29(12):3185 ~ 3192.

[25] Lin C J, Yang C C, Wei W C. Processing and microstructure of Nano – Mo/Al_2O_3 composites from MOCVD and fluidized bed [J]. Nanostructured Materials, 1999, 11(8): 1361 ~ 1377.

[26] Ji Y, Yeomans J A. Processing and mechanical properties of Al_2O_3 – 5vol% Cr nanocomposites [J]. Journal of the European Ceramic Society, 2002, 22(12): 1927 ~ 1936.

[27] Moon K I, Park H S, Lee K S. Study of the microstructure of nanocrystalline Al – 5at% Ti compacts prepared by reactive ball milling and ultra – high – pressure hot pressing [J]. Journal of Alloys and Compounds, 2001, 325(1 ~ 2): 236 ~ 244.

[28] Yi D Q, Li D, Liu H Q, et al. Microstructure and Oxidation Behavior of Mechanically Alloyed Nb – Based Multi – Phase Superalloy [J]. Journal of Iron and Steel Research International, 2007, 14(5): 1 ~ 6.

[29] Kim Y D, Oh N L, Oh S T, et al. Thermal conductivity of W – Cu composites at various temperatures [J]. Material Letter, 2001, 51 (5): 420 ~ 424.

[30] Liu B B, Xie J X, Qu X H. Fabrication of W – Cu functionally graded materials with high density by particle size adjustment and solid state hot press [J]. Composites Science and Technology, 2008, 68(6): 1539 ~ 1547.

[31] 杨勋烈,等. 粉末冶金新技术 – 热等静压[M]. 北京:冶金工业出版社,1983.

[32] 王国栋. 硬质合金生产原理[M]. 北京:冶金工业出版社,1988.

[33] Hyoung Seop Kim. Densification mechanisms during hot isostatic pressing of stainless steel powder compacts [J]. Journal of Materials Processing Technology, 2002, 123(2): 319 ~ 322.

[34] DeLo D P, Dutton R E, Semiatin S L, et al. Modeling of hot isostatic pressing and hot triaxial compaction of Ti – 6Al – 4V powder [J]. Acta Materialia, 1999, 47(11): 3159 ~ 3167.

[35] Kim K T, Kwon Y S, Kim H G. Near – net – shape forming of alumina powder under hot pressing and hot isostatic pressing [J]. International Journal of Mechanical Sciences, 1997, 39(9): 1011 ~ 1022.

[36] Larker H T, Lundberg R. Near net shape production of monolithic and composite high temperature ceramics by hot isostatic pressing (HIP). Journal of the European Ceramic Society, 1999, 19(13 ~ 14): 2367 ~ 2373.

[37] Jia Z C. Hot isostatic pressing of as – sintered cemented carbides [J]. Metal Powder Report, 2002, 57(6): 57 ~ 58.

[38]《航空制造工程手册》总编委会. 航空制造工程手册[M]. 北京:航空工业出版社,1995.

[39] Shi X L, Shao G Q, Duan X L, et al. Mechanical properties, phases and microstructure of ultrafine hardmetals prepared by WC – 6.29Co nanocrystalline composite powder [J]. Materials Science and Engineering A, 2005, 392(1 ~ 2): 335 ~ 339.

[40] Súnchez J M, Ordóñez A, Gonzúlez R. HIP after sintering of ultrafine WC – Co hardmetals [J]. international Journal of Refractory Metals and Hard Materials, 2005, 23(3): 193 ~ 198.

[41] Marion Le Flem, Jérôme Canel, Stéphane Urvoy. Processing and characterization of Zr_3Si_2 for nuclear applications [J]. Journal of Alloys and Compounds, 2008, 465(1 ~ 2): 269 ~ 273.

[42] Mouzon J, Dujardin C, Tillement O, et al. Synthesis and optical properties of $Yb_{0.6}Y_{1.4}O_3$ transparent ceramics [J]. Journal of Alloys and Compounds, 2008, 464(1 ~ 2): 407 ~ 411.

[43] Muhammad Akhtar Sharif, Hidekazu Sueyoshi. Effect of temperature on the formation of β – silicon carbide by hot isostatic pressing the pyrolyzed phenol resin – silicon composite [J]. Journal of the European Ceramic Society. 2008, 28(1): 311 ~ 319.

[44] 于保正,汤鑫,刘发信. 细晶铸造 K418B 合金热等静压工艺研究[J]. 机械工程材料,2003,27(3):24.

[45] 赵京晨,燕平. 热等静压处理对 K4169 合金的改善作用[J]. 钢铁研究学报,2003,15(7):200 ~ 201.

[46] Ceschini L, Morri A, Sambogna G. The effect of hot isostatic pressing on the fatigue behaviour of sand – cast A356 – T6 and A204 – T6 aluminum alloys [J]. Journal of Materials Processing Technology, 2008, 204(1 ~

3):231 ~ 238.

[47] 周敬恩,冉广. A356 铸造铝合金的疲劳裂纹萌生及短裂纹扩展研究[J]. 金属热处理,2008,33(1):34 ~ 42.

[48] Treichler R, Weissgaerber T, Kiendl T. TOFSIMS analysis of Cu - SiC composites for thermal management applications [J]. Applied Surface Science,2006,252(19):7086 ~ 7088.

[49] Flem M L, Allemand A, Urvoy S, et al. Microstructure and thermal conductivity of Mo - TiC cermets processed by hot isostatic pressing [J]. Journal of Nuclear Materials,2008,380(1 ~ 3):85 ~ 92.

[50] Hirota K, Takano Y, Yoshinaka M, et al. Microstructure and mechanical properties of hot isostatically pressed Cr_2O_3 - 5vol% Mo composites [J]. Materials Research Bulletin,2000,35(13):2217 ~ 2223.

[51] Bauer R E. Sinter - HIP furnaces sintering and compacting in a combined cycle [J]. Modern Developments in Powder Metallurgy,1988,18(6):5 ~ 10.

[52] 贾佐诚,强劲熙. 烧结 - 热等静压法制取 WC - Co 系硬质合金[J]. 钢铁研究学报,2000,12(2):36 ~ 39.

[53] Azcona I, Ordonez A, Castro F. Hot isostatic pressing of ultrafine tungsten carbide - cobalt hardmetals [J]. Journal of Materials Science,2002,37(22):4189 ~ 4195.

[54] 刘为柱,柯兆龄,韩斌. 烧结 - 热等静压炉的研制和应用[J]. 粉末冶金材料科学与工程,1996,1(1):71 ~ 74.

[55] 陈祎,罗永浩,时章明. 硬质合金烧结 - 热等静压炉的优化[J]. 中南大学学报(自然科学版),2007,38(2):320 ~ 325.

[56] 王国栋. 硬质合金生产原理[M]. 北京:冶金工业出版社. 1988.

[57] 曾青,吴恩熙. 低压烧结对硬质合金机械性能的影响[J]. 硬质合金,1995,12(2):82 ~ 84.

[58] Bauer R. Recent Development in Automated vacuum sintering[C]. PMI,1987,19(5):13.

[59] Sinter - HIP Processing of Sintered Carbides [J]. Metal Powder Report,1990,45(7).

[60] 谢宏,肖逸锋,贺跃辉,等. 低压烧结对硬质合金组织和性能的影响[J]. 中国钨业,2006,21(6):27 ~ 31.

[61] Lee K H, Cha S I, Hong S H. Effect of WC - TiC grain size ratio on microstructure and mechanical properties of WC - TiC - Co cemented carbides [J]. International Journal of Refractory Metals and Hard Materials,2006,24(1 ~ 2):109 ~ 114.

[62] 王冲,邵刚勤,段兴龙,等. 低压烧结纳米复合 WC - Co 粉末的研究[J]. 过程工程学报,2004,4 suppl:527 ~ 530.

[63] 杨碧华,周建华,欧应龙. 矿山凿岩硬质合金低压热等静压处理[J]. 中国有色金属学报,1997,7(2):125 ~ 128.

[64] 周建华,孙宝琦. 再生矿用硬质合金的低压热等静压研究[J]. 稀有金属与硬质合金,1999,137:19 ~ 21.

[65] Yang H T, Shang F L, Gao L. Microstructure refinement of alumina Optimisation by gas pressure sintering process [J]. Ceramics International,2007,34(7):1595 ~ 1602.

[66] Santos C, Ribeiro S, Strecker K, et al. Substitution of pure Y_2O_3 by a mixed concentrate of rare earth oxides (CRE_2O_3) as sintering additive of Si_3N_4: a comparative study of the mechanical properties [J]. Journal of Materials Processing Technology,2003,142(3):697 ~ 701.

[67] 熊向东,李熙章. 气压法烧结氮化硅陶瓷的研究[J]. 宇航材料工艺,1996,5:35 ~ 37.

[68] Kiuchi M, Takayama S, Otabe E S, et al. K. SatoCritical current properties in multifilamentary Bi - 2223 tape produced by the over pressure processing [J]. Physica C: Superconductivity,2007,463 ~ 465:825 ~ 828.

[69] Himeda Y, Kiuchi M, Otabe E S, et al. Effects of over pressure sintering for Bi - 2223 silver - sheathed tape

[J]. Physica C:Superconductivity,2006,445 ~ 448: 722 ~ 725.

[70] 袁宏辉,彭建财,温善伦,等. 低压烧结工艺下 TiC 基金属陶瓷性能的研究[J]. 工具技术,2005,39(9):19 ~ 21.

[71] 熊计, 沈保罗. 超细 $TiC_{0.7}N_{0.3}$ 金属陶瓷的烧结工艺研究[J]. 粉末冶金技术,2004,22(3):164 ~ 167.

[72] 张丽,张培志,何万保,等. GPS – HIP 工艺制备 Si_3N_4 陶瓷的研究[J]. 陶瓷科学与艺术,2009,1:4 ~ 6.

[73] 杨觉明,范琳. BST/MgO 陶瓷的制备及微观组织分析[J]. 压电与声光,2009,31(1):80 ~ 83.

[74] 杨宝菊,尹衍升,张卫珂. TiAl/B – 4C 复合陶瓷烧结工艺参数的确定[J]. 重庆工学院学报,2009,4:142 ~ 145.

第四篇

大压力下粉末体热压力塑性加工成形技术

19 粉末体热压力塑性加工原理概述

19.1 前言

粉末体热压力塑性加工成形工艺是指金属粉末（或合金粉末）或其粉末毛坯在加热至一定温度使粉末体发生软化时，沿一个或几个方向将大的压力作用于粉末体，使粉末体产生强烈的黏性流动和塑性变形而达到近全致密，从而得到所需形状的零部件。该技术适合于制备传统粉末冶金工艺无法制备的大棒坯、块材以及大尺寸薄板、片材等，包括粉末热锻、粉末热挤压、粉末热轧以及预成形坯热挤压等工艺。该加工工艺有利于改善粉末塑性和流动性以及降低加工过程中出现的加工硬化现象，从而大大提高制品的密度（可以达到99%以上），较好地解决传统粉末冶金制品密度偏低的缺点，合金的强度、延性等力学性能大大提高，与经熔铸和压力加工后得到的制品力学性能相近，而且其组织结构具有一定的取向性。同时，粉末体经热压力加工后得到的制品一般不需要后续热处理，减少了生产工序，提高了生产效益，降低了生产成本。

虽然金属粉末体热压力塑性加工在实际生产中有着广泛的应用，其技术创新在近20年也得到了更加深入的发展，但是，金属粉末体热压力塑性加工理论相对于其技术的发展有一定的滞后性，而理论的研究对于进一步拓展技术的应用领域以及促进技术的全面发展意义重大。本章就金属粉末体热压力塑性加工理论进行了简要阐述。

19.2 粉末体热压力塑性加工原理

19.2.1 基本假设[1]

金属粉末体是由大量颗粒材料组成的，每一个颗粒均可视为致密体，其变形行为可以用传统的金属塑性力学描述。但是，由这些颗粒组成的粉末体含有一定量的孔隙，是一个非连续体，这种非连续体的变形是一个复杂的过程，需要从各个颗粒的变形以及颗粒之间的协调关系研究其整体变形，即塑性变形与塑性致密问题。一般利用非连续介质力学理论来分析金属粉末体的塑性变形机制。在整个变形过程中，粉末体的整体变形符合质量不变定律，单个颗粒变形遵循体积不变原则，其中质量不变定律不仅适合连续体（纯金属或致密合金）的变形，也适合于非连续体的变形。

由于非连续介质力学的基本理论还不完善，使其在工程中的应用受到一定限制。若将粉末体视为非连续体来研究其变形，将会使问题复杂化。目前对于粉末体塑性变形理论的研究，是建立在将粉末体作为连续体的基本假设基础上的，即粉末体是"可压缩的连续体"，且各向同性。这样可以通过连续体塑性变形理论来处理粉末体变形机制。

19.2.2　金属粉末体屈服准则的建立

同致密体金属的塑性理论研究方法一样，粉末体塑性理论的中心内容之一是屈服准则的建立。对于粉末体材料的塑性理论，国内外学者进行了大量的研究[2,3]，国内任学平等人[4]用薄管复合加载的方法研究了粉末体的屈服准则；华林、赵仲治等人[5]对烧结铜的屈服理论进行了研究。由于粉末体变形的特殊性，粉末体屈服准则的建立需考虑如下几个问题：(1)粉末体在变形时的体积变化；(2)粉末体流动应力与相对密度有关；(3)静水压力对粉末体屈服的影响。

从20世纪70年代初开始，许多学者先后提出了粉末体的屈服准则，但大多是从经典的Von Mises理论引申出来的。建立的屈服准则都是应力张量第一不变量 J_1 和应力偏张量第二不变量 J_2' 的函数，材料屈服只与相对密度有关。粉末体屈服准则的通式如下：

$$f = AJ_2' + BJ_1^2 - \delta Y_0^2 = 0 \tag{19-1}$$

式中，A, B, δ 为相对密度 R 的函数；Y_0 为基体材料流动应力；$Y_0 = (\delta)^{1/2} Y_0$ 为金属粉末体的流动应力。

S. M. Doraivelu 等人[2]在式(19－1)的基础上提出的塑性理论中，$A = 2 + R^2$；$B = 1 - \frac{A}{3}$；R 为材料的相对密度。其他学者提出的屈服准则大多以式(19－1)为基础，只是 A, B, δ 的形式不一样，其中，较著名的还有 Kuhn 和 Downey[6]、Doraivelu[2]、Green[7]、Lee[8]准则，但大多数准则由于理论上的缺陷或公式形式过于复杂，在实际工作中应用较少，经过验证，Doraivelu、Lee 准则与试验相符较好，并对实际生产有一定的指导作用。Doraivelu 等从 Kuhn 理论出发，通过一系列不同初始相对密度材料的压制试验，经验地建立多孔材料屈服应力与基体材料屈服应力的关系，并结合塑性泊松比与相对密度的关系建立屈服准则：

$$f = (2 + R^2) J_2' + \left(\frac{1 + R^2}{3}\right) J_1^2 - \left(\frac{R^2 - R_c^2}{1 - R_c^2}\right) Y_0^2 = 0 \tag{19-2}$$

式中，R_c 为材料达到临界强度时的相对密度。

材料屈服强度不仅与应力偏张量有关，而且与静水应力有关(这与致密金属塑性变形不同)。屈服表面在应力空间的描述如图19－1所示：这些椭球形屈服函数可根据相关流动定律来确定应力－应变关系，从而进一步确定材料强度值。

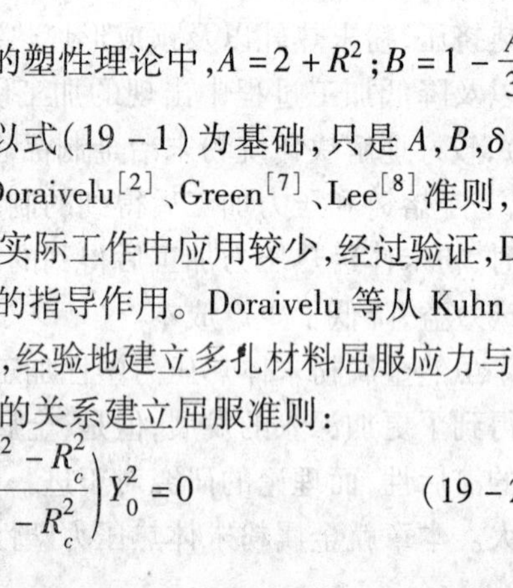

图19－1　Kuhn－Shima 模型屈服表面形状[1]

19.2.3　加热状态下金属粉末体塑性变形的特点

金属粉末体热压力加工与粉末体冷加工(如传统模压、粉末冷轧、粉末冷挤压等)有很大的区别。由于该工艺在压力加工之前将粉末体进行了加热处理(或在压力加工过程中处于加热状态，如热静液挤压),因而金属粉末体的塑性得到很大提高,特别是当温度达到一定程度后,粉末体会出现明显的软化现象,加工硬化和粉末体变形抗力大大降低,有效地降低成形压力。

粉末体是由基体金属颗粒与孔隙组成的复合体,在压力加工过程中会产生塑性变形和致密化,其塑性变形和致密化的微观机构包括孔隙变形、晶体塑性变形、颗粒间位移和变形,但由于基体金属颗粒的塑性变形相对有限,所以孔隙变形、颗粒间位移和变形是主要的。粉末体中孔隙体积是通过弹性变形和塑性变形的方式减小,而原始颗粒间的晶界在高温下由于畸变原子获得较高能量会在外力作用下发生晶界塑性流动;颗粒之间形成的"拱桥效应"在压力作用下逐渐被破坏,粉末颗粒彼此填充孔隙,并发生颗粒重排,颗粒之间的接触面积和接触强度增大,孔隙度显著减小。随着压力作用的继续进行,粉末体因加热会发生强烈的黏性流动和大块晶界的滑移,孔隙度进一步降低,原子间逐渐形成冶金键合,合金强度和致密度大大提高。随着加工形变的继续加大,粉末体颗粒的位移和弹塑性变形程度均达到最大,孔隙度无明显变化,但合金组织已呈现较均匀的状态。特别是由于加热状态下的热压力加工(如热挤压)会使得合金组织出现回复—再结晶过程,使得加工过程中产生的大量位错得以较大程度地消除,从而减小了因位错塞积的"钉扎"作用所引起的加工硬化效应,促进了粉末体的变形。同时,再结晶过程中新晶核的形成在挤压过程中会长大形成新的晶粒,这在一定程度上促进了晶粒的细化,有利于获得组织均匀、性能优异的合金制品。

在这一过程中,经粉末体热压力塑性加工后的合金组织会呈现一定的取向特征,如粉末热锻工艺加工后的合金制品的显微组织织构在与锻造方向垂直的方向呈现细条状;粉末热挤压或预成形坯热挤压后的合金组织在沿挤压方向呈现纤维状;粉末热轧后的板材沿压变形方向出现带状组织,若此时采用交叉多道次轧制,可以改善合金板材组织,这些组织多呈现纤维状细长晶粒。这些有一定取向的显微组织优化了组织性能,从而大大提高了合金的综合力学性能。

19.3　粉末体热压力塑性加工技术的发展趋势

粉末体热压力塑性加工技术是在传统粉末冶金成形技术和金属塑性加工技术的基础上发展起来的,目前,粉末体热压力塑性加工技术的应用已经由最初的产品单一、成本高昂、难以规模化生产以及应用领域较窄等特点逐步向产品多元化、成本低廉、自动化生产和应用领域不断扩展的方向转变,由于该技术较好地解决了传统粉末冶金制品密度较低、强度和韧性偏低的缺点,因而在航天航空、汽车工业、军事工业等领域得到了广泛应用,特别是在制备和开发难成形、难加工、具有特殊力学性能要求和用途的新材料方面具有很大的发展潜力。

粉末热锻技术是粉末冶金和精密锻造相结合的技术,20 世纪 60 年代末最早在美国出现。和一般模锻件相比,粉末热锻件的尺寸精度高,表面粗糙度低,材料利用率可达到 95% 以上,且制品孔隙度较低,综合力学性能大大提高,因而过去几十年里,许多国家掀起了大力开发粉末锻造零件、材料与工业生产技术的热潮,特别是在全球汽车工业迅猛发展的推动下,粉末热锻技术在汽车连杆制造方面得到广泛应用,且粉末热锻连杆以其便于应用胀断加工技术(又称裂解加工技术,利用该加工方法获得的连杆与连杆盖的结合面能完全啮合、无需进行机加工,并具有较大的接触面积和较高的承载强度,能减少 50% ~60% 的机加工工序)、形状尺寸精度高、制造成本较低和适合大批量生产等优点而逐步取代普通锻钢连杆[93]。目前,美国粉末锻造连杆的年产量在 2000 万件,占汽车连杆市场份额的 60% 以上,但是我国的汽车制造绝大部分都是采用锻钢连杆[94]。采用粉末锻造工艺技术制造汽车零部件日益增多，如自动变速箱转换离合器内、外环，超越离合器外环、载重车自动变速箱内齿环、单向离合器内外环、货车变速箱同步环、轻型车四轮驱动分动箱齿轮等，并且汽车工业的进一步发展，势必推动粉末锻造件的更广泛应用，预计其使用量可以达到10～20kg/辆。在航空领域方面，粉末热锻工艺已经广泛应用于高温合金、钛合金和铝合金等高性能零件的制备，如钛合金的风扇盘和铝合金飞机大梁接头等[95]。另外，在粉末锻造基础上发展起来的粉末高温合金超塑性等温锻造技术主要应用于制备高推进比发动机的关键热端部件——粉末高温合金涡轮盘。粉末高温合金涡轮盘制造技术是先进航空发动机的标志之一，西方国家现役军用飞机的发动机很多都采用超塑性等温锻造的粉末高温合金涡轮盘，目前世界上只有美国、英国、俄罗斯、法国和德国等少数几个国家掌握了该技术[96]。粉末高温合金解决了铸锻合金高合金化造成的凝固偏析和变形困难的缺点，具有组织均匀、晶粒细小、屈服强度高、疲劳性能好等特点[97]。粉末冶金高温合金一般对应变率非常敏感，在高应变率下变形容易出现裂纹，因此，这类合金需要进行低应变率条件下等温锻造，可以使合金获得良好的细晶组织和实现近净成形[98～100]。国外发达国家在制备粉末高温合金涡轮盘时采用的是粉末挤压＋超塑锻造或热等静压＋挤压＋超塑锻造的成形工艺，大挤压比变形以细化合金晶粒，随后在低应变率下进行超塑性等温锻造近净成形。在宇航材料越来越向高温、难变形方向发展的今天，等温锻造显示出越来越大的优势，1995年以后，美国90%的粉末高温合金涡轮盘采用超塑性等温锻造工艺制造[101]，该技术已成为当前及今后一段时间内生产粉末冶金高温合金涡轮盘最为可靠的关键技术之一。由于我国在这一领域起步较晚，加之其他相关领域基础薄弱，使得我国在粉末高温合金涡轮盘制造技术方面与国外先进技术存在较大差距，因而大力发展我国的粉末冶金高温合金涡轮盘制造技术不仅是今后研制高推重比先进航空发动机的关键，也是确保航空战略主动权的重要保障。由于我国缺乏大吨位挤压设备，挤压＋超塑性锻造工艺无法实施。而对于等温锻造和超塑性锻造需要真空或惰性气体保护下的全封闭锻造设备和装置以及大吨位等温锻造专用压机，投资巨大，因此国外的工艺方法在我国难以实现。目前我国相关单位正在研究发展热等静压＋大气条件下的等温锻造工艺[102]，但尚需解决等温锻造前的超细晶化制备技术、模具设计与制造技术、润滑技术和热处理技术，尤其需要解决原始粉末的夹杂、细化等问题。不过从长远发展角度来看，建立大吨位挤压机、大吨位等温锻造压机是未来的发展趋势，也是解决其他先进难变形材料问题的有力措施[103]。

粉末挤压工艺是金属塑性变形加工技术中挤压工艺的一种，也是粉末冶金制品的重要加工工艺，其中粉末热挤压（或预成形坯热挤压）工艺是传统挤压技术的延伸，该工艺对于难成形、难变形、硬度较高的材料的加工有着重要应用。随着挤压技术的推广应用，挤压机台数不断增加，生产能力不断扩大，自动化程度不断提高，新型油压挤压机的出现更是推动了挤压生产向着产品大型化、多元化的方向发展，例如，最近几年建造成功了最大挤压力分别为270MN、95MN的大型水压机和油压机，满足了制造大型运输机、战斗机、导弹、舰艇等所需的整体壁板结构材料的需要。目前全球共拥有挤压力超过100MN的挤压机30多台。同时，挤压生产线自动化程度的不断提高，大大解脱了人工操作的繁重体力劳动，使生产效率大为提高。目前建筑铝型材的挤压生产线已基本实现无人化操作，这也代表着未来挤压生产的发展方向。挤压工模具是实现挤压工艺的重要保障，它直接决定着产品质量合格与否,因此对于挤压工模具的设计开发一直是科研工作者的关注重点。近年来,挤压模具中的新式挤压模不断出现,比如舌形模、平面分流组合模、叉架模、导流模、可卸模、宽展模、水冷模等,同时出现了多种活动模架和工具自动装卸机构。总之,挤压模具的设计朝着模具的实用性、灵活装卸等方面发展。挤压工模具的新材料也不断涌现,如高合金化的铬镍模具钢的出现与新型热处理方法的使用,使模具材料的质量更进一步。由于计算机用于挤压模具的设计与制造,为实现模具的设计和制造自动化,提高模具的质量和使用寿命开辟了新的途径。伴随挤压设备、挤压工模具的发展,新型挤压技术也不断出现,如等温挤压技术(在挤压过程中,金属流出模孔时的温度不变)在铝合金挤压中的应用,较好地解决了挤压制品表面上出现周期性裂纹的问题;冷挤压技术的出现提高了挤压速度;润滑挤压技术避免了挤压时外摩擦力对金属流动不均匀性的影响;为了提高挤压的生产率和成材率,出现了锭接锭挤压,大大减少了挤压余量[104];对于挤压极易破碎的脆性材料,如钨、钼等,采用带反挤压力的挤压或者热静液挤压,能够获得挤压比达到98%以上的致密材料。同时,开发新型熔融玻璃润滑剂,有利于拓展一些熔点较高、变形抗力较大的钢及有色金属及其合金如镍合金、钛合金、钨、钼等材料在挤压工艺上的应用,使得以上材料也可以实现工业规模生产。另外,目前利用挤压法生产新型双金属、多金属以及复合材料等的研究也在开展中;往复挤压和大比率挤压工艺是近年来研究的热点,这两种工艺属于大塑性变形技术(Severe Plastic Deformation,SPD),常用来细化晶粒,可以将材料内部组织细化到亚微米甚至纳米级,是制备块体纳米和超细晶材料最有前途的方法[105]。有人利用大比率挤压工艺(分两次热挤压进行)对铸态 AZ91D 合金进行大挤压比的挤压,合金表现出优异的低温超塑性延伸性,其伸长率达到了 1200%[106]。

粉末热轧工艺可以成功制取各种金属、双金属或多金属带材,特别是在制备难成形、粉末变形抗力大的钨、钛以及钛 - 铝、钨 - 铜等双金属和多金属带材方面具有很大的潜力。同时,粉末热轧法能够生产用传统的熔铸轧制法难以或无法生产的带材,且成分精确易于控制,性能优良,更重要的是还具有各向同性的特性。在金属材料加工领域,粉末轧制技术已经成功地制备出铝、铜、钛、镍、钼、铁、钴、铌等及其合金带材。但是,粉末热轧工艺在实际生产中也暴露出一些问题,如带材缺陷的控制(如卷板错层、卷板边裂、裂纹等)、金属粉末工艺性能的选择(粒度、形貌、表面氧化程度等)、高效成形工艺的设计等工艺问题仍有待进一步解决和完善,同时,关于轧制带材的成形性能(如拉伸、弯曲、浅拉深等工艺条件下的成形性能)等相关研究也在开展中[107]。在粉末轧制的理论研究方面,利用数学模型对粉末轧制工艺进行分析对于指导实际生产具有重要意义,这方面的研究工作目前在国内做得较少,有进一步深入的空间。近年来,在传统粉末轧制工艺基础上结合其他一些工艺设计开发新型材料方面取得了一定成绩。国外[108]在粉末轧制基础上发展了一些新的工艺方法用于制备一些特殊新材料,如利用包覆 - 轧制工艺制备泡沫铝夹芯板,该工艺将预发泡的粉末通过挤压、热等静压或粉末轧制等方法压制成为预发泡的芯材,然后将面板材料与预发泡的芯材轧制在一起组成预发泡的泡沫铝夹芯板。假如芯材的熔点和面板的熔点不同,但工艺参数选择合适,就可在面板不熔化的情况下发泡获得低密度的复合结构,此种方法制得的泡沫铝夹芯板虽然界面达到了冶金结合的目的,但需要将中间芯材预先压制成致密体后再轧制,存在粉末预制体与金属板轧制前的表面处理问题,使产业化过程较为复杂。在国内,有研究人员[109]通过粉末复合轧制工艺成功制备了界面结合强度高的泡沫铝夹芯板,其方法是通过面板与粉末进行复合轧制得到可发泡的夹芯复合预制体，随后将预制体放入电阻炉中加热至适当的温度，使复合板的芯部呈熔融状态，发泡剂发生分解使芯层获得良好的泡沫结构。此时面板芯层之间发生的元素扩散行为使界面达到了理想的结合状态，这种方法克服了传统胶粘方法不耐高温的缺陷。国内昆明理工大学[110]研究开发了利用金属粉末－板带复合轧制法制备双金属复合薄板的新技术，该技术的主要工艺特点是：以一种金属为基体，在其表面覆上另一种金属粉末，通过将两者共同轧制和适当的后处理工艺，形成金属复合板带，其覆层厚度可以控制在0.01～0.2mm的范围。

20 粉末热锻

20.1 粉末热锻基本原理

20.1.1 前言

粉末热锻是将烧结的预成形坯加热后在闭式模中锻造成零件的一种新工艺,它是将粉末冶金与精密模锻变形强化结合的一种近全致密高性能粉末冶金制品制备技术,兼具粉末冶金和精密模锻两方面的优点,经热锻的零件可获得的相对密度在98%以上,克服了普通粉末冶金零件密度低的缺点。而且热锻烧结组织具有较均匀的细晶粒,可显著提高强度和韧性,使粉末冶金材料的物理、力学性能接近、达到甚至超过普通熔炼锻件的水平[9,10]。同时,它又保持粉末冶金少、无切削的工艺优点,通过合理设计预成型坯和实现少、无飞边锻造,具有成形精确、材料利用率高、成本低等特点。因此,粉末锻造是制取高密度、高强度和高韧性粉末冶金制品的有效方法,是现代粉末冶金技术重要的发展方向之一。

目前常用的粉末锻造方法有粉末热锻和粉末冷锻,而粉末热锻又分为粉末锻造、烧结热锻和锻造烧结三种,其基本工艺过程如图20-1所示。

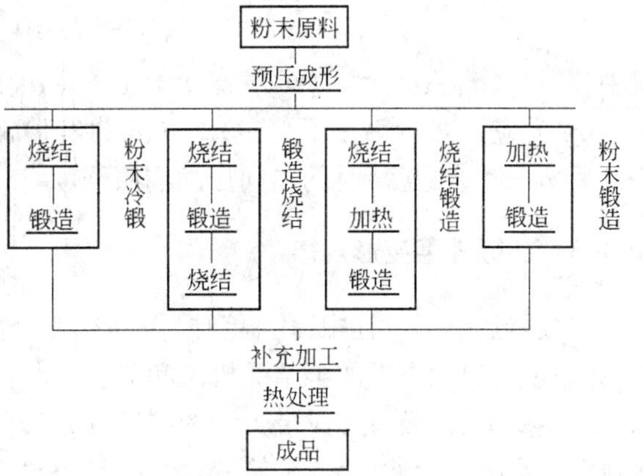

图20-1 粉末锻造基本工艺过程[11]

20.1.2 粉末热锻致密化变形规律

粉末锻造过程中,多孔预成形坯受到外力的冲击和内力的作用产生塑性变形而达到近全致密化。粉末热锻变形与孔隙、基体及粉末颗粒的性质有关。含有孔隙的预成形坯是金属和孔隙的混合体,基体金属由一些互不连接或弱连接的单独颗粒或团粒所组成,因而热锻时多孔金属在变形的同时产生塑性变形与致密化。这与致密金属的锻造有所不同,致密金属的塑性变形理论是建立在连续介质力学基础上的,有关金属压力加工的塑性理论只适合于连续介质。致密金属塑性变形的微观机构主要是依靠金属晶体的位错运动。而粉末冶金多孔烧结体的塑性变形和致密化机构,不仅与金属基体产生的晶间和晶内变形有关,而且与孔隙的变形有很大关系,多孔预成形坯塑性变形与致密化是颗粒填充位移、颗粒弹性变形和塑性变形、孔隙变形的综合结果。由于金属基体的变形量很小,所以其变形主要受粉末颗粒变形和孔隙的影响。多孔坯变形时颗粒形状不仅改变,而且也发生很大的体积变化,其变形程度非常大,变形遵循质量不变条件,如公式(20-1)表示:

$$d\varepsilon_1 + d\varepsilon_2 + d\varepsilon_3 + d\rho/\rho = 0 \tag{20-1}$$

式中,ε 为变形量;ρ 为相对密度,它与泊松比 ν 有关:$\nu = k\rho^n$。变形初期,ν 较小,金属致密化速度很快,而塑性变形较小,因此,致密体的塑性理论对研究多孔体成形致密化过程不适用。

粉末烧结材料热锻过程的特点主要体现在:

(1)体积变化　在粉末烧结材料塑性变形锻造孔洞闭合过程中,材料整体体积缩小,宏观密度提高,此时致密熔铸材料经典塑性理论的体积不变条件在此不适用。粉末烧结材料塑性变形体积变化,反映了该材料塑性变形的复杂性和多样性。

(2)质量不变　粉末烧结材料塑性变形中体积缩小,密度增大,但总的质量保持不变亦即体积与密度的乘积保持不变。

(3)塑性泊松比小　熔铸致密材料塑性变形时体积不变,塑性泊松比为 0.5。而粉末烧结材料塑性变形中由于内部孔洞的锻合,其轴向压缩变形不可能全部转化为横向变形,所以它的横向变形能力较致密材料小,亦即塑性泊松比小于 0.5。

(4)静水压力可致变形　实验表明,静水压力可使粉末烧结材料产生屈服和塑性变形,而且是其致密的重要条件。粉末冶金工业生产中广泛使用的等静压工艺,就是利用了粉末烧结材料静水压力可致变形的性质。

基于粉末烧结材料塑性变形基本性质,研究者提出了各种屈服条件表达式。文献[12]对各种屈服条件分别进行了对比分析,提出了粉末烧结材料屈服条件统一表达式:

$$AJ_2' + BJ_1^2 = Y^2 = \delta Y_0^2 \tag{20-2}$$

式中,$J_2' = [(\sigma_1 - \sigma_2)^2 + (\sigma_2 - \sigma_3)^2 + (\sigma_3 - \sigma_4)^2]/6$,为应力偏量第二不变量,$J_1 = \sigma_1 + \sigma_2 + \sigma_3$ 为应力张量第一不变量;A、B、δ 为实验常数;Y、Y_0 分别为粉末烧结材料相对密度 $\rho < 1$ 和 $\rho = 1$(全致密)时的单向压缩屈服强度。

20.1.3　热锻孔隙变形规律

在金属热成形过程中,孔洞型损伤具有三个演变可能[13]:第一,孔洞可能经变形后闭合,并通过高温状态下的再结晶机制和原子扩散机制而焊合,使产品性能得到改善;第二,孔洞只发生变形,但没有形成带尖端的裂纹;第三,孔洞演变成裂纹并进一步扩展,对产品寿命构成严重影响。显然,第二和第三种情况是非常不利的。

在无摩擦均匀单轴压缩条件下还原铁粉预成形坯试样密度与轴向压力的关系如图 20-2 所示。当压力很小时,密度几乎没有变化,此时只是大孔隙(孔隙直径 $D \geqslant 20$)数量减少,而大孔隙只占总孔隙度的 1% 左右,因而此时密度变化很小。当压力超过一定值时,颗粒和孔隙都在一定程度上被压扁,密度迅速增加,该阶段可以使锻件相对密度达到 96% 左右。进一步加压,此时与压力方向平行的孔隙很难再被压扁,密度不能进一步得到提高,因而热锻压力通常选择(600 ~

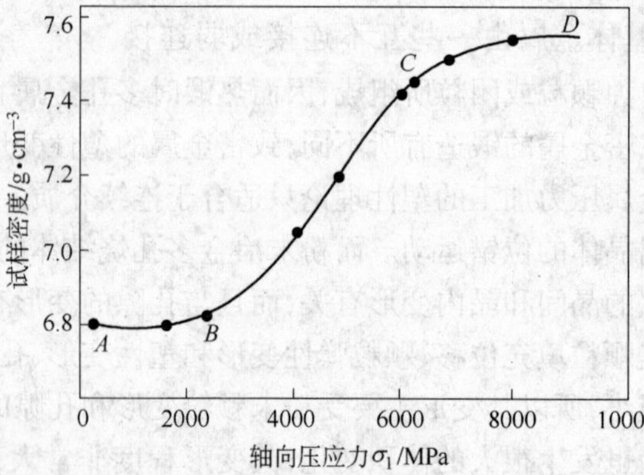

图 20-2　无摩擦均匀单轴压缩条件下,试样密度与轴向压应力的关系[13]

700)MPa。

孔隙闭合过程中孔隙的变形与应力状态的关系如图20－3所示。按照经典应力理论,如图20－3a中画影线的孔洞,如果仅有水静压力作用在物体上,如图20－3b所示,对致密体只能引起弹性变形和塑性变形,那么孔隙可以通过弹性和塑性变形缩小。但要通过流体静载荷完全消除孔隙非常困难,需要施加无穷大的压力。根据塑性流动模型,球形孔隙被不可压缩的致密材料所包围,在一定的压力和温度条件下,水静压力作用产生的致密化过程存在一个极值。图20－3c说明当孔隙同时受到水静压力和剪切应力时,孔隙体积不仅受到水静压缩,而且由于剪切变形使孔隙闭合和拉长。

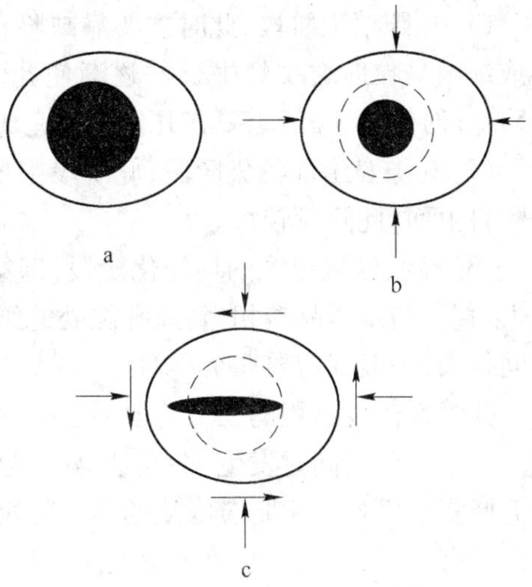

图20－3 孔隙的变形示意图[13]

在热的作用下复压时,由于材料几乎不产生横向流动,只靠轴向力将孔隙压扁,而热锻使孔隙同时受到轴向压缩和剪切变形的作用,使孔隙容易拉长和闭合,可最大程度地减少残留孔隙,颗粒界面结合强度大大提高。

大多数研究者认为消除孔隙缺陷主要靠外压使其闭合,当自由面互相接触以后,通过原子迁移扩散完成裂纹修复。研究中发现孔隙缺陷修复时,在不存在孔隙闭合的情况下,裂纹也可以修复,即通过自由面向孔隙中的组织生长来消除裂纹孔隙。要消除裂纹的自由面,必须在两个自由面之间形成金属键,而若使两个分离的缺陷自由面达到这个层次的结合,就应使两个自由面之间的原子间距小至(0.1～0.5)nm,在形成金属键时原子扩散必不可少,但是原子扩散距离有限,只靠原子扩散无法使相距几百微米的缺陷自由面达到如此小距离,说明在孔隙性缺陷自修复过程中存在其他机制。

在大型锻件生产实践中发现,采用超声波探伤发现的材料内部裂纹,经过再结晶温度以上长时间保温后,其中部分孔隙性缺陷得到了愈合,这一现象证明在适当条件下材料内部缺陷存在着自修复[14～18]现象。这一重要发现为裂纹修复引入了新的机理——再结晶。研究中不仅发现了自由面的再结晶生长现象,而且发现在自修复过程中存在类似铸件凝固过程中枝晶偏析、缩孔、缩松等现象,充分证明了缺陷修复的再结晶机理。

修复过程中的再结晶定义为:新晶粒不断在自由面上重新形核,然后晶粒长大,新形成的晶粒晶格与基体可能一致,也可能不一致,这取决于修复条件,并且晶格不同于基体的新晶粒不断发生转变,逐渐趋向基体晶粒结构。

再结晶理论能够很容易解释在裂纹修复过程中所出现的现象[19]。在裂纹的部分自由面上,由于再结晶的条件适宜,再结晶首先在这些地方开始,突出物在这些部位优先生长,使得自由面变得更不规则。如果条件特别适宜再结晶,则再结晶可能在整个自由面上同时发生,当再结晶速度大到一定值、再结晶形成新晶粒所需要的材料供给不上时,就会导致自由面塌陷,即自由面与基体脱离或与基体结合强度极低而容易脱落。如果只是在自由面上局部再结晶速度快,同时原子扩散速度适中,则局部突出物逐渐将原孔隙分割成更多的孔隙,从而在原裂纹处形成缩孔和缩松。如果再结晶充分发展,就可能形成各种偏析。修复过程中出现的特殊组织区域晶粒较小的现象,主要是由于自由面再结晶速度快,而新形成的晶粒来不及长大又发生了再结晶所造成的。

孔隙性缺陷自修复过程分为三个阶段[20]:

(1)孔隙消失阶段,此时主要靠缺陷自由面通过扩散发生再结晶,即晶粒形核和长大,形成细微晶粒向裂纹处生长并逐渐使孔隙缩小,此阶段到自由面之间的距离小于(0.1 ~ 0.5)nm 时结束,一般需要在几十分钟完成,而这取决于修复条件。

(2)孔隙自由面消失阶段,此阶段主要是靠原子扩散,在自由面之间形成金属键,从而消除自由面,此阶段较短。

(3)裂纹区域组织的均匀化阶段,即第一和第二阶段出现的细微晶粒通过再结晶逐渐长大,直至与基体晶粒相当,原孔隙处的组织、成分和性能与基体趋向均匀一致,此阶段所需时间很长,一般都需要几个小时。

孔隙性修复过程的三个阶段不是孤立的,不同形状的缺陷在一定的修复条件下可能会使上述三个阶段同时发生,特别是第一、第二阶段同时发生的可能性增加。同时,三个阶段所需修复条件各不相同。修复的第一阶段应使修复条件有利于在自由面上晶粒形核,第二阶段应有利于原子扩散,第三阶段应有利于原孔隙处组织的均匀化和晶粒长大。

高温下孔隙性缺陷的修复和常温下损伤的演化有相似之处。在高温下,大型锻件内部的孔隙性缺陷存在一个“临界状态值”,它包括缺陷的形状、厚度尺寸、缺陷自由表面状况以及缺陷周围微观应力状态。它是一个当量参数,不仅仅是缺陷厚度[21]。缺陷厚度对此当量参数的影响非常大,但准确表达此当量参数还需进一步探讨。之所以存在这个临界状态值,主要是缺陷修复就必须消除自由面,自由面上的原子必须结合成金属键,首先原子要克服自由面的表面能,只有金属原子的自由能足以克服表面能时,才能从自由面迁移出来而成为自由原子,才有可能形成金属键,这是缺陷自由表面向缺陷孔洞生长的过程。迁移出的原子所留空位,再由离自由面更远些的原子迁移补充,这个过程需要时间才能完成。温度越低、缺陷初始厚度越大、缺陷自由表面越光滑、缺陷形状越接近于圆球状,这个生长过程就越难以进行,并且当温度低于一定值时,此生长过程不会发生。常温下虽然可以通过塑性加工减小缺陷孔洞的体积,但却不能修复缺陷。缺陷状态值是缺陷修复内部条件和外部条件的函数,温度越高,缺陷状态值越小,一定条件下外压力加大也会降低缺陷的状态值。只有当缺陷的状态值小于临界状态值时,此缺陷自由面的生长过程才能发生,即才能启动缺陷修复。

20.1.4　热锻时颗粒变形机构

对于致密金属来说,晶粒间的结合强度很高,常温下晶界对塑性变形有显著阻碍作用,晶界强度高于晶内强度,所以塑性变形先从晶内开始。当温度升高时,晶界强度降低,接近熔点时晶界强度低于晶内,塑性变形则先从晶界产生。而对于粉末冶金多孔体来说,晶界的特性比较复杂,一般存在两种晶界,即原始颗粒内晶界和原始颗粒间晶界。这两种晶界都含有较多的缺陷,尤其是原始颗粒间晶界往往存在大量的缺陷和夹杂物,使得晶界强度降低,容易产生滑移和塑性流动。颗粒间晶界是很容易产生滑移和塑性流动的区域,由于孔隙的存在,所以热锻前颗粒间的结合非常有限,颗粒间的结合主要是在热锻过程中形成[22]。

因此,粉末锻造过程中的塑性变形包括孔隙变形、晶体塑性变形、颗粒间位移和变形,由于基体金属晶体的塑性变形有限，所以孔隙变形、颗粒间位移和变形是主要的变形机构[10]。

20.2 粉末热锻分类

20.2.1 自由锻

自由锻是利用冲击力或压力，使金属在上、下砧铁之间产生塑性变形而获得所需形状、尺寸以及内部质量锻件的一种加工方法。自由锻造时，除与上、下砧铁接触的金属部分受到约束外，金属坯料朝其他各个方向均能发生自由变形流动，不受外部的限制，故无法精确控制变形。自由锻的特点是工具简单、通用性强、生产准备周期短。自由锻件的质量范围很大，可由几百克到二、三百吨，对于大型锻件，自由锻是唯一的加工方法，这使得自由锻在重型机械制造中具有特别重要的作用，例如水轮机主轴、多拐曲轴、大型连杆、重要的齿轮等零件在工作时都承受很大的载荷，要求具有较高的力学性能，常采用自由锻方法生产毛坯。

自由锻分手工自由锻和机器自由锻。手工自由锻生产效率低，劳动强度大，仅用于修配或简单、小型、小批锻件的生产。在现代工业生产中，机器自由锻已成为锻造生产的主要方法。由于自由锻件的形状与尺寸主要靠人工操作控制，所以锻件的精度较低，加工余量大，劳动强度大，生产率低。自由锻主要应用于单件、小批量生产，修配以及大型锻件的生产和新产品的试制等。自由锻造的基本工序有镦粗、拔长、冲孔、弯曲、扭转等。

20.2.2 模锻

模锻是在外力的作用下使金属坯料在模具内产生塑性变形并充满模膛（模具型腔）以获得所需锻件形状和尺寸的锻造方法。大多数金属是在热态下模锻，所以模锻也称为热模锻。与自由锻相比，模锻能够锻出的零部件形状更为复杂、尺寸精度高，机械加工余量小，锻件的纤维组织分布更为合理，可进一步提高零件的使用寿命，生产效率比较高，可以大量生产形状和尺寸都基本相同的锻件，便于在随后的切削加工过程中采用自动机床和自动生产线。但设备投资大，锻模成本高，生产准备周期长，且模锻件的质量受到模锻设备吨位的限制，因而适用于中、小型锻件（一般小于150kg）的成批和大量生产。

模锻后的锻件内部形成带有方向性的纤维组织，即流线。选定合理的模锻工艺和模具，使流线的分布与零件的外形一致，可以显著提高锻件的力学性能。但模锻需要专用模具，模具必须用优质合金工具钢制造，模膛形状复杂，要求精度高，加工量大，生产周期长，价格昂贵。因此，模锻一般适用于大批量生产，或用于批量虽不大但对锻件的形状和性能有较高要求的场合。

模锻件的精度高，加工余量小。加工余量取决于模具的制造精度及其使用中的磨损、金属的冷缩和表面氧化、金属流动和充填状态、锻造需要的斜度、圆角和锻造偏差以及切削加工所需的余量等。在实际生产中，锻件加工余量都按标准选用。特殊的精密锻造工艺需要严格控制锻件的局部公差而且不留切削加工余量，是现代模锻技术的发展方向之一。模锻通常按所用的设备分为锤模锻、热模锻压力机模锻、螺旋压力机模锻、水压机模锻、平锻机模锻和电热镦等。

锤模锻在生产中应用较广泛。锻模分上下两块，分别固定在模锻锤的锤头和砧座上，靠锤头上的上模向砧座上的下模打击(无砧座模锻锤是上下砧对击)使锻件成形。坯料常要经过若干制坯工序,为此在锻模上设有相应的多个模膛。旋转锻造利用沿坯料圆周对称分布的一对或多个锤头绕中心旋转,同时以高的频率将制件锻压成形,如图 20－4 所示。其作用原理是以超过材料抗压强度的压力作用在制件上,消除加工坯料内部的气孔、孔洞等缺陷,破碎粗大的晶粒,改变材料的组织结构。为进一步保证金属的加工性能,在加工工艺过程中,依据其特性,对加工坯料选择进行一次或者多次退火处理,从而消除坯料在加工过程中产生的加工应力,减少加工缺陷,提高成品率。

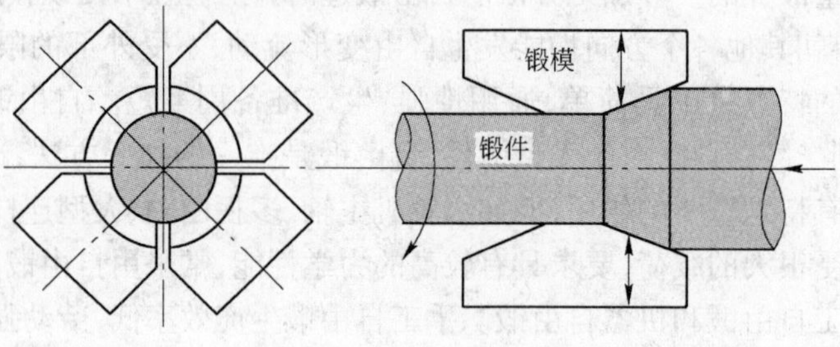

图 20－4　旋锻原理示意图[23]

旋锻具有金属冷成形工艺的许多优点[23],而且具有与拉伸(含辊拉)不同的变形力,图 20－5 和图 20－6 为两种加工方法的变形力学图。

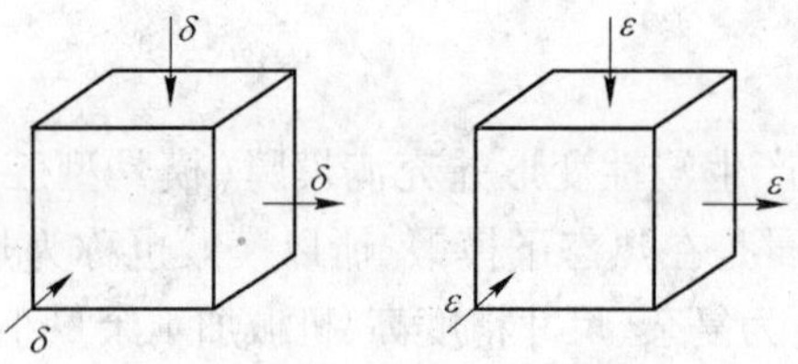

图 20－5　拉伸变形力学图[23]

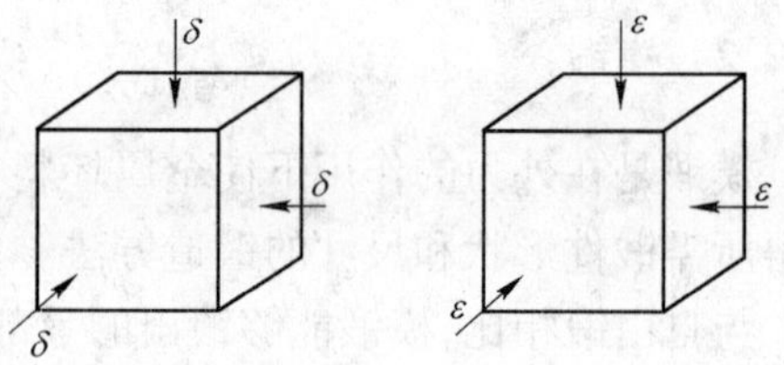

图 20－6　旋锻力学变形图[23]

从图 20－5 和图 20－6 可以看出,旋锻时所受的应力状态为三向压应力,而拉伸(含辊拉)为二向压应力、一向拉应力。三向压应力可提高材料塑性,而拉应力则使塑性降低[24],对高强度、高硬度、低塑性的钼合金,采用旋锻加工进行塑性变形最为有利[25]。

Don－Kuk Kim 等人[26]研究比较了 93W－4.9Ni－2.1Fe 合金的旋锻态与烧结态、热处理态和时效态组织结构与性能的差别,如图 20－7 和图 20－8 所示,由于加工硬化和时效强化,旋锻态和时效态钨合金的硬度明显增加,钨颗粒和黏结相的显微硬度也显著增大。

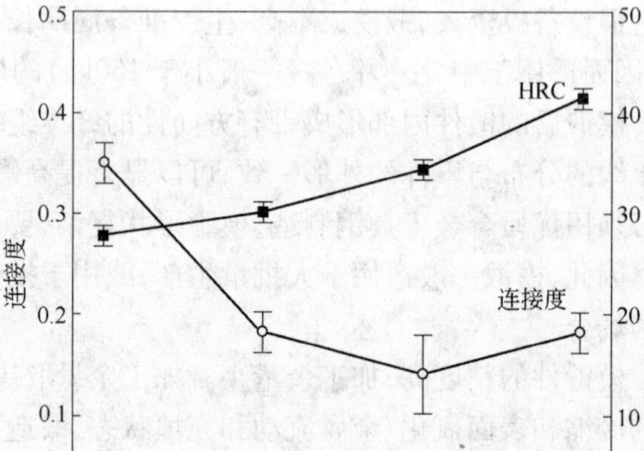

图 20－7　烧结态、热处理态、旋锻态和时效态对应的连接度与硬度值[26]

旋锻态钨合金的W-W连接度(W-W晶粒间的界面面积占整个表面积的百分数)降为最低。

对钼合金进行旋锻强化时,钼合金存在力学性能不均匀现象。对旋锻后钼合金的硬度分析发现,钼合金心部的硬度和表面的硬度之间存在较大差异,表面的强化效果优于心部的强化效果。旋锻时,从进入圆锥区到定径区这一段,金属开始变形且程度逐渐增大;在定径区内金属只承受很小的变形;在圆锥区和定径区的过渡断面金属承受的变形程度达到最大。这样,在圆锥区的出口处和入口处材料的变形速度差增加,其结果是导致金属表面附加弯曲变形。另一方面,由于锻模与坯料之间的相互作用,也使坯料表面与心部的应力状态和变形程度不同,表面金属承受的剪切应力和材料畸变程度以及残余应力均高于心部。主要是由于这两个方面原因,造成表面的强化效果要好于心部。

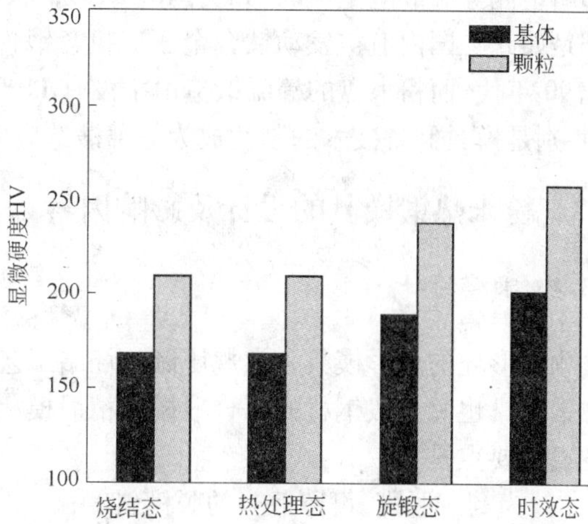

图20-8 烧结态、热处理态、旋锻态和时效态钨晶粒与黏结相对应的显微硬度[26]

等温模锻是将模具和坯料加热到锻造温度并维持此温度而进行低应变速率变形的塑性加工工艺,其原理和特点是坯料及模具在等温和低速变形条件下,锻坯较易产生动态回复和再结晶,从而导致流动应力降低和所需设备变形吨位的减小。等温模锻件在最终成形阶段实际上处于蠕变变形状态,可以获得小余量或近无余量的锻件精度,从而减少贵重金属材料的消耗和降低锻件机械加工的成本。等温变形具有均匀性,可以获得均匀组织和优异性能的优质锻件。等温锻造的主要局限在于模具及其配套加热装置的成本昂贵,锻造生产率较低。

等温锻造的金属和合金非常广泛,几乎适合于所有的铝、镁、铜及其合金、合金钢、不锈钢、高温合金、粉末合金以及各种高性能新型金属材料,如机械合金化合金、有序金属间化合物及金属基复合材料等。但等温锻造作为一种新兴工艺技术的发展,主要是针对难变形和难加工的材料。按照锻件材料的变形温度范围,等温锻造模具可分为三类:常规热模具钢模具、高温合金模具、钼合金模具和陶瓷模具等。等温锻造的模具加热可选用火焰加热、电阻加热及感应加热等。等温锻造用的防护润滑剂,主要是各种玻璃防护润滑剂。对它们的要求是:

(1)在模具和坯料间能生成连续均匀的润滑膜以减小摩擦系数,降低变形抗力;

(2)对坯料和模具不发生腐蚀作用;

(3)坯料加热时能起保护作用,避免氧化和其他污染;

(4)兼有脱模剂作用。在常规锻造条件下,模具的急冷作用和快速变形的基本条件严重地限制了这些材料锻造时的可锻温区、允许变形量以及锻件的复杂程度等,而等温锻造则可以满足其有关要求。

国外先进的航空发动机用的钛合金,高温合金压气机盘,变形高温合金涡轮盘80%以上是采用等温模锻工艺生产的。粉末高温合金涡轮盘是用真空、氩气(Ar)保护的钼合金模具的超塑性等温锻造生产的,如美国的GE公司、PWA公司和英国的R-R公司生产的发动机都是如此。国内航空发动钛合金压气机盘锻件和飞机结构件的等温锻造的应用始于20世纪90年代,而粉末盘的等温锻造由于没有1100℃的模具材料而无法开展,更由于设备能力,特别是模具制备技术的制约成为等温锻造应用和发展的瓶颈。

20.3 粉末热锻模具的设计及影响因素

20.3.1 锻模设计

预成形坯的成形模具和常规压制-烧结工艺制造制品时的成形模具完全相同[27]。粉末热锻模具也和一般钢材的闭合锻模或精锻模相似,模具材料使用的是热锻模具钢。热锻模的设计要点是:

(1)为利于脱模,可留适当的脱模斜度;

(2)能实现预成形坯快速入模、快速出模;

(3)提高模具的型腔尺寸精度,确保零件非加工面的尺寸精度;

(4)由于锻造是在高温下进行的,因此必须选择合适的模具间隙。

20.3.2 影响因素

由于非金属夹杂物影响粉末锻造件的性能,例如冲击值、伸长率、屈服点、拉伸强度等随着夹杂物的增加而降低,尤其是对冲击值影响很大,因此杂质含量高的还原铁粉对粉末锻造冲击块不适用,一般采用纯度较高的雾化粉末。一般的粉末锻造件可分为碳钢材料和低合金钢材料。对于碳钢零件,在粉末锻造中使用的是Fe-C系和Fe-Cu-C系粉末材料,如连杆、轮毂、端盖等;对于普通低合金钢零件,通常使用的是铬钼钢、铬钢、钼钢、镍铬钼钢等,如轴承环、齿轮、套筒等。但是,在粉末锻造中,含有Cr、Mn的粉末,由于Cr、Mn比Fe和氧的亲和力大,粉末中含有的Cr与Mn的氧化物难以还原。所以,一般采用Ni-Mo系(AISI46××系)粉末材料。

正确的预成形坯设计是粉末锻造成功的关键。预成形坯的三个主要变量是:形状、质量和密度。通常,热锻用预成形坯的密度为理论密度的70%~85%。预成形坯设计对材料中的金属流动和应用分布有相当大的影响。预成形坯的形状和密度直接影响粉末锻造材料的力学性能,特别是韧性和疲劳强度。预成形坯的孔隙度增大会急剧降低材料的断裂强度,这就意味着预成形坯变形时有可能导致表面开裂。根据冲击块零件的特点,预成形坯设计要点是:

(1)预成形坯外形接近零件的外形尺寸,冲击块锻造主要是高度的镦锻;

(2)考虑热态下预成形坯的热膨胀量;

(3)控制压形过程中粉末的流动有利于预成形坯各部位的密度均匀。

锻造应注意以下几个问题:

(1)气氛保护。预成形坯的密度不高,有相当大的孔隙度,因此必须在氢、氮或其他保护气氛下进行加热,防止氧化和脱碳。

(2)模具润滑。在高温状态下脱模力会造成模具划伤、磨损,因此必须对模具进行润滑冷却,常用的润滑冷却液是石墨乳液,它在可以减少脱模阻力的同时,使模具特别是阴模保持在较恒定的温度。

(3)影响密度的主要因素。在打击力一定的情况下，锻造温度是主要的影响因素，一般选在1000℃左右，温度过高会加大脱碳和氧化，从而影响制品性能；其次是粉末种类和质量，使用雾化铁粉和预合金粉有利于提高锻件密度，打击力的大小直接影响孔隙闭合的程度，最佳的锻造工艺应是在合适的温度下施以较小的打击力而达到高密度。

金属材料在一定的温度范围内，随温度的上升其塑性会提高，变形抗力会下降，用较小的变形力就能使坯料稳定地改变形状而不出现破裂，所以锻造时要对工件加热。将加热的多孔预成形坯从炉中取出送入锻模中，暴露于大气中这段时间内会发生氧化和脱碳，暴露于大气中时间愈长，脱碳愈严重。依据预热温度和预成形坯的密度，预成形坯在大气中暴露的时间越短越好，一般为少于4s。为防止脱碳，也可采用将预成形坯涂一层石墨粉后再进行加热的方法。锻件加热可以采用一般燃料如焦炭、重油等进行燃烧，利用火焰加热，也可采用电能加热。典型的电能加热设备是高效节能红外箱式炉。它采用硅碳棒为发热元件，并在内壁涂有高温烧结的辐射涂料，加热时炉内形成高辐射均匀温度场，因此升温快，单位耗电低，达到节能目的。红外炉采用无级调压控制柜与其配套，具有快速启动、精密控温、送电功率和炉温可任意调节的特点。

对锻件加热不当，则会产生以下缺陷：

(1)过热。加热温度超过该材料的始锻温度，或在高温下保温过久，金属材料内部的晶粒会变得粗大，这种现象称为过热。过热使锻坯的塑性下降和可锻性变差，可通过再结晶退火的方法使晶粒重新细化。

(2)过烧。加热温度远远高于始锻温度，到接近该材料的熔点时，晶粒边界发生严重氧化而使晶粒间失去结合力，这种现象称为过烧。过烧的坯料一经锻打即会碎裂，是不可修复的缺陷。

(3)氧化和脱碳。加热时钢料在高温下与氧、二氧化碳和水蒸气接触，使坯料表面产生氧化皮和脱碳层。每次加热的氧化烧损量约占坯料总质量的2%～3%，下料计算时必须加上这个烧损量。

影响金属变形均匀性的因素主要有：金属本身；变形温度－速度条件和变形力学条件；外形尺寸因素和环境因素。这些因素对形变强化合金的塑性具有很大的影响。

(1)晶粒的影响。晶粒的粗细对金属塑性的影响很大，晶粒越细，塑性越好。晶粒变形的不均匀性(包括晶粒内部和晶界外部)随着晶粒的细化而变小，所以晶粒细化提高了变形的均匀程度，从而提高了金属的塑性，而形变强化能够消除金属内部的气孔、空洞等缺陷，并且可以破碎粗大的晶粒，因此形变强化能提高金属的塑性。

(2)变形温度的影响。在塑－脆转变温度以下，金属的塑性一般随变形温度的升高而增大。随着温度的升高，原子热运动的能量加大，可能出现新的滑移系统，并为各种扩散型的变形机构(如位错、蠕变)同时作用创造了条件，从而使塑性变形容易进行。

(3)变形速度的影响。当变形速度不大时，随着变形速度的提高塑性降低，当变形速度较大时，随着变形速度的提高塑性增加，如图20－9所示。Ⅰ区，在此阶段，虽然热效应可以促进软化过程，但是加工硬化的速度仍超过软化进行的速度。那么，在加工硬化和位错受阻的作用下塑性下降。Ⅱ区，由于金属变形产生的变形热使硬化得以消除，位错能够攀移而重新启动，在此阶段，软化进行的速度超过加工硬化的速度。

(4)变形力学条件的影响。按应力状态是否有利于塑性变形可以排序：三向压缩应力状态最好,两压一拉次之,两拉一压更次,三向拉伸应力最差。因为三向压缩应力能使由于塑性变形而导致的晶内与晶间破坏的部分得到回复。随着三向压应力的增加,金属变得致密,各种微裂纹焊合。同时三向压应力能够抵消或降低由于不均匀变形而产生的附加拉应力。粉末冶金材料会不可避免地或多或少存在着各种缺陷,如气孔、夹杂、缩孔、空洞等。这些缺陷在两向拉伸一向压缩的主变形状态下(如轧制),就向两个方向扩大缺陷,使点缺陷成为面缺陷,因而降低塑性。但在三向压缩的主变形状态下,面缺陷会变成线缺陷,使其危害减小。

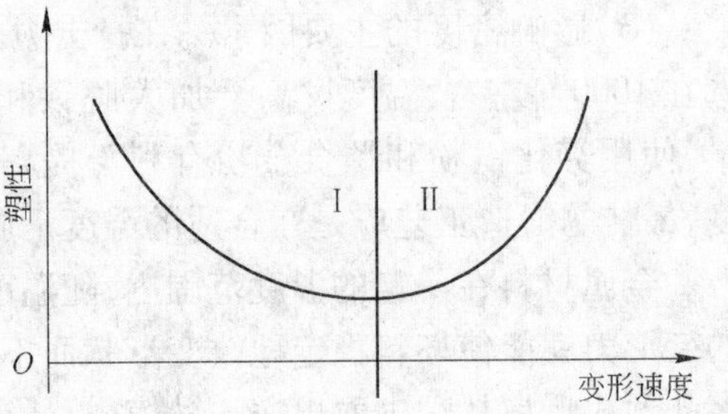

图 20－9　变形速度对塑性的影响

20.4　粉末热锻有限元分析

随着计算机的发展,可以通过计算机模拟进行新材料结构和功能设计,其中最常用的计算机模拟技术之一就是有限元分析。有限元分析过程包括:创建有限元模型、施加载荷进行求解、查看求解结果。有限元常用的商业化软件有 ANSYS、DEFORM、MSC. MARC、MSC. NASTRAN、ABAQUS 等。

依据成形中热与力的相互影响,可以建立用于模拟粉末烧结材料锻造过程的可压缩黏塑性热力耦合有限元列式。周明智[20]对材料 AL6061 的粉末烧结体坯料在不同条件下镦粗成形过程进行热力耦合模拟,得到成形过程中变形与温度以及相对密度的分布状况,其利用有限元程序 DEFORM 的变形和热传导功能,对材料 AL6061 的粉末烧结体坯料毛坯在初始温度 400℃、模具初始温度 200℃、模具压下速度 25mm/s、接触摩擦因子 0.4 的条件下进行热力耦合模拟。

图 20－10 和图 20－11 分别是压下量为高度的 40% 和 60% 时材料内部的等效应变、相对密度和温度场的等值线分布图。

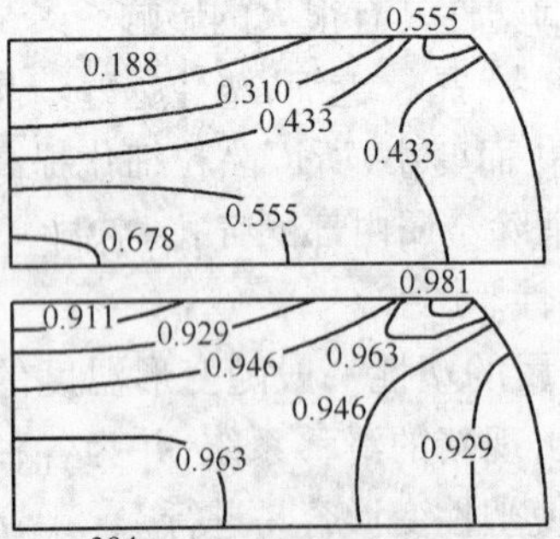

图 20－10　压下量为高度的 40% 时的等效应变、相对密度、温度场分布[28]

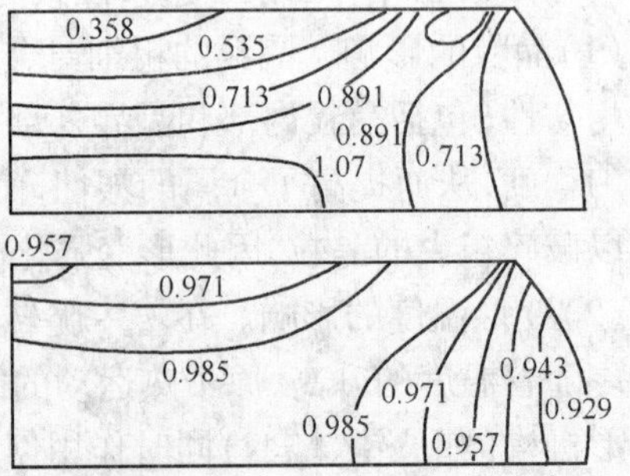

图 20－11　压下量为高度的 60% 时的等效应变、相对密度、温度场分布[28]

从模拟结果可以看出，材料在镦粗成形过程中应变、密度的分布是不均匀的。就变形区分布和致密体基本相同而言，可以分成和模具端面接触的难变形区、自由表面的变形区和内部的剧烈变形区；密度区也相应地可以分为低密区、致密区和高密区；温度场的分布也是不均匀的，总体来说内部剧烈塑性变形区产生热能多，因而温度高；而外部特别是模具接触部分由于模具的相对温度低、传热系数大而导致温度下降快。从图 20 - 10 和图 20 - 11 中可以看出，轴向压下量对内部变形场、温度场和密度分布的影响，就温度场分布而言，压下量越大，一方面产生的塑性变形能越大而造成变形体内部温度升高；另一方面由于和周围环境进行热交换的时间长而导致变形体内部温度下降。由于模具的压下速度较快，由内部热源生成的热量要大于其向周围介质传播的热量，故变形体总体的温度升高。而变形程度大、材料温度高，有利于内部孔隙的焊合，因此工件的总体相对密度升高。

粉末烧结体在镦粗成形过程中影响其密度分布的因素较多，但总体上符合以下规律：在压下量不大的情况下，其分布规律和等效塑性应变的分布基本一致（如图 20 - 10 所示），说明该阶段粉末烧结体的锻造致密主要是由塑性变形引起的。当压下量较大时，此时处于难变形区材料的密度反而比变形区内的材料密度大（如图 20 - 11 所示），这是因为粉末体在锻造过程中材料的致密性能还要受到其所处的应力状态影响，其中压应力越大，静水压力值越大，越有利于材料的致密。对于不同压下量时变形体内的静水压力分布如图 20 - 12 中的 a、b 所示。

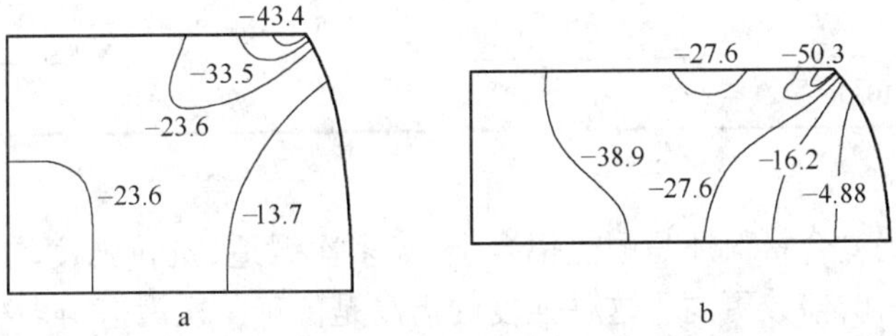

图 20 - 12 不同压下量时变形体内静水压力分布

a—压下量为高度的 40% 时静水压力分布；b—压下量为高度的 60% 时静水压力分布[28]

通过模拟结果可以得出：

(1) 任一时刻，锻件内部的应变、温度、密度的分布是不均匀的。总体来说内部剧烈变形区的温度、密度高，而难变形体区温度和密度低；

(2) 在其他条件相同的情况下，轴向压下量越大，成形速度越快，越有利于提高锻件的致密度，而存在于端面的摩擦则导致锻件内部密度和性能不均匀；

(3) 粉末烧结体的锻造致密效果要综合考虑变形量和其所处应力状态的影响。塑性变形量越大，且静水压力越大，越有利于其密度的提高。

崔振山[29]应用商用有限元软件 MARC 模拟圆柱体热镦粗时内部孔洞的闭合过程，分析了孔洞变形时的应力和应变以及影响孔洞闭合和焊合的各种因素。模拟结果表明，球形孔洞在闭合过程中，逐步由椭球变为裂隙，在椭球短轴附近的微小区域内存在着径向和轴向拉应力，有可能造成材料产生新的微观损伤。孔洞闭合后，拉应力消失。最大应变发生在椭球长轴端点附近，且沿压下方向的压应变绝对值最大，对孔洞闭合起着主导作用，径向和轴向应变为拉应变。温度、变形速度不是影响孔洞闭合的主要因素，但温度对于微观组织的再结晶及裂隙的焊合至关重要，高温变形是改善孔洞材料性能的必要条件。若变形温度不足以发生再结晶,则孔洞变形形成的裂隙比不变形的球形孔洞更具有破坏性。

采用热力耦合有限元法模拟镦粗时内部孔洞的闭合过程,能够再现变形过程的全貌,获得孔洞闭合的临界变形条件以及用其他方法难以得到的应力应变等发展过程。热力耦合分析的方法对全面、准确地分析粉末锻造过程具有重要的意义,特别是将变形场、温度场以及内部组织演化机制结合起来的研究具有深远的价值。

20.5　粉末热锻的应用

在现代粉末冶金工业领域,粉末热锻由于突出的优点而广泛地应用于各种结构材料和功能材料,成为研制新材料最具潜力的手段之一。李云平等人[30]研究了用粉末热锻工艺制备耐热铝基复合材料的过程以及 SiC 颗粒增强 Al－Fe－V－Si 耐热铝基复合材料的力学性能和室温、中温耐磨性。研究结果表明,SiC 颗粒提高了复合材料的强度和耐磨性,在250℃以下为轻微磨损,达到300℃时由于机制改变而发生严重磨损。一次锻造与多次锻造后材料的抗拉试验结果如表 20－1 所示。

表 20－1　一次锻造与多次锻造耐热铝基复合材料及基体的抗拉强度对比[30]

材　料	抗拉强度/MPa	
	一次锻造	多次锻造
Al－10.5Fe－2V－2Si	115	311
5% SiCp①/Al－10.5Fe－2V－2Si	107	459

①体积分数。

无论是耐热铝基复合材料还是耐热铝合金,经多次锻造,抗拉强度均成倍地提高,且耐热铝基复合材料提高的倍数更高。这种强度的提高是由于一次锻造与多次锻造后耐热铝基组织的变化引起的,图 20－13 和图 20－14 分别为含 15% SiC(体积分数)增强耐热铝基复合材料一次锻造与多次锻造后的纵向组织,与一次锻造组织相比,经多次锻造后晶粒沿纵向拉长,产生明显的金属流线,并且原始颗粒边界基本消失。

图 20－13　15% SiCp 耐热铝基复合材料一次锻造后的纵向组织(×500 腐蚀后)[30]

图 20－14　15% SiCp 耐热铝基复合材料多次锻造后的纵向组织(×500 腐蚀后)[30]

国为民[31]等人采用热等静压制备FGH95合金坯，然后采用包套锻造，研究了其最佳变形温度范围、变形量以及变形速率对变形抗力和塑性的影响：FGH95合金最佳变形温度范围为1050～1150℃；变形速率对该合金的变形抗力和塑性影响很大，当慢速变形时，变形抗力降低，塑性提高。锻造温度对FGH95合金的组织和性能有很大的影响：在1080～1140℃加热锻造时，组织均匀、晶粒细小；当在1160℃加热时，由于大部分γ'相溶解使晶粒长大，故虽持久强度提高，但屈服强度明显降低。对锻造变形量研究的结果表明：热等静压坯经锻造变形后，变形量从42%增到77%时，枝晶组织从1.99%减少到0.39%。粉末热锻$Fe_2Cu_2Mo_2C$合金浮动油封密封环的表面硬度大于63HRC，工件表面存在弥散微孔，具有贮油作用，有利于油膜形成，从而提高其耐磨性[32]。

粉末烧结热锻合金结构钢的密度较冷压烧结材料有显著提高，近似致密组织[33]，冷压烧结后，材料的密度为6.7～6.8g/cm^3，冷压件经热锻烧结后，材料的密度提高到7.6～7.7g/cm^3，硬度和耐磨性也有显著提高。图20－15a、图20－15b分别为含有1.5%Cr和4%Cr的冷压烧结合金的显微组织，图20－15c、图20－15d分别为含有1.5%Cr和4%Cr的热锻合金的显微组织。冷压工艺烧结后试样内部存在大量孔隙，如图20－15a、图20－15b所示。随着Cr含量的增加孔隙度有所降低。而同种成分的粉末经过热锻后，孔隙数量明显降低，且密度接近100%，如图20－15c、图20－15d所示。这是由于低熔点的Cu形成液相易发生大塑性变形产生滑移，形成黏流体而致密化，使孔隙消失。烧结温度为1200℃时，Cu首先形成液相，然后进入孔隙而促进致密。颗粒内部孔隙对液体的毛细管作用要比颗粒之

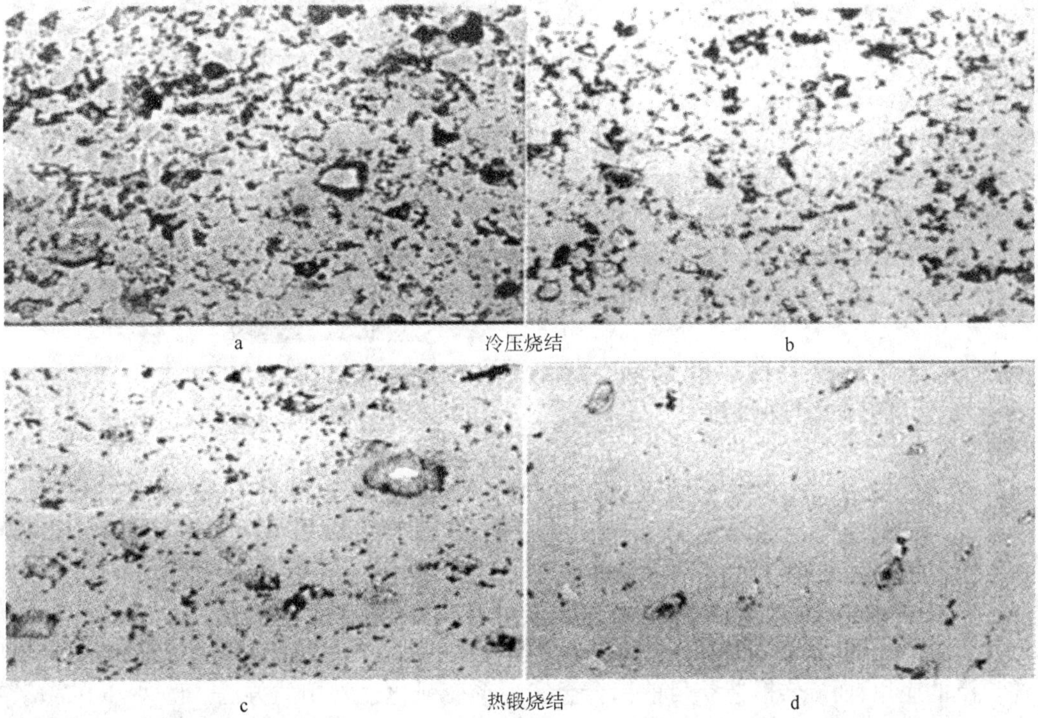

图20－15　不同Cr含量的合金粉末经不同工艺烧结后试样的孔隙组织[33]

a，c—1.5%Cr；b，d—4.0%Cr

间的孔隙所起的作用大得多，在热锻过程中，由于对材料施加了很大的压力而使颗粒之间孔隙的数量大大减少，并达到近似致密。图 20 - 16 为不同烧结工艺的合金结构钢件的密度变化，其冷压烧结后的密度在 6.7 ~ 6.8g/cm^3 左右，而经过粉末热锻后，密度提高到7.6 ~ 7.7g/cm^3 左右，接近纯铁密度。

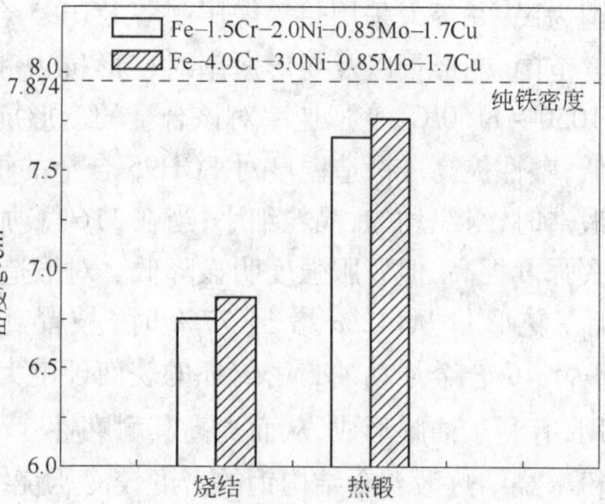

图 20 - 16 不同烧结工艺的试样密度[33]

G. Garces 等人[34]研究了粉末热锻对 Mg - Zn - Y 合金微观结构和力学性能的影响，将 ϕ42mm × 20mm 的 Mg - Zn - Y 合金在 400℃ 的锻造温度下，经三次锻造后高度变为 8mm（变形量 92%），在每次锻造间隙时间内，合金在电阻炉中于 400℃加热 20min。图 20 - 17 为锻造过程中合金的初始态与终了态锻造后的合金显微照片。对比锻造前后合金的显微结构发现，热锻有效地细化了 Mg - Zn - Y 合金的晶粒，在基体相中沿锻造方向形成强化的纤维结构，而这种强化结构可以使拉伸和压缩屈服强度呈各向异性，其增强因素仅取决于结构强度。

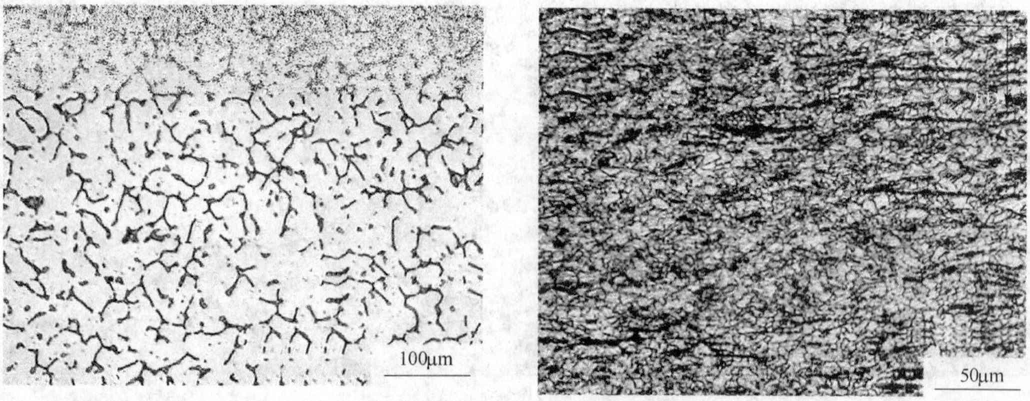

a　　　　b

图 20 - 17 $Mg_{97.26}Zn_{4.92}Y_{0.58}Zr_{0.12}$ 合金显微照片

a—锻前；b—锻后[34]

Abdel - Wahab El - Morsy[35]将回收的 Ti - 6Al - 4V 合金的切削碎片，经粉末热锻和热轧工艺制备了钛合金板材，工艺流程如图 20 - 18 所示。该工艺实现了回收利用钛合金切屑，用来取代钛多孔材料和制备钛合金坯体所需的昂贵的合金材料。

钨合金具有密度高和强度高等优点，在国防军事工业、射线屏蔽材料和体育器械等领域有着广泛的应用，而旋转锻造是目前钨合金实现形变强化最常用的方法。国外，R. Gero 等人[36]对 90W、93W 和 95W 合金进行旋锻，由表 20 - 2 可知，旋锻后钨合金的强度比烧结态的大幅提高，而韧性则显著下降，且在锻造变形过程中，W 的含量越大，锻后钨合金的塑性越低（无颈缩效应）。

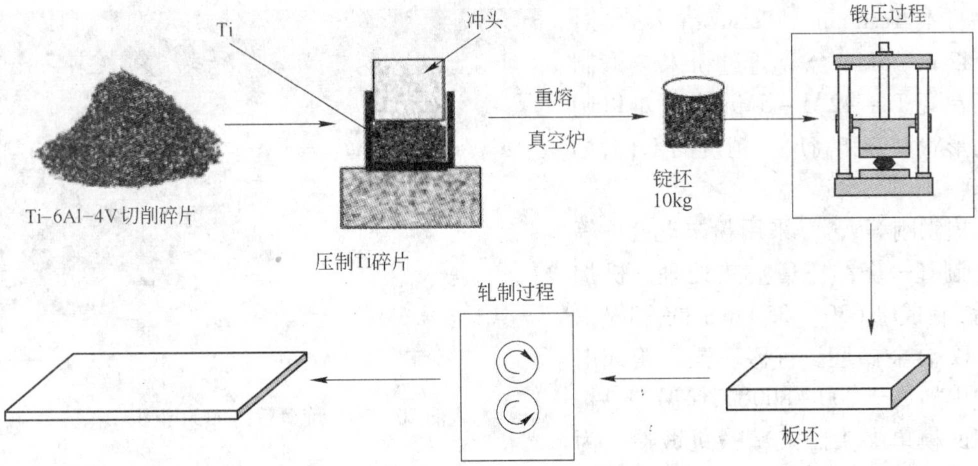

图 20-18 Ti-6Al-4V 合金典型粉末热锻和大应变热轧图[35]

表 20-2 90W、93W 和 95W 合金烧结态与锻造后的性能

合 金	A90		A93		A95	
密度/g·cm^{-3}	17.09		17.66		18.03	
状 态	烧结	锻造	烧结	锻造	烧结	锻造
抗拉强度/MPa	981	1481	1020	1344	991	1315
伸长率/%	31	10	21	3.5	14	3
断面收缩率/%	36	22	21	4	14	2.5
屈服强度/MPa	755	1472	814	1295	785	1285

G. R. Goren-Muginstein 等人[37]采用旋锻将 90W-7Ni-3Fe 合金变形达 50% 和 82%（直径压缩比）（见图 20-19），钨颗粒分别呈椭圆状和长的针形状镶嵌在黏结相中，且钨晶粒内形成了高密度位错（见图 20-20），从而说明旋锻后钨合金形成长条状的变形钨晶粒及晶粒内部高密度位错是形变强化的主要原因。

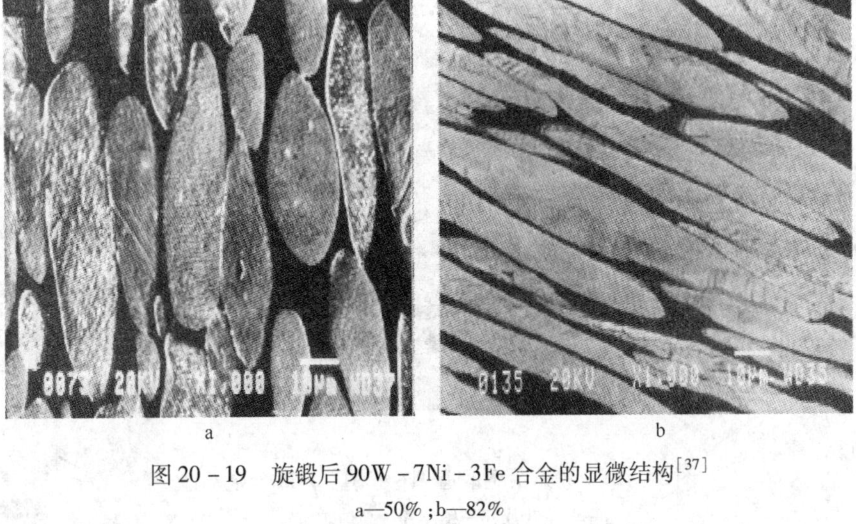

a b

图 20-19 旋锻后 90W-7Ni-3Fe 合金的显微结构[37]

a—50%；b—82%

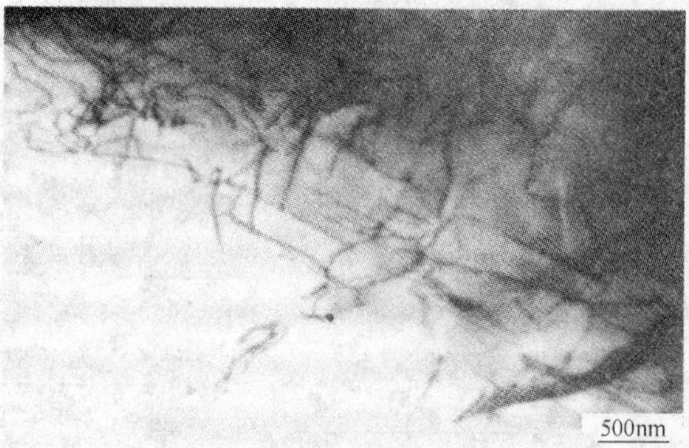

图 20－20 旋锻后的 TEM 组织[37]

日本 Toshimitsu Tetsui 等人[38]对 Ti－42Al－5Mn 合金通过粉末热锻制备了常规 Ti－42Al－5Mn 合金难以制备的形状复杂和高尺寸精度的部件，如图 20－21 所示。

史洪刚等人[39]采用粉末混合—等静压制坯—烧结—真空热处理—机加工后，制成 ϕ(30～35)mm 的 93W－Ni－Fe 合金棒坯。将棒坯置于箱式电阻炉中加热至 700～800℃，保温 1h 后，采用四模单夹头卧式精锻机锻造。为了达到较大的变形量，采用循环处理的方法，以加热—锻造—退火为一个循环，进行多次循环锻造。每次循环锻造后，棒坯进行去应力退火，锻造结束后进行最后一次去应力退火。锻造变形量对性能具有较大影响，如表 20－3 所示。

锻造变形是强化钨合金材料非常有效的手段，锻造态钨合金的强度随着变形量的增加基本上呈线性上升的趋势，伸长率则随着变形量的增加而降低，但降低的趋势较平缓。这是由于随着变形量的增加而导致材料显微组织的变化，从而引起材料断裂机制发生实质性变化而造成的结果。

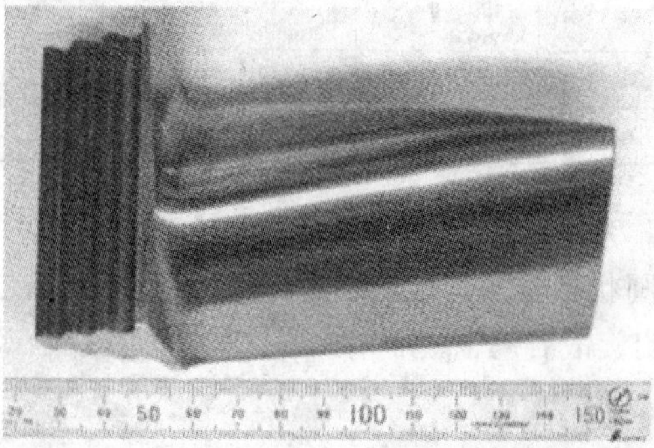

a

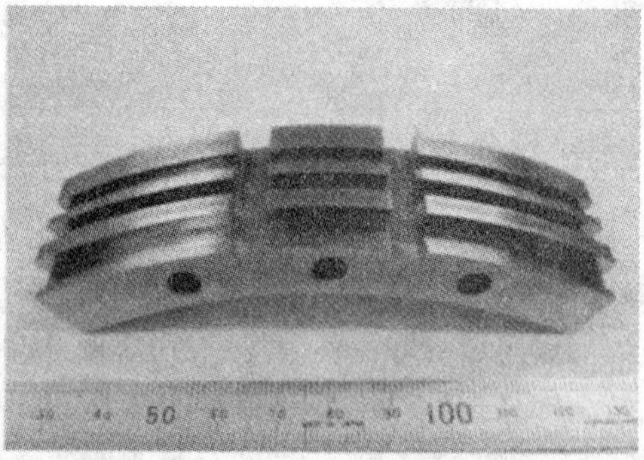

b

c

图 20－21 粉末冶金锻造 Ti－42Al－5Mn 合金部件

a—涡轮叶片；b—销座；c—高炉炉头[38]

表 20－3　90W、93W 和 95W 合金烧结态与锻造后的性能[39]

总变形量/%	抗拉强度/MPa	伸长率/%
15	1260	14
35	1370	13
42	1440	12
58	1490	11
65	1580	9

于洋等人[40]用细颗粒钨粉(平均粒径 5μm)制备 93W－4.9Ni－2.1Fe 合金,采用旋锻对其进行大变形锻造。经过旋转锻造形变强化后,合金微观组织最显著的变化是类球状的钨颗粒被拉长为纤维状,即钨颗粒沿着变形方向被拉长,颗粒之间的基体相也因协调变形逐渐成为细条状(如图 20－22 所示)。并且,随变形量的增加,钨颗粒的变形越来越明显,微

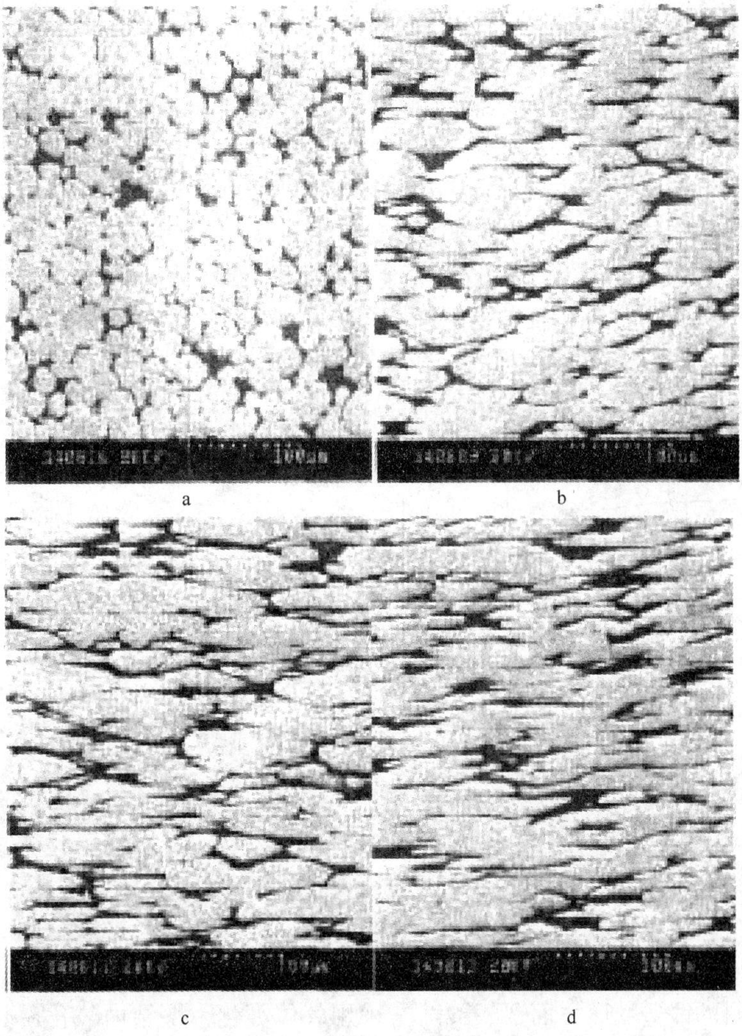

图 20－22　不同变形量 93W－4.9Ni－2.1Fe 合金的组织(纵向)[40]
a—烧结态;b—70%;c—75%;d—85%

观组织的变化在宏观性能上表征为钨合金材料强度的提高。

变形量愈大,钨颗粒变形强度愈高,强化效果也愈明显,如表 20 - 4 所示。旋锻后材料的强度随变形量的增大而提高,而伸长率则随变形量的增大而有所下降。变形量为 85% 时,其抗拉强度为 1490MPa,而伸长率仅为 2.5% 。

表 20 - 4　旋锻 93W - 4.9Ni - 2.1Fe 合金的室温力学性能

总变形量/%	σ_b/MPa	δ/%	HRC	HV	
				钨颗粒	黏结相
烧结态	960	23.0	28	476	360
70(锻 5 次)	1300	4.0	38	523	432
75(锻 5 次)	1380	3.0	42	542	455
85(锻 6 次)	1490	2.5	46	598	485

对粉末冶金钼合金采用锻造变形也可以大大提高合金性能。蔡宗玉[41]研究发现,经过锻造的 TZM 合金的强度大大提高,同时塑脆转变温度也能降低,塑性提高,变形量越大塑性变化越大。TZM 合金的变形量达 80% ,伸长率达 35% ,未经变形强化的 TZM 合金烧结态伸长率只有 5% 。B. V. Cockeram[42]研究了锻造 TZM 合金的力学性能和断裂模式,锻造 TZM 合金的抗拉强度比锻造纯钼高的原因在于 TZM 合金中存在第二相和更细的晶粒,而且具有更低的拉伸塑脆转变温度和韧性塑脆转变温度。

T. Mrotzek[43]将烧结 Mo - Ti 和 TZM 合金分两阶段旋锻,在 H_2 气氛下退火,发现 Mo - Ti 合金在 1300 ~ 1400℃之间硬度急剧下降,而 TZM 在 1400 ~ 1500℃之间硬度才强烈下降(见图 20 - 23)。由图 20 - 24 可以看出,在 TZM 中形成亚晶壁和扩散型位错壁,亚晶平均线性贯穿尺度仅几百纳米,使得 TZM 具有较高的硬度和屈服应力。

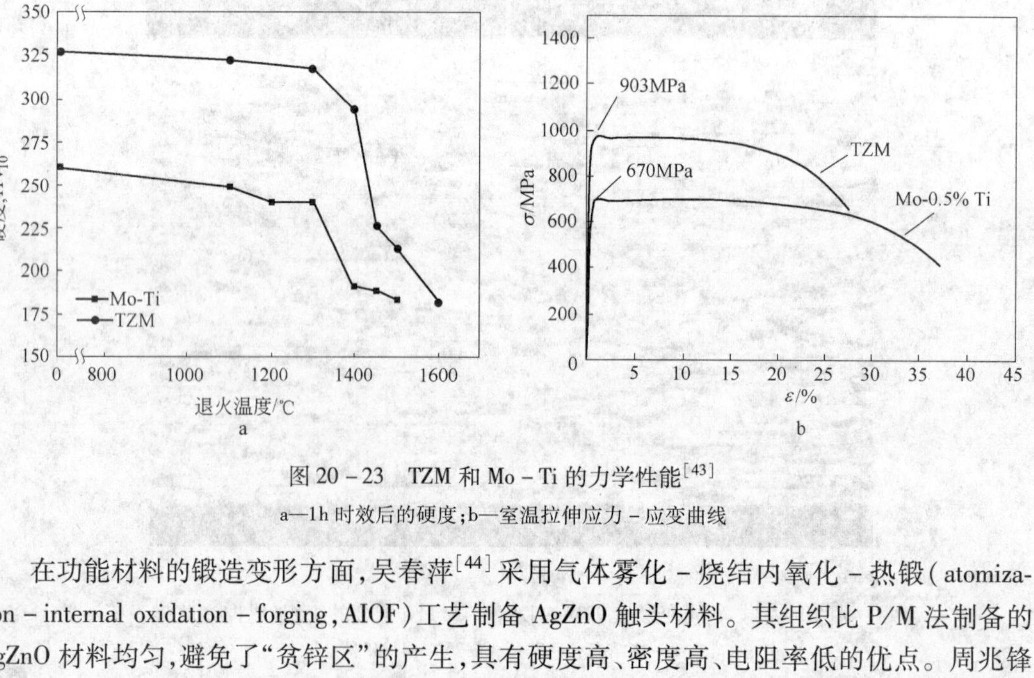

图 20 - 23　TZM 和 Mo - Ti 的力学性能[43]

a—1h 时效后的硬度;b—室温拉伸应力 - 应变曲线

在功能材料的锻造变形方面,吴春萍[44]采用气体雾化 - 烧结内氧化 - 热锻(atomization - internal oxidation - forging,AIOF)工艺制备 AgZnO 触头材料。其组织比 P/M 法制备的 AgZnO 材料均匀,避免了“贫锌区”的产生,具有硬度高、密度高、电阻率低的优点。周兆锋采用化学共沉淀法和粉末热锻相结合工艺制备了具有几乎完全致密和电阻率较低的新型的 $Ag-SnO_2$ 触头材料[45]。黄大鹏采用冷等静压制-热挤压-热锻工艺可以生产出具有良好加工性能和电性能的银稀土氧化物(Ag/ReO)触点材料，它有可能替代 AgCdO 材料，并可以实现生产规模化[46]。

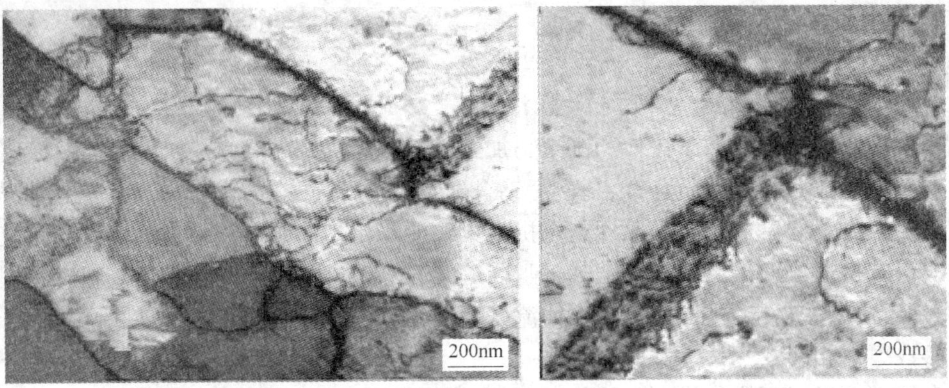

a b

图 20-24 锻造位错分布 TZM[43]

21　粉末热挤压

21.1　概述

粉末挤压成形是在金属铸坯和高聚物加工的压挤工艺基础上发展起来的一种新技术。它发展至今已成为制备硬质合金、高密度钨合金及其他金属、合金的管、棒、条及其他异形产品最重要的方法之一。其基本原理与有机高聚物的压挤工艺和金属坯材的高温压挤工艺很相似。粉末挤压成形虽源于压挤工艺，但就其工艺技术本质而言，与压挤工艺仍存在很大差异，它是由松散的粉末体压缩、再经拉伸流变而成形，较之其他压挤工艺，材质形变大，挤出工艺参数很不相同[47]。

在较高的温度下粉末体发生软化，在压力的作用下形成黏流体而发生黏性流动，进入型腔而成形为所需形状的致密部件。这个挤压成形的过程称为粉末热挤压。粉末热挤压具有诸多优点，近年来被广泛应用于弥散强化复合材料、超合金、铁合金、硬质合金、快速凝固粉末复合材料等制品的生产中。

21.2　粉末热挤压相对于其他成形方法的优势

粉末热挤压相对于其他成形方法的优势有：

(1)粉末热挤压将成形与烧结、热加工处理结合在一起，从而直接获得所需物理力学性能的制品。

(2)能生产出诸如铸造、机加工等难以成形的金属制品。由于显微组织均匀以及成分偏析的减小提高了材质和制品的性能。

(3)便于生产弥散复合材料，弥散相能均匀混入主体相材质之中。

(4)对特殊用途无需烧结和其他热处理工艺，减少了工序，挤压毛坯即可使用。

(5)相对于铸坯的挤压，粉末挤压减小了挤压压力，降低了成形时的温度和物料的运送速度，即减小了能量损耗。

(6)产品尺寸精度高，不需后续机加工，表面质量好。

21.3　热挤压方法

热挤压主要有如下三种方法，如图 21 - 1 所示。

(1)松散粉末体热挤压。松散的粉末被直接倒入挤压料筒内，松散粉末占据的体积很大。此种方式曾被用来压制镁合金制品。

(2)粉末成形坯热挤压。松散的粉末先被压成一定形状的压坯，然后再挤压。这种粉体预压成形有助于挤压工艺的控制，且具有挤出毛坯密度较高的优点，但挤出毛坯表面易出现凸现、锯齿状、不光滑等缺陷。

(3)包套粉末热挤压。它是一种更加成功的方式。在这种方式下粉体被包入一个可加压变形的包套内，包套也经预先模压，然后再热挤压。使用包套具有许多优势，如粉体可抽气;挤压物与外壁润滑剂相隔开(不易污染粉体);对有毒粉体如铍、铀制品的生产,包套将有毒物质封入,便于操作;通过选取合适的包套材料,能提高挤出毛坯的表面质量等。但如果包套材料使用不当,会让挤出物表面凹凸不平,横截面不均匀[48]。

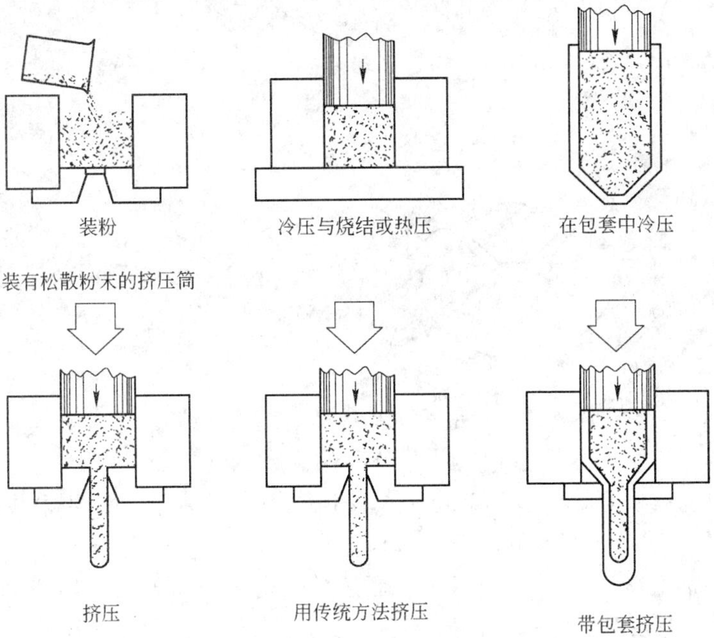

图 21－1　三种热挤压方法示意图[48]

a—松散粉末体热挤压;b—粉末成形坯热挤压;c—包套粉末热挤压

21.4　粉末热挤压对包套的要求

用粉末直接加热或用粉末压坯加热挤压粉末高速钢或高温合金件时,为防止挤压料的氧化,粉末或压坯都要装入包套内,经过抽气密封然后再进行热挤压。包套材料应具有如下特点:

(1)有较好的热塑性,与挤压材料相适应;

(2)不与挤压材料形成合金或低熔点相;

(3)挤压之后易于用物理或化学方法剥离;

(4)来源方便,成本低廉;

(5)挤压不同的材料所选取的包套材料不同。挤压高温合金及粉末高速钢常用低碳钢或不锈钢作为包套材料;挤压有色金属选用黄铜作为包套材料。近年来有研究表明,用陶瓷作为包套在技术和经济上都有明显的特点。

21.5　粉末热挤压工艺的流程

近年来,一些研究学者研制出一种填充坯料挤压工艺[11]。这是制取复杂断面或凹形的高温合金材料的一种重要方法,其工艺过程如图 21－2 所示。

(1)包套空腔的准备。包套空腔(或型腔)用软低碳钢或不锈钢加工而成。空腔的尺寸按需要的最终制品尺寸加上挤压系数来确定。

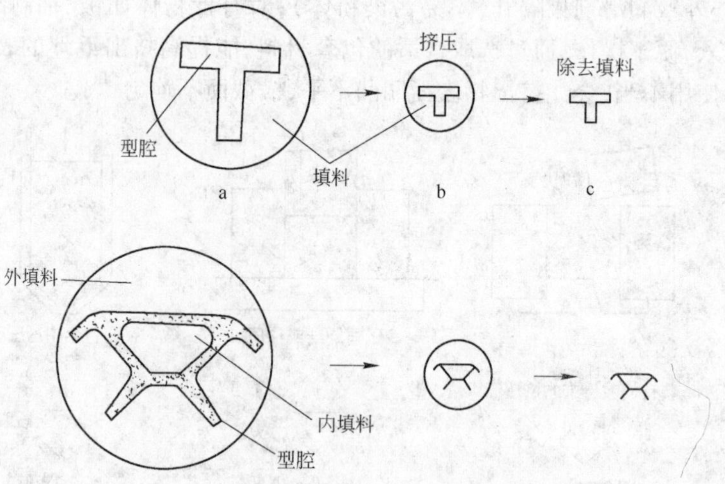

图 21－2　填充坯料挤压工艺流程[11]

a—坯块；b—挤压；c—型材

(2)装套。将已确定好的包套空腔放入碳钢盒内，将粉末装入空腔中并经振动摇实(球形粉末摇实密度可达理论密度的 60% ～62%)。

(3)包套的抽空、排气和密封。装入包套经振动密实的粉末在加热挤压前，必须经过室温下除气。除气装置如图 21－3 所示。

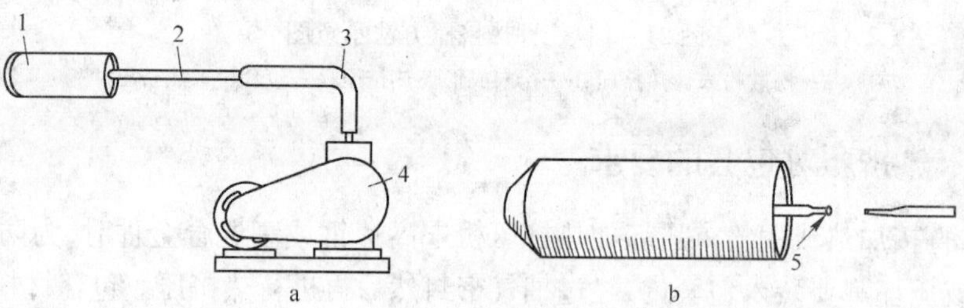

图 21－3　抽气密封[11]

a—抽气；b—加热焊接密封

1—坯料；2—抽气管；3—真空软管；4—真空泵；5—切断并密封

真空泵接上排气管抽气，为了完全抽尽空腔内的气体，需经真空检验后才能将包套加热随后切断抽气管焊接密封尾端。

(4)挤压。将密封包套的坯料放入炉内加热，然后按一定的挤压比装入模内进行分段挤压。例如挤压 Inconel 718 及 Rane 41 高温合金，挤压温度为 1149℃，挤压比为 12∶1[11]。挤压包套的厚薄以及挤压方式都会影响挤压制品的质量。图 21－4 是挤压方式不适宜所造成的包套弯曲皱叠现象。为了避免套壁弯曲、皱叠而造成压坯质量下降，可提高包套壁厚同包套长的比值或采用穿透技术。所谓穿透技术，就是使压杆穿过包套，直接挤压粉末体，如图 21－5 所示。

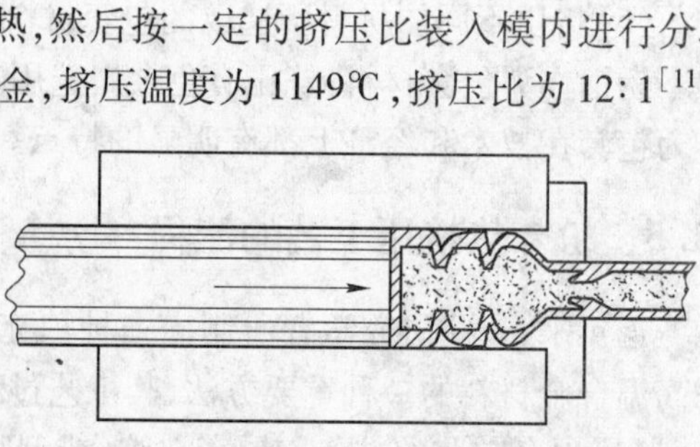

图 21－4　金属包套与松散装填粉末皱叠[11]

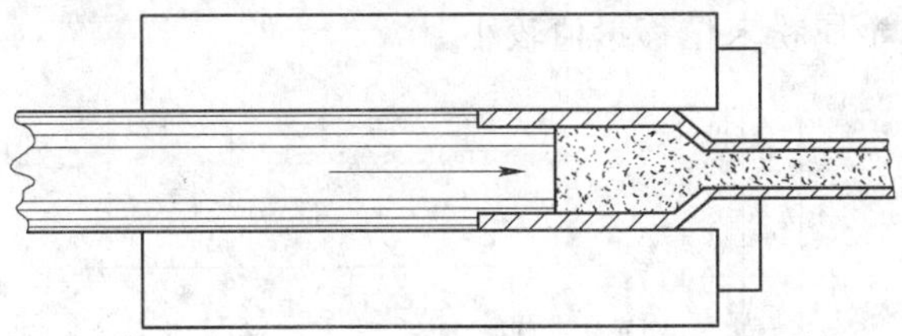

图 21 - 5 用穿透技术避免包套皱叠[11]

(5)剥套处理。挤压出的坯料剥去包套,即可获得致密的型材。

21.6 包套挤压过程粉末体的致密化过程及包套变形

挤压过程中粉末体的致密化过程对材料最终性能具有决定性的影响,周照耀等对此过程进行了深入的研究[49]。图 21 - 6a 是初始状态的包套单元及粉末变形区单元划分图。图 21 - 6b 为加载 200 步包套及粉末区的变形,当挤压量较小时,挤出端口毛坯出现内凹。图 21 - 6c 为加载 600 步时的状态。图 21 - 6d 显示了加载到 719 步时的包套及粉末的变形,此时变形锥形区已完全形成,继续进行挤压则进入稳态流动过程。在锥形区形成之后,粉末体基本上已经达到致密的程度。

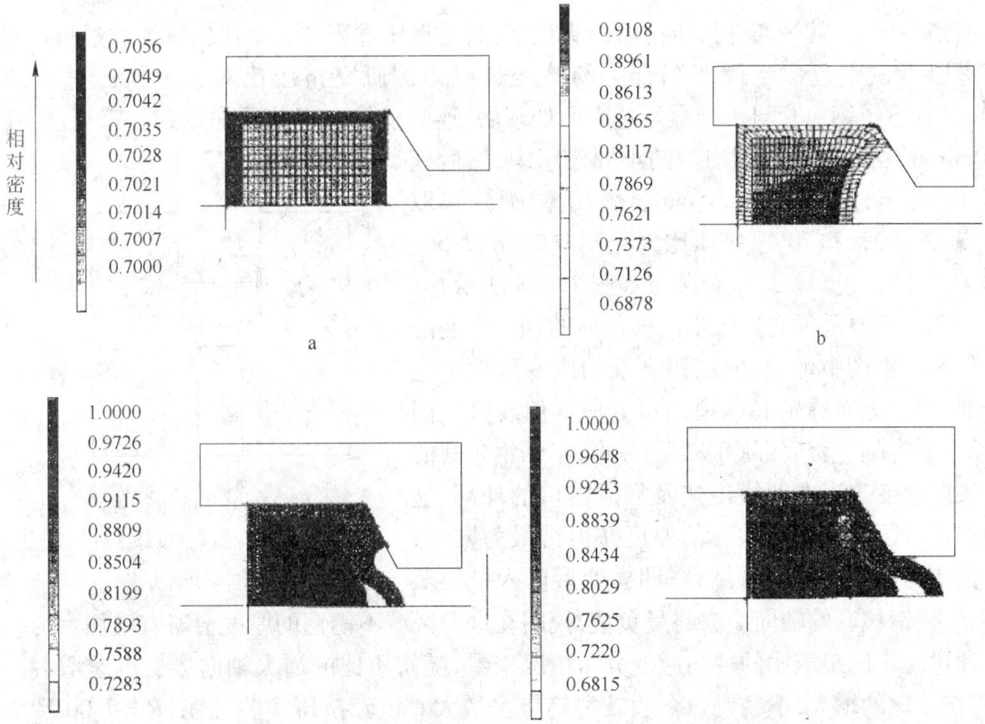

图 21 - 6 加载过程中包套的变形及粉末相对密度的分布[49]

a—初始状态;b—加载 200 步;c—加载 600 步;d—加载到 719 步

图 21 - 7 所示是挤压时轴向位移场,从位移场的分布可以看到,包套挤压也存在一个难

变形区，在锥角区域的金属粉末位移量值较小。

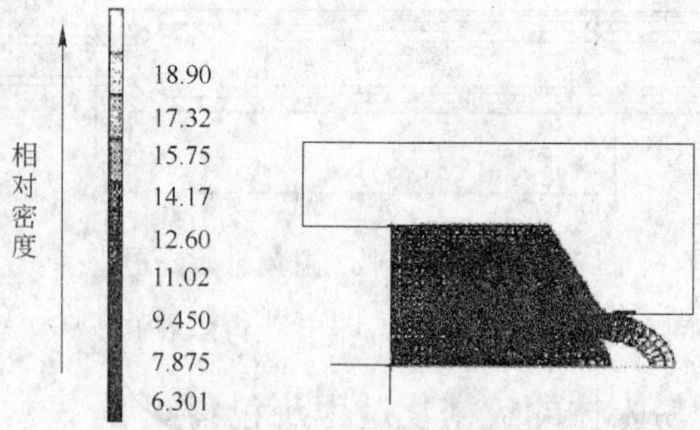

图 21－7　轴向位移场的分布[49]

21.7　挤压参数对粉末热挤压过程的影响

挤压过程的参数主要包括挤压比和挤压温度，在挤压过程中，挤压参数的变化会对挤压过程产生很大的影响。

21.7.1　挤压比对挤压过程的影响

所谓挤压比，就是坯件挤压前后的直径之比，是挤压过程中一个比较重要的参数。刘洪伟等人以不锈钢包覆半固态铝合金的挤压过程为例研究挤压比对粉末挤压过程的影响[50]。将不锈钢包套与铝合金经过表面处理后，连同模具一起共同加热到指定温度，并保温 20min，使得铝合金达到均匀的半固态组织，然后施加压力，挤压速度为 10mm/min。固相率 ψ 分别取 10%、30%、50% 和 70%，挤压比 R 分别取 1.78、2.56、4.00 和 7.11。包套挤压复合装置如图 21－8 所示。

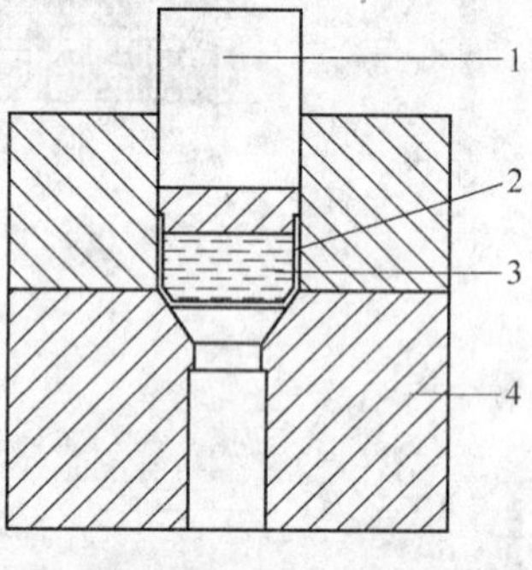

图 21－8　挤压装置[50]

1—冲杆；2—不锈钢包套；3—半固态铝合金；4—模具

图 21－9 显示了变形区不同横截面的轴向应变的分布情况。由图中可见，内层铝合金的应变远大于包套金属，越靠近对称轴和凹模出口处应变值越大。因此，原本平直的包套底部膨胀为半球形；不锈钢包套的最大轴向应变出现在凹模出口及靠近出口的外部，这说明在这些区域不锈钢包套的厚度减薄得最为剧烈，这个区域为破裂的危险区域；在凹模变形区入口处及前端，不锈钢包套的轴向应变略呈负值，说明在这一区域不锈钢的厚度会略有增加[51]。

通过对不同挤压比的轴向应变分布情况来看，随挤压比的增大轴向应变迅速增大。因此，随挤压比的增大，不锈钢包套的破裂趋势也增大。包套挤压实验证明，$R=4.00$ 和 $R=7.11$ 时，由于挤压比过大，各固相率情况下不锈钢包套均发生破裂[52]。

图 21－10 显示了由模拟获得的变形区不同横截面等效应力分布的情况。相对于不锈钢包套而言，内层半固态铝合金的应力要小得多，并且沿变形区变化不大。

因此，采用半固态挤压方法制备复层材料可以显著降低成形力，不锈钢包套的最大应力出现在凹模出口处，该处为破裂的危险区域。

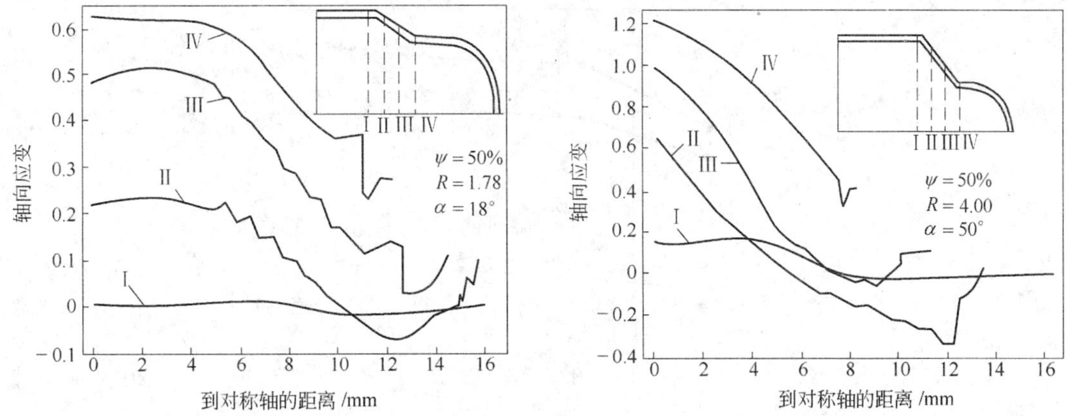

图 21－9　不同横截面轴向应变分布[50]

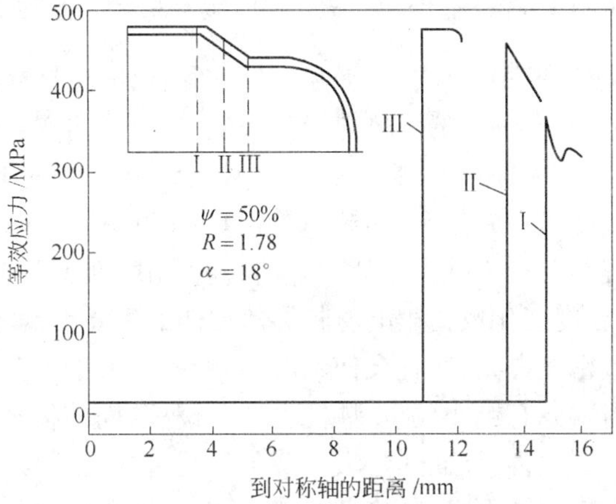

图 21－10　不同横截面的等效应力分布[50]

21.7.2　挤压温度对挤压过程的影响

在粉末热挤压的过程中，挤压温度的变化，对材料的性能产生很大的影响。张大童等人[53]以快速凝固高硅铝合金粉末的热挤压过程为例，研究了在不同的挤压温度下材料的密度、热导率和膨胀系数等各项性能的变化。

21.7.2.1　挤压温度对材料密度的影响

图 21－11 为快速凝固高硅铝合金粉末的热挤压过程中挤压温度对密度的影响。在同一成分下，随着挤压温度的升高，密度略有提高。

这是因为挤压温度升高，使得 Al－Si 合金粉末的固溶强化下降，粉末越容易发生再结晶，粉末软化，更容易挤压，孔隙易消失，从而使致密度上升，密度提高[54]。

21.7.2.2　挤压温度对材料导热性能的影响

图 21－12 为挤压温度对材料导热性能的影响。在试验所设计的挤压温度范围内，材料的导热性能基本上随着挤压温度的升高而上升，这说明在一定的温度范围内提高挤压温度对材料的导热性能是有利的。这主要有以下几方面的原因。

首先提高挤压温度有利于 Al－Si 合金粉末固溶强化减弱，粉末越容易挤压，促进 Al 相

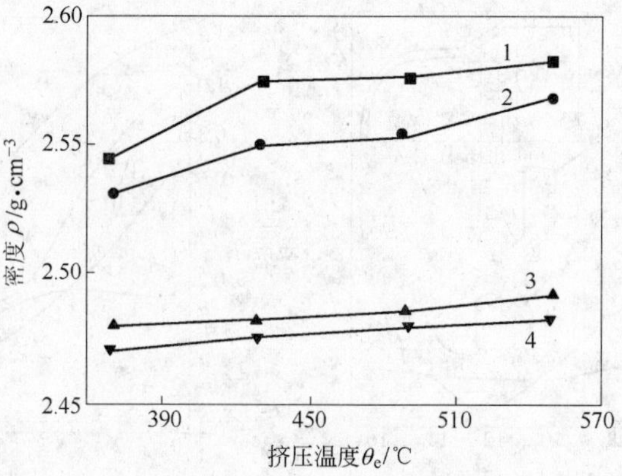

图 21－11　挤压温度对密度的影响[53]

1—Al－26.60Si，粒径不大于 0.071mm；2—Al－26.60Si，粒径不大于 0.154mm；
3—Al－36.44Si，粒径不小于 0.071mm；4—Al－36.44Si，粒径不小于 0.154mm

的流动和 Si 相的重排过程，使 Al－Si 合金颗粒更好的黏合，减少材料内部大量存在的气孔、缺陷等造成的孔隙。而这些孔隙内的气体热导率很低，对声子的散射严重，从而对材料的热导性能产生不利的影响。因此，降低材料的孔隙率必然会带来材料导热性能的提高。由图 21－11、图 21－12 可见，在同一成分下，热导率随温度的变化趋势与密度的变化趋势基本上相同，表明挤压温度的提高有利于减少材料内部的各种孔隙，使致密度上升，促进材料热导率的提高。温度引起致密度变化成为影响材料导热性能的主要因素之一。其次是挤压温度的升高，不仅使材料的致密度提高，而且会使颗粒与颗粒之间的相互接触面积增大，使原子扩散更容易进行，导致材料原有细小的 Si 颗粒大部分消失，而使得材料内部颗粒的总表面积大大减少，界面结合得到改善，界面热阻大大降低。另外挤压温度的升高，导致发生动态回复和动态再结晶，使得畸变能下降，晶格畸变消失，对声子和自由电子的散射减小，从而使材料的导热性能提高[55]。

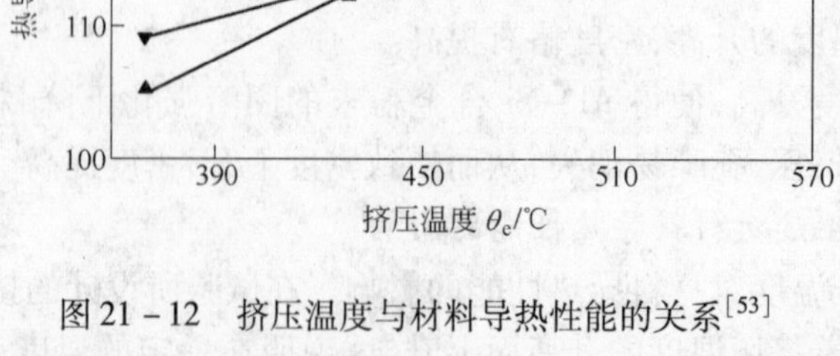

图 21－12　挤压温度与材料导热性能的关系[53]

21.7.2.3　挤压温度对膨胀系数的影响

图 21－13 反映了不同挤压温度下，高硅铝合金电子封装材料线[膨]胀系数的变化趋

势，曲线含义同图 21－11。由此可见，在试验所设计的挤压温度范围内，在其他条件相同的情况下，材料的线[膨]胀系数随着挤压温度的升高而增加。其主要原因有以下几点：第一，在挤压温度比较低的情况下，材料内部保留了很多细小的 Si 颗粒，这些小颗粒弥散分布于 Al 基体中，从而抑制了基体膨胀；第二，在较低温度下挤压，材料中残留的孔隙要多一些，这些残留的孔隙由于在受热时没有膨胀，可以看成膨胀为零的刚性第三相，从而使材料的线[膨]胀系数下降；第三，在较低温度下挤压的材料中，由于 Si 相的弥散分布，延性相 α(Al) 基体没有形成完整的连通网络，其膨胀受相的约束作用更大，从而使得线[膨]胀系数比较小，随着挤压温度的升高，过饱和相中的 Si 含量会逐渐减少，Si 相的约束作用随之减小，从而致使膨胀系数随挤压温度的升高而增加[56]。

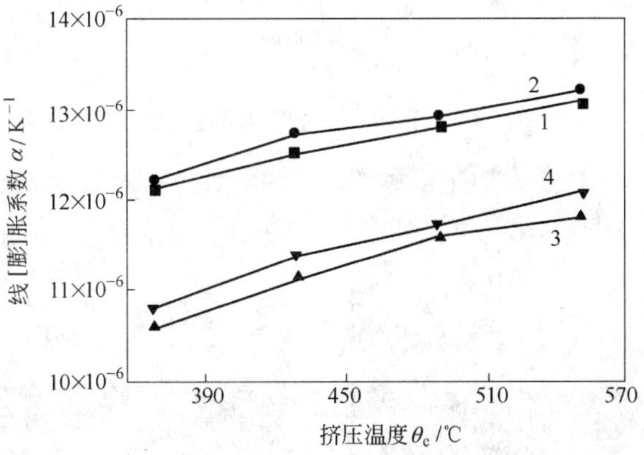

图 21－13　挤压温度与线[膨]胀系数的关系[56]

21.8　利用粉末热挤压工艺生产钨铜材料

钨铜材料是由高熔点、高强度的钨和导电、导热性能良好的铜所构成的互不固溶性特殊复合材料。该类材料由于具备良好的抗高温、耐烧蚀和高强度、高硬度等特点，被成功地应用于航天和军事工业等重要领域。

国内外一些研究学者利用粉末热挤压的方法来生产钨铜复合材料，并研究了生产过程中的各种影响因素[57]。首先采用球磨的方式来生产钨铜复合粉末，然后采用粉末热挤压的方式成形固化，并进行金属热处理，进而得到最后的钨铜材料。

21.8.1　不同加工方式对相对密度的影响

将球磨后的粉末分别进行冷压与热挤压，所得压坯的相对密度与球磨时间的关系如图 21－14 所示。经热挤压所得压坯的相对密度明显高于经冷压所得压坯的密度，这是因为较高的温度有利于原子的键合和扩散。

21.8.2　微观结构变化

图 21－15 为未经球磨所得到的 W－Cu 混合粉末热挤压坯件的金相图片，铜相均匀的分散，形成了网状结构，并没有聚集在一起。在纵向金相照片中，铜相沿挤压方向被拉长，从

原来的几个微米到100mm不等。这说明，在挤压过程中，塑性变形主要发生在较软的铜相。挤压后的微观结构有助于提高材料在纵向上的导电和导热性能[58]。

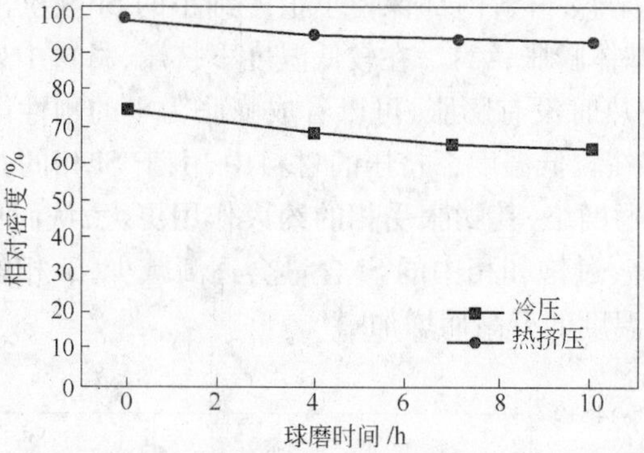

图21-14　球磨时间对相对密度的影响[57]

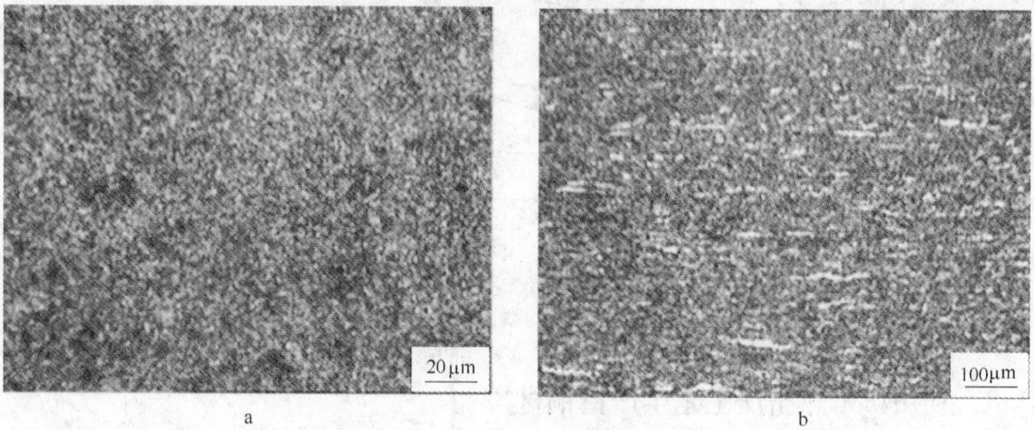

图21-15　未经球磨热挤压试样的金相图片[58]
a—横截面；b—纵向

不同球磨时间对热挤压试样微观结构的影响可以从图21-16看出。未经过球磨试样钨晶粒的平均尺寸为1~2μm，最大的晶粒不超过4μm，如图21-16所示，随着球磨时间的增加，钨晶粒尺寸分布变得不均匀，小尺寸的钨晶粒会随球磨时间的增加而增多[59]。

21.8.3　热挤压W-Cu材料电导率的变化

将一些热挤压试样进行热处理，其电导率提高，图21-17为经过热处理试样的电导率与原试样的电导率随球磨时间的变化曲线，随着球磨时间的增加，电导率呈下降趋势，其原因在于：

(1)球磨时间增加，可能在粉末中混入杂质。

(2)如果球磨时间变长，铜粉可能会发生氧化，这对材料的电导率会产生极大的影响。

(3)试样的相对密度会随着球磨时间的增加而下降。

(4)由于球磨产生的钨晶粒尺寸的不均一性会影响铜相的分布，进而影响其电导率[60]。

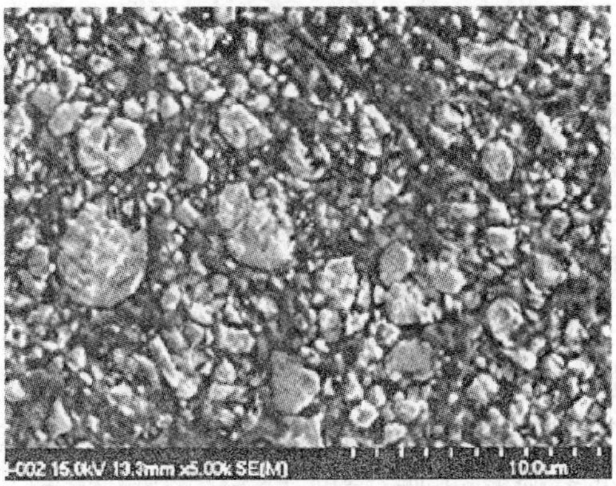

a

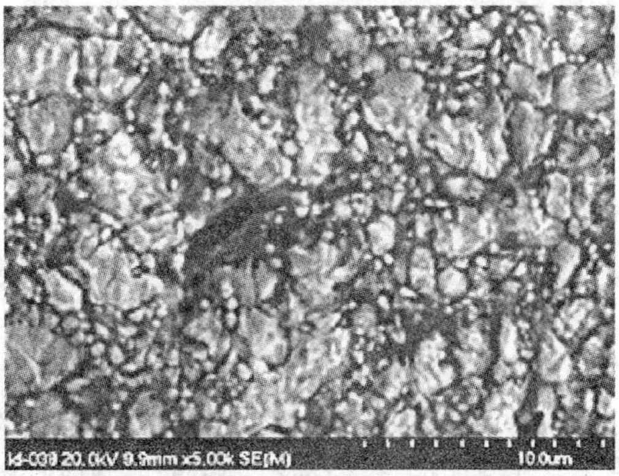

b

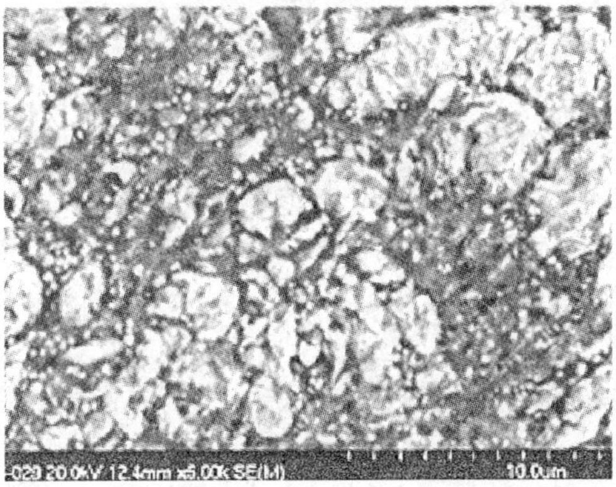

c

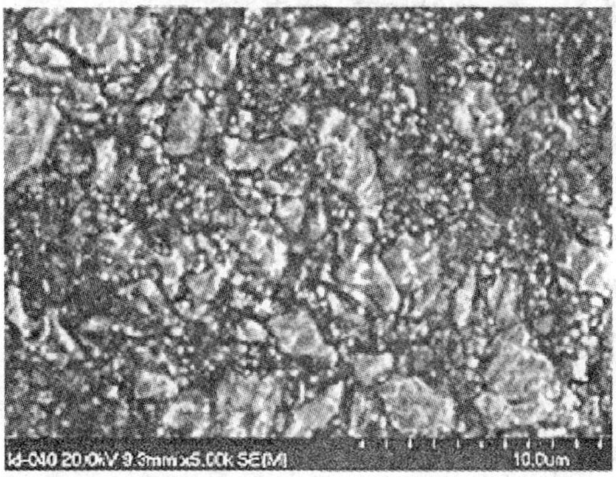

d

图 21－16　经过不同球磨时间的热挤压试样的 SEM[59]

a—0h；b—4h；c—7h；d—10h

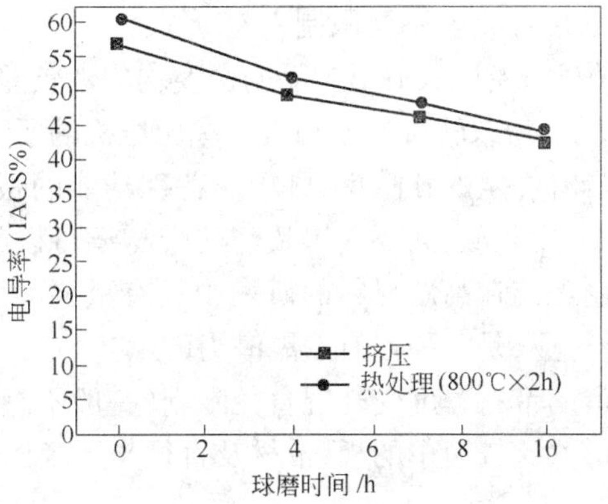

图 21－17　电导率随球磨时间的变化[60]

22 粉末热轧

22.1 粉末轧制的基本概念

金属粉末轧制是将金属粉末经过喂料装置喂入轧辊连续压轧出具有一定厚度和强度板带生坯的一种重要粉末冶金成形工艺，得到的板带材生坯经过烧结炉的预烧结和烧结处理，再经过轧制加工、热处理等工艺即可制成具有一定孔隙度的或致密的粉末冶金板带材[11]。

22.2 粉末轧制的特点

与传统熔铸轧制法相比，粉末轧制的优点如下：

(1)可以成功制取各种金属、双金属或多金属带材，如钨、钛、铁、铝、铜、不锈钢、矽钢、锆、钽、铌板带和铁－铝、钛－铝、钨－铜、镍－铜、银－铜、银－钨等双金属和多金属的带材。粉末轧制出来的板带可用作多孔过滤材料、粉末超导材料、高温结构材料、多孔电极材料、摩擦材料、电工触头材料、吸气材料、双金属材料、磁性材料、含油自润滑材料及特种包套材料等。

(2)能够轧制出成分比较精确的带材，成分易于控制，组分均匀，性能优良，更重要的是还具有各向同性的特性。

(3)工艺过程简短，设备投资少，操作成本低。

(4)成材率高。粉末轧制法的成材率一般可达到80% ~90%，而熔铸轧制法仅为60%，对于难变形的金属及其合金只有30%左右。

与模压成形相比，粉末轧制的优点如下：

(1)粉末轧制板带的长度原则上不受限制。

(2)制品密度比较均匀，而模压法成形制品的密度均匀性较差。

(3)可以节省能源消耗。粉末轧机的电动机功率比压机的要小。

此外，粉末轧制带材具有一定的孔隙率，可用作特殊功能的板带，如多孔过滤材料及自润滑材料便是一个很大的应用领域，如要获得致密的带材还可以经过附加的轧制或热处理工艺。因此，金属粉末轧制工艺在高新材料的研发中具有重要的意义，可以应用于冶金、化工、制药、食品加工等多种行业，是一种很有发展潜力的工艺。

但是，粉末轧制法生产的带材厚度受轧辊直径限制(一般不超过10mm)，宽度也受到轧辊宽度的限制，只能制取形状比较简单的板、带材及直径与厚度比值很大的衬套。

22.3 粉末轧制原理[61]

粉末轧制的实质是将具有一定轧制性能的金属粉末装入到一个特制的漏斗中，并保持给定的料柱高度，当轧辊转动时由于粉末与轧辊之间的外摩擦力以及粉末体内摩擦力的作用，使粉末连续不断地被咬入到变形区内受到轧辊的轧压。结果使得相对密度为20% ~30%的松散粉末体被轧压成相对密度达到50% ~90%并具有一定抗张、抗压强度的带坯。

金属粉末轧制可以有各种不同的方式和方法，其区别在于轧辊轴的平面部位（垂直、水平和倾斜），被加工件的状态（冷轧、温轧和热轧）和粉末的供料方式（粉末自重和强迫喂料）等。其中垂直冷轧粉末方法，应用最为广泛，主要原因是由于设备结构简单和粉末自重喂料的良好条件，如图22－1所示。

一般致密金属轧制前后只是金属体的形状变化，而体积不变。但金属粉末轧制则不同，轧制前后不仅是形状变化，体积也发生很大变化。比如原始粉末松装密度为$1.14g/cm^3$的电解镍粉末，在工作辊径为14mm的四辊轧机上进行轧制（单位轧制压力98MPa）成形后，就可变为密度为$3.6g/cm^3$的多孔带材。每克粉末所占的体积，由松装状态的$0.88cm^3$减小到$0.28cm^3$。由此可见，致密金属轧制前后体积相等原理已不适用于金属粉末轧制，而是遵循粉末轧制前后粉末质量相等的原理。

在对称供料的垂直金属粉末轧制中，为了正确理解和叙述金属粉末轧制过程，还必须了解轧制变形区的形成和决定此变形区形成的特殊截面及相对应的轧辊中心角。由于金属粉末是一种半流动状态的松散介质，所以不能像一般致密金属轧制那样，利用线性几何尺寸来分析和计算变形区及整个轧制过程。所谓变形区指的是位于两轧辊弧面和漏斗侧挡板间的粉末体积（图22－2中的*ABFE*），其上边界*AB*是粉末与轧辊表面间的接触截面，而下边界*EF*则是带材出辊处的截面。

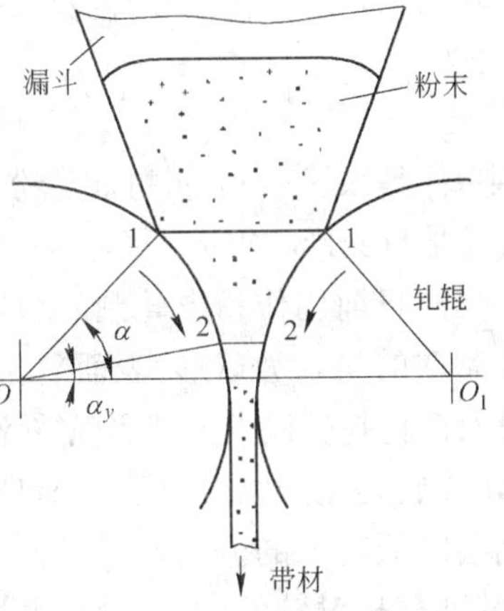

图22－1 垂直粉末轧制示意图[62]

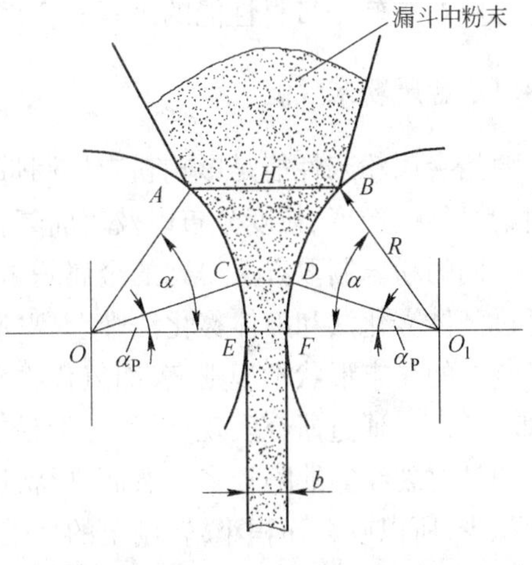

图22－2 粉末轧制变形区的形成与角度参数[61]

粉末轧制变形区，可以简单地划分为两个部分。以*CD*截面为界，其上部*ABDC*为供料区，粉末与辊面接触弧所对应的轧辊中心角α叫做咬入角，而*H*则称为咬入（或供产）厚度。在供料区内，从粉末与辊面接触点*A*（或*B*）开始，由于粉末颗粒向下错动和相互移近，粉末体已有些紧固，但整体仍为松散状。不过此时的粉末体密度已大于漏斗中的粉末松装密度，故又称此为摇实密度。在供料区内，咬入角α（或咬入厚度*H*）的变化都会引起带材厚度和密度的变化。而超过界线*AB*，α和*H*的变化对带材性能则无任何影响，所以称*H*为临界供料厚度，α为临界供料角；*CD*截面下部，即*CDFE*为压实区，*CE*弧所对应的轧辊中心角α_p称为压制角。压实区的金属粉末已变成连续的有一定强度的多孔体，从*C*（或*D*）点开始，带材密度不断增大，到出辊截面*EF*时，带材密度达到最高值。对于自重喂料的垂直冷轧金属粉末而言，压制角一般为7°～8°，而临界咬入角则有一定的波动范围40°～50°，主要是由于粉末品种和轧制条件不同所致。比如平均粒度为25μm，松装密度为1.4g/cm³的电解镍粉末，在小四辊（工作辊直径为20mm）轧机上进行轧制，通过试验确定的临界咬入角为42°，而铁粉则为48°。

根据粉末轧制前后粉末质量相等原理，可以认为，在粉末轧制过程中，单位时间内通过供料截面而流向变形区的粉末质量与单位时间出辊带材的质量相等，即：

$$HB\gamma_0 v_1 = hb\gamma v_2$$

式中，H为供料厚度，cm；h为带材厚度，cm；B为供料宽度，cm；b为带材宽度，cm；γ_0为粉末松装密度，g/cm³；γ为带材密度，g/cm³；v_1为通过供料截面的粉末流动速度，cm/s；v_2为轧制速度，cm/s。

如果认为$B=b$，且$v_2/v_1=\lambda$（延伸系数），那么由上式可得出带材密度和厚度与辊径、咬入角、轧制速度及粉末松装密度之间的关系：

$$\gamma = \frac{\gamma_0}{\lambda}\left(1 + \frac{R\alpha^2}{h}\right)$$

式中，R为工作辊半径；α为辊面接触弧所对应的轧辊中心角，即咬入角。

22.4　影响粉末轧制带材性能的因素

影响粉末轧制带材性能的因素有金属粉末性能，轧制工艺参数，烧结工艺及后续处理。

22.4.1　金属粉末性能

原始金属粉末性能是影响粉末轧制带材性能的主要因素之一。金属粉末是粉末轧制的原料，其形状、粒度、粒度分布以及表面氧化程度对成品带材的影响很大[63,64]。

不同的粉末制取方法得到的金属粉末的性能不一样，目前用作粉末轧制的金属粉末大多通过气体雾化法和液体雾化法[63,65,66]制取。前者制取的粉末为球形，表面氧化物较少；后者制取的粉末形状不规则，表面氧化物多。球形粉末在轧制过程中很难实现彼此的咬合。Deevi等人[67]通过研究发现，使用球形粉末轧制FeAl金属间化合物带材非常困难，且轧制出来的带材裂纹等缺陷较多。然而，形状过度不规则会降低粉末的流动性。粗粉末间的接触面积少，所以咬合面积小，轧制出的生带坯强度和密度都相对较低[64]。粉末表面氧化物对粉末轧制非常不利，它的存在严重阻碍了粉末之间的机械咬合。气体雾化法生产的粉末表面氧化程度比水雾化法生产的要小得多。Hajaligol等人[65]在制取FeAl金属间化合物粉末时发现，用水雾化法制得的粉末氧含量质量分数为0.3%或更高，而通过气体雾化粉末的氧含量仅为0.02%～0.04%，但是氧含量也不是越少越好，适当含量的氧化物可以在轧制过程中破碎成细小的质点，这些质点可以在烧结和退火过程中抑制晶粒长大，起到细化晶粒和强化晶界的作用[60,65]。

虽然影响粉末性能的因素有很多，但是工业生产中常用粉末的松装密度、流动性、压缩性和成形性等参数来表征粉末的轧制性能。国内学者周志德[61]研究了电解镍粉对粉末轧制带材厚度和密度的影响（辊径27mm，辊面粗糙度R_a0.2，轧制速度0.8～1.0m/min），如图22－3所示。从图中可以看出，随着粉末松装密度的提高，轧制带材的厚度和密度近似呈直线增加。

22.4.2 轧制工艺参数

轧制工艺参数包括辊径、咬入角(或咬入厚度)、辊缝、轧制速度、喂料方式、轧制气氛和辊面状态等。

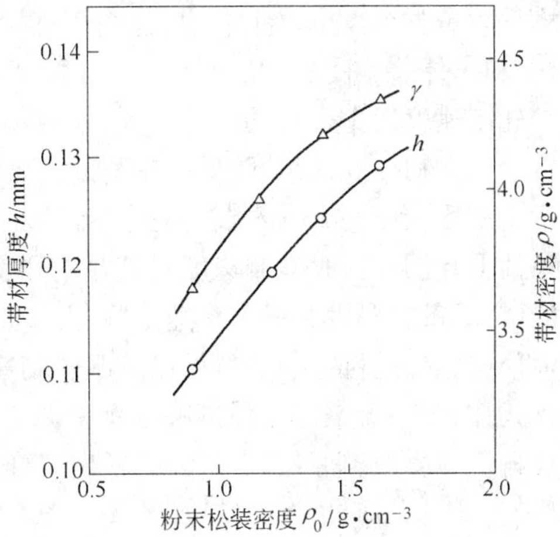

图 22-3 粉末松装密度对带材性能的影响[61]

早在 20 世纪 70 年代,一些学者[68]就对轧辊直径对带材的密度和厚度的影响进行了实验和理论分析,对给定密度的带坯,其厚度随轧辊直径的增大而增加。一般情况下大辊轧制的带坯密度要比小辊轧制的带坯密度大。轧辊直径一定时,由粉末轧制的薄板或带材的厚度仅能在很窄的范围内通过调节轧辊缝隙进行调节,如果轧辊缝隙太大,则不能充分压缩粉末;如果轧辊缝隙太小,则作用在轧辊上的压力太大。将粉末轧制成给定厚度的带坯所需的轧辊最佳直径主要取决于粉末特性。对于松装密度较高的粉末,轧辊直径与带材厚度之比为 100:1;而对于非常松散的粉末如羰基镍粉,上述比例为 600:1[69]。图 22-4 表示的是平均粒度为 13μm,粉末松装密度为 1.2g/cm³ 的电解镍粉在轧制速度为 1.5m/min 下,轧辊直径对轧制带材厚度和密度的影响[61]。

咬入角对带材厚度和密度的影响也比较大,如图 22-5 所示(试验原料为铁粉,轧辊直径为 158mm,轧制速度为 5m/min)[61]。咬入角变化是通过咬入(或供料)厚度变化来控制的。咬入厚度的变化是指在小于临界供料厚度和大于压制角对应的截面厚度范围内进行的。从图中数据可以看出,随着咬入角的增大,带材的厚度和密度近似呈直线增加。

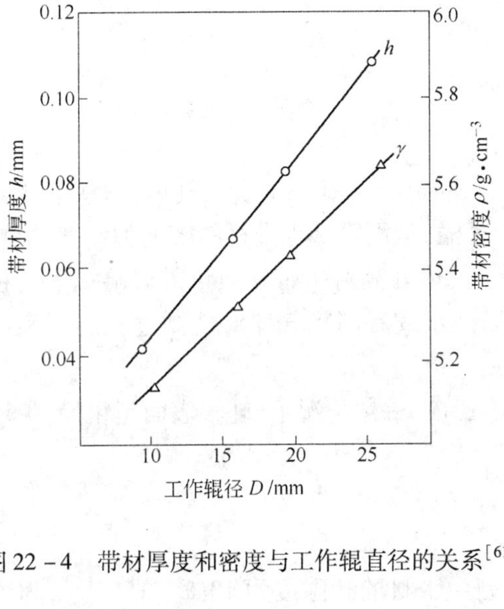

图 22-4 带材厚度和密度与工作辊直径的关系[61]

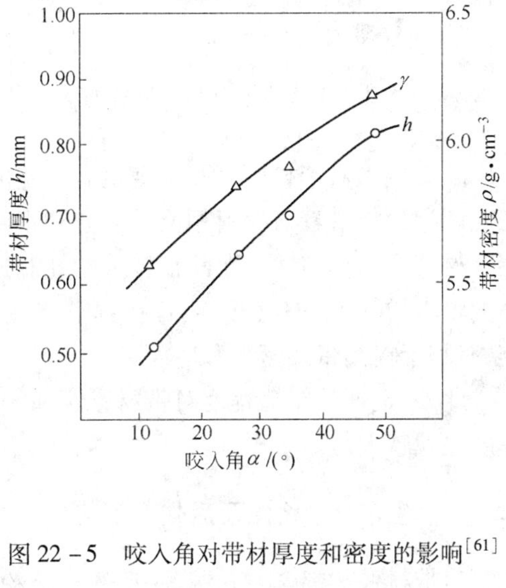

图 22-5 咬入角对带材厚度和密度的影响[61]

辊缝大小规定了生带材的厚度。通常一台轧机能轧制生带材的最大厚度不超过轧辊直径的 1% ~1.5%[70]。减小辊缝可以制取更薄和更致密的生带材,但是当辊缝减小到一定程度后生带材会发生严重的边裂。增大辊缝会减小轧辊对粉末体的压力，当辊缝大到一定值时，粉末体将不受轧制。

轧制速度对生带材的影响很大，如果不考虑生产效率，轧制速度越慢越好；过高的轧制速度会减少粉末咬入量，降低生带材的密度和强度，甚至根本不能进行正常轧制。图 22－6 所示为平均粒度为 25μm、粉末松装密度为 $1.4g/cm^3$ 的电解镍粉末在工作辊直径为 25mm 的条件下轧制带材时轧制速度对其厚度和密度的影响曲线。从图中可以看出，随着轧制速度的增加，带材厚度和密度迅速下降。

采用螺杆进行强制喂料可以克服轧制速度和轧辊直径的限制，曾被认为是非常好的喂料方式，图 22－7 是螺杆强制喂料示意图。Y. Yu 和 P. C. Arnold[71] 分析了各种形状的螺杆对喂料量的影响。但是，由于在螺杆出口处同一垂直平面上压力分布不均匀从而导致喂料不均匀。Hajaligol 等[65] 在制取 FeAl 金属间化合物带材时使用 X 射线探测器在轧辊和漏斗之间进行循环密度反馈以确保喂料均匀。他们认为，要想获得烧结均匀的 FeAl 带材，生带材不仅要厚度均匀，而且任意两点的密度波动不能超过 1%。

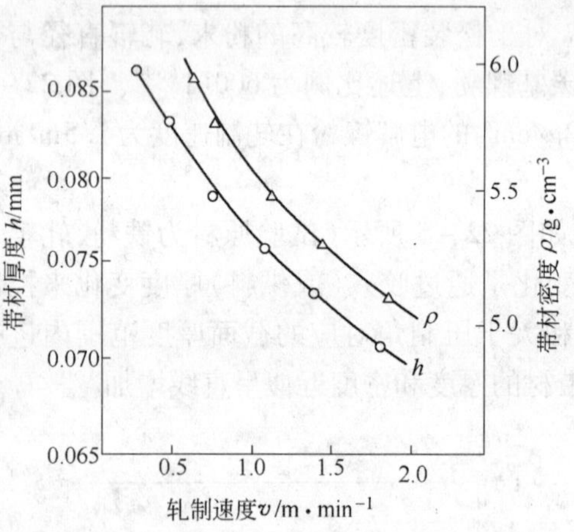

图 22－6　轧制速度对带材厚度和密度的影响[61]

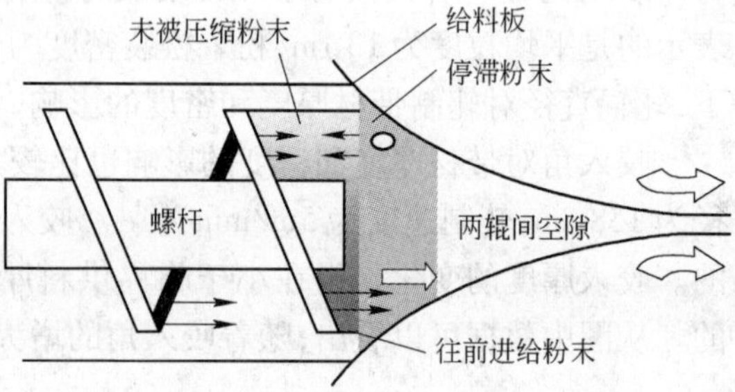

图 22－7　螺杆强制喂料示意图[62]

轧制气氛对带材厚度和密度也有一定的影响。粉末中含有一定量的气体，这些气体会在轧制过程中沿着与喂料相反的方向和垂直方向外溢，从而降低生带材的密度和厚度，影响生带材密度的均匀性。尤其在较大的轧制速度下，气体外溢对生带材质量的影响更大。在黏度较小的气氛（如氢气）或者在真空下轧制可以减小或者消除气体对轧制过程的不利影响，有利于提高带坯密度和厚度。

此外，辊面的粗糙程度对带材厚度和密度也有影响，一般情况下，轧辊表面越粗糙，带坯厚度也就越大。

22.4.3　生带材的烧结及后处理工艺

生带材一般都含有孔洞，典型的直接粉末轧制生带材的孔隙度为 10% ~15%[5]，为了获得全致密的金属带材，必须对生带材进行烧结等一系列的致密化处理。

烧结的目的是赋予生带材足够的强度和塑性，以利于后续加工并满足对性能的要求。

绝大多数金属生带材烧结都要在一定的保护性气氛下进行，这些气氛通常为还原性气氛如氢气、惰性气体或者真空[72]。采用气体保护时气体要干燥并且氧含量要低，真空烧结时要考虑孔隙度的影响。Hajaligol[65]在烧结 FeAl 金属间化合物生带材时，最初选用氢气和氩气保护，结果由于气体中含有水蒸气和氧气，烧结后在带材表面和内部均发现了氧化铝须状物，不得不在真空下烧结。真空高温烧结孔隙度在 25% ~35% 以上的 FeAl 生带材也会出现问题，靠近生带材表面的颗粒会因蒸发而流失，选用低温长时间烧结同样会出现这种问题。真空下要保证烧结过程不发生金属蒸发，孔隙度必须小于 15%。Hajaligol[65]等人采用不完全烧结克服了这一困难。烧结过程中延长时间而适当降低温度或者提高温度而适当缩短时间可以获得性能相同的带材[72]。基于这一原理，人们开发了高温短时烧结工艺[73]。对于粉末中添加有黏结剂的生带材，初次烧结前要进行脱脂处理，同样要在保护性气氛下进行。脱脂温度和时间取决于气体排出速率和气泡形成的最小可能性[67]。

但是，仅通过烧结对于提高轧制生带材的力学性能是有限的，因此生带材烧结完之后一般要经过致密化处理[74]和最后冷轧及退火工艺。

(1)致密化处理。致密化处理有以下两种方法：反复冷轧和烧结/退火或者热轧[74]。反复冷轧和烧结/退火已经被许多研究者采用，常用作多孔带材的致密化，但这种方法成本较高，而热轧却可以解决这一问题，它的最大优点是能够一次性获得具有理论密度的带材，同时采用热轧工艺可以缩短生带材的烧结时间，甚至可以不对生带材进行烧结处理而直接进行热轧，一次性完成生带材的致密化过程。

(2)最后冷轧和退火。致密化轧制到理论密度的 95% 就可以进行最后冷轧和退火处理。虽然也可以达到一些致密化的目的，但是这种处理主要是为了获得优良的性能。对热轧过的带材，在冷轧之前要除去表面的氧化层；而对于反复冷轧和烧结/退火的带材，最后冷轧和退火处理可以连续进行。对致密化后带材的最后冷轧与退火处理和一般的致密带材处理方法相似，只是退火温度稍高一些、退火时间稍长一些更有利于获得性能良好的带材。

22.5 粉末热轧法

粉末热轧法是粉末轧制法中的一种，其原理是将金属粉末加热到一定温度后，直接喂入转动的轧辊缝间进行轧制。被轧制的金属粉末由于提高了温度从而增加了粉末间的摩擦系数，有利于粉末喂入轧辊缝内，降低了粉末体中的气体密度从而减少了成形区逸出气体对轧入粉末的反向阻力，改善了粉末塑性、降低了轧制压力。同时，粉末热轧法可以提高轧制速度，提高带坯的密度和强度，并且经热轧法轧制的带坯一般不需要再进行烧结处理。

22.6 钼板和钨合金的热轧工艺

对于脆性较大的钼和钨及其合金材料，特别是固相烧结脆性钨合金、纯钨和钨 - 铜材料采用热轧或热轧 - 锻造复合变形工艺可以提高材料的延性和强度，该工艺变形量大，可以应用于将钼和钨及其合金材料加工成薄板、薄片。

22.6.1 钼板的热轧工艺

国内学者朱爱辉等人[75]研究了粉末热轧法生产钼板的工艺中加热温度、变形量、退火制度对板材质量、力学性能等的影响。其采用的工艺路线如图 22 - 8 所示。

12mm —(1150～1300)℃×(30～60)min，一火3道次→(7～10)mm —(1100～1250)℃×(25～50)min，一火3道次→

(5～8)mm —(1050～1200)℃×(20～40)min，一火3道次→(3～6)mm —(1000～1150)℃×(10～30)min，一火3道次→

(2～5)mm —(950～1100)℃×(5～25)min，一火3道次→2mm —(850～900)℃，60min→退火→温轧

→退火→碱洗→冷轧→退火

图22-8　钼板热轧工艺路线[75]

其研究结果表明：采用低温轧制时，由于钼板的变形抗力大、缺陷多，轧制时易开裂或无法进行后续加工；当采用单向轧制时，钼板沿压变形方向有带状组织生成，这种组织使得钼的力学性能产生各向异性，且在热处理时容易产生变形，硬度不均匀；随着轧制温度的升高，钼板的塑性增加，变形缺陷减少，轧制过程中轧件开裂现象较少，此时若采用交叉轧制，可以大大改善钼板的组织，这些组织多为纤维状细长晶粒且相互搭接交错，晶粒之间排列紧凑，孔洞少，组织性能得到进一步优化；但是采用过高温度进行轧制时（如在1350℃以上轧制时），钼板的力学性能会因晶粒尺寸异常长大而恶化。在不同初道次变形率下轧制（加热制度为1250℃×60min），只有选择合适的变形率才能得到性能优异的钼板，若变形率太低，轧制压力不足以将钼坯料压合至原子引力的范围内，晶粒结合强度不高，轧件边缘易出现分层等缺陷；若变形率过高，晶粒界面结合已经非常致密，此时强度增加不多，但是由于钼板的塑性较差，钼板的边裂严重，会导致加工性能显著下降。对于具有塑-脆性转变特点的钼来说，要获得良好性能的产品，在加工过程中必须形成一定数量的加工织构组织。这种组织对热处理很敏感，在进行热处理时，组织内一旦出现再结晶就会使它消失，从而导致塑-脆转变温度升高，塑性剧烈下降，致使温、冷加工无法继续进行或使产品报废，因此，退火制度的合理与否直接决定着钼板质量及性能的好坏。学者朱爱辉还研究了退火态钼板热轧后在950℃、850℃、800℃和700℃下退火60min后的组织特征发现，退火温度超过950℃，钼板组织会因为再结晶的产生而使已有的加工织构遭到破坏，晶粒粗大，组织恶化，塑性降低并出现边部开裂现象；而温度低于950℃退火时，钼板内部组织因发生回复而消除了热轧造成的残余应力，晶粒界面的结合较致密，界面间无间隙，组织性能较好；退火温度为850℃时，钼板的表面质量及性能达到最好；但当温度过低时，易造成轧件内部的残余应力不能彻底消除，使得钼板在后续加工中产生各种各样的缺陷，且碳化物溶解量太少，晶粒成分极不均匀，冷却过程会使部分碳化物沿晶界析出，退火后得到细片状和细粒状碳化物混合组织，硬度偏高，不利于后续加工。

22.6.2　钨合金的热轧变形工艺

钨合金由于脆性大，硬度高，难以通过常规加工方法来获得尺寸偏小（特别是一维尺寸较小的薄片或薄板）的制品。热轧或热轧-锻造复合变形工艺可以解决这一问题。对于W含量较低（70%～80%）的钨合金，由于钨含量低，液相烧结难以控制得到可轧制厚度均匀的棒材，对该合金采用固相烧结，然后热轧，可以使合金的伸长率达到30%～35%，经过轧制，可以得到厚度为0.15mm厚的薄片。国外学者C. A. Lavender[76]研究了固相烧结态80W-Ni-Fe合金的轧制、退火工艺对横向伸长率的影响。其轧制工艺参数为：热轧温度

为900℃和1150℃,中间退火温度为1150℃和1400℃,轧制量为27% ~86%,采用六辊机轧制成形。表22-1为不同轧制温度和退火温度下的伸长率数据。其试验结果表明,中间退火温度对材料的伸长率有很大影响,在1400℃下进行多次中间退火处理比在1150℃进行中间退火处理所获得材料的伸长率高,在相同变形量和相同中间退火温度前提下,热轧温度对材料延性无明显影响。仅在900℃热轧后在1400℃多次中间退火,所获得材料的伸长率才比在1150℃热轧和在1150℃多次中间退火处理的材料延性高。变形量对材料延性有很大影响。变形量为86%的材料比变形量为60%的材料延性差,其原因主要是变形量极大时,造成高密度位错,在退火温度下产生再结晶,这些高密度位错形成亚晶界,在W-W颗粒间产生析出,使W颗粒连接度提高,降低合金延性。在1400℃进行多次中间退火处理可以使W晶粒内的应力、位错发生完全回复,消除多晶形W晶粒的再结晶行为而使变形合金具有高的延性。

表22-1 不同轧制温度和退火温度下80W合金的伸长率[76]

热轧温度	1150℃		900℃	
中间退火工艺	1400℃,3h	1150℃,16h	1400℃,3h	1150℃,16h
60%变形,5次中间退火	32(31)	27(26.5)	32(33)	27(29)
60%变形,2次中间退火	—	—	32	—
86%变形,2次中间退火	23(25)	20(23)	22(28)	19(25)

热轧-锻造复合成形工艺可以最大限度地提高轧制变形量,对难变形的脆性纯钨、钨-铜材料的薄板、薄片加工特别适合。I. V. Alexandrov[77]发展了一种极大变形(Severe plastic deformation,SPD)的热轧-锻造强化工艺对纯钨进行大塑性变形,用该工艺可以制备变形非常均匀、平均晶粒度为1μm的超细纯钨棒,使其材料强度和延性大大提高。

Q. Wei等人[78]研究了低于再结晶温度下纯钨的轧制工艺对其拉伸性能的影响。其工艺过程是:在800℃下将厚度为6.4mm的纯钨样品轧制到厚度为1.2mm,然后将得到的纯钨薄片切割成若干小的薄片,继续对这些小的薄片进行轧制直到厚度减小到约为100μm。其他样品分别在600℃、500℃和400℃下轧制。其结果表明,通过低温轧制后纯钨的强度和塑性都得到了很大提高,且对于相同的变形量,纯钨的塑性随轧制温度的升高而增加;低温轧制后的纯钨其在高应变率变形下的应变率敏感性降低;低温轧制后的纯钨,其显微组织呈现分层结构,层与层之间的距离取决于轧制温度而与轧制变形量无关。

23 热挤压

23.1　热挤压及其挤压方式

金属热挤压成形是对金属材料进行少切削的加工方法之一，是将金属材料加热到一定温度后（一般为再结晶温度以上），置于加热的模具内，经冲压机床的往复运动，在压力作用下使金属材料产生塑性变形，从而获得所需尺寸形状和良好力学性能的压制件。热挤压属于锻造工艺，属于模锻中的一种，是在烧结过程完成后进行的二次加工。其作用是细化晶粒，使组织均匀化，消除微孔，使材料致密化接近理论密度。

以下是几种常见的金属热挤压成形方式，如图 23－1 所示[79]：

（1）轴向挤压。指金属流动方向与上凸模运动方向平行，是最常见的热挤压工艺，又分为正挤压、反挤压和复合挤压。正挤压是指挤压时金属流动方向与上凸模运动方向相一致。反挤压是指挤压时金属流动方向与上凸模运动方向不一致。复合挤压是指挤压时金属流动方向一部分与上凸模的运动方向一致，另一部分与上凸模的运动方向相反。

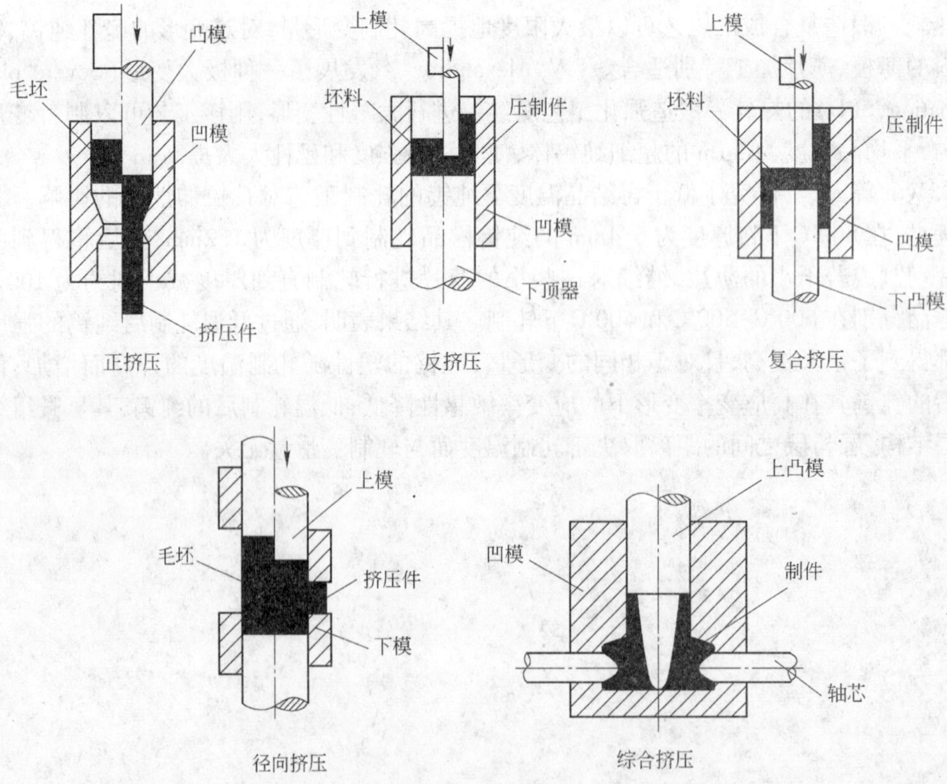

图 23－1　热挤压一次成形的方式[79]

(2)径向挤压。指金属流动方向与上凸模运动方向相互垂直。

(3)综合挤压。是指金属流动方向与上凸模运动方向成全方位流动。

23.2 热挤压工作原理

热挤压工艺基本工作原理见图 23-2,使用的主要设备是四柱式万能液压机,热挤压模具的凸模固定在液压机活动横梁上,凹模固定在液压机底座上,将加热后的坯料放入凹模中,当活动横梁向下运动时,凸模压入凹模,将坯料挤压成所需要的形状及尺寸。

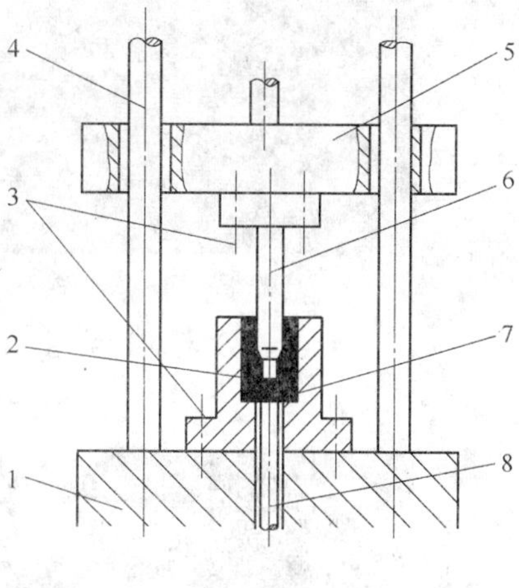

图 23-2 热挤压工艺基本工作原理[79]

1—底座;2—锻件;3—螺钉;4—立柱;5—活动横梁;6—凸模;7—凹模;8—顶出杆

23.3 热挤压工艺的特点

(1)与冷挤压相比有以下优点:冷挤压需要在大吨位压力机上进行生产,对模具性能要求较高,而且运行不安全,热挤压可以在小吨位压力机上进行,模具设计较简单,对模具性能要求较低,加工制造容易,生产运行安全,模具安装更换方便,生产锻件种类较多,灵活性大,适合于中小企业的大、中、小批量生产,特别是采用热挤压工艺可以生产大尺寸深孔类锻件,是其他工艺无法比拟的。

(2)热挤压可细化增强体颗粒,改善增强体的分布,消除材料内部的疏松、孔洞等缺陷,致密度可接近理论密度,变形过程中断裂颗粒之间被基体材料所充满,断裂颗粒不再成为损伤,因此,热挤压本身又是一种可广泛适用于颗粒增强金属基复合材料二次成形加工的方法。

(3)热挤压后复合材料的组织均匀性得到较大幅度的提高,如图 23-3 所示为 Cu-Al_2O_3 复合材料烧结态和挤压态的微观组织形貌[80]。烧结态组织中基体颗粒比较粗大,具有明显的晶粒界面,孔隙存在于颗粒与颗粒交界处,少数孔隙连通形成通孔,材料致密度较低。经过热挤压变形后,复合材料的组织明显细化、均匀,颗粒边界难以分辨,孔隙数量和直径急剧降低,甚至很多小孔隙消失,孔隙直径均不超过 4μm,远小于热挤压前孔隙直径(平均约 20μm,见图 23-3a),这大大提高了材料的致密度,从而提高了复合材料的性能。

(4)热挤压后的复合材料弹性模量变化不大,且没有改变材料的断裂机制,断裂以基体合金的撕裂为主,但是显著提高了颗粒在合金基体中分布的均匀性,使微观组织中位错增殖,并促进了析出相析出。如图 23-4 所示为 Cu-Al_2O_3 复合材料热挤压后纵截面的微观组织形貌[80]。可以看出,烧结态和挤压态断口均为韧窝聚集型断裂。由图 23-4a 可以观察到,复合材料烧结态拉伸断口分布着大小不一的韧窝和光滑撕裂棱,且韧窝很浅,少数很深的韧窝可能是由烧结孔隙萌生裂纹并且不断长大形成的。复合材料挤压后,其断口上韧窝的直径远远小于烧结态,且大小较为均匀,显著减少了断裂过程中应力聚集,表明其在拉伸开始断裂前发生的变形比烧结态更加均匀(见图 23-4b),微观组织更加均匀、材料更加致密,韧性得到改善。

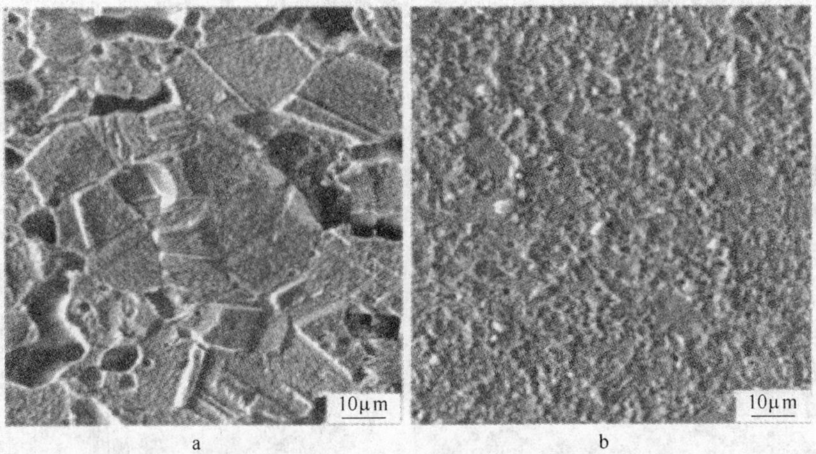

图 23－3 热挤压前后显微组织形貌[80]

a—烧结态；b—挤压态

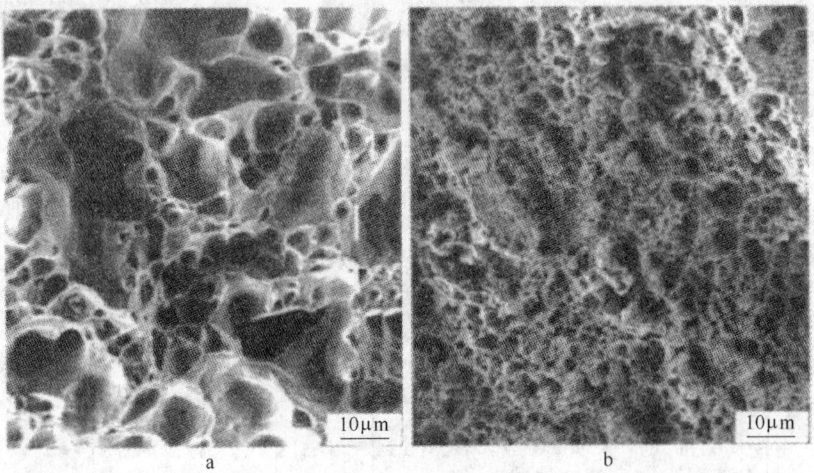

图 23－4 热挤压前后拉伸断口形貌[80]

a—烧结态；b—挤压态

23.4 热挤压工艺的要求

(1)要求一次成形。对于形状特殊的压制件，例如形状偏向一边的，可以通过改变金属流动分配量来达到设计的要求。比如通孔类锻件要设计冲孔连皮[79]，如图 23－5 所示，增加冲孔连皮后可避免上下凸模直接接触或凸模接触凹模底部造成安全事故。又如薄壁类锻件要适当加大壁厚，如果壁厚太小，锻件向模具散热，温度下降太快，会导致金属流动性差，液压机负荷增加或导致锻件在脱模时抱死在凸模上无法脱模。总结起来，热挤压工艺适合生产的锻件类型如图 23－6 所示。

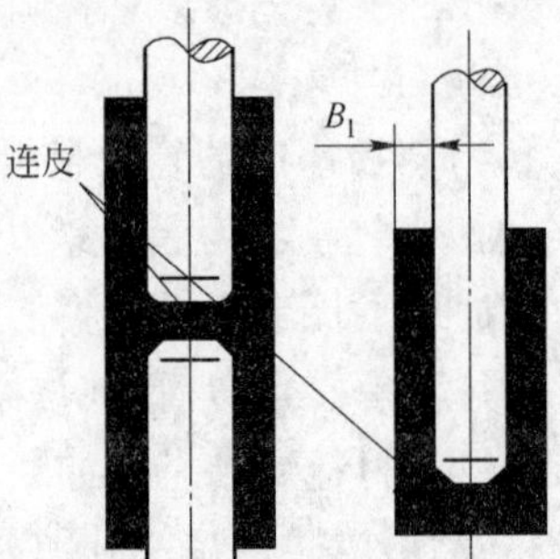

图 23－5 冲孔连皮[79]

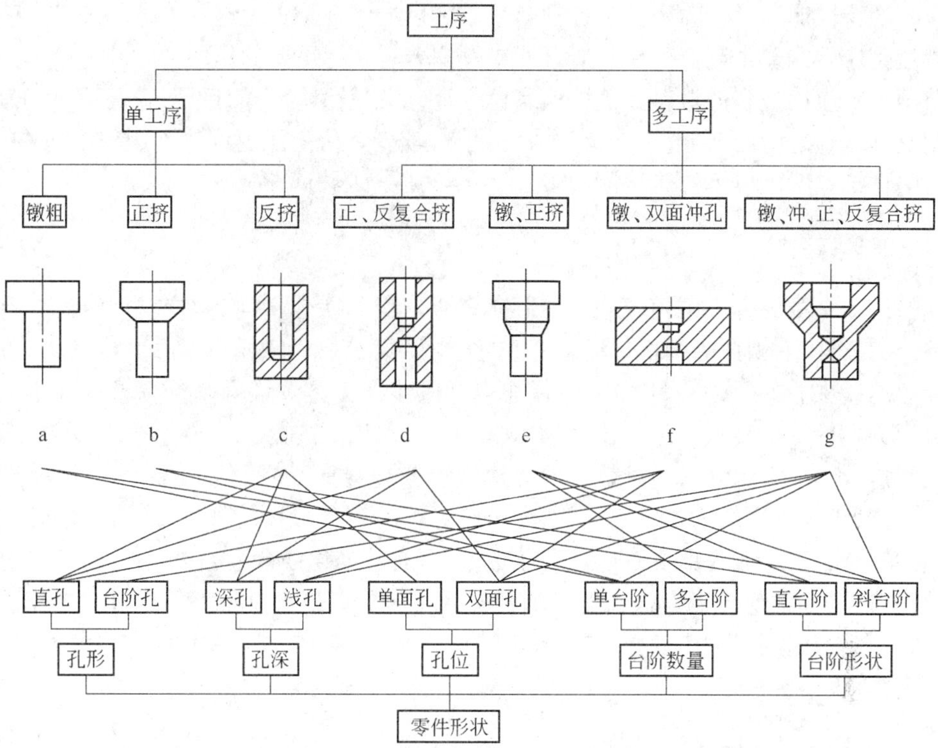

图 23－6　热挤压工艺适合生产的锻件类型[79]

(2)要求减少变形抗力。可以通过加热温度,挤压速度、挤压力和变形程度等多方面来达到减少变形抗力的要求。金属材料在热挤压一次成形前加热是整个工艺过程中不可或缺的环节,其目的是为了提高金属塑性,大大降低金属的变形抗力,一般而言,对材料加热温度越高,所需冲压力就越小,但是要注意加热温度不能太高,以免造成金属表层的氧化和脱碳,严重的还会产生过热和过烧现象。常用的加热方法是采取煤油火焰加热法和电加热法。

(3)要求采用耐高温润滑剂不断冷却模具。其目的可以减少模具与金属间的摩擦,改善金属材料的变形条件。热挤压用润滑剂必须具有以下特点:呈液态或细小颗粒状,便于喷枪喷射;润滑频繁,利用率低,要求价格便宜;加热状态下不变质,保持良好的润滑效果。由此可选用 MD－2 型水基石墨润滑剂,实践证明,润滑效果良好。

(4)要求晶粒度均匀的金属材料加工时,温度必须避开临界变形区,应高于临界温度20%左右。

(5)根据压制件的性能要求,其最低变形程度的挤压比应大于10。

23.5　热挤压工艺的应用

由于热挤压工艺是热挤压和精锻技术的有机结合,是一种通过改变加工方法来提高产品力学性能的典型例证,具有深远的发展前景。它不像精锻工艺对金属材料进行几次压力成形,而是采用一次成形,是一种少切削的加工方法。同时这种加工工艺不受产品自身和外部形状的限制,使用极普通的设备,生产效率高,有较高的原材料利用率,力学性能好,使产品具有高的抗蚀能力，精度高，而且各种有色或黑色金属都是采用这种先进的加工工艺进行加工。热挤压－锻造工艺在机械制造行业中发挥着越来越重要的作用。

挤压加工应用最多的材料是低熔点有色合金，如铝及其合金的挤压，较高熔点的有色合金如铜及其合金、钛及其合金次之，钢铁材料相对较少。从挤压温度来看，挤压温度在被加工材料的再结晶温度以上的热挤压居多，温挤压与冷挤压相对较少。

23.5.1 变形镁合金

热挤压一个重要的应用领域就是变形镁合金。变形镁合金与铸造镁合金相比，有更优良的综合力学性能，因此为了推动镁合金在航空、航天、汽车、摩托车等领域内的大量应用，发展我国的镁工业，必须大力开发变形镁合金及其生产工艺。镁合金的变形构件主要以热挤压成形为主。

同锻造、轧制工艺相比，通过热挤压方法生产镁合金产品具有以下优势：(1)挤压具有比锻造、轧制更为强烈的三向压应力状态，金属可以发挥其最大的塑性，这对于塑性变形能力较差的镁合金来说尤为重要。通过挤压工艺，可有效细化镁合金晶粒组织，提高合金强度和塑性。(2)热挤压工艺具有极大的灵活性，操作方便，在一台设备上仅通过更换模具即可生成各种板、管、棒、型材，使各种形状产品可在一道工序中成形。(3)经热挤压后的镁制品尺寸精度高，表面质量好。

23.5.2 铝、铜及其合金

挤压工艺在铝、铜及其合金方面的应用已经相当成熟，而这些挤压制品在生产实际中有着广泛的影响，这又进一步推动了该工艺在此类材料的应用发展。特别是在一些特殊行业，如军事工艺、航天航空等领域，由于挤压工艺能够开发出适用这些特殊领域的特殊要求而日益受到重视，在此推动下，开发了一些新型的铝合金及铜合金材料。如：美国空军开发的8000系挤压铝合金（Al－Li）的强度等性能指标与7075T6相当，而刚性比其提高了30%。Xinjian Duan等人[81]通过有限元分析研究了热挤压铝合金工艺过程的各种影响因素，其研究结果表明：挤压过程中挤压制品中再结晶程度最大的地方发生在模具的中心位置处，且发生再结晶层的宽度离模具边缘的距离是不均匀的；带有缩口的模具能够很好地减少制品表面裂纹的产生。

23.5.3 钛及钛合金

钛合金是一类非常重要的结构材料，广泛应用于航天航空等领域。由于钛合金特殊的物理化学性能使其制品的热挤压变形过程比铝合金、铜合金更为复杂。钛合金的热导率低，在热挤压时会使坯料表层与内层产生很大的温差，当挤压筒的加热温度为400℃时，温差达到200～250℃。吸气强化和坯料断面温差的共同影响，使坯料表面和中心的金属产生极不相同的强度性能和塑性性能。其结果是毛坯中心部分的变形抗力远低于临近挤压筒内壁及模孔的环形区。在挤压过程中，会造成不均匀的变形，在表面层中产生大的附加拉应力，成为挤压制品表面形成裂口和裂纹的根源。因而挤压工艺参数的控制对于制备高性能的钛合金挤压制品十分重要。Dinesh Damodaran等人[82]研究了通过有限元模拟优化模具设计来控制钛合金热挤压过程中的变形，实验过程采用的是平模和玻璃润滑剂。其研究结果表明，热挤压过程中金属流动对模具的设计,特别是对靠近模具出口处的模具形状和死角很敏感,当把模具出口处设计成带有一定斜度的形状且死角为75°时可以有效减小挤压制品的不均匀变形。

23.5.4 新型复合材料

颗粒增强复合材料是研究较多、比较成熟的一类复合材料。颗粒增强复合材料一方面可以通过热挤压加工成形零部件,另一方面热挤压也可以提高颗粒增强复合材料的强度和塑性[83,84]。成烨等人[85]用热挤压的方法制备了 Al_2O_{3p}/2024Al 复合材料,研究表明热挤压后复合材料的组织均匀性得到很大改善,因此复合材料的抗拉强度、屈服强度、小变形抗力和伸长率均有较大幅度地提高,但复合材料的弹性模量变化不大;热挤压没有改变复合材料的断裂机制,断裂以基体铝合金撕裂为主,但是显著提高了颗粒在铝合金基体中分布的均匀性,使微观组织中位错增殖,并促进了析出相的析出。

李荣,何昌国[86]研究了热挤压工艺对 Al－Si 合金组织和力学性能的影响。表 23－1 是不同加工工艺下的该合金力学性能的比较。从表中可以看出,相对于铸造法,热挤压＋热处理工艺所得合金的抗拉强度和伸长率大大提高。图 23－7 是 Al－Si－Cu－Mg 合金不同状态下的组织形貌。从图中可以看出,热挤压后的合金组织呈现纤维状,使合金的力学性能呈现各向异性,且沿着流线方向比垂直于流线方向具有更高的力学性能。

表 23－1 不同加工工艺下 Al－Si 合金性能[86]

加工工艺	抗拉强度/MPa	伸长率/%
金属型铸态	247.6	2.89
热处理	369.3	2.76
挤 压	296.9	18.04
挤压后热处理	408.0	11.39

23.5.5 热挤压钨合金

热挤压技术对于制备强度、延性和韧性都很好的高强韧钨合金具有很大的优越性。由于热挤压技术是在比较高的温度下进行,因此加工变形量更大,强化作用更大,组织不均匀性小,而且挤压压力较冷挤压小,延长了模具使用寿命。

国外 M. C. Hogwood 等人[87]对钨含量为92.5%的 W－Ni－Fe－Co 高密度合金进行了两次大变形量加工,第一次变形为60%～80%,第二次变形后的总变形量达到90%以上,甚至达到95%以上,并对变形后的合金进行热处理,获得了具有纤维状组织的高性能高密度钨合金,其最大抗拉强度超过1700MPa,伸长率超过15%,冲击韧性是锻造态合金的2倍以上。表23－2列出了经大变形量强化后钨合金的主要力学性能。

退火时效温度对抗拉强度、伸长率和冲击韧性有很大的影响。图23－8～图23－10[87]分别表示时效温度与抗拉强度、伸长率和冲击韧性的关系。

W. Leonard 等人[88]研究了一种钨合金的热挤压与热挤压－锻造复合变形(Thermomechanical process,TM)工艺。其工艺原理是,首先用不锈钢容器将烧结态钨合金棒材密封,然后将其加热到1000℃,再采用传统挤压工艺进行。经过多次热挤压,其变形量达到96%。

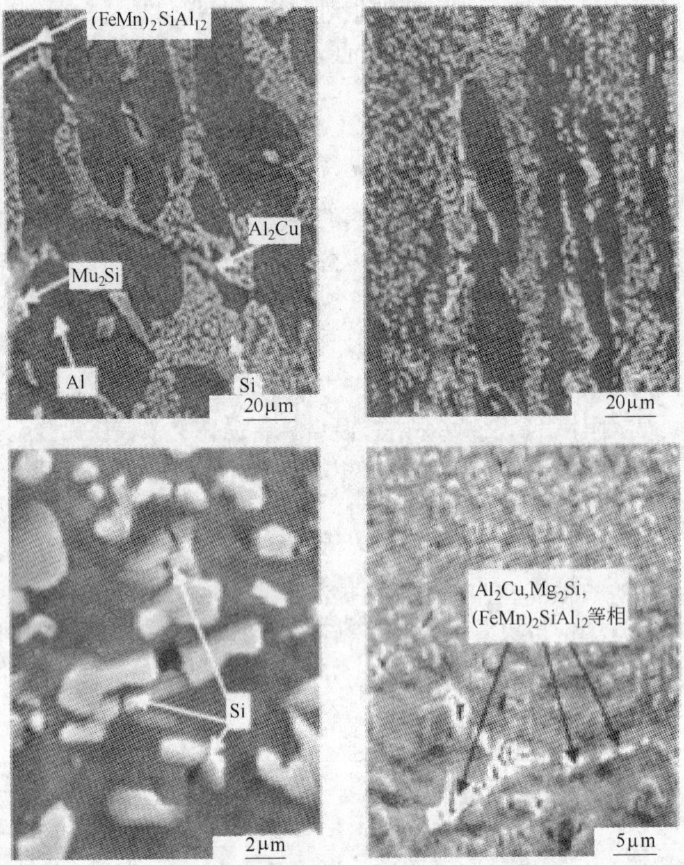

图 23－7　Al－Si－Cu－Mg 合金的组织形貌[86]

热挤压过程中钨合金挤压棒料承受高的静液压力,可以允许材料变形很大而对材料性能没有损伤。对热挤压的合金棒料再采用多次中间锻造和退火处理,可以使材料的最终变形量达到97.5%以上。经过热挤压－锻造复合变形的合金性能比锻造和挤压的性能高很多。表23－3为93W合金和96W合金在热挤压－锻造复合变形、不同变形量锻造和挤压几种不同变形强化处理条件下的力学性能对比。从表中结果可以看出,采用热挤压－锻造复合变形强化工艺在变形量极大的条件下,可以获得具有非常高的强度、硬度和延性等综合力学性能的合金。

表 23－2　92.5W－Ni－Fe－Co 合金大变形强化后的力学性能[87]

变形状态	$\sigma_{0.2}$/MPa	σ_b/MPa	δ/%	冲击韧性 K_{IC}/J
烧结＋热处理	660	950	30	32
30%锻造	1195	1210	11	13
30%锻造＋时效	1405	1420	6	8
60%～80%第一次大变形	1430	1530	2	3
90%第二次大变形	1330	1510	19	7
95%第二次大变形	1485	1720	16	17

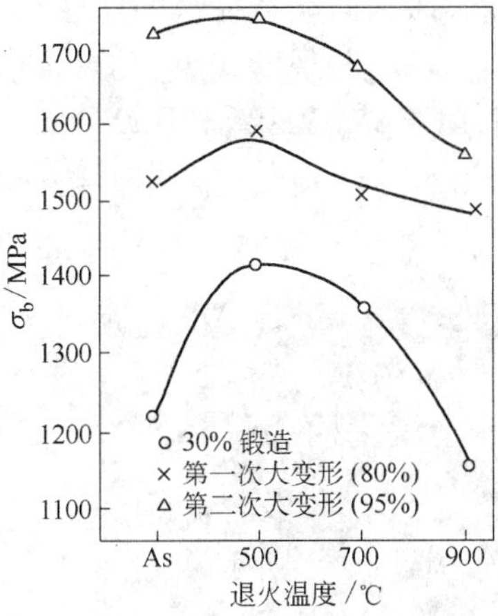

图 23-8 抗拉强度与变形量和退火温度关系[87]

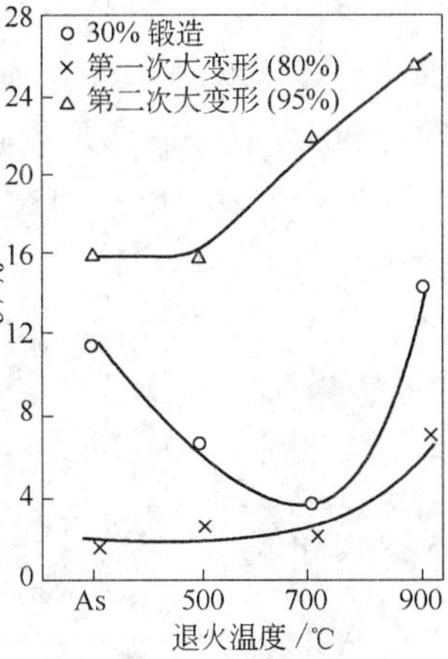

图 23-9 伸长率与变形量和退火温度的关系[87]

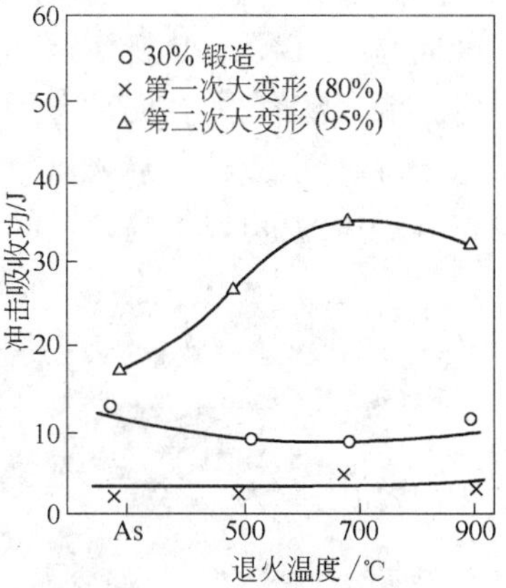

图 23-10 冲击韧性与变形量和退火温度的关系[87]

表 23-3 几种不同变形强化处理条件下钨合金的力学性能[88]

合金与形变工艺	硬度 HRC	$\sigma_{0.2}$/MPa	σ_b/MPa	δ/%
93W-4.9Ni-2.1Fe(TM 工艺)	48	1447	1640	13
93W-4.9Ni-2.1Fe(锻造变形量为 8%)	39	1075	1157	14.7
93W-4.9Ni-2.1Fe(锻造变形量为 18%)	41	1116	1197	13.4
93W-3.5Ni-2.1Co-1.4Fe(锻造变形量为 25%,时效)	44	1272	1344	5.2
93W-4.9Ni-2.1Fe(挤压变形量 80%)	46.5	—	1455	6.6
96W-2.8Ni-1.2Fe(TM 工艺)	43	1227	1496	3.3
96W-2.8Ni-1.2Fe(锻造变形量为 12%)	45	1399	1454	15

经挤压或锻造后的钨合金,其显微组织呈现变形织构,因而力学性能表现出各向异性。国内学者刘金旭等人[89]研究了热挤压 95W-Ni-Fe 合金的组织性能及静态、动态力学性能。图 23-11 为热挤压钨合金的显微组织,从图中可以看出径向(挤压方向即轴向)组织经热挤压后晶粒被拉长形成纤维状,同时径向呈现方向随机、近似弯曲的梭形组织特征。合金经静态、动态力学性能测试后发现,热挤压钨合金静态压缩性能近似各向同性,动态压缩

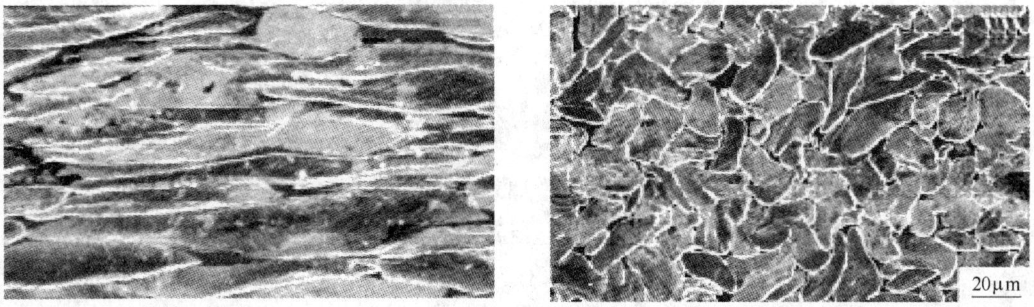

a b

图 23-11 热挤压钨合金轴向(a)和径向(b)SEM 热挤压组织

性能各向异性显著，径向动态压缩屈服强度比轴向要高 500MPa，而轴向动态加载的塑性比径向高出约两倍；热挤压钨合金轴向动态压缩时，裂纹在钨界面形成，断裂模式属于沿晶与穿晶混合断裂；而径向动态压缩时，剪切裂纹在晶内形成扩展，属于穿晶断裂，如图 23－12 所示。研究还表明，热挤压与扭转变形相结合，通过改变钨晶粒的取向，使其与冲击方向保持一定角度，可以提高合金的高强韧性和穿甲自锐化性能。

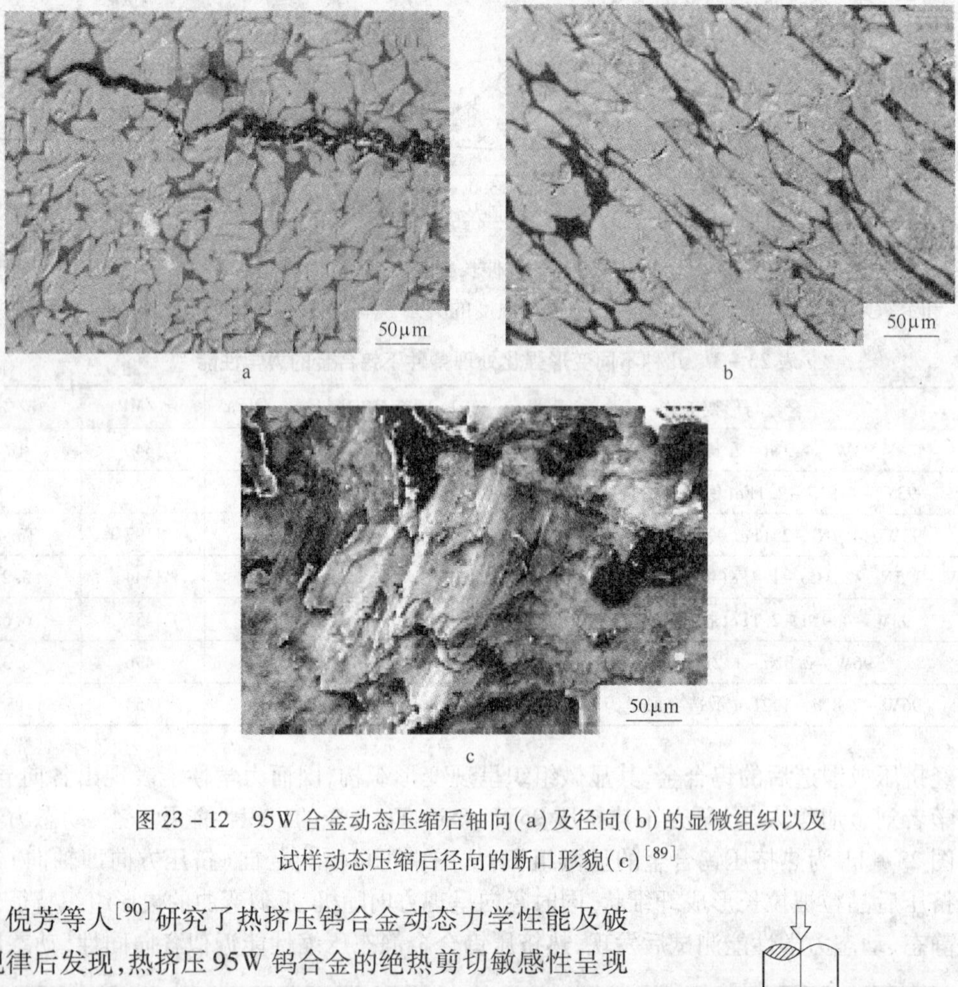

图 23－12　95W 合金动态压缩后轴向(a)及径向(b)的显微组织以及试样动态压缩后径向的断口形貌(c)[89]

倪芳等人[90]研究了热挤压钨合金动态力学性能及破坏规律后发现，热挤压 95W 钨合金的绝热剪切敏感性呈现各向异性，垂直于纤维组织方向上的绝热剪切敏感性最高，平行于纤维组织方向的绝热剪切敏感性最低。

23.6　静液挤压在难熔金属材料挤压中的应用[91]

静液挤压是利用高压黏性介质给坯料施加外力而实现挤压的方法。其工作原理如图 23－13 所示。与正挤压、反挤压等方法不同，静液挤压时金属坯料不直接与挤压筒内表面接触，二者之间以黏性的高压介质隔离，施加于挤压轴上的挤压力通过高压介质传递到坯料上而实现挤压。根据需要，静液挤压可以在不同的温度下进行。一般将金属和

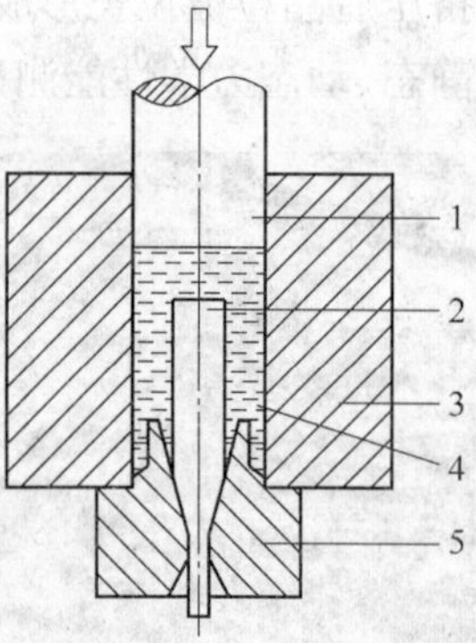

图 23－13　静液挤压示意图[92]
1—挤压杆；2—毛坯；3—挤压筒；4—液体；5—挤压模

高压介质均处于室温时的挤压过程称为冷静液挤压；在室温以上变形金属的再结晶温度以下的挤压过程称为温静液挤压；而在再结晶温度以上的挤压过程称为热静液挤压。静液挤压所用的高压介质一般有黏性液体和黏塑性体。前者蓖麻油、矿物油等，主要用于冷静液挤压和温、热静液挤压；后者如耐热脂、玻璃、玻璃－石墨混合物等，主要用于较高熔点金属的热静液挤压（坯料的加热温度在700℃以上的挤压）。

相对于常规挤压，静液挤压对于难熔金属材料只有明显的优势。难熔金属是指熔点温度超过1875℃（铬的熔点）的金属，如铬（Cr）、钒（V）、铌（Nb）、钽（Ta）、钨（W）、钼（Mo）等。除Nb和Ta外，大多数难熔金属因其变形抗力大、塑性差而被列入难加工材料之列。在900～1500℃的高温下，难熔金属不能在空气介质中成形，因为金属易与气体发生作用，使性能显著恶化。采用常规挤压法挤压难熔金属（特别是W和Mo）难度较大，使用静液挤压法可以解决这一难题。表23－4为在16MN曲柄压力机上，以玻璃－石墨混合物为高压介质，挤压速度为750mm/s时，Nb、Cr、W和钨基合金BHж－90的合适静液挤压工艺参数。

表23－4 几种难熔金属的合适静液挤压工艺参数[91]

金 属	挤压温度/℃	挤压比 λ	挤压压力/MPa	制品质量
Nb	800	3	650	优
	1000	4	620	
	1100	4	600	
Cr	800	3	580	良
	1000	4	560	
	1200	6	540	
W	1200	3	1350	前端部有细小裂纹
	1400	4	1200	
	1600	9	1450	
BHж－90	800	3	1200	优 无可见缺陷
	800	7	1800	
	900	7	1750	
	1000	7	1620	
	1100	7	1600	

参考文献

[1] 汪俊,李从心,阮雪榆. 连续体塑性力学方法描述粉末金属压制过程[J]. 模具技术,1999(5):24~28.
[2] Doraivelu S M, Gegel H L. A new yield function for compressible P/M material [J]. Int J Mech Sci, 1984, 26 (9~10):527~535.
[3] Park J J. Constitutive relations to predict plastic deformations of porous metals in compaction [J]. Int J Mech Sci, 1995, 37(7):709.
[4] 任学平. 粉末体的屈服准则[J]. 粉末冶金技术,1992,10(1):8.
[5] 华林,赵仲治. 烧结材料塑性变形与致密[J]. 中国有色金属学报,1992,2(3):81.
[6] Kuhn H A. Deformation characteristics and plasticity theory of sintered powder materials [J]. Int J of Metallurgy, 1971, 7(1):15~25.
[7] Green R J. A plasticity theory for porous solids [J]. Int J of Mech Sci, 1972, 14(3):215~224.
[8] Lee D N, Kim H S. Plastic yield behavior of porous metals [J]. Powder metallurgy, 1992, 35(44):275~279.
[9] Mars, Owe. High performance P/M steels [J]. Scandinavian Journal of Metallurgy, 1995, 24(4):147~151.
[10] Yamaguchi, Katsumi. Improvement of machinability of sintered composite - type alloyed steel powder [J]. American society of mechanical engineers, Production Engineering Division, 1993, 6(7):151~157.
[11] 黄培云. 粉末冶金原理[M]. 北京:冶金工业出版社,1982.
[12] Park. Constitutive Relations to Predict Plastic Deformations of Porous Metals in Compaction [J]. Int Journal of Mech Sci, 1995, 37(7):709~719.
[13] 崔振山,任广升,徐秉业. 圆柱体内部空洞的热锻闭合条件[J]. 清华大学学报(自然科学版),2003, 43(2):227~233.
[14] 钟志平. 大型筒体锻件组织性能控制与高温裂纹修复实验研究[D]. 北京:清华大学,1998.
[15] 韩静涛. 大型饼类锻件夹杂行裂纹形成机理及控制锻造工艺研究[D]. 北京:清华大学,1995.
[16] 金宁. 大锻件孔隙性缺陷的压合与焊合规律的研究及高温栅的研制[D]. 北京:清华大学,1990.
[17] HAN Jingtao, ZHAO Gang, CAO Qixiang. Study on internal crack recovery of 20MnMo steel [J]. Sciences in China E - Technological Sciences, 1997, 40(2):164~169.
[18] 赵晓鹏,周本濂. 具有自修复形为的智能材料模型[J]. 材料研究学报,1996,10(1):101~104.
[19] 钟约先,袁朝龙,马庆贤. 材料内部裂纹自修复中组织生长机制[J]. 清华大学学报(自然科学版), 2002,42(4):512~515.
[20] 袁朝龙,钟约先,马庆贤. 孔隙性缺陷拟生自修复机制研究[J]. 中国科学(E辑),2002,32(6): 747~753.
[21] 袁朝龙,钟约先,马庆贤. 大型锻件内部孔隙性缺陷修复规律的研究[J]. 锻压技术,2002(3):3~6.
[22] EI - Rakayby A M, Mills. Mater. Sci. Technol, 1986, 2(1):175~180.
[23] 郭居瑾. 旋锻工艺[J]. 金属成形工艺,2000,18(6):40~42.
[24] 张文芹. 旋锻法生产舰船用特种焊条的工艺探索[J]. 河南冶金,2001(2):12~14.
[25] 彭志辉. 稀有金属材料加工工艺学[M]. 长沙:中南大学出版社,2003.
[26] Don - Kuk Kim, Sunghak Lee, Joon - Woong Noh. Dynamic and quasi - statictorsional behavior of tungsten heavy alloy specimens fabricated through sintering, heat - treatment, swaging and aging [J]. Materials Science and Engineering A, 1998, 247(1~2):285~290.
[27] 叶健,谭志强. 粉末冶金热锻冲击块的研究[J]. 粉末冶金工业,2005,15(2):12~14.
[28] 周明智,李萍,薛克敏. 粉末烧结体镦粗成形过程热力耦合有限元分析[J]. 塑性工程学报,2005,12 (6):11~16.
[29] 崔振山,徐秉业,任广升. 圆柱体内部空洞热锻闭合过程的数值模拟[J]. 塑性工程学报, 2002,9(1):

49 ~ 52.

[30] 李云平,李溪滨,刘如铁. 多次锻造的 SiC 颗粒增强耐热铝合金的研制与性能[J]. 粉末冶金技术,2000,18(4):247 ~ 251.

[31] 国为民,宋璞生,吴剑涛. 粉末高温合金的研制与展望[J]. 粉末冶金工业,1999,9(2):9 ~ 16.

[32] 曾建谋,聂郁来,陈鹏. 粉末热锻浮动油封密封环的耐磨性研究[J]. 润滑与密封,2005,(3):118 ~ 120.

[33] 陈华,王佳玲,陈卓. 扩散型合金粉末的高密度烧结[J]. 金属热处理,2005,30(5):40 ~ 43.

[34] Garces G, Muller A, Onorbed E, et al. Effect of hot forging on the microstructure and mechanical properties of Mg - Zn - Y alloy [J]. Journal of materials processing technology, 2008, 206(1 ~ 3):99 ~ 105.

[35] Abdel - Wahab, El - Morsy. Microstructural characterization of Ti - 6Al - 4V machining chips after remelting and severe deformation [J]. Materials and Design, 2009, 30(5), 1825 ~ 1829.

[36] Gero R., Borukhin L, Pikus I. Some structural effects of plastic deformation on tungsten heavy metal alloys [J]. Materials Science and Engineering A, 2001, 302(1):162 ~ 167.

[37] Goren - Muginstein G R, Rosen A. The effect of cold deformation on grain refinement of heavy metals [J]. Materials Science and Engineering A, 1997, 238(2):351 ~ 356.

[38] Toshimitsu Tetsui, Kentaro Shindo, Satoshi Kaji, et al. Fabrication of TiAl components by means of hot forging and machining [J]. Intermetallics, 2005, 13(9):971 ~ 978.

[39] 史洪刚,齐志望,尚福军. 钨合金材料锻造变形强化的组织与性能及其再结晶行为[J]. 兵器材料科学与工程,2006,129(1):29 ~ 32.

[40] 于洋,王尔德,胡连喜,等. 形变强化对 93W - 4. 9Ni - 2. 1Fe 合金组织及性能的影响[J]. 材料科学与工艺,2005,13(4):442 ~ 448.

[41] 蔡宗玉,金建民,陈桦. TZM 钼合金强化机理分析[J]. 上海钢研,1993,3:56 ~ 58.

[42] Cockeram B V. The mechanical properties and fracture mechanisms of wrought low carbon arc cast (LCAC), molybdenum - 0. 5pct titanium - 0. 1pct zirconium (TZM), and oxide dispersion strengthened (ODS) molybdenum flat products [J]. Materials Science and Engineering A, 2006, 418(1 ~ 2):120 ~ 136.

[43] Mrotzek T, Hoffmann A, Martin U. Hardening mechanisms and recrystallization behaviour of several molybdenum alloys [J]. International Journal of Refractory Metals & Hard Materials, 2006, 24(4):298 ~ 305.

[44] 吴春萍,易丹青,李荐. 新工艺制备 AgZnO 电接触材料的组织与性能研究[J]. 电工材料,2007(3):3 ~ 6.

[45] 周兆锋,甘卫平,林炳. 一种新型 Ag - SnO_2 触头材料的制备及对性能的影响[J]. 稀有金属与硬质合金,2004,32(3):22 ~ 24.

[46] 黄大鹏,贾成厂,陈晓华. 银/稀土氧化物触点材料的制备[J]. 粉末冶金技术,2005,23(6):423 ~ 426.

[47] 周继承. 粉末挤压成形的进展[J]. 材料导报,1997,11(6):13 ~ 15.

[48] 杨伏良,甘卫平. 挤压温度对高硅铝合金材料物理性能的影响[J]. 机械工程学报,2006,42(6):7 ~ 10.

[49] 周照耀. 粉末包套挤压非稳态流动过程的数值模拟[J]. 现代制造工程,2002(5):9 ~ 10.

[50] 刘洪伟,郭成. 不锈钢包覆半固态铝合金挤压连接成形的研究[J]. 塑性工程报,2006(3):100 ~ 103.

[51] 谢文. 挤压温度对 15vol % SiC P/ Mg - 9Al 镁基复合材料拉伸性能与断口形貌的影响[J]. 复合材料学报,2006,23(6):127 ~ 133.

[52] 杨伏良,等. 挤压温度对高硅铝合金材料组织与性能的影响[J]. 粉末冶金技术,2006,23(6):7 ~ 10.

[53] 张大童,李元元,罗宗强,等. 快速凝固高硅铝合金粉末的热挤压过程[J]. 中国有色金属学报,2001,11(1):6 ~ 9.

[54] 甘卫平,陈招科,杨伏良. 真空包套热挤压高硅铝合金粉末材料的研究[J]. 稀有金属与硬质合金,2004,32(3):18~23.

[55] 任学平. 粉末金属屈服准则和流动应力的研究[D]. 哈尔滨工业大学,1989.

[56] Kang C G,Jung Y J,Kwon H C. Finite element simulation of die design for hot extrusion process of Al/ Cu clad composite and its experimental investigation [J]. Journal of materials processing technology,2002,124 (1~2):49~56.

[57] Friedman G. Properties of extruded metal powders [J]. Int J P/ M,1980,16(1):29~35.

[58] Berghaus D G,McCue J M,Peacock H B. Comparison of extrusion strains produced by cosine and conical dies [J]. J Materials Eng and Performance,1995,4(1):25~31.

[59] Roberts P R,Ferguson B L. Extrusion of metal powders [J]. Int Materials Reviews,1991,36(2):62~79.

[60] Angermann H H,Biest O V. Low temperature debinding kinetics of two-component model systems [J]. Int J Powder Metall,1993,29(3):239~250.

[61] 周志德. 金属粉末轧制[J]. 粉末冶金工业,2001,11(1):36~39.

[62] 王俊君,刘明俊,周照耀,等. 金属粉末轧制工艺装置研究[J]. 现代制造工程,2006,(11):83~86.

[63] Guigon P,Simon O. Roll Press Design-Influence of Force Feed Systems on Compaction [J]. Powder Technology,2003,130 (1~3):41~48.

[64] Dube R K. Metal Strip via Roll Compaction and Related Powder Metallurgy Routes [J]. International Materials Reviews,1990,35 (5):253~291.

[65] Hajaligol M R,Deevi S C,Sikka V K,et al. A Thermomechanical Process to Make Iron Aluminide (FeAl) Sheet [J]. Materials Science and Engineering A,1998,258 (1~2):249~257.

[66] Mochizuki C,Mikami M. Manufacturing Technique of Nb_3Al Super-conductive Sheet by Electrically Heated PowderRolling [J]. Journal of Nuclear Materials,1999,271~272:508~511.

[67] Deevi S C. Powder Processing of FeAl Sheets by Roll Compaction [J]. Intermatallics,2000,8(5~6):679~685.

[68] Jack H C. Perspectives in P/M [J]. Plenum,1967 (1):13~16.

[69] 韩凤麟. 粉末冶金基础教程[M]. 广州:华南理工大学出版社,2005.

[70] Guigon P,Simon O. Roll Press Design-Influence of Force System on Compaction [J]. Powder Technology,2003,130(1~3):41~48.

[71] Yu Y,Arnold P C. The Influence of Scew Feeder on Rin Flow Patterns [J]. Powder Technology,1996,88(1):81~87.

[72] 郭栋,周志德. 金属粉末轧制[M]. 北京:冶金工业出版社,1984.

[73] Warren P H,Donnelly M. Glow Dischange Electron Beam Heating of Metal Powder Strip [J]. Powder Metallurgy,1984,27(4):217~220.

[74] Deshmukh A R,Sundararajan T,Dube R K,et al. Analysis of Cold Densification Rolling of a Sintered Porous Metal Strip [J]. Journal of Materials Processing Technology,1998,84(1~3):56~72.

[75] 朱爱辉,吕新矿,王快社. 钼板轧制试验研究[J]. 中国钼业,2006,30(4):36~40.

[76] Lavender C A,Gurwell W E. Effect of rolling schedule on the ductility of 80% tungsten heavy alloy. Eds:A Bose and R J Dowding,Tungsten and Tungsten Alloys-1992:69~78,MPIF,Princeton,NJ.

[77] Alexandrov I V,Raab G I,Valiev R Z. Microstructrual refinement of tungsten by severe plastic deformation. Eds:M S Greenfield,J J Okakes,Tungsten,Hard Metals,and Refractory Alloys 5~2000,27~33,MPIF,Princeton,NJ.

[78] Wei Q,Kecskes L J. Effect of low-temperature rolling on the tensile behavior of commercially pure tungsten [J]. Materials Science and Engineering A,2008,491(1~2):62~69.

[79] 雷传贞．热挤压工艺在生产中的应用[J]. 企业技术开发,2003,13:15～18.

[80] 田保红,夏承东,等．热挤压对内氧化法制备 $Cu_2Al_2O_3$ 组织性能的影响[J]. 特种铸造及有色合金,2008,3(28):199～201.

[81] Xinjian Duan, X. Velay, T. Sheppard. Application of finite element method in the hot extrusion of aluminium alloys [J]. Materials Science and Engineering A, 2004, 369:66～75.

[82] Dinesh Damodaran, Rajiv Shivpuri. Prediction and control of part distortion during the hot extrusion of titanium alloys [J]. Journal of Materials Processing Technology, 2004, 150:70～75.

[83] 吴金坤．氢氧化铝的精细化及其在无卤化阻燃技术中的应用[J]. 化工进展,1999,19(2):50～53.

[84] 祝大同．无卤化 PCB 基板材料的新发展[J]. 印刷电路信息,2001,18(3):13～17.

[85] 成烨,谢春生,栾佰峰,等．热挤压对亚微米 Al_2O_3/2024Al 复合材料组织和性能的影响[J]. 机械工程材料,2005,29(8):38～41.

[86] 李荣,何昌国．热挤压工艺对 Al－Si 合金组织和力学性能的影响[J]. 特种铸造及有色冶金,2008,1(28):42～44.

[87] Hogwood M C, Bentley A R. The development of high strength and fibrous microstructures in tungsten－nickel－iron alloys for kinetic energy penetrator applications. Eds: A Bose, Tungsten and Refractory Metals－1994:37～45, Proceedings of the 1994 International Conference on Tungsten and Refractory Metals, MPIF, Princeton, NJ.

[88] Leonard W, Magness L Jr. Improving mechanical properties of tungsten heavy alloy composites through thermomechanical processing. Eds: A Bose and R J Dowing, Tungsten and Tungsten Alloys－1992:127～33, MPIF, Princeton, NJ.

[89] 刘金旭,李树奎,倪芳．热挤压钨合金的组织性能研究[J]. 稀有金属材料与工程,2007,36(11):2041～2044.

[90] 倪芳,李树奎,刘金旭,等．热挤压钨合金动态力学性能及破坏规律研究[J]. 兵器材料科学与工程,2008,31(1):36～38.

[91] 谢建新,刘静安．金属挤压理论与技术[M]. 北京:冶金工业出版社,2001.

[92] 王少纯,李强,张国锋．镁合金温静液挤压研究[J]. 轻合金加工技术,2008,36(1):34～36.

[93] 沈榆如．汽车发动机粉末冶金热锻连杆[J]. 现代车用动力,2006,3:1～4.

[94] 蔡韵,吴菊清．我国汽车粉末冶金零件发展动向及趋势分析[J]. 新材料产业,2005,1:60～62.

[95] 张会,张昌明．浅议锻压加工技术的发展[J]. 宝钢科技,2004,5(30):15.

[96] 张义文．俄罗斯粉末冶金高温合金[J]. 钢铁研究学报,1998,10(3):75.

[97] 粉末高温合金超塑性等温锻造技术研究[J]. 航空材料学报,2007,5(27):30～33.

[98] Furrer, David. Forging aerospace components [J]. Advanced Materials & Processes, 1999, 155:33～37.

[99] 李惠曲,王淑云,东赟鹏．粉末高温合金等温锻造过程非金属夹杂物的变形特征[J]. 新技术新工艺,2009,5,93～95.

[100] 张惠芳,张治民．钛合金薄壁复杂构件紧密成形技术现状及发展[J]. 航空制造技术,2008,24:47～49.

[101] 汪武祥,何峰,邹金文．粉末高温合金的应用和发展[J]. 航空工程与维修,2002,6:26～28.

[102] 郭鸿镇．合金钢与有色合金锻造[M]. 西安:西北工业大学出版社,1999.

[103] 李园春,王淑云．国内粉末高温合金涡轮盘件制造技术的发展现状[J]. 稀有金属,2001,3(25):226～229.

[104] 段小勇．金属压力加工理论基础[M]. 北京:冶金工业出版社,2004.

[105] Valiev R Z. Nanomaterial advantage [J]. Nature, 2002, 419:887～889.

[106] Lin H K, Huang J C. Fabrication of low temperature super－plastic AZ91 Mg alloys using simple high－ra-

tio extrusion method [J]. Key Eng Mater,2002,233～236:875.

[107] 刘明俊,夏伟,周照耀,等. 金属粉末轧制工艺及其数值模拟[J]. 机械设计与制造,2006,12:122～124.

[108] Seeliger H W. Aluminium foam sandwich (AFS) ready for market introduction. Adv Eng Mater,2002,6(6):448.

[109] 张敏,祖国胤,姚广春,等. 泡沫铝夹心板的制备及泡沫孔的研究. 东北大学学报,2006,27(5):517.

[110] 张曙红,张代明,李世芸,等. 双金属复合带材轧制压力的理论分析[J]. 昆明理工大学学报,2001,5(26):1～3.